Vakuumelektronik

Vakuumelektronik

Ausgewählte Beiträge • Von einem Autorenkollektiv
unter der Leitung von
H. Göllnitz, H. G. Schneider und H. Rößler

Mit 344 Bildern und 41 Tabellen

AKADEMIE-VERLAG • BERLIN
1978

Studienmaterial für die Weiterbildung

herausgegeben von **H. G. Schneider,** Technische Hochschule Karl-Marx-Stadt

Sachwortverzeichnis: **H. Wiegand,** Technische Hochschule Karl-Marx-Stadt

Redaktionsschluß: 30. 4. 1976
Erschienen im Akademie-Verlag, 108 Berlin, Leipziger Straße 3–4

Lizenznummer: 202 · 100/431/78
Gesamtherstellung: VEB Druckerei „Thomas Müntzer", 582 Bad Langensalza
Bestellnummer: 7623483 (6377) · LSV 1154
Printed in GDR
DDR 58,— M

Inhaltsverzeichnis

1. Einleitende Bemerkungen

Von *H. G. Schneider*, *H. Göllnitz* und *H. Rößler*

Die Vakuumelektronik umfaßt die Lehre von den Effekten, die bei der Erzeugung freier Ladungsträger, bei deren Bewegung und deren Wechselwirkung untereinander sowie mit Festkörpern eine Rolle spielen, aber auch die praktischen Nutzanwendungen dieser Effekte. Bei diesen Effekten handelt es sich in erster Linie um die vakuumelektronischen Bauelemente, denen der vorliegende Band vorrangig gewidmet sein soll. Dagegen sollen vakuumelektronische Anlagen wie Elektronenmikroskope, Elektronenstrahlschmelzöfen u. ä. sowie vakuumelektronische Meß- und Analyseverfahren wie z.B. Elektronen- und Ionenstrahlmikroanalyse hier nicht behandelt werden.
Vakuumelektronische Bauelemente werden trotz der stürmischen Entwicklung der Halbleitertechnik und Mikroelektronik auch noch in der überblickbaren Zukunft in bestimmten Anwendungsbereichen eingesetzt werden. Das betrifft z.B. Sendeeinrichtungen der Rundfunk- und Fernsehtechnik, in denen große Leistungen bei hohen Frequenzen zur Verfügung stehen müssen, ferner in Verbindung mit höchsten Spannungen die Röntgentechnik und auf dem Gebiet der Heimelektronik die Bildwiedergabe von Schwarz-Weiß- und Farbbildern. Z. T. werden auch auf dem Gebiet der Bildaufnahme und weiterer spezieller Anwendungen und bestimmt in der Fernsprechtechnik für die Gesprächswegdurchschaltung vakuumelektronische Varianten weiterentwickelt werden.
Vermutlich werden den vakuumelektronischen Bauelementen keine wesentlichen über den heutigen Stand hinausgehende Anwendungsgebiete zusätzlich erschlossen werden. Doch ist es notwendig, die derzeit bekannten ständig bezüglich ihrer Leistungsfähigkeit, Zuverlässigkeit und konstruktiven Ausführung zu verbessern und zu vervollkommnen, sowie vor allem die Technologie ihrer Herstellung zu optimieren. Dabei wird der Gesichtspunkt der Rationalisierung und Gütesicherung im Fertigungsprozeß eine wichtige Rolle spielen.
Aus diesem Grunde führte das Weiterbildungszentrum „Elektronische Bauelemente" der Technischen Hochschule Karl-Marx-Stadt im Februar 1975 in Karl-Marx-Stadt ein Problemseminar und ebenda im November des gleichen Jahres eine Fachtagung zu diesem Themenkreis durch. Auf der Grundlage der inhaltlichen Konzeptionen dieser Veranstaltungen entstanden die Grundzüge für die Gestaltung des vorliegenden Bandes, des 12. der Reihe „Studienmaterial für die Weiterbildung".
Nach einem einleitenden Übersichtsartikel zum Stand und zu den Entwicklungstendenzen werden in einem ersten Abschnitt die hauptsächlichsten physikalischen Effekte, die in der Vakuumelektronik eine Rolle spielen, behandelt.
Drei Beiträge befassen sich mit der Erzeugung freier Elektronen aus Festkörpern. Im ersten werden die Theorien aus moderner Sicht ausführlich und umfassend beschrieben. Der zweite behandelt ebenso umfassend den Teilaspekt der Freisetzung von Elektronen aus kalten Katoden, wobei auf Möglichkeiten und auf erreichte Erfolge eingegangen wird. Im dritten Beitrag wird ein für den Bauelementehersteller wichtiges Spezialproblem der thermischen Katoden aufgegriffen, und zwar die Aufklä-

rung physikalischer Effekte, die für die Katodenlebensdauer von ausschlaggebender Bedeutung sind. Die Bedeutung eines vierten Beitrages über Ionenerzeugung geht über die Anwendung im Bauelement hinaus und kommt in vakuumelektronischen Anlagen voll zum Tragen. Im letzten Beitrag dieses Abschnitts über die Bewegung freier Ladungsträger werden außer den physikalischen Grundlagen auch moderne Berechnungsverfahren angegeben.
Die größte Zahl der Beiträge dieses Bandes bildet einen zweiten Abschnitt, der sich mit Problematiken konkreter vakuumelektronischer Bauelemente befaßt, wobei sich die schwerpunktmäßige Auswahl der behandelten Bauelementegruppen zwanglos aus dem Fertigungsprogramm der Bauelementeindustrie der DDR ergab: Es geht in diesem Abschnitt in 6 Beiträgen um Werkstoffe und Werkstoffanwendung, und zwar um Metalle, Glas, Keramik und Leuchtstoffe, weiter in 3 Beiträgen um Hochleistungsbauelemente der Sende- und Röntgenröhrentechnik. Daran schließt sich eine Gruppe von 6 Beiträgen zu Bauelementen mit optischem Ausgang an. Es werden Probleme behandelt, die sich aus der Fertigung von Oszillografen- und Schwarz-Weiß-Bildröhren ergeben, während die Farbbildröhre in Gestalt eines Übersichtsartikels behandelt wird. Ein internationaler Vergleich über sämtliche Bildwiedergabeverfahren schließt sich daran an, wobei es nicht nur um die vollständige Aufzählung aller Möglichkeiten, sondern besonders auch darum geht, welche Erwartung man für die Zukunft daran knüpfen kann. Die letzte Arbeit in dieser Gruppe befaßt sich mit Fragen der Gasentladungsbauelemente im weitesten Sinne. Eine weitere Gruppe bilden 4 Beiträge zu Bauelementen mit optischer Eingangsgröße, wobei den physikalischen, physikalisch-chemischen und technologischen Belangen besonders in den ersten beiden Artikeln Rechnung getragen wird. Im dritten Beitrag über Bildaufnahme-Röhren werden moderne vakuumelektronische Bildaufnahmevarianten vorgestellt, während im vierten aus der Sicht des Anwenders von Bildaufnahmeröhren das Auflösungsvermögen dieser Röhren, vorwiegend mathematisch, behandelt wird. Die letzte Gruppe der vakuumeletronischen Kontaktbauelemente umfaßt nur einen Beitrag; dieser behandelt spezielle Probleme, die für Zuverlässigkeit und Lebendauer von Reedkontakten von ausschlaggebender Bedeutung sind.
In bewährter Weise wurden für die Abfassung der Einzelbeiträge jeweils Spezialisten gewonnen, um jedes Teilgebiet sehr gründlich behandeln zu können. Damit wird gewährleistet, daß das vorliegende Buch ein zum Zeitpunkt seiner Abfassung aktuelles monographisches Werk auf dem Gebiet der vakuumelektronischen Bauelemente darstellt.

Karl-Marx-Stadt und Ilmenau im Juli 1976

2. Stand und Entwicklungstendenzen der Vakuumelektronik

2. Stand und Entwicklungstendenzen der Vakuumelektronik

Von *H. Göllnitz*

Sektion PHYTEB der TH Ilmenau

2.0. Einleitung

Im vorliegenden Beitrag geht es um die Frage: Was geschieht in der Welt auf dem Gebiet der Vakuumelektronischen Bauelemente? Wegen der im Vergleich zu den Festkörperbauelementen großen Weiträumigkeit des Gebietes der Vakuumelektronischen Bauelemente ist es nicht leicht, allen Bauelementegruppen, deren Wirkungsweise ein mehr oder weniger gutes Vakuum voraussetzt, in gleicher Weise gerecht zu werden. Die Bilder 1 und 2 zeigen, unterteilt nach gewissen physikalischen Gesichtspunkten, die Bauelementegruppen, um die es hier gehen müßte. Man erkennt aus der großen Fülle, daß es unmöglich ist, das Gebiet vollständig zu behandeln. Es seien deshalb kursorisch einige Probleme einiger Bauelementefamilien herausgegriffen und einige kurze Erläuterungen dazu versucht, was auf dem Gebiet der Vakuumelektronischen Bauelemente heute vorgeht. Unbedingt betont werden muß aber in diesem Zusammenhang, daß die Vakuumelektronik qualitativ mehr ist als die Summe der vakuumelektronischen Erzeugnisse, und daß man neben dem Erzeugnisaspekt keinesfalls die anderen Aspekte aus dem Auge verlieren darf. Es sind die Aspekte der zur Anwendung kommenden physikalischen Effekte, der Werkstoffe und der Herstellungsverfahren. Unter allen vier Aspekten wird es dann aber deutlich, daß die Vakuumelektronik in der rechten Weise betrachtet ein in sich geschlossenes wichtiges und interessantes Wissensgebiet darstellt.
Wenn es jedoch auch in sich geschlossen ist, so ist es doch keineswegs abgeschlossen. Daher ist es interessant, nicht nur die Trends und Entwicklungsrichtungen derjenigen Vakuumelektronischen Bauelementegruppen zu verfolgen, auf die sich unsere Volkswirtschaft in Verwirklichung der Absprachen der VVB Bauelemente und Vakuumtechnik im Rahmen des RGW spezialisiert hat und spezialisiert. Natürlich gehen die Trends aus der einschlägigen Literatur nicht ohne weiteres mit der an sich wünschenswerten Klarheit hervor, so daß subjektive Fehleinschätzungen prinzipiell unvermeidlich sind. Aber eins ist unverkennbar: Weltweit geht auf dem Gebiet der Entwicklung Vakuumelektronischer Bauelemente alles weiter. Abgesehen von den Empfängerröhren und einigen anderen Bauelementen, die durch festkörperelektronische Alternativlösungen auch ökonomisch voll ersetzbar sind, wird alles weiterentwickelt: Die Bauelemente, die Werkstoffe, die Herstellungsverfahren, die Theorie. Die Weiterentwicklung vollzieht sich zwar nicht in Riesensprüngen mit revolutionierenden Erfindungen, sondern sie geht nach der Methode der kleinen Schritte vor sich. Aber es geht weiter. Diesen Eindruck jedenfalls gewinnt man beim Verfolgen der Fachliteratur. Die Vakuumelektronik lebt und wird gefördert. An dieser Tatsache ändert es gar nichts, daß natürlich auch nach Alternativlösungen zur vakuumelektronischen gesucht wird. Solche werden auch gelegentlich im freien Spiel der Kräfte propagandistisch emphatisiert, und es werden den Käufern Modebedürfnisse eingeredet. Aber nachgerade entsteht doch der Eindruck, daß man auch in den USA durch ein Besinnen auf die Ökonomie den Pferdefuß von Modelösungen erkannt hat [39]. Trotzdem soll hier nicht der Versuch unternommen werden, Weltmarktproduktion in neuesten Zahlen vorzuführen, obgleich die Röhre bei einer derartigen Betrachtung gut ab-

Hochvakuumröhren		
mit Glühkatode	Vakuumdioden	aller Arten
	Röntgenröhren	Grobstrukturröhren
		Spektroskopieröhren
		Diagnostik-Drehanodenröhren
		Diagnostik-Festanodenröhren
		Therapieröhren
	dichtegesteuerte Senderöhren	aller Kühlarten und Leistungen
	Empfängerröhren	aller Arten
	Niederperveanz-Elektronen-strahlröhren	Abstimmanzeigeröhren
		Oszillographenröhren
		Polarkoordinatenröhren für Radar
		Stroboskopröhren
		Signalspeicherröhren und Normwandler
		Sichtspeicherröhren
		Zeichen- und Zifferndisplayröhren
		Röhren zum Drucken (Elektrographie-röhren)
		Schwarz-Weiß-Bildröhren
		Farbbildröhren für Heimelektronik
		Farbbildröhren für med. Zwecke
	Elektronenstrahlbeschossene Halbleitertarget-Röhren	
	Sperröhren	
	Reflexklystrons	
	Scheibenröhren	
	Hochleistungsmikrowellentetroden	
	Hochperveanz-Elektronenstrahl-röhren	Mehrkammerklystrons
		Wanderfeldklystrons
		Wanderfeldröhren
		Rückwärtswellenoszillatoren
	Magnetrons	
mit Photokatode	Bildaufnahmeröhren mit niederperveantem Abtaststrahl	nach dem Ikonoskopprinzip
		nach dem Orthikonprinzip
		nach dem Endikonprinzip
		Multidiodenendikons
		EIC-Röhren
		SEC-Röhren
	Bildwandler- und Bildverstärkerröhren	Dioden, Trioden, Tetroden
	Photovervielfacher	
	Sekundärelektronenvervielfacher	
	Photozellen	
Sonstige	Elektronenmikroskop	als Präzisions-Bearbeitungswerkzeug für die Mikroelektronik
	thermionische Konverter	
	Vakuumschalterkammern	
	Vakuumkondensatoren	

Bild 1. Vakuumelektronische Bauelemente mit Hochvakuum

schneidet [1]. Die vorliegenden Ausführungen werden vorrangig dem technischen Gesichtspunkt Rechnung tragen.

2.1. Röntgenröhren für Therapie, Diagnose, Defektoskopie

Es empfiehlt sich, mit den Röntgenröhren zu beginnen. Die Fachleute scheinen der Meinung zu sein, daß die Therapieröhren in Zukunft nicht mehr gebaut werden, und zwar nicht aus technischen sondern aus Gründen der medizinischen Erkenntnisse einiger Experten (die allerdings nicht völlig unwidersprochen sind). Krebstherapie mit Röntgenstrahlen gilt heute nicht mehr als Heilmethode sondern nur noch als Methode zur Lebensverlängerung des Patienten. Die zur Krebsbekämpfung eingesetzten Rönt-

Gasentladungsröhren und -bauelemente	
ohne Katode	Nullode
mit Glühkatode	Dioden
	Thyratrons
mit Kaltkatode	Kaltkatodenthyratrons
	Relaisröhren
	Stabilisatorröhren
	Glimmröhren
	Gasentladungsdisplays
	Zeichen- und Ziffernanzeigeröhren
Bauelemente mit Flüssigkatode	
	Ignitron
	Excitron
	Senditron
	Hg-Dampf-Gleichrichter
Strahlungsbauelemente mit Niederdruckentladung	
Schutzrohrkontakte	
Sonstige	Vakuummeßröhren

Bild 2. Vakuumelektronische Bauelemente mit Gasfüllung

genstrahlen bewirken nämlich Dislokation der Moleküle in den DNS-Schnüren, so daß der biologische Code von der Zelle nicht mehr „gelesen“ werden kann. Geradesowenig, wie wenn der krebserregende Virus in die DNS-Schnur eindringt, sich darin seine Individualität aufgebend löst und auf diese Weise einen verstümmelten Code zurückläßt, der sich als Krebsgeschwulst vermehrt: Die Heilmethode erzeugt neue Krankheitsherde. Dieses Beispiel wurde etwas ausführlicher behandelt, weil es in eindrucksvoller Weise verdeutlicht, daß ein Erzeugnis auf dem Markt verschwinden kann, ohne jedoch technisch veraltet zu sein.
Bei den Diagnoseröhren geht die Entwicklung stürmisch voran, und zwar auf dem Gebiet der Drehanodenröhren (im Bild 3 zu sehen) mit Einfach- oder Doppelfokus, weil es auf höchste Belastbarkeit ankommt. Denn entweder braucht man minimale Brennfleckgröße bis hinab zu 1/100 mm² bei etwa 3 kW Kurzzeitleistung, z.B. zum Sichtbarmachen von Knochenbälkchen, oder man braucht für kinematographische Betrachtung schnellbewegter Organe, z.B. der Herzkranzgefäße, hohe Strahlintensitäten, damit bis zu 50 Aufnahmen pro Sekunde gemacht werden können. Dabei darf die Brennfleckgröße bis zu 2 mm × 2 mm betragen. Das entspricht Kurzzeitleistungen von 200 kW. Fernsehübertragungssysteme sind in Entwicklung, bei uns mit ausschließlichem Monitorbetrieb (anderswo, z.B. im dünnbesiedelten Kanada, spielt auch drahtlose Übertragung bis zu 600 km eine Rolle). Dabei sind die peripheren Geräte von größter Bedeutung. Für die Fernsehkette ist im Rahmen des RGW die DDR zuständig, für die Bildwandler z.B die CSSR.
Immer bedeutungsvoller wird die Defektoskopie in der Materialuntersuchung, für die man Grobstrukturröhren braucht, namentlich transportable Geräte zur Untersuchung von Stahl mit 6 cm Dicke und mehr. Man denke an den Bau von Fernsehtürmen und von Brücken, wo es besonders auch um dokumentarisches Festhalten der Untersuchungsergebnisse ankommt. Nicht akzeptabel sind bei solchen Geräten natürlich Gewichte über 40 kp für den meist mit Menschenkraft zu plazierenden Meßkopf. Hier kommt es auf hohe Dauerstrichleistung an. Bedingt durch die Forderung nach hohen Durchstrahlungsdicken sind Spannungen unter 200 kV uninteressant. Zwar ist auf dem Gebiet der Defektoskopie die Isotopenquelle ein gewichtiger Konkurrent der Röntgenröhre, der sicherlich in Zukunft noch mehr an Bedeutung gewinnen wird. Aber zur Zeit spricht noch einiges dafür, die Röntgenröhre vorzuziehen. Auf jeden Fall soll hier festgehalten werden, daß die DDR auf dem Gebiet der Röntgenröhre absolute Weltspitze hat und daß die Röntgenröhre ein ganz wichtiger Exportfaktor und eine Valutaquelle ersten Ranges ist.

Diagnostik-Drehanoden-Röntgenröhren für Aufnahmen hoher Bildqualität

Typ	Brennfleck-abmessungen [mm]	Kurzzeit-nenn-leistung — für 0,1 s am 6-Puls-generator [kW]	Nenn-spannung [kV]
DR 100/20/40 ö	1,2 × 1,2	20	100
	2 × 2	40	
DR 100/30 ö	1,2 × 1,2	30	100
DR 100/30/50 ö	1,2 × 1,2	30	100
	2 × 2	50	
DR 125/30/50 ö	1,2 × 1,2	30	125
	2 × 2	50	
DR 126/30/50 ö DW	0,9 × 0,9	30	125
	2 × 2	50	
DR 150/30/50 ö DW	1,2 × 1,2	30	150
	2 × 2	50	
DRI 120/30 ö	1,2 × 1,2	30	120
DRI 125/11 ö	0,8 × 0,8	11	125

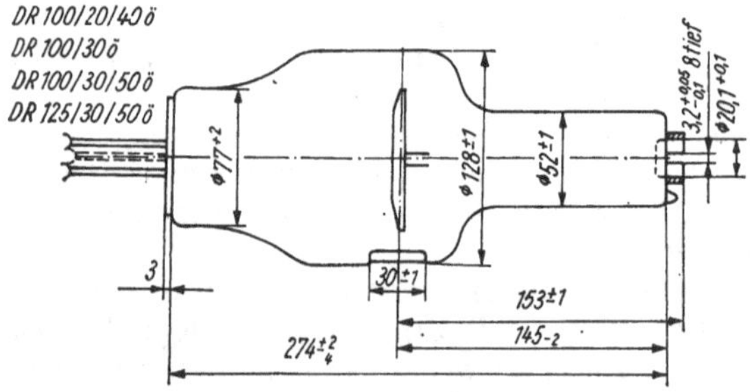

a)

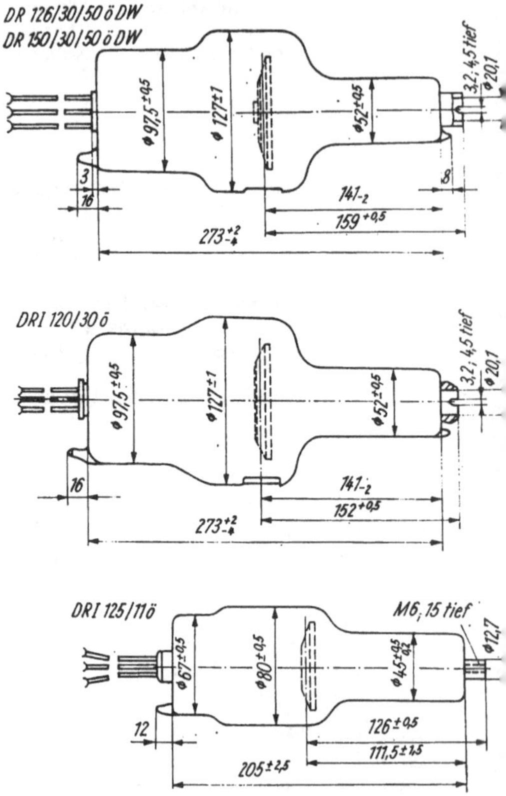

b)

Bild 3. Röhren aus dem Röntgenröhrenwerk Rudolstadt [2]

2.2. Dichtegesteuerte radiofrequente Senderöhren

Auf dem Gebiet der dichtegesteuerten Senderöhren höchster Leistungen im radiofrequenten Gebiet geht die Entwicklung weiter. Neue 500-kW-Röhren wurden entwickelt, und solche für 1000 kW sind interessant. Das Hauptproblem ist die Abführung der Verlustwärme, daher hauptsächlich Verdampfungskühlung. Veröffentlichungen [3] sprechen von notwendiger Erhöhung der Verlustleistungsdichten bei verdampfungsgekühlten Röhren um den Faktor 2 bis 3. Dabei ist jedoch einzukalkulieren, daß der Autor Mitarbeiter im Hause Telefunken ist und Telefunken hatte, früher wenigstens, auf dem Gebiet der Verdampfungskühlung ein nicht allzu leistungsfähiges Konstruktionsprinzip verglichen etwa mit dem von Siemens. Für die neuen Röhren werden kurze System-Baulängen notwendig sein. Sicherlich kann man sich noch einige Tricks einfallen lassen. Aber da die DDR laut Mitteilung der VVB Bauelemente und Vakuumtechnik trotz personeller Möglichkeiten aus dem Senderöhrenentwicklungsgeschäft ausgestiegen ist, liegt uns die Erfindung solcher Tricks nicht allzu nahe. Konstruktive Probleme der Katoden und der Gitter einschließlich ihrer Halterung und Technologie gibt es genug, wie aus der Literatur (z. B. [4] und [5]) hervorgeht.

2.3. Mikrowellenröhren

Zur Erzeugung und Verarbeitung elektrischer Schwingungen im Bereich von 1,5 m bis in den Submillimeterbereich hinein scheinen die noch im Werk für Fernsehelektronik, Berlin, gefertigten Reflexklystrons [2] nicht mehr so bedeutungsvoll zu bleiben. Dagegen sind Scheibentrioden, Hochleistungsmikrowellentetroden, Hochperveanz-Elektronenstrahlröhren und Magnetrons geeignete Lösungen. Anwendung finden sie in Fernsehsendern, in der Richtfunktechnik, in der Radarimpulstechnik, im Satellitenfunk, in Raumsonden und beim Mikrowellenherd, wobei die letzte Anwendung bei uns weniger bedeutungsvoll ist als im westlichen Ausland, insbesondere Japan, USA und Schweden [3]. Die Frequenz-Leistungskurve, oberhalb deren die Röhre gegenüber Alternativlösungen auf Festkörperbasis eindeutig überlegen ist, steht natürlich nicht ein für allemal fest, hat sich aber in den letzten Jahren kaum noch verändert. Auch in der Zukunft sind bemerkenswerte Veränderungen nicht zu erwarten.

2.3.1. Scheibentrioden

Daß Scheibentrioden [2, 3, 6], die mit 1 GHz bei größenordnungsmäßig 100 W betrieben werden können, durch ihre ausgezeichnete Linearität entsprechend einem Intermodulationsabstand von 60 dB sich zur gemeinsamen Verstärkung von Bild und Ton bestens eignen (bis zu 20 dB Gewinn), ist bekannt. Scheibentrioden werden z.B. für Raumsonden verwendet, in denen nur sehr wenig Platz zur Verfügung steht und demzufolge auch sehr wenig Aufwand mit der Stabilisierung der Stromversorgungseinheiten getrieben werden kann. Es wird z.B. bei 2,3 GHz nur ein schmales Frequenzband verlangt. Die notwendige Abstrahlleistung des Bordsenders beträgt 10 bis 100 W. Die an sich geringe Lebensdauer von Scheibentrioden konnte durch Spezialentwicklung entscheidend erhöht werden. Man hält 20000 Stunden bei 30 W für erreichbar.
Eine andere Anwendung der Scheibentriode ist die Radar-Impulstechnik, bei der es zwecks Auswertung des Doppler-Effektes auf äußerste spektrale Reinheit der Impulse ankommt. Einige Daten: 2 bis 0,3 kW Impulsleistung bei 1 bis 6 GHz, Tastverhältnis 0,003:1. Im Kommen zu sein scheint für diese Anwendung als Konkurrentin die Impulswanderfeldröhre [6].

2.3.2. Tetroden und Leistungsklystrons

Der Streit über die Zweckmäßigkeit des Einsatzes von Tetroden als Leistungsröhren für 10-kW-Sender im Band IV/V (wo die Tetrode gerade noch „hinkann") im Vergleich zum Leistungsklystron (das dort eben anfängt, brauchbar zu sein) ist lange hin und her gegangen und schien, wegen der auf der sauberen Trennmöglichkeit des Verlustwärmeraumes vom Signalwechselwirkungsraum des Klystrons beruhenden Vorteile, wie aus Bild 4 hervorgeht, zu dessen Gunsten entschieden worden zu sein, obgleich die wellenlängenbedingten Abmessungen das Klystron z.B. für einen Röhrenwechsel sehr unhandlich machen. Ein entscheidender Grund *für* diese Entscheidung waren die guten Langzeiteigenschaften, die auch auf die Robustheit und die geringe Kathodenstromdichte zurückzuführen sind. Schließlich ist auch der Vorstufenteil des Klystronsenders einfacher gebaut und daher sicherer im Betrieb; seine Entwicklung beim Anwender ist einfacher, weil Resonatoren und Koppelelemente mitgeliefert werden. Die Restseitenbandfilter liegen vor der Endstufe und können extrem klein gehalten werden. Die Investierungskosten sind zwar beim Klystronsender höher, aber die Betriebskosten wegen der längeren Lebensdauer niedriger und der P-Faktor wegen des Fehlens von Früh- und Sofortaus-

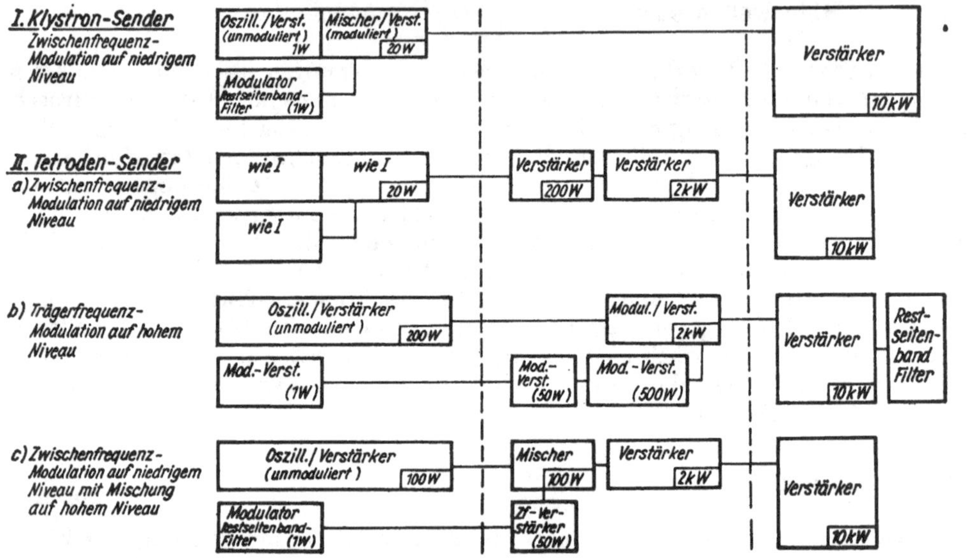

Bild 4. Blockschaltbilder von 10 kW-Bildsendern mit Klystrons und Tetroden in der Endstufe [7]

fällen günstiger. Die längere Auswechselzeit wird mitunter gegen das Klystron ins Feld geführt. Diese macht sich aber oft gar nicht so entscheidend bemerkbar, nämlich dann, wenn der Sender unbemannt ist, weil dann die Auswechselzeit gegenüber der Anreisezeit des Monteurs gar nicht ins Gewicht fällt.

Ein Nachteil des Klystrons ist sein relativ geringer Wirkungsgrad. Es arbeitet nämlich wie ein A-Verstärker, d.h. der mittlere Anodenstrom ist von der Hochfrequenzaussteuerung unabhängig. Die aufgenommene Gleichstromleistung aber muß so groß sein, daß die Röhre die maximale Sprechleistung abzugeben vermag. Wegen der geringen mittleren Aussteuerung bei der für das Bildsignal angewendeten Amplitudenmodulation, ergibt sich dann ein Wirkungsgrad, der weit unter dem für unmodulierte HF berechenbaren theoretischen Maximalwert von etwa 60% bleibt [7].

Einige erhebliche Nachteile der Tetrode, die gegen ihren Einsatz sprechen, konnten in jüngster Zeit laut Prospektmitteilungen durch die Firma Thomson-CSF aus dem Wege geräumt werden. Die Thomson-Tetrode TH 361 ist im Bild 5 zu sehen, allerdings im eingebauten Zustand. In den äußeren Abmessungen ist sie unserer WF-Tetrode vergleichbar. Sie wird zwar nur für 300 MHz propagiert, aber Nachfolgebaumuster kommen bis 1 GHz. In der Wirkung weisen die Thomson-Tetroden einige erhebliche Verbesserungen auf: Man kann sie im kalten Zustand abgleichen, ohne daß sich nachher im Betrieb noch etwas ändert. Die Einsatzmöglichkeit bis 1000 MHz ergeben sich daraus, daß sich die Elektrodenabstände klein halten lassen. 70% Wirkungsgrad werden propagiert, verkraftbare Verlustleistung 25 kW, maximale Verstärkung 26 dB. Die Steuerleistung hält sich mit $\frac{1}{5}$ der Ausgangsleistung im Rahmen des Üblichen. Sie findet sich großenteils in der Antennenleistung wieder; man muß sie eben aufbringen. Diese Vorteile beruhen auf einer neuen Gitterherstellungstechnologie. Der geschützte Name lautet „Pyrobloc-Gitter". Das Bild 6 offenbart nicht eben viel vom Geheimnis dieses Gitters. Es besteht aus pyrolytischer Kohle und ist in einem Stück hergestellt. Seine Vorteile: 1. Keine Montagearbeit bei der Herstellung, 2. hohe mechanische Festigkeit bei allen Betriebstemperaturen, 3. vernachlässigbare Sekundäremission, 4. niedrige Betriebstemperatur durch hohe Wärmeleitfähigkeit und 5. der Hauptvorteil: keine Wärmeausdehnung in radialer

Bild 5. Topfkreis TH 18106 mit Tetrode 361 [10]

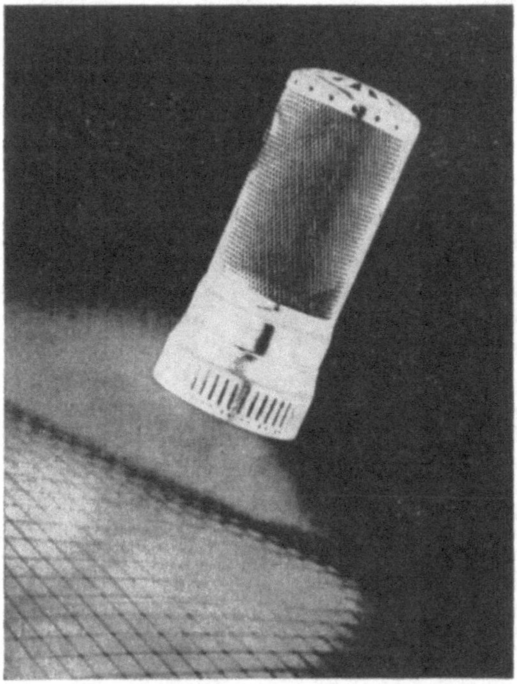

Bild 6. Pyrobloc-Gitter [10]

Richtung. Dies wird im Prospekt auf die „anisotropischen Eigenschaften der pyrolytischen Kohle" zurückgeführt. Bei der aus dem Bild 6 ersichtlichen rhombischen Gestalt der Gittermaschen ließe sich aber Vorteil 5 auch ohne die in diesem Zusammenhang ein wenig rätselhaften anisotropischen Eigenschaften durch eine geschickte Material- und Abmessungskombination des Gitters und seiner axialen Halteelemente erreichen, auf Grund deren das Gitter bei Erwärmung in Längsrichtung gerade *so* gedehnt wird, daß die hierdurch bewirkte Durchmesser*verringerung* die thermisch bedingte Durchmesser*vergrößerung* genau kompensiert, so daß der Gitterdurchmesser sich gegenüber dem Kaltzustand nicht ändert. Eine solche Technologie und solche Röhren verdienen natürlich Beachtung.
Trotzdem ist es zweifelhaft, ob die schon seit den sechziger Jahren geplanten und planmäßig ausgebauten Fernsehsendernetze der Länder durch die genannte Thomson-Tetrode noch stark beeinflußt werden können. In Frankreich allerdings hatte die Planung noch bewußt Lücken im Netz gelassen für Tetrodensender von 25 kW für den Fall eines günstigen Ausganges der Thomson-Entwicklungen.
Natürlich sind auch die Leistungsklystrons verbessert worden, so bei Philips durch eine Konstruktion, die die Betriebsart der „abgesenkten Kollektorspannung" (depressed collector) ermöglicht und bei Siemens durch das Wanderfeldklystron [9]. Es stellt eine Kombination der Leistungsklystron-Konstruktion mit den Hauptmerkmalen der Wanderfeldröhre, nämlich der über mehr als nur die Spaltbreite wirksamen Strahlbeeinflussung durch eine Verzögerungsleitung dar. Eine Nurwanderfeldröhre hat bei so hohen Beanspruchungen als Nachteil eine zu schwierige Entkopplung von Eingang und Ausgang, weil ein reflexionsfreier Dämpfungsbelag nicht zu realisieren ist.

2.3.3. Wanderfeldröhren

Für kleinere Leistungen, wie sie für Satellitenfunk üblich sind, hat sich die Wanderfeldröhre mit ihrer sehr guten Linearität durchgesetzt, ob es sich nun um Bodenstationen handelt oder um solche, die im Satelliten selbst betrieben werden. Durch geeignete Katodenkonstruktionen mit imprägnierten Wolframkatoden nach dem Prinzip der Vorratskatoden lassen sich gute Zuverlässigkeitsdaten erzielen.

Bild 7. Wanderfeldröhren für Bodenstationen [10]

Bild 7 zeigt Thomson-Wanderfeldröhren für Bodenstationen. Leistungen: 0,25 bis 1,5 kW. Entsprechend den Anforderungen der Simultanübertragung von mehreren Kanälen im Gigahertzgebiet haben sie geringe Intermodulationsprodukte dritter Ordnung auf Grund geringer Gruppenlaufzeitschwankungen und sehr geringes Rauschen. Die entsprechende Siemenstype hat bei der in dieser Hinsicht optimalen Frequenz von 6200 MHz einen Frequenzgang der Verstärkung von nur 0,008 dB/MHz, aber für keine Frequenz außerhalb dieses Optimums mehr als 0,05 dB/MHz.
Für *Satellitenfunk* wurde die Thomson-Wanderfeldröhre TOP 1369 mit einem Gewicht von nur 650 p entwickelt [10]. Propagiert wird eine maximale Ausgangsleistung nicht unter 20 W. Diese Röhre ähnelt in ihrer äußeren Form der Wanderfeldröhre TH 3525, von der uns seitens der Firma Thomson zum Zwecke dieser Veröffentlichung freundlicherweise eine Fotografie zur Verfügung gestellt wurde, vgl. Bild 8. Der Satellit hat nur eine begrenzte Antenne für Empfang und wenig Energie zum Senden. Folglich muß die sendende Bodenstation leistungsstark sein, und die empfangende Bodenstation muß eine Antenne großer Abmessungen haben.
Für die *Richtfunktechnik* (2700 Kanäle bei 6—7 GHz) werden ganz ähnliche Wanderfeldröhren eingesetzt wie in Satelliten [6]. Sie werden üblicherweise bereits im Herstellerwerk mit den Fokussiermagneten auf optimale Einstellung justiert und mit diesen zu einer mechanischen Einheit verbunden. Die Vorteile für den Anwender sind: leichte Inbetriebnahme, erhöhte Zuverlässigkeit und lange Lebensdauer in der Größenordnung von 20000 Stunden, großer Betriebswirkungsgrad.

2.3.4. Rückwärtswellen- und Reflexrückwärtswellenoszillatoren

Rückwärtswellenoszillatoren [6] stehen für die Erzeugung von Mikrowellen oberhalb der kritischen Linie im Frequenz-Leistungs-Diagramm in den Fällen zur Verfügung, in denen es auf großen Durchstimmbereich ankommt. Das Prinzip ist das der Schwin-

Bild 8. Wanderfeldröhre für Satelliten (Werkfoto Thomson CSF)

gungserzeugung durch inneren elektronischen Rückkopplungseffekt an einer Verzögerungsleitung besonders hoher mechanischer Präzision und thermischer Stabilität. Die abnehmbare Frequenz ist allein durch die Geschwindigkeit des Elektronenstrahles bestimmt, also durch die angelegte Spannung, ist also rein elektronisch veränderbar. Die Durchstimmgeschwindigkeit kann folglich sehr groß sein. 100 bis 800 GHz und Leistungen von respektive 5 W bis 2 MW sind bereits erreicht worden [3]. Theoretische Betrachtungen zur Steigerung der Leistungsfähigkeit werden noch immer veröffentlich [8]. Eine Leistungserhöhung gelingt mit Hilfe des Reflex-Rückwärtswellenoszillators [6], dessen Prinzip eine als Leitungsresonator ausgebildete verkürzte Verzögerungsleitung mit einseitigem Kurzschluß in der Röhre ist, während das andere Ende reflexionsfrei auf eine Auskoppelleitung transformiert wird. Außerhalb des Vakuumraumes muß der zweite Kurzschlußschieber mechanisch abgestimmt werden. Bei einer elektronischen Frequenzveränderung wird die Durchstimmgeschwindigkeit durch das notwendige mechanische Nachstimmen naturgemäß herabgesetzt. Aber dieser Nachteil wird für eine Reihe von Anwendungen durch die Wirkungsgraderhöhung und die durch die Resonanzüberhöhung erreichbare erhebliche Erhöhung der Signalgüte mehr als ausgeglichen.

2.3.5. Magnetrons

Das Magnetron stellt gleichfalls einen Mikrowellenoszillator dar, aber nicht durchstimmbar, dafür jedoch mit um Größenordnungen höherer abgebbarer Leistung [3].

Magnetrons

	HMI 941 · HMI 942	HMI 952
f	9,375 ±0,03 GHz	9,375 ±0,03 GHz
f_p	1 kHz	1 kHz
bei f_p	1 µs	1 µs
F_{pout}	≥7 kW	45 kW
U_{ap}	5,5 ... 5,8 kV	12 kV
I_{ap}	4,5 A	12 A
U_{fo}	6,3 V	6,3 V
I_{fo}	0,6 A	1 A

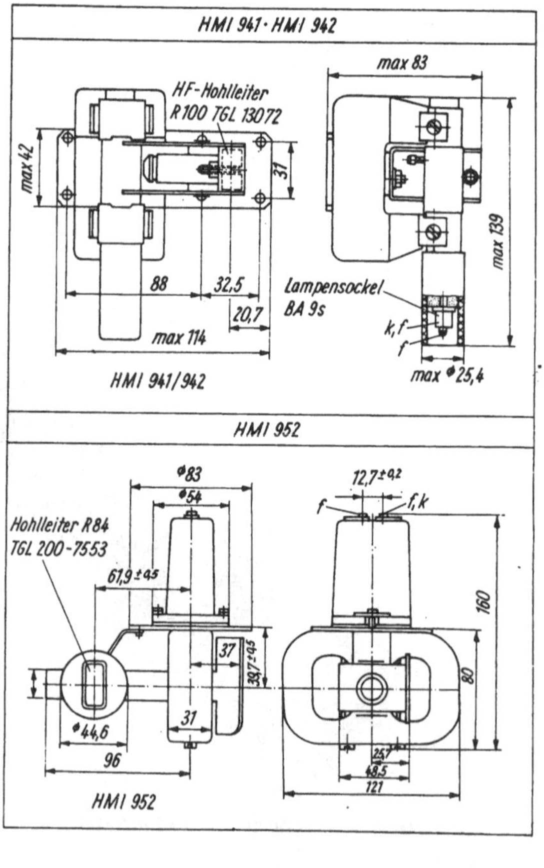

Bild 9. Magnetrons aus dem VEB Werk für Fernsehelektronik Berlin [2]

Die WF-Typen [2] sind in Bild 9 zu sehen. Die schwachen Stellen des Magnetrons sind insbesondere bei sehr hohen Leistungen einmal die ungeschützte Katode, die nur allzu leicht zertrommelt wird, und zum anderen die nicht ganz leicht einzuhaltende Schwingmode. Der Trend bei den Magnetrons geht zu immer kürzeren Wellenlängen, bis ins Submillimetergebiet hinein. Hin und wieder findet man wissenschaftliche Veröffentlichungen zu Magnetronproblemen. Aus einer von diesen ist das im Bild 10 von außen und im Schnitt gezeigte Magnetron entnommen für 1,3 mm Wellenlänge. Bild 11 gibt eine Abmessungsskizze [11].

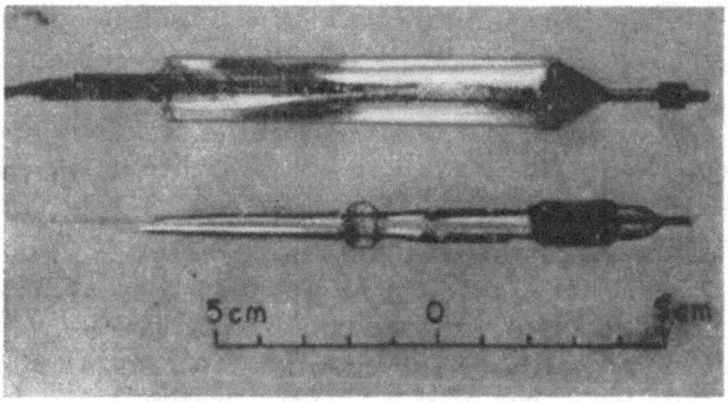

1.3-mm CW modified waveguide magnetron

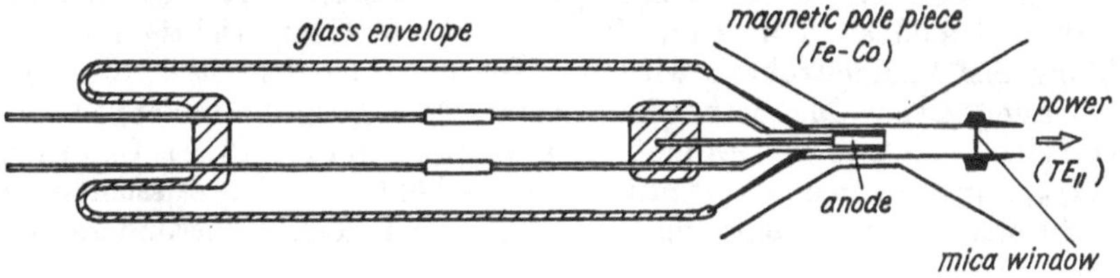

Cross section of a 1.3-mm CW modified waveguide magnetron

Bild 10. Magnetron-Labormuster [11]

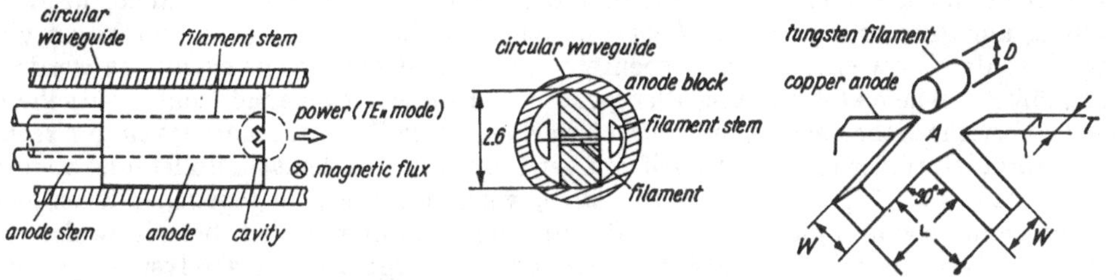

a) b) c)

Bild 11. Details des Magnetron-Labormusters [11]

a) Cross section of the anode block
b) Front view of the anode block
c) Perspective view of the anode block and the filament

2.3.6. Zukünftige Entwicklung

Die zukünftige Entwicklung der Mikrowellenröhren ist folgendermaßen einzuschätzen: Bei den *dichtegesteuerten Scheibenröhren* wird man versuchen, die Verstärkung über 20 dB zu treiben, wobei der gute Wirkungsgrad, die gute Linearität und spektrale Reinheit erhalten bleiben müssen und die Lebensdauer verbessert werden muß. Die *Wanderfeldröhren* mit ihrer hohen Bandbreite und ihrer hohen Verstärkung werden hinsichtlich des Wirkungsgrades noch verbessert werden. Eine große Zukunft werden sie auf dem Gebiet der Breitband-Impulstechnik haben, aber auch auf dem Gebiet der Dauerstrichverstärker für sehr breite Bänder bei hohen Frequenzen und Leistungen bis in den Kilowattbereich hinein. Für den Einsatz im Satellitenfunk mit seinen hohen Zuverlässigkeitsforderungen schließlich werden die Wanderfeldröhren kleiner Leistung bei höchsten Frequenzen in steigendem Umfange eingesetzt werden. Wirkungsgradverbesserungen sind dort noch zu erwarten. Es sei erwähnt, daß ernsthafte Entwicklungen laufen mit dem Ziel, Fernsehsatelliten mit Sendeleistungen bis zu einigen Kilowatt zu betreiben [3].

Für die anscheinend im Kommen befindlichen industriellen Anwendungen bei 2,45 GHz im Dauerstrichbetrieb scheint Bedarf an *Hochleistungsklystrons* mit 50 kW Leistungsabgabe zu bestehen. Dabei erscheint es als möglich, den theoretisch maximalen Wirkungsgrad der Klystrons zu erreichen. Von diesem ist man beim amplitudenmodulierten Fernsehbetrieb weit entfernt, wie oben ausgeführt wurde.

Daß mit all diesen Weiterentwicklungen der Typen für immer ausgedehntere Anwendungsgebiete ein gerüttelt Maß *technologischer* und *Materialentwicklung* verbunden sein wird, braucht wohl nicht erst bewiesen zu werden. Katodenprobleme, wie hohe Stromdichten durch Einsatz technologisch verbesserter Vorratskatoden [3, 10], waren zu lösen und sind auch in Zukunft noch aktuell. Ganz wichtig für die Weiterentwicklung der Laufzeitröhren wird die Verbesserung der Strahlfokussierung durch Verwendung neuer Magnetwerkstoffe zur Erzeugung besonders starker magnetischer Felder und zwecks Gewichtsverminderung werden [3, 6]. Das Energieprodukt $(B \cdot H)_{max}$ und die Koerzitivkraft sollten erhöht werden. Aussichtsreich in dieser Hinsicht sind Kobaltverbindungen mit seltenen Erden, insbesondere Samarium und Praseodym.

Nicht zuletzt sei auf die notwendigerweise sehr hohen *Vakuumforderungen* [3, 10] hingewiesen. Beispielsweise hat bei Druckwerten schlechter als 10^{-6} Torr die Restgasionisierung einen beachtlichen Anteil an der Eigenstörspannung eines Leistungsklystrons. Ionengetterpumpen und eingebaute Sublimationspumpen sichern ein Betriebsvakuum besser als 10^{-8} Torr.

Aber nicht nur der Werkstoffachmann und Technologe, auch der Spezialist für Aufstellung und Anpassung von *Rechenprogrammen* an die physikalische und konstruktive Seite der Entwicklung von Typenreihen wird bestimmt nicht arbeitslos werden. Zur größtmöglichen Optimierung aller genannten Röhren ist eine möglichst weitgehende theoretische Beherrschung erwünscht, insbesondere Programmierbarkeit für rechnergestützte Optimierung. Veröffentlichungen über diese Problematik findet man ab und zu, z.B. [13] und [14]. Am günstigsten ist es, wenn man nicht ein gegebenes Exemplar durchrechnet, sondern gleich generell für eine ganze Röhrenfamilie, beispielsweise für Leistungsklystrons mit besonderen Breitbandforderungen, die das Klystron ja von Haus aus schwer erfüllen kann. Bahnberechnungsergebnisse zum Zweck der Maximierung der Elektronenwechselwirkung im Ausgangsspalt von Klystronprototypen weisen aus, daß es bei hohen Perveanzen die langsamen Elektronen sind, die den Wirkungsgrad begrenzen [15]. Natürlich findet man auch in jüngster Zeit noch theoretische Arbeiten über spezielle Probleme, z.B. über Möglichkeiten, Rechnerprogramme für die Darstellung magnetischer Felder bei Bahnberechnungen zu berücksichtigen [15a und 15b].

2.4. Elektronenstrahlröhren mit niedriger Perveanz

2.4.1. Der Elektronenstrahl als Werkzeug für mikroelektronische Strukturen

Während die Hochleistungsmikrowellenröhren mit hochperveanten Elektronenstrahlen arbeiten, etwa 10^{-6} A $V^{-3/2}$, sind die nun zu besprechenden Elektronenstrahlröhren durch Perveanzen in der Größenordnung 10^{-8} A $V^{-3/2}$ gekennzeichnet. Mit einem Wort gestreift werden sollen die Elektronenstrahlgeräte, in denen der Elektronenstrahl nicht Signalträger ist, sondern lediglich als Werkzeug zur hochpräzisen Bearbeitung von integrierten Halbleiterstrukturen dient. Diese Geräte arbeiten nach dem Prinzip der Elektronenmikroskope; die Strahlablenkung erfolgt nach Rechnerprogrammen und gehört somit nicht eigentlich in das Thema dieses Berichtsbandes. Bild 12 zeigt ein solches Gerät, Bild 13 das zugehörige Computer-Blockschaltbild,

Bild 12. Elektronenstrahlgerät zur Erzeugung mikroelektronischer Strukturen [16]

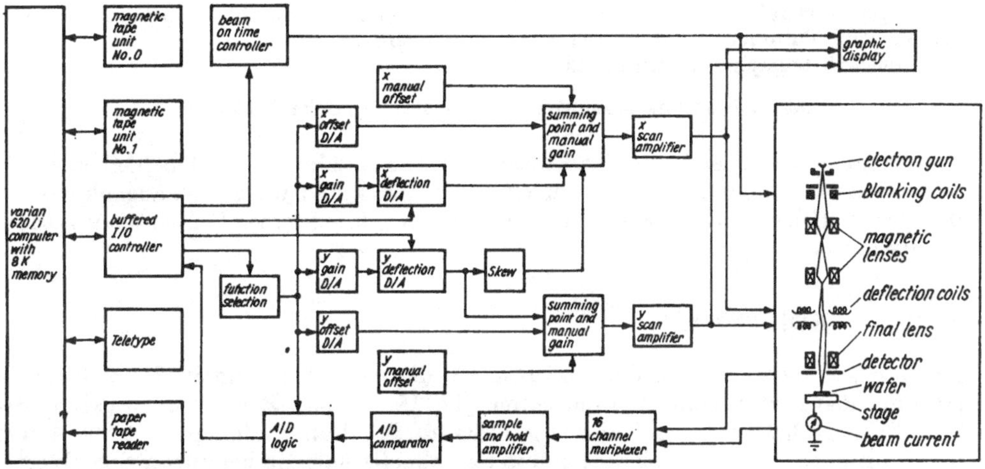

Bild 13. Blockschaltbild der Computer-Strahlsteuerung [16]

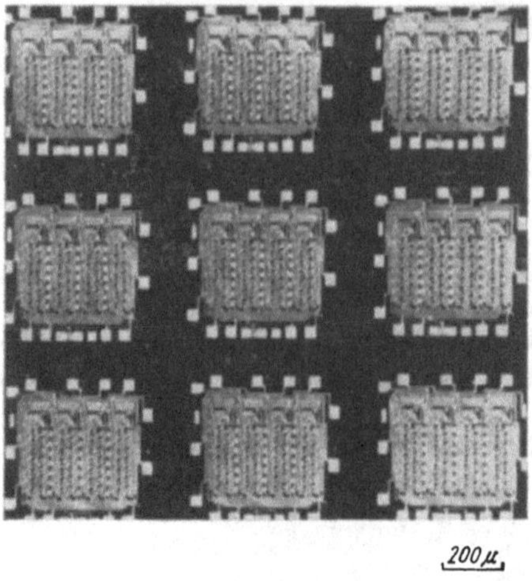

An array of computer-generated patterns etched in a chrome plate. Pattern data derived from a CAD facility

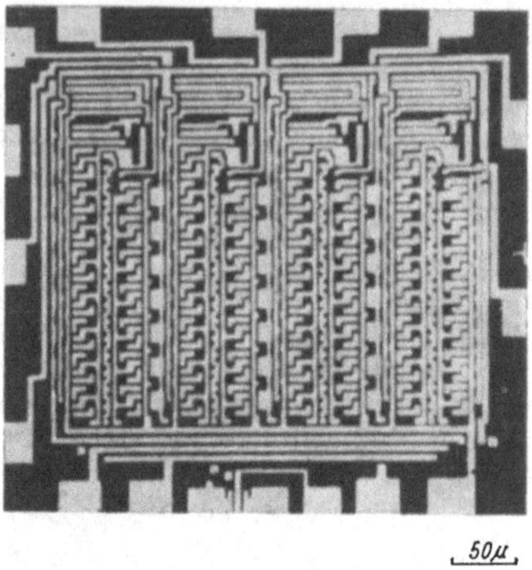

An enlarged view of the left pattern showing linewidths of approximately 2 μm

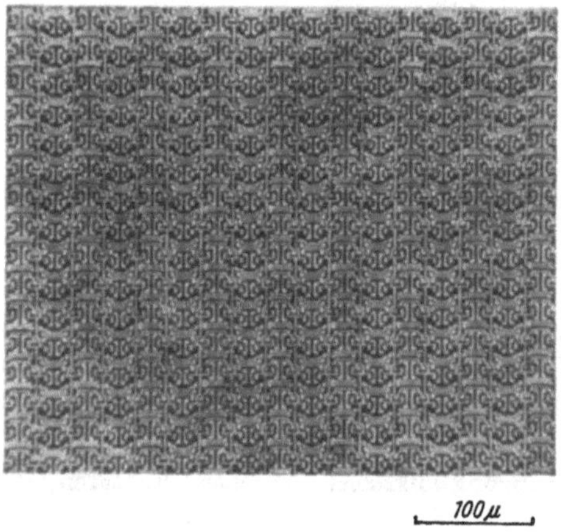

A computer-generated pattern etched in a chrome plate. Pattern data synthesized manually from a photograph of a Fairchild circuit

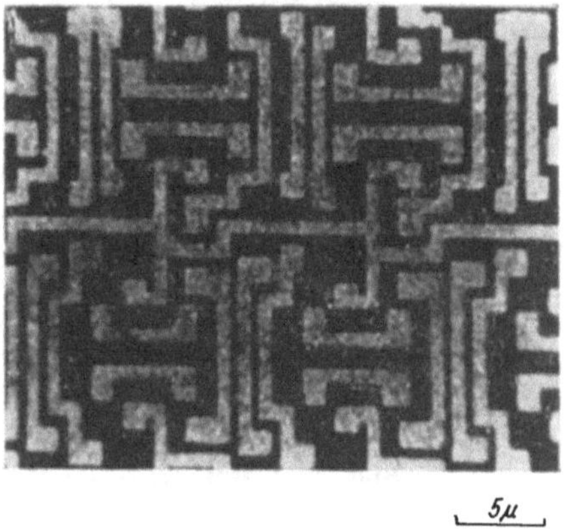

An enlarged view of left pattern Linewidth approximately 1.5 μm

Bild 14. Elektronenstrahlerzeugte mikroelektronische Strukturen [16]

Bild 14 einige damit erzeugte Strukturen [16]. Nicht völlig unerwähnt bleiben soll in diesem Zusammenhang das elektronenoptische Analogon zur „Fliegenaugenkamera", mit dessen Hilfe gleichzeitige Mehrfachherstellung integrierter Halbleiterstrukturen gelingt [16a].

2.4.2. EBS-Röhren

Hingewiesen sei weiter auf die EBS-Röhren, die nach dem Prinzip des elektronenstrahlbombardierten Halbleiters arbeiten, [17, 18, 19, 20]. Bei der Entwicklung des EBS-Prinzips hat man wohl in erster Linie an Schaltanwendungen mit 200 A und 500 V bei höchsten Schaltleistungen und an Schnellschaltung bei kurzer Signalverzögerung gedacht, und zweitens an Kraftverstärker im Kilowattbereich mit 50 bis 60%

Wirkungsgrad bei 25 bis 35 dB Verstärkung für Radiofrequenzen im Dauerstrich- oder Impulsbetrieb, im letzten Falle auch zur Impulsformung. Insofern ist damit der Anschluß an die Hochleistungssenderöhren gewonnen. Aber trotzdem gehören die nach dem EBS-Prinzip arbeitenden Bauelemente eindeutig zu denen, in denen Elektronenstrahlen geringer Perveanz zur Anwendung kommen. Hier nehmen die EBS-Bauelemente ihren festen Platz bereits ein. Bild 15 zeigt schematisch das Prinzip: Der nieder-

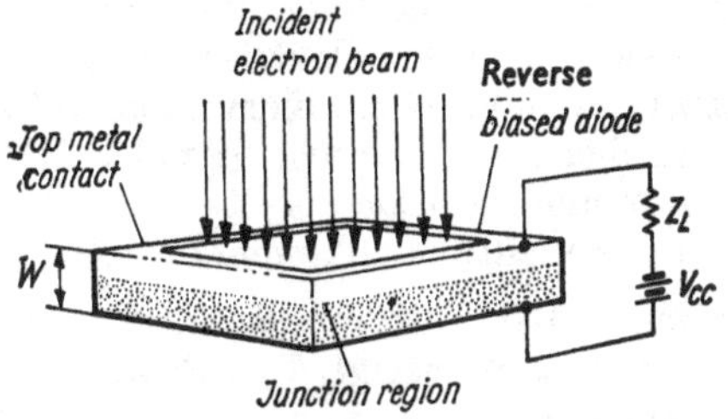

Bild 15. Schema einer elektronenbombardierten Halbleiterdiode [17]

energetische, niederperveante Elektronenstrahl trifft auf den p-Teil einer in Sperrrichtung gepolten Halbleiterdiode und erzeugt dort Elektronen-Defekelektronen-Paare. Die Defektelektronen stellen ungesperrte Minoritätsträger im Falle eines gewünschten Stromflusses dar. Den Strom durch die Diode kann man intensitätsmodulieren durch Verändern der Stromstärke des Elektronenstrahls oder durch Verändern seiner Auftreffenergie auf die Halbleiterdiode, oder man kann ihn durch Ablenkung weg von dem Halbleiter ablenkungsmodulieren.

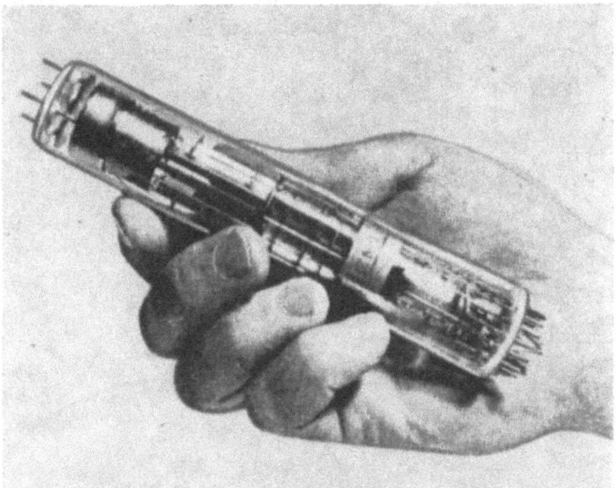

a)

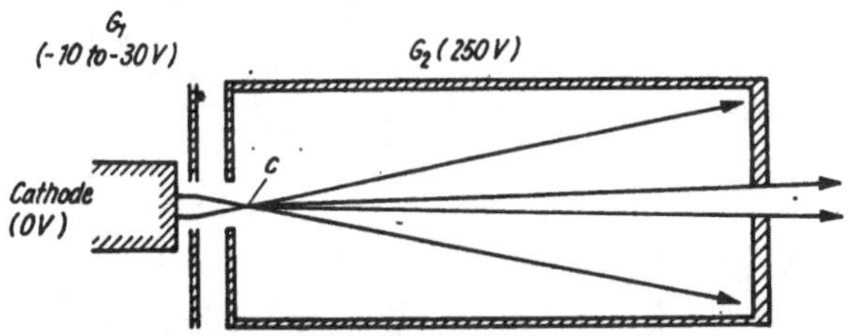

b)

Bild 16. Das Printicon (a) und seine Elektronenkanone (b) [21]

2.4.3. Die Gruppe der CRT-Röhren

Es soll nun die Gruppe von Röhren behandelt werden, die im westlichen Ausland unter der Bezeichnung Cathode-ray-tube zusammengefaßt wird. Diese Röhren arbeiten sämtlich mit niederperveanten Elektronenstrahlen.

2.4.3.1. CRT-Röhren mit elektrischem Ausgang

Als erste sei eine Röhrengruppe genannt, die den Oszillographenröhren nahesteht, sich aber von diesen durch den nicht optischen sondern elektrischen Ausgang unterscheidet. Bei diesen wird der Strahl dazu verwendet, einen Kurvenzug auf ein Target zu schreiben. Diese Röhren dienen als Speicher für elektrische Signale, ROM (= read only memory), oder als PROM (= programmierbares memory), wobei dem letzteren z. B. als Normkonverter die weitaus größere Bedeutung zukommt.

2.4.3.1.1. Im Bild 16 ist ein alpha-numerisches ROM, das *Printicon,* mit seinem Katodensystem, im Bild 17 die Wirkprinzipskizze dazu gezeigt. Das Printicon dient zum Ansteuern einer Oszillographenröhre als Display.

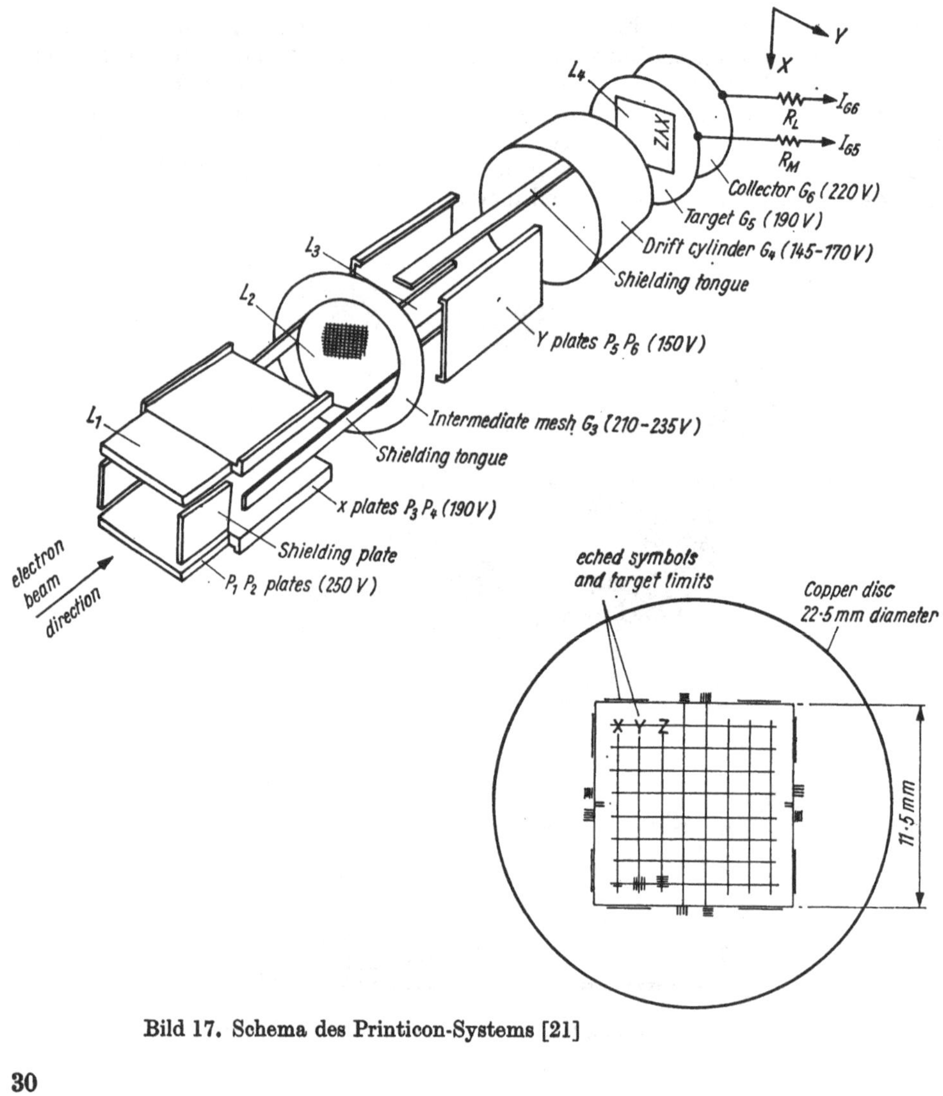

Bild 17. Schema des Printicon-Systems [21]

2.4.3.1.2. Bild 18 zeigt als Beispiel eines PROM unter anderem eine *Signalspeicherröhre* der Firma Thomson [10] mit zwei Strahlen, einem Eingangsstrahl, der auf einem ganz dünnen Target (meist benutzt man eine Glasfolie von nur etwa 0,1 µm Dicke mit nur ganz geringer Leitfähigkeit) ein Ladungsbild erzeugt, das vom fokussierten Lesestrahl abgetastet und eingeebnet wird. Das zugehörige Gerät, auf dem Bild gleichfalls zu sehen, wurde ursprünglich entwickelt, um langsame analoge Informationen zu „visualisieren", d. h. über die gezeigte Speicherröhre einem Fernsehsystem die Bildinformation in Fernsehnorm zu liefern. Das Gerät kann aber auch an einen Zeichentisch angeschlossen werden, so daß es automatisch Linien der Information aufs Papier zeichnet. Einfacher aufgebaut sind die einstrahligen Signalspeicherröhren. Die entsprechenden Geräte können z.B. ein Fernseh-Einzelbild speichern und anschließend mindestens 10 Minuten lang in einwandfreier Qualität wiedergeben. Auch Firma Sie-

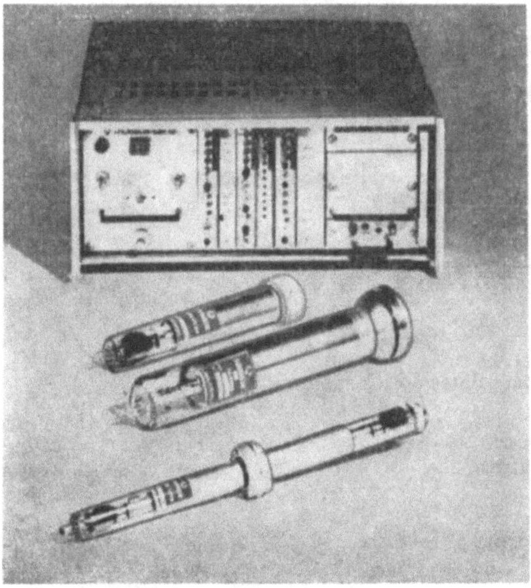

Bild 18. Bildspeichergeräte [10]

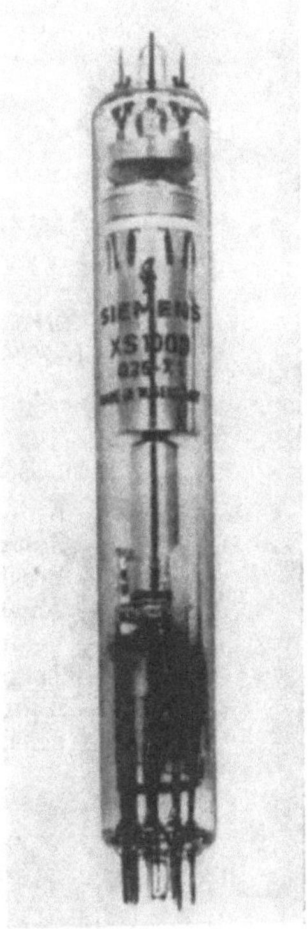

Bild 19. Beispiel einer Signalspeicherröhre [22]

mens hat eine solche Speicherröhre für Langsamübertragung von Einzelbildern (Scheck, technische Zeichnung u. ä.). entwickelt. Bild 19 zeigt ein Beispiel. Das Funktionieren wird im Bild 20 angedeutet. Die isolierende Speicherschicht ist nicht homogen, weil dann das Auflösungsvermögen und die Speicherzeit zu gering wären. Das Entscheidende ist das Target aus n-Silizium mit Zäpfchenstrukturen, die durch Ätzung aus thermisch aufgewachsenem SiO_2 entstanden sind. Man kann mit dieser Röhre bis zu 11 Grautöne speichern.

2.4.3.2. CRT-Röhren mit optischem Ausgang

2.4.3.2.1. Für viele Zwecke stellt statt Ausgabe eines weiterzuverarbeitenden elektrischen Signals eine sofortige optische Ausgabe des gespeicherten Bildes die elegante Lösung dar. Für solche Speicheroszillographen, die kurze einmalige Vorgänge für längere Zeit visuell auswertbar zu machen gestatten, wurden im Funkwerk Erfurt zwei *Sichtspeicherröhrentypen* entwickelt, B13S11 und B13S13 [2], deren Wirkungsweise und Besonderheiten später ausgeführt werden.

2.4.3.2.2. Bemerkenswert ist es, daß auch heute noch im westlichen Ausland Aktivitäten sogar in die gute alte *Blauschriftröhre* gesteckt werden [23], die im zweiten Weltkrieg von der Firma Lorenz entwickelt wurde. Ihr Äußeres wird im Bild 21 an einem Labormuster gezeigt. Ihr Funktionieren beruht auf dem Erzeugen von sog. Farbzentren in einer statt Leuchtschirm aufgebrachten KCl-Schicht mit Hilfe eines Schreibstrahls.

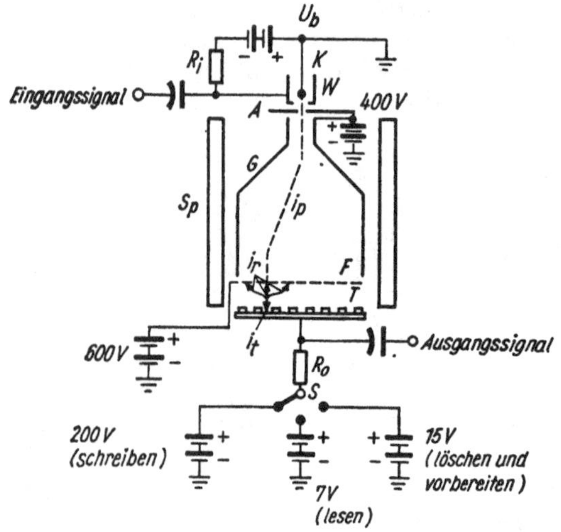

Bild 20. Schema einer Signalspeicherröhre [22]

K — Katode
W — Steuerelektrode
A — Beschleunigungsanode
G — Anodenzylinder
F — Feldnetz
T — Target
Sp — Ablenk- und Fokussierspulen
S — Schalter zum Einstellen des Lese- des Schreib- und des Löschvorganges

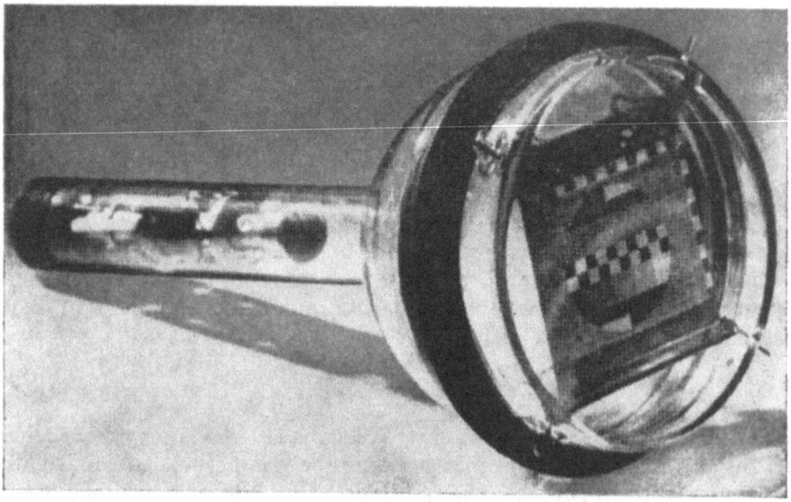

Bild 21. Blauschriftröhren-Labormuster [23]

Die Lesezeit ist praktisch unbegrenzt. Die Farbzentren werden rückverwandelt, d. h. gelöscht, durch flächenhafte sanfte Erwärmung der KCl-Schicht mittels Joulescher Wärme auf Grund von Stromfluß in einer zwischen ihr und dem durchsichtigen Substrat (z.B. Glasfolie oder Glimmer) aufgebrachten halbleitenden Zinnoxidschicht. Das Bild 22 zeigt den Aufbau eines neueren Entwicklungsmusters schematisch.

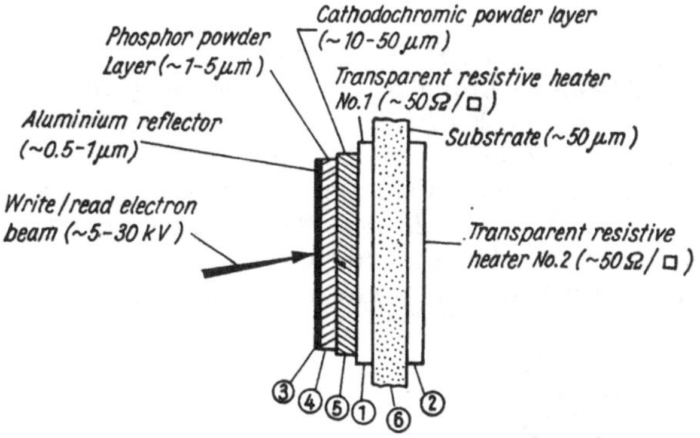

Generalized target structure. In all optical-erase tubes ⑥ is the faceplate and ① and ② are not included; the direct view cathodochromic structures consist of layers ③, ⑤ and ⑥, the cathodochromic phosphor readout structures consist of layers ③, ④, ⑤, and ⑥. In all thermal-erase tubes ⑥ is a substrate separated from the faceplate; the targets that are to be viewed in transmitted light consist of layers ①, ⑤, and ⑥; those to be viewed in reflected light consist of layers ②, ③, ⑤, and ⑥

Bild 22. Prinzipskizze eines Blauschriftröhrenschirms [23]

2.4.3.2.3. Nun zu den bekannten eigentlichen *Oszillographenröhren*. Oszillographenröhren mit rundem Schirm sind heute im Export kaum noch absetzbar, und solche ohne Planschirm wohl überhaupt nicht. Das bedeutet für den Oszillographenröhrenhersteller glastechnologische Überzeugungsprobleme bei seinem Halbzeughersteller, denn ein Kunde mit extremen Qualitätswünschen (z.B. hinsichtlich Ausdehnungskoeffizienten) aber ohne großen Tonnenzahlbedarf ist stets unbeliebt. Die wegen des Einsatzes in volltransistorisierten Oszillographen zu erhebende Forderung nach hoher Ablenkempfindlichkeit bei hoher Schreibgeschwindigkeit bedingt hohe Fleckhelligkeit, d. h. Notwendigkeit einer Nachbeschleunigung, nachdem die Ablenkung an den noch langsamen Elektronen vorgenommen war. Deshalb ist es notwendig, Ablenkverzeichnungen, hervorgerufen durch Hineingreifen des Nachbeschleunigungsfeldes zwischen die Ablenkplatten, zu vermeiden, z.B. durch screen-mesh und oder plate-mesh. Eine weitere Möglichkeit, die Ablenkempfindlichkeit zu steigern, ist das Anbringen einer rotationssymmetrischen elektronenoptischen Sammellinse zwischen den Ablenkplatten und der Nachbeschleunigungselektrode. Diese muß dann aber so stark brechen, daß die abgelenkten Strahlen nochmals die Systemachse schneiden [3, 24]. In welchem Maße dabei die Raumladung vernachlässigt werden kann, wurde kürzlich gezeigt [25]. Hohe Grenzfrequenz muß oft gefordert werden. Daraus ergibt sich das Bedürfnis nach geringen Zuleitungskapazitäten und Induktivitäten zu den Ablenkplatten, die deshalb direkt, seitlich am Röhrenhals herausgeführt sind. Wo nötig, muß man überdies statt der einfachen Ablenkplatten unterteilte Ablenksysteme oder Ablenksysteme in Form von Verzögerungsleitungen, beispielsweise als Flach-Mäander verwenden. Damit erreicht man, daß die Ablenkimpulse mit den abzulenkenden Strahlelektronen in Bewegungsrichtung mitwandern und die Elektronen nicht etwa während ihrer Verweildauer zwischen den Ablenkplatten von den hochfrequenten Ablenkspannungen hin und her gerissen werden. Für Spezialzwecke werden nach wie vor Zwei- und Mehrstrahlröhren gebaut und eingesetzt, wie aus jüngeren Veröffentlichungen hervorgeht. Daß bei Einsatz in volltransistorisierten Oszillographen bei allen Oszillographenröhrentypen eine extrem niedrige Anheizzeit gefordert wird, ist bekannt und wird jetzt auch bei indirekter Heizung befriedigend erfüllt. 5 Sekunden Anheizzeit, was auch bei den besten Bildwiedergaberöhren erreicht wurde, dürfte Weltspitze sein. Innenraster und Glasfaseroptik sind heute auf dem Weltmarkt gefragt. Die hauptsächlich interessanten Probleme bei den Oszillographenröhren sind heute technologischer Art.

Eine wichtige Forderung, die heute an Oszillographenröhren gestellt wird, ist die, durch elektronische Mittel, nämlich durch Spannungsänderung an der Aluminiumhinterlegung des Leuchtschirmes, die Eindringtiefe der Strahlelektronen zu variieren und so unterschiedliche Farben der geschriebenen Kurven zu erreichen. Die Technologie ist dabei die alte der Kaskadenleuchtschirme, wie sie seinerzeit für Radarröhren entwickelt werden mußte. Das Bild 23 soll diese Technologie andeuten. Die Firma Thomson bietet nach ähnlicher Technologie hergestellte *Farbdisplayröhren* an und propagiert sie mit einem einprägsamen, wenn auch etwas reißerischen Farbbild

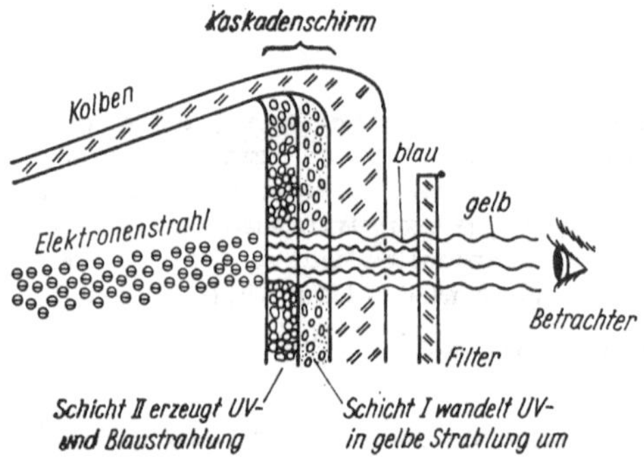

Bild 23. Kaskaden-Leuchtschirm zur Verbesserung der Quantenausbeute und Anpassung der Nachleuchtdauer

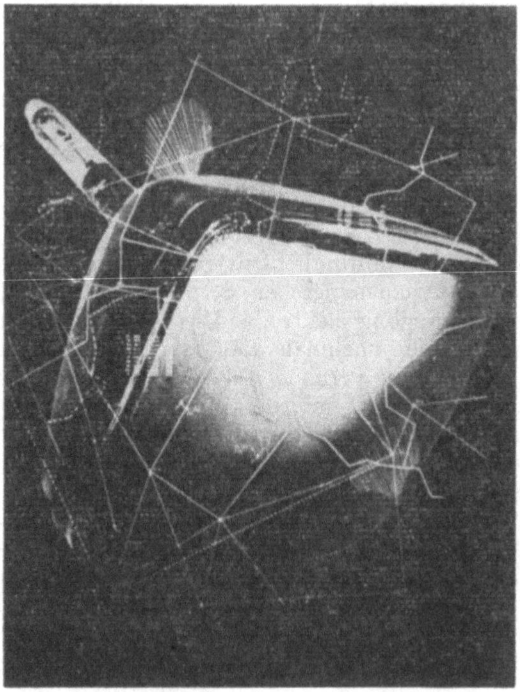

Bild 24. Farbdisplayröhre [10]

in ihrem Prospekt [10], das hier allerdings nur in Schwarz-Weiß-Übersetzung wiedergegeben werden kann, Bild 24. Von Rot über Orange und Gelb bis Grün kann man vier verschiedene Farben verifizieren. Statt dessen kann man auch Schirme mit unterschiedlicher Nachleuchtdauer haben. So war ja der ursprüngliche Zweck der Kaskadenschirme, weil es für Radarröhren keine Leuchtstoffe mit extrem kurzer Ansprechzeit, verbunden mit extrem langer Nachleuchtdauer gab.
Im einzelnen soll auf die *Radarröhren* nicht eingegangen werden; begreiflicherweise gelangen Informationen nur gefiltert an die Öffentlichkeit. Auch die für technisch-wissenschaftliche Zwecke eingesetzte *Stroboskopröhre*, die es, ausgerüstet mit einem Flutstrahl statt eines gebündelten Schreibstrahls, bei entsprechender Ansteuerung erlaubt, periodisches Flächenleuchten eines Schirmes nach vorgegebener Zeitfunktion zu bewirken, soll hier nicht besprochen werden [26].

2.4.3.3. Hochvakuumdisplayröhren

Dagegen möge eine hinsichtlich der Anwendung hierher gehörende wenn auch nicht mit niederperveantem Elektronenstrahl arbeitende ganz neue, sehr interessante *Hochvakuumlösung für numerische Displays* namens Digitron erwähnt werden, die die Firma ISE in Japan fertigt und die verschiedentlich ausgestellt war, ein Muster an Einfachheit der Konstruktion, Übersichtlichkeit des Funktionierens und billiger Herstellbarkeit. Die äußere Erscheinung einiger Baumuster geht aus Bild 25 hervor. Das Ziffern-

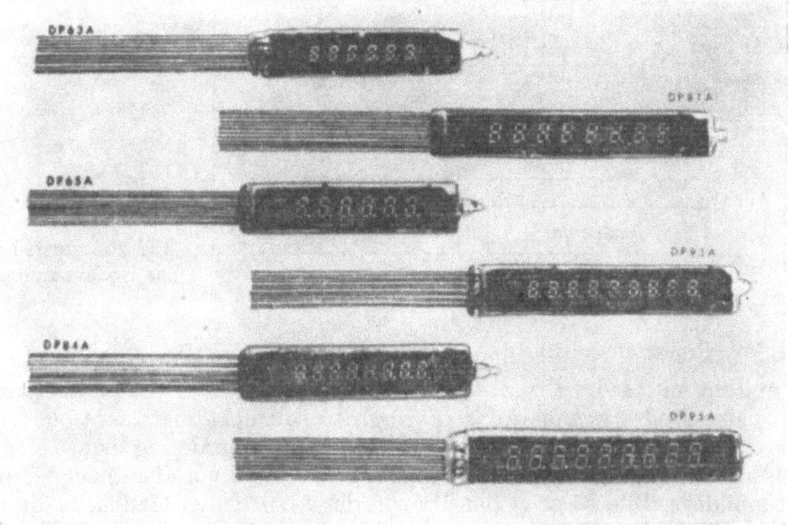

Bild 25. Hochvakuumdisplays [27]

muster jeder Stelle besteht wie meist aus 7 Segmenten und einem Dezimalzeichen. Diese Segmente einer Stelle liegen jeweils hinter einem gut transparenten Metallgitter. Jedes Segment kann an positives Anodenpotential angelegt werden und wird, falls man das Gitter nicht an negatives Sperrpotential gelegt hat, von Elektronen getroffen, die von zwei fast unsichtbaren über alle neun Stellen hinweg gespannten Katodenfäden kommen. Die Segmente sind je mit einem Leuchtstoff besonders geringer Ansprechenergie beschichtet und leuchten unter Elektronenbombardement auf. Die gleichliegenden Segmente aller Stellen sind gemeinsam herausgeführt, zwei weitere Durchführungen werden für die Katode gebraucht. Man kann also für eine neunstellige Hochvakuum-Displayröhre insgesamt 19 Durchführungsdrähte zählen. Die innere Schaltung ist nach der Art integrierter Strukturen technologisch sehr einfach gelöst. Im Gleichstrombetrieb kann man zwar einzelne Gitter sperren, wenn man es aber nicht tut, zeigen alle neun Stellen zwangsläufig einunddieselbe Ziffer, entweder alle 0 oder alle 1 oder ... oder alle 9. Das hängt von der Auswahl der an Anodenspannung gelegten Segmente ab. Im praktischen Einsatz trifft diese Auswahl ein Datenspeicher über einen segment-decoder-driver. Für den Hersteller von Hochvakuumröhren dürfte die als time-shering bezeichnete Methode für das Zustandekommen der Anzeige nicht so geläufig sein wie für Display-Experten. Daher sei es erlaubt, darauf etwas ausführlicher einzugehen. Ein Ringzähler tastet vom Auslöseimpuls getrieben der Reihe nach nur das Gitter der 1. Stelle, dann nur das Gitter der 2. Stelle, usw. bis zum Gitter der 9. Stelle und dann wieder von neuem beginnend das Gitter der 1. Stelle elektronendurchlässig ab. Gleichzeitig fragt der Auslöseimpuls beim segment-decoder-driver an, was für eine Ziffer soll jetzt, jetzt und jetzt erscheinen. Dieses zeitliche Nacheinander wechselt so schnell, daß es von unserem Auge als räumliches Nebeneinander empfunden wird. Bild 26 deutet diese Ansteuerung an. Es ist dem Prospektmaterial von ISE in Japan entnommen [27].

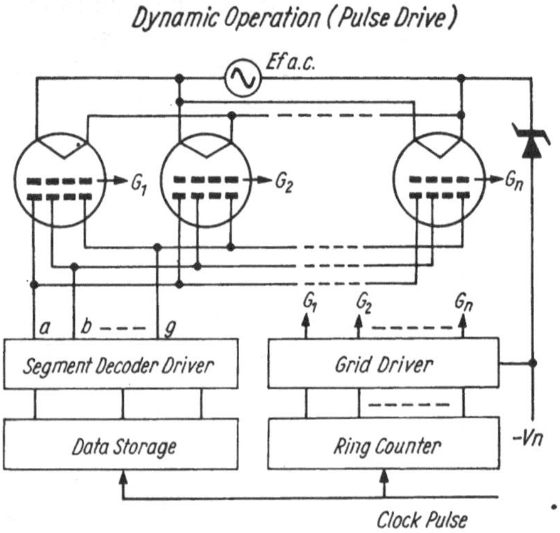

Bild 26. Ansteuerungsschema des Hochvakuumdisplays [27]

2.4.3.4. Großraumprojektions-Analogdisplayröhren

Eine weitere mit niederperveantem Elektronenstrahl im Vakuum arbeitende Röhre, nämlich eine *Großraumprojektions-Displayröhre* soll nicht unerwähnt bleiben. Sie arbeitet als Steuerglied für eine Fremdlichtquelle. Die Anordnung eignet sich aber nicht nur als alpha-numerisches Display, sondern auch (und vor allem) zur Wiedergabe von Grautonbildern. Bild 27 zeigt das Prinzip der Anordnung. Man sieht die Lichtquelle, die Polarisatorfolie, die nur den vertikal schwingenden Lichtverkehr hindurchläßt und den Analysator, der nur Licht mit horizontaler Polarisationsebene hindurchläßt, so daß hinter ihm normalerweise Finsternis herrscht. Daß der Lichtstrahl durch einen Spiegel reflektiert wurde, macht bis jetzt noch nichts aus. Wenn der Spiegel mit einer isotropen Folie bedeckt ist, stört das auch noch nicht. Jetzt kommt aber ein Elektronenstrahl von der Seite und lädt diese Schicht in Gestalt z.B. eines alphanumerischen Zeichens „A" auf. Und da gibt es nun Folienmaterialien, die unter dem Einfluß der solcherart entstandenen Feldstärke optisch doppelbrechend werden. Damit erleidet der reflektierte Lichtstrahl eine elliptische Polarisation, er hat also neuerdings eine Komponente, die den Analysator durchsetzen kann. Dieses Licht wird durch eine Projektionsoptik gesammelt und erzeugt somit ein Wandbild des vom Elektronenstrahl geschriebenen Ladungsbildes. Das Ladungsbild auf der Folie wirkt also gewissermaßen wie ein Dia. (Daß es als solches natürlich eigentlich auf dem Kopf stehen

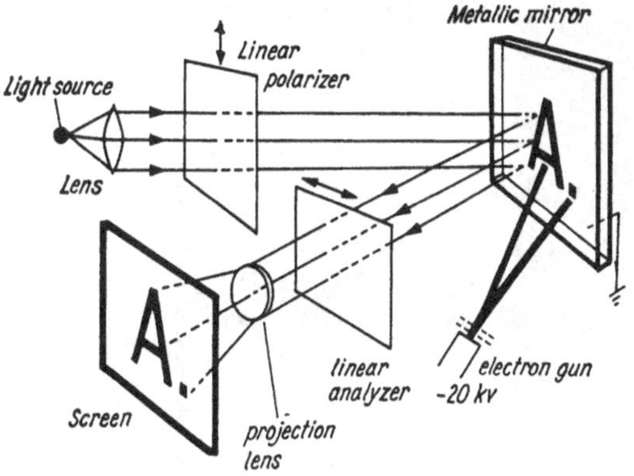

Bild 27. Schema einer Großraumprojektions-Display-röhre [28]

müßte, braucht uns beim Verständnis der Prinzipskizze nicht zu stören). Wenn die Ladung auf unserer doppelbrechenden Folie allmählich zum Rückkontakt abfließen kann, ist bei zeilenweiser Elektronenstrahlabtastung auch die Projektion bewegter Fernsehbilder prinzipiell möglich. Es wäre sicherlich ein Vorteil, wenn in einem Hörsaal nach diesem Prinzip die Vielzahl der Monitoren, die zu einer pädagogisch ungesunden Blickrichtungsdivergenz bei den Hörern führen, wegfallen könnte.

2.4.3.5. Elektrographieröhren

Eine letzte Abart der Oszillographenröhre, die in jüngster Zeit Bedeutung gewonnen hat, sei noch erwähnt: Röhren zum unmittelbaren Ausdrucken einer Information [29]. Der Oberbegriff lautet „Elektrographie". Bild 28 zeigt eine Breitschirm-Oszillogra-

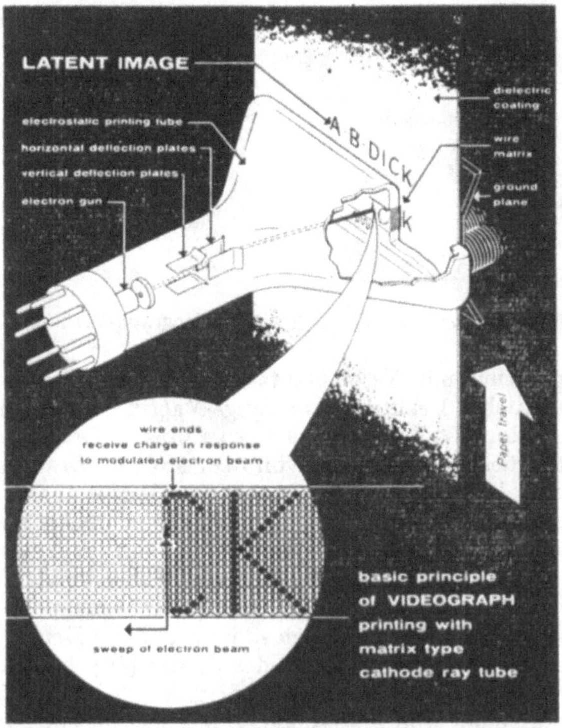

Bild 28. Breitschirmoszillographenröhre für Elektrographie nach dem Videograph-Verfahren [29]

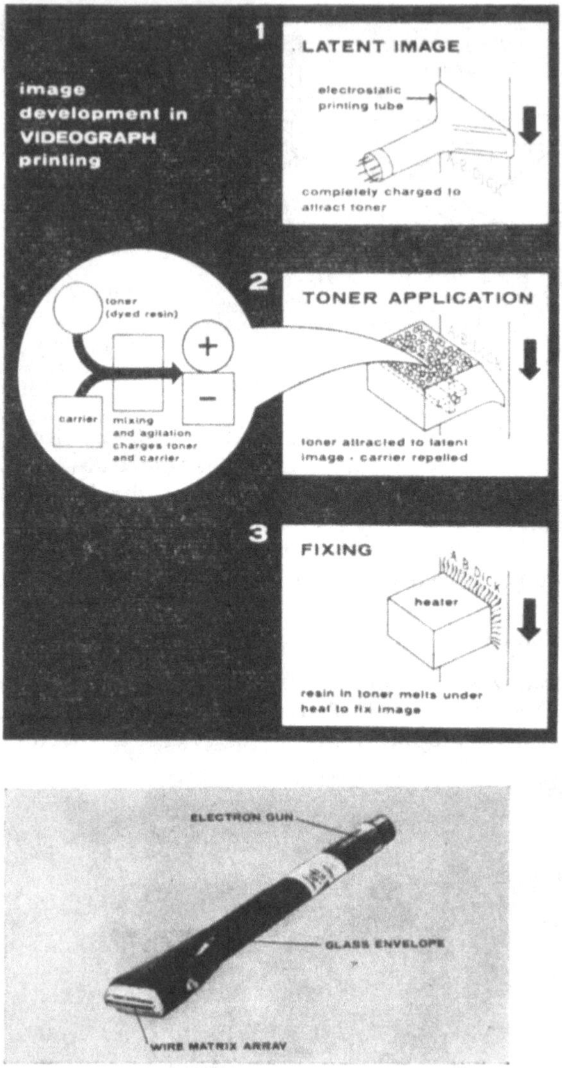

Bild 29. Prinzip der Bildentstehung nach dem Videograph-Verfahren [29]

phenröhre, für Scanningbetrieb mit Vertikalabtastung gedacht, bei der aber der Schirm durch eine vakuumdichte Drahtdurchführungs-Matrix ersetzt wird. Der modulierte Elektronenstrahl bringt Ladung jeweils an *ein* inneres Drahtende. Das von außen gegen die Matrix gedrückte Papier wird von dem äußeren Drahtende aufgeladen. Es entsteht somit ein als „latent" bezeichnetes Ladungsbild, wie es auf dem Teilbild 2 von Bild 29 punktiert angedeutet ist. Pigmentpulver, dessen Körnchen eine Harzkomponente enthalten, werden durch die elektrostatische Aufladung auf dem Papier festgehalten und mit Hitze fixiert, wobei das Harz als Binder wirkt. Und schon ist der Druck fertig. Die verwendete „Videographröhre" mit Elektronenkanone, Glaskolben und Drahtmatrix ist zu sehen. Bild 30 zeigt einen so hergestellten Druck. Eine Abart stellt die Multiphotokathoden-Druckröhre des Bildes 31 dar [30], bei der die Aufladung nicht durch Elektronenstrahl unmittelbar, sondern durch Licht erfolgen kann, weil jedes in den Vakuumraum der Röhre weisende Drahtende mit einer Photokatode für äußeren lichtelektrischen Effekt versehen ist. Eine weitere Abart zeigt Bild 32, wo

Bild 30. Beispiel zur Verdeutlichung der erreichbaren Bildqualität mit elektrographischen Verfahren [29]

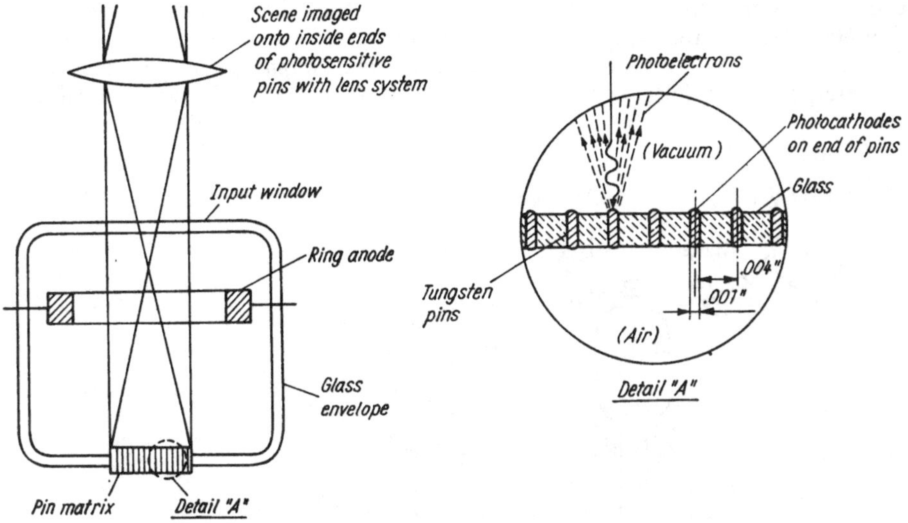

Bild 31. Elektrographieröhre, basierend auf dem äußeren lichtelektrischen Effekt [30]

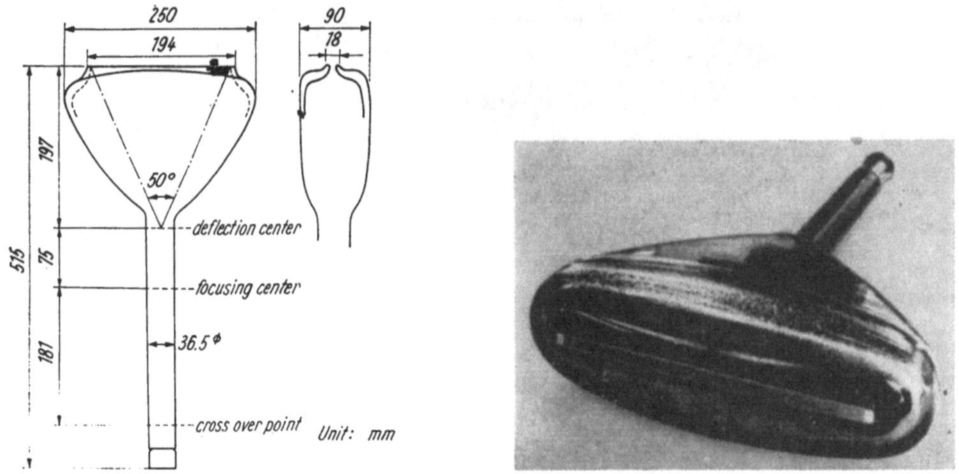

Bild 32. Die FOT-Röhre [31]

nun wieder ein Elektronenstrahl schreibt und einen ganz schmalen Leuchtstoffstreifen anregt [31]. Dessen Licht wird durch eine Glasfaseroptik an ein von außen gegen den Schirm gedrücktes lichtempfindliches Papier geleitet. Bild 33 zeigt den technologischen Ablauf schematisch. Man sieht die „FOT" genannte Druckröhre, die Vorratsrolle und die Entwicklungseinrichtung. Das FOT schreibt jeweils nur *eine* Zeile, während das Papier kontinuierlich weitergezogen wird. Wegen der hohen Schreibgeschwindigkeit des FOT, nämlich 1700 ms^{-1}, kann bei einer Zeilenbreite von 180 mm und einer Liniendichte von 10 Linien pro mm ein quadratisches Bild in 1/5 s geschrieben werden. Kombinationen mit dem Fernseher kann man sich ausdenken. Angeblich soll auch ein Ausdrucken auf lichtunempfindliches Papier nach dem schon genannten Videographverfahren möglich sein, wenn man das Papier elektrisch vorlädt. Möglicherweise wird es durch die nachfolgende Belichtung leitfähig, so daß sich die Ladung an den belichteten Stellen wegleiten läßt.

Schließlich sei das Drucken mittels einer thermisch durchlässigen Matrix als Röhrenfrontscheibe erwähnt, die in Bild 34 angedeutet ist [32]. Thermische Isolation zwischen den Matrixelementen ist gewährleistet. An den Rasterpunkten erfolgt innen, in der Platinsilizidschicht, Umwandlung der Elektronenstrahlenergie in Wärmeenergie, die durch ein gut wärmeleitendes Material, nämlich diffundiertes Kupfer im Silikat-

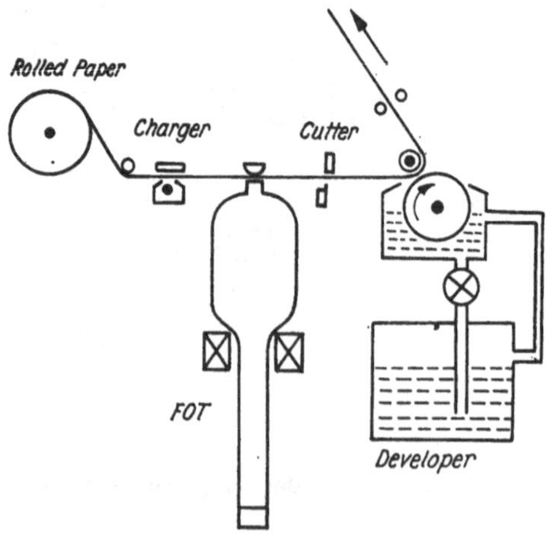

Bild 33. Prinzip der Bildentstehung nach dem FOT-Verfahren [31]

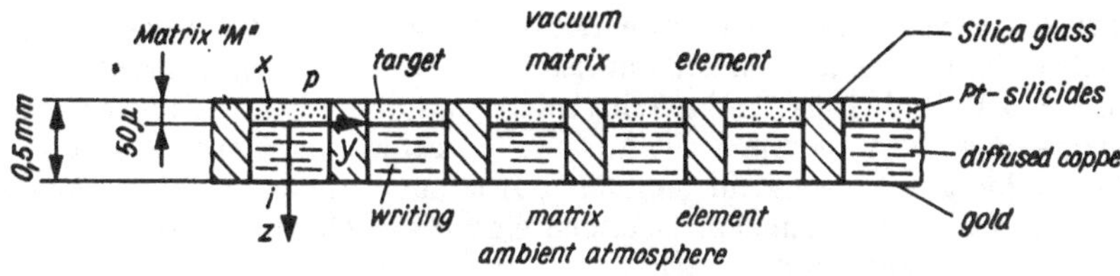

Bild 34. Frontscheibe einer auf Wärmeleitfähigkeit basierenden Elektrographieröhre [32]

glas, zur äußeren Oberfläche gelangt. Das Gold stellt lediglich eine schützende Oberflächenveredelung dar. Es soll nicht unerwähnt bleiben, daß sich für die Zwecke des unmittelbaren Ausdruckens von Informationen neben den Elektronenstrahlröhren in jüngster Zeit [33] auch solche anzubieten scheinen, die auf dem Prinzip der matrixadressierten Gasentladungsdisplays arbeiten.
Als nächste möge nun die Gruppe der Bildwiedergaberöhren behandelt werden.

2.4.3.6. Schwarz-Weiß-Bildröhren

Die Schwarz-Weiß-Bildröhre wird auch in der überblickbaren Zukunft ihren Platz behaupten und, in Mark gemessen, den wichtigsten und noch ständig steigenden Produktionsanteil der Elektronenröhren darstellen, so daß trotz des zu erwartenden Rückganges der Empfängerröhrenproduktion (die weltweit etwa 8% am gesamten Röhrenumsatz betragen dürfte) dieser Ausfall von ihr gemeinsam mit der Farbbildröhre, bei der noch keine Marktsättigung abzusehen ist, weit mehr als kompensiert wird. Bild 35 zeigt einen Blick ins Bildröhrenwerk des WF. Zwar gibt es zur Bildröhre Alternativlösungen in Form flacher Paneele, die mit Plasmaentladungen, Lichtemissionsdioden oder Flüssigkristallen verwirklicht werden. Obgleich diesen Lösungen in der Welt viel Aufmerksamkeit geschenkt wird (erst 1973 war in den IEEE Trans-

Bild 35. Blick in das Bildröhrenwerk des WF (Werkfoto)

actions das ganze November-Issue der Displayproblematik gewidmet), scheint das Verhältnis des ökonomischen Aufwandes zum Nutzen, der sich in Auflösung, Kontrastumfang und Helligkeit geltend macht, nicht an die Qualität der konventionellen Röhre heranzureichen. Man darf ja nicht nur das Paneel isoliert contra Röhre sehen, sondern muß auch den ganzen schaltungsmäßigen Ansteueraufwand bei der Signaladressierung mit in den Kalkül einbeziehen. Dennoch sind diese Alternativlösungen beachtenswert als interessante Wege und als Ergänzung nach größeren Bildformaten hin.
Bei der Größe unserer heutigen Wohnräume ist allerdings nach Meinung des Verfassers für die Heimelektronik eine Entwicklung nach immer größeren Bildformaten hin kein echtes Bedürfnis. Und auch die weitere Verflachung des Fernsehers durch immer größere Ablenkwinkel dürfte wohl kaum den dazu notwendigen Aufwand rechtfertigen. Aber da mögen vielleicht andere Leute anderer Meinung sein. Die Befriedigung von Bedürfnissen, die aus Geschmack und Mode herrühren, sind oft nur allzu raschen Änderungen unterworfen und, oft ganz plötzlich, nicht mehr in klingende Münze umsetzbar. Echte Bedürfnisse sind beständig, auch wenn sie durch fehlende Befriedigungsmöglichkeiten in die Latenz verdrängt sind. Zu welcher Sorte gehört die Forderung nach immer flacheren Fernsehgeräten? Kein Mensch nimmt Anstoß daran, wenn ein Kühlschrank, ein Herd, ein Schreibtisch mit seinem Volumen in den Raum hineinragt. Aber Bilder sollen nicht mitten im Zimmer hängen, sondern sich flach an die Wand schmiegen; der dreidimensionale Raum vor ihnen ist dem Betrachter vorbehalten. Das war schon immer so. Aber nun soll auch der Fernseher mit einem flachen Wandbild wetteifern können. Daher der Drang zum wandnahen Fernsehbild. Ich weiß, daß es Leute gibt, die sich vom Ankauf eines Farbfernsehers nicht durch den Preis abhalten lassen, sondern weil ihnen die Achse der Bildröhre zu lang, also der Farbfernseher nicht flach genug ist. Offenbar hatte eine Vergrößerung des Öffnungswinkels von 90° auf 110° bei Farbbildröhr eneben doch Chancen, von den Freunden des möglichst flachen Fernsehgerätes bezahlt zu werden, solange das idealflache Paneel für ästhetisch hochstehende Bildwiedergabe in Farbe noch nicht zur Verfügung steht.
Demgegenüber scheint die Fernsehprojektion auf eine Leinwand (ein Problem, dem *Knoll* schon in den Dreißigerjahren nachgegangen ist) ein in die Latenz verdrängtes echtes Bedürfnis gewesen zu sein, z. B. für den Unterrichtsfernsehfunk. Die Problematik wurde bereits im Zusammenhang mit Bild 27 erwähnt:

2.4.3.7. Farbbildröhren

Man darf erwarten, daß in den kommenden Jahren die Hauptaktivität auch in der sozialistischen Staatengemeinschaft bei der Farbbildröhre liegen wird. Darauf spezialisiert hat sich im RGW-Rahmen das Bildröhrenwerk in Lwow. Es ist aber anzunehmen, daß noch weitere Bildröhrenwerke auch in anderen Staaten hinzukommen werden.

2.4.3.7.1. Die beherrschende Stelle nimmt die *Lochmaskenröhre* ein, die aber wegen der nur siebzehnprozentigen Strahlausnutzung sicherlich noch nicht das Ende der Entwicklung darstellt. Das Prinzip der Lochmaskenröhre wird in Bild 36 vor Augen geführt. Die drei Farbauszugsbilder werden in Gestalt von Hell-Dunkel-Steuerung an den Wehneltelektroden der drei Strahlkanonen gelegt und die drei Strahlen, gemeinsam abgelenkt, über die verschiedenfarbig leuchtenden Schirmpunkte geführt. Dabei werden sie von der Lochmaske nur dann durchgelassen, wenn sie dem betreffenden Leuchtpunkttripel des Schirmes richtig zugeordnet sind. Unser DDR-Farb-Fernseher „Color 20“ ist mit der sowjetischen Lochmaskenröhre 59ЛК3Ц aus Lwow ausgerüstet wie auch der sowjetische Farbfernseher „Electron 701“. Die technischen Daten sind bekannt und können in deutschen Prospekten nachgelesen werden. Inzwischen ist eine Weiterentwicklung erfolgt, die 61ЛК1Ц, bei der im wesentlichen der

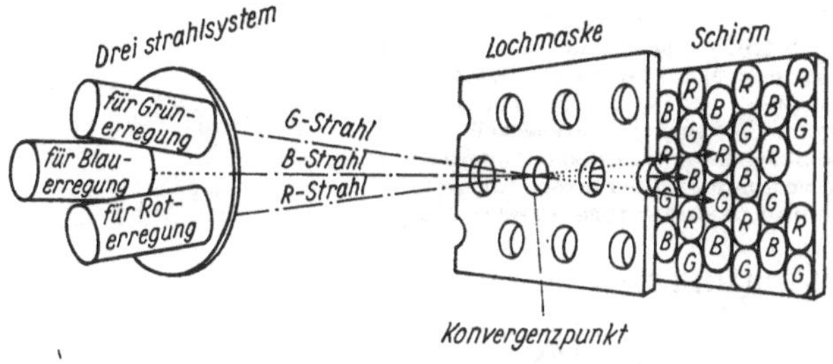

Bild 36. Schema der geometrischen Anordnung von Leuchtschirm, Lochmaske und Dreistrahlsystem in einer Farbfernsehröhre

Масочный трехлучевой цветной кинескоп 59ЛК3Ц с прямоугольным алюминированным экраном точечной структуры, со средним послесвечением, углом отклонения электронных лучей по диагонали 90°, электростатической фокусировкой, магнитным отклонением и сведением электронных лучей предназначен для использования в приемных телевизионных устройствах в системе цветного телевидения.

ОСНОВНЫЕ ДАННЫЕ

Угол отклонения луча по диагонали, град.	90
Размер растра, мм	380x480
Длина, максимальная, мм	512
Диаметр горловины, максимальный, мм	37
Яркость свечения экрана в белом (цветовая температура 9300°К, суммарный ток луча 1000 мкА), кд/м²	80
Напряжение накала, В	6,3
Ток накала, А	0,9
Напряжение на ускоряющем электроде, В	250÷750
Напряжение на фокусирующем электроде, кВ	4,7÷5,5
Запирающее напряжение, В	—190÷—100
Напряжение анода, кВ	25
Разрешающая способность, линий:	
в центре	600
по углам	500
Номинальное значение цветовых координат основных цветов изображения в системе МКО:	
красный	
x	0,64
y	0,33
зеленый	
x	0,29
y	0,6
синий	
x	0,15
y	0,06
Вес, кг	17,5

Bild 37. Technische Daten der Farbbildröhre 59 ЛК3Ц [34]

alte 90°-Ablenkwinkel durch den bei modernen Schwarz-Weiß-Bildröhren gängigen 110°-Ablenkwinkel ersetzt ist. Auch die Daten dieser Röhre sind in deutschen Prospekten zugänglich. Die Bilder 37 und 38 zeigen Wiedergaben des russischen Originalprospektes.

2.4.3.7.2. Man arbeitet übrigens auch an *Farbbildröhren mit Gittermaske* statt Lochmaske für verschiedene Formate bis hinab zu kleinsten Abmessungen. Solche Miniaturfarbwiedergaberöhren werden z. B. als Sehhilfe für Schwachsichtige unmittelbar vor dem Auge eingesetzt.

2.4.3.7.3. Der Nachteil der Gittermaskenröhre großen Formats ist ihre Schwingneigung mit der mechanischen Eigenfrequenz. Er wird von der *Schlitzmaskenröhre* [35] vermieden, wie auch gleichzeitig einige erhebliche Nachteile der Lochmaskenröhre. Das Wirkprinzip der Schlitzmaskenröhre ist in Bild 39 wiedergegeben.
Ihre Besonderheiten sind: a) alle drei Elektronenkanonen in einer Ebene, b) temperaturkompensierte Aufhängung der Maske, c) 110° Öffnungswinkel, d) Leuchtstoffaufbringung nicht punktförmig sondern technologievereinfachend in vertikalen Strei-

Масочный трехлучевой цветной кинескоп 61ЛК1Ц с прямоугольным алюминированным экраном точечной структуры, с средним послесвечением, углом отклонения электронных лучей по диагонали 110°, электростатической фокусировкой, магнитным отклонением и сведением электронных лучей предназначен для использования в приемных телевизионных устройствах в системе цветного телевидения.

ОСНОВНЫЕ ДАННЫЕ

Угол отклонения луча по диагонали, град.	110
Размер растра, мм	370×475
Длина, максимальная, мм	415
Диаметр горловины, максимальный, мм	29,5
Яркость свечения экрана в белом (цветовая температура 9300°К, суммарный ток луча 250 мкА), кд/м²	100
Напряжение накала, В	6,3
Ток накала, А	0,9
Напряжение на ускоряющем электроде, В	500
Напряжение на фокусирующем электроде, кВ	5
Запирающее напряжение, В	—190 ÷ —100
Напряжение анода, кВ	25
Разрешающая способность, линий:	
в центре	600
по углам	500
Номинальное значение цветовых координат основных цветов изображения в системе МКО:	
красный	
x	0,04
y	0,33
зеленый	
x	0,29
y	0,6
синий	
y	0,15
x	0,06
Вес, кг	16,5

Bild 38. Technische Daten der Farbbildröhre 61 ЛК1Ц [34]

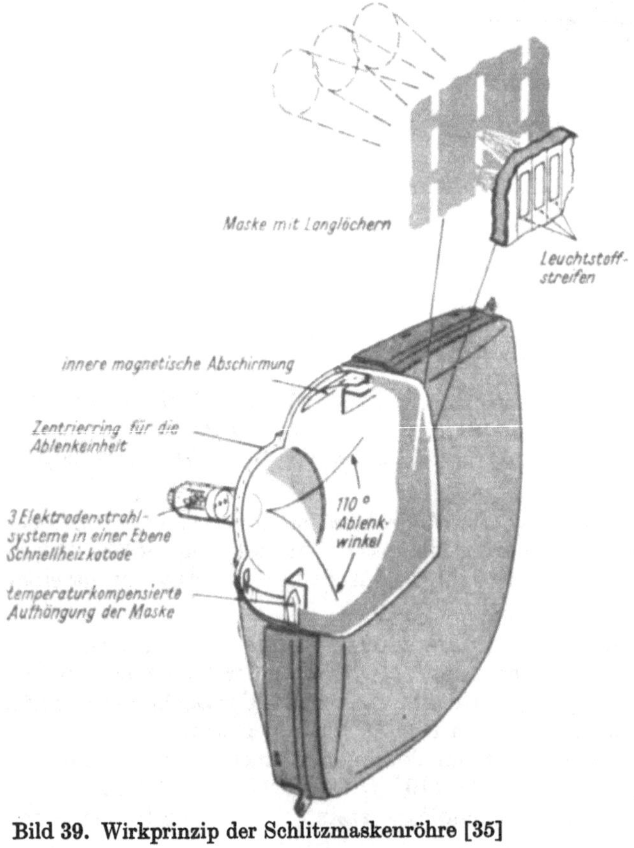

Bild 39. Wirkprinzip der Schlitzmaskenröhre [35]

fen, folglich aber auch e) Farbreinheit in vertikaler Richtung unabhängig vom Landeort der Elektronen auf dem Schirm, f) Landungsfehler auf Grund von geringen magnetischen Restfeldern tragbar, d. h. Materialeinsparung bei den Entmagnetisierungsspulen, g) Astigmatismus nicht so kritisch (durch das geschickte Zusammenwirken des astigmatischen stark kissenförmigen Horizontalablenkfeldes mit dem astigmatischen tonnenförmigen Vertikalablenkfeld, deren Anwendung infolge der schlitzförmigen Langlöcher der Maske ermöglicht wird, kommt ein Ergebnis zustande, das frei von Astigmatismus erscheint), folglich h) keine Konvergenzschaltung nötig, i) kein Konvergenztopf für dynamische Konvergenzkorrektur nötig und j) demzufolge 20 mm kürzerer Röhrenhals.

Bild 40 zeigt die sog. Mehrpoleinheit, bestehend aus mehreren magnetischen Korrekturfeldern (Sechs-, Vier- und Zweipole), montiert an die Ablenkeinheit, deren Bestandteile (Sattelspule in Strangwickeltechnik) jedoch im einzelnen nicht zu sehen sind. Die Strahlkorrektur gelingt mit der Mehrpoleinheit wirklich sehr leicht in nur 8 Schritten, Interessenten seien auf Seite 14 der Literaturstelle [35] hingewiesen.

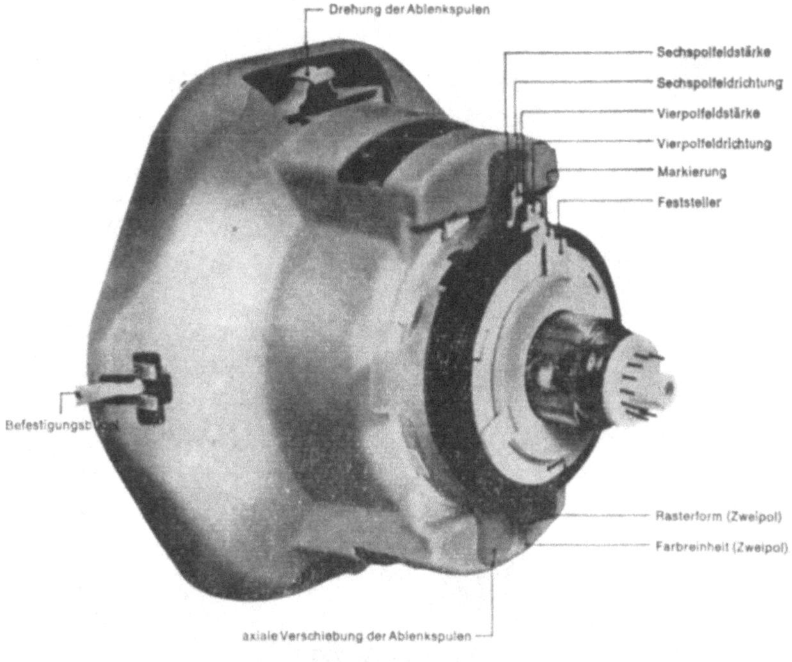

Bild 40. Ablenkeinheit und Mehrpoleinheit für Schlitzmaskenröhren [35]

Ein Handikap stellt bei dieser Schlitzmaskenröhre genau wie bei der Lochmaskenröhre die Notwendigkeit eines relativ dicken Röhrenhalses dar, der sich nicht verengen läßt, ohne die Hochspannungsfestigkeit zu gefährden oder, bei gleichzeitiger Verkleinerung der Kanonensystemabmessungen, die elektronenoptischen Schwierigkeiten in die Höhe zu treiben.

Eine weitere Steigerung der Bildwiedergaberöhrenproduktion ist zu erwarten, wenn die Fernsehtelephonie eingeführt wird, zuerst schwarz-weiß, später in Farbe.

2.4.7.3.4. Ein wichtiges *Problem der Zukunft* wird bei allen Farbbildwiedergaberöhren die Forderung nach noch besser geeigneten Leuchtstoffen bleiben, insbesondere nach rot leuchtenden Leuchtstoffen, obgleich die auf der Basis der seltenen Erden, nämlich Yttriumoxysulfid dotiert mit Europium ($Y_2O_2S{:}Eu$), Yttriumoxyd dotiert mit Europium ($Y_2O_3{:}Eu$) und Gadoliniumoxyd dotiert mit Europium ($Gd_2O_3{:}Eu$) schon erhebliche Verbesserungen gebracht haben.

Auf dem Gebiet der *Bildaufnahmeröhren* hat sich in den vergangenen Jahren einiges getan. Ein ganzes Issue der IEEE Transaction on Electron Devices, November 1971, wurde der Bildaufnahmeproblematik gewidmet. Dort werden auch Festkörper-Alternativlösungen besprochen, aber hauptsächlich befassen sich die Beiträge mit neueren vakuumelektronischen Entwicklungen. Im Vorliegenden soll auf Wirkungsweise und Besonderheiten nur flüchtig eingegangen werden.

2.4.3.8. Ikonoskop- und Orthikon-Bildaufnahmeröhren

Von den auf dem äußeren lichtelektrischen Effekt beruhenden Ikonoskopen, siehe Bild 41, und Orthikons, siehe Bild 42, mit vorgeschaltetem Bildverstärker oder ohne einen solchen ist bei Neuentwicklungen nicht mehr die Rede. Das liegt nicht an mangelhafter Bildqualität dieser Röhren (das Gegenteil ist der Fall), sondern an der aufwendigen und schwer zu beherrschenden Technologie.

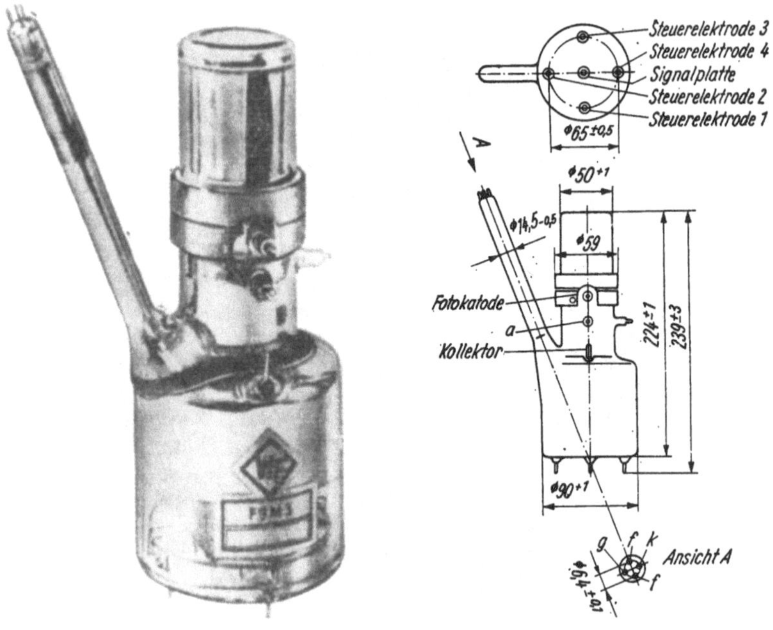

Bild 41. Beispiel eines Ikonoskopes [2a]

2.4.3.9. Vidikon-Bildaufnahmeröhren

Die Weiterentwicklung ist auf dem Gebiet der Bildaufnahmeröhren mit innerem lichtelektrischen Effekt erfolgt. Ein Vertreter der die Vidikons, Endikons und Kvantikons umfassenden Vidikonfamilie ist in Bild 43 zu sehen. Weltweit werden Vidikons heute in allerlei Größen (1″, $^2/_3$″, $^1/_2$″), für alle Spektralgebiete (Infrarot, sichtbare Strahlung, Ultraviolett, Röntgenstrahlung), für unterschiedliche Abtastgeschwindigkeiten, für magnetische aber auch für elektrostatische Ablenkung, mit erhöhter Stoß- und Vibrationsfestigkeit und für Nachtfernsehen, also mit immens erhöhter Empfindlichkeit bzw. mit Reiz-Stapelfähigkeit gebaut, vgl. auch [22]. Dabei gibt es Weiterentwicklungen, die bei zu starkem Lichteinfall nicht betriebsunfähig werden und nicht „einbrennen". Die bei modernen Bildaufnahmeröhren ausgenützten Effekte sollen kurz genannt werden, und zwar an Hand typischer Vertreter.

Sockelanschlüsse

OBERER FUSS

(7—63.5)

Stift I	Beschleunigungselektrode (Accelerator)	g6
Stift II	Fotokatode	
Stift III	nicht benutzen	
Stift IV	nicht benutzen	
Stift V	Zwischenelektrode (Decelerator)	g5
Stift VI	Speicherelektrode (Target)	
Stift VII	nicht benutzen	

UNTERER FUSS

(Sockel 14—44B; TGL 200-8154)

Stift 1	Heizer	
Stift 2	Wandbelag (Strahlfokussierung/f Feldnetz)	g4
Stift 3	Umlenkelektrode	
Stift 4	nicht benutzen	
Stift 5	Dynode 2	d2
Stift 6	Dynode 4	d4
Stift 7	SEV-Anode	a
Stift 8	Dynode 5	d5
Stift 9	Dynode 3	de
Stift 10	Dynode 1/Strahlanode	d1/g2
Stift 11	nicht benutzen	g1
Stift 12	Steuergitter	
Stift 13	Strahlkatode/Fangelektrode (Suppressor)	k
Stift 14	Heizer	f

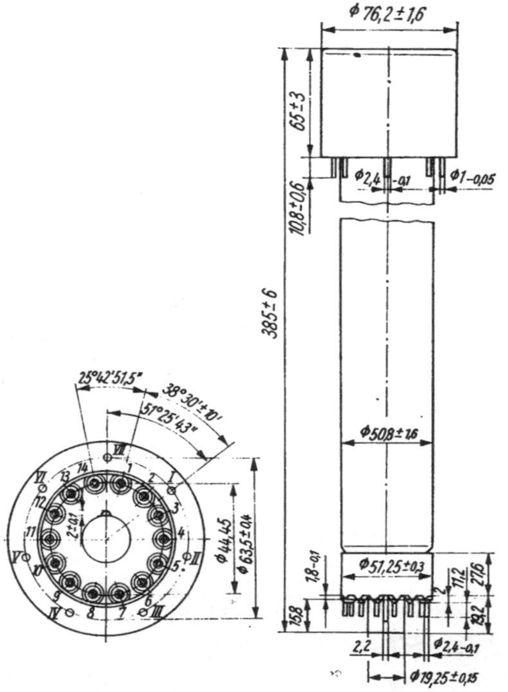

Bild 42. Beispiel eines Superorthikons [2a]

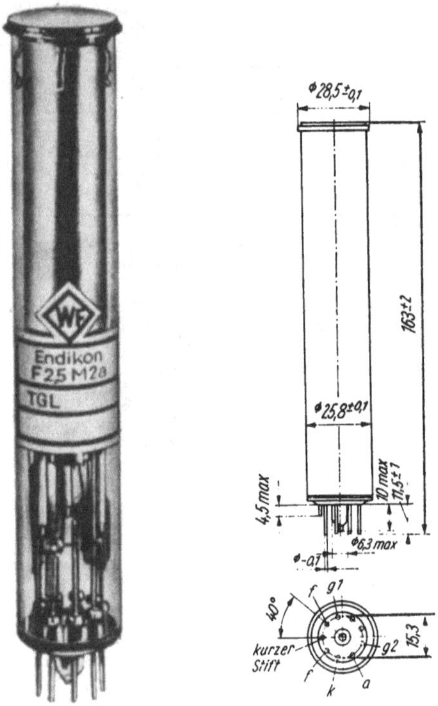

Bild 43. Beispiel eines Vertreters der Vidikonfamilie [2a]

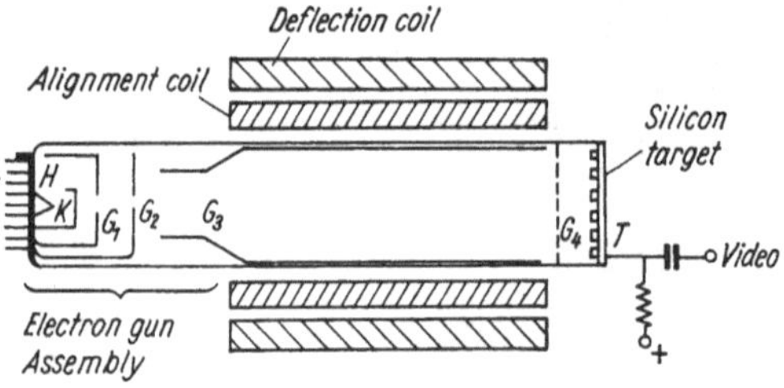

Bild 44. Schema des Multidiodenvidikons [36]

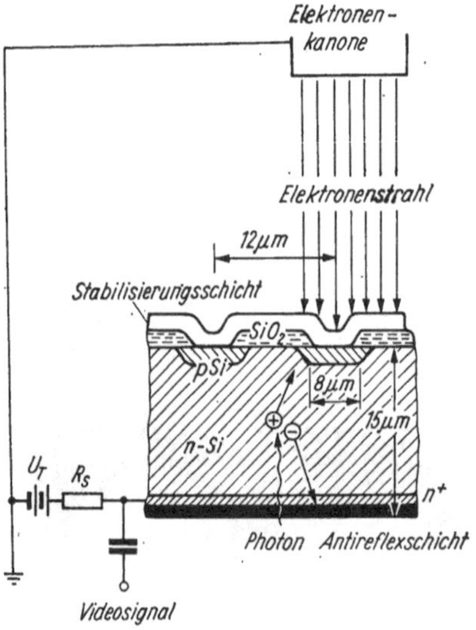

Bild 45. Schematische Anordnung der wirksamen Schichten eines Multidiodenvidikons [22]

2.4.3.9.1. Das Schema des *Multidiodenvidikons* ist in Bild 14 zu sehen. Es unterscheidet sich nur durch das Target vom Vidikon. Seine Wirkungsweise beruht darauf, daß an Stelle der Antimontrisulfid- oder Bleioxidschicht (Plumbicon) auf *n*-Silizium mit den technologischen Mitteln der Halbleitertechnik eine Matrix von in Sperrichtung gepolten Siliziumdioden (das sind *pn*-Übergänge mit gemeinsamem *n*-Kontakt) angebracht ist, und zwar etwa 1 Million Stück auf der $9{,}6 \cdot 12{,}8\ mm^2$ großen Abtastfläche. Die Anordnung geht aus Bild 45 hervor. Die durch die eingestrahlten Photonen erzeugten Elektronen-Defektelektronen-Paare stellen zu 50% Minoritätsträger ⊕ dar, die ungesperrt in den *p*-Teil geschwemmt werden und ihn an dieser Stelle positiv aufladen. Der Abtaststrahl bringt diese Stelle ruckartig wieder auf das Potential der Strahlkatode, so daß an der Signalplatte n^+ der zugehörige Verschiebungsstrom als Videosignal abgenommen werden kann. Die bei den *p*-Si-Inseln unterbrochene SiO_2-Schicht soll den Abtaststrahl vom *n*-Teil isolieren, der die Elektronen direkt zur Signalplatte n^+ leiten würde. Die an den Stellen der Dioden durchlöcherte SiO_2-Schicht stellt eine Art Steuergitter dar, das, wenn negativ aufgeladen, mit seinem Effektivpotential die Abtastelektronen am Erreichen der *p*-Si-Punkte verhindern würde. Die Stabilisierungsschicht sorgt deshalb durch ihr Kontaktpotential und ganz geringe Leitfähigkeit dafür, daß an den SiO_2-Stellen kein negatives Potential etabliert. Die gegenüberliegende n^+-Schicht setzt die Oberflächenrekombinationsgeschwindigkeit der Defektelektronen herab. Die Antireflexionsschicht wird (wie bei der Veredelung von Fotoobjektiven) aus optischen Gründen aufgebracht.

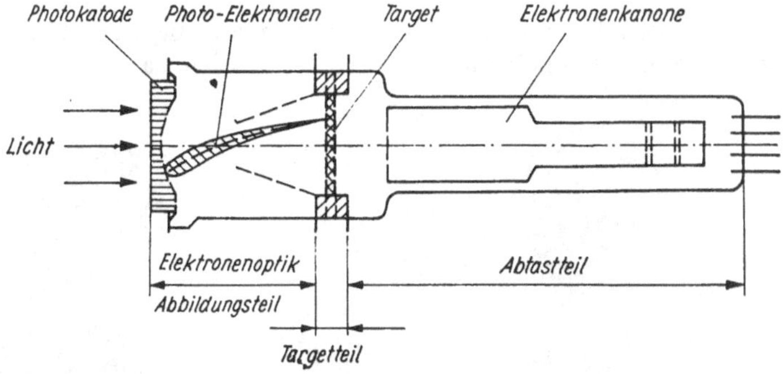

Bild 46. Schematische Darstellung einer EIC-Röhre [22]

2.4.3.9.2. Die in Bild 46 angedeutete EIC-*Röhre* (electron-induced-conductivity) arbeitet gleichfalls mit einem Multidiodentarget, jedoch werden die Defektelektronen nicht durch Lichteinstrahlung sondern durch Photoelektronen erzeugt. Diese stammen gemäß äußerem lichtelektrischen Effekt aus der gezeichneten Photokatode. Sie werden mit den in Bildwandlern üblichen elektronenoptischen Mitteln an die richtigen Stellen des Targets placiert und bewirken eine Verstärkung von 3000.

2.4.3.9.3. Die in Bild 47 abgebildetete SEC-*Röhre* (secundary-electron-conductivity) arbeitet wie die EIC-Röhre mit einem bildwandlerähnlichen elektronenoptischen Abbildungsteil, der Photoelektronen auf das Target placiert, das diesmal aber in *xy*-Richtung nicht strukturiert sondern homogen ist. Es besteht aus mehreren hauchdünnen Schichten: 600 Å Al_2O_3, 500 Å Al, das dickste ist die poröse KCl-Schicht von 15 μm Stärke. Die Photoelektronen lösen an den inneren Oberflächen der porösen KCl-Schicht Sekundärelektronen mit $\delta > 1$ aus und bewirken eine ortsfeste positive Ladung im Inneren, wodurch die negativen Oberflächenladungen bis zum Zeitpunkt der Rückkehr des Abtaststrahles ins KCl-Innere hinein abgesaugt werden. Die KCl-Schicht erscheint also an den belichteten Stellen leitfähig. Die Verstärkung beträgt etwa 100, also nur $^1/_{30}$ der EIC-Röhre. Dafür hat sie aber eine ausgezeichnete „Stapelfähigkeit“. Das bedeutet, daß die Signalhöhe nur durch die Gesamtzahl der zwischen

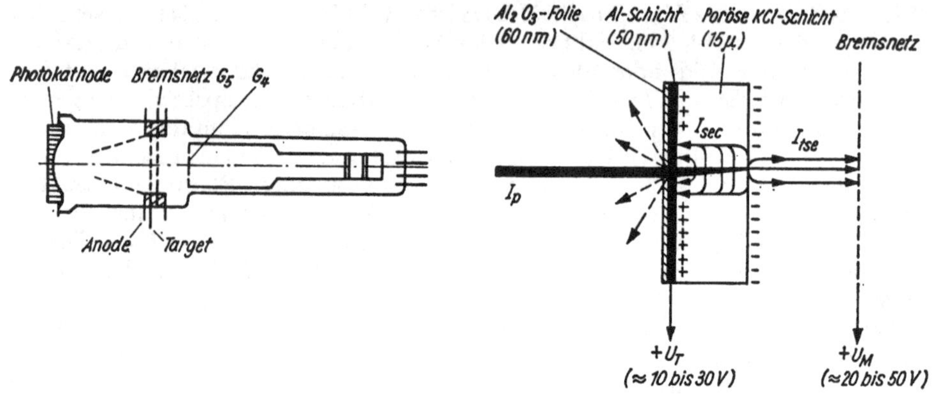

Bild 47. Schema und Wirkprinzipskizze von SEC-Röhren [22]

zwei Abtastungen auftreffenden Photonen bestimmt wird. Wo man also hinreichend langsame Abtastfrequenzen vertragen kann, eignet sich die SEC-Röhre ideal für Nachtfernsehen wie z. B. für nächtliche Parkplatz-, Gebäude- oder Verkehrsüberwachung. Durch Stapeln oder Aufintegrieren lassen sich bei stehenden Bildern Empfindlichkeitssteigerungen um den Faktor 100000 erreichen. Ein Dunkelstrom fehlt bei SEC-Röhren, ebenso Haloeffekte, weil das Signal von den Potentialen der Umgebung nicht beeinflußt wird.
Die SEC-Röhre ist gegen Überlastung empfindlicher als die EIC-Röhre, die dafür wiederum einen höheren Dunkelstrom aufweist. Dieser aber kann mit elektronischen

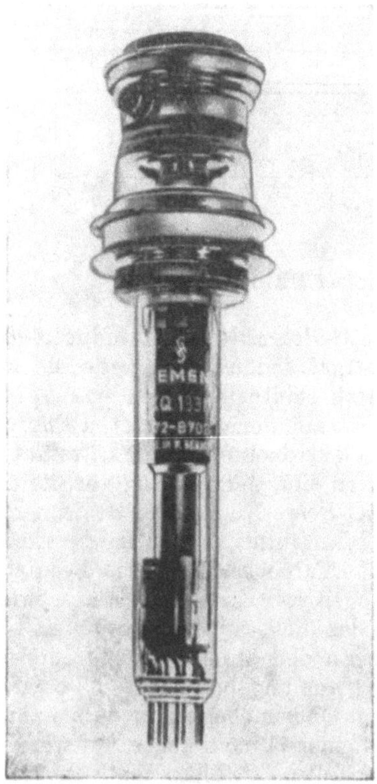

Bild 48. EIC-Bildaufnahmeröhre der Firma Siemens [22]

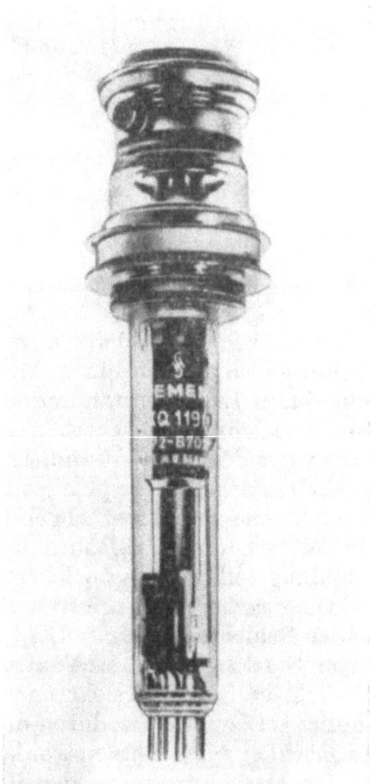

Bild 49. SEC-Bildaufnahmeröhre der Firma Siemens [22]

Mitteln oder durch Kühlung der Frontscheibe verringert werden. Bei Kühlung mit Eiswasser oder Trockeneis kann auch mit ihr eine gewisse Stapelfähigkeit erreicht werden. Wegen der größeren Überlastungsunempfindlichkeit ist die EIC-Röhre für Tag- und Nachtüberwachungen noch besser geeignet. Die Bilder 48 und 49 zeigen eine EIC-Röhre und eine SEC-Röhre der Firma Siemens. Entsprechende Erzeugnisse bietet z. B. auch die Firma Thomson an; sie nennen ihre EIC-Röhre „nocticon", das mit einer vorgeschalteten Bildverstärkerröhre zum „Supernocticon" wird.

2.4.3.9.4. Das *Pyricon* der Firma Thomson [10] ist eine in technischer wie auch in Anwendungshinsicht sehr interessante Bildaufnahmeröhre. Bei ihr ist eine dünne Schicht eines pyroelektrischen Stoffes als Target verwendet. Die sich in Form von Temperatur darstellende örtliche Wärmeenergie eines Infrarot-Bildes erzeugt im Target eine lokale Polarisation, welche dann von einem Elektronenstrahl abgetastet werden kann. Das Target ermöglicht durch seine schlechte Wärmeleitfähigkeit eine gute Punktauflösung. Die Abtastung kann je nach Anforderung an die Höhe der Empfindlichkeit oder nach Anforderung an die Höhe der Auflösung gewählt werden. Bei Abtastung mit Fernsehnorm läßt sich eine thermische Auflösung von $\pm 0{,}5$ °C oder besser erreichen, fast unabhängig von dem absoluten Wert der Temperatur. 100 Fernsehzeilen sind als Bildauflösung möglich. Bild 50 zeigt das Bild eines Mofafahrers in „thermischem Eigenlicht".

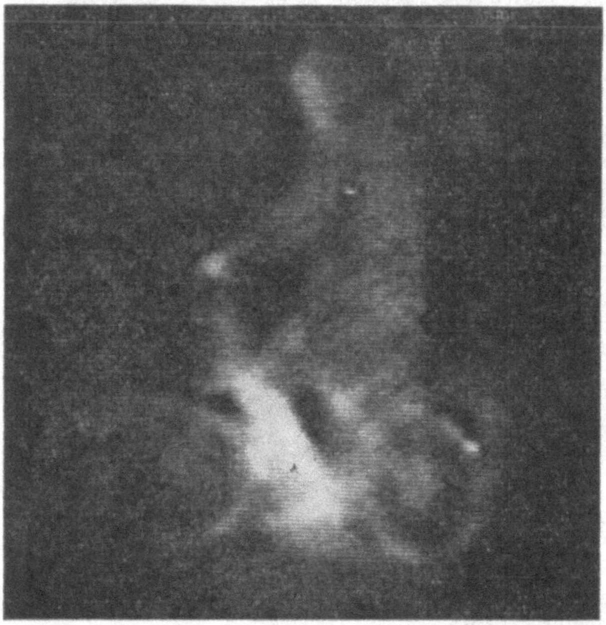

Bild 50. Aufnahme eines Mofafahrers mit dem „Pyricon" [10]

Im Stadium der Laborversuche, aber für ähnliche Zwecke wie das Pyricon erfolgversprechend scheinen unstrukturierte Targets aus metallisierten Filmen organischer Polymere zu sein, z. B. Polyacrylnitrile, die als Bolometer, aber auch als Infrarot-Bildaufnahmeröhren eingesetzt werden können [37]. Den schematischen Aufbau zeigt Bild 51, eine damit gemachte Aufnahme Bild 52.

2.4.4. Bildverstärkerröhren

Eine moderne Bildverstärkerröhre für Bildaufnahmeröhren ist in Bild 53 zu sehen. Mit ihr sind 60 bis 70 Linienpaare pro mm auflösbar. Die bei maximal 1% liegende Verzeichnung stellt Weltniveau dar. Je nachdem, ob sie als Dioden, Trioden oder Tetro-

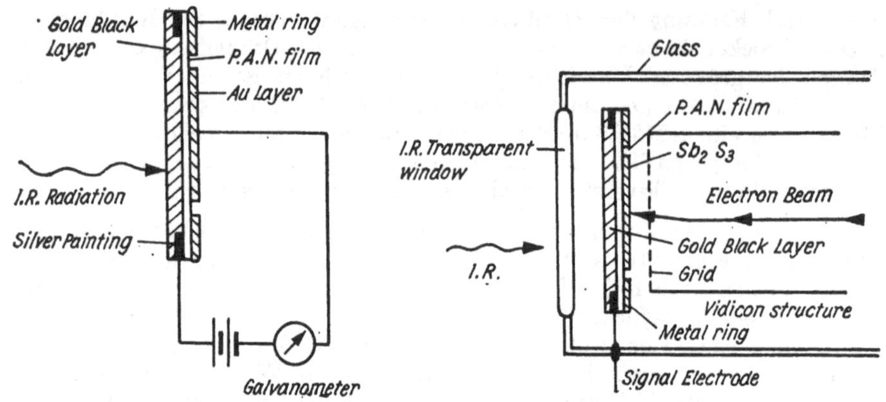

Bild 51. Anwendung metallisierter organischer Polymer-Filme für Bolometer und Vidikons [37]

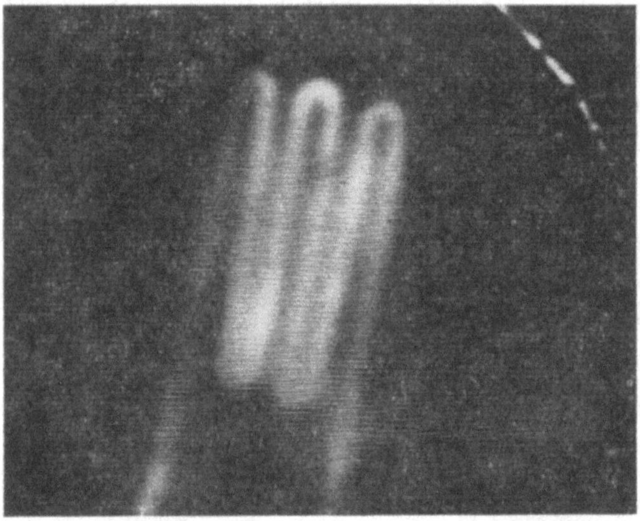

Bild 52. Aufnahme eines Heizfadens im „thermischen Eigenlicht" mittels eines Vidikons mit organischem Target [37]

Bild 53. Bildverstärkerröhre der Firma Siemens [22]

den ausgebildet sind, ergeben sich daraus die Anforderungen an die Stabilisierung der Spannungsversorgung und die Toleranzen der Elektrodenabmessungen in den Bildverstärkerröhren.

2.5. Gasentladungsröhren

Von den Gasentladungsröhren und -bauelementen braucht nur wenig gesagt zu werden. Ihre wirtschaftliche Bedeutung und die in ihnen ausgenützten physikalischen Effekte sind bekannt. Eine zusätzliche neue Anwendung haben sie in den letzten Jahren als Displays bekommen, ursprünglich als Digitalanzeige, dann aber mehr und mehr auch für analoge Anwendung, so daß heute auch eine Anwendung zur Bildwiedergabe und sogar zur Farbbildwiedergabe technisch möglich ist. Die Anforderungen an ein Display können je nach Anwendungszweck recht unterschiedlich sein. Für Ausgabe des Wettkampfstandes in Sportstätten sind neben die auch von den Laufschrift-Bändern bekannten Glühlampendisplays Leuchtstoffstrahlungsquellen getreten, die sogar farbige Ausgabe gestatten [38].

2.5.1. Ziffernanzeigeröhren

In der Meßtechnik ist der Ablesestand erheblich geringer. Dort leisten Gasentladungsröhren nach wie vor gute Dienste. Die guten alten Ziffernanzeigeröhren mit Symbolhöhen von 50 mm für einen Betrachtungsabstand bis 30 m sind bekannt, aber auch kleinere bis hinab zu 10 mm Symbolhöhe für einen Betrachtungsabstand bis 5 m. Solche Röhren, die im WF hergestellt werden, sind in Bild 54 zu sehen.

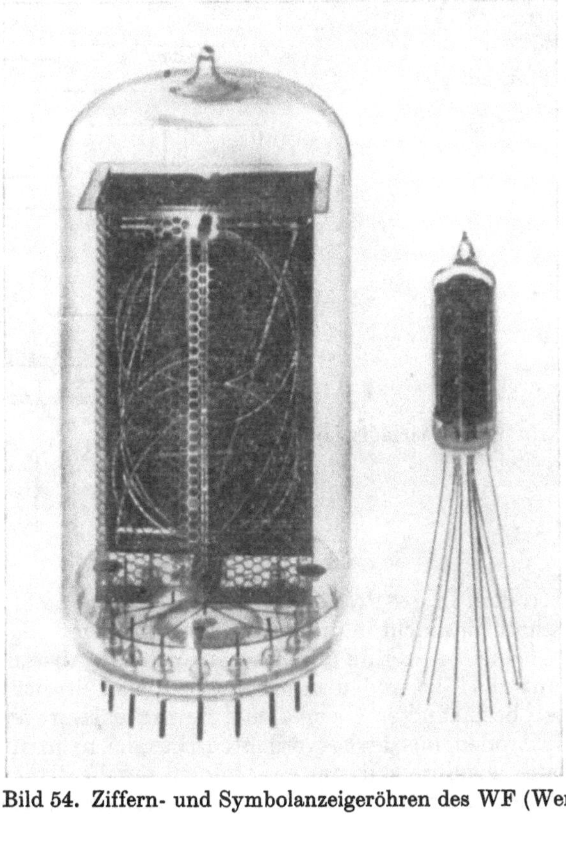

Bild 54. Ziffern- und Symbolanzeigeröhren des WF (Werkfoto)

2.5.2. Plasmadisplaypaneele

Gegenüber den Ziffernanzeigeröhren sind Plasmadisplaypaneele mit punktweiser Ansteuerungsmöglichkeit nach dem Prinzip des von einem Scanninggenerator angesteuerten Selektionsnetzwerkes getreten, wie es in Bild 55 angedeutet ist. Der Displayproblematik wurden in ausführlicher Weise bisher zwei Issues der IEEE Transactions on Electron Devices gewidmet: Semptember 1971 [40] und November 1973 [41]. Ein sehr großer Teil der Beiträge befaßt sich mit vakuumelektronischen Lösungen. Plasmadisplays haben eine Gasschicht zwischen zwei Glassubstraten mit durchsichti-

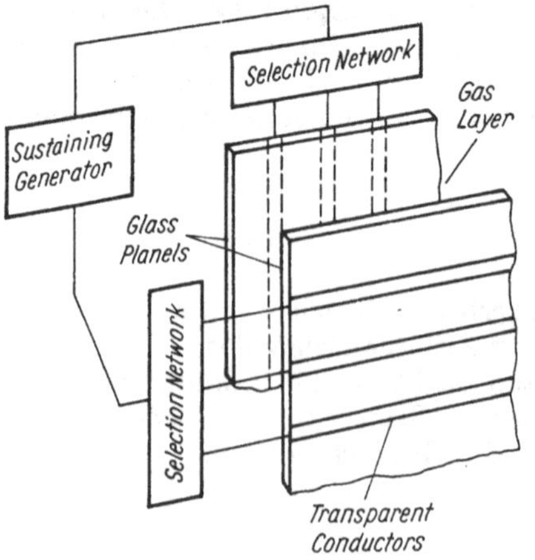

Bild 55. Wirkprinzip eines Plasmadisplaypaneels [40]

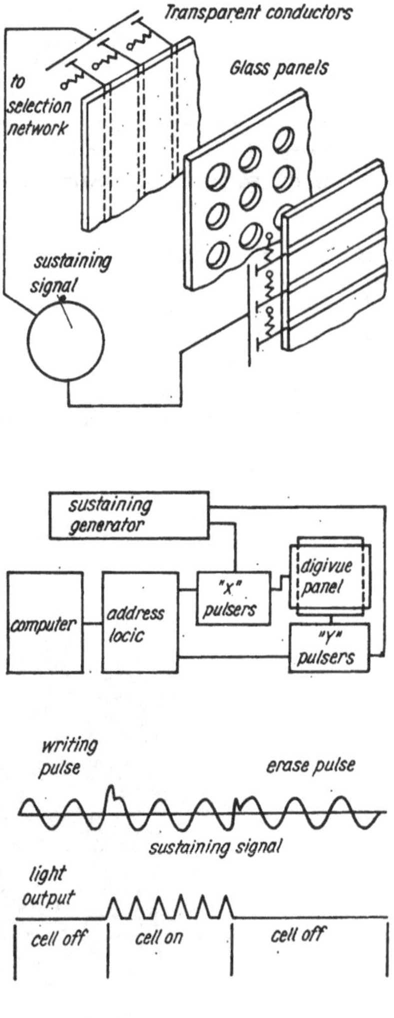

Bild 56. Genaueres Wirkprinzip eines Plasmadisplaypaneels und das Ansteuerprinzip [40]

gen streifenförmigen Elektroden. In der Praxis erweist es sich als günstig, die Plasmaentladung eines Kreuzungspunktes nicht in die Nachbarschaft überspringen zu lassen. Das deutet die gelochte Glasplatte in Bild 56 an, aber auch die Abstandshalter des Schnittbildes in Bild 57 mit den Elektroden in unterschiedlicher Streichrichtung auf den beiden als „Substrate“ bezeichneten Glasplatten. Bemerkenswert ist die Dielektrikumsbedeckung der Elektroden, aus der hervorgeht, daß es sich nicht um eine stabile Gasentladung handeln kann, sondern nur um eine infolge der Feldstärke zündende Entladung, die bei Gleichstrombetrieb alsbals wieder erlischt, wenn die Ionen ent-

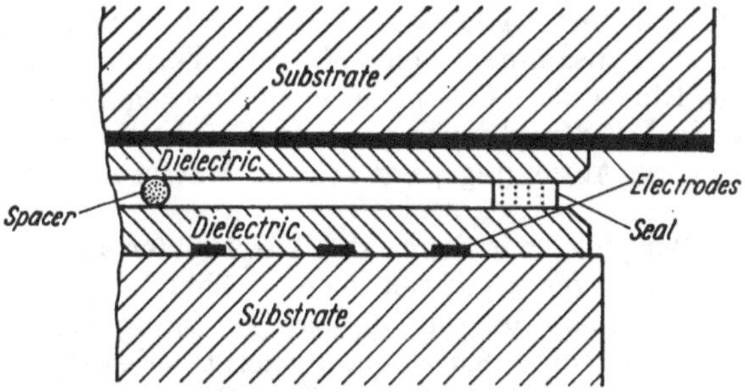

Bild 57. Konstruktionsskizze eines Plasmadisplaypaneels

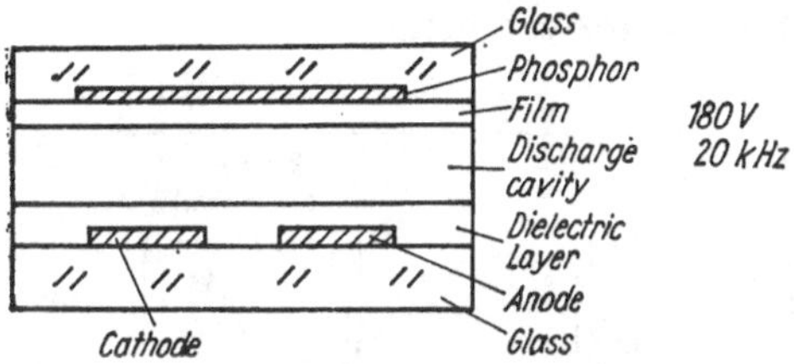

Surface discharge panel (Futjisu). The phosphor is excited by UV from the discharge

Bild 58. Anordnung eines Plasmadisplays mit Leuchtstoff [41]

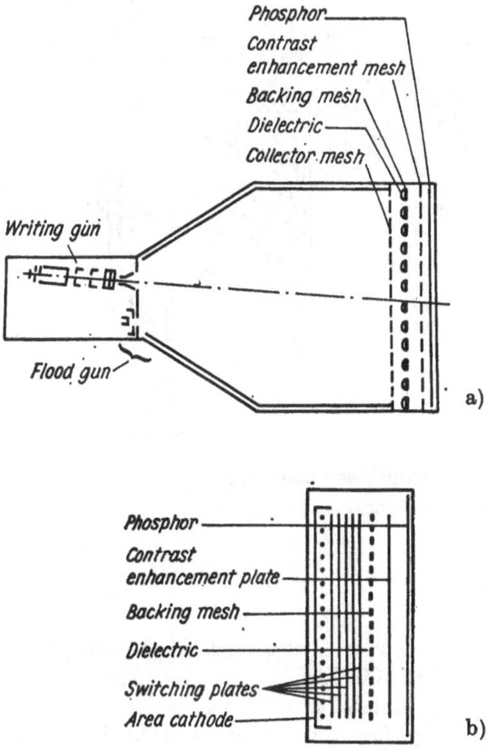

Comparison of CRT and Digisplay-directview storage displays. (a) Mesh-controlled storage CRT. (b) Mesh-controlled storage Digisplay

Bild 59. Vergleich einer Kathodenstrahl-Sichtspeicherröhre mit einem flachen Display [41]

gegengesetzten Vorzeichens auf dem Dielektrikum Platz genommen haben, so daß die Feldstärke im Zelleninneren zusammenbricht. Mit dem Verschmelzring ist etwas über die Technologie gesagt. Eine andere Lösung ist in Bild 58 angedeutet. Die in dem Entladungsraum entstehende UV-Strahlung regt einen Leuchtstoff an. So ist auch Farbwiedergabe bei zeilenweiser Abtastung einer solchen Matrix mit dem Scanning-generator möglich.
Zwei weniger naheliegende Beispiele, mit denen das Display der analogen CRT-Lösung Konkurrenz macht, mögen die nächsten beiden Abbildungen noch zeigen. Bild 59 stellt ein Sichtspeicherdisplay dar im Vergleich zu der äquivalenten röhrenförmigen Lösung, der Sichtspeicherröhre. Ein auf ähnlichen Überlegungen beruhendes Display für Vielstrahlabtastung ist in Bild 60 zu sehen. Die zwecks Demonstration auseinander gerückten Platten muß man sich zusammengeschoben denken. So kriegt man eine ganz flache Röhre. Ob sich solche Lösungen nach Art der letzten zwei Bilder praktisch durchsetzen können, soll nicht erörtert werden.

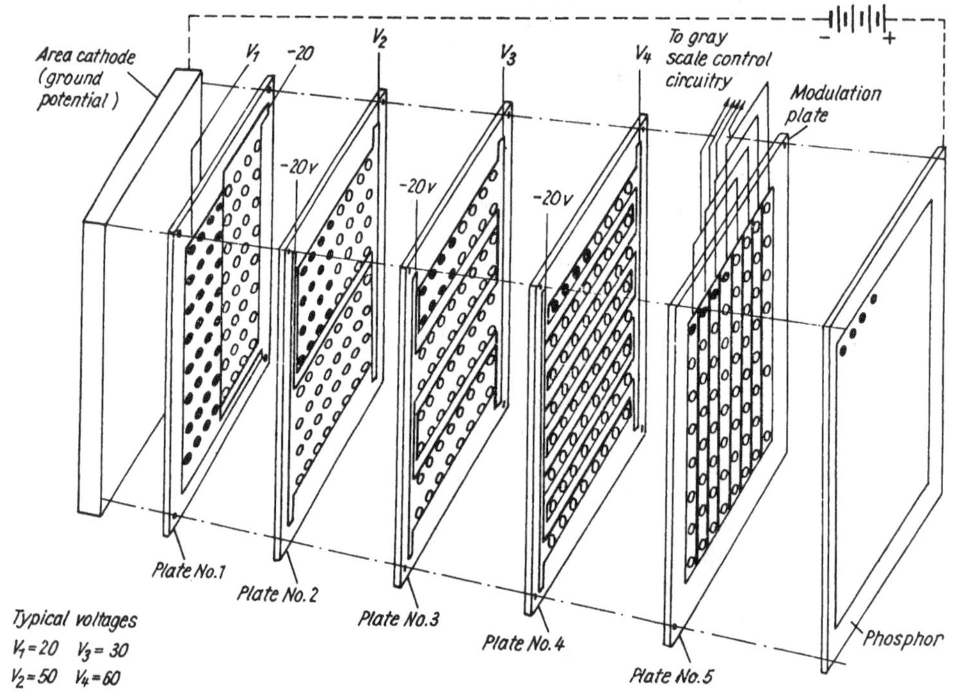

Digisplay configured for multiplebeam scanning
Bild 60. Display für Vielstrahlabtastung [41]

2.6. Schutzrohrkontakte

Die letzte hier zu behandelnde Bauelementegruppe ist die der Schutzrohrkontakte. In diesen ist das Vakuum mit reichlich 300 Torr bereits sehr „schlecht". Aber von der Technologie her stehen sie der Vakuumelektronik viel näher als etwa den übrigen passiven Bauelementen. Bild 61 zeigt den Schutzrohrkontakt SRK 20.
Entwickelt wurden die Schutzrohrkontakte aus dem Bedürfnis der Fernsprechvermittlungstechnik nach vollelektronischer Gesprächswegdurchschaltung. Glühkatodenelemente können die hohe Lebensdauerforderung von 30 Jahren und mehr nicht erfüllen, Kaltkatoden-Gasentladungsröhren haben einen zu hohen Spannungs-

bedarf für die Zündung. Halbleiterschaltelemente haben in gesperrtem Zustand einen zu kleinen, im Stromdurchflußzustand einen zu großen Widerstand. Weiter ist die Spannungsfestigkeit zu gering, die von der Sperrschicht herrührende Kapazität zu groß, die Anfälligkeit gegen Störimpulse erheblich und der ganze Schalter zu teuer. — Der magnetisch betätigte Metallkontaktschalter im dichtverschmolzenen Glasrohr für die Gesprächsweg*durchschaltung* ist mit seinen geringen Schaltzeiten den für die *Steuerung* der Gesprächswegdurchschalter eingesetzten Halbleiterschaltungen gut angepaßt. Außerdem haben sie eine ganz besonders hohe Zuverlässigkeit. Für solche Fernsprechsysteme, in denen Halbleiterbauelemente die Steuerung und Schutzrohr-

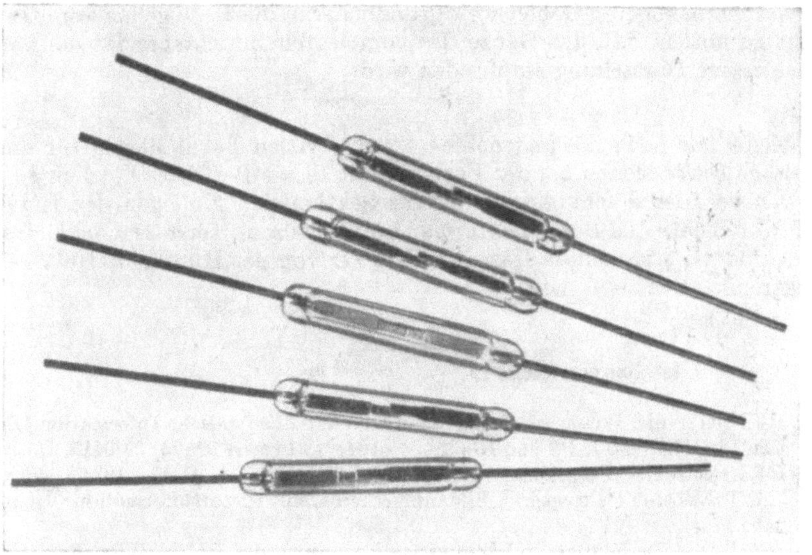

Bild 61. Schutzrohrekontakt SRK 20. Die Kontaktflächen bilden mit der Zeichenebene für jedes Teilbild einen anderen Winkel. Das Material der Zungen ist ferromagnetisch. Umgibt man das Glasrohr mit einer stromdurchflossenen Spule, so daß die 𝔅-Linien parallel zur Achse des SRK 20 liegen, wird die eine Zunge N, die andere S. Von einer bestimmten Stärke des Magnetfeldes an werden die elastischen Kräfte der Zungen überwunden, und die Zungenenden berühren sich, um bei Nachlassen des Magnetfeldes sich wieder zu trennen (Werkfoto RWM)

kontakte das Durchschalten der Gesprächswege übernehmen, heißen „quasielektronische Systeme“. Solche erfüllen die Forderungen der Fernsprechvermittlungstechnik ausgezeichnet. Keinesfalls ist mit konkurrenzfähigen vollelektronischen Systemen auf Halbleiterbasis früher als den den neunziger Jahren zu rechnen.

Die *Entwicklungsprobleme* sind 1. Verbesserung der Reproduzierbarkeit beim Einschmelzprozeß durch Absorption der Licht- und Wärmestrahlung von Halogenlampen seitens des grün eingefärbten Schutzrohrglases oder durch Laserstrahlung, 2. Automatisierung der Kontaktvorbehandlung, 3. Optimierung der Kontaktmaterialien und Veredelungsschichten.

Normungsprobleme im RGW-Rahmen bestehen hinsichtlich der Gütekennwerte und der äußeren Abmessungen. Das deutet keineswegs auf Planungsfehler hin, sondern eine weiterreichende Normung wurde notwendig, da die Schutzrohrkontakte, nachdem sie entwickelt vorliegen, nun auch in der Meß-, Steuer- und Regelungstechnik angewendet werden.

Die DDR kann stolz sein, daß die Qualität der im RWM gefertigten Schutzrohrkontakte den Weltstand mitbestimmt.

2.7. Schlußbemerkungen

Sicherlich hätte sich zu der großen Zahl der hier genannten vakuumelektronischen Bauelementegruppen im einzelnen noch sehr vieles sagen lassen, und um der Wahrung der Proportionen willen hätte das sicher hier und da auch geschehen sollen. Vielleicht lassen sich auch berechtigte Kritiken anbringen betreffs Unvollständigkeit der ausgewählten Palette von Bauelementen bzw. hinsichtlich der hier nicht erwähnten Bauelementearten. Die Mängel der Auswahl und der Proportionen wären bestimmt unter alleiniger Betrachtung dieses ersten Beitrages sehr schwerwiegend. Aber im Hinblick darauf, daß in diesem Band ja noch weitere Beiträge anderer Autoren gegeben werden, die auf ihrem engeren Gebiet weit gründlicher in die Tiefe gehen konnten und sollten, steht zu hoffen, daß das Ganze des vorgelegten Berichtsbandes dann doch als eine geschlossene Darstellung empfunden wird.

Es bleibt mir noch die angenehme Pflicht, vielen Fachkollegen für anregende und kritische Diskussionen bei der Vorbereitung dieses Berichtes herzlich zu danken, und zwar neben den Fachkollegen unserer Sektion den Kollegen der Industriebetriebe und Kombinate aus Berlin, Erfurt und Mühlhausen, Herrn Dr. *Saalmann* aus Rudolstadt und ganz besonders Herrn Prof. *Baier* von der Humboldt-Universität, Sektion Elektronik.

Literaturverzeichnis

[1] RFT electronic, Wissenschaftlich-technische und ökonomische Information „Sonderinformation“ **6** (71) 13/0617, I/3 und **10** (75) 04/0104, I/3.1 sowie **10** (75) 04/0113, I/5.1.
[2] RFT electronic „Programm' 74/75“ II Elektronenröhren, S. 41–48, 68–73 und 112–113.
[2a] RFT Electronic Prospekt „Bildaufnahmeröhren“ Exportinformation: Heimelectric, Ausgabe 1965
[3] *Brück, L.*: Die heutige und zukünftige Bedeutung der Röhre. Wiss. Ber. AEG-Telefunken **44**, 2 (1971) 85–92 .
[4] *Hix, P.* und *Hypš, V.*: a) Research and Development of High Power Transmitting Tubes at TESLA. b) Anonym: Design and Production Methods of TESLA RD 250 VM High Power Transmitting Triodes. TESLA electronics **5**, Nr. 3 (1972) 67–72 und 89–91.
[5] *Hix, A.* u. a.: Czechoslovak Vacuum Switches. TESLA electronics **7**, Nr. 4 (1974) 121–125.
[6] *Heynisch, H.*: Entwicklungen bei Siemens-Mikrowellenröhren. Siemens Zeitschrift **45**, Heft 4 (1971) 391–399
[7] *Schmidt, W.*: Hochleistungsklystrons für Fernsehsender im Frequenzbereich IV/V. Valvo Berichte 8, Heft 5 (1962) 119–150.
[8] *Misra, V. K.* u. *Wadhave, R. P.*: Design Considerations for Improved Effeciency Characteristics of M-Type Backward-Wave Oszillators. IEEE Transactions on Electron Devices, January 1971, S. 35–41.
[9] *Heynisch, H.*: 20-kW-UHF-Wanderfeldklystrons. Siemens Zeitschrift **44**, 4 (1970) 196–198.
[10] Neuheiten 1974. Thomson-CSF (Prospektmaterial).
[11] *Okabem, T.* u. a.: Production of 1,3-mm-Waves with Waveguide Magnetrons. IEEE Transactions on Electron Devices, January 1971, S. 42–45.
[12] *Vyse, B.* u. a.: Spectra of Short, Locked Magnetron Pulses. IEEE Transactions on Electron Devices, March 1971, S. 221–223.
[13] *Tallerico, P. J.*: Design for the High-Power Multicavity Klystron. IEEE Transactions on Electron Devices, June 1971, S. 374–382.
[14] *Mihran, T. G.*: Design and Demonstration of a Klystron with 62 Percent Effectivity. IEEE Transaction on Electron Devices, February 1971, S. 124–133.
[15] *Kosmahl, H. G.* u. *Branch, G. M. Jr.*: Generalized Repressentation of Electric Field in Interaction Gaps of Klystron and Travelling Wave Tubes. IEEE Transactions on Electron Devices, July 1973, S. 621–629.
[15a] *Vaughan, J. R. M.*: Representation of Axialsymmetric Fields in Computer Programs. IEEE Transactions on Electron Devices, February 1972, S. 144–151.

[15b] *Vaughan, J. R. M.*: Methods of Finding the Parameters .... IEEE Transactions on Electron Devices, May 1974, S. 310–312.

[16] *Ozdemir, S. F.* u. a. Computer-Controlled Scanning Electron Microscope System for High Resolution Microelectronic Pattern Fabrication. *Chang, T. H. Ph.* u. a.: A Computer Controlled Electron-Beam Machine for Microcircuit Fabrication.
Livesay, W. R.: Electron Image Projection Systems for Microcircuit Lithography.
IEEE Transactions on Electron Devices, May 1972, S. 624–628, 629–641 und 647–651.

[16a] *Lemmond, Ch. Q.* u. a.: Electron Fly's Eye Lens Artwork Camera. IEEE Transactions on Electron Devices, September 1974, S. 598–603.

[17] *Silzars, A.* u. a.: Theoretical Optimization of EBS Targets. IEEE Transactions on Elektron Devices, March 1974, S. 193–201.

[18] *Weiner, M.* u. *Braun, M.*: Output Capability of Electron Beam Semiconductor Bandpass Amplifiers Using Large-Area Diodes. IEEE Transactions on Electron Devices, May 1974, S. 308–310.

[19] *Silzars, A.* u. a.: Electron Bombarded Semiconductor Devices. Proceedings of the IEEE, August 1974, S. 1119–1158.

[20] rfe-Nachrichten „Halbleiterdiode in einer Röhre“. radio-fernsehen-elektronik **25**, H. 2, (1975) 38.

[21] *Jackson, F. W. E.*: The Printicon .... IEEE Transactions on Electron Devices, February 1971, S. 118–123.

[22] Bildaufnahmeröhren, Bildverstärkerröhren, Signalspeicherröhren. Siemens (Prospektmaterial), Jahreszahl fehlt.

[23] *Heyman, Ph. M.* u. a.: High Contrast ... Sodalite Storage-Display Tubes. IEEE Transactions on Electron Devices, September 1971, S. 685–691.

[24] *Schackert, P. H.*: Electron Optical Properties .... IEEE Transactions on Electron Devices, August 1971, S. 521–524.

[25] *Janko, B.*: Space-Charge Effects in a CRT with PDA. IEEE Transactions on Electron Devices, March 1974, S. 184–189.

[26] *Schmidt, A.*: Theoretische Untersuchungen und konstruktive Maßnahmen .... Dissertation, TH Ilmenau 1968.

[27] The Brighter Side of Electronics. ISE Electronic Corp. Shinbashi Kokusay Bldg. 2-7-7, Higashi-shinbashi, Minto-Ku, Tokyo, ISE Japan, printed in Japan, September 1974 (Prospektmaterial).

[28] *Salvo, C. J.*: Solide State Light Valve. IEEE Transactions on Electron Devices, September 1971, S. 748–755.

[29] *Stone, J. J.*: The Videograph Electrostatic Printing Process. IEEE Transactions on Electron Devices, April 1972, S. 563–567.

[30] *Doyle, R. J.*: A Method for Applying .. to Electrophotography. IEEE Transactions on Electron Devices, April 1972, S. 393–395.

[31] *Maebara, A.*: Electroprinting Tubes and Their Applications .... IEEE Transactions on Electron Devices, April 1972, S. 557–562.

[32] *Olivei, A.*: The TTCRT ... for Thermal Printing. IEEE Transactions on Electron Devices, December 1972, S. 1252–1261.

[33] *Terazawa, Y.* u. *Ohkubo, T.*: A New Gas Discharge Device for Electrostatic Printing. IEEE Transactions on Electron Devices, September 1974, S. 593–597.

[34] Sowjetisches Prospektmaterial.

[35] 20 AX, ein neues Bildwiedergabesystem für das Farbfernsehen. Valvobrief 24. April 1974.
20 AX, Kurzbeschreibung Einstellhinweise. Valvo -Information über Farbfernsehempfängertechnik 60, Valvoentwicklungsmitteilungen.

[36] *Silver, R. S.* u. *Luedicke, E.*: Electronic Image Storage Utilizing a Silicon Dioxide Target. IEEE Transactions on Electron Devices, April 1971, S. 229–235.

[37] *Brissot, J.-J.* u. a.: Organic Semiconductor Bolometric Target for Infrared Tubes. IEEE Transactions on Electron Devices, July 1973, S. 613–620.

[38] Patent BRD 74 Cl DAS 233 1441: Sichtgerätanordnung mit einer Gasentladungs-Anzeigetafel.
Patent BRD 21 f 85 DAS 195 9287: Gasentladungsanordnung für Anzeigefelder.

[39] *Heilmeier, G. H.*: Displays — A Pentagon Perspective. IEEE Transactions on Electron Devices, November 1973, S. 921–925.

[40] Issue Information Display Devices. IEEE Transactions on Electron Devices, September 1971.

[41] Special Issue on Display Devices. IEEE Transactions on Electron Devices, November 1973.

3. Physikalische Effekte der Vakuumelektronik

3.1. Physikalische Grundlagen der Erzeugung freier Elektronen

Von *Ch. Kleint*

Sektion Physik der Karl-Marx-Universität Leipzig

3.1.1. Einleitung

3.1.1.1. Allgemeines

Die Elektronenemission aus Festkörperoberflächen in das Vakuum ist seit langem bekannt und wurde wegen ihrer Bedeutung für die vakuumelektronischen Bauelemente über mehrere Jahrzehnte sehr eingehend untersucht. Als Grundlage diente dabei im wesentlichen das Sommerfeld-Modell der Elektronen im Festkörper [1, Ü1], zu dem noch Vorstellungen über die als Dipolschichten wirkenden Adsorbate hinzugenommen wurden [Ü2]. Die rasche Entwicklung der Halbleiterbauelemente und ihrer Technologien hat zweifellos die technische Anwendung der Elektronenemission in ihrem Umfang eingeschränkt, doch wird der Erzeugung freier Elektronen immer noch Aufmerksamkeit geschenkt. Die derzeit rapide Entwicklung der Oberflächenphysik ist in mannigfacher Weise mit der Untersuchung und Anwendung von Elektronenemissionsphänomenen verbunden. Das starke Interesse daran erklärt sich zu einem gewissen Grade dadurch, daß Emissionsvorgänge zur Untersuchung von Festkörpereigenschaften ausgenutzt werden können. Ihre Beschreibung beruht letztlich auf dem Ersatz des Sommerfeld-Modells durch sehr detaillierte Vorstellungen über Energieniveaus und die Bandstruktur im Inneren und an der Oberfläche der Festkörper. Neben der Wechselwirkung von außen auftreffender Teilchen mit den Ionen, Elektronen und Phononen sollte besonders die Emission von Elektronen aus dem Inneren Informationen über besetzte sowie in der Photoemission auch über unbesetzte Energieniveaus bzw. Energiebänder geben.
Die im folgenden gewählte Darstellung wird daher zunächst im Abschnitt 2 eine Zusammenstellung der üblicherweise an das Sommerfeld-Modell angelehnten Emissionstheorien geben (s. auch [Ü3—Ü5]). Im Abschnitt 3 sollen neuere Ergebnisse und Aspekte der Elektronenemission herausgegriffen werden, die zum Teil die Berücksichtigung einer genaueren Bandstruktur erfordern. Es erscheint daher zweckmäßig, zunächst in den folgenden Absätzen kurz an die Beschreibung der Elektronen im Festkörper zu erinnern (s. auch [Ü6, Ü7] mit ausführlichen Verzeichnissen von zusammenfassenden Darstellungen).

3.1.1.2. Elektronen im Festkörper

Während sich die Rumpfzustände wenig von den Einzelatomniveaus unterscheiden, gilt das nicht mehr von den Valenzelektronenzuständen. Zunächst besteht schon ein Unterschied zwischen diesen beiden Arten von Zuständen insofern, als die core-Elektronen an den Ionen des Gitters lokalisiert sind, wogegen die Valenzelektronen eine annähernd gleiche Aufenthaltswahrscheinlichkeit an jeder Stelle des Festkörpers haben und daher als delokalisierte Elektronen (oder als ‚Elektronengas') beschrieben werden, die sich in Blochzuständen befinden. Für ein konstantes Potential sind diese Zustände ebene Wellen, wobei die bekannte Abhängigkeit der Energie $E(k)$ vom Quadrat des Wellenzahlvektors der Elektronen besteht. Gemäß dem Pauliprinzip werden die Zustände bis zu einer Wellenzahl k_F aufgefüllt, die im k-Raum eine kugelförmige Fermi-Fläche definiert. Wird noch der Potentialunterschied zwischen dem

Außenraum und dem Inneren einer z. B. kugelförmigen Landungsverteilung berücksichtigt, ergibt sich das Potentialnapfmodell der Elektronen, bei dem ein Elektron an der Fermi-Kante E_F, d. h. mit dem Fermi-Impuls $\hbar k_F$, noch die Austrittsarbeit φ aufbringen muß, um als freies Elektron ins Vakuum zu gelangen. Der Potentialverlauf an der Oberfläche wird dabei maßgebend durch das Bildkraftpotential $V = -e^2/16\pi\varepsilon_0 x$ bestimmt. In diesem Rahmen bleiben die grundlegenden Modelle der Elektronenemission, die im Abschnitt 2 zu besprechen sind.
Bereits die Berücksichtigung der Gittersymmetrie unter Beibehaltung der Beschreibung durch ebene Wellen in einem konstanten Potential führt jedoch schon zu erheblichen Unterschieden der Bandstruktur für verschiedene Kristalle. Die Forderung, daß der Hamilton-Operator des Einzelelektronenproblems mit dem Symmetrieoperator der Punktgruppe des Kristalls vertauschbar ist, hat zur Folge, daß $E(k)$ die gleiche Symmetrie wie die Punktgruppe des Kristalls haben muß. Eine Darstellung der Energie im k-Raum, z. B. in der ersten Brillouinschen Zone, führt also zu verschiedenen $E(k)$-Abhängigkeiten in bestimmten Richtungen. Diese sog. Leergitter-Bandstrukturen werden aber weiter modifiziert, wenn die Elektronen nur noch als ‚fast frei' angesehen werden. Es kommt zu der Aufspaltung der Bänder an den Zonengrenzen, die schließlich zu verbotenen Zonen von Energiewerten führt. Genauere Rechnungen ergeben recht komplizierte Bandstrukturen für die verschiedenen Festkörper, wobei in vielen Fällen zunächst noch die Spin-Bahn-Aufspaltung nicht berücksichtigt wurde. Sie zeigen aber gewisse Verwandtschaften entsprechend dem chemischen Aufbau der Kristalle, da die Energiewerte in ausgezeichneten Punkten hoher Symmetrie der Brillouinzone von der Wechselwirkung der verschieden angeordneten Orbitale der Komponenten untereinander bestimmt werden, wie z. B. für Halbleiter von Harrison u. Mitarb. [2] gezeigt wurde.
In manchen Fällen genügt es, statt der vollständigen Bandstruktur die Zustandsdichte $\rho(E)$ zu berücksichtigen. Die Einführung der Born-von-Kármánschen Grenzbedingungen ermöglichte ja eine Abzählung der Zustände im reziproken Gitter. Zwischen den Kugelflächen $E =$ const für ein fast freies Elektronengas im k-Raum wird die Anzahl der Quantenzustände im Energieintervall $E \dots E + \mathrm{d}E$ bei Berücksichtigung des Spins

$$\varrho(E)\,\mathrm{d}E = V 4\pi (2m/h^2)^{3/2}\,(E - E_{\mathrm{pot}})^{1/2}\,\mathrm{d}E\,. \tag{1-1}$$

Bei realen Bandstrukturen ist eine Mittelung über die Brillouin-Zone durchzuführen, um die dann meist recht strukturierte Zustandsdichte zu erhalten. (Eine von Mattheiss berechnete Bandstruktur von Wolfram als dem am besten bekannten Emittermaterial und die zugehörige Zustandsdichte zeigen Bild 3 und 5 in [3] (Bild 1, Bild 2) bei Berücksichtigung der Spin-Bahn-Aufspaltung ergeben sich entsprechend Bild 2 und 3 in [4] (Bild 3, Bild 4).

3.1.2. Modelle für die verschiedenen Emissionsarten

3.1.2.1. Glühemission

Zunächst soll kurz auf das thermodynamische Modell der Glühemission hingewiesen werden, das bereits die Richardson-Gleichung ergibt [Ü8]. Aus thermodynamischen Gründen herrscht Gleichgewicht zwischen zwei Phasen, wenn die chemischen Potentiale μ_i der beteiligten Substanzen gleich sind, oder die elektrochemischen Potentiale η_i, wenn — wie an der Festkörperoberfläche — noch eine Potentialdifferenz zwischen den Phasen besteht. Diese auch als Satz von der Konstanz des Fermi-Niveaus im thermodynamischen Gleichgewicht bekannte Beziehung [Ü8] (vgl. auch [Ü9]) ist für das Verständnis vieler Meßanordnungen und Modelle der Elektronenemission von grundlegender Bedeutung. Bei der thermodynamischen Behandlung der Glühemission wird von der Gleichheit der elektrochemischen Potentiale der Elektronen in einer Elektronenwolke vor der Katode und im Metall ausgegangen,

$$\eta^e_{\text{gas}} = \eta^e_{\text{met}} , \tag{2-1}$$

und ein naturgemäß von der Katodentemperatur abhängiger Elektronendampfdruck p^e und die mit den chemischen Potentialen zusammenhängende Austrittsarbeit φ eingeführt. Die Gleichgewichtsbedingung der kinetischen Gastheorie, Anzahl der emittierten Teilchen pro Zeit gleich Anzahl der wieder eintretenden Teilchen, pro Zeit, führt bei Anwendung auf die Elektronen direkt zur Richardson-Gleichung.
Unter Benutzung der Metallelektronentheorie soll nun die Teilchenstromdichte $\boldsymbol{v}$ bzw. die Stromdichte $\boldsymbol{j}$ der emittierten Elektronen mit Hilfe ihrer Energieverteilung dargestellt werden, die für viele Anwendungen der Elektronenemission von besonderer Bedeutung ist,

$$\boldsymbol{j} = e\boldsymbol{v} = e\int P(E)\,\mathrm{d}E . \tag{2-2}$$

Bei der Emission bleiben die Tangentialkomponenten des Elektronenimpulses (p_y, p_z) bezüglich der Oberfläche erhalten, die ‚Durchlässigkeit' der Potentialschwelle hängt also nur von einem Energieanteil W ab, der sich mit der potentiellen Energie $V(x)$ wie folgt ergibt:

$$W = V(x) + p_x^2/2m . \tag{2-3}$$

Daher wird die Anzahl $N(W, E)\,\mathrm{d}W\,\mathrm{d}E$ der pro Zeit und Fläche ‚von innen' gegen die Grenzfläche anlaufenden Elektronen mit der Gesamtenergie E und der ‚Normalenergie' W gebraucht,

$$\boldsymbol{j} = e \iint N(W, E)\, D(W)\,\mathrm{d}W\,\mathrm{d}E . \tag{2-4}$$

Wird die Durchlässigkeit oder der Transmissionskoeffizient $D(W)$ gleich 1 gesetzt für Normalenergien, die größer als das Maximum der Potentialbarriere sind, und sonst 0, weiterhin die Schottky-Erniedrigung der Barriere infolge äußerer Felder F in einer effektiven Austrittsarbeit $\varphi_{\text{eff}} = \varphi - \sqrt{e^3F}$ berücksichtigt, so folgt aus

$$\boldsymbol{j} = e\,\frac{2}{h^2}\int\limits_{-\infty}^{+\infty}\int\limits_{-\infty}^{+\infty}\int\limits_{E_{\min}}^{+\infty} \mathrm{d}p_y\,\mathrm{d}p_z\,\mathrm{d}E\Big/\left[\exp\left(\frac{E-\zeta}{kT}\right)+1\right] \tag{2-5}$$

die Richardson-Gleichung

$$\boldsymbol{j} = \frac{4\pi me}{h^3}(kT)^2 \exp\left[-\varphi_{\text{eff}}/kT\right] = AT^2 \exp\left[-\varphi_{\text{eff}}/kT\right] . \tag{2-6}$$

(Weitere Übersichtsliteratur: [Ü10, Ü11, Ü12].)

3.1.2.2. Feldemission

Während die Glühemission noch klassisch verständlich gemacht werden kann, wie oben angedeutet wurde, ist das bei Feldemission wirksam werdende Tunneln durch die Potentialbarriere ein quantenmechanischer Effekt, wonach auch jenseits einer dünnen Barriere eine endliche Aufenthaltswahrscheinlichkeit für eine einfallende Welle besteht. Der Transmissionskoeffizient $D(W)$ hängt von der Form der Barriere sowie von der Elektronenenergie ab und ergibt sich unter vereinfachenden Annahmen für Elektronen an der Fermi-Kante zu

$$D(E_F) = \exp\left[-\left(\frac{2m}{\hbar^2}\right)^{1/2}\frac{\varphi^{3/2}}{F}\right]. \quad (2\text{-}7$$

Diese exponentielle Abhängigkeit von der Feldstärke und der Austrittsarbeit bzw. $\varphi^{3/2}$ findet sich auch in der Stromdichte wieder,

$$j = \frac{e^3 F^2}{8\pi h \varphi t^2} \exp\left[-\frac{4(2m)^{1/2}\,\varphi^{3/2}\,v}{3\hbar e F}\right], \qquad (2\text{-}8)$$

wobei t und v schwach variierende Funktionen des Arguments $(e^3F)^{1/2}/\varphi$ sind. Abgesehen von der veränderten Durchlässigkeit wird diese Stromdichtebeziehung analog zur Glühemission entsprechend Gl. (2-4) gewonnen. Es hatte sich allerdings als notwendig herausgestellt, zwischen der sogenannten Normalenergieverteilung $P(W)\,\mathrm{d}W$ und der Gesamtenergieverteilung $P(E)\,\mathrm{d}E$ zu unterscheiden, da in einer Meßvorrichtung mit sphärischer Symmetrie, wie sie durch die Emitterspitzen der Feldemission nahegelegt wird, $P(E)\,\mathrm{d}E$ maßgebend ist. (Weitere Übersichtsliteratur: [Ü13—Ü17].)

3.1.2.3. Photoemission

Noch vor Auffindung der ursprünglichen Richardson-Gleichung wurde der äußere Photoeffekt von Einstein 1905 durch seine berühmte Lichtquantenhypothese erklärt, wobei in der Beziehung

$$h\nu = \frac{mv^2}{2} + \varphi \qquad (2\text{-}9)$$

bereits eine Ablöse- oder Austrittsarbeit φ auftritt. Die Einsteinsche Gleichung formuliert einen Energieerhaltungssatz für Elektronen an der Fermi-Kante eines Metalles und wurde später um Summanden erweitert, die die Anregung von Elektronen mit Abweichungen von der Fermi-Energie und Energieverluste auf dem Weg zur Oberfläche berücksichtigen. Von Fowler und Du Bridge wurde mit dem Sommerfeldschen Metallelektronenmodell eine Theorie der Photoemission ausgearbeitet, die sich wieder an Gl. (2-4) anlehnt, die gleichen Werte des Transmissionskoeffizienten wie bei Glühemission benutzt und die Einsteinbeziehung in der unteren Integrationsgrenze wirksam werden läßt. Der Ausdruck für die Stromdichte ähnelt daher der Richardson-Gleichung und kann nach Potenzen einer Größe $\delta = h(\nu - \nu_0)/kT$ entwickelt werden, die eine Grenzenergie $h\nu_0$ des Effekts enthält, die bei Metallen mit der Austrittsarbeit übereinstimmt:

$$j = \alpha A T^2 f(\delta)\,. \qquad (2\text{-}10)$$

Für $T = 0$ und $\nu > \nu_0$ wird beispielsweise

$$j = \alpha\,\frac{Ah^2}{2k^2}\,(\nu - \nu_0)^2\,. \qquad (2\text{-}11)$$

Die Größe α gibt die Wahrscheinlichkeit an, mit der ein Elektron der Normalenergie W durch ein Lichtquant angeregt werden kann, sie wird jedoch als gleich für alle W angesehen.
(Weitere Übersichtsliteratur: [Ü18—Ü21].)

3.1.2.4. Sekundärelektronenemission

Obwohl auch bei der Sekundärelektronenemission Elektronen aus dem Festkörperinneren zur Emission veranlaßt werden, ergeben sich doch durch andersartige Anregungsmechanismen Modellvorstellungen, die von den bisher betrachteten erheblich abweichen und teilweise auch komplizierter sind. Daher soll hier nur summarisch auf die verschiedenen Prozesse hingewiesen werden.
Sekundärelektronen können einmal durch auftreffende Primärelektronen angeregt werden. Dabei spielen sich Kaskadenprozesse im Festkörperinneren ab, bei denen die

Energie auf weitere Elektronen übertragen wird. Die bisher nur bei der Photoemission kurz erwähnten Energieverluste auf dem Weg zur Oberfläche spielen hier eine große Rolle, da hauptsächlich sehr langsame Elektronen austreten, die Primärenergien aber in einem großen Energiebereich liegen können. Die Überlegungen von Sternglass führten zu folgender Abhängigkeit der Ausbeute Δ von der Primärenergie E_p,

$$\frac{\Delta}{E_p} = \frac{\text{const}}{\bar{E}_0} \exp\left[-\beta/\sqrt{E_p}\right], \tag{2-12}$$

wobei $\bar{E}_0$ eine mittlere, pro Sekundärelektron aufzubringende Energie bedeutet, die etwa 20—35 eV beträgt. Die Beziehung kann auch als Grundlage für normierte Ausbeutekurven dienen, wenn Δ und E_p auf die Werte am Ausbeutemaxima bezogen werden. Bezüglich verfeinerter Theorien muß auf die Literatur verwiesen werden [Ü22—Ü27]. Unter den sekundären Elektronen finden sich auch Augerelektronen, die bei strahlungslosen Elektronenübergängen in freigewordene Niveaus die Energie übernehmen und dadurch zur Emission befähigt sind. Sie können auch bei Anregung mit Röntgenstrahlen in Photoelektronenspektren auftreten.
Neben der Auslösung durch Elektronen kann eine Sekundärelektronenemission auch durch Ionen und Atome bewirkt werden [Ü28—Ü31]. Es wird unterschieden zwischen einer Potentialemission, die bei Neutralisation von Ionen an Oberflächen auftritt, einer Sekundäremission durch Übernahme der Anregungsenergie metastabiler Atome oder Ionen und einer kinetischen Emission beim Beschuß mit geladenen und ungeladenen Teilchen. Die Effekte spielen auch bei Gasentladungen und Plasma-Wandwechselwirkungen eine wichtige Rolle.

3.1.3. Neuere Ergebnisse zur Elektronenemission

3.1.3.1. Glühemission an Einkristallflächen und Energieverteilungskurven

Von neueren Arbeiten zur Glühemission soll zunächst auf Messungen der Emission einkristalliner Bereiche an rekristallisierten Drähten hingewiesen werden [5]. Untersucht wurden Wolfram und Molybdän unter Ultrahochvakuumbedingungen in einer Drahtprojektor-Anordnung mit Al-hinterlegtem Leuchtschirm. Mit einer Photometeranordnung von 1° Auflösung konnte die Azimuthabhängigkeit der Stromdichte bestimmt werden (Bild 6 in [5]; siehe Bild 5 dieses Beitrages). Für die Austrittsarbeiten ergaben sich für die Flächen (110), (111), (112), (116) und (001) die Werte 5,0 ± 0,2, 4,4 ± 0,1, 4,7 ± 0,1, 4,3 ± 0,1, 4,6 ± 0,1 eV für Wolfram und 5,4 ± 0,2, 4,3 ± 0,1, 4,5 ± 0,1, 4,2 ± 0,1, 4,5 ± 0,1 für Molybdän.
Experimentell zeigt sich eine Korrelation zwischen den Werten von φ und log A für jeweils gleiche Winkel (Bild 7 und 8 in [5], hier Bild 6, Bild 7). Bekanntlich wurden früher zur Erklärung der Beobachtungen kleine Gebiete mit jeweils festen Richardson-Konstanten eingeführt (Patch-Hypothese, [Ü11]). Eine Analyse der hier gewonnenen Daten ergab, daß das übliche Zweipatch-Modell die Ergebnisse nicht beschreiben kann, wohl aber eine Gaußverteilung von sog. Fundamentalpatches, die in die Größenordnung der Gitterkonstante kommen.
Für manche Anwendungen ist die Energieverteilung der emittierten Elektronen von Interesse. Üblicherweise wird für Glühemission eine Maxwell-Verteilung angenommen. Eingehende Untersuchungen von Jansen in den Philips-Laboratorien [Ü32] haben ergeben, daß bei Einkristallen ein schwacher Überschuß von schnellen Elektronen auftritt, falls in der Triodenanordnung mit einer Beschleunigungsstufe vor dem Gegenfeldkollektor gearbeitet wird. Solche Abweichungen sind jedoch sehr stark ausgeprägt für alle technischen Katoden, die bei niedrigen Temperaturen arbeiten, ganz besonders für Oxidkatoden, bei denen die Energieverteilungen vom Ort auf der Katode und von der Betriebsdauer abhängen [6]. Neben typischen Katodeneffekten wie Wi-

derständen in der Katode, Struktureinflüssen, inhomogener Temperaturverteilung können auch durch Röntgenstrahlen oder Ionenbombardement ausgelöste Elektronen zur Emission beitragen [7].
Eine ausführliche Arbeit von Busch und Madjid zur Glühemission von Silizium [8] enthält ebenfalls Anisotropie- und Energieverteilungsmessungen sowie patch-Beobachtungen.

3.1.3.2. Einheitliche Beschreibung von Glüh-, TF- und Feldemission von Christov und ihre Überprüfung

Nach Erweiterung der Fowler-Nordheim-Gleichung der Feldemission um einen Temperaturterm $k'T/\sin k'T$ durch Murphy und Good 1956 wurde 1966 von Christov eine einheitliche Theorie für die Elektronenemission von Metallen entworfen [9]. Es handelt sich um eine eindimensionale Beschreibung auf der Grundlage des Sommerfeld-Modells mit einer Schottky-Barriere an der Oberfläche, deren Transmissionswahrscheinlichkeit quantenmechanisch berechnet wird. Die Stromdichte $j(T)$ setzt sich aus drei Ausdrücken zusammen.

$$j(T) = j_1 + j_2 + j_3 \,, \tag{3-1}$$

wobei sich beim Übergang zu den Grenzfällen j_1 auf den Fowler-Nordheim-Ausdruck, j_3 auf den Richardson-Schottky-Ausdruck reduziert. j_2 beschreibt das Übergangsgebiet (TF-Gebiet) zwischen Feldemission und Glühemisssion. Zur Berechnung der Transmission $D(W)$

$$D(W) = \frac{1}{1 + \exp\left[H(W)\right]} \,, \quad H(W) = \sqrt{\frac{8m}{\hbar^2}} \int_{x_1}^{x_2} \sqrt{V(x) - W}\, \mathrm{d}x \,, \tag{3-2}$$

(x_1, x_2 klassische Umkehrpunkte eines einfallenden Elektrons) wird hier für das TF-Gebiet eine Entwicklung des Potentials der Barriere $V(x)$ am Barrierenmaximum ($x = x_m$) durchgeführt,

$$V(x) = W_a - \frac{e^2}{4x} - \varepsilon F x \,, \tag{3-3}$$

$V(x)$ also in folgender Form benutzt:

$$V(x) = V_{\max}[1 - (x - x_m)^2/d^2] \,. \tag{3-4}$$

Dann wird

$$H(W) = 2(V_m - W)/kT_k \,, \quad T_k = h\varepsilon^{1/4}F^{3/4}/\pi^2 k \sqrt{2m} \,. \tag{3-5}$$

Mit der Energieverteilung $w(W, T)$ des einfallenden Teilchenstromes

$$w(W, T) = \frac{4\pi m k T}{n h^3} \ln\left(1 + \exp\left[-(W - \zeta)/kT\right]\right) \tag{3-6}$$

bzw. der klassischen Approximation

$$w(W, T) = \frac{4\pi m k T}{n h^3} \exp\left[-(W - \zeta)/kT\right] \tag{3-7}$$

werden dann die Energieverteilungen der emittierten Elektronen berechnet. (Die relativ komplizierten Ausdrücke und ihre Gültigkeitsgrenzen sollen hier nicht wiedergegeben werden; Bild 2 in [9], hier Bild 8, illustriert die Ergebnisse für eine Feldstärke von $2 \cdot 10^7$ V/cm und verschiedene Temperaturen.)
Da die Grenzfälle der Feldemission und Glühemission schon seit langem verifiziert sind, wurde zur Prüfung der Theorie des TF-Gebiet herangezogen, das auch für die

Anwendung punktförmiger Katoden in Elektronenstrahlgeräten hoher Auflösung (Scanning-Mikroskopie) von besonderer Bedeutung ist. Messungen an einzelnen Flächen von Wysocki [10] und besonders in den kritischen Bereichen sehr kleiner Stromdichten von Drechsler und Mitarb. [11] zeigen, daß die Christovsche Theorie ziemlich gut bestätigt werden kann. (In [11] sind auch numerische Auswertungen der Stromdichteformeln für verschiedene Austrittsarbeiten in Abhängigkeit von T und F wiedergegeben.)

Im Anschluß an die einheitliche Emissionstheorie für Metalle soll noch kurz auf die Halbleiteremission eingegangen werden. Die von Christov entwickelte Theorie wurde vom gleichen Autor auf Halbleiter erweitert [12], so daß auch hierzu analytische Ausdrücke für den Bereich von der Glühemission bis zur Feldemission vorliegen. Die Halbleiteremission erfordert aber wesentlich kompliziertere Modelle [Ü33], da schon im feldfreien Fall an der Halbleiteroberfläche eine Raumladungsrandschicht vorhanden ist. Die geringe Abschirmung des äußeren Feldes durch die relativ kleine Trägerkonzentration zieht ein Eindringen des Feldes ins Innere nach sich, wodurch nicht nur die Raumladungsrandschicht geändert, also die Lage des Fermi-Niveaus an der Oberfläche verschoben wird, sondern auch während der Emission eine Krümmung des Fermi-Niveaus, also ein Spannungsabfall über den Emitter eintreten kann. Von Christov wurde der erstgenannte Effekt berücksichtigt und die Theorie für eine parabolische $E(k)$-Abhängigkeit und beliebige effektive Elektronenmasse entwickelt, wobei Ausdrücke für die Emission aus dem Leitungsband und dem Valenzband erhalten werden.

Die Stromspannungs-Charakteristiken, die sich bei der Feldemission aus Halbleitern ergeben, sind im Gegensatz zu den Fowler-Nordheim-Geraden von Metallen oft nichtlinear [Ü33]. Der zur Deutung herangezogene Spannungsabfall über den Emitter wurde von Fursey und Mitarb. [13] in die theoretische Behandlung der Feldemission einbezogen. Die Halbleiterfeldemission zeigt oft auch einen starken Temperatur- und Beleuchtungseinfluß (Bild 1 und 2 in [13], hier Bild 9 und 10).

3.1.3.3. Verallgemeinerte Emissionstheorie nach Swanson und Bell

In ihrer Monographie über die Fortschritte der Feldelektronenmikroskopie [Ü34] geben Swanson und Bell nach einer Darstellung der Erweiterung der Feldemissionsgleichungen hinsichtlich Bandstruktureinflüssen auch eine Zusammenfassung verschiedener Formen der Emissionsgleichungen zwischen Feld- und Glühemission für ein Metall mit freien Elektronen. Neben den Stromdichten werden die verschiedenen Energieverteilungen, und zwar Total-, Transversal- und Normalenergieverteilung, angegeben und die Mittelwerte der entsprechenden Energiekomponenten berechnet. Da sich in dieser Form ein guter Überblick über die verschiedenen Emissionsgebiete gewinnen läßt, sollen einige Ergebnisse hier in Form einer Tabelle zusammengestellt werden. Unter Benutzung von Gl. (2-2) und Gl. (2-3) werden noch die Größen $J(W, E)$ und $J(W, E_t)$ eingeführt:

$$j = e \int P(E)\,\mathrm{d}E = \iint J(W, E)\,\mathrm{d}W\,\mathrm{d}E\,. \tag{3-8}$$

Mit den Beziehungen der Metallelektronentheorie

$$N(W, E)\,\mathrm{d}W\,\mathrm{d}E = -n(E)\,\mathrm{d}W\,\mathrm{d}E/2\,[2m(E - V)]^{1/2}\,, \tag{3-9}$$

$$n(E)\,\mathrm{d}E = 4\pi(E - V)^{1/2}\,(2m)^{3/2}\,\mathrm{d}E/h^3\,(\exp\,[(E - \zeta)/kT]) + 1)\,, \tag{3-10}$$

ergibt sich so

$$J(W, E)\,\mathrm{d}W\,\mathrm{d}E = \frac{4\pi me}{h^3}\,\frac{D(W)\,\mathrm{d}W\,\mathrm{d}E}{(\exp\,[(E - \zeta)/kT] + 1)} \tag{3-11}$$

bzw.

$$J(W, E_t)\,\mathrm{d}W\,\mathrm{d}E_t = \frac{4\pi me}{h^3}\,\frac{D(W)\,\mathrm{d}W\,\mathrm{d}E_t}{(\exp\,[(W + E_t - \zeta)/kT] + 1)}\,. \tag{3-12}$$

E_t ist der Energieanteil, der der Tangentialkomponente des Wellenzahlvektors entspricht. Die Energieverteilungen ergeben sich dann wie folgt

$$P(E)\,\mathrm{d}E \quad = \int J(W, E)\,\mathrm{d}W\,\mathrm{d}E \quad \text{(Totalenergieverteilung)}, \tag{3-13}$$

$$P(E_t)\,\mathrm{d}E_t \quad = \int J(W, E_t)\,\mathrm{d}W\,\mathrm{d}E_t \quad \text{(Transversalenergieverteilung)}, \tag{3-14}$$

$$P(W)\,\mathrm{d}W \quad = \int J(W, E)\,\mathrm{d}E\,\mathrm{d}W \quad \text{(Normalenergieverteilung)}. \tag{3-15}$$

Auf die Wiedergabe der bei Swanson und Bell zu findenden Normal- und Transversalenergieverteilungen wird hier verzichtet. Es sind aber noch die Mittelwerte der Energiebeiträge der emittierten Elektronen relativ zum Fermi-Niveau ζ in Tabelle 1 aufgenommen worden, die sich für $\langle\varepsilon\rangle = \langle E\rangle - E_F$ aus

$$\langle\varepsilon\rangle = \int_{-\infty}^{+\infty} \varepsilon J(\varepsilon)\,\mathrm{d}\varepsilon \Bigg/ \int_{-\infty}^{+\infty} J(\varepsilon)\,\mathrm{d}\varepsilon \tag{3-16}$$

ergeben. Anstelle der Stromdichte $\boldsymbol{j}_\alpha$ ist zur Vereinfachung der Schreibweise $\boldsymbol{j}_\alpha h^3/4\pi me$ und anstelle der Energieverteilung $P(E)\,\mathrm{d}E$ ist $eP(E)\,\mathrm{d}E/\boldsymbol{j}_\alpha$ mit dem jeweiligen $\boldsymbol{j}_\alpha$ im Nenner aufgeführt. (Bild A1 in [Ü34], hier Bild 11, zeigt für höhere Felder die Feld- und Temperaturbereiche, in denen die benutzten Näherungen gültig sind, wobei lediglich für einen kleinen Bereich noch geeignete Näherungen fehlen.)
Eine auf allgemeineren Voraussetzungen aufgebaute gemeinsame Theorie für Feld-, Glüh- und Photoemission von Metallen wurde von Brodskii, Gurevich und Levich angegeben [14]. Die Berücksichtigung von Gebieten verschiedener Austrittsarbeit in der Gesamtstromdichte bei diesen Emissionsarten wird in [15] diskutiert.

3.1.3.4. Adsorption und Elektronenemission

Der positive oder auch negative Einfluß von Adsorptionsschichten auf die Elektronenemission ist hinlänglich bekannt und wird meist auf der Grundlage der Beeinflussung der Austrittsarbeit durch Dipolschichten unterschiedlicher Polarität erklärt [Ü2, Ü35]. Von besonderer Bedeutung für die Elektronenemission sind die austrittsarbeitserniedrigenden Alkali- und Erdalkalimetallschichten auf Übergangsmetallen [Ü36]. Durch die Anwendung moderner Oberflächenuntersuchungsverfahren bei UHV-Bedingungen wie der Beugung langsamer Elektronen (LEED) und die Benutzung von definierten Einkristalloberflächen konnten gewisse Zusammenhänge zwischen der Austrittsarbeit φ bei verschiedenen Bedeckungsgraden Θ und der Adsorbatstruktur aufgeklärt werden. Bereits die reinen Einkristallflächen weisen erhebliche Unterschiede in ihren φ-Werten auf (vgl. Tab. 1 in [16], hier Tab. 2). Charakteristisch für den Verlauf von φ mit steigendem Bedeckungsgrad von Alkalimetallen auf den Übergangsmetallen ist eine stetige Abnahme bis zu einem Minimum, das kleiner als die Alkalimetallaustrittsarbeit ist, und dann ein schwacher Anstieg bis zu dem bulk-Wert des Adsorbates. Dieser Verlauf wurde für einzelne Flächen im Feldelektronenmikroskop beobachtet (z. B. für Cs-W [17, 18], K-W [19, 20] und Na-W [21], wobei die Austrittsarbeit mit Hilfe von Strom-Spannungs-Kennlinien bzw. Fowler-Nordheim-Geraden entsprechend Gl. (2-8) bestimmbar ist. (Er konnte aber auch durch Kontaktpotentialmessungen an Einkristallflächen bestätigt werden.) Da die Austrittsarbeiten der verschiedenen reinen Flächen unterschiedlich sind und auch die Minimalwerte für die verschiedenen Flächen etwas differieren, sowie nicht bei der gleichen Adsorbatteilchendichte auftreten, ergibt sich im Feldelektronenmikroskop ein charakteristischer, leicht reproduzierbarer Emissionsverlauf auf den verschiedenen Flächen mit steigendem Bedeckungsgrad. Ein ähnlicher Wechsel der hauptsächlich emittierenden Gebiete bei unterschiedlichem Bedeckungsgrad würde natürlich auch für polykristalline Emitter auftreten.
Die theoretische Deutung vor allem des Austrittsarbeitsminimums stieß aber auf noch nicht völlig überwundene Schwierigkeiten. Die Dipolmodelle versagen, auch wenn eine

durch das Feld hervorgerufene Depolarisation in einem Korrekturterm berücksichtigt wird [19]. Eine von Gyftopoulos und Levine entwickelte Modellvorstellung [22] behandelt die Austrittsarbeitsänderung als Summierung der Wirkung einer Dipol- und einer Elektronegativitätsbarriere. Damit lassen sich formal Austrittsarbeitsminima und -maxima bei steigendem Θ für verschiedene Adsorbate wiedergeben [23], vgl. auch [24]. In einer first-principles-Theorie müssen wahrscheinlich Vielteilcheneffekte oder ein ‚Phasenübergang' des Adsorbates vom Ionenzustand in den ‚metallischen' Zustand herangezogen werden, in dem Adsorbat und Substrat nunmehr ein gemeinsames Elektronengas besitzen [25]. Wojciechowski benutzte kürzlich [26] das sog. jellium-Modell [27] für das Metallsubstrat und beschreibt das Alkaliadsorbat-Metallsystem nach Lang [28] durch eine treppenstufenartige Dichteverteilung der positiven Ionenladungen an der Oberfläche, ($n_M^+(r, \Theta) = n_M$, $z \leqq 0$; ... $= n_+^{\mathrm{Ad}}(\Theta) = \Theta n_A$, $0 \leqq z \leqq 2z_0$; ... $= 0$, $z > 2z_0$; Θ Bedeckungsgrad, z_0 Adatomzentrumsabstand von der Oberfläche). Aus einer selbstkonsistenten Elektronendichteberechnung in der Oberflächenschicht folgt dann, daß für kleine Bedeckungsgrade die Valenzelektronen der Adatome völlig in das Metall übergehen, so daß die Alkaliionen zusammen mit ihrer Abschirmladung die Oberflächendipole bilden, die schon von Taylor und Langmuir postuliert worden waren. Für größere Bedeckungen werden die Adionen in ein Elektronengas zunehmender Dichte eingebettet, wobei etwa ab $\Theta = 0{,}8$ die Submonoschicht des Adsorbates die Eigenschaften, d. h. die Elektronendichte, des (bulk-) Alkalimetalles annimmt. Dieser Übergang in den metallischen Zustand der Submonoschicht konnte auch durch Messung des Funkelrauschens von Kaliumschichten auf verschiedenen Wolframflächen wahrscheinlich gemacht werden [29]. Durch sehr detaillierte Messungen an W-Feldemittern wurde für die Kaliumadsorption auch gesichert, daß das Austrittsarbeitsminimum nicht mit einer dichtesten (hexagonalen) Adsorbatatompackung zusammenfällt, sondern bereits bei von Fläche zu Fläche etwas unterschiedlichen, aber beträchtlich kleineren Adsorbatteilchendichten erreicht wird [20]. Das gilt auch für Cs und Na auf Wolfram und ähnliche Adsorptionssysteme (Tabelle 1 in [20], hier Tab. 3).
LEED-Untersuchungen insbesondere durch die Gruppe in Kiew zeigen, daß am Minimum der Austrittsarbeit eine ‚kohärente' Adsorptionsstruktur vorliegen kann, wobei sich die Alkaliadteilchen wohlgeordnet auf den Substratgitterplätzen befinden, so daß Adsorbat- und Substratmaschen in einfachen ganzzahligen Verhältnissen stehen. So wurde für Cs-(100) W eine (2×2)-Struktur am Austrittsarbeitsminimum gefunden [30] oder für K-(112) W eine $c(2 \times 2)$-Struktur [31], also eine zentrierte Masche mit der jeweils doppelten Gitterkonstante in den beiden Grundrichtungen, bezogen auf die Substratmasche. Für kleinere Bedeckungsgrade treten wegen der Coulomb-Abstoßung der weitgehend ionar adsorbierten Teilchen ebenfalls regelmäßige Adsorptionsstrukturen auf, die dann als inkohärente Adsorptionsschichten i. allg. jedoch in keiner einfachen Beziehung zu dem Substratgitter stehen.
Eine erhebliche Erweiterung der Kenntnisse über die Wirkung von Adsorbaten auf die Elektronenemission konnte durch Anwendung einer ‚Feldemissionsspektroskopie adsorbierter Atome' [Ü37, Ü38] erzielt werden. Dabei wird die Totalenergieverteilung (TED) der emittierten Elektronen mit und ohne Adsorbat entweder in einem Bremsfeldanalysator [32] oder besser noch in einem energiedispersiven Analysator mit Elektronenmultiplier [33] gemessen. Um die Adsorbatwirkung auf die im wesentlichen exponentiell verlaufenden TED's besser herauszustellen, wird ein Vergrößerungsfaktor $R(\mathscr{E})$ durch Division der Energieverteilung mit Adsorbat $P(\mathscr{E})$ und der Verteilung der sauberen Fläche $P_0(\mathscr{E})$ berechnet, $R(\mathscr{E}) = P(\mathscr{E})/P_0(\mathscr{E})$. Da nur die Struktur, nicht die absolute Größe von $R(\mathscr{E})$ interessiert, wird meist $\log R(\mathscr{E})$ gegen die z. B. auf das Fermi-Niveau bezogene Energie $\mathscr{E}$ aufgetragen.
Die Diskussion entsprechender Messungen konnte die Wirkung verschiedener Prozesse auf die Emission sicherstellen: Als besonders wichtig erweist sich der Effekt des Resonanztunnelns [34], der zu einer Erhöhung der Emission führen kann, die größer

ist, als durch die bloße Herabsetzung der Austrittsarbeit zu erwarten wäre. Er tritt dann in Erscheinung, wenn sich ein Adsorbatniveau nicht allzu weit vom Ferminiveau befindet, wodurch die Transmissionswahrscheinlichkeit durch den infolge der Adsorption entstandenen Doppelpotentialwall beträchtlich erhöht wird, so daß in der Energieverteilung ein Nebenmaximum für die entsprechende Energie auftritt. Die Energieverteilung kann dann bei Weglassung eines Interferenzterms in folgender Form geschrieben werden [Ü37]:

$$P_{\mathrm{Tr}}(E) = P(E)\left[1 + \frac{T_{\mathrm{Tr}}^2}{(E - \Delta)^2 + \Gamma^2}\right]. \tag{3-17}$$

T_{Tr} ist ein Quotient aus ‚adsorptionsbedingter‘ zu ‚reiner‘ Tunnelwahrscheinlichkeit, Γ ist die Halbwertsbreite des Adsorbatniveaus und Δ ist die Energiedifferenz des Adsorbatniveaus zum Ferminiveau. Dieser Resonanzeffekt ist offenbar auch die Ursache dafür, daß unter geeigneten Bedingungen die durch einzelne Moleküle [35] oder Atome [36] hervorgerufene oder geänderte Elektronenemission nachgewiesen werden kann.

Neben verschiedenen adsorbierten Gasen wurde auch das für die Elektronenerzeugung wichtige System Barium auf Wolfram untersucht [37]. Es zeigen sich Maxima des Vergrößerungsfaktors $R(\mathscr{E})$, die den angeregten Triplett-^{3}D6s5d- und den Singulett-1D6s5d-Zuständen des Bariumatoms zugeordnet werden können und auch die gleiche Energiedifferenz von 0,29 eV wie im isolierten Atom haben. Das Niveau des 6s^2-Grundzustandes erscheint durch die größere Ausdehnung des 6s-Orbitals relativ zum 5d-Orbital wesentlich stärker verbreitert und auf der Energieskala verschoben. Eine solche Verbreiterung, Verschiebung und Überlappung der atomaren Niveaus bei der Adsorption (Bild 18 in [37], hier Bild 12) erfolgt analog zu dem bekannten Verhalten der Atomniveaus beim gedanklichen Zusammenfügen eines Festkörpers aus zunächst weit voneinander entfernten Atomen, wobei sich die Bandstruktur mit dem Valenz- und Leitungsband ausbildet. Auch bei den von der Leningrader Gruppe ausführlich untersuchten Adsorptionssystemen von Elementhalbleitern auf Wolfram [38] können offenbar Tunnelresonanzen eine Rolle spielen [Ü37]. Das gilt auch für größere organische Moleküle wie z. B. Phthalozyanin auf Wolfram, wo sogar ‚superelastische‘ peaks oberhalb der Fermi-Kante auftreten, die möglicherweise Augerprozessen zuzuschreiben sind [39].

In den Feldemissionsenergieverteilungen von adsorbatbedeckten Emittern können auch Elektron-Elektron-Wechselwirkungen beobachtet werden. Wenn dabei tunnelnde Elektronen das Adsorbat durch Übertragung einer Energie $h\nu$ anregen, so erscheint neben der Energieverteilung der Elektronen der reinen Oberfläche nochmals ein um $h\nu$ zu kleineren Energien hin verschobenes Abbild dieser Verteilung in der TED der adsorbatbedeckten Oberfläche (Bild 5 in [Ü39], hier Bild 13).

3.1.3.5. Stromrauschen bei Elektronenemission

Von großer Bedeutung für den Einsatz von Elektronenquellen ist in sehr vielen Fällen das Rauschen der Emitter, also die unvermeidbare Erscheinung, daß die Elektronenemission ständig statistischen Schwankungen unterliegt. Der Emissionsstrom muß daher genauer durch eine Zufallsfunktion beschrieben werden. Aus einer Momentaufnahme (Oszillogramm) der Stromschwankungsfunktion ließe sich eine Verteilungsfunktion $P(x)$ der Stromwerte $i(t) = x(t)$ in Zeitpunkten gleichen Abstandes Δt gewinnen. Dabei ist $P(x) = P_r(x(t) \leqq x)$ mit P_r als der Wahrscheinlichkeit, daß der Strom in den herausgegriffenen Zeitpunkten kleiner als der Wert x ist. Mit $p(x) = \mathrm{d}P(x)/\mathrm{d}x$ läßt sich daraus noch die Wahrscheinlichkeitsdichtefunktion $p(x)$ bestimmen, die in vielen Fällen eine Gaußfunktion sein wird. Diese Funktionen liefern jedoch keine Aussagen über die Schnelligkeit, mit der die Schwankungen durchschnittlich erfolgen oder abklingen bzw. über den Anteil verschiedener Frequenzen an einem mittleren Zeitverhalten. Eine Erweiterung der harmonischen Analyse auf Zufallsfunktionen führt zum Begriff der Spektraldichtefunktion $W(f)$, die zur Beschreibung stationärer Schwankungsvorgänge geeignet ist und als Leistungsspektrum in Abhängigkeit von der Frequenz f aufgefaßt werden kann. Analog zu optischen Spektren kennzeichnet also die Spektraldichte die Schwankungsprozesse nach der Größe ihrer Fourier-Amplituden bei verschiedenen Frequenzen [Ü40]. Die Rauschleistung $\overline{x^2(t)}$ in einem Frequenzbereich $f_u \dots f_0$ ergibt sich dann zu

$$\overline{x^2(t)_{f_u \dots f_0}} = \int_{f_u}^{f_0} W(f)\,\mathrm{d}f \quad \text{oder} \quad \overline{(\delta I)^2_{f_u \dots f_0}} = \int_{f_u}^{f_0} W(f)\,\mathrm{d}f\,. \tag{3-18}$$

Durch Weglassen der Phaseninformation kann also der harmonische Inhalt aller Repräsentationen (Oszillogramme) des stationären Zufallsprozesses durch ein Spektrum $W(f)$ wiedergegeben werden, das nach dem Theorem von Wiener und Chintschin mit der Autokorrelationsfunktion $R(\tau)$ ein Fourier-Transformationspaar bildet,

$$R(\tau) = \int_0^\infty W(f) \cos(2\pi f\tau)\,\mathrm{d}f\,, \quad W(f) = 4 \int_0^\infty R(\tau) \cos(2\pi f\tau)\,\mathrm{d}\tau\,. \tag{3-19}$$

Bekanntlich ergibt sich für die Elektronenemission in einem mittleren Frequenzbereich eine frequenzunabhängige Spektraldichte (weißes Rauschen oder Schrotrauschen), während bei kleinen Frequenzen meist $W(f) \sim 1/f$ beobachtet wird. Dieses niederfrequente Funkelrauschen konnte bisher nicht in einfacher und einheitlicher Weise theoretisch gedeutet werden (vgl. [Ü40]). Einmal führen nur sehr spezielle Annahmen über die Autokorrelationsfunktion, die im allgemeinen zunächst aus einem physikalischen Modell der Fluktuationen folgt, zu einer $1/f$-Spektraldichte, zum anderen können offenbar recht verschiedenartige Mikroprozesse zu einem Funkelrauschen führen, bei Oxidkatoden z. B. Diffusionsvorgänge. Wiederum bot die Feldemission sehr gute Möglichkeiten, an kontrollierbar reinen Flächen verschiedener Struktur (Feldemissionsmikroskopie) in einem weiten Temperatur- und Bedeckungsgradbereich den Zusammenhang des Funkelrauschens mit Adsorptionsvorgängen zu untersuchen. Da die Feldemission an sich von der Temperatur weitgehend unabhängig ist, kann der starke Einfluß der Emittertemperatur auf Adsorptionsvorgänge im Rauschen des Emissionsstromes verfolgt werden, wobei unter gewissen Umständen sogar einzelne Admoleküle beobachtbar sind. Im Labor des Autors wurde daher eine Reihe von Arbeiten zu diesem Problem durchgeführt; dabei sind sowohl Aufschlüsse über die mehr formale Charakterisierung des Funkelrauschens als auch über statistische Adsorptionseigenschaften und stochastische Prozesse einzelner Admoleküle gewonnen worden [Ü41, Ü42, Ü34].

Zunächst zeigte sich, daß an sauberen Oberflächen eine frequenzunabhängige Spektraldichte beobachtet wird, die auch der von Schottky für den Fall der Glühemission abgeleiteten Beziehung $W(f) = 2\,eI_0$ gehorcht. Dieses Schrotrauschen einer unkorrelierten Elektronenemission zeigt außerdem eine lineare Abhängigkeit der Rauschleistung $\left(\overline{(\delta I)^2_{\Delta f}} \cdot R\right)$ von der Stromstärke I_0 [40]. Selbst bei einem Vakuum von etwa 10^{-11} Torr treten aber für Frequenzen kleiner als etwa 10^3 Hz bereits Abweichungen von dieser konstanten Spektraldichte auf, mit ansteigendem Bedeckungsgrad bildet sich mit zunehmender Größe A eine Spektraldichte $W(f) = A/f$ aus. Die Rauschleistung dieses Funkelrauschens wird dann ungefähr proportional zu I_0^2. Messungen der Spektraldichte bei Ba-Bedeckung zeigten bereits [41], daß $W(f)$ nicht genau proportional zu $1/f$ ist, sich aber in einem weiten Frequenzbereich (20 Hz bis 700 kHz) durch $W(f) = A/f^\varepsilon$ mit konstantem ε beschreiben läßt, wobei ε für Gas- und Ba-Bedeckung zwischen 0,95 und 1,2 lag. (Die oben erwähnte Stromverteilungsdichte $p(x)$ ergab auch sehr deutliche Abweichungen von einer Gaußverteilung [42]). Später zeigten sich für das Adsorptionssystem Kalium auf Wolfram sogar bei Messungen an Einzelflächen mit einem Faraday-Kollektor erheblich kleinere Werte als 1 für den

Exponenten ε, und zwar bis herab zu 0,3. Außerdem treten Knicke in der doppelt-logarithmischen Darstellung von $W(f)$ in Erscheinung, die die Angabe von zwei oder drei ε-Werten in einem Meßbereich zwischen 80 Hz und 60 kHz erforderlich machen [43].

Von besonderem Interesse für praktische Anwendungen ist auch die Temperaturabhängigkeit des Funkelrauschens. Im allgemeinen steigt die Rauschleistung mit steigender Temperatur exponentiell an, so daß sich ‚Aktivierungsenergien des Rauschens' bestimmen lassen. Diese können als Oberflächendiffusionsenergien oder Platzwechselenergien gedeutet werden [44]. Bei höheren Temperaturen tritt im allgemeinen eine Desorption des Adsorbates auf, die durch ein Maximum im Rauschen angezeigt wird. (Es sind auch Maxima im Rauschleistungsverlauf mit der Temperatur zu beobachten, die reversibel durchlaufen werden können.) Bei bestimmten Alkali-Bedeckungsgraden scheint eine sehr geringe Temperaturabhängigkeit vorzuliegen. Überhaupt ist die Bedeckungsabhängigkeit des Rauschens bei Alkalimetalladsorption insofern interessant, als sich für alle untersuchten Flächen ein Minimum des Rauschens exakt an der Stelle des Austrittsarbeitsminimums ergab [29]. Diese Erscheinung läßt sich durch eine Kohärentschichtstruktur oder den schon erwähnten Vorgang der ‚Metallisation' des Adsorbates deuten.

Zur theoretischen Beschreibung der experimentellen Ergebnisse wurden verschiedene Modelle entwickelt, auf die im einzelnen einzugehen sich hier verbietet. Für ein Adsorptions-Desorptions-Gleichgewicht ergeben sich Spektraldichten vom Schottkyschen Typ

$$W(f) = \frac{B\tau}{1 + \omega^2\tau^2}, \tag{3-20}$$

deren Überlagerung bei verschiedenen mittleren Verweilzeiten auf der Oberfläche in gewissen Frequenzbereichen zu einer $1/f$-Abhängigkeit führen kann. Statistische Platzwechsel eines Admoleküls zwischen zwei benachbarten, etwas verschiedenen Adsorptionsplätzen führen ebenfalls zu dem Schottky-Spektraltyp [35]. Timm und Van der Ziel [45] und mit ähnlichem Ansatz später auch Gomer [46] betrachten die infolge der Oberflächendiffusion auftretenden statistischen Dichteschwankungen in einem beobachteten patch als Ursache des Funkelrauschens. Allerdings kann die dann folgende $1/f^{3/2}$-Spektraldichte zumindest für Alkaliadsorption nur ganz selten gefunden werden [43, 47]. Der Autor entwickelte ein Modell, das Anregungen von Adatomen aus fester bindenden Zentren in weniger bindende Adsorptionsplätze vorsieht, zwischen denen sich die Teilchen durch Oberflächendiffusion bewegen können [48]. Hierbei ergeben sich in einem mittleren Frequenzbereich Spektraldichten mit $1/f^{\varepsilon}$-Verhalten, wobei ε von den Modellparametern abhängt und sich auch leicht größere Abweichungen vom Werte $\varepsilon = 1$ erklären lassen. Obwohl auch dieser Theorie ein verhältnismäßig spezielles Modell zugrunde liegt, scheinen sich damit die Messungen besonders hinsichtlich der Spektraldichte vorläufig am besten verstehen zu lassen. Auch die die Desorption anzeigenden Rauschmaxima ergeben sich zwanglos aus diesen Vorstellungen [44]. — Das adsorptionsbedingte Funkelrauschen ist zweifellos nur ein Sonderfall des bei Elektronenemission allgemein beobachteten Funkelrauschens, doch konnte dieser Typ bis zu stochastischen Prozessen einzelner Admoleküle verfolgt werden, wobei sich Aktivierungsenergien und -entropien für einzelne Teilchen messen ließen [49]. Bei Glühemission des sauberen Wolframspitzenbügels unter UHV-Bedingungen zeigte sich übrigens eine frequenzunabhängige Spektraldichte. Nicht unwichtig für Anwendungen erscheint es, daß unter geeigneten Bedingungen von Temperatur und Bedeckungsgrad das Rauschen recht kleine Werte annehmen kann.

3.1.3.6. Bandstruktureffekte in der Feldemission

Wie in der Einleitung angedeutet wurde, konnte die Beschreibung der Elektronenzustände im Festkörper gegenüber dem Sommerfeld-Modell erheblich verfeinert werden. Damit erhebt sich die Frage, inwieweit sich in diesem Sinne aufgefaßte Bandstruktureffekte in der Elektronenemission bemerkbar machen können. Für den Fall der Feldemission wurde eine ausführliche Diskussion des Bandstruktureinflusses zuerst von Itskovich [50] durchgeführt. Anstelle von Gl. (2-4) wird der folgende Ausdruck für die Berechnung der Stromdichte benutzt,

$$\boldsymbol{j} = e \sum_{\boldsymbol{k}} n(\boldsymbol{k})\, D(\boldsymbol{k})\,, \tag{3-21}$$

wo $n(\boldsymbol{k})$ die Auftreffrate und $D(\boldsymbol{k})$ die Durchdringungswahrscheinlichkeit der Potentialbarriere für Elektronen im Quantenzustand $\boldsymbol{k}$ ist. Bandstruktureffekte gehen in diese Beziehung in dreierlei Weise ein [Ü38] : $n(\boldsymbol{k})$ ist aus der quantenmechanischen Stromdichtebeziehung

$$\boldsymbol{j} = \frac{\hbar}{2mi}\,[\psi^*(\boldsymbol{r})\,\nabla\psi(\boldsymbol{r}) - \psi(\boldsymbol{r})\,\nabla\psi^*(\boldsymbol{r})] \tag{3-22}$$

zu bestimmen, wobei für die Wellenfunktion ψ des Elektrons Linearkombinationen von Bloch-Funktionen anzusetzen sind. Die (dreidimensionale) Durchdringungswahrscheinlichkeit ist ebenfalls mit den auftretenden Wellenfunktionen anstelle von Planwellen zu berechnen. Schließlich muß die Summe über den Wellenvektor $\boldsymbol{k}$ in Form eines Oberflächenintegrals über die Flächen konstanter Energie in der Brillouinzone ausgeführt werden.

Von Stratton [51] wurde folgender Ausdruck für die Stromdichte pro Einheit der Gesamtenergie angegeben:

$$J(E) = \frac{4\pi me}{h^3} f(E) \times$$

$$\times \left[\int_0^E \exp\,[-f(W)]\,\mathrm{d}W - \frac{1}{2\pi}\int_0^{2\pi} \mathrm{d}\varphi_p \int_0^{E-E_t^m} \exp\,[-f(W)]\,\mathrm{d}W\right]. \tag{3-23}$$

Dabei ist $f(E)$ die Elektronenverteilungsfunktion im k-Raum und $\mathrm{e}^{-f(W)}$ die Transmissionswahrscheinlichkeit (auch $D(E - E_t)$ geschrieben), E_t ist die ‚Transversalkomponente' der Elektronenenergie, für freie Elektronen also $E_t = E - W$, $E_t^m(E, \varphi_p)$ der Maximalwert von E_t für eine bestimmte Energie E bei einem Winkel φ_p von k_t in der Oberfläche $(\tan \varphi_p = k_y/k_z,\ k_t = (k_y^2 + k_z^2)^{1/2})$. Nach einer Taylor-Entwicklung der Transmissionswahrscheinlichkeit an der Fermi-Kante ergibt sich daraus

$$J(E) = \frac{4\pi med}{\hbar^3} f(E)\, \mathrm{e}^{-b(E_F)}\, \mathrm{e}^{\frac{E-E_F}{d}} \left[1 - \frac{1}{2\pi}\int_0^{2\pi} \mathrm{e}^{-E_t^m(E,\varphi_p)/d}\, \mathrm{d}\varphi_p\right], \tag{3-24}$$

(b und d s. Tab. 1). In den beiden Gleichungen ist der jeweils zweite Ausdruck, der Bandstrukturterm, zu vernachlässigen, wenn entweder kugelförmige Flächen konstanter Energie in der y—z-Ebene (parallel zur Oberfläche) vorliegen bzw. $E_t^m/d \gg 1$ gilt. Die letzte Bedingung ist mit einem d-Wert von 0,15—0,25 eV im allgemeinen erfüllt, außer für Übergangsmetalle mit teilweise gefüllten engen d-Bändern, bei denen sich also Bandstruktureffekte zeigen sollten. Für kugelförmige Energieflächen und eine effektive Elektronenmasse $m_c = r_c m$ folgt noch [52] eine insbesondere für Halbleiter wichtige Beziehung

$$J(E - E_F) = \frac{4\pi med}{h^2}\, \mathrm{e}^{-b}\, f(E - E_p)\, \mathrm{e}^{(E-E_p)/d}\, [1 - \mathrm{e}^{-r_c E/d}]\,. \tag{3-25}$$

Obwohl also keine großen Bandstruktureffekte zu erwarten waren, konnten diese doch in Energieverteilungskurven einzelner Flächen bei Feldemission nachgewiesen werden. Untersucht wurden vor allem Wolfram, Molybdän und auch Cu-Einkristalle (auf Wolfram). Die Ergebnisse wurden wieder in der Form eines Vergrößerungsfaktors $R(\mathscr{E})$ erhalten (vgl. Abs. 3.1.3.4.). Besonders auffallend ist ein Maximum von $R(\mathscr{E})$ für die (100)-Fläche von Wolfram bei $\mathscr{E} = E - E_F = -0{,}37$ eV, das zuerst von Swanson und Crouser beobachtet wurde [53]. Die Schwierigkeit der Deutung zeigte sich in einer längeren Kontroverse, wonach dieses Maximum heute der Emission aus einem Oberflächenzustand zugeschrieben wird [Ü38]. Dieser an der Oberfläche lokalisierte Elektronenzustand befindet sich in einer Energielücke zwischen dem Γ- und H-Punkt der Brillouin-Zone der durch Spin-Bahn-Aufspaltung getrennten Δ_7-Bänder. Die Deutung wird auch durch die starke Oberflächenempfindlichkeit dieses Peaks nahegelegt, indem bereits eine Xe-Adsorption diese Struktur zum Verschwinden bringt. Ein kleineres Maximum bei $\mathscr{E} = -0{,}78$ eV wird dagegen einer d-Bandemission aus den Gebieten hoher Zustandsdichte in der Γ-H-Richtung zugeschrieben. Auch für die Emission in anderen Richtungen lassen sich Bandstruktureffekte in den Energieverteilungen nachweisen [54].

Bei der Suche nach Quellen für die Erzeugung spin-polarisierter freier Elektronenstrahlen, d. h. von Elektronen, deren Spin zu einem möglichst großen Prozentsatz eine Vorzugsrichtung aufweist [Ü43], ist auch die Feldemission von ferromagnetischen Materialien untersucht worden. Die durch magnetische Austauschwechselwirkung erfolgende Aufspaltung der Bandkanten führt wegen des gleichen chemischen Potentials (Fermi-Energie ζ) zu unterschiedlichen Besetzungszahlen für Elektronen mit entgegengesetztem Spin. Falls sich geeignete Bänder in der Nähe der Fermi-Kante befinden, sollte dies Anlaß zur vorzugsweisen Emission von Elektronen mit einer Spinrichtung sein. Für die ferromagnetischen Metalle mit $3d$-Bändern wurde allerdings kein merklicher Polarisationsgrad P festgestellt, dagegen konnte für Gadolinium eine Polarisation von 8% erhalten werden [55]. (P wird durch die Anzahlen N_+ und N_- der Elektronen mit parallelem oder antiparallelem Spin in bezug auf ein äußeres angelegtes Magnetfeld gemessen, das die Vorzugsrichtung definiert, $P = (N_+ - N_-)/(N_+ + N_-)$. Der Nachweis der Polarisation erfolgt durch Streuung in einem Mott-Detektor). Da Gadolinium ein teilweise gefülltes $4f$-Band in der Nähe der Fermi-Kante aufweist, wurde von Obermair [56] in einer Theorie zur Erzeugung polarisierter Feldelektronen auch die Benutzung von $Eu_{1-x}Gd_xS$ als Quelle mit hohem P vorgeschlagen. Mit Wolframemittern mit dünnen EuS-Schichten konnten bei 21 K tatsächlich Polarisationsgrade von etwa 90% erzeugt werden [57].

Ein weiterer Effekt, der mit dem Emissionsmodell für freie Elektronen nicht erklärbar ist, stellt das Auftreten eines Ausläufers in der Energieverteilung oberhalb der Fermi-Kante dar [58]. Diese relativ schnellen Elektronen haben Energien, die erheblich über dem Boltzmann-Ausläufer der Fermi-Verteilung liegen, außerdem verbreitert sich die Verteilung mit zunehmender Feldstärke, und der Strombetrag dieser Elektronen ist proportional zum Quadrat des analysierten Stromes. Lea und Gomer [58] deuten diese Ausläufer durch Elektron-Elektron-Streuprozesse, bei denen ein Elektron in Energiebereiche oberhalb der Fermi-Kante und das zweite um einen gleichen Energiebetrag ‚abwärts‘ gestreut wird und austunnelt (da bei kleinen Temperaturen die tiefliegenden Zustände besetzt sind). In der Energieverteilung sind nur die ‚aufwärts‘ gestreuten Elektronen zu beobachten, da für Energien kleiner E_F sowieso viele Elektronen vorhanden sind. Diese Erscheinung kann auch als Vielteilcheneffekt aufgefaßt werden, wobei es sich um ein korreliertes Zweiteilchentunneln handelt [Ü38].

Direkte Auswirkungen der Bandstruktur zeigen sich offenbar bei der Photofeldemission, d. h. einem äußeren Photoeffekt bei Feldstärken, wie sie bei Feldemission verwendet werden ($2 - 4{,}5 \times 10^7$ V/cm.) Durch eine Modulation (hopperung) des einfallenden Lichtes und schmalbandige Verstärkung mit phasenempfindlicher Gleichrichtung ist es möglich, den um ca. 5 Zehnerpotenzen kleineren Photostrom in Gegenwart des Feldemissionsstroms zu beobachten [59], falls das adsorptionsbedingte Funkelrauschen nicht zu groß ist. Bei Anwendung des Sommerfeld-Modells müßte sich ein Anstieg der Photofeldemissionscharakteristiken ergeben, der einer scheinbaren Austrittsarbeit von ($\varphi - h\nu$) entspricht, die anstelle von φ in der Stromdichteformel auftritt. Wie bereits eine Analyse der ersten Experimente ergab [59], müssen jedoch zur Deutung direkte und indirekte Übergänge und eine Emission der so angeregten Elektronen [60] in Betracht gezogen werden. Mit einer verbesserten Meßtechnik [61] konnten auch die Photofeldemissionscharakteristiken bei monochromatischer Anregung im Lichte der (sichtbaren und im nahen UV-befindlichen) Quecksilberlinien bestimmt werden [62]. Die beobachteten Schultern bzw. Maxima in den Kennlinien lassen sich als Einsetzen des normalen Photoeffekts (über die Oberflächenbarriere) nach einem Phototunnelstrom bei kleineren Feldstärken für bestimmte starke Übergänge deuten [63]. Da sich die Austrittsarbeit und die Feldstärken aus Standardtechniken der Feldemission und somit die Schottky-Erniedrigung ($\Delta\varphi \sim \sqrt{e^3F}$) der Oberflächenbarriere bestimmen läßt, können die Ergebnisse direkt mit Bandstrukturberechnungen verglichen werden [62, 63]. Durch Veränderung der Austrittsarbeit, z. B. mit Barium [62], läßt sich ein beträchtlicher Teil des Energiebereichs zwischen Vakuumniveau und Fermi-Kante, der für die normale Photoemission unzugänglich ist, auf vorherrschende Übergänge hin untersuchen. Bei diesen Experimenten wurden periodische Stromabweichungen in den Strom-Spannungs-Kennlinien [61] mit einem Maximumsabstand von nur 12 V entdeckt, deren Auftreten empfindlich vom Zustand der Oberfläche abhängt. (Sie lassen sich jedoch nicht als die periodischen Schottky-Abweichungen deuten, die bei Glühemission [64] und auch bei normaler Photoemission [65] beobachtet wurden.) Bei Benutzung des um einige Größenordnungen stärkeren Laserlichtes fand Lee [66] Energieverteilungen, die einer Anregung aus der Umgebung der Fermi-Kante entsprechen und mit dem Modell freier Elektronen erklärbar sind.

3.1.3.7. Bandstruktureffekte in der Photoemission

Wie sich schon im letzten Abschnitt zeigte, treten Bandstruktureffekte besonders in der Photoemission in Erscheinung. Die Begründung liegt darin, daß dieser Prozeß durch ein Dreischrittmodell [Ü44] beschreibbar ist, dessen erster Schritt, die Anregung von potentiellen Photoelektronen, wesentlich durch die Bandstruktur und die darin möglichen optischen Übergänge bestimmt wird. Im zweiten Schritt, der Diffusion der angeregten Elektronen zur Oberfläche, können durch Streuprozesse manche Informationen über die Energien der beteiligten Zustände wieder verlorengehen bzw. verwischt werden. Das gilt vor allem für die bei Metallen vorherrschende Elektron-Elektron-Streuung, bei der Energieverluste bis zu einigen eV auftreten. Die bei Halbleitern überwiegende und stark temperaturabhängige Elektron-Phonon-Streuung führt dagegen nur zu Energieverlusten von wenigen hundertstel eV pro Stoß [Ü44]. Der dritte Schritt, die Emission über die Potentialbarriere an der Oberfläche, setzt naturgemäß eine hinreichende Energie der Elektronen voraus, wird aber sonst weniger durch die Eigenschaften der Barriere bestimmt, da die Anregung zudem oft in Energiebereiche erfolgt, die weit über dem Vakuumniveau liegen.
Die den Photoeffekt bewirkende Lichtabsorption wird durch einen Absorptionskoeffizienten $\alpha(h\nu)$ beschrieben,

$$I(x) = I_0(1 - R(h\nu)) \exp\left[-\alpha(h\nu)\, x\right], \tag{3-26}$$

wobei R der Reflexionskoeffizient ist. α ist proportional zu einer Summe über alle Übergangswahrscheinlichkeiten P_{ij} zwischen den Anfangs- und Endzuständen $|i\rangle$ und $|j\rangle$. Aus einer zeitabhängigen Störungstheorie 1. Ordnung ergibt sich dann mit dem Polarisationsvektor der einfallenden Welle $\boldsymbol{e}_q$ und dem Dipolmoment $\boldsymbol{M}$

des Systems

$$\alpha \sim \sum_{ij}' |\langle j|\, e_q M \,|i\rangle|^2 \,\delta(E_f - E_i - h\nu)\,. \tag{3-27}$$

Die δ-Funktion bringt den Energieerhaltungssatz zum Ausdruck; sind $|i\rangle$ und $|j\rangle$ Blochzustände $|\boldsymbol{k}_i\rangle$ und $|\boldsymbol{k}_f\rangle$, so ist das Matrixelement nur dann von Null verschieden, wenn $\boldsymbol{k}_i = \boldsymbol{k}_f$, also k-Erhaltung vorliegt. Für diesen Fall der ‚direkten' Übergänge ist α proportional zur kombinierten Zustandsdichte $J(\omega)$ [Ü45, Ü46]

$$\alpha \sim J(\omega) = \frac{1}{4\pi^3} \int \frac{\mathrm{d}S}{|\nabla_k(E_f - E_i)|_{E_f - E_i = \hbar\omega}}\,, \tag{3-28}$$

$\mathrm{d}S$ ist dabei das Flächenelement einer ‚optischen Oberfläche' im k-Raum, definiert durch $\varepsilon(k) = E_f(k) - E_i(k) = h\nu$ (Bild 1 in [67], hier Bild 14). Besonders an den van Hove-Singularitäten, wo die Gradienten (nach $\boldsymbol{k}$) der End- und Anfangszustände gleiche Werte oder Null ergeben, ist starke Absorption zu erwarten. Bei ‚indirekten' Übergängen wird die $\boldsymbol{k}$-Bilanz durch Absorption oder Emission von Phononen mit dem Wellenzahlvektor $\boldsymbol{q}_s$ erfüllt, $\boldsymbol{k}_i - \boldsymbol{k}_f \pm \boldsymbol{q}_s = 0$. Dann ist α proportional zum Produkt der Zustandsdichten

$$\alpha \sim \varrho(E_i)\,\varrho(E_f) \quad \text{bzw.} \quad \alpha \sim N_c(E)\,N_v(E - h\nu)\,. \tag{3-29}$$

Starke Übergänge können daher bereits in der Ausbeutekurve $Y(h\nu)$ des Photoeffekts als Maxima oder Schultern beobachtet werden (Bild 7 in [68], hier Bild 15). Ihre Zuordnung zu Bandstrukturdetails unterliegt jedoch den gleichen Schwierigkeiten, wie sie bei der Deutung optischer Absorptionsspektren auftreten, da nur die Energiedifferenz $E_f - E_i$ bestimmt ist. Werden jedoch Energieverteilungskurven gemessen, kann (mit der Kontaktpotentialdifferenz zwischen Probe- und Spektrometer) auch der Absolutwert der Endenergie und mit der Anregungsenergie $h\nu$ auch der des Anfangszustandes bestimmt werden. Darauf beruhen im Verein mit dem großen Auflösungsvermögen die großen Erfolge der im letzten Jahrzehnt entwickelten Photoelektronenspektroskopie. Während bei Anregung mit sichtbarem oder vor allem UV-Licht (UPS) die Energieverteilung der kombinierten Zustandsdichte sowie Oberflächen- und Adsorptionszustände beobachtet werden [Ü44, Ü47, Ü48], gestattet der Röntgenphotoeffekt (XPS) vor allem die Spektroskopie (ESCA-Electron Spectroscopy for Chemical Analysis) von Rumpfniveaus, ihrer chemischen Verschiebung und Aufspaltung sowie von Valenzbandzustandsdichten [Ü49, Ü50].

Die Herabsetzung der Austrittsarbeit durch Adsorption geeigneter Schichten wird in der Photoelektronenspektroskopie angewendet, um bei vorgegebener Wellenlänge den zugänglichen Energiebereich zu erweitern. Eine ganz besondere Bedeutung hat sie naturgemäß für die Entwicklung von Photokatoden. Durch Ausnutzung der Eigenschaften von $A_{III}B_V$-Halbleitern und der UHV-Oberflächenpräparationstechniken konnte eine neue Gruppe von Photokatoden erschlossen werden [Ü51—Ü53]. Bei Benutzung von hochdotiertem p-GaAs ergibt sich eine in der üblichen Bänderdarstellung abwärts gerichtete Bandverbiegung an der Oberfläche. Durch Aufbringen einer Monoschicht Zäsium auf die im Vakuum durch Spalten erzeugte Fläche wird die Austrittsarbeit von 4,7 eV auf etwa 1,4 eV herabgesetzt. Da der Bandabstand von GaAs selbst ebenfalls 1,4 eV beträgt, liegen somit die Leitungsbandkante (im Halbleiterinneren) und das Vakuumniveau auf gleicher Höhe, die Elektronenaffinität ist Null. Alle ins Leitungsband angeregten Elektronen könnten daher, auch nach einer Thermalisation, die sie an die untere Leitungsbandkante bringt, durch die (Verarmungs-) Randschicht ins Vakuum übergehen. Bereits die ersten Katoden dieses Typs brachten im blauen Teil des Spektrums Quantenausbeuten von über 50%. Durch Aufbringen von Cs und Sauerstoff bzw. Cs_2O-Schichten wurden Emitter mit ‚negativer Elektronenaffinität' (NEA) erzeugt, vgl. [Ü54]. $A_{III}B_V$-Mischkristalle können auch mit kleineren Bandabständen hergestellt werden, so daß große Ausbeuten bis 1,5 µm

Wellenlänge erhalten wurden. Bei geeigneten Schichtstrukturen ist der Dunkelstrom um einige Zehnerpotenzen kleiner, als er nach der Richardson-Gleichung Gl. (2-6) mit der erzielten Austrittsarbeit zu erwarten wäre [Ü 52].

3.1.4. Schluß

Wie die Ausführungen zeigen, konnten auch in den letzten 10 oder 15 Jahren noch sehr wesentliche und interessante Erkenntnisse über die Elektronenemissionsprozesse gewonnen werden, wobei sich die Anwendung der Ultrahochvakuumtechnik und sehr verfeinerter Analysenmethoden als unumgänglich erwies. Die bei diesen Untersuchungen gemachten Erfahrungen ermöglichten z. B. den Einsatz von Feldemissionskatoden in kommerziellen Geräten, indem ein differentielles Pumpsystem für die Elektronenkanone benutzt wird. Mit einem hochauflösenden Transmissions-Scanning-Mikroskop wurde zunächst eine Auflösung von 5 Å erzielt, während jetzt bei Strahlquerschnitten von 5 Å und weniger eine Auflösung von 3,44 Å garantiert [69] bzw. ein noch kleinerer Wert erreicht werden kann [70]. Auch in Reflexions-Scanning-Mikroskopen sind hohe Auflösungen bei 15 Å Strahlquerschnitt und bis zu 10^{-9} A am Objekt erzielbar [69]. Die hohe Stromdichte und extrem kleine emittierende Fläche einer Feldkatode lassen solche und ähnliche Anwendungen aussichtsreich erscheinen, z. B. auch für Röntgenstrahl-Mikroanalyse und hochauflösende Augerspektroskopie. Dabei besteht noch die Möglichkeit, durch spezielle Adsorbate wie Zirkon-Sauerstoff oder Beryllium die Emission auf einzelne Flächen zu beschränken [71, 72]. Stets sind jedoch Probleme zu lösen, die als typisch für die Ultrahochvakuumphysik angesehen werden können [73]. Das zeigte sich auch bei dem Versuch, die erwähnten NEA-Photokatoden aus $A_{III}B_V$-Verbindungen technisch einzusetzen. Die ausgezeichneten Eigenschaften dieser Katoden konnten nämlich zunächst nur in Ultrahochvakuumapparaturen erhalten werden, während sich in abgeschmolzenen Glasgeräten wie Photomultipliern und Bildverstärkern Empfindlichkeitseinbußen durch geringe Kontaminationen oder Cs-Verluste bemerkbar machten. Neue oder verbesserte Bauelemente einer ‚Ultrahochvakuumelektronik' bedürfen also offenbar eines beträchtlichen technologischen Aufwandes zu ihrer Realisierung. Aber auch bei konventionellen vakuumelektronischen Bauelementen konnten ganz erhebliche Fortschritte erzielt werden. Beispielsweise sind hier verschiedene Sekundärelektronenverstärker anzuführen wie Channeltron und Channelplate, die in der Elektronenspektrometrie [Ü 50], der Feldionenmikroskopie [Ü 55] und der Elektronenstoßdesorption [74] entscheidende Fortschritte ermöglichten. Über viele andere technischen Anwendungen der Elektronenemission wird an anderer Stellen dieses Bandes berichtet. Selbst die Exoelektronenemission findet heute in Kontrollgeräten für Materialermüdungsfehler technische Anwendungen [75]. Unbestritten dürfte die große Rolle sein, die die Elektronenemission zur Zeit bei der Erforschung insbesondere von Festkörpern spielt. Elektronenbeugung und -streuung, Augerelektronenspektroskopie und Photoelektronenspektroskopie wie auch die Feldemissionsmethoden, die elektronen- und ionenausgelöste Sekundärelektronenemission und die Exoemission tragen wesentlich zur Materialcharakterisierung und zur Überprüfung von theoretischen Überlegungen und Modellen bei. Die Verfeinerung und der Ersatz des Sommerfeld-Modells durch detailliertere Vorstellungen konnte gerade auch an Emissionsphänomenen studiert werden.

3.1.5. Zusammenfassung

Einleitend wurde auf die Fortschritte bei der Beschreibung der Elektronen in Festkörpern hingewiesen. Eine Zusammenstellung der gebräuchlichen Modelle für die wichtigsten Emissionsarten beruht im wesentlichen auf dem Sommerfeld-Modell der Metallelektronen, das zur Erklärung der Grundphänomene ausreicht. Anschließend wurden neuere Ergebnisse zur Elektronenemission diskutiert. Glühemissionsuntersuchungen im Ultrahochvakuum konnten patch-Effekte weiter aufklären. Bedeutsam sind die einheitlichen Theorien für die Beschreibung von Glühemission, TF- und Feld- (sowie auch Photo-) emission, die z. T. experimentell überprüft wurden. Bei der Deutung und Ausnutzung der Adsorption für die Elektronenerzeugung wurden beachtliche Fortschritte erzielt. Das Stromrauschen bei Elektronenemission wurde am Beispiel von Feldemissionsuntersuchungen diskutiert. Schließlich wurden Bandstruktureffekte in Feld- und Photoemission besprochen, die eine detailliertere Kenntnis der Eigenschaften der Festkörperelektronen voraussetzen, als sie das Sommerfeld-Modell annimmt. Abschließend wurde auf einige typische Anwendungen der neueren Erkenntnisse eingegangen.

Literaturverzeichnis

Originalliteratur

[1] *Sommerfeld, A.*: Z. f. Phys. **47** (1928) 1.
[2] *Harrison, W. A.* and *Ciraci, S.*: Phys. Rev. **B10** (1974) 1516; *Pantelides, S. T.* and *Harrison, W. A.*: Phys. Rev. **B11** (1975) 3006.
[3] *Mattheiss, L. F.*: Phys. Rev. **139** (1965) A 1893.
[4] *Christensen, N. E.* and *Feuerbacher, B.*: Phys. Rev. **B10** (1974) 2349.
[5] *Gardner, F. M.*, *Girouard, F. E.*, *Boeck, W. L.* and *Coomes, E. A.*: Surface Sci. **26** (1971) 605.
[6] *Jansen, C. G. J.*, *Venema, A.* and *Weekers, Th. H.*: J. Appl. Phys. **37** (1966) 2234.
[7] *Jansen, C. G. J.* and *Verdonschot, A. J.*: Philips Res. Repts. **27** (1972) 454
[8] *Busch, G.* and *Madjid, A. H.*: Phys. Kondens. Materie **4** (1965) 131.
[9] *Christov, S. G.*: phys. stat. sol. **17** (1966) 11.
[10] *Wysocki, J.*: Acta Phys. Polon. **A42** (1972) 129.
[11] *Bermond, J. M.*, *Lenoir, M.*, *Prulhière, J. P.* and *Drechsler, M.*: Surface Sci **42** (1974) 306.
[12] *Christov, S. G.*: phys. stat. sol. **21** (1967) 159.
[13] *Baskin, L. M.*, *Lvov, O. I.* and *Fursey, G. N*: phys. stat. sol. (b) **47** (1971) 49.
[14] *Brodskii, A. M.*, *Gurevich, Yu. Ya.* and *Levich, V. G.*: phys. stat. sol. **40** (1970) 139.
[15] *Cerofolini, G. F.* and *Fondi, R. M.*: phys. stat. sol. (a) **7** (1971) 103.
[16] *Müller, J.*: Surface Sci. **42** (1974) 525.
[17] *Гаврилюк, В. М.*, *Наумовец, А. Г.*, *Федорус, А. Г.*: ЖЭТФ **51** (1966) 1332.
[18] *Овчинников, А. П.* и *Царев, Б. М.*: Физ. Тверд. Тела **8** (1966) 1493.
[19] *Schmidt, L. D.* and *Gomer, R.*: J. Chem. Phys. **45** (1966) 1605.
[20] *Błaszczyszyn, R. Błaszczyszyn, M.* and *Męclewski, R.*: Surface Sci. **51** (1975) 396.
[21] *Клименко, Е. В.* и *Медведев, В. К.*: физ. Тверд. Тела **10** (1968) 1986.
[22] *Gyftopoulos, E. P.* and *Levine, J. D.*: J. App. Phys. **33** (1962) 67.
[23] *Flaim, T. A.* and *Ownby, P. D.*: Surface Sci. **32** (1972) 519.
[24] *Albrecht, H. E.*: phys. stat. sol. (a) **9** (1972) 125.
[25] *Sidorski, Z.*: Acta Physica Polon. **A42** (1972) 437.
[26] *Wojciechowski, K. F.*: Int. Centre Theor. Phys. Miramare/Triest IC (1975) 103.
[27] *Lang, N. D.* and *Kohn, W.*: Phys. Rev. **B1** (1970) 4555.
[28] *Lang, N. D.*: Phys. Rev. **B4** (1971) 4234.
[29] *Męclewski, R.*, *Kleint, Ch.* and *Błaszczyszyn, R.*: Surface Sci. **52** (1975) 365.
[30] *Воронин, В. Б.*, *Наумовец, А. Г.*, *Федорус, А. Г.*: ЖЭТФ **15** (1972) 523.
[31] *Медведев, В. К.* и *Якивчук, А. И.*: Физ. Тверд. Тела **16** (1974) 981.
[32] *Lea, C.* and *Gomer, R.*: J. Chem. Phys. **54** (1971) 3349.
[33] *Kuyatt, C. E.* and *Plummer, E. W.*: Rev. Sci. Instrum. **43** (1972) 108.
[34] *Duke, C. B.* and *Alferieff, M. E.*: J. Chem. Phys. **46** (1967) 923.
[35] *Gasse, H.-J.*: Ann. Physik, Leipzig (VII) **16** (1965) 370.
[36] *Clark, H. E.* and *Young, R. D.*: Surface Sci. **12** (1968) 385.
[37] *Plummer, E. W.* and *Young, R. D.*: Phys. Rev. **B1** (1970) 2088.
[38] *Милешкина, Н. В.* и *Сокольская, И. Л.*: Физ. Тверд. Тела **8** (1966) 3163.
[39] *Swanson, L. W.* and *Crouser, L. C.*: Surface Sci. **23** (1970) 1.
[40] *Kleint, Ch.* u. *Gasse, H.-J.*: Z. Naturforsch. **15a** (1960) 87.
[41] *Kleint, Ch.*: Ann. Physik, Leipzig (VII) **10** (1963) 309.

[42] *Кляйнт, К.*: Радиотех. и Электр. **10** (1965) 505.
[43] *Kleint, Ch., Męclewski, R.* and *Blaszczyszyn, R.*: Acta Phys. Polonica **A46** (1974) 233.
[44] *Kleint, Ch.*: Surface Sci. **25** (1971) 411.
[45] *Timm, G. W.* and *van der Ziel, A.*: Physica **32** (1966) 1333.
[46] *Gomer, R.*: Surface Sci. **38** (1973) 373.
[47] *Kleint, Ch., Męclewski, R.* and *Blaszczyszyn, R.*: Physica **68** (1973) 382.
[48] *Kleint, Ch.*: Surface Sci. **25** (1971) 394.
[49] *Kleint, Ch.* and *Möckel, K.*: Surface Sci. **40** (1973) 343.
[50] *Ицкович, Ф. И.*: ЖЭТФ **50** (1966) 1425; **52** (1967) 1720.
[51] *Stratton, R.*: Phys. Rev. **135** (1964) A794.
[52] *Fischer, R.*: phys. stat. sol. **2** (1962) 1088, 1466.
[53] *Swanson, L. W.*, and *Crouser, L. C.*: Phys. Rev. **163** (1967) 622.
[54] *Czyżewski, J. J.*: Surface Sci. **39** (1973) 1.
[55] *Chrobok, G., Hofmann, M.* and *Regenfus, G.*: Phys. Letters **26A** (1968) 551.
[56] *Obermair, G.*: Z. Phys. **217** (1968) 91.
[57] *Müller, N., Eckstein, W., Heiland, W., Zinn, W.*: Phys. Rev. Lett. **29** (1972) 1651.
[58] *Lea, C.* and *Gomer, R.*: Phys. Rev. Lett. **25** (1970) 804.
[59] *Neumann, H.* u. *Kleint, Ch.*: Ann. Physik, Leipzig (VII) **27** (1971) 237.
[60] *Neumann, H.*: Ann. Physik, Leipzig (VII) **26** (1971) 89.
[61] *Wysocki, J.* and *Kleint, Ch.*: Acta Phys. Polonica **A48** (1975) 157.
[62] *Radoń, T.* and *Kleint, Ch.*: Surface Sci., **60** (1976) 540.
[63] *Kleint, Ch.*: Int. Symp. ESCA, Karl-Marx-Univ. Leipzig, Sektion Chemie, Reinhardsbrunn, Extended Abstracts (1975) 7.
[64] *Guth, E.* and *Mullin, H.*: Phys. Rev. **59** (1941) 867.
[65] *Weber, A. H.* and *Zepf, T. H.*: Surface Sci. **14** (1969) 247; *Yang, J.-J.* and *Yang, T. T*: Phys. Rev. **B1** (1970) 4270.
[66] *Lee, M. J. G.*: Phys. Rev. Lett. **30** (1973) 1193.
[67] *Ballantyne, J. M.*: Phys. Rev. **B6** (1972) 1436.
[68] *Allen, F. G.* and *Gobeli, G. W.*: Phys. Rev. **144** (1966) 558.
[69] Vacuum Generators Microscopes, East Grinstead Suss. (1975).
[70] *Crewe, A. V.*: Surface Sci. **48** (1975) 152.
[71] *Swanson, L. W., Crouser, L. C.* and *Charbonnier, F. M.*: Phys. Rev. **151** (1966) 327.
[72] *Decker, U., Möllenstedt, G.* und *Wurster, E.*: Z. Phys. **229** (1969) 316.
[73] *van Oostrom, A.*: J. Appl. Phys. **33** (1962) 2917.
[74] *Madey, Th., Czyzewski, J. J.* and *Yates, J. T. Jr.*: Surface Sci. **49** (1975) 465.
[75] *Sujak, B.*: Wrocław, gesprächsweise Mitteilung.

Übersichtsliteratur

[Ü1] *Sommerfeld, A.* und *Bethe, H.*: Elektronentheorie der Metalle, in: Handbuch der Physik, Herausgeg. v. H. Geiger und K. Scheel, Bd. XXIV, Tl. 2 (1933) 333.
[Ü2] *de Boer, J. H.*: Elektronenemission und Adsorptionserscheinungen. Verlag. J. A. Barth, Leipzig 1937.
[Ü3] *Добрецов, Л. Н.*: Электронная и Ионная Эмиссия, ГИТТЛ, Москва 1952. Dtsch. Übers.: *L. N. Dobrezow*: Elektronen- und Ionenemission. VEB Verlag Technik, Berlin 1954.
[Ü4] Handbuch der Physik, Herausgeg. von S. Flügge, Springer-Verlag Berlin/Göttingen/Heidelberg, Bd. **21** (1956).
[Ü5] *Добрецов, Л. Н.* и *Гомоюнова, М. В.*: Эмиссионная Электроника. Изд. НАУКА, Москва 1966.
[Ü6] *Ziman, J. M.*: Principles of the Theory of Solids, Second edition. Cambridge University Press, London 1972. Dtsch. Übers.: *J. M. Ziman*: Prinzipien der Festkörpertheorie. Akademie-Verlag, Berlin 1974.
[Ü7] *Brauer, W.*: Einführung in die Elektronentheorie der Metalle, 2. erw. Auflage. Akadem. Verlagsges. Geest u. Portig K.-G., Leipzig 1972.
[Ü8] *Schottky, W.* u. *Rothe, H.*: Physik der Glühelektroden, in: Handbuch der Experimentalphysik, Herausgeg. von W. Wien und F. Harms, Bd. XIII, Tl. 2 (1928) 1.
[Ü9] *Spenke, E.*: Elektronische Halbleiter. Springer-Verlag, Berlin/Göttingen/Heidelberg 1956.
[Ü10] *Hermann, G.* und *Wagener, S.*: Die Oxydkathode, 1. Teil. Physikalische Grundlagen. Verlag J. A. Barth, Leipzig 1948. 2. Teil. Technik und Physik. Verlag J. A. Barth, Leipzig 1950.

[Ü11] *Herring, C.* and *Nichols, M. H.*: Thermionic Emission. Rev. Modern Phys. **21** (1949) 185.
[Ü12] *Nottingham, W. B.*: Thermionic Emission, in: [Ü4] (1956) 1.
[Ü13] *Müller, E. W.*: Feldemission. Ergebn. exakt. Naturwiss. **27** (1953) 290.
[Ü14] *Good, R. H.* and *Müller, E. W.*: Field Emission, in: [Ü4] (1956) 176.
[Ü15] *Dyke, W. P.* and *Dolan, W. W.*: Field Emission. Adv. Electronics Electron Phys. **8** (1956) 89.
[Ü16] *Елинсон, М. И.* и *Василев, Г. Ф.*: Автоэлектронная Эммиссия. Госуд. Изд. физ.-Матем. Литерат., Москва 1958.
[Ü17] *Gomer, R.*: Field Emission and Field Ionization. Harvard Univers. Press, Cambridge Mass. 1961.
[Ü18] *Weissler, G. L.*: Photoionization in Gases and Photoelectric Emission from Solids, in: [Ü4] (1956) 304.
[Ü19] *Wonssowski, S. W.*, *Sokolow, A. W.*, *Wexler, A. S.*: Der Photoeffekt in Metallen. Fortschr. d. Physik **4** (1956) 115 und 216.
[Ü20] *Simon, H.* und *Suhrmann, R.*: Der lichtelektrische Effekt und seine Anwendungen, Springer-Verlag, 2. Aufl., Berlin/Göttingen/Heidelberg 1958.
[Ü21] *Görlich, P.*: Photoeffekte, Bd. 1, 2 und 3. Akadem. Verlagsges. Geest u. Portig K.-G., Leipzig 1962, 1963, 1966.
[Ü22] *Bruining, H.*: Physics and Applications of Secondary Emission. Pergamon Press, London 1954.
[Ü23] *Kollath, R.*: Sekundärelektronenemission bei Bestrahlung mit Elektronen, in: [Ü4] (1956) 232.
[Ü24] *Dekker, A. J.*: Secondary Electron Emission. Solid State Physics **6** (1958) 251.
[Ü25] *Hachenberg, O.* and *Brauer, W.*: Secondary Electron Emission from Solids. Adv. Electronics Electron Phys. **11** (1959) 413.
[Ü26] *Бронштейн, И. М.* и *Фрайман, Б. С.*: Вторичная Электронная Эмиссия. Изд. НАУКА, Москва 1969.
[Ü27] *Brauer, W.*: in [Ü7] Kap. 15 (1972).
[Ü28] *Little, P. F.*: Secondary Effects, in: [Ü4] (1956) 574.
[Ü29] *Kaminsky, M.*: Atomic and Ionic Impact Phenomena on Metal Surfaces. Springer-Verlag, Berlin/Heidelberg/New York 1964.
[Ü30] *Massey, H. S. W.*, *Burhop, E. H. S.* and *Gilbody, H. B.*: Electronic and Ionic Impact Phenomena, 2nd Ed. Clarendon Press, Oxford 1969.
[Ü31] *Krebs, K. H.*: Electron Ejection from Solids by Atomic Particles with Kinetic Energy. Fortschr. Phys. **16** (1968) 419.
[Ü32] *Venema, A.*: Some recent Vacuum-Physics and Surface Physics Investigations. Fifth Czechoslovak Conf. Electronics Vacuum Phys. Supplement (1972) 59.
[Ü33] *Fischer, R.* und *Neumann, H.*: Feldemission aus Halbleitern. Fortschr. d. Phys. **14** (1966) 603.
[Ü34] *Swanson, L. W.* and *Bell, A. E.*: Recent Advances in Field Electron Microscopy of Metals. Adv. Electronics Electron Phys. Acad. Press Inc., New York/London, **32** (1973) 193.
[Ü35] *Gundry, P. M.* and *Tompkins, F. C.*: Surface Potentials, in: Experimental Methods in Catalytic Research, Edit. R. B. Anderson, Academic Press, New York 1968, S. 100.
[Ü36] *Сокольская, И. Л.*: О работе Выхода Покрытой Поверхности. Известия Акад. Наук СССР, Сер. физ. XXX (1966) 1966.
[Ü37] *Gadzuk, J. W.*, *Plummer, E. W.*: Field Emission Spectroscopy of Chemisorbed Atoms, in: Solid State Surface Sci., Edit. M. Green, Marcel Dekker, New York, Vol. **3** (1973) 165.
[Ü38] *Gadzuk, J. W.* and *Plummer, E. W.*: Field Emission Energy Distribution (FEED), Rev. Mod. Phys. **45** (1973) 487.
[Ü39] *Müller, E. W.*: Surface Studies by Field Emission, in: Modern Diffraction and Imaging Techniques in Material Science. Eds. S. Amelinckx, R. Gevers, G. Remaut and I. van Landuyt, North Holland Publ. Comp., Amsterdam 1970, S. 683.
[Ü40] *Pfeifer, H.*: Elektronisches Rauschen, Teil 1. Rauschquellen. B. G. Teubner Verl.ges., Leipzig 1959.
[Ü41] *Kleint, Ch.* und *Gasse, H.-J.*: Das Stromrauschen bei Feldemission und sein Zusammenhang mit Adsorptionserscheinungen. Fortschr. Physik **13** (1965) 499.
[Ü42] *Kleint, Ch.*: Neuere Aspekte der Stromschwankungserscheinungen bei Feldemission. Fifth Czechoslovak Conf. Electronics Vacuum Phys., Second Book (1972) 5.
[Ü43] *Farago, P. S.*: The Polarization of Electron Beams and the Measurement of the g-Factor Anomaly of Free Electrons. Adv. Electronics Electron Phys. **21** (1965) 1.

[Ü44] *Spicer, W. E.*: Photoelectric Emission, in: Optical Properties of Solids, Ed. F. Abelès, North Holland Publ. Comp., Amsterdam/London 1972, Ch. 10, p. 755.
[Ü45] *Bassani, G. F.*: Band structure and interband transitions. Proc. Int. School. Phys.: The Optical Properties of Solids, Academic Press, New York/London 1966, S. 33.
[Ü46] *Chiarotti, G.*: Optical Properties of Solids, in: Electronic Materials, Proc. Int. Conf. Mat. Sci. Como. Edit. N. B. Hannay and U. Colombo, Ch. 9 (1972) 199.
[Ü47] *Spicer, W. E.*: Optical Density of States Ultraviolet Photoelectric Spectroscopy. 3rd Materials Res. Symp., Electronic Density of States (1969) 3—6, 139.
[Ü48] *Eastman, D. E*: Survey of Photoemission Measurements using Synchrotron Radiation in the $5 < h\nu < 100$ eV Range. Proc. Vacuum UV Rad. Phys., Edit. R. Haensel, Hamburg 1974, S. 417.
[Ü49] *Siegbahn, K.*, *Nordling, C.*, *Fahlmann, A.* and *Nordberg, R.*: ESCA-Atomic, molecular and solid state structure studied by means of electron spectroscopy. Nova Acta Reg. Soc. Sci. Upsaliensis Ser. IV **20** (1967) 29.
[Ü50] *Siegbahn, K.*: Electron spectroscopy — an outlook. J. Electron Spectrosc. **5** (1974) 3.
[Ü51] *Bell, R. L.* and *Spicer, W. E.*: 3—5 compound photocathodes. Proc. IEEE **58** (1970) 1788.
[Ü52] *Spicer, W. E.* and *Bell, R. L.*: The III—V-Photocathod: A mayor Detector Development. Pub. Astron. Soc. Pacific **84** (1972) 110.
[Ü53] *Melchior, H.*: Sensitive High Speed Photodetectors for the Demodulation of visible and near infrared Light. J. Luminesc. **7** (1973) 390.
[Ü54] *Eckertová, L.*: Beitrag in diesem Buch.
[Ü55] *Müller, E. W.*: Labex Lecture: Atom-probe field-ion microscopes, Laboratory Practice (1973) 408.

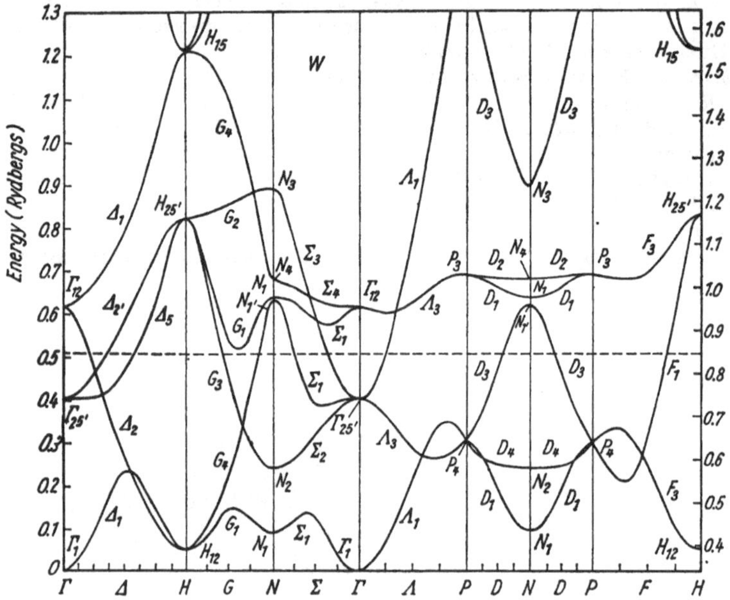

Bild 1. (Bild 3 in [3]). Energy bands $E_1(\boldsymbol{k})$ along symmetry directions in the Brillouin zone for tungsten. To the left, the zero of energy coincides with $E(\Gamma_1)$.

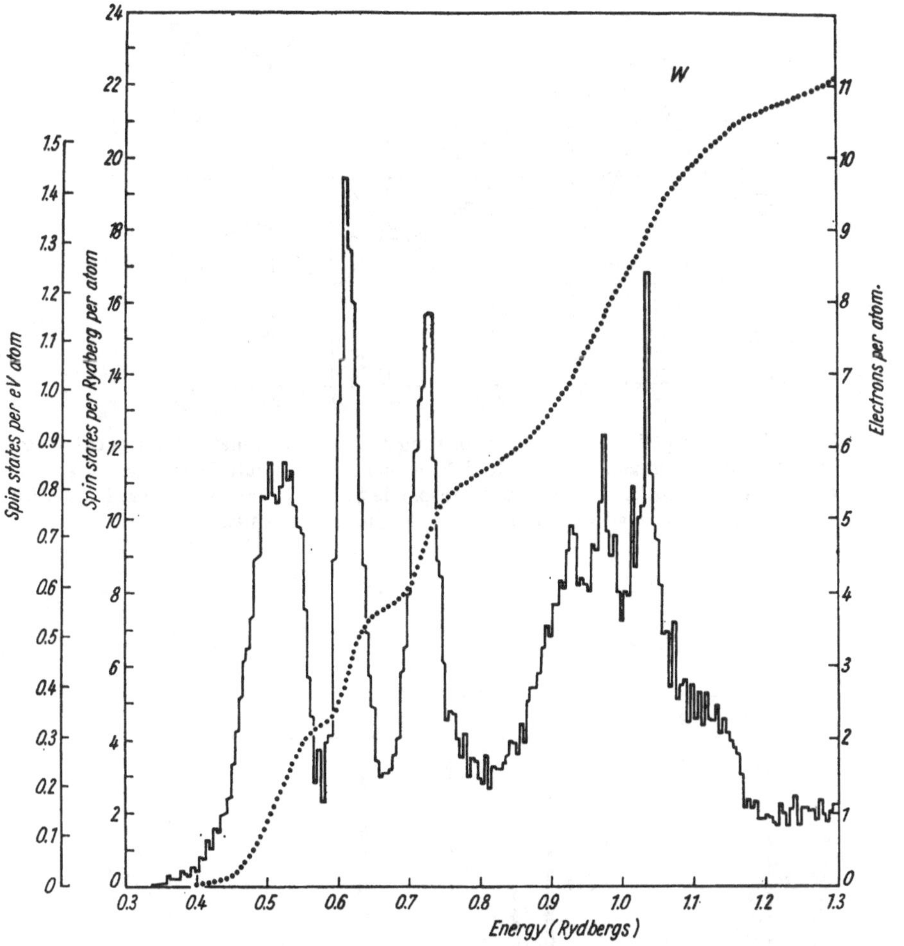

Bild 2. (Bild 5 in [3]). Density-of-states curve for tungsten. The units to the left are states of one spin per eV atom and states of one spin/Ry atom. The dotted line is the integrated density of states; the corresponding units to the right are electrons per atom

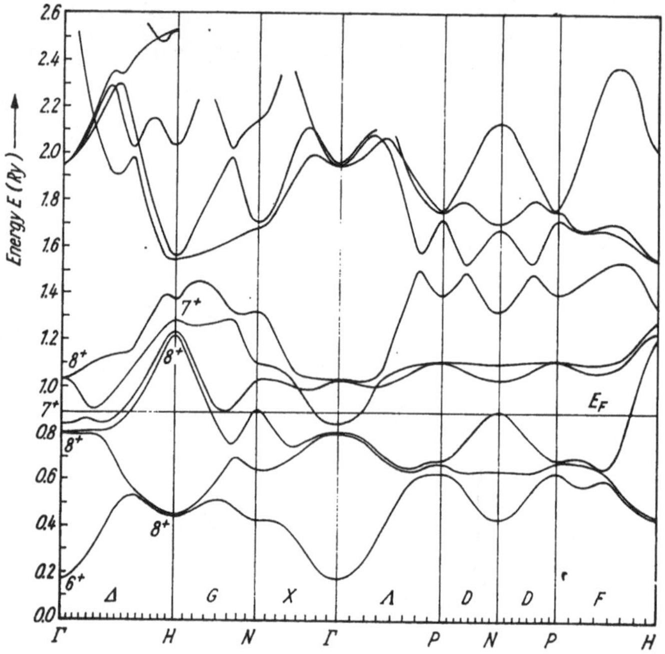

Bild 3 (Bild 2 in [4.]) Band structure of tungsten along symmetry lines as calculated from the room-temperature potential V_2 which includes full Slater exchange. The electron configuration in the atom corresponds to that of free W atoms, i.e., $5d^46s^2$. The energies are in Rydbergs and measured from the muffin-tin zero V_0

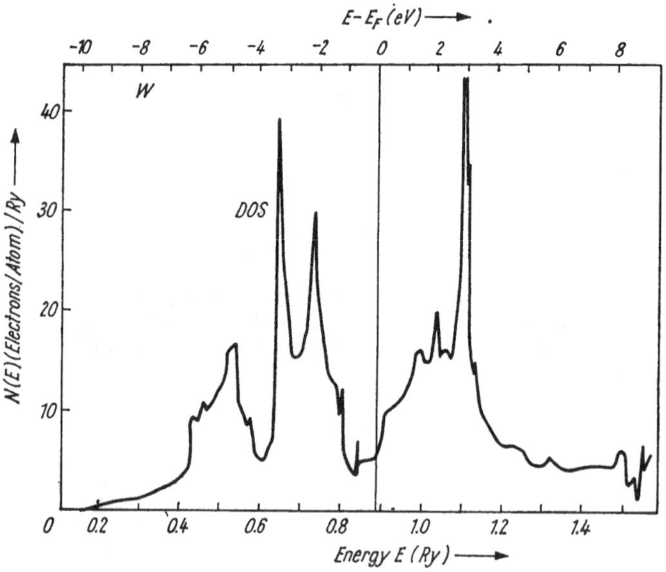

Bild 4 (Bild 3 in [4]). Density-of-states calculated by the Gilat-Raubenheimer method in conjunction with interpolation.

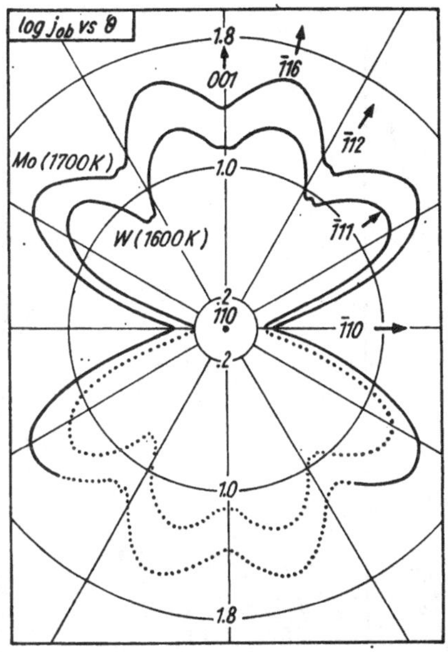

Bild 5 (Bild 6 in [5]). Typical polar plots of log j_{ob} versus θ for W at 1600 °K and Mo at 1700 °K. The resolution of photometer system was approximately 1°

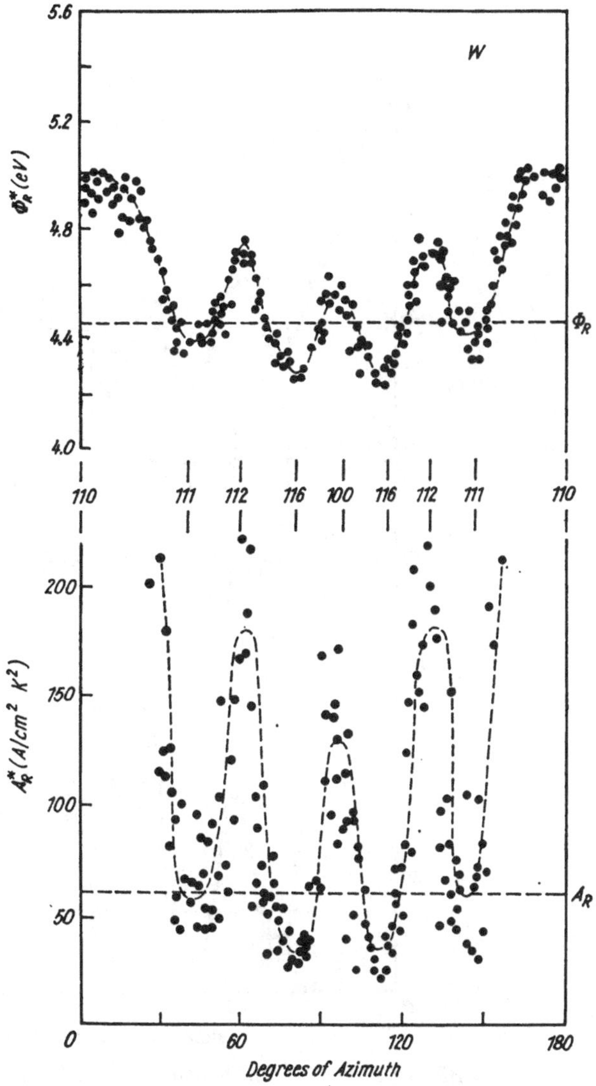

Bild 6 (Bild 7 in [5]). Point-by-point φ_R^* versus θ and log A_R^* versus θ for recrystallized W filaments. Note apparent functional relation between log A_R^* and φ_R^*, independent of crystal direction

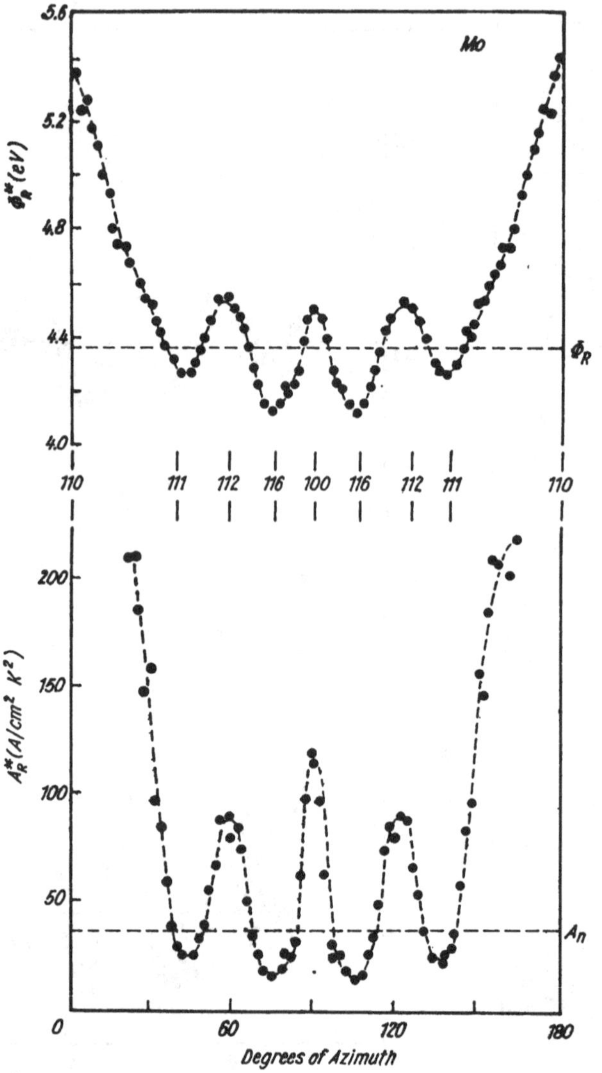

Bild 7 (Bild 8 in [5]). Point-by-point φ_R^* versus θ and log A_R^* versus θ for recrystallized Mofilaments.

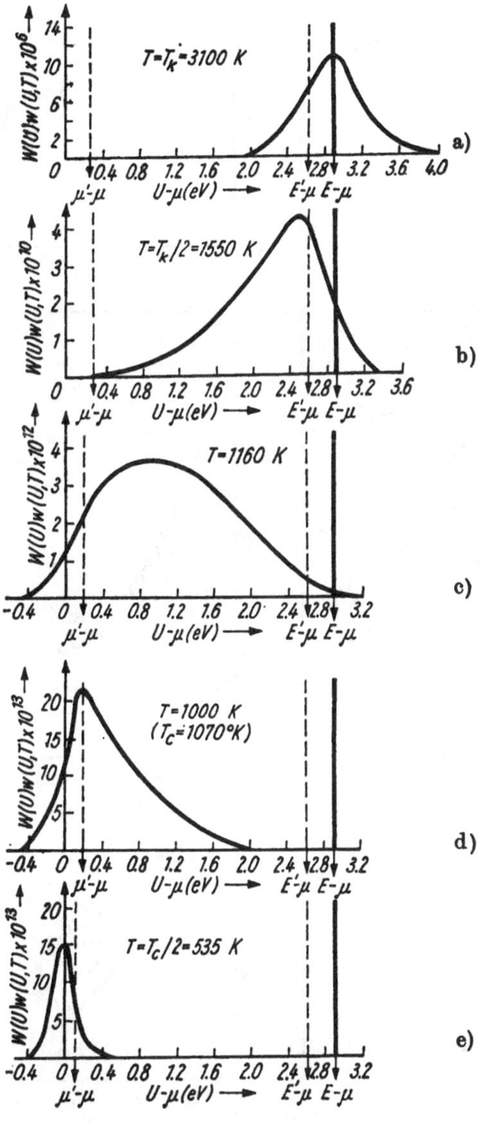

Bild 8 (Bild 2 in [9]). Exact energy distribution curves of the emitted electrons for a field strength of $\mathfrak{E} = 2 \times 10^7$ V/cm and some temperatures T (work function $\varphi = 4.5$ eV)

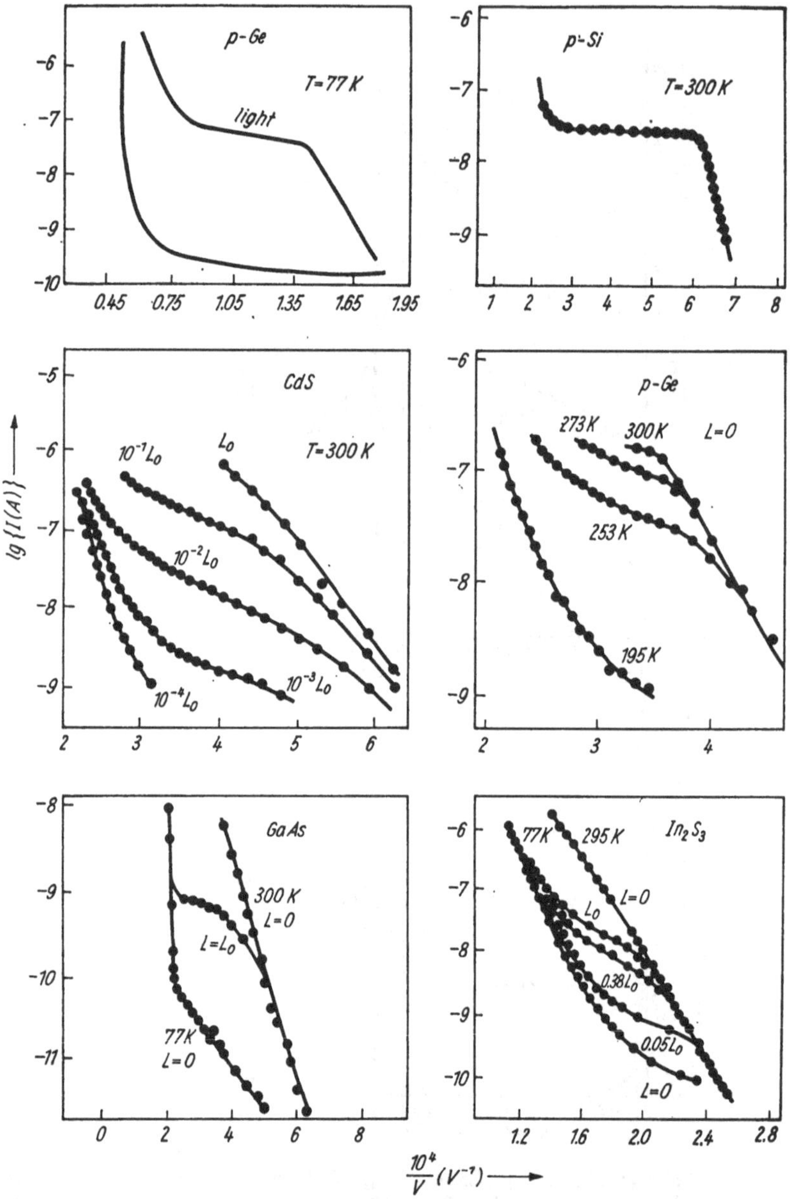

Bild 9 (Bild 1 in [13]). Nonlinear current voltage characteristics of various-semiconductors: L_0 maximum light intensity

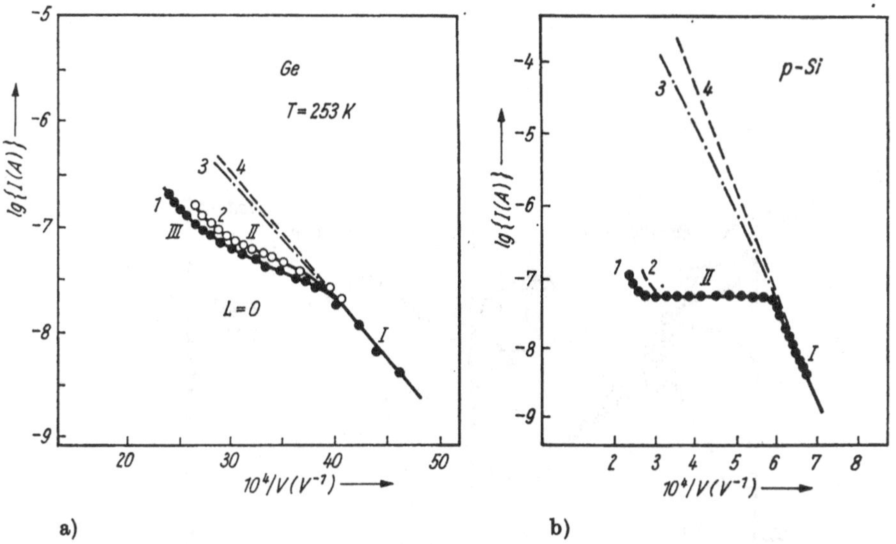

Bild 10 (Bild 2 in [13]). a) Current-voltage characteristic of Ge at 253 °K in the dark. (1) General type; (2) with correction to the voltage drop; (3) with correction to the variation of $\beta(V)$; (4) Fowler-Nordheim plot. I to III different current regions; b) analogous to a) for p-Si (3 Ωcm).

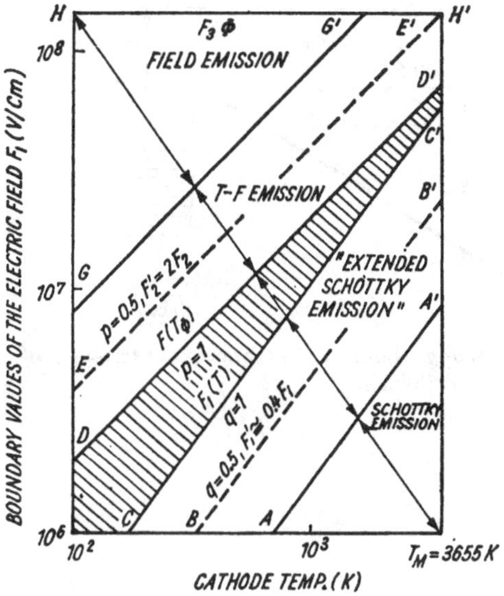

Bild 11 (Bild A1 in [Ü 34]). Temperature field domains for various electron emission mechanisms

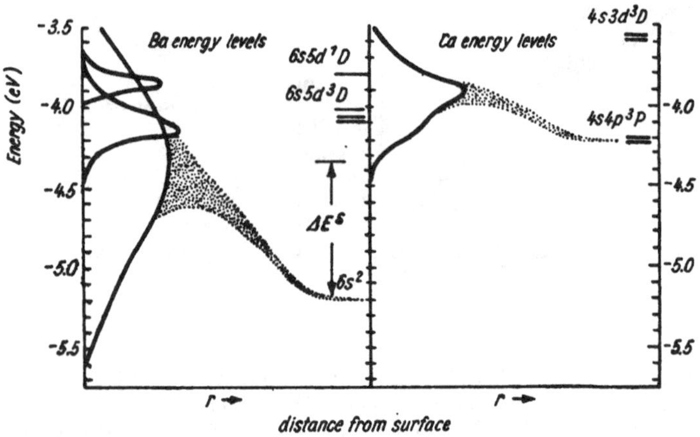

Bild 12 (Bild 18 in [37]). Pictorial representation of the broadening and shifting of the energy levels of Ba and Ca as they interact with the surface. The shapes and position of the virtual levels at the surface are taken from the data on the low work-function planes of tungsten

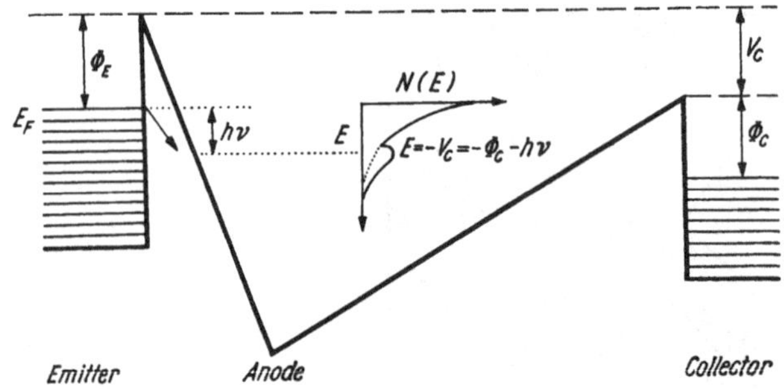

Bild 13 (Bild 5 in [Ü39]). Energy Loss due to vibrational excitation of an adsorbate, as seen in the total energy distribution

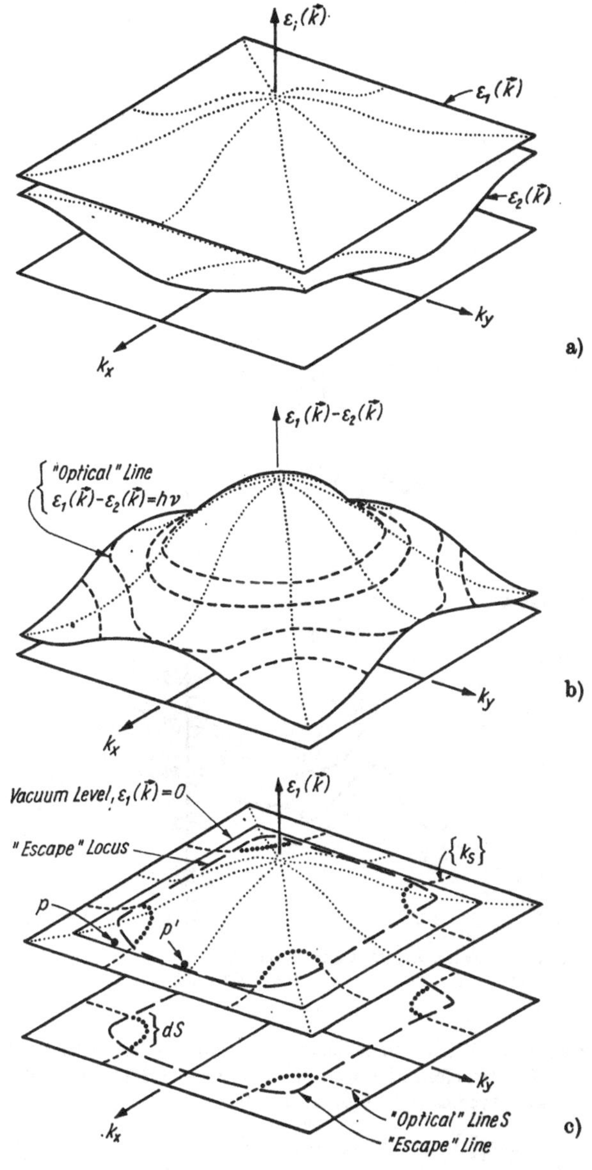

Bild 14 (Bild 1 in [67]). Two-dimensional band model for photoelectric emission. (a) Hypothetical energy bands for two-dimensional crystal. "Conduction" band is $\varepsilon_1(\boldsymbol{k})$ and is assumed empty; "valence" band is $\varepsilon_2(\boldsymbol{k})$, assumed full. (b) Joint band structure $\varepsilon_1(\boldsymbol{k})-\varepsilon_2(\boldsymbol{k})$ corresponding to bands in Fig. 1 (a). Contours of constant energy difference ("optical" lines) are shown, which give locus of 'vertical" transitions. (c) Location of final states $\{\boldsymbol{k}_s\}$ of photoexcited electrons illustrating escape conditions. Electrons in final states shown by beaded lines lie above the "escape" locus and will be emitted in the absence of scattering if they have group velocity directed towards the surface. "Escape" locus is drawn for a surface normal along $\boldsymbol{k}_x$

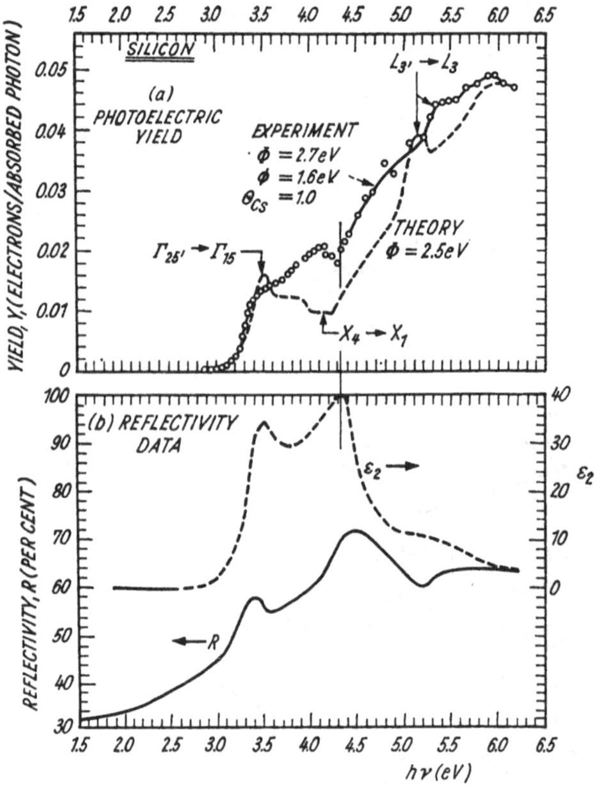

Bild 15 (Bild 7 in [68]). Yield and reflectivity of silicon. (a) Comparison of experimental yield for 200 Ωcm cleaved silicon covered with cesium with theory of Brust. (b) Reflectivity and ε_2 results of Philipp and Taft.

Tabelle 1. **Zusammenstellung einiger Ergebnisse von Swanson und Bell [Ü34] betreffs verschiedener Formen der Emissionsgleichungen zwischen Feld- und Glühemission für ein Metall mit freien Elektronen**

Emissionsart	Transmissions-koeffizient	$E - \zeta$	Approximation der Fermi-Verteilung	Stromdichte-faktor	relative Gesamt-energieverteilung	Mittelwerte der Energiekomponenten			Abkürzungen
	$D(W)$			$j_\alpha \frac{h^3}{4\pi m e}$	$\frac{eP(E)\,\mathrm{d}E}{j\alpha}$	$\langle W\rangle - \zeta$	$\langle E_t\rangle$	$\langle E\rangle - \zeta$	
thermische Emission	0 für $W \leqq \zeta + \varphi$ 1 für $W > \zeta + \varphi$	$\gg kT$	$\mathrm{e}^{-\frac{E-\zeta}{kT}}$	$(kT)^2\,\mathrm{e}^{-\varphi/kT}$	$\frac{E}{kT}\,\mathrm{e}^{-\frac{E}{kT}}\,\mathrm{d}\left(\frac{E}{kT}\right)$	$kT + \varphi$	kT	$2kT + \varphi$	
Schottky-Emission	0 für $W \leqq \zeta + \varphi - E_0$ 1 für $W > \zeta + \varphi - E_0$	$\gg kT$	$\mathrm{e}^{-\frac{E-\zeta}{kT}}$	$(kT)^2\,\mathrm{e}^{-\varphi/kT} \times$ $\times \mathrm{e}^{E_0/kT}$	$\frac{E - E_0}{kT}\,\mathrm{e}^{-\frac{E-E_0}{kT}} \times$ $\times\,\mathrm{d}\left(\frac{E}{kT}\right)$	$kT + \varphi - E_0$	kT	$2kT + \varphi - E_0$	$E_0 = \sqrt{e^3 F}$
erweiterte Schottky-Emission	Taylor-Entw. um Barr. spitze E_s $\left\{1 + \exp\left[\frac{E_s - W}{c}\right]\right\}^{-1}$	$\approx E_s$	$\mathrm{e}^{-\frac{E-\zeta}{kT}}$	$(kT)^2\,\mathrm{e}^{-\varphi/kT} \times$ $\times \mathrm{e}^{E_0/kT}\,\pi q/\sin \pi q$	$q \ln\left(1 + \frac{E - E_s}{c}\right) \times$ $\times \mathrm{e}^{\frac{E_s - E}{kT}}\,\frac{\sin \pi q}{\pi q} \times$ $\times\,\mathrm{d}\left(\frac{E}{kT}\right)$	$\varphi - E_0$ $+ kTf(q)$	kT	$\varphi - E_0$ $+ kT(1 + f(q))$	$E_s = \zeta + \varphi - E_0$ $q = \frac{c}{kT}$ $f(q) = \pi q \cot \pi q$
Temperatur-Feld-Emission $(T-F)$	Taylor-Entw. um Fermi-Kante ζ $\exp\left[-b + \frac{W - \zeta}{d}\right]$	≈ 0	$\frac{1}{\mathrm{e}^{\frac{E-\zeta}{kT}} + 1}$	$\mathrm{e}^{-b}\mathrm{d}^2\,\frac{\pi p}{\sin \pi p}$	$\frac{\sin \pi p}{\pi p}\,\frac{\mathrm{e}^{\frac{E-\zeta}{d}}}{1 + \mathrm{e}^{\frac{E-\zeta}{kT}}}\,\mathrm{d}\left(\frac{E}{d}\right)$	$-\mathrm{d}(1 + f(p))$	d	$-\mathrm{d}f(p)$	$p = \frac{kT}{d}$ $f(p) = \pi p \cot \pi p$
Feld-emission	Taylor-Entw. um Fermi-Kante ζ $\exp\left[-b + \frac{W - \zeta}{d}\right]$	≈ 0	1 für $E < \zeta$ 0 für $E > \zeta$	$e^{-b}\mathrm{d}^2$	$\mathrm{e}^{\frac{E-\zeta}{d}}\,\mathrm{d}\left(\frac{E}{d}\right)$	$-2d$	d	$-d$	
	$c = \hbar e^{1/4} F^{3/4} / m^{1/2}$			$b = \frac{4(2m\varphi^3)^{1/2}\,v(y)}{3\hbar e F}$	$\mathrm{d} = \frac{\hbar e F}{2(2m\varphi)^{1/2}\,t(y)}$				

Tabelle 2 (nach Tab. 1 in [16]). Qualitative correlation between $\varphi_0(hkl)$ and the density of packing of single crystal faces

fcc structure	(111)	(100)	(110)	Method
Plane packing density	0.907	0.785	0.555	—
$\varphi_0(hkl)$ for Ni	5.22	4.89	4.64	ThE
	5.35	5.22	5.04	PE
$\varphi_0(hkl)$ for Cu	5.54	5.16	4.92	CPD
	4.94	4.59	4.48	PE
$\varphi_0(hkl)$ for Ir	5.76	—	5.42	FERP
$\varphi_0(hkl)$ for Pt	5.93	5.84	—	FEPH
bcc structure	**(110)**	**(100)**	**(111)**	**Method**
Plane packing density	0.833	0.589	0.340	—
$\varphi_0(hkl)$ for Nb	4.80	3.95	3.88	ThE
$\varphi_0(hkl)$ for Ta	4.80	4.15	4.0	ThE
$\varphi_0(hkl)$ for Mo	5.0	4.4	4.1	ThE
$\varphi_0(hkl)$ for W	5.3	4.58	4.4	ThE
	5.84	—	4.4	FEPH
	5.15	4.65	4.45	CPD
	5.52	4.56	4.49	SI
	5.25	4.63	4.47	FERP
$\varphi_0(hkl)$ for Fe	—	4.88	4.81	PE

Tabelle 3 (nach Tab. 1 in [20]), A comparison of the work functions φ_{min}, φ_t and surface densities N_{min} and N_t

System	φ_{min}(eV)	$N_{min} \times 10^{-14}$ (cm^{-2})	φ_t (eV)	$N_t \times 10^{-14}$ (cm^{-2})	Method
Na/W (110)	1.75	5 ± 0.3	~2.45	~9.0	FEM
	~1.92	4.7	~2.8	~8.5	LEED
Na/W (100)	~2	7.0	~2.3	~10	FEM
Na/W (112)	~2.16	8.5	~2.3	~13	FEM
Na/W (111)	~2.2	7.5	~2.26	~10.5	FEM
Na/Ta (110)	~2.29	5.2 ± 1.2	2.46	8.8 ± 0.5	CPD
K/W (110)	1.6	—	2.55	—	FEM
	1.7	—	—	—	FEM
	1.65 ± 0.05	2.85 ± 0.15	2.55 ± 0.05	~5	FEM
K/W	1.78	—	2.12	—	FEM
	1.83 ± 0.05	3.6 ± 0.3	2.4 ± 0.05	~6.4	FEM
	1.88	2.2 ± 0.4	2.01	3.2 ± 0.2	CPD
K/W (111)	1.85 ± 0.05	4.15 ± 0.4	2.15 ± 0.05	~6.5	FEM
	1.9	—	2.08	—	FEM
K/W (112)	1.85—1.95	3.85 ± 0.4	2.27 ± 0.05	~6.33	FEM
	1.8	—	—	—	FEM
	1.92 ± 0.1	4.0	2.48	10.42	LEED
K/Ta (110)	1.92	2.7 ± 0.3	2.26	4.5 ± 0.3	CPD
Cs/W (110)	1.7	2.4	—	3.5	TE
	1.5	3.15	2.1	4.5	FEM
	1.47	1.8	2.18	2.8	FEM
	1.7	1.5	1.9	2.4	FEM
	~1.5	3.2	~2.1	5.2	LEED
Cs/W (100)	1.35	2.6	1.65	3.6	FEM
	1.6	2.2	1.76	2.8	FEM
	1.7	2.5	—	—	FEM
	1.77	2.4	1.82	2.7	CPD
	1.5	2.5	1.9	5.0	LEED
Cs/W (111)	1.5	3.95	1.95	5.0	FEM
	1.7	2.0	1.8	2.5	FEM
Cs/W (112)	1.5	3.8	2.0	~5.0	FEM
	1.6	1.5	—	—	FEM

3.2. Kalte Katoden für Vakuumsysteme

Von *L. Eckertová*

Lehrstuhl für Elektronik und Vakuumphysik, Karlsuniversität Prag

3.2.1. Einführung

In der zeitgenössischen Elektronik ist immer mehr eine Tendenz ausgeprägt, von Elementen, die die Bewegung der Elektronen im Vakuum ausnützen, zu den Elementen der Festkörperelektronik überzugehen. Das ist aber bisher nicht in allen Fällen möglich. Besonders die Systeme der Mikrowellentechnik bei hohen Leistungen und alle Anwendungen, die fokusierte Elektronenstrahlen ausnützen, wie z. B. Fernsehempfangsröhren, Bildröhren, Oszillographenröhren, aber auch Elektronenmikroskope und Difraktorgraphen, Massenspektrometer usw. werden nach den Prinzipien der Vakuumelektronik gebaut. Sie brauchen also eine Elektronenquelle, die bestimmte Forderungen erfüllen muß, wie Stabilität, Lebensdauer, Zuverlässigkeit usw. In den meisten Fällen werden bisher zu diesem Zwecke thermische Katoden verwendet. Sie erfüllen manche dieser Forderungen sehr gut, haben jedoch einige große Nachteile. Das sind vor allem der relativ große Energiebedarf und die hohe Arbeitstemperatur, die in einigen Fällen die Prozesse in der Röhre negativ beeinflußt. Außerdem sind es in den Elektronenröhren eben oft die Thermokatoden, die die Lebensdauer des ganzen Elementes bestimmen.

Es existieren deshalb schon lange Tendenzen, die Thermokatoden durch „kalte" Katoden zu ersetzen, die auch die anderen Forderungen wie Stabilität, Zuverlässigkeit, geringes Rauschen usw. erfüllen. Einen interessanten Themenkreis bilden die kalten Katoden für Gasentladungsröhren, die wir hier jedoch nicht betrachten werden.

3.2.1.1. Möglichkeiten der Elektronenemission bei Zimmertemperatur

Die theoretischen Grundlagen dieses Problems werden wir besonders von dem Standpunkt aus diskutieren, inwieweit die einzelnen Arten der Emission zur Realisierung einer kalten Katode geeignet sind.

Prinzipiell existiert an jeder Festkörperoberfläche eine Barriere, die die Elektronen hindert, ins Vakuum auszutreten. Die Elektronen können auf drei Arten ausgelöst werden (Bild 1):

a) Es wird ihnen von außen so viel Energie ($\gtrapprox$ Austrittsarbeit) zugeführt, daß sie die Barriere überwinden (Bild 1a).

a_1) Diese Energie kann dem ganzen Körper in Form von Wärmeenergie zugeführt werden. Dadurch verändert sich die Energieverteilung der freien Elektronen. Die energiereichsten befinden sich dann oberhalb der Barriere. Das ist aber der Fall der Thermoemission, der uns jetzt nicht interessiert.

a_2) Die Energie wird in Form von Strahlungsenergie zugeführt. Die Quanten werden nur durch einen Teil der Elektronen absorbiert. Von diesen angeregten Elektronen gelangen wieder nur einige mit einer solchen Energie zu der Oberfläche, daß sie ins Vakuum treten können. Die Effektivität (Quantenausbeute) ist bei normalen Stoffen ziemlich niedrig (nur bei speziell bearbeiteten Photokatoden kann sie 20%–40% erreichen; das ist aber schon ein Fall der erniedrigten Oberflächenbarriere). Für prak-

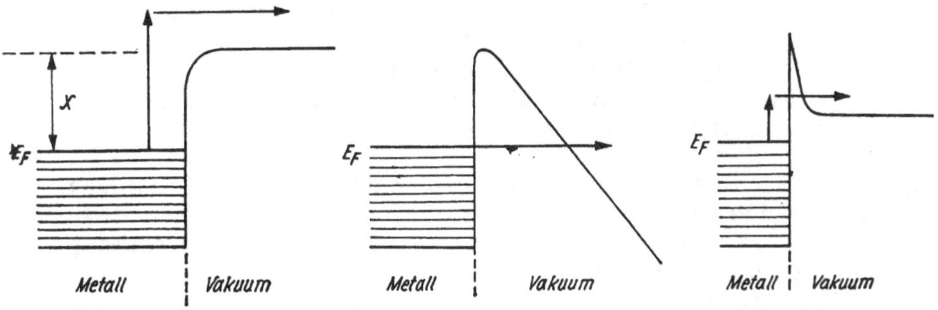

a) b) c)

Bild 1. Möglichkeiten der Auslösung der Elektronen aus einem Festkörper
a) über die Barriere
b) durch die Barriere
c) über eine künstlich erniedrigte Barriere

tische Zwecke wird Photoemission oft zum Strahlungsnachweis und zur Strahlungsmessung angewendet, aber als Elektronenquelle eignet sie sich in der einfachen Form nicht, weil hier eine zu starke Strahlungsquelle nötig wäre.

a_3) Wenn die Energie in Form kinetischer Energie einfallender Teilchen (Elektronen, Ionen oder auch neutralen Teilchen) zugeführt wird, sprechen wir von Sekundäremission (im weitesten Sinne des Wortes). Daß sich diese Art der Emission als primäre Elektronenquelle nicht eignet, ist ohne weiteres klar. Mit diesem Effekt ist aber die Emission der sog. Malter-Katoden verbunden, wo dadurch eine Verstärkung des Elektronenstromes unter Wirkung eines starken elektrischen Feldes zustande kommt.

a_4) Es besteht auch die Möglichkeit, durch ein inneres elektrisches Feld oder durch Injektion der Elektronen von höheren energetischen Niveaus (eines anderen Materials) eine Anzahl von „heißen" Elektronen zu erzeugen, also Elektronen, die sich nicht im thermodynamischen Gleichgewicht mit dem Gitter befinden und also ziemlich hohe Energien besitzen können, die zur Überwindung der Oberflächenbarriere ausreichen. Es wurden verschiedene Möglichkeiten der Erzeugung heißer Elektronen erprobt, die zur Konstruktion einer kalten Katode führen sollten. Wir werden sie später näher beschreiben.

b) Die Emission durch die Barriere (Bild 1b) ist nur dann möglich, wenn die Barriere so dünn ist, daß die Elektronen durch sie quantenmechanisch tunneln können. Das ist der Fall der Feldemission, die bei den meisten Katodenmaterialien eine Feldstärke in der Größenordnung 10^7 V/cm braucht, um praktisch interessante Stromdichten zu liefern. Das ist aber in speziell geformten Systemen ziemlich leicht erreichbar, so daß dieser Weg prinzipiell möglich ist, wobei er einen sehr großen Vorteil hat, nämlich daß bei dieser Art von Emission für die Auslösung der Elektronen aus dem Festkörper überhaupt keine Arbeit geleistet werden muß. Das ist also vom energetischen Standpunkt aus überhaupt die vorteilhafteste Möglichkeit.

c) Die Oberflächenbarriere kann künstlich erniedrigt werden oder sogar, wie es sich in dem letzten Jahren gezeigt hat, praktisch liquidiert werden (Bild 1c). Unter diesen Bedingungen liefern dann alle unter a) genannten Emissionsarten bei gleichen übrigen Bedingungen viel größere Stromdichten.

Die Erniedrigung der Barriere ist prinzipiell immer mit dem Anlegen eines beschleunigenden Feldes zu der Festkörperoberfläche verbunden. Es kann entweder ein makroskopisches Feld sein, das den Verlauf des Bildkraftpotentials an der Oberfläche verändert und zu dem sog. *Schottky*-Effekt führt, durch den die Austrittsarbeit um $e\sqrt{\frac{eF}{4\pi\varepsilon_0}}$ erniedrigt wird. (e — Ladung des Elektrons, F — elektrische Feldstärke). Im

Zusammenhang mit diesem Effekt kann dann eine durch das Feld erleichterte Thermoemission (genannt *Schottky*-Emission), Photoemission (mit einer längeren langwelligen Grenze) oder Sekundäremission stattfinden.
Für kalte Katoden ist aber die zweite Möglichkeit viel wichtiger, nämlich wenn sich durch Adsorption meistens elektropositiver Metalle an der Oberfläche eine elektrische Doppelschicht bildet.
Adsorption von Th oder Ba wird bei den Thermokatoden sehr oft verwendet, Adsorption von Cs nützt man bei den meisten Photokatoden im sichtbaren und im infraroten Gebiet aus. So kann man die Austrittsarbeit bis auf $\approx$ 1,4 eV erniedrigen.
Durch Kombination dieses Effektes mit dem Effekt der Biegung der Energie-Bänder an der Oberfläche von geeigneten Halbleitern kann man erreichen, daß die Elektronenaffinität Null oder sogar negativ wird. Solche Oberflächen mit negativer Elektronenaffinität benutzt man als Dynoden in Elektronenvervielfachern. Es wurden aber nach diesem Prinzip auch interessante kalte Katoden konstruiert.
Zum Schluß dieser Übersicht muß man noch bemerken, daß es auch gemischte Arten der Emission gibt, wie z. B. Thermo-Feld-Emission oder Photo-Feld-Emission, die jedoch von unserem Standpunkt aus nicht so bedeutend sind. Wir haben hier auch die ganze Gruppe der sog. Exo-Emission ausgelassen, die prinzipiell als spezielle Art der Thermo- und Photoemission beschrieben werden kann und die immer nur extrem kleine Stromdichten liefert, so daß sie zum Konstruieren einer Elektronenquelle völlig ungeeignet ist.
Aus dem bereits Gesagten, kann man schließen, daß zur Konstruktion kalter Katoden praktisch folgende Wege führen können: die Feldemission, die Emission heißer Elektronen, die Emission von Oberflächen mit der negativen Affinität und die Emission der sog. Malter-Katoden. Diese Möglichkeiten werden wir also im folgenden näher betrachten.

3.2.2. Einzelne Arten von Kaltkatoden

3.2.2.1. Feldkatoden

Die physikalischen Grundlagen der Feldemission bringt der Beitrag *Kleint* [67]. Eine ausführliche Übersicht geben die Arbeiten [68] und [69]. Aus der Theorie geht hervor, daß die Emissionsstromdichte dem *Fowler-Nordheim*-Gesetz folgt, das man in einer vereinfachten Form als

$$i = BF^2 \exp\left(-\frac{C\chi^{3/2}}{F}\right) \qquad (1)$$

schreiben kann (i — Emissionsstromdichte, B, C — Materialkonstanten, χ — Austrittsarbeit, F — Feldstärke).
Das Experiment bestätigt diese Abhängigkeit in einem außerordentlich großen Bereich von Stromdichten (Bild 2) und man sieht, daß extrem große Stromdichten (10^6 A/cm^2) realisierbar sind. Es muß jedoch bemerkt werden, daß diese hohen Werte nur im Impulsbetrieb (Impulse $\approx$ 1 µs) zu erzielen sind. Das Ende der spitzenförmigen Katode wird nämlich bei dem Stromdurchgang durch die Joulesche Wärme erhitzt, so daß es schmelzen und sogar verdampfen kann, wenn die Wärmeenergie nicht genügend schnell abgeführt wird. Die Experimente werden in der Anordnung des sog. Feldelektronenmikroskops nach *E. W. Müller* durchgeführt (Bild 3). Die Katode ist hier eine sehr feine ($r \leqq 1$ µm) ausheizbare Spitze, meistens aus einem hochschmelzenden Metall wie W, Mo. Solch eine Katode stellt also eine punktförmige Elektronenquelle dar, in deren Umgebung beim Anlegen der Anodenspannung ein hohes Feld entsteht, so daß große Stromdichten geliefert werden können. Die Elektronen folgen in dieser Anordnung praktisch geradlinigen Trajektorien und bilden auf dem Leucht-

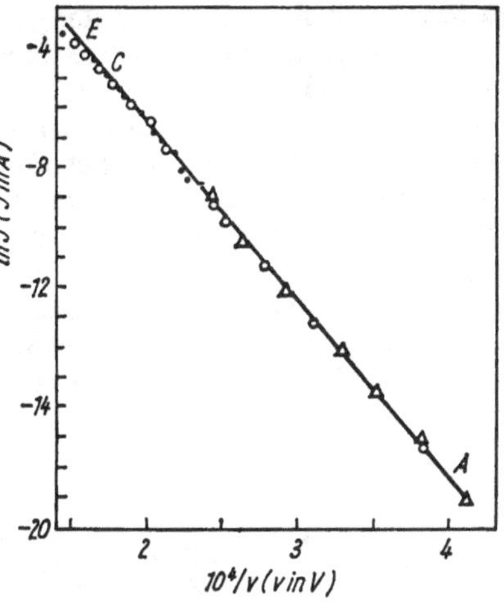

Bild 2. Die *Fowler-Nordheim*-Gerade für Wolfram (nach *Dyke* und *Dolan*); Punkte-Experiment, Linie-Theorie

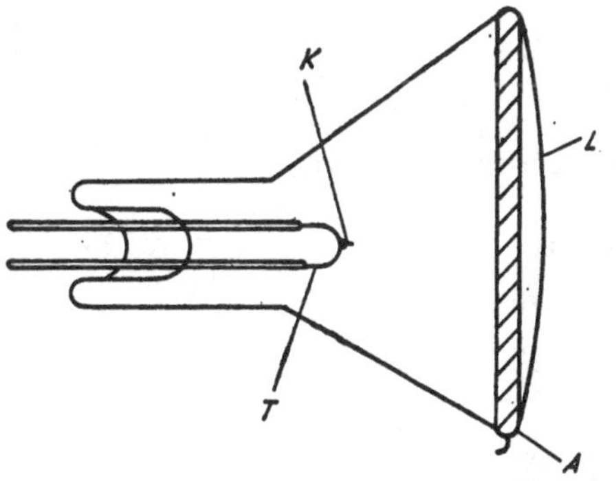

Bild 3. Feldelektronenmikroskop nach *E. W. Müller*

K — Katode, *A* — Anode, *L* — Leuchtschirm, *T* — ausheizbarer Träger der Katode

schirm ein Bild der Katode, das der Verteilung der Austrittsarbeit an der Oberfläche, eventuell auch der Mikrogeometrie der Spitze, entspricht. Die Elektronen treten aus der Katode in einem Raumwinkel aus, der sich mit der Feldstärke etwas vergrößert (siehe z. B. [70]). Soll die Feldkatode als Elektronenquelle dienen, muß das System entsprechende elektronenoptische Fokusierungsglieder enthalten. In der letzten Zeit wurde der Konstruktion spezieller Elektronenkanonen mit einer Feldkatode wieder Aufmerksamkeit gewidmet [2].

Wie wir schon bemerkt haben, braucht diese Emissionsart keine Energiezufuhr; die Katode kann bei beliebig niedriger Temperatur arbeiten. Es scheint also eine ideale Elektronenquelle, besonders für elektronenoptische Zwecke, zu sein.

Man muß aber noch klären, welche Bedingungen man erfüllen muß, um eine genügend stabile und langlebige Katode zu bekommen, und welche Parameter diese Stabilität am meisten beeinflussen.

Aus Gl.(1) ist ersichtlich, daß die Stromdichte sehr stark von den Austrittsarbeit abhängt. Es muß also vor allem die Austrittsarbeit konstant gehalten werden, d. h. man muß verschiedene Adsorptionserscheinungen möglichst ausschließen. Das führt zu der Bedingung, im Gebiete des Ultrahochvakuum (UHV) zu arbeiten, denn sonst verursacht die Adsorption der Restgase große Instabilitäten. Das durch Adsorption verursachte Rauschen ist ausführlich in [71] behandelt.

Die zweite Größe, von der der Emissionsstrom stark abhängt, ist die Feldstärke. Diese hängt aber nicht nur von der angelegten Spannung ab (die wir ziemlich gut stabili-

sieren können), sondern auch sehr stark von der Mikrogeometrie der Spitze. Die gut geätzte Spitze ist praktisch atomar glatt (Bild 4a), und man kann je nach ihrer Form (die im Elektronenmikroskop genau bestimmt und ausgemessen werden kann) eine geeignete mathematische Annäherung wählen, um die Feldstärke an verschiedenen Stellen der Spitze zu bestimmen. Die Spitze wird aber von den positiven Ionen der Restgase bombardiert, und es findet eine Art Katodenzerstäubung statt, die allgemein zur Entstehung von Unregelmäßigkeiten an der Oberfläche führt. (Bild 4b). Der Strom konzentriert sich dann an den Stellen der sekundären Spitzen, die infolge der großen Stromdichte abgeschmolzen werden können, es bilden sich neue Spitzen usw. Der Strom wird instabil und letzten Endes wird die Katode vernichtet.
Das ist also ein zweiter Grund, warum man empfehlen muß, nur unter UHV-Bedingungen zu arbeiten.

a) b)

Bild 4. Form der Feldkatode
a) glatte Form
b) durch Ionenbombardierung beeinflußte Form

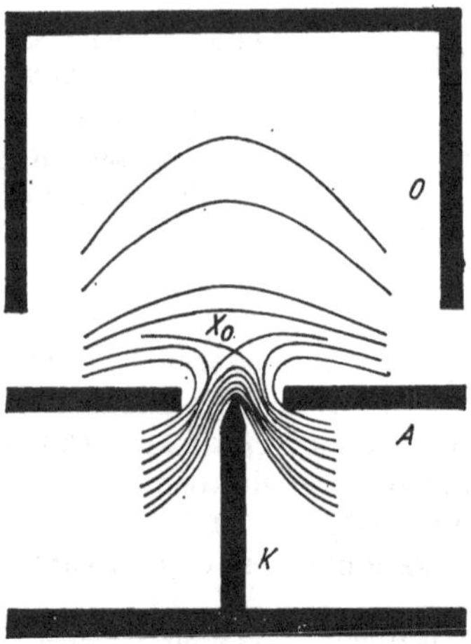

Bild 5. Elektronenoptische Anordnung zur Verminderung des Ionenbombardierungs-Effektes nach *Elinson* [64]

Dieser zweite Effekt kann jedoch durch eine elektronenoptische Anordnung vermindert werden (Bild 5). Dies ermöglicht, daß nur Ionen aus einem geringen Gebiet in der Nähe der Katode (40–50 μm) auf die Katode fallen können. Nach Angabe der Autoren Elinson und Vasiliev [72] kann man dann bei gleicher Stabilität den Druck etwa um zwei Größenordnungen erhöhen. Man kann die Stabilität auch durch Erhöhung der Katodentemperatur verbessern [1], was aber einer Energiezufuhr erfordert.
In der letzten Arbeit, die sich mit dieser Methode befaßt [4], wurde für eine Zr/W-Thermo-Feldkatode einer Lebensdauer von mehr als 1000 Stunden bei einer Temperatur von 1350–1450 K und einem Druck von $\gtrsim 2{,}10^{-8}$ Torr angegeben.
In jüngster Zeit [2] wurden spezielle Trioden- und Tetroden-Elektronenkanonen mit Feldkatoden für Elektronsondengeräte theoretisch berechnet und entwickelt. Als

Maßnahme zur Stabilisierung des schwankenden Emissionsstromes führte man eine Rückkopplungseinrichtung ein [3].
Obwohl die Stromdichten sehr groß sind, sind die Totalströme im Falle der Emission einer einzelnen Spitze ziemlich klein, weil die emittierende Fläche der Spitze winzig ist. Wenn man also größere Ströme erhalten will, verwendet man ganze „Kämme" von solchen Spitzen oder auch scharfe Kanten. Schon in der älteren Literatur findet man, daß auf diese Art Leistungen bis 300 MW im Impuls und 120 W im Dauerstrichbetrieb erhalten worden sind. Kürzlich wurden ähnliche Systeme für Beschleuniger im Gebiet der Nanosekundenimpulse verwendet [44]. Außerdem erprobte man Katoden in Form von mit Spitzen bedeckten Flächen [6].

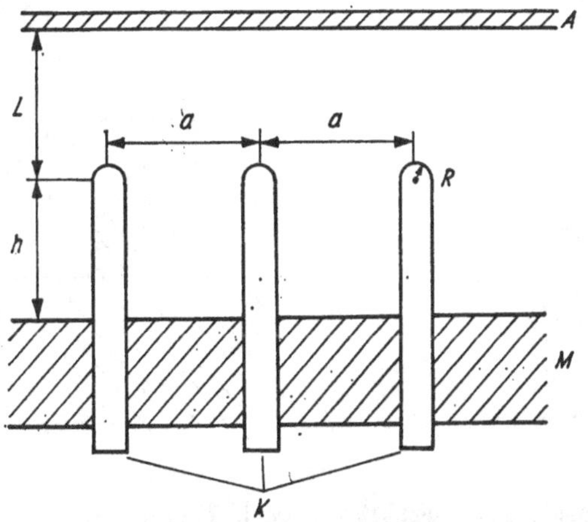

Bild 6. Geometrie eines Systems mit vielen Spitzen
K — Katoden, M — Katodenmatrix, A — Anode, (erreichbare Abmessungen: Spitzendurchmesser $R \approx 0{,}5\ \mu$m, Spitzenabstand $a = 5\ \mu$m, $h = 50\ \mu$m)

Das Feld in der nächsten Ungebung der emittierenden Fläche ist im Fall einer Reihe von Spitzen anders als das Feld bei einer einzigen Spitze. Deshalb wurde die optimale Konfiguration gesucht [8]. Für eine idealisierte rechteckige Matrix (Größen und Abmessungen siehe Bild 6) erhält man unter einigen Vereinfachungen die Beziehung (2) zwischen dem Abstand a und dem Radius R der Spitzen, wenn der Elektrodenabstand L und die angelegte Spannung V_0 beträgt:

$$a/R = \sqrt{\frac{4\pi F_r L}{V_0}}\ . \tag{2}$$

F_r ist hier die sog. „Referenzfeldstärke", die für W-Spitzen $6{,}5 \cdot 10^8$ V/cm beträgt.
Im Fall der Erfüllung optimaler Bedingungen ist der Gesamtstrom von allen Spitzen gleich dem Strom aus einer einzelnen Spitze bei derselben angelegten Spannung, multipliziert mit der Anzahl der Spitzen, dividiert durch $e = 2{,}72$.
Experimentell wurden I-V-Charakteristiken von solchen Spitzen-Systemen gemessen, und es wurde festgestellt, daß auch hier trotz der großen Anzahl von Spitzen, die allgemein verschiedene Abmessungen und Formen haben, das Fowler-Nordheim-Gesetz über Erwarten gut erfüllt wird. Theoretisch wurde diese Frage in der Arbeit [9] untersucht, indem die I-V-Charakteristik einer Reihe (2 bis 100) von Spitzen mit willkürlich gewählten Parametern mittels eines Computers berechnet wurde. Die Charakteristik war immer der F-N-Charakteristik sehr ähnlich, was in einer späteren Arbeit [10] experimentell bestätigt wurde.
Einige Methoden der Erzeugung von Spitzensystemen beruhen auf dem Prinzip der Whiskerbildung (z. B. [6]). Der Wachstummechanismus von langen und schmalen

Einkristallen aus der Dampfphase wurde für Si (aber auch Ge, Cu, SiC, GaAs und GaP) in [11] untersucht, und es wurde gezeigt, daß es ein Dampf-Flüssigkeit-Festkörper-Mechanismus ist, der durch Entstehung einer flüssigen Legierung des Ausgangsmaterials mit einer „Verunreinigung" an der Oberfläche bedingt ist. Wenn man z. B. eine kleine Menge von Au auf die Si-Oberfläche aufbringt, entstehen kleine Tropfen einer Si-Au-Legierung (Bild 7a). Diese Legierung hat einen großen Kondensationskoeffizient für die Si-Atome, die aus der Gasphase an die Oberfläche fallen. Die Lösung wird übersättigt, und an der Grenze mit der monokristallinen Si-Unterlage findet orientierte Kristallisation statt. Bei einer entsprechenden Wahl von Parametern der Materialien und von Temperaturbedingungen wächst dann an der Oberfläche ein langer und schmaler Kristall (Bild 7b).

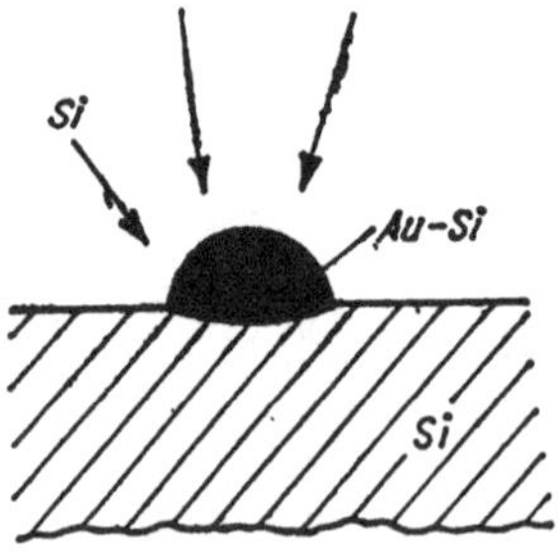

a)

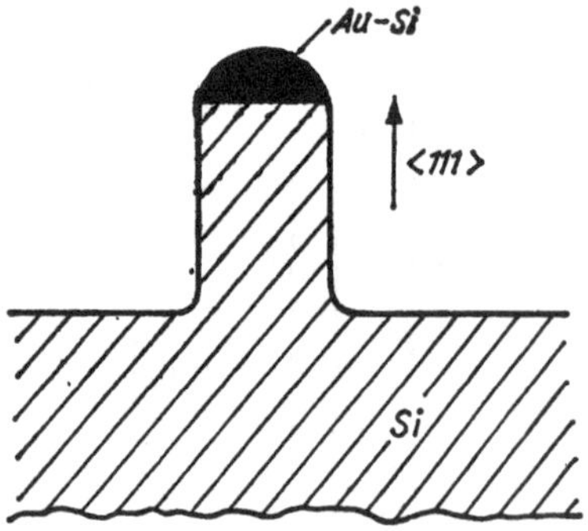

b)

Bild 7. Wachstum eines langen Si-Einkristalls nach [11]

Eine andere Methode ist eine gerichtete Kristallisation (unidirectionally solidifying) von Systemen wie z. B. Ni-W-Eutektikum [7] oder Metall-Oxid-Systeme (wie UO_2-W, ZrO_2-W, GdO_2-Mo) [12]. In solchen Systemen kann sich eine Phase in Form von kleinen Nadeln oder Fäden ausscheiden, die man dann durch selektives Ätzen aus der Matrix auslösen kann. Nach [7] entsteht z. B. ein System von W-Fäden mit Durchmessern von etwa 2 µm, und 25 µm Länge, die man durch elektrolytisches Ätzen noch abschärfen kann. Nach [12] entstehen ≈ 5 bis $50 \cdot 10^6$ W-Spitzen/cm^2 mit einem Durchmesser von 0,2—1,0 µm. Bei einem Druck von etwa 10^{-9} Torr wurde aus diesem System während 2000 Stunden eine makroskopische Stromdichte von ≈ 100 mA/cm^2 entnommen.

Auf dem Gebiet der Feldemission aus vielen Spitzen bedeuteten gewisse neue Methoden der Erzeugung von regelmäßigen Systemen mit vielen kleinen Spitzen auf ziemlich großer Fläche (einige cm^2) und mit sehr reproduzierbaren und homogenen Eigenschaften [13, 14] einen wesentlichen Fortschritt. Ein Si-Monokristall (Fläche (111)) wird mittels Photolithographie und thermischer Oxydation mit einem System von getrennten SiO_2-Quadraten (Seite ≈ 25 µm, Dicke ≈ 1 µm) bedeckt und dann selektiv geätzt (siehe Bild 8). Die Spitzen, die nach der Abätzung von SiO_2 bleiben, sind etwa 10 µm hoch, und der Radius am Ende ist $\lesssim 200$ Å. Diese Systeme wurden bei Drucken von 10^{-6} bis 10^{-8} Torr gemessen, wobei der Abstand der Anode 0,03 cm oder 0,05 cm betrug. Die Stabilität und die Lebensdauer wurden bisher nicht ausführlich studiert, es wurde jedoch gezeigt, daß solche Katoden über eine Woche mit einer Stromdichte von ≈ 1 mA/cm^2 arbeiten können. Der Strom sinkt dabei allmählich um etwa eine Größenordnung, kann jedoch durch kurze Wirkung der Atmosphäre regeneriert werden.

Zur Erzeugung solcher Katoden wird Silizium vom n-Typ verwendet. Die maximale Stromdichte beträgt etwa 0,25 A/cm^2 im Impulsbetrieb. Wenn man hochohmige Mono-

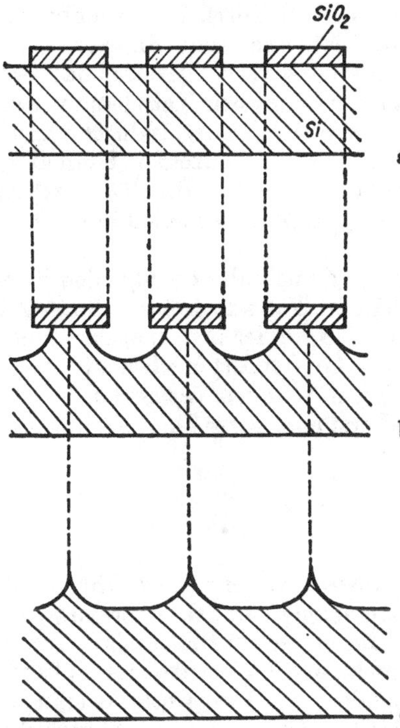

Bild 8. Schema der Herstellung einer Feldkatode mit vielen Si-Spitzen
a) am Anfang
b) nach dem Ätzen
c) nach der Ablösung der SiO_2-Platten

kristalle mit *p*-Leitfähigkeit verwendet, ist die Emission stark lichtabhängig. Die Quantenausbeute beträgt für $\lambda = 0{,}86\,\mu m$ bis 25% (ohne irgendwelche Austrittsarbeiterniedrigung durch Adsorption). Weil man gleichmäßige Emission auf relativ großen Flächen erhalten kann ($\approx 6\ cm^2$), ist eine Ausnützung zur Bildwiedergabe möglich. [15, 16]. Nach [17] kann man auf diesem Prinzip auch eine Transmissions-Photokatode konstruieren. Bei Zimmertemperatur ist bei diesen Systemen leider der Dunkelstrom ziemlich hoch. Deshalb ist eine Kühlung zu empfehlen.

Die Wirkung der Ionenbombardierung wurde in [18] für Systeme nach Spindt [13] näher studiert (Bild 9). Die Spitzen sind hier aus Molybdän und werden durch Dampf-Deposition erzeugt. Wegen der kleinen Abmessungen kann man hier mit Anodenspannungen von 100 V—300 V arbeiten. Das erhöht die Lebensdauer auf > 3500 Stunden, wobei sich die Charakteristik nicht ändert ($p \approx 10^{-9}$ Torr). Die durch Ionenerosion bestimmte Lebensdauer kann man für Katoden mit dem Radius 500—10000 Å nach der Formel

$$L \approx \frac{2 \cdot 10^{-11}}{I_e \cdot p} \quad \text{[Stunden]} \tag{3}$$

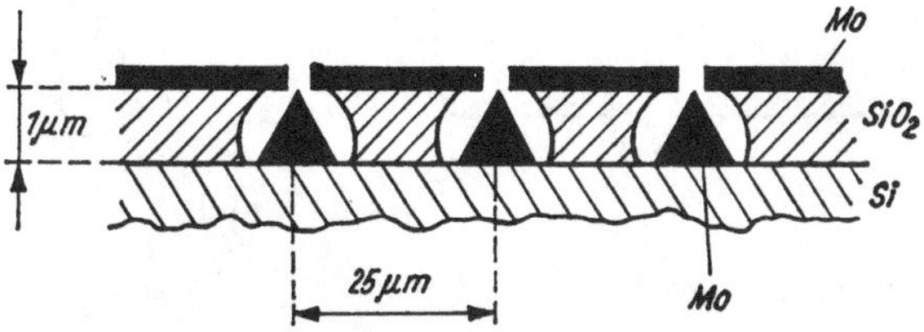

Bild 9. System der Feldkatoden nach *Spindt*

abschätzen (I_e — Emissionsstrom in A, p-Druck in Torr). Die Lebensdauer kann man vergrößern, wenn das Restgas Wasserstoff ist, und wenn die Spannung möglichst nahe der Katodenzerstäubungsschwelle liegt. Es wurde gezeigt, daß es vorteilhaft ist, eine Reihe von kleinen Katoden anstatt einer großen Katode zu verwenden.
Weil die Verwendung der UHV-Technologie bisher in der Industrie nicht allgemein eingeführt ist, beschränkte sich die Anwendung der einzelnen Feldkatoden nur auf Spezialfälle und hat sich in der Massenproduktion nicht durchgesetzt. Es existieren Nachrichten von Feinfokus-Röntgenröhren und Mikrowellen-Röhren mit diesen Katoden.
Es sei hier noch erwähnt, daß solche Systeme auch als Ionenquellen dienen können, weil die Gase im Gebiet des starken Feldes in der Nähe der Spitzen durch Feldionisation ionisiert werden. Solche Ionenquellen sind z. B. in der Massenspektrometrie [73] sehr nützlich, weil sie die Fragmentierung der komplizierten Gasmoleküle, die an den Thermokatoden der normalen Ionenquellen stattfindet, vermeiden.
Die neuen Systeme mit vielen Spitzen sind erst eine kurze Zeit bekannt, und man kann ihre Anwendung in der Zukunft erwarten.

3.2.2.2. *Malter*-Katoden

Diese Katoden kann man jetzt schon als historisch betrachten. Ihre Funktion wurde von *Malter* [64] im Zusammenhang mit Messungen der Sekundäremission entdeckt.
Malter hat festgestellt, daß Elektroden, die mit einer Dielektrikumsschicht bedeckt sind, unter bestimmten Bedingungen sehr hohe SE-Koeffizienten aufweisen und daß sie oft auch noch lange nach dem Ausschalten des Primärstrahls emittieren. Es hat sich gezeigt, daß diese Emission prinzipiell durch ein starkes elektrisches Feld verursacht wird, das dadurch entsteht, daß sich die Oberfläche durch SE (eventuell aber auch durch andere Einflüsse, z. B. Photoemission oder positiver Ionen) positiv auflädt und daß sich diese Ladung infolge des hohen Schichtwiderstandes lange an der Oberfläche erhält (Bild 10a).
Später wurden in dieser Hinsicht hauptsächlich poröse MgO-Schichten auf Metallunterlage untersucht. Der Emissionsstrom hängt stark von der Anodenspannung [20], die prinzipiell die Feldstärke in der dielektrischen Schicht bestimmt, ab (Bild 11). Diese Emission wurde so erklärt, daß es sich um eine feldverstärkte Sekundäremission

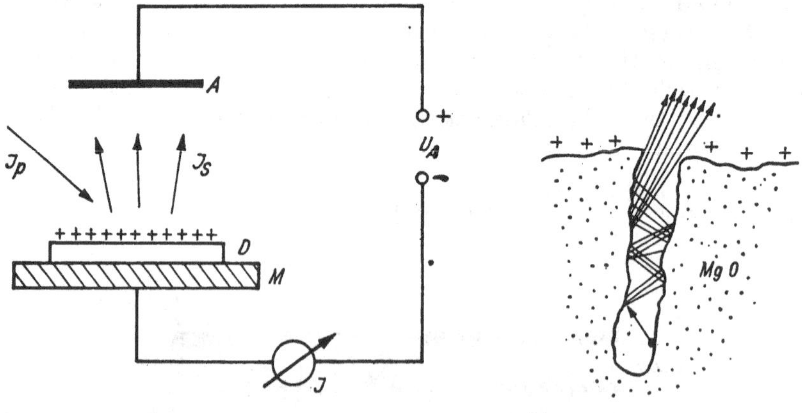

a) b)

Bild 10. Schema einer *Malter*-Katode

a) M — Metallunterlage, D — dielektrische Schicht, A — Anode
b) Lawinenvorgang in den Poren

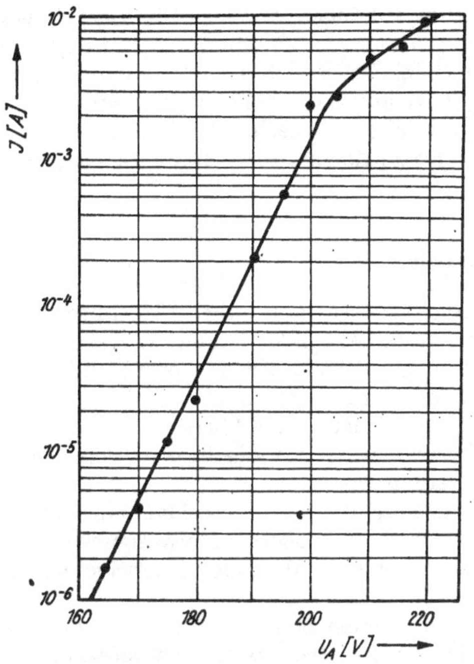

Bild 11. Strom-Spannungscharakteristik einer *Malter*-Katode (MgO)

in den Poren der Schicht handelt (Bild 10b). Es ist also ein Lawinenvorgang, der theoretisch ähnlich beschrieben werden kann wie eine unselbständige Lawinenentladung nach *Townsend*. Es ist gelungen, daß eine solche Katode nach dem „Starten" durch Elektronen, UV-Licht oder Strahlung eines radioaktiven Präparates selbständig und ziemlich stabil gearbeitet hat. Auch den Übergang zwischen dem unselbständigen und selbständigen Regime kann man ähnlich beschreiben wie einen Übergang zwischen einer unselbständigen Lawinenentladung und einer selbständigen Glimmentladung.

$$\gamma = (e^{\alpha d} - 1)^{-1}, \tag{4}$$

d ist die Schichtdicke,
α die Anzahl der pro Längeneinheit und Elektron neu gebildeten Elektronen,
γ ist ein Koeffizient, der die Effektivität der Bildung von Elektronen, die als neue Lawinenkeime dienen können, bezeichnet.

Am schwierigsten ist die Deutung des Koeffizienten γ. Es wird angenommen, daß durch Photoemission ein stabiler Strom (ohne weitere Wirkung eines äußeren primären Stromes) erhalten wird, und zwar unter der Wirkung von in der dielektrischen Schicht durch Lumineszenz entstandenen Lichtquanten. Manchmal wird auch eine Feldemission aus der Unterlage in die dielektrische Schicht angenommen. Wir werden hier die Theorie und auch die Technologie dieser Katoden nicht näher betrachten, weil diese Fragen in einer früheren Übersichtsarbeit bearbeitet worden sind [74]. Dort ist auch weitere Literatur angegeben.

Diese Katoden haben ein starkes Rauschen und ein ziemlich breites Energiespektrum der Elektronen. Diese Umstände, die relativ kleine Stromdichte und die Notwendigkeit des „Startens", haben verursacht, daß sie keine breitere Anwendung gefunden haben. (Es existieren nur wenige Nachrichten von Elektronenröhren mit dieser Katode, z. B. [65] und [66].)

Wenn jedoch die dielektrische Schicht in einer solchen Katode kompakt ist, muß der Mechanismus der Emission anders sein. Weil die Vorgänge offensichtlich stark von der Feldstärke im Dielektrikum abhängen, wäre es für die physikalische Deutung sehr wichtig, die Parameter in Abhängigkeit von der Spannung an der Schicht zu messen. Das Potential der Oberfläche ist jedoch schlecht meßbar. Deshalb wurde die Konfiguration so verändert, daß auf das Dielektrikum eine zweite Elektrode aufgebracht wurde, auf die man dann ganz bestimmte Potentiale anlegen konnte. Das war aber schon ein Übergang von der Malter-Katode zu einer M-I-M-Katode (Sandwich-Katode).

3.2.2.3. M-I-M-Dünnschichtkatoden

Diese Systeme werden systematisch etwa seit dem Jahre 1960 untersucht, und zwar nicht nur als Katoden für Vakuumsysteme, sondern auch als Katoden für Injektion heißer Elektronen in Festkörperelementen (z. B. Transistoren) und als Systeme, die die Untersuchung von elektronischen Eigenschaften dünner dielektrischer und metallischer Schichten ermöglichen (ältere Literatur siehe [74]).

Im vorliegenden Beitrag sollen besonders die für die Elektronenemission wichtigen Eigenschaften näher betrachtet werden.

Eine M-I-M-Katode besteht aus einer metallischen Unterlage, einer dünnen Isolatorschicht (typische Dicke ≈ 100 Å) und einer oberen Metallschicht (typische Dicke ≈ 200 Å). Das Schema der Meßanordnung für Messung dieser Systeme ist in Bild 12 dargestellt.

Wir werden zuerst das Schema einer idealen M-I-M-Katode mit einer sehr dünnen Isolatorschicht betrachten (Bild 13), weil dieses System theoretisch am besten emit-

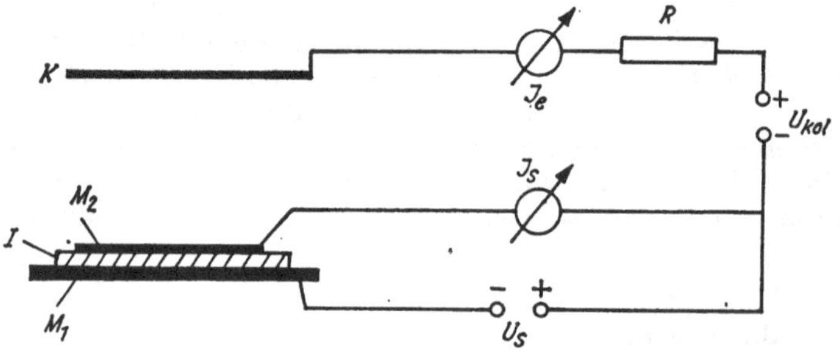

Bild 12. Schema der Meßanordnung für Messung der Parameter von M-I-M-Katoden

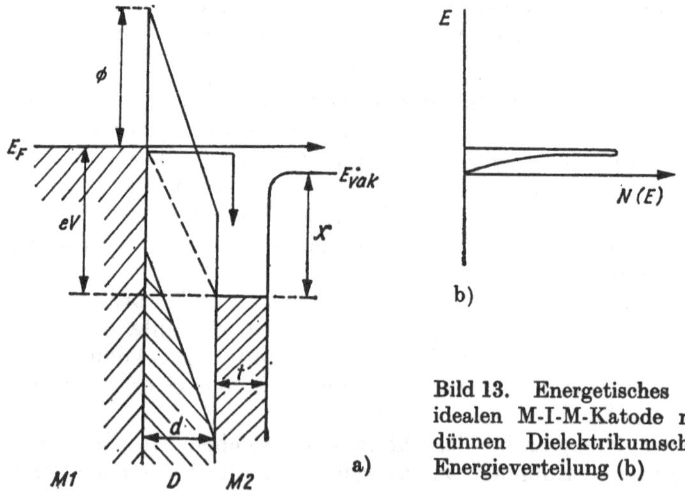

Bild 13. Energetisches Schema einer idealen M-I-M-Katode mit einer sehr dünnen Dielektrikumschicht (a). Die Energieverteilung (b)

tieren müßte und weil auch seine theoretische Beschreibung am einfachsten ist. Wenn die Dicke d im Bereiche $\approx 20-50$ Å liegt, können die Elektronen aus der Unterlage M 1 durch das Dielektrikum tunneln und diejenigen von ihnen, die in der dünnen Schicht M 2 nicht absorbiert werden, können ins Vakuum emittiert werden, wenn die angelegte Spannung V so groß ist, daß das Fermi-Niveau E_F über dem Vakuum-Niveau E_{vak} liegt. Die Energieverteilung dieser Elektronen sollte dabei sehr eng sein, weil es sich praktisch um Elektronen aus der unmittelbaren Nähe des *Fermi*-Niveaus E_F handelt. Man sollte annehmen, daß eine solche Katode sehr stabil arbeitet und eine große Stromdichte liefert, weil in dem Dielektrikum keine Wechselwirkungen stattfinden, d. h. daß diese Schicht nicht erwärmt wird. Leider ist aber die Realisierung einer solchen Katode dadurch verhindert, daß die zur Überwindung der Austrittsarbeit χ notwendigen Spannungen so hoch sind (mindestens 4—5 V), daß die Feldstärke in dem extrem dünnen Dielektrikum den Wert für den dielektrischen Durchschlag überschreitet. Eine Erniedrigung der Austrittsarbeit z. B. durch Cs-Adsorption führt zu Instabilität (hierzu siehe auch [74]).
Es wurden deshalb meistens Katoden mit dickeren Isolatorschichten (100 Å bis einige Hundert Å) experimentell untersucht. Als Dielektrikumschichten verwendet man elektrolytisch oder thermisch erzeugte Oxide des Unterlagemetalls (z. B. Al_2O_3, Ta_2O_5, BeO usw.), aufgedampfte oder katodenzerstäubte dünne Schichten von verschiedenen Materialien (z. B. SiO, LiF, CaF_2, Kryolith usw.) oder sogar dünne Schichten von organischen Stoffen.

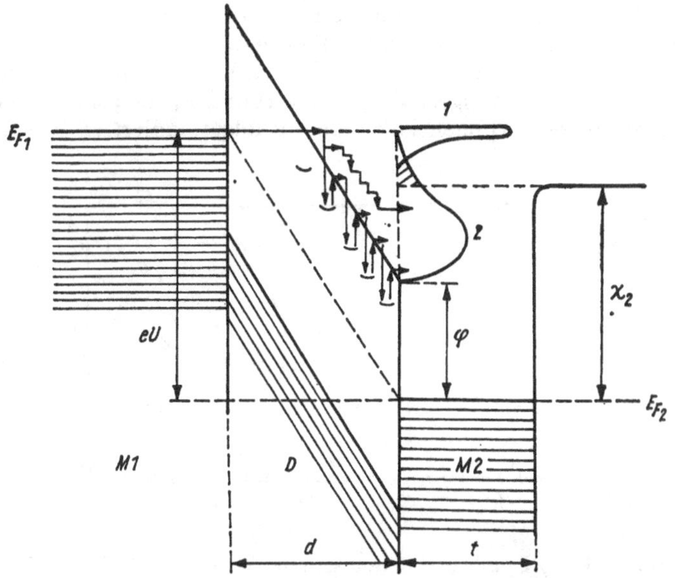

Bild 14. Idealisiertes energetisches Schema einer M-I-M-Katode mit einer dickeren Dielektrikumschicht

Ein vereinfachtes Energiediagramm einer solchen Katode zeigt Bild 14. Als Injektionsmechanismus nimmt man wieder den Tunneleffekt (diesmal ins Leitungsband des Dielektrikums) oder Schottky-Effekt an. Die Elektronen im Dielektrikum werden jetzt gestreut, es kommt besonders die Wechselwirkung mit Phononen und mit Fangstellen in Frage. Im ersten Fall verlieren die Elektronen ihre Energie allmählich (für Al_2O_3 ist z. B. der mittlere Energieverlust $\approx 0{,}1$ eV), im zweiten Fall werden sie in den Haftstellen gefangen, aber im starken Feld entweder durch Feldionisation oder Poole-Frenkel-Effekt wieder befreit. Das schmale Energiespektrum der ins

Dielektrikum injizierten Elektronen verbreitert sich dadurch wesentlich und das Maximum schiebt sich zu der unteren Kante des Leitungsbandes.
In der oberen Metallschicht werden die Elektronen ihre Energie meistens durch Zusammenstöße mit freien Elektronen verlieren, und den Transport kann man praktisch durch ein einfaches Absorptionsgesetz $n = n_0 \cdot \exp(-t/\lambda e)$ beschreiben, wo λ_e die mittlere freie Weglänge für die Elektron-Elektron-Wechselwirkung bedeutet [75].
Die Gültigkeit dieser Vorstellungen wurde durch ausführliche Messungen von I-V-Charakteristiken des Sandwich-Stroms I_s und des Emissionsstromes I_e [18—21], des Übertragungskoeffizienten ($\alpha = Y_e/I_s$) [21, 22]) der Winkelverteilung [23, 24] und Energieverteilung [25, 26] in Abhängigkeit von der angelegten Spannung, Temperatur und Schichtdicken, d und t untersucht und eine Theorie, die alle diese Parameter berücksichtigt, wurde entwickelt [27, 28]. Es hat sich gezeigt, daß man zu besserer Deutung der experimentellen Resultate das Modell etwas komplizierter machen muß, besonders in folgenden Punkten:

a) das Feld in der Katode ist nicht homogen, es existiert ein Gebiet eines starken Feldes,
b) das Dielektrikum ist meistens amorph und enthält viele Niveaus im verbotenen Band, über welche auch eine Leitung möglich ist,
c) die Schichten sind nicht ideal planparallel und glatt. Unter diesen Gesichtspunkten wird die Theorie weiter entwickelt [29, 30].

Das alles gilt für die „normalen" Erscheinungen in den Sandwich-Katoden. Es ist jedoch oft der Fall, daß auf der I_s-V-Charakteristik (die sonst monoton ist, siehe Bild 15, und meistens dem Poole-Frenkel- oder Fowler-Nordheim-Gesetz folgt) ein Gebiet eines negativen Widerstandes erscheint (Bild 16). Damit ist auch eine anomale Elektronenemission (bei Spannungen $V < \chi/e$) verbunden, die sich zu der normalen Emission (die immer einem exponentiellen Gesetz folgt) addiert (Bild 15). Diese Er-

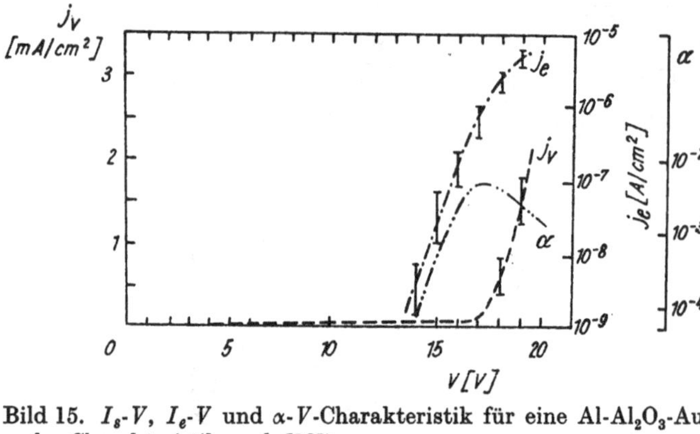

Bild 15. I_s-V, I_e-V und α-V-Charakteristik für eine Al-Al_2O_3-Au-Katode mit normaler Charakteristik nach [19])

scheinungen folgen einem „Formierungsvorgang" bei dem der Strom I_s bei konstanter angelegter Spannung um einige Größenordnungen steigt. Es wurde gezeigt [31, 32, 33], daß alle diese Erscheinungen mit der Bildung von diskreten Kanälen in der Katode verbunden sind, die die Anomalien in der Leitfähigkeit und in der Emission sowie auch viele weitere Erscheinungen (z. B. Lumineszenz, Gedächtniseffekte usw.) verursachen. Der Emissionsstrom und der Übertragungskoeffizient können zwar in diesem Fall größer sein, aber die Emission ist instabil und eignet sich nicht als praktische Elektronenquelle.
Wenn man diese Anomalien vermeidet (was man durch Wahl der Elektroden und durch spezielle Vorbereitung von möglichst defektfreiem Dielektrikum erzielen kann),

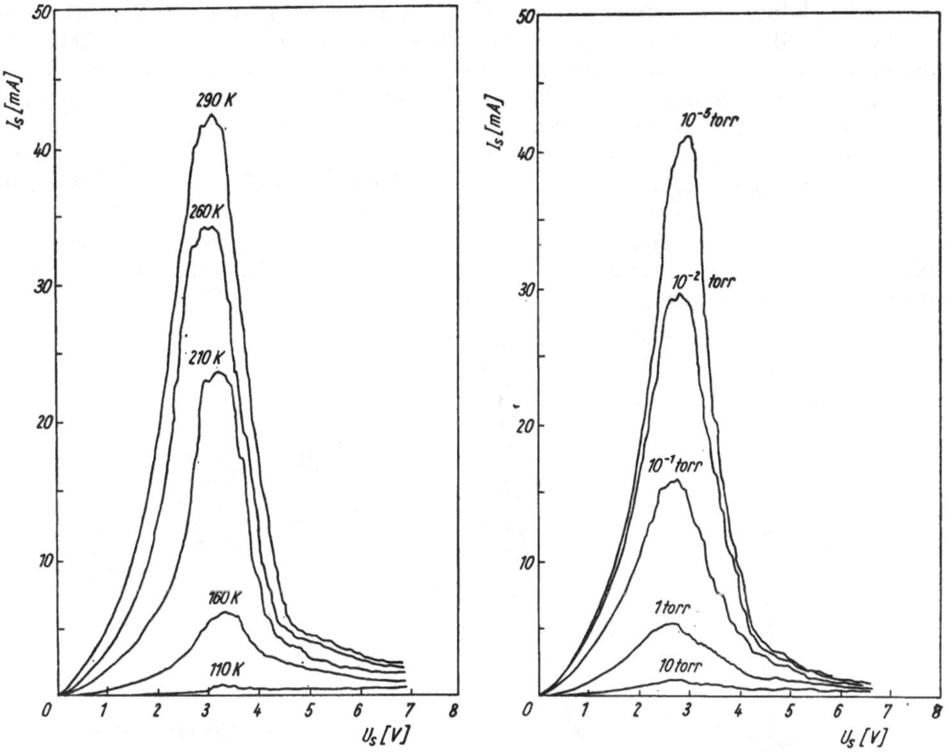

a) b)

Bild 16. Anomale I_s-V Charakteristik einer Al-Al_2O_3-Au-Katode
a) bei verschiedenen Temperaturen
b) beim verschiedenen Druck der Restgase (nach [32])

arbeiten diese Katoden viel besser. Es ist jedoch unvorteilhaft, daß sich das Dielektrikum immer unter Bedingungen befindet, die dem dielektrischen Durchschlag nahe sind. Man kann deshalb nur bei nicht zu hohen Spannungen, d. h. bei niedrigen Strömen ($\lessapprox 10^{-8}$ A), stabile Ströme erwarten. Die Wechselwirkungen im Dielektrikum führen zu thermischen Effekten, die die Stabilität wesentlich beeinflussen. Der Übertragungskoeffizient liegt meistens zwischen 10^{-6}—10^{-3}. Er wächst exponentiell mit der angelegten Spannung. Auf Bild 16 sind typische Charakteristiken für eine Al-Al_2O_3-Al Katode dargestellt. Das energetische Spektrum ist verhältnismäßig breit (von E_{vak} bis E_F), was für manche Anwendungen ein ziemlich wesentlicher Nachteil ist.

Die M-I-M-Katoden wären für die Anwendung vorteilhafter als Flächenkatoden, die keine Austrittsarbeitserniedrigung und keine extremen Vakuumbedingungen erfordern. Wegen ihrer ungenügenden Stabilität, besonders bei praktisch interessanten Strömen ($i \approx$ einige mA/cm²), wurden sie jedoch bisher praktisch nicht verwendet. Es existieren aber neue Arbeiten, die sich mit der Verbesserung der Stabilität befassen [34, 35].

3.2.2.4. Katoden mit inselförmigen dünnen Schichten

Es wurde festgestellt, daß man Elektronenemission aus der Schicht beobachten kann wenn durch eine extrem dünne Metall- [36—38] oder Halbleiterschicht [39, 40], die eine Inselstruktur hat, ein elektrischer Strom fließt.

Es handelt sich immer um einen engen Spalt (einige zehn µm) zwischen zwei Elektroden auf einer isolierenden Unterlage, in der meistens durch Aufdampfen oder Katodenzerstäubung und durch einen speziellen Formierungsvorgang eine nicht zusammenhängende extrem dünne (mittlere Dicke einige Å) Schicht erzeugt wird. In einigen Fällen (z. B. bei SnO_2) ist die ursprüngliche Schichtdicke größer (1000—2000 Å) und in dieser Schicht wird dann erst durch den Formierungsvorgang (ein thermoelektrischer Durchschlag) das eigentliche hochohmige emittierende Gebiet erzeugt. Beim Anlegen einer Spannung an die Elektroden wächst der Emissionsstrom schneller als der Leitungsstrom I_v zwischen den beiden Elektroden (Bild 17). Solche Experimente wurden mit Au, Mo, Cr, Ti und SnO_2-Schichten, deren Austrittsarbeit durch Adsorption elektropositiver Stoffe (z. B. BaO) erniedrigt wurde, durchgeführt.

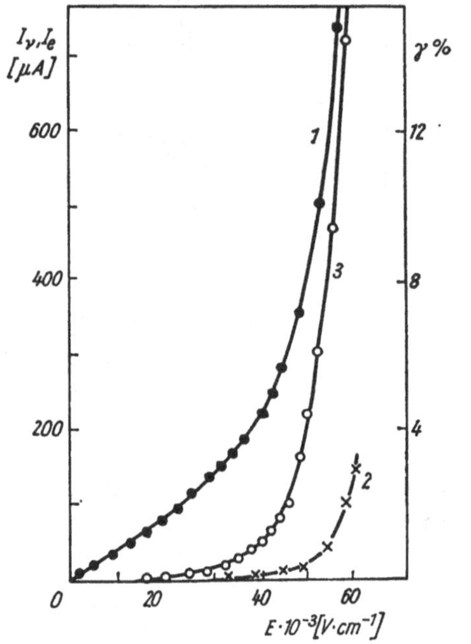

Bild 17. *I-V* Charakteristik einer Mo-Schicht (nach [37])
1 — Leitungscharakteristik ($I_v \sim V$)
2 — Emissionscharakteristik ($I_e \sim V$)
3 — Charakteristik der Effektivität ($I_e/I_v \sim V$)

Es existieren zwei Deutungen dieser Experimente: nach einer handelt es sich um Emission heißer Elektronen, die dadurch entstehen, daß die Elektronen von einer negativen Insel in eine positivere tunneln. Hier sind sie aber nicht im Gleichgewicht mit dem Gitter; sie sind auf höheren energetischen Niveaus und einige von ihnen können so die Austrittsarbeit überwinden. Nach der zweiten Vorstellung handelt es sich um Feldemission aus Mikrospitzen, die sich durch den Formierungsvorgang bilden [42]. Bei sehr fein dispergierten Schichten (z. B. nach [37] Mo-Insel vom Durchmesser 10—30 Å) ist die erste Deutung möglich, während bei Schichten mit größeren Dimensionen der Insel (tausende Å) und besonders großen Inselabständen (hundert Å) die zweite Deutung wahrscheinlicher scheint. Messungen der Charakteristiken ergeben bisher keine endgültige Entscheidung, weil sie in beiden Fällen einen ähnlichen Verlauf haben.

Was die praktischen Parameter dieser Katoden betrifft, wurden bei metallischen Schichten ziemlich gute und stabile Resultate mit Mo und Ti erhalten.

Die Effektivität von Au-Katoden war 3—4% bei einer Emissionsstromdichte von 0,5 A/cm², beide Parameter verschlechterten sich aber mit der Zeit. Die Charakteristiken von Mo-Katoden änderten sich dagegen nicht in merklichem Maße, sogar nach einer Erwärmung bis 280 °C. Bei der SnO_2-Katode wird eine makroskopische Emissionsstromdichte von 1 A/cm² (Totalstrom 50 µA) bei Spannungen an der Schicht von 15—100 V angegeben. Die Effektivität ändert sich in Abhängigkeit von der angelegten Spannung von einigen zehntel Prozent bis zu Werten, die sich 100% nähern [40]. Die Stabilität und Lebensdauer verbessern sich mit der Verbesserung von Vakuumbedingungen (hunderte Stunden bei 10^{-6} Torr). Diese nicht aktivierten) Katoden können auch der Wirkung der Atmosphäre ausgesetzt werden und bei Temperaturen bis 300 °C und in ziemlich starken γ- oder Neutron-Flüssen arbeiten. Sie werden als Katoden für Vakuum-Mikrogeräte, die unter erschwerten Bedingungen arbeiten, vorgeschlagen. Eine Anwendung dieser Kathode als Elektronenquelle für Massenspektrometrie wurde beschrieben [43].

3.2.2.5. Katoden mit einer *Schottky*-Barriere

Diese Katoden arbeiten auf dem Prinzip, daß heiße Elektronen über eine in direkter Richtung gepolte Schottky-Barriere in eine dünne Metallschicht injiziert werden, von welcher einige von ihnen, dank ihrer großen Energie über dem Fermi-Niveau des Metalls, ins Vakuum emittiert werden können (Bild 18).

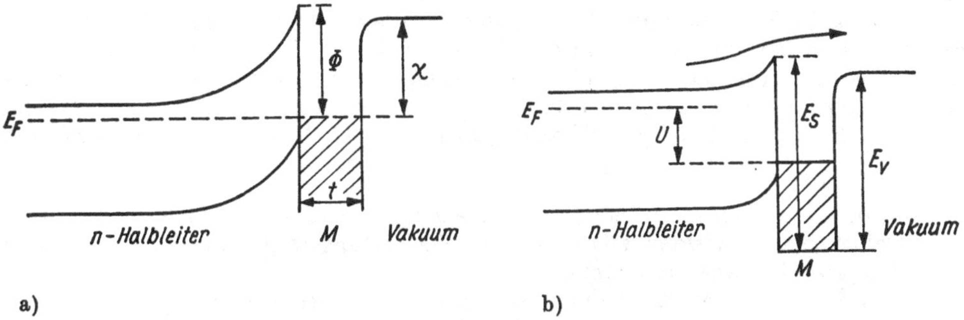

Bild 18. Schema einer *Schottky*-Katode
a) ohne Spannung
b) bei angelegter Spannung

Zu diesem Zweck muß ein Halbleiter mit einem breiteren verbotenen Band gewählt werden und die Schottky-Barriere muß mindestens —1,5 eV hoch sein, damit man eine genügend hohe Spannung zur Überwindung der Austrittsarbeit anlegen kann (die niedrigste Austrittsarbeit bei Verwendung von Cs-Adsorption ist eben ≈ 1,5 eV). Bei $E - E_F = 1{,}5$ eV haben die heißen Elektronen im Metall eine freie Weglänge ≈ 100 Å. Wenn also die Metallschicht eine Dicke ≈ 100 Å hat, können noch viele von diesen Elektronen diese Schicht ohne Wechselwirkung durchdringen. Wenn die Austrittsarbeit durch Cs-Adsorption erniedrigt wurde, können dann diese Elektronen emittiert werden. Für die Emissionsstromdichte heißer Elektronen I_H über eine Barriere bei einer angelegten direkten Spannung V_B gilt

$$I_H = I_{\text{sat}}\,[\exp(eV_B/nkT)^{-1}] \tag{5}$$

(n ist eine Zahl nicht viel verschieden von 1).
Der Sättigungsstrom I_{sat} ist praktisch durch die Richardson-Gleichung gegeben:

$$I_{\text{sat}} = AT^2 \exp\,(-\varphi/kT) \tag{6}$$

(A — Richardson-Konstante, φ — Höhe der Barriere).

Die Emissionsstromdichte ist dann

$$I_e = I_H f\left(\frac{E_s}{kT}, \frac{E_v}{kT}\right) \cdot \exp\,(-t/\lambda e)\,. \tag{7}$$

f ist eine Funktion der Energien E_s und E_v (siehe Bild 18), die unter einigen vereinfachenden Annahmen errechnet werden kann [46], λ_e ist die ballistische freie Weglänge der Elektronen im Metall.
Diese Art von Systemen wurde mit ZnS-Pt (Cs)-Barrieren erprobt [45] und weiter mit Halbleitern GaP, ZnSe und ZnS mit einer Ag + Cs-Elektrode [46, 47].
Die Emissionsströme und Effektivität waren in allen Fällen sehr klein ($i_e \approx 10^{-7} - 10^{-4}$ A/cm², $\eta \lesseqgtr 6 \cdot 10^{-3}$%). Ohne eine wesentliche Verbesserung dieser Parameter wären diese Katoden kaum praktisch anwendbar. Von der Stabilität der Emission und Lebensdauer der Katoden sind keine näheren Angaben bekannt.

3.2.2.6. Katoden mit einem p-n-Übergang und NEA

Ähnlich wie über eine *Schottky*-Barriere kann die Injektion der Elektronen auch über einen *p-n*-Übergang erfolgen. Bei der direkten Polung werden Elektronen aus dem *n*-Halbleiter in den *p*-Halbleiter injiziert. Wenn sie im Halbleiter eine genügend große Diffusionslänge haben und wenn die Barriere an der Oberfläche genügend niedrig ist, können sie dann ins Vakuum emittiert werden.
Dieser Gedanke ist verhältnismäßig alt, aber die praktischen Versuche, bei denen nur die Austrittsarbeiterniedrigung durch Cs-Adsorption bei gewöhnlichen Halbleitern (Si, SiC usw.) verwendet wurde, führten nicht zu praktisch anwendbaren Resultaten.
Die Effektivität η einer solchen Katode, d. h. das Verhältnis des emittierten Stromes I_e zu dem Strom durch den *p-n*-Übergang I_d ist nämlich durch 3 Faktoren bestimmt:

$$\eta = I_e/I_d = \alpha \cdot \beta \cdot P \,. \tag{8}$$

α – ist der Injektionskoeffizient (Verhältnis der Anzahl der Elektronen, die in das *p*-Gebiet injiziert werden, zu der Anzahl aller Ladungsträger, die den Strom durch den *p-n*-Übergang vermitteln).
β – Teil der injizierten Elektronen, die bis zu der Oberfläche gelangen (hängt von der Dicke der *p*-Schicht und von der Diffusionslänge der Elektronen ab).
P – Wahrscheinlichkeit des Überganges dieser Elektronen über die Oberflächenbarriere.

Die Faktoren β und P hatten in den ersten Experimenten zu niedrige Werte und außerdem war die Emission meistens instabil. Es emittierten nur einige Stellen des Überganges.
Einen wesentlichen Fortschritt bedeutete es, als es gelang, die Oberfläche des Halbleiters so zu bearbeiten, daß ein Zustand mit negativer Elektronenaffinität (NEA) erreicht wurde.
Das Prinzip ist folgendes: Wenn die atomar saubere Oberfläche eines hochdotierten *p*-Halbleiters ($n_A \approx 10^{19}$ cm³) durch eine sukzessive Aktivierung mit Caesium und Sauerstoff bearbeitet wird, erhält man einen Zustand, in dem die Bänder in Ober-

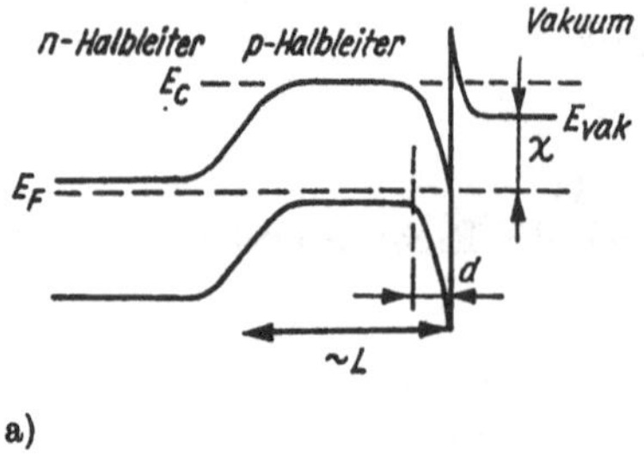

a)

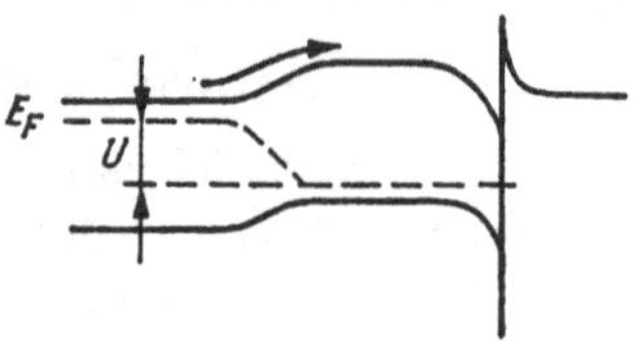

b)

Bild 19. Schema einer Katode mit *p-n*-Übergang mit NEA
a) ohne Spannung
b) mit angelegter Spannung

flächennähe so stark nach unten gebogen sind, daß die Leitungsbandunterkante E_c über dem Vakuumniveau E_{vak} liegt (Bild 19a). Die Potentialspitze an der Halbleiter-Vakuum-Grenze entsteht durch Wirkung der adsorbierten Schicht der Dipole und ist sehr eng (wenige Å), die Austrittsarbeit χ wird ungefähr auf 1,4 eV erniedrigt.
Wenn nun eine Spannung U angelegt wird und die Elektronen in den p-Halbleiter injiziert werden, können sie bis zu der Oberfläche gelangen, wenn ihre Diffusionslänge vergleichbar oder größer als die Dicke der p-Schicht ist. Wenn sie sich an der Leitungsbandunterkante oder höher befinden, können sie praktisch frei ins Vakuum austreten, weil die enge Potentialspitze an der Oberfläche für sie wegen des Tunneleffektes so gut wie ideal durchlässig ist. Sie können ihre Energie nur im Gebiet der Raumladung verlieren. Die Dicke dieses Gebietes muß deshalb möglichst klein sein, weil die Elektronen mit einer niedrigeren Energie eine kleinere Durchgangswahrscheinlichkeit haben, und wenn sie unter dem Niveau E_{vak} liegen, können sie überhaupt nicht emittiert werden. Diese Bedingung ist aber dadurch erfüllt, daß der Halbleiter hochdotiert ist (bei 10^{19} cm^{-3} ist $d \approx 50$ Å).
Die Idee, eine kalte Katode auf diesem Prinzip zu konstruieren, existiert seit dem Jahre 1966 [48]. Praktisch wurden diese Katoden mit epitaktischen Schichten aus den Halbleitern GaAs [49], GaAsP [50],(GaAl)As [51] und Si [52, 53] erprobt. Silizium hat den Vorteil einer verhältnismäßig einfachen und gut ausgearbeiteten Technologie, der Nachteil ist aber die Bildung einer Oxidschicht an der Luft, die sich durch thermische Desorption nicht beseitigen läßt. Von diesem Standpunkt aus sind die III-V-Verbindungen besser. In [49] sah die Konfiguration so aus, daß die emittierende Fläche senkrecht zu der Fläche des Überganges verlief. In den übrigen Arbeiten sind diese beiden Flächen parallel und die Elektronen gehen durch die ganze Dicke der p-Schicht.
Schematische Darstellung einer Katode nach *Kohn* zeigt Bild 20a. Die SiO_2-Zwischenschicht dient dazu, daß sich der Diodenstrom nur auf ein Gebiet einschränkt, aus dem dann auch die Emission herausgehen kann. (Aus den Stellen unter der Kontaktelektrode können nämlich keine Elektronen emittiert werden, und die Effektivi-

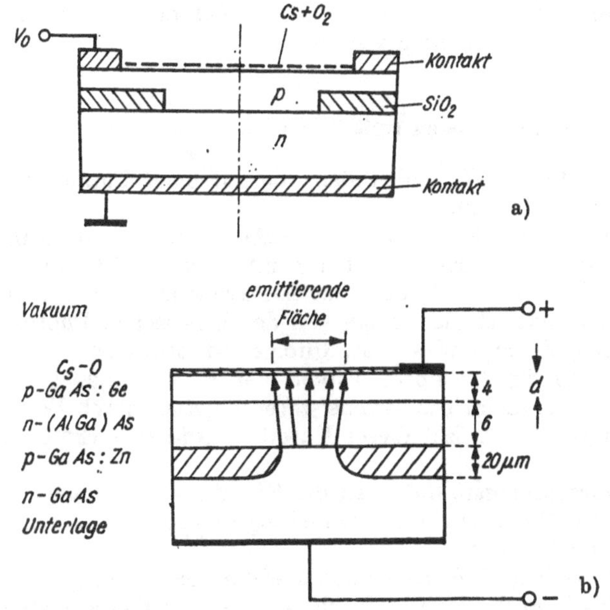

Bild 20. Kaltkatode mit einem p-n-Übergang und NEA nach *Kohn* (a), nach *Kressel* et al. [51] (b)

tät wäre vermindert, wenn in diesen Gebieten der Diodenstrom fließen würde). Eine andere Lösung dieses Problems findet sich in [51] (Bild 20b). Die Einschränkung des Stromes auf eine definierte Fläche wird hier mit Hilfe eines gesperrten p-n-Überganges erreicht.
Der emittierte Strom steigt ungefähr linear mit dem Diodenstrom des Überganges (Bild 21). Bei hohen Strömen ist dann der Emissionsstrom dadurch begrenzt, daß in der halbleitenden Schicht eine Potentialdifferenz entsteht, und der Emissionsstrom konzentriert sich dann auf das Gebiet in der Nähe des Kontakts („current crowding“).

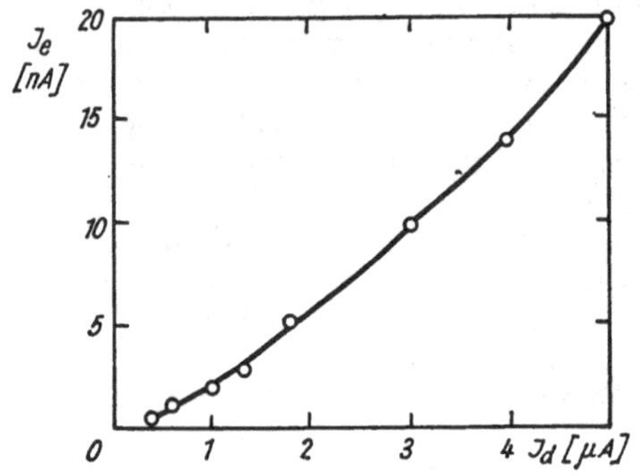

Bild 21. Abhängigkeit des Emissionsstromes von dem Diodenstrom eines Si-P-n-Überganges (Fläche $12{,}10^{-5}$ cm², $\eta \sim 0{,}4\%$)

Die höchsten angegebenen Emissionsstromdichten für Si betragen laut Literaturstelle [53] im Impulsbetrieb 225 A/cm² bei 60 µs und 2 A/cm² stationär für mehrere Stunden. Für (GaAl)As-GaAs [51] wird 7 A/cm² für Impulsbetrieb und 0,5 A/cm² für Gleichstrombetrieb angegeben. Die angegebene Effektivität ist $\approx 4\%$. Theoretisch wäre es möglich, bei $P \approx 10-15\%$ eine Effektivität von $\approx 10\%$ oder, mit noch höheren P, bis $\approx 30\%$ zu erzielen.
Was die Stabilität der Emission und die Energieverteilung der Elektronen betrifft, sind diese Katoden ähnlich den optoelektronischen Katoden mit NEA, die wir in dem nächsten Absatz näher betrachten werden.

3.2.2.7. Optoelektronische Katoden (mit NEA)

Diese Katoden sind im Prinzip Photokatoden, die mit einer Lumineszenzdiode als Lichtquelle optisch gekoppelt sind.
Eine Katode dieser Art [55] bestand aus einer GaAs-Diode ($\lambda = 0{,}9$ µm) außerhalb des Vakuumsystems, die durch einen Lichtleiter mit einer Ag-O-Cs-Photokatode gekoppelt war, die auf der inneren Wand einer Elektronenröhre aufgebracht wurde (Bild 22). Diese Photokatode ist die einzige von den klassischen Photokatoden, die auch im infraroten Gebiet empfindlich ist. Infolge der optischen Verluste an den Grenzflächen und der geringen Empfindlichkeit der Photokatode (0,2%) war die Effektivität dieses Systems klein. Die Ströme waren im stationären Betrieb ≈ 1 µA, im Impulsbetrieb bis ≈ 100 µA. Mit dieser Katode wurde eine Experimental-Bildröhre konstruiert.
Die Autoren haben vorgeschlagen, daß man die Effektivität erhöhen könnte, wenn man eine GaP oder AlAs/GaAl-Diode in Verbindung mit einer trialkalischen Photokatode ($\eta \approx 2\%$) verwenden würde.
Einen wesentlichen Fortschritt bedeutete auch hier die Verwendung von Oberflächen mit NEA, in diesem Falle in der Rolle von Photokatoden. Seit der ersten Arbeit, in der eine Oberfläche mit NEA als Photokatode realisiert wurde [56], wurden dieser Problematik viele Arbeiten gewidmet. Flächen mit NEA werden als Photokatoden und

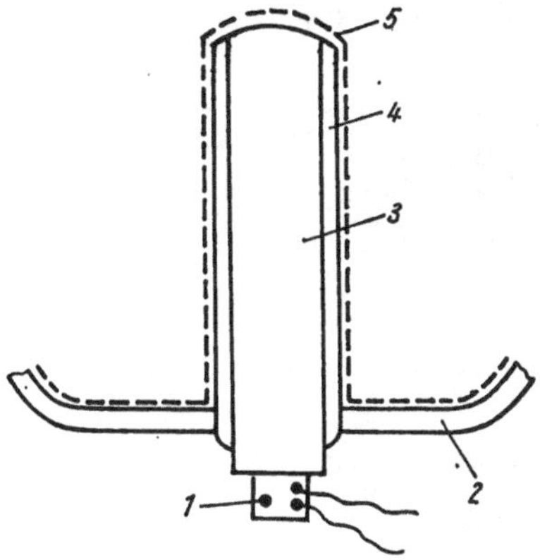

Bild 22. Optoelektronische Katode nach *Moss* und *Coombes*

1 — Halbleiterdiode
2 — Wand der Elektronenröhre,
3 — Glasstab mit einem hohen Brechungsindex
4 — Glas mit einem niedrigen Brechungsindex
5 — Photokatode

Dynoden auch schon in komerziellen Photovervielfachern verwendet (von den neueren Arbeiten siehe z. B. [57]). Die Anzahl der Arbeiten über optoelektronische Katoden mit NEA ist zwar nicht groß (siehe z. B. [58—62], [51]), aber die Resultate sind bedeutend. Die Konstruktion einer solchen Katode sieht man auf Bild 23. Direkt auf einer Lumineszenzdiode aus $Al_xGa_{1-x}As$ ($x \approx 0{,}12$) befindet sich eine hochdotierte epitaktische GaAs(Zn) Schicht. Ihre Oberfläche wird wieder durch Cs und O_2 aktiviert bis zur Erzielung der NEA. Dieses System ist in vieler Hinsicht vorteilhaft [51]. Die Quantenausbeute von GaAlAs-Dioden ist hoch ($\gtrsim 50\%$). Wegen des hohen Brechungsindexes von GaAs werden 95% des Lichtes an der Oberfläche total reflektiert, und steht also für Photoemission zur Verfügung (das Gebiet der GaAs-Photokatode wird mehrmals durchstrahlt). Transport der Energie zu der emittierenden Oberfläche wird durch Lichtquanten vermittelt, so daß die Probleme der Stromkonzentration (current crowding) entfallen weil die p-Schicht ziemlich dick sein kann. GaAlAs und GaAs

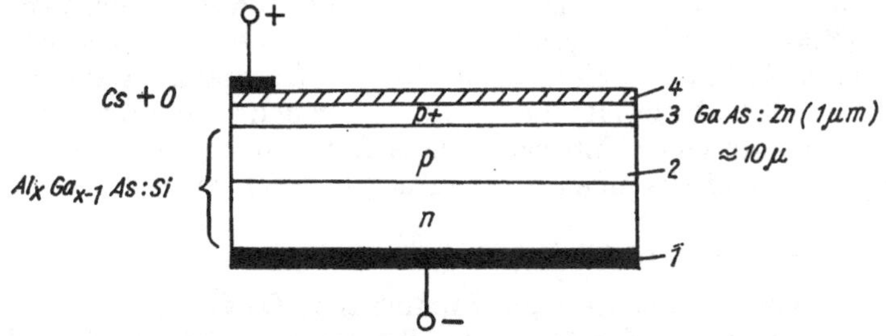

Bild 23. Optoelektronische Katode nach [58]

1 — der negative Kontakt
2 — Lumineszenz — Diode
3 — GaAs-Schicht der Photokatode
4 — Aktivationsschicht der Photokatode

haben fast gleiche Gitterkonstanten, so daß an der Grenzfläche nur eine minimale Anzahl von Gitterdefekten entsteht. Diese beiden Materialien haben auch ähnliche Brechungsindizes, und das Licht durchsetzt die Grenze mit wenigen Verlusten. GaAlAs mit $E_g = 1{,}6$ eV ist mit Si dotiert, und die emittierte Strahlung hat eine Energie von 1,4 eV entsprechend einer Wellenlänge von 8700 Å, die eben der Breite der verbotenen Zonen von GaAs entspricht, während die Selbstabsorption verhindert ist. Der Heteroübergang GaAlAs-GaAs hindert die Photoelektronen von GaAs, zurück in die Diode zu diffundieren.

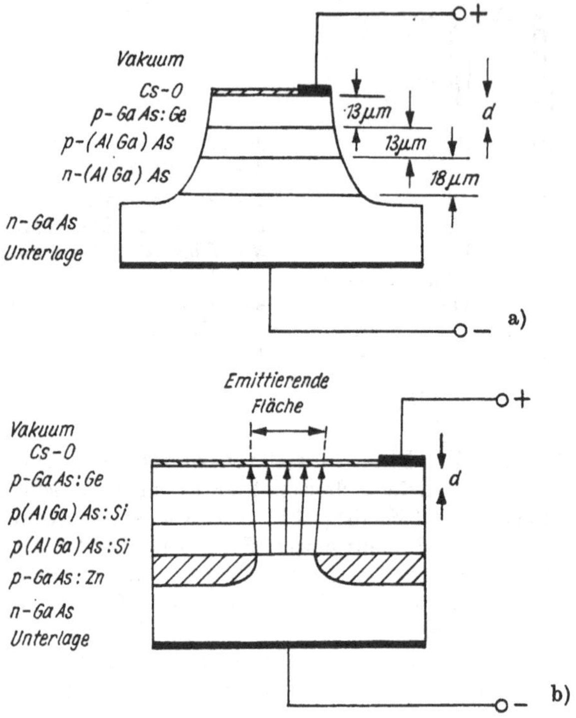

Bild 24. Optoelektronische Katode
a) Mesa-Struktur
b) planare Konstruktion

Die auf Bild 23 dargestellte Struktur wird modifiziert, und es entsteht entweder eine Mesa-Struktur (Bild 24a) oder eine planare Struktur (Bild 24b), bei der wieder der Diodenstrom durch Einführung eines gesperrten *p-n*-Überganges auf eine bestimmte Fläche beschränkt wird. Die zweite Konstruktion ermöglicht die Erzeugung von Reihen solcher Katoden auf einer Unterlage. Diese Katoden werden durch Flüssigkeitsepitaxie erzeugt. Die emittierenden Flächen liegen meistens in der Größe zwischen $2 \cdot 10^{-4}$ cm² und $1 \cdot 10^{-2}$ cm².
Die Effektivität der optoelektronischen Katoden hängt

a) von der inneren Quantenausbeute der Lumineszenz-Diode η_i;
b) dem Verhältnis zwischen der Dicke der Schicht d, Diffusionslänge L und dem Lichtabsorptionskoeffizient α und
c) von der Wahrscheinlichkeit P des Austritts der angeregten Elektronen aus dem GaAs ab.

Die Bedingung für die beste Ausnützung der Photonen ist

$$L \geqq d \leqq 2/\alpha \tag{9}$$

(α ist in GaAs für $h\nu = 1{,}5$ eV gleich $1 \cdot 10^4$ cm^{-1}).
Wenn diese Bedingung erfüllt ist, d. h. wenn praktisch alle Photonen photoelektrisch aktiv absorbiert werden, wird bei isotroper Winkelverteilung die Hälfte von ihnen eine Geschwindigkeitskomponente in der Richtung gegen die emittierende Fläche haben, und alle diese Elektronen werden diese Oberfläche erreichen. Dann ist die Effektivität praktisch durch

$$\eta \approx \tfrac{1}{2}\,\eta_i \cdot P \tag{10}$$

gegeben.

Wie schon gesagt wurde, ist $\eta_t \approx 50\%$. P liegt für GaAs meistens zwischen 10—15%. Das bedeutet, daß für η der theoretische Wert $\approx 3-4\%$ ist. Bei Erhöhung von P könnte die theoretische Grenze auf etwa 10% verschoben werden. Experimentell wurde 2% als Wert der Effektivität beobachtet.
Die Energieverteilung der emittierten Elektronen ist praktisch durch die Streuung der Elektronen im Gebiet der Raumladung gegeben. Seine Breite wird durch die Differenz $E_c - E_{vak}$ bestimmt. Die Form der Verteilung wurde mit Hilfe der *Boltzmann*schen Transportgleichung berechnet (Annahmen: $\chi = 1{,}1$ eV, Energieverlust bei Phononenwechselwirkung 36 meV, mittlere freie Weglänge für diese Wechselwirkung 43 Å). Das Resultat ist in Bild 25 gemeinsam mit der experimentellen Kurve dargestellt. Man sieht, daß die Breite ungefährt 160 meV beträgt, während sie für eine Thermokatode bei 1000 K etwa 230 meV beträgt. Der große Vorteil besteht aber hauptsächlich darin, daß hier der hochenergetische „Schwanz", der z. B. in Vidikonen zu Störungen des Bildes führt, völlig fehlt.

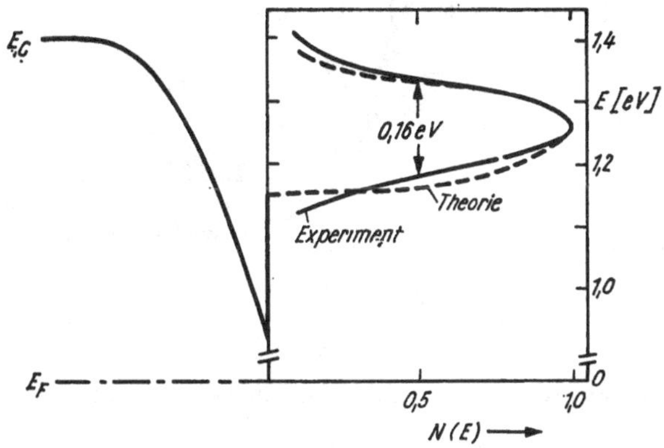

Bild 25. Die Energieverteilung der Elektronen aus einer GaAs-Katode (nach [51])

Die Stabilität des Arbeitens und die Lebensdauer ist hauptsächlich durch Faktoren bestimmt, die den Zustand der Fläche mit der NEA beeinflussen. Das ist thermische Desorption der Aktivierungsschicht, Adsorption von Restgasen, Bombardement durch Ionen der Restgase die durch Elektronenstoßionisation entstanden sind, Beschädigung der Schicht infolge Durchgangs des Emissionsstromes, Ionenbombardement und Katodenzerstäubung durch Teilchen, die aus der Anode unter Elektronenstoß freigesetzt werden.
Wenn die Katode im stationären UHV und unter normalen Bedingungen arbeitet, scheint nach [51] der letzte Mechanismus am bedeutsamsten zu sein. Deshalb ist es

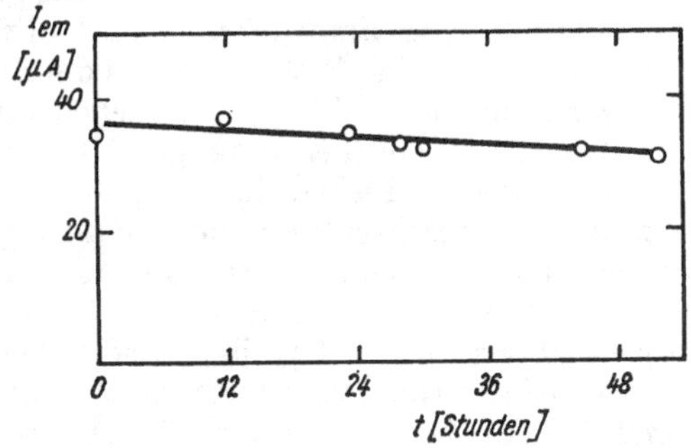

Bild 26. Zeitliche Stabilität des Stromes aus einer Katode mit NEA bei Anodenspannung 15 V [51]

vorteilhaft, bei möglichst kleinen Anodenspannungen zu arbeiten oder ein Magnetfeld zu verwenden, das die Trajektorien der geladenen Teilchen so beeinflußt, daß die aus der Anode ausgelösten Ionen die Katode nicht erreichen können. Z. B. ist für eine Anodenspannung von 15 V die Stabilität des Stromes aus Bild 26 ersichtlich. Die Wirkung des Magnetfeldes in der Anordnung mit gekreuzten Feldern (Magnetfeld 100 G, Anodenspannung $\lesssim$ 300 V) sieht man auf Bild 27.

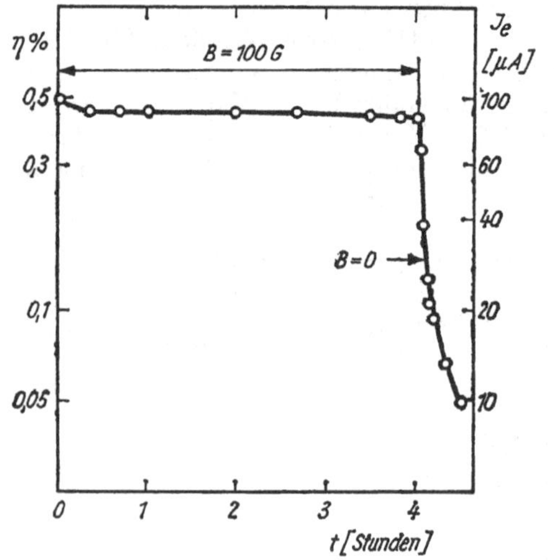

Bild 27. Wirkung des Magnetfeldes auf die Stabilität der Emission einer Katode mit NEA [51]

Die Stabilität in größeren Zeitintervallen und die Lebensdauer wurden bisher nicht ausführlich studiert.
Was die Emissionsparameter (Stromdichte, Energieverteilung) und die Effektivität betrifft, wären diese Katoden z. B. in Vidikonen (besonders mit Si-Dioden-Matrizen) anwendbar. Ihre Vorteile gegenüber den Thermokatoden sind kleiner Energiebedarf, keine sichtbare Strahlung, keine Wärmestrahlung und ein schmales Energiespektrum der Elektronen ohne Anteil von schnellen Elektronen.

3.2.3. Zusammenfassung und Perspektiven

Die Parameter der wichtigsten der besprochenen Katoden sind in Tab. 1 zusammengestellt. Es scheint, daß in den letzten Jahren das Interesse an diesem Gebiet wieder gestiegen ist. Es wurden auch interessante neue Lösungen gefunden, die größere Aussichten auf eine praktische Anwendung haben als die früheren Konstruktionen.
Am aussichtsreichsten scheinen zwei Wege zu sein: Erstens sind es die Feldkatoden, die in der klassischen Form einer Einzelspitze als Elektronenquellen für Vakuumsysteme mit scharf fokusierten Elektronenbündeln dienen können. Die neue Technologie der Erzeugung von regelmäßigen Systemen kleiner Spitzen mit einer gut reproduzierbaren Form ermöglicht es, große Stromdichten und auch ziemlich große totale Ströme bei niedrigeren Spannungen zu bekommen. Dabei sind die Vakuumbedingungen zwar strenger als bei den konventionellen Katoden, aber ganz gut erreichbar. Die Energieverteilung der Elektronen ist eng und die Stabilität und Lebensdauer der Katoden scheint ziemlich gut zu sein. Bei der Herstellung werden Methoden verwendet, die ähnlich den Methoden sind, die für die Mikroelektronik entwickelt wurden, und die also im industriellen Maßstab bewältigt worden sind. Weil diese Katoden keine Aktivierungsschicht benötigen, können sie der Wirkung der Atmosphäre aus-

Tabelle 1. Zusammenstellung der wichtigsten Katodenparameter

Katode	I_{max} [A][1])	i_{max} [A/cm²]	Effektivität	Stabilität	Breite der Energieverteilung [eV]	Literatur
Feldkatoden (Einzelspitze)	~10^{-3}	10^6 Imp	keine Energie nötig	im UHU stabil (Tausende Stunden	~0,1	[1]
Feldkatodensysteme	—10^{-3}	0,2 Imp (makroskopisch)			~0,1	[12] [13] [18]
inselförmige Schichten	An — Mo — 10^{-4} SnO_2 — $5\cdot10^{-6}$	0,5 100 1	4.1^{-2} 0,3 5 m A/W	Zeitabfall gut	—	[36] [37] [38] [40] [43]
Schottky-Katoden	~10^{-6}	10^{-7} — 10^{-4}	10^{-10} — 10^{-5}	Zeitabfall	—	[45] [46] [47]
M-I-M-Katoden	~10^{-5}	~10^{-3}	10^{-3}	gut nur bei kleinsten Strömen	einige eV	[19] [34] [75]
p-n-Übergang mit NEA	~10^{-5}	100 Imp —1 stac	4.10^{-2}	im UHV (bzw. mit speziellen Maßnahmen) gut	~0,1	[48] [50] [51] [53]
optoelektronische Katoden mit NEA	~10^{-4}	~10^{-2}	~10^{-2}		~0,1	[51] [58] [62]

[1]) bei typischen Abmessungen der Katode

gesetzt werden und brauchen dann für ein stabiles Arbeiten nur von den adsorbierten Gasen befreit zu werden.

Den zweiten Weg stellen die Katoden mit NEA dar, und zwar sowohl die mit einem *p-n*-Übergang als auch die optoelektronischen. Beide liefern praktisch anwendbare Ströme, wobei die Energieverteilung sehr eng und von der Seite der größeren Energien scharf begrenzt ist (d. h. der Strom enthält keine schnelleren Elektronen).

Die Technologie der epitaktischen Schichten, die zu der Erzeugung solcher Systeme verwendet wird, ist jetzt auch ziemlich gut entwickelt und sollte keine prinzipiellen Hindernisse darstellen. Die Schwierigkeit besteht mehr in der Forderung einer atomar sauberen Oberfläche des Halbleiters vor dem Aktivierungsprozeß und in der großen Empfindlichkeit der fertigen aktivierten Oberfläche gegenüber verschiedenen, auch sehr kleinen, Verunreinigungen. Deshalb ist hier die vakuumtechnologische Seite des Herstellungsprozesses wesentlich komplizierter, und auch die Forderungen an das fertige System, in dem eine solche Katode arbeiten soll, sind ziemlich streng.

Dadurch wird im weiten Maße die Stabilität und Lebensdauer bestimmt, über welche wir noch wenige Informationen haben und die sich auch für verschiedene Konstruktionen und konkrete Bedingungen wesentlich unterscheiden können. Bei komplizierteren Systemen können auch Probleme der Vereinbarkeit der Technologie der Katode mit der Technologie von anderen Teilen des Systems entstehen. Nichtsdestoweniger werden diese Katoden als geeignete Elektronenquellen besonders für Vidikone bezeichnet, und es existieren bereits erste Nachrichten von solchen Anwendungen [63].

Die Frage der Anwendung von M-I-M-Katoden und Katoden mit inselförmigen dünnen Schichten bleibt noch offen. Bei den ersten müßte man die Stabilität bei höheren Stromdichten noch verbessern, und man könnte nur Systeme konstruieren, in denen die verhältnismäßig breite Energieverteilung die Funktion nicht wesentlich beeinflußt. Die Technologie ist einfach, die Oberfläche muß nicht speziell bearbeitet werden, und die Katoden können im normalen Vakuum arbeiten.
Die dispergierten dünnen Schichten von hochschmelzenden Metallen und auch von SnO_2 scheinen ziemlich stabil zu sein, alle ihre Emissionscharakteristiken sind jedoch noch nicht hinreichend genau bekannt. Die erste Anwendung als Elektronenquelle im Massenspektrometer zeigt jedoch, daß auch diese Art von Kaltkatoden für Spezialzwecke nützlich sein könnte.
Man kann also weitere Entwicklung in allen diesen Richtungen erwarten. Mit der breiteren Einführung der progressiven Vakuumtechnologie in die Industrie werden dann auch konstruktive Lösungen erreichbar, die bisher nur unter Laboratoriumsbedingungen realisiert worden sind.

Literaturverzeichnis

Originalarbeiten

[1] *Dyke, W. P.* et al.: J. Appl. Phys. **31** (1960) 790.
[2] *Cleaver, J. R. A.*: Int. J. Electr. **38** (1975) 513.
[3] *Cleaver, J. R. A.*: Int. J. Electr. **38** (1975) 531.
[4] *Swanson, L. W., Martin, N. A.*: J. Appl. Phys. **46** (1975) 2029.
[5] *Dyke, W. P.*: IRE Trans. milit. electr. **4** (1960) 1, 38.
[6] *Spindt, J.*: J. Appl. Phys. **39** (1968) 3504.
[7] *Cline, H. E.*: J. Appl. Phys. **41** (1970) 76.
[8] *Levine, J. D.*: RCA Review **32** (1971) 144.
[9] *Tomaschke, H., Alpert, D.*: J. Appl. Phys. **38** (1967) 881.
[10] *Schroder, D. K., Thomas, R. N.*: Appl. Phys. Lett. **23** (1973) 15.
[11] *Wagner, R. S., Ellis, W. C.*: Trans. Met. Soc. AIME, **253** (1965) 1053.
[12] *Feeney, R. K., Chapman, A. T., Keener, B. A.*: J. Appl. Phys. **46** (1975) 1841.
[13] *Spindt, C. A.*: IEEE Confer. on Electr. Devices and Techniques, New York, May 1973.
[14] *Thomas, R. N., Wickstrom, R. A., Schroder, D. K., Nathanson, H. C.*: Sol. State Electr. **17** (1974) 155.
[15] *Thomas, R. N., Nathanson, H. C.*: Appl. Phys. Lett. **21** (1972) 384.
[16] *Schroder, D. K., Noel, T. R., Jamba, V., Nathanson, H. C.*: IEEE Trans. Electron Devices **21** (1974) 785.
[17] *Thomas, R. N., Nathanson, H. C.*: Appl. Phys. Lett. **21** (1972) 387.
[18] *Brodie, I.*: Int. J. Electr. **38** (1975) 541.
[19] *Eckertová, L., Hrach, R.*: Trans. 3rd Czech. Conf. Electr. Vac. Phys., Academia, Prague 1967, S. 313.
[20] *Eckertová, L.*: Proc. Intern. Coll. Thin Film Phys. Clausthal 1965, Vandenhoeck-Ruprecht, Göttingen 1966, S. 679.
[21] *Eckertová, L., Bocek, J.*: Thin Sol. Films **13** (1972) 237.
[22] *Eckertová, L., Dvořák, J., Boček, J.*: Trans. ICTF 3, Budapest 1975 (im Druck).
[23] *Eckertová, L., Suchánek, J.*: Proc. IInd Coll. Thin Films. Budapest 1967, S. 496.
[24] *Hrach, R., May, J.*: Phys. Stat. Sol. **A4** (1971) 637.
[25] *May, J., Hrach, R.*: Czech. J. Phys. **B23** (1973) 217.
[26] *Hrach, R.*: Thin Solid Films **15** (1973) 65.
[27] *Hrach, R., Eckertová, L.*: Trans. 3rd Czech. Conf. Electr. Vac. Phys., Academia, Prague 1967, S. 293.
[28] *Hrach, R.*: Czech. J. Phys. **B23** (1973) 234.
[29] *Hrach, R.*: Czech. J. Phys. **B25** (1975) 1028.
[30] *Hrach, R., Hubička, Z., Boháč, J.*: Czech. J. Phys. **B24** (1974) 1377.
[31] *Hickmott, T. W.*: J. Appl. Phys. **34** (1963) 1569.
[32] *Emmer, J.*: Thin Solid Films **20** (1974) 43.
[33] *Biederman, H.*, Thin Solid Films **18** (1973) 39.

[34] a) *Bidadi, H., Hogarth*: Int. J. Electr. **36** (1974) 287. b) *Onn, D. G., Smejtek, P., Silver, M.*: J. Appl. Phys. **46** (1974) 119.
[35] *Schröfel, J., Hüttel, J.*: Thin Sol. Films **21** (1974) 3.
[36] *Borzjak, P. G., Sarbej, O. G., Fedorowich, R. D.*: Phys. Stat. Sol. 8 (1965) 55.
[37] *Borzjak, P. G.* et al.: Izv. AN, s.f. **37** (1973) 2613.
[38] *Sucharier, A. S., Zagrebneva, S. V., Ivanov, N. N., Timonina, L. N.*: Izv. AN, s.f. **38** (1974) 302.
[39] *Elinson, M. I., Kudinceva, G. A., Zhdan, A. A.*: Radiotech. i elektr. **10** (1965) 1500.
[40] *Nikulov, V. V., Kudinceva, G. A.*: Izv. AN, s. f. **38** (1974) 284.
[41] *Bondarenko, B. V., Gajdarov, A. S., Makucha, V. I.*: Radiotech. i elektronika **18** (1973) 2212.
[42] *Ivanov, N. N.*: Izv. AN, s. f. **38** (1974) 254.
[43] *Sprouse, J. F., Jackson, K. M., Rajn, T. A., Testerman, M. K.*: Rev. Sci. Instr **42** (1971) 114.
[44] *Glejzer, J. Z., Okulov, B. V.*: Prib. i tech. Exp. (1973) No 4, 196.
[45] *Williams, R., Wronski, C. R.*: Appl. Phys. Lett. **13** (1968) 231.
[46] *Stolte, C. A., Vilms, J., Archer, R. J.*: Solid-State Electr. **12** (1969) 943.
[47] *Koshiga, F., Sugano, T.*: J. Vac. Soc. Japan **16** (1973) 174.
[48] *Geppert, D. V.*: Proc. IEEE **54** (1966) 61.
[49] *William, B. F., Simon, R. E.*: Appl. Phys. Lett. **14** (1969) 214.
[50] *Deasley, P. J., Faulkner, K. R.*: Adv. Electr. El. Phys. **33A** (1972) 459.
[51] *Kressel, H., Schade, H., Nelson, H.*: J. Luminesc. **7** (1973) 146.
[52] *Kohn, E.*: Appl. Phys. Lett. **18** (1971) 272.
[53] *Kohn, E.*: IEEE Trans. Electr. Dev. **ED-20** (1973) 321.
[54] *Williams, B. F., Martinelli, R. V., Kohn, E. S.*: Adv. Electr. El. Phys. **33A** (1972), 447.
[55] *Moss, T. S., Coombes, J. B.*: Sol-State-Electr. **11** (1968) 661.
[56] *Scheer, J. J., van Laar, J.*: Sol-State Commun. **3** (1965) 189.
[57] *Martinelli, R., Fisher, D. G.*: PIEEE **62** (1974) 1339.
[58] *Kressel, H., Kohn, E. S., Nelson, H., Tietjen, I. J., Weisberg, L. R.*: Appl. Phys. Letters **16** (1970) 359.
[59] Electronics **43** No. 21 (1970) 45.
[60] *Schade, H., Nelson, H., Kressel, H.*: Appl. Phys. Letters **18** (1971) 413
[61] *Schade, H., Nelson, H., Kressel, H.*: Appl. Phys. Lett. **18** (1971) 121
[62] *Schade, H., Nelson, H., Kressel, H.*: Appl. Phys. Lett. **20** (1972), 387.
[63] *Howorth, H. R.*: Sympos. Image Dev., London 1974.
[64] *Malter, L.*: Phys. Rev. **49** (1936) 478; **50** (1936) 48.
[65] *Skellett, A. M., Firth, B. G., Mayer, D. M.*: PIEEE **47** (1959) 1704.
[66] *Daglish, H. N.*: PIEE **108B** (1961) 103.

Übersichtsarbeiten und Bücher

[67] *Good, R. H., Müller, E. W.*: Handb. d. Phys. **21** (1956) 176.
[68] *Kleint, Ch.*: Handb. d. Phys. **21** (1956).
[69] *Swanson, L. W., Bell, A. E.*: Adv. Electron El. Phys. **32** (1973) 193.
[70] *Gomer, R.*: Field Emission and Field Ionization, Oxford Univ. Press. 1961.
[71] *Kleint, Ch.*: Siehe Beitrag 3.1 dieses Buches!
[72] *Elinson, M. I., Vasiliev, G. F.*: Avtoelektronnaja emissia, Verlag GITTL, Moskau 1958.
[73] *Beckey, J.*: Field Emission Mass Spectrometry. Pergamon Press, Oxford 1971.
[74] *Eckertová, L.*: Phys. stat. sol. **18** (1966) 3.
[75] *Eckertová, L.*: J. Vac. Sci. Technol. **6** (1969) 508.

3.3. Über das Lebensdauerverhalten von karburierten ThW-Katoden in Senderöhren

Von *M. Schelz*

Labor für Senderöhrenentwicklung im VEB Werk für Fernsehelektronik, Berlin

3.3.1. Einleitung

Auf dem Gebiet der dichtegesteuerten Elektronenröhren hat die Hochleistungssenderöhre trotz der in den letzten Jahrzehnten erfolgten raschen Entwicklung der Halbleitertechnik ihre volle Bedeutung behalten. Hochleistungssenderöhren, wie sie heute in der kommerziellen Funktechnik mit Leistungsumsätzen bis in den MW-Bereich hinein zur Anwendung gelangen, haben als Emitter ausschließlich direkt geheizte Wolframkatoden (ThW-Katoden), die zur Stabilisierung der Emissionseigenschaften karburiert werden.
Der Entwicklungstrend der letzten Jahrzehnte, immer höhere Frequenzen in der Informationstechnik zu verwenden, führte zwangsläufig zu immer kleineren Röhrenabmessungen. Moderne Katodenkonstruktionen, als Beispiel sei die Netzkatode genannt, werden aus sehr dünnen Katodendrähten bis herab zu 150 µm Durchmesser aufgebaut. Auf Grund der Lebensdauerschwierigkeiten, die die Anwendung solcher dünnen Katodendrähte mit sich bringt, besteht die Notwendigkeit zu einer Aussage darüber, welche Faktoren zu einer vorzeitigen Lebensdauerbeendigung führen und wie der Dekarburiermechanismus im Katodendraht vonstatten geht, der zum Abfall der Katodenemission führt.
Im folgenden wird über die Ergebnisse von Untersuchungen berichtet, die mit der Zielstellung erfolgten, das Lebensdauerverhalten von karburierten ThW-Katoden unter den Bedingungen zu erfassen, die man bei Senderöhren vorfindet. Das sind:

- Katodentemperaturen zwischen 2000 und 2300 K,
- Karburiergrade bis zu 45% des Drahtquerschnitts,
- Betriebsvakua zwischen 10^{-4} und 10^{-7} Torr und
- Emissionsstrombelastungen bis zu einer Katodengleichstromdichte von 0,5 A/cm².

Die Untersuchungen konzentrierten sich allein auf den Dekarburierprozeß in Abhängigkeit von den genannten Parametern. In dieser Arbeit nicht behandelt werden Katodenfrühausfälle, so z. B. durch Katodenvergiftung oder Katodenbruch.

3.3.2. Experimentelle Methode

Die Lebensdauererprobung wurde mittels Testdioden durchgeführt, die als Katoden den zu untersuchenden ThW-Draht enthielten, der als gerade gespannter Heizfaden 90 mm lang war und einen Durchmesser von 150 µm aufwies. Verwendet wurde WTh-18-Draht des VEB Kombinat Narva mit einem Gehalt an Thoriumoxid von 1,8 Gew.-%. Als Anode diente ein U-förmig gebogenes Molybdänblech, dessen Außenflächen zirkonisiert waren. In einigen Fällen wurden die Anoden zur Erzeugung unterschiedlicher Restgaszusammensetzungen blank gelassen, andere zur Erzeugung einer vorwiegend oxydierenden Restgaszusammensetzung mit Kupferoxid bedeckt. Die Testdioden wurden auf einem Einzelpumpstand mit Quecksilberdiffusionspumpe und Kühlfalle nach einem in der Senderöhrentechnik üblichen Pumpschema evakuiert. Um das Vakuum der Testdiode im Lebensdauerzeitraum überprüfen zu können, war jede Diode mit einer MR-04-Ionisationsmanometermeßröhre verschmolzen. An einigen

Exemplaren wurde die Restgaszusammensetzung mit dem Omegatron sowie einem Quadrupol-Massenfilter verfolgt.

Die Herstellung reproduzierbarer Diwolframkarbidschichten erfolgte nach dem Benzol/Wasserstoff-Strömungsverfahren. Die Bildung der gewünschten α-W_2C-Struktur wurde mittels Debye-Scherrer-Aufnahmen und metallografisch in Querschliffaufnahmen nachgewiesen. Karburiert wurde die massive W_2C-Struktur [1] in annähernd stöchiometrischer Zusammensetzung. Für die Untersuchung wurden drei verschieden karburierte W_2C-Querschnitte verwendet. In Bild 1 sind die Drahtquerschnitte in lichtoptischen Aufnahmen dargestellt. Das obere Teilbild, Bild 1a, zeigt einen Querschnitt mit einem Karburiergrad von 25%, wie er im allgemeinen in der Senderöhrentechnik verwendet wird. Da das Diwolframkarbid sehr spröde ist, fällt mit wachsendem Karburiergrad die Bruchfestigkeit des Drahtes und nimmt die Neigung zur Spaltbildung in der W_2C-Schicht zu. Aus diesem Grund konnten die Katoden nicht stärker als 45% karburiert werden (Bild 1b). Unmittelbar nach dem Karburierprozeß wurden die Drähte von der Oberfläche in einer Stärke von 2 µm im feuchten Wasserstoff dekarburiert. Durch diese Maßnahme wurde der Kohlenstoff auf der Katodendrahtoberfläche entfernt und damit die Voraussetzung geschaffen, die Katodentemperatur mittels Mikropyrometer einwandfrei bestimmen zu können.

Im unteren Teilbild, Bild 1c, ist ein Katodendraht abgebildet, bei dem die W_2C-Schicht tiefer im Drahtinnern liegt. Die Untersuchung dieser Drahtstruktur war zunächst interessant, weil die Vermutung bestand, daß der in der Lebensdauer durch Ionenbombardement verursachte Abbau der W_2C-Schicht bei dieser Katode gering ist und somit eine höhere Lebensdauererwartung erreicht werden kann. Die Ergebnisse der Erprobung zeigten jedoch, daß bis zu Anodenspannungswerten von 300 V das Ionenbombardement keinen meßbaren Einfluß auf den Abbau der W_2C-Schicht hat.

Die gleichen Drahtquerschnitte sind in Bild 2 als emissions-elektronenmikroskopische Aufnahmen[1]) dargestellt. Der Vorteil dieser Aufnahmen ist vor allem darin zu sehen, daß die ThO_2-Partikel in Form der weißen Punkte abgebildet werden, so daß anhand dieser Aufnahmen Veränderungen der ThO_2-Einlagerung im Wolframdraht während der Lebensdauer verfolgt werden können. Die Querschnitte in Bild 2 zeigen, daß zu Beginn der Lebensdauer die ThO_2-Partikel gleichmäßig über den Drahtquerschnitt verteilt sind.

Untersuchungen über den Karburierprozeß zeigten, daß der geschwindigkeitsbestimmende Teilschritt der Karburierung durch die Diffusion der Kohlenstoffatome durch die W_2C-Schicht hindurch bestimmt wird. Der Logarithmus der Karburiergeschwindigkeit in Abhängigkeit vom reziproken Wert der Karburiertemperatur wurde ermittelt und ergab eine Gerade, aus deren Neigung die Aktivierungsenergie für den Karburierprozeß zu 100,6 kcal/Mol bestimmt wurde.

Bei der Betriebstemperatur der Katode von 2000 K hat Diwolframkarbid gegenüber Wolfram einen um den Faktor 2,1 höheren elektrisch spezifischen Widerstand [2]. Dieses unterschiedliche Verhalten wurde dazu benutzt, den Karburier- und den Dekarburierzustand der Katode durch periodische genaue Messung des Heizstromes zu verfolgen. In den folgenden Ausführungen wird in Anlehnung an die Praxis der Wert für den Stromabfall ΔI_f verwendet, der folgendermaßen definiert ist:

$$\Delta I_f = \left(1 - \frac{I_f}{I_w}\right) \cdot 100\% \Big|_{U_f = \mathrm{const}} . \qquad (1)$$

Es bedeuten:

I_f Heizstrom der karburierten Katode, gemessen bei der Betriebsspannung U_f,

I_w Heizstrom der unkarburierten Katode, gemessen bei demselben Wert der Heizspannung.

[1]) Die Aufnahmen wurden im Institut Manfred von Ardenne — Dresden mit dem Sekundärelektronenmikroskop angefertigt.

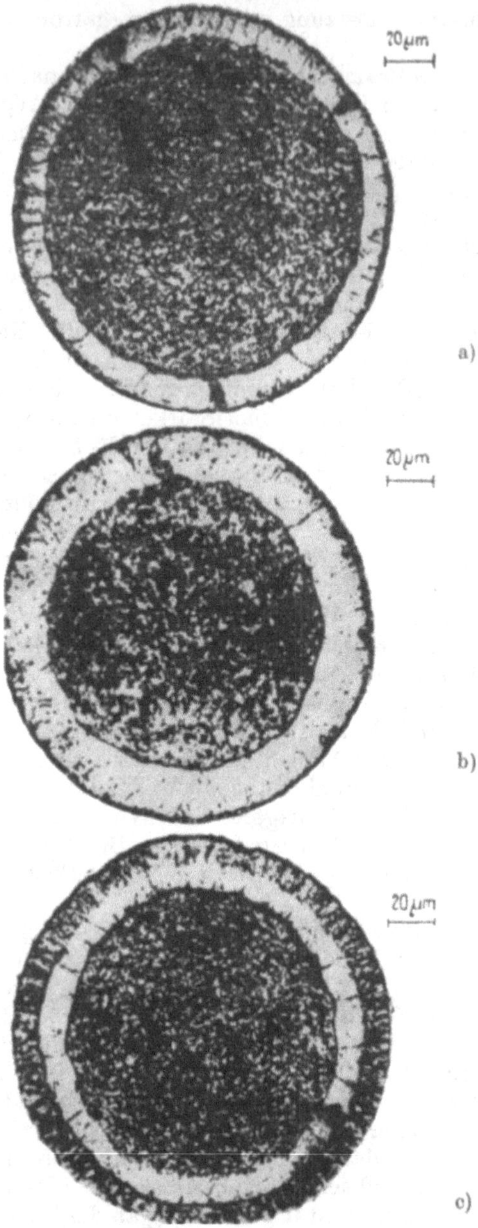

Bild 1. W_2C-Drahtquerschnitte (lichtoptische Aufnahmen)
a) $K_Q = 25\%$ (Normalausführung)
b) $K_Q = 45\%$ (stärker karburiert)
c) $K_Q = 25\%$ (Karbidschicht innen)

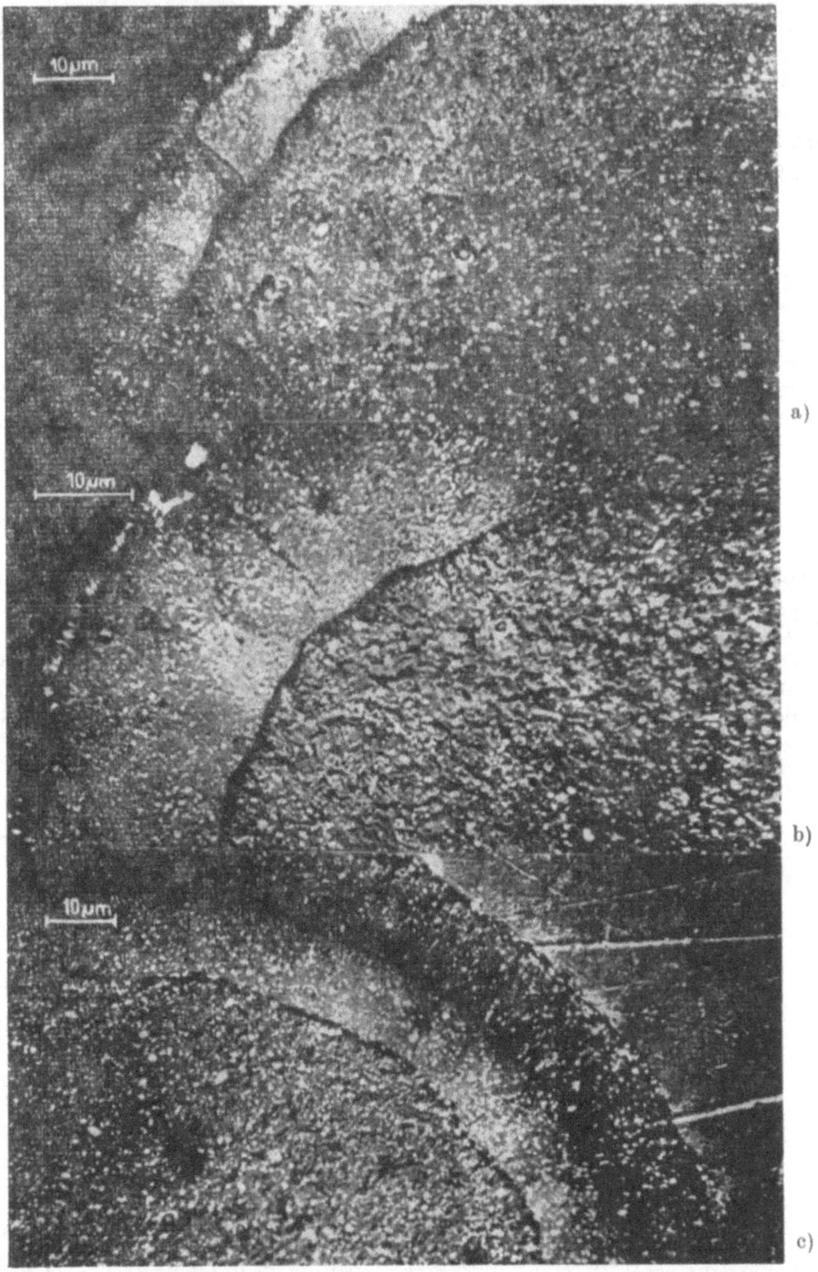

Bild 2. W_2C-Drahtquerschnitte (emissions-elektronenmikroskopische Aufnahmen)
a) $K_Q = 25\%$ (Normalausführung)
b) $K_Q = 45\%$ (stärker karburiert)
c) $K_Q = 25\%$ (Karbidschicht innen)

Der Wert ΔI_f ist direkt proportional dem Karburiergrad K_Q. Die Proportionalitätskonstante ergibt sich aus dem Widerstandsverhältnis von Wolfram und Diwolframkarbid, wird aber bei der praktischen Katode wesentlich durch die Randabkühlung an den Heizfadenenden sowie den über die Drahtlänge nicht konstanten Karburiergrad beeinflußt. Für die hier untersuchten Katodendrähte wurde ein Wert von 0,29 experimentell ermittelt:

$$\Delta I_f = 0{,}29 \cdot K_Q\,. \tag{2}$$

Gleichzeitig mit dem Heizstrom wurde der Sättigungsemissionsstrom bei Impulsbetrieb gemessen und das Vakuum überprüft. Die Lebensdauererprobung wurde auf einer Regeleinrichtung mit konstanten Spannungsausgängen durchgeführt, wobei die Heizspannungen mit einer Abweichung von 0,1% vom Nennwert geregelt wurden. Die direkt geheizten Katoden wurden sowohl bei konstanter Heizspannung (diese Betriebsart ist in der Praxis vorherrschend) als auch bei konstanter Heizleistung, d. h. bei konstanter Katodentemperatur, betrieben. Für die dynamische Belastung des Diodensystems wurde die Netzwechselspannung verwendet.

3.3.3. Einfluß der Betriebsparameter auf das Lebensdauerverhalten

Insgesamt wurden etwa 500 Testdioden unter den verschiedensten Bedingungen erprobt. Über den Zusammenhang zwischen Lebensdauer und den einleitend genannten Einflußfaktoren wurden Meßergebnisse in qualitativ und quantitativ gut auswertbarer Form erhalten. Zwei typische Meßreihen für den Betrieb bei konstanter Heizspannung bzw. konstanter Heizleistung sind in Bild 3 dargestellt. Als Lebensdauerende wurde der Zeitpunkt definiert, bei dem der zu Beginn der Lebensdauererprobung

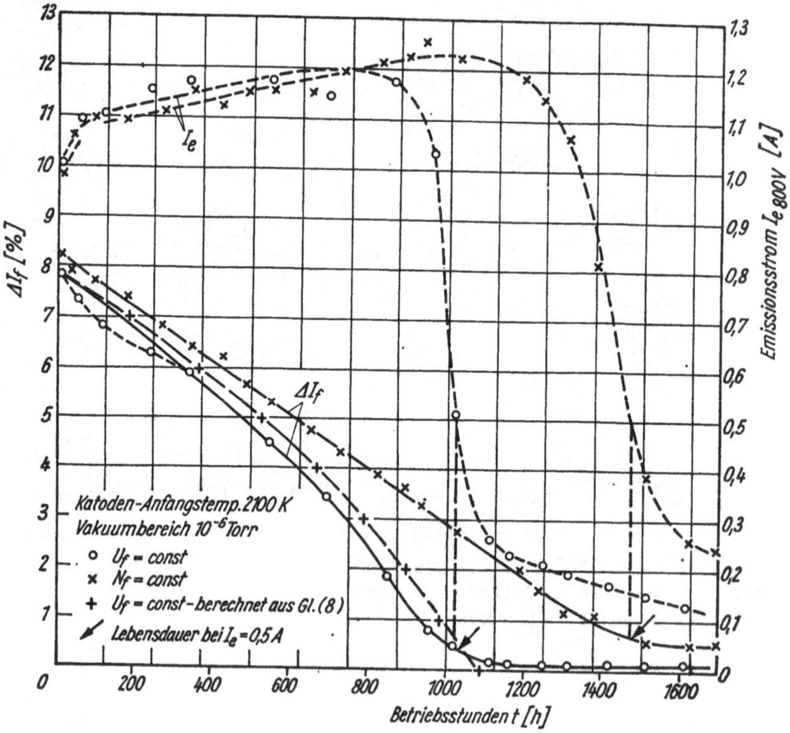

Bild 3. Zeitlicher Verlauf des Stromabfalls ΔI_f und des Emissionsstromes I_e bei Betrieb mit konstanter Heizspannung und konstanter Heizleistung

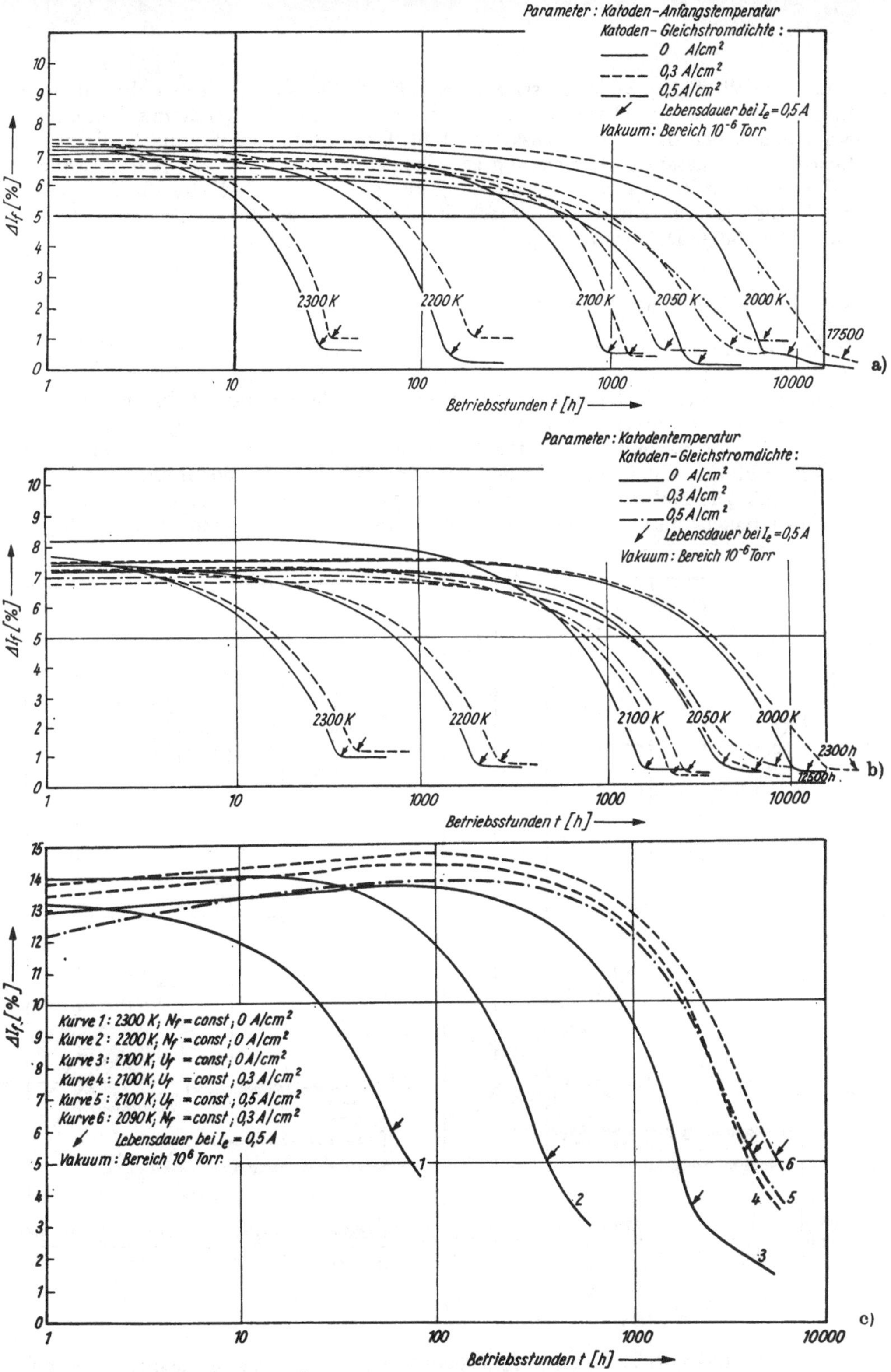

Bild 4. Zeitlicher Verlauf der Dekarburierung

a) Betrieb bei konstanter Heizspannung, Katoden nach Bild 1a

b) Betrieb bei konstanter Heizleistung. Katoden nach Bild 1a

c) Stärker karburierte Katoden nach Bild 1b

gemessene Wert des Emissionsstromes auf die Hälfte seines Wertes abgefallen ist. Bei allen Meßkurven fiel auf, daß das so definierte Lebensdauerende mit dem unteren Knickpunkt der ΔI_f-Kurven zusammenfällt. Charakteristisch für die Meßkurve bei Betrieb mit konstanter Heizleistung ist der lineare Verlauf der ΔI_f-Kurve, während bei Betrieb mit konstanter Heizspannung infolge des W_2C-Verlustes die Temperatur der Katode laufend zunimmt wodurch die Dekarburiergeschwindigkeit ansteigt und daher die völlige Dekarburierung zu einem früheren Zeitpunkt auftritt.

3.3.3.1. Einfluß der Katodentemperatur

In Bild 4 sind die Dekarburierkurven für die beiden Betriebsarten U_f, N_f = const und den Vakuumbereich 10^{-6} Torr zusammengestellt. Parameter sind die Katodentemperatur sowie die Katodengleichstromdichte. Werden die ΔI_f-Werte durch die Zeit dividiert, so erhält man Werte für die Dekarburiergeschwindigkeit, die für den Betrieb N_f = const mit C bzw. für den Betrieb U_f = const mit C' bezeichnet sind und in Bild 5 in Abhängigkeit vom reziproken Wert der Katodentemperatur dargestellt sind. Die Meßwerte lassen erkennen, daß der Logarithmus der Dekarburiergeschwindigkeit linear mit dem reziproken Wert der Katodentemperatur abfällt bzw.

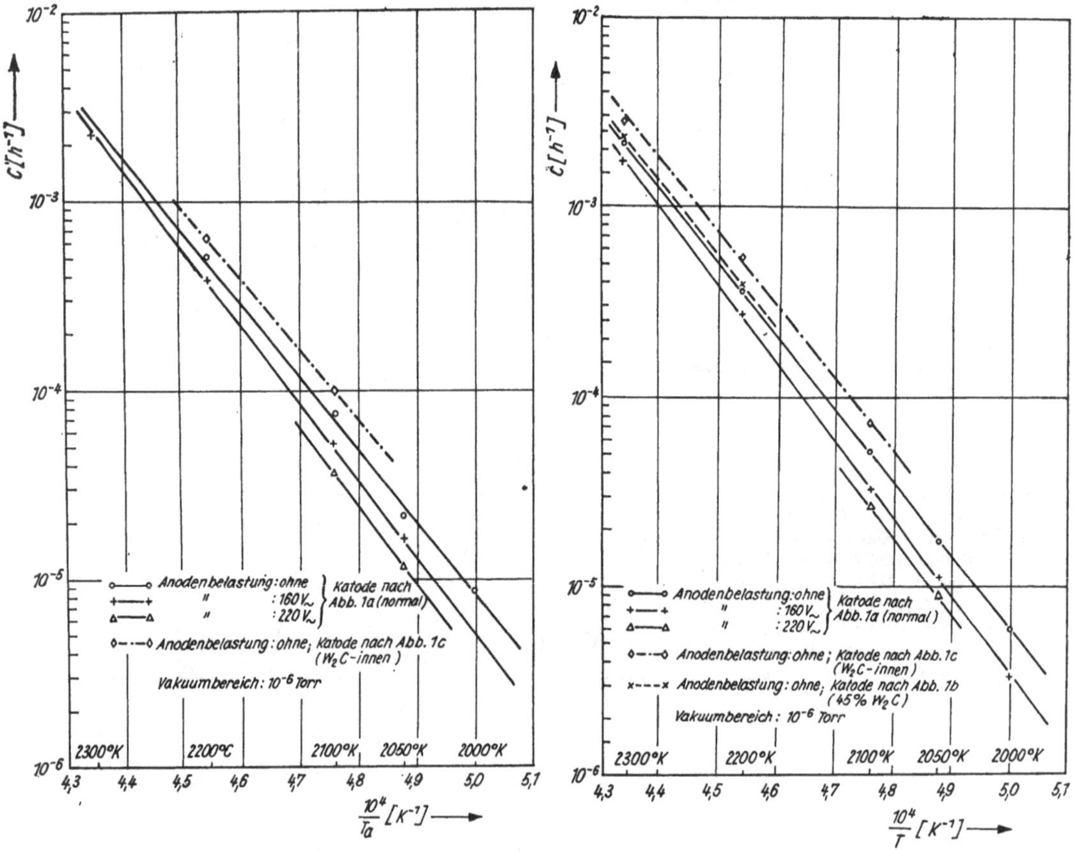

Bild 5. Dekarburiergeschwindigkeit in Abhängigkeit von der Katodentemperatur

a) Betrieb bei konstanter Heizspannung. $K_Q = 25\%$

b) Betrieb bei konstanter Heizleistung

die Lebensdauererwartung der ThW-Katode mit ansteigender Katodentemperatur exponentiell abnimmt.

Die analytische Auswertung mittels einer Regressionsrechnung der in Bild 5 dargestellten Geraden ergibt für die 25%-karburierte und im Vakuumbereich 10^{-6} Torr betriebene Katode im emissionsstromlosen Betrieb folgende Beziehungen:

$N_f = \text{const}$:

$$\lg \frac{C}{h^{-1}} = 14{,}397 - \frac{39240\ \text{K}}{T} \tag{3}$$

bzw. nach entsprechender Umformung

$$C = 2{,}495 \cdot 10^{14} \exp\left(-179{,}5\ \text{kcal Mol}^{-1}/RT\right) \cdot h^{-1} \tag{4}$$

oder für die Lebensdauererwartung t_e:

$$t_e = 1{,}1625 \cdot 10^{15} \frac{K_Q}{100\%} \exp\left(179{,}5\ \text{kcal Mol}^{-1}/RT\right) \cdot h\,. \tag{5}$$

$U_f = \text{const}$:

$$\lg \frac{C'}{h^{-1}} = 14{,}274 - \frac{38713\ \text{K}}{T} \tag{6}$$

bzw.

$$t_e = 1{,}545 \cdot 10^{15} \frac{K_Q}{100\%} \exp\left(177{,}1\ \text{kcal Mol}^{-1}/RT_a\right) \cdot h \tag{7}$$

(R ist die allgemeine Gaskonstante $1{,}987 \cdot 10^{-3}$ kcal grd^{-1}Mol^{-1} und T_a die Katodenanfangstemperatur bei Betrieb mit konstanter Heizspannung).

Grundsätzlich kann der Lebensdauerverlauf für den Betrieb $U_f = \text{const}$ aus den Meßwerten für den Betrieb $N_f = \text{const}$ abgeleitet werden. Dabei muß man berücksichtigen, daß durch die Regelung auf $U_f = \text{const}$ die Temperatur der Katode infolge des W_2C-Abbaus von einem Anfangswert T_a der neu karburierten Katode ($\Delta I_f = \Delta I_{fa}$) bis zu einem Endwert T_e im vollständig dekarburierten Zustand ($\Delta I_f = 0$) ständig ansteigt. Unter Berücksichtigung dieses Umstandes wurde für den Betrieb bei konstanter Heizspannung folgender allgemeingültiger Zusammenhang zwischen Lebensdauer, Katodenanfangstemperatur und Karburiergrad abgeleitet[1]):

$$t = \frac{4}{C_0 \cdot k}\left[\exp\left(k\Big/\sqrt[4]{1 - \frac{\Delta I_{fa}}{100\%}}\right) - \exp\left(k\Big/\sqrt[4]{1 - \frac{\Delta I_f}{100\%}}\right)\right]. \tag{8}$$

Bei vollständiger Dekarburierung der Katode ($\Delta I_f = 0$) findet man somit für die Lebensdauererwartung t_e:

$$t_e = \frac{4}{C_0 \cdot k}\left[\exp\left(k\Big/\sqrt[4]{1 - \frac{\Delta I_{fa}}{100\%}}\right) - \exp(k)\right]. \tag{9}$$

In den Gleichungen bedeuten:

$C_0 = 2{,}5 \cdot 10^{14}\, h^{-1}$ — eine Konstante,

$k = \frac{Q}{R\,T_a} \cdot \sqrt[4]{1 - \frac{\Delta I_{fa}}{100\%}}$ — eine Größe, die den Anfangszustand der Katode (ΔI_{fa} und T_a) beschreibt,

$Q = 179{,}5$ kcal/Mol — Aktivierungsenergie für den Dekarburierprozeß.

[1]) Die Ableitung wird ausführlich in [3] beschrieben.

Mittels Gl. (8) wurde aus der Dekarburierkurve N_f = const aus Bild 3 der zu erwartende Dekarburierverlauf für den Betrieb U_f = const berechnet und eine gute Übereinstimmung mit dem experimentell festgestellten Dekarburierverlauf gefunden (vgl. Bild 3).
Bei der Ableitung von Gl. (8) wurde vorausgesetzt, daß die Katodentemperatur sich nur in Abhängigkeit vom W_2C-Verlust ändert. Tatsächlich zeigten metallografische Längsschliffaufnahmen der Katodendrähte, daß während der Erprobungsdauer in der W_2C-Schicht zunehmend Querrisse entstehen, die den Widerstand des Katodendrahtes erhöhen. Da die Rißbildung verstärkt ab Karburiergraden von etwa 30% in Erscheinung tritt, erstreckt sich der Gültigkeitsbereich der abgeleiteten Gl. (8) bis zu Karburiergraden von 30%.
In Tab. 1 sind für den emissionsstromlosen Betrieb und den Vakuumbereich 10^{-6} Torr einige Zahlenwerte für die Lebensdauererwartung der 25%-karburierten Katode zusammengestellt. Wird die Katode anstatt bei konstanter Heizspannung bei konstanter Heizleistung betrieben, so steigt die Lebensdauererwartung bei einer Katodentemperatur von 2000 K von 8780 auf 12100 h an, was einem Gewinn von 38% entspricht.

Tabelle 1. Lebensdauererwartung der 25%-karburierten Katode im emissionsstromlosen Betrieb und Vakuumbereich 10^{-6} Torr

Katoden-Anfangs-Temp.	N_f = const Meßwerte aus (3)		U_f = const Meßwerte aus (6)		U_f = const Berechnet aus (9)
T_a [K]	C [h⁻¹]	t_e [h]	C' [h⁻¹]	t_e [h]	t_e [h]
1	2	3	4	5	6
2000	$5{,}99 \cdot 10^{-6}$	12100	$8{,}26 \cdot 10^{-6}$	8780	8572
2050	$1{,}80 \cdot 10^{-5}$	4020	$2{,}50 \cdot 10^{-5}$	2960	2876
2100	$5{,}15 \cdot 10^{-5}$	1408	$6{,}90 \cdot 10^{-5}$	1050	1014
2200	$3{,}64 \cdot 10^{-4}$	199	$4{,}75 \cdot 10^{-4}$	153	146
2300	$2{,}17 \cdot 10^{-3}$	33,4	$2{,}77 \cdot 10^{-3}$	26,2	24,8

3.3.3.2. Einfluß des Karburiergrades

Die in dem Bild 4c dargestellten experimentellen Meßreihen bestätigen, daß bei Betrieb mit konstanter Heizleistung die Lebensdauererwartung linear mit dem Karburiergrad, d. h. mit dem Kohlenstoffgehalt des Katodendrahtes, ansteigt und durch die Gl. (5) beschrieben wird. Gegenüber den 25%-karburierten Katoden wird der Dekarburierverlauf stärker karburierter Katoden bei Betrieb mit konstanter Heizspannung dagegen wesentlich durch die bereits genannte Querrißbildung in der W_2C-Schicht beeinflußt.
Da die Dekarburierkurven in Bild 4c im Gegensatz zu den Dekarburierkurven der 25%-karburierten Katoden bei Beginn der Lebensdauererprobung einen ansteigenden Verlauf aufweisen, muß die Querrißbildung schon frühzeitig während des Lebensdauerbetriebes einsetzen. Bei Beendigung der Lebensdauer, der Zeitpunkt wird in den Kurven durch einen Pfeil angedeutet, liegen die ΔI_f-Werte nicht wie bei den 25%-karburierten Katoden zwischen 0 und 1% sondern bei einem Wert von etwa 5%. Da durch Querschliffaufnahmen sichergestellt ist, daß zu diesem Zeitpunkt die Katode ihren W_2C-Anteil vollständig verloren hat, kennzeichnet dieser Wert den Grad der Querrißbildung.
Der Einfluß des Karburiergrades auf die Lebensdauer ist in Bild 6 für die Parameter 2100 K und 10^{-6} Torr sowie für den emissionsstromlosen Betrieb veranschaulicht. Während für den Betrieb bei konstanter Heizleistung die Lebensdauer linear mit dem Karburiergrad ansteigt, steigt bei Betrieb mit konstanter Heizspannung die

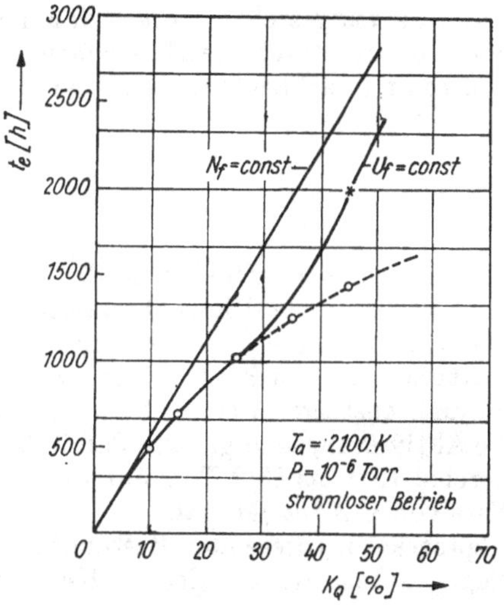

Bild 6. Zusammenhang zwischen Lebensdauererwartung und Karburiergrad

Lebensdauer entsprechend den Erwartungen nach Gl. (8) bis zu einem Karburiergrad von etwa 30% an. Ab 30% tritt verstärkt der Einfluß der Querrißbildung in Erscheinung, der der natürlichen Temperaturerhöhung durch die Dekarburierung entgegenwirkt und dazu führt, daß die Lebensdauererwartung wieder stärker ansteigt.

3.3.3.3. Einfluß der Emissionsstrombelastung

Im allgemeinen wird in der Senderöhrentechnik die ThW-Katode, insbesondere aus Gründen der Emissionsstabilität, mit maximalen Emissionsspitzenströmen von 1 A/cm² belastet. Je nach der Betriebsart entsprechen diesem Spitzenwert unterschiedlich hohe Werte der Katodengleichstromdichte, im Mittel kann man einen Wert von 0,3 A/cm² ansetzen. Dieser Wert der Gleichstromdichte wurde in den Testdioden bei einer Anodenwechselspannung von 160 V erreicht. Um den Einfluß der Katodenbelastung stärker herauszustellen, wurden einige Katoden bis zu 0,5 A/cm² Gleichstromdichte, entsprechend einer Anodenwechselspannung von 220 V, belastet.
Die im dynamischen Betrieb erzielten Dekarburierkurven sind in Bild 4 dargestellt. Man erkennt, daß mit steigender Belastung der Katode die Lebensdauererwartung der Katode zunimmt. Dieses nicht erwartete Resultat ist darauf zurückzuführen, daß durch den Emissionsstromentzug die Katode abgekühlt wird und somit durch die reduzierte Katodentemperatur die Dekarburiergeschwindigkeit erniedrigt wird. Die durch den Elektronenaustritt verursachte elektronische Abkühlleistung läßt sich berechnen und daraus ermitteln, wie hoch der Temperaturabfall der Katode ist. Führt man diese Rechnung durch, so findet man, daß bei 2000 K durch die emittierten Elektronen bei einer Gleichstromdichte von 0,3 A/cm² eine Abkühlung um 23 K bzw. bei 0,5 A/cm² um 33 K auftritt. Die gleichen Temperaturänderungen konnten experimentell mit dem Mikropyrometer nachgewiesen werden.
Wenn entgegen den hier beschriebenen Vorgängen die Lebensdauererwartung von Hochleistungssenderöhren erfahrungsgemäß mit zunehmender Röhrenbelastung abnimmt, so müssen andere Einflußfaktoren dieses Verhalten bewirken. Von den wichtigsten Faktoren sind zu nennen:

- Erhöhung der Katodentemperatur durch Wärmestrahlung und Wärmereflektion von den die Katode umgebenden Elektroden,
- Skineffekt ab Frequenzen von etwa 100 MHz und
- Erhöhung der Katodentemperatur durch den Rückheizeffekt.

An verschiedenen Senderöhrentypen konnte festgestellt werden, daß insbesondere durch Wärmestrahlung und Wärmereflektion die durch die Elektronenemission verursachte Kühlung der Katode kompensiert und darüber hinaus die Katode um etwa 20 K aufgeheizt wird.

3.3.3.4. Einfluß des Vakuums

Die Meßergebnisse der Dekarburiergeschwindigkeit von Dioden, bei denen die Anodenbleche mit Zirkon bedeckt waren, das als Zirkonhydrid kataphoretisch aufgebracht wurde (normale Restgaszusammensetzung in Senderöhren), sind in Bild 7 gezeigt. Man erkennt, daß die Lebensdauererwartung um etwa 30% abfällt, wenn der Totaldruck in der Röhre um eine Größenordnung ansteigt. Aus der Neigung der in Bild 7 dargestellten Geraden folgt, daß sich die Aktivierungsenergie und damit das Temperaturverhalten der Katode im Vakuumbereich 10^{-4} bis 10^{-7} Torr nur wenig ändert. Sie fällt im Bereich 10^{-4} Torr auf einen Wert von 172 kcal/Mol ab.
Wird die Restgaszusammensetzung zugunsten oxydierender Bestandteile verändert (beide Anodenbleche mit CuO/CuO_2 belegt), so zeigt die gestrichelte Kurve 5 in Bild 7, daß durch den vergrößerten Anteil der oxydierenden Komponenten im Restgasspektrum bei gleicher Totaldruckanzeige die Dekarburiergeschwindigkeit nahezu den doppelten Wert erreicht. Auffallend an der Kurve 5 ist der relativ große Streubereich

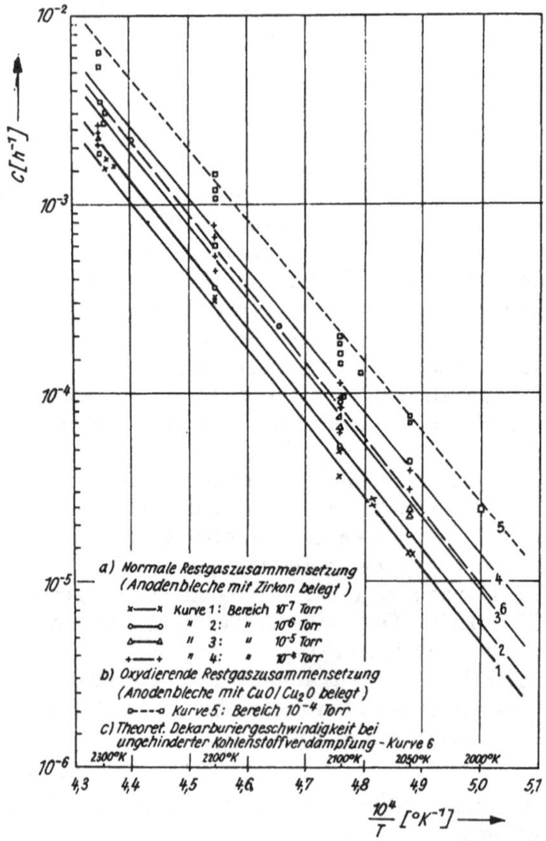

Bild 7. Dekarburiergeschwindigkeit in Abhängigkeit von der Katodentemperatur bei verschiedenen Vakuumwerten und Restgaszusammensetzungen

der Meßwerte. So wurden im Vakuumbereich 10^{-4} Torr Lebensdauerresultate erzielt, die denen im Bereich 10^{-6} Torr nahekommen. Aus diesem Verhalten und den Ergebnissen von thermodynamischen Betrachtungen zum System W_2C-Restgase [3] wird gefolgert, daß die Dekarburiergeschwindigkeit weniger durch den Totaldruck in der Röhre, als vielmehr durch den Partialdruck der oxydierenden Restgaskomponenten, d. h. durch die Restgaszusammensetzung selbst, beeinflußt wird.
Tabelle 2 zeigt einige Zahlenwerte für die Lebensdauererwartung der 25%-karburierten Katode, die in verschiedenen Vakuumbereichen und Restgaszusammensetzungen betrieben wurden. Wird die Wasserstoffkonzentration im Restgasspektrum verringert, was in den durchgeführten Untersuchungen durch Wegfall der Zirkonhydrid-Bedeckung (blanke Anoden) erreicht wurde, so tritt ein, wenn auch geringer, so doch meßbarer Lebensdauerabfall auf. Das bedeutet, daß eine mit Wasserstoff angereicherte Restgasatmosphäre das Lebensdauerverhalten positiv beeinflußt.

Tabelle 2. Lebensdauererwartung der 25%-karburierten Katode bei verschiedenen Vakua

Restgasatmosphäre	2000 K/N_f = const				2100 K/N_f = const
	10^{-7} Torr	10^{-6} Torr	10^{-5} Torr	10^{-4} Torr	10^{-5} Torr
normal	15700 h	12100 h	8250 h	5180 h	960 h
stärker oxydierend	—	—	—	2790 h	—
verringerte H_2-Konzentration	—	—	—	—	885 und 910 h

Sieht man von Wechselwirkungen des atomaren Wasserstoffs mit den Glaswänden und Metalloxiden des Vakuumsystems ab, so zeigen durchgeführte thermodynamische Betrachtungen des Systems W_2C-Restgase [3], daß der Wasserstoff, sowohl in atomarer als auch in molekularer Form, unter den in Senderöhren auftretenden Bedingungen nicht imstande ist, das W_2C zu dekarburieren.
Eine wesentlich höhere Dekarburiergeschwindigkeit wurde festgestellt, wenn die Katode im feuchten Wasserstoffstrom bei 760 Torr, der $2 \cdot 10^{-1}$ Torr Wasserdampf und $1 \cdot 10^{-1}$ Torr Sauerstoff enthielt, geglüht wird. Für diesen Dekarburiervorgang wird der Logarithmus der Dekarburiergeschwindigkeit in Abhängigkeit von der Katodentemperatur durch die Gerade

$$\lg \frac{C}{h^{-1}} = 6{,}347 - \frac{13580\,\mathrm{K}}{T} \tag{10}$$

beschrieben, deren Neigung eine Aktivierungsenergie von 62 kcal/Mol ergibt. Dieser Wert liegt zwischen den von *Ishikawa* u. a. [4] mit 57 kcal/Mol und *Kawamura* u. a. [5] mit 72 kcal/Mol angegebenen Werten und bestätigt die Ergebnisse von *Ishikawa* u. a., nach denen oberhalb eines Druckes von $1 \cdot 10^{-1}$ Torr die Dekarburiergeschwindigkeit durch die Diffusion von Kohlenstoff im Wolfram zur Drahtoberfläche bestimmt wird.

3.3.4. Mechanismus des Dekarburierprozesses

Durch thermische Zersetzung des Diwolframkarbids ist nicht gebundener Kohlenstoff bis zur maximalen Löslichkeitsgrenze im Wolfram gelöst. Der Kohlenstoff diffundiert an die Oberfläche, wo er verbraucht wird. Zwischen Kohlenstofferzeugung, Diffusion zur Oberfläche und Verbrauch auf der Oberfläche besteht ein stationäres Gleichgewicht, solange der Katodendraht eine ausreichende W_2C-Konzentration auf-

weist. Weil der Kohlenstoff das Thoriumdioxid zu Thorium reduziert und der Th-Gehalt im Draht das Emissionsverhalten der Katode bestimmt, kann angenommen werden, daß bis zum Zeitpunkt der maximalen Katodenemission das oben genannte stationäre Gleichgewicht besteht. Aus einer Vielzahl von Schliffen, die zu diesem Zeitpunkt angefertigt wurden, geht hervor, daß die W_2C-Schicht durchgehend dekarburiert ist und im Draht nur noch vereinzelte W_2C-Inseln mit einem Karburiergrad von $\leqq 5\%$ vorhanden sind.
Kohlenstoffverlust auf der Katodenoberfläche kann grundsätzlich durch

- Verdampfung,
- Reaktion mit den Restgasen,
- Reaktion mit dem ThO_2 und
- Ionenbombardement

auftreten. Da entsprechend den Versuchsergebnissen das Ionenbombardement keinen meßbaren Einfluß auf das Dekarburierverhalten hat und auch der Kohlenstoffverlust durch die Reaktion mit dem Thoriumdioxid, wie eine einfache stöchiometrische Betrachtung zeigt, unbedeutend ist, bleiben von den genannten Möglichkeiten nur die Verdampfung und der Verbrauch durch Reaktionen mit den Restgasen übrig.
Verwendet man die von *Espe* [6] angegebenen Verdampfungsraten für Graphit und setzt einen Karburiergrad von 25% mit W_2C in stöchiometrischer Zusammensetzung voraus, so läßt sich bei ungehinderter Verdampfung die Dekarburiergeschwindigkeit in Abhängigkeit von der Temperatur ermitteln. Den quantitativen Verlauf dieser Abhängigkeit zeigt Kurve 6 in Bild 7. Daraus erhält man für die Verdampfungswärme des Kohlenstoffs 180,2 kcal/Mol, ein Wert, der auffallend gut mit der ermittelten Aktivierungsenergie von 179,1 kcal/Mol für den Dekarburierprozeß im Vakuumbereich 10^{-6} bis 10^{-7} Torr übereinstimmt.
Bei sehr gutem Vakuum sind die Oberflächenreaktionen mit den Restgasen weniger intensiv, so daß der geschwindigkeitsbestimmende Teilschritt für den Dekarburierprozeß allein durch die Kohlenstoffverdampfung gegeben ist. In diesem Fall baut sich die W_2C-Schicht vorzugsweise vom Drahtinnern beginnend nach außen ab.
Bei weniger gutem Vakuum bzw. bei einem Partialdruckanstieg der oxydierenden Restgaskomponenten geht Kohlenstoff außer durch Verdampfung in zunehmendem Maße durch Reaktionen mit den Restgasen unter Bildung von Kohlenmonoxid verloren. Der Einfluß der Restgase bewirkt einen Abfall der Aktivierungsenergie auf 172 kcal/Mol. In diesem Fall baut sich die W_2C-Schicht zunehmend von der Drahtoberfläche beginnend ab. Wenn die Restgasreaktion hinreichend stark ist, wird die Dekarburiergeschwindigkeit allein durch die Diffusionsgeschwindigkeit der Kohlenstoffatome durch die dekarburierte Wolframrandzone hindurch bestimmt. Dieser Prozeß setzt bei Drücken der oxydierenden Restgase von $\geqq 10^{-1}$ Torr ein. Die Aktivierungsenergie für diesen Grenzfall beträgt 62 kcal/Mol. In diesem Fall baut sich die W_2C-Schicht von außen nach innen innerhalb weniger Minuten ab.

3.3.5. Zusammenfassung

Zusammenfassend können die folgenden Ergebnisse formuliert werden:
Von den untersuchten Einflußfaktoren hat die Katodentemperatur eine vorrangige Bedeutung für das Lebensdauerverhalten der karburierten ThW-Katode. Das Temperaturverhalten der Katode wird durch die Aktivierungsenergie für den Dekarburierprozeß bestimmt, für die ein Wert von 179 kcal/Mol festgestellt wurde. Bei Erhöhung der Katodentemperatur um etwa 1,5%, das entspricht einer Heizspannungserhöhung von 5%, sinkt die Lebensdauererwartung auf 50%.
Durch den Betrieb bei konstanter Heizleistung erhöht sich gegenüber dem Betrieb mit konstanter Heizspannung die Lebensdauererwartung einer 25%-karburierten Katode bei 2000 K um 38%.

Bei Betrieb mit konstanter Heizleistung steigt die Lebensdauererwartung linear mit dem Karburiergrad an. Durch Querrißbildung in der W_2C-Schicht erhöht sich die Lebensdauererwartung bei Betrieb mit konstanter Heizspannung merkbar ab Karburiergraden von etwa 30%.
Infolge der elektronischen Abkühlung der Katode wird bei steigender Emissionsstromdichte die Lebensdauererwartung erhöht.
In bezug auf den Einfluß der Restgasatmosphäre auf die Dekarburierung ist weniger der Totaldruck als vielmehr der darin enthaltene Anteil an den oxydierenden Restgaskomponenten H_2O, CO_2 und O_2 entscheidend. Diese Restgase dekarburieren die Katode bis hinab zu niedrigsten, praktisch nicht mehr meßbaren Partialdrücken. In Senderöhren findet eine Dekarburierung durch reinen Wasserstoff nicht statt.

Literaturverzeichnis

[1] *Horsting, C. W.*: J. Appl. Phys. 18 (1947) 95.
[2] *Seiffarth, W.*: Siemens-Zeitschrift 9 (1961) 670.
[3] *Schelz, M.*: Dissertation, TH Ilmenau 1973.
[4] *Ishikawa, Hayashi, K.*: 2. Plansee-Seminar 1965.
[5] *Kawamura, Shimazu*: Toshiba Rev. 9 (1949) 147.
[6] *Espe, W.*: Werkstoffkunde der Hochvakuumtechnik, Bd. 1. VEB Deutscher Verlag der Wissenschaften, Berlin 1960.

3.4. Erzeugung von Ionen

Von *G. Reiße*

Sektion Physik/Elektronische Bauelemente der Technischen Hochschule Karl-Marx-Stadt

3.4.1. Einführung

Die Erzeugung von positiv oder negativ geladenen Ionen ist eine Voraussetzung für eine Vielzahl von experimentellen Untersuchungen in der Forschung und für umfangreiche technische Entwicklungen und deren industrielle Nutzung. Tab. 1 enthält einige Anwendungsmöglichkeiten von Ionen. Die in Klammern gesetzten Beispiele basieren auf der Ionenleitung in Flüssigkeiten, die in diesem Beitrag nicht behandelt wird.

Tabelle 1. Anwendung von Ionen

Materialbearbeitung: (Ionentechnologie)	— Ionenzerstäubung zur Herstellung dünner Schichten und zum Abtragen fester Substanzen — Einbringen von Schichten (z. B. Ionennitrieren) — Ionenimplantation — Ionenunterstütztes Aufwachsen von Schichten (Ionplating)
Materialanalyse:	— Massenanalyse — Sekundärionenmassenspektrometrie — Ionenmikroskopie — Ionenrückstreuanalyse
Energieumwandlung:	— MHD-Generator — Versuche zur gesteuerten Kernfusion (— Akkumulator) (— Brennstoffelement)
Raumfahrt:	— Ionentriebwerke

3.4.2. Erzeugung positiver Ionen

Die Erzeugung ein- oder mehrfach geladener positiver Ionen erfolgt durch Entfernen eines oder mehrerer Elektronen aus der Elektronenhülle neutraler Atome oder Moleküle. Die dafür notwendige Energie qU_i wird als *Ionisierungsenergie* oder *Ionisierungsarbeit* bezeichnet (q — Elementarladung, U_i — Ionisierungsspannung). Die aus den Spektren der Atome und Moleküle ermittelten Energiezustände (Energieterme) werden in entsprechenden Termschemas zusammengefaßt, aus denen die Energie der Atome im Grundzustand, die Anregungs- und die Ionisierungsenergie ablesbar sind. Bild 1 zeigt als Beispiel das Besetzungsschema der Elektronenterme des Na- und Ar-Atoms. Tab. 2 enthält die zur Ablösung eines Elektrons notwendigen Ionisierungsenergien einiger Atome und Moleküle. Diese Energien werden als erste Ionisierungsenergie bezeichnet. Zur Ablösung des zweiten, dritten usw. Elektrons müssen entsprechend die zweite dritte usw. Ionisierungsenergie übertragen werden, wobei die zur Ablösung von Elektronen aus abgeschlossenen Elektronenschalen aufzuwendenden Ionisierungsenergien Maximalwerte darstellen (Bild 2).

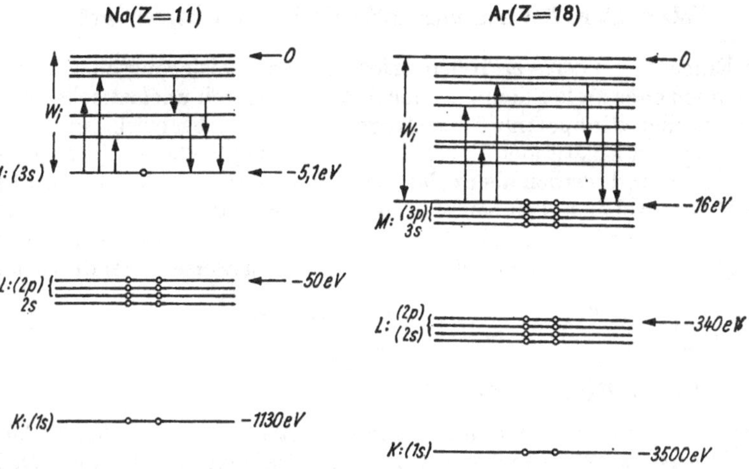

Bild 1. Besetzungsschema der Elektronenterme des Natriums und Argonatoms, schematisch nach [1], ↑ Anregung, ↓ Photonenemission

Tabelle 2. Ionisierungsenergien (in eV), nach [1]

Edelgase		Metalldämpfe		Molekülgase	
Ne	24,6	Li	5,39	N_2	15,8
Ne	21,6	Na	5,14	O_2	13,5
Ar	15,8	K	4,34	H_2	15,8
Kr	14,0	Rb	4,17	H_2O	13,0
Xe	12,13	Cs	3,89	CO	14,1
		Hg	10,43	CO_2	14,4
atomarer Wasserstoff			13,6		

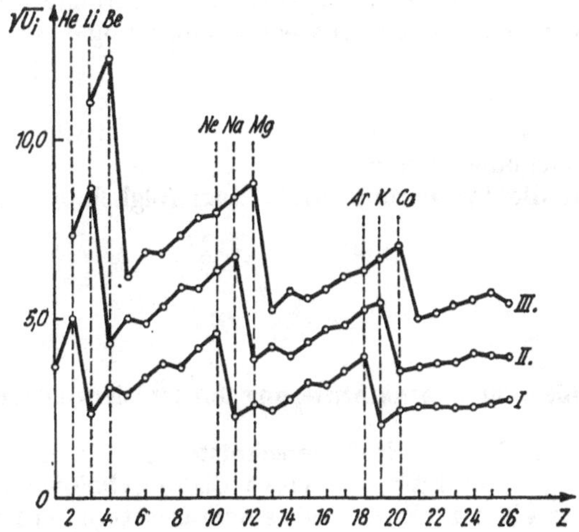

Bild 2. Abhängigkeit der *I*-, *II*-, *III*-Ionisierungsspannung von der Ordnungszahl der Elemente, nach [2]

3.4.2.1. Elementare Betrachtung unelastischer Stöße erster Art

Die zur Erzeugung positiver Ionen erforderliche Ionisierungsenergie wird den neutralen Atomen oder Molekülen auf effektive Weise durch unelastische Wechselwirkung mit energetischen Stoßpartnern übertragen. Diese Wechselwirkungen sind durch eine Umwandlung von kinetischer Energie des stoßenden Teilchens in potentielle Energie gekennzeichnet und werden als unelastische *Stöße erster Art* bezeichnet. Es erhebt sich nun die Frage, welchen Teil seiner kinetischen Energie W_1 der Stoßpartner auf das neutrale Atom oder Molekül übertragen kann. Ausgehend vom Energie- und Impulserhaltungssatz gelten nach klassischer Betrachtungsweise folgende Gleichungen:

$$\frac{m_1}{2} v_1^2 + \frac{m_2}{2} v_2^2 = \frac{m_1}{2} (v_1')^2 + \frac{m_2}{2} (v_2')^2 + W_s , \tag{1}$$

$$m_1 v_1 + m_2 v_2 = m_1 v_1' + m_2 v_2' , \tag{2}$$

wobei mit m_1, v_1 und v_1' Masse und Geschwindigkeit des stoßenden Teilchens vor und nach der Wechselwirkung und mit m_2, v_2 und v_2' die entsprechenden Größen des neutralen Atoms oder Moleküls bezeichnet werden. W_s ist die vom Stoßpartner durch unelastische Wechselwirkung übertragene Energie. Durch Nullsetzen von v_2 erhält man aus (1) und (2) ohne Einschränkung der Allgemeingültigkeit

$$W_s \max = \frac{m_2}{m_1 + m_2} W_1 . \tag{3}$$

Die notwendige Bedingung für die Ionisierung durch unelastische Wechselwirkung ist somit

$$W_s \max \geqq q U_i . \tag{4}$$

Nach den für unelastische Wechselwirkungen geltenden Quantengesetzen hängt die Übergangswahrscheinlichkeit eines Elektrons der Elektronenhülle auf ein höheres Energieniveau qualitativ von der Zeit τ_s ab, in der sich der Stoßpartner in der Wirkungszone der atomaren Felder befindet. Für τ_s gilt [3]:

$$\tau_s = \frac{r_w}{v_r} , \tag{5}$$

r_w — Wechselwirkungsradius, v_r — relative Geschwindigkeit der Teilchen, wobei τ_s vergleichbar sein muß mit der Zeit des Überganges τ_a des Elektrons auf ein höheres Energieniveau. Diese Übergangszeit erhält man aus der Beziehung

$$h(\nu_m - \nu_n) = \frac{h}{\tau_a} ; \tag{6}$$

$h\nu$ — Energiezustand des Atoms oder Moleküls

Eine optimale Bedingung für die Ionisierung erhält man folglich aus $\tau_s = \tau_a$ mit $h(\nu_i - \nu_n) = q U_i$:

$$q U_i = \frac{h}{r_w} v_r . \tag{7}$$

3.4.2.2. Physikalische Größen zur Charakterisierung des Ionisierungsprozesses

Analog zur klassischen Mechanik können Stoßquerschnitte A_s definiert werden, die von der Art der stoßenden Teilchen und deren Geschwindigkeit abhängen. Die Wahrscheinlichkeit $\mathrm{d}P_s$ für den Stoß eines Elektrons mit einem Gasatom bei Durchfliegen einer Strecke $\mathrm{d}x$ ist

$$\mathrm{d}P_s = A_s n_g \,\mathrm{d}x , \tag{8}$$

n_g — Dichte der Gasteilchen. Damit läßt sich eine *mittlere freie Weglänge* definieren, in der im Mittel kein Zusammenstoß erfolgt:

$$\lambda_s = \frac{1}{A_s n_g} . \tag{9}$$

Mit Hilfe der thermischen Geschwindigkeit erhält man die Frequenz f_s der Anzahl der Stöße pro Sekunde als

$$f_s = n_g \bar{v} A_s \tag{10}$$

bei konstantem Stoßquerschnitt und als

$$f_s = n_g \int v A_s(v)\, M(v)\, \mathrm{d}v \tag{11}$$

für geschwindigkeitsabhängige Stoßquerschnitte, wobei $M(v)$ — Geschwindigkeitsverteilungsfunktion.

Die ionisierende Wirkung von Stoßvorgängen wird quantitativ durch den *Ionisierungsquerschnitt* A_i beschrieben, der mit der *mittleren Ionisierungsweglänge* λ_i, d. h. der im Mittel vom Stoßpartner zwischen zwei aufeinanderfolgenden Ionisierungsakten zurückgelegten Wegstrecke, und der Dichte n_g der Atome oder Moleküle auf analoge Weise verknüpft ist [1]:

$$A_i n_g \lambda_i = 1 . \tag{12}$$

Entsprechend ergibt sich die *Ionisierungsfrequenz* zu

$$f_i = n_g A_i v \tag{13}$$

und die *Ionisierungswahrscheinlichkeit* zu

$$P_i = \int_0^s n_g A_i \, \mathrm{d}x , \tag{14}$$

s — zurückgelegte Wegstrecke der Primärteilchen. Die Zahl dz der von einem Primärteilchen getätigten Ionisierungsakte ist der durchlaufenen Wegstrecke dx und dem Gasdruck p proportional. Wird $\mathrm{d}z = Q_d p \, \mathrm{d}x$ gesetzt, so hängt der Faktor Q_d noch von der Energie der Primärteilchen und von der Teilchenart ab. Q_d wird als *differentielle Ionisierung* bezeichnet und gibt die Anzahl der Ionisationen je Längeneinheit an [4].

Für $p = 1$ Torr gilt demnach

$$Q_d = \frac{\mathrm{d}z}{\mathrm{d}x} = \frac{1}{\lambda_i} . \tag{15}$$

Die *integrale Ionisierung*, d. h. die Gesamtzahl der von einem Primärteilchen mit der Anfangsenergie $q \cdot U_0$ getätigten Ionisationen wird aus

$$Q_i = p \int_0^S Q_d(qU_0)\, \mathrm{d}x \tag{16}$$

bestimmt, wobei S die Reichweite ist, innerhalb der das Primärteilchen Ionisierungsprozesse auslösen kann.

Der *Ionisierungsgrad* χ ist das Verhältnis aus der Zahl der ionisierten Teilchen und der Summe der Zahl der ionisierten Teilchen plus der Zahl der Neutralteilchen.

3.4.2.3. Ionisierungsarten

3.4.2.3.1. Ionisierung durch Elektronenstoß

Die *Elektronenstoßionisation* ist die effektivste Methode zur Erzeugung von Ionen. Aus (3) folgt wegen $m_1 = m_e \ll m_2$, daß bei gleichzeitiger Erfüllung von (7) das Elektron seine kinetische Energie beim Stoß fast vollständig auf das Atom oder Molekül mit

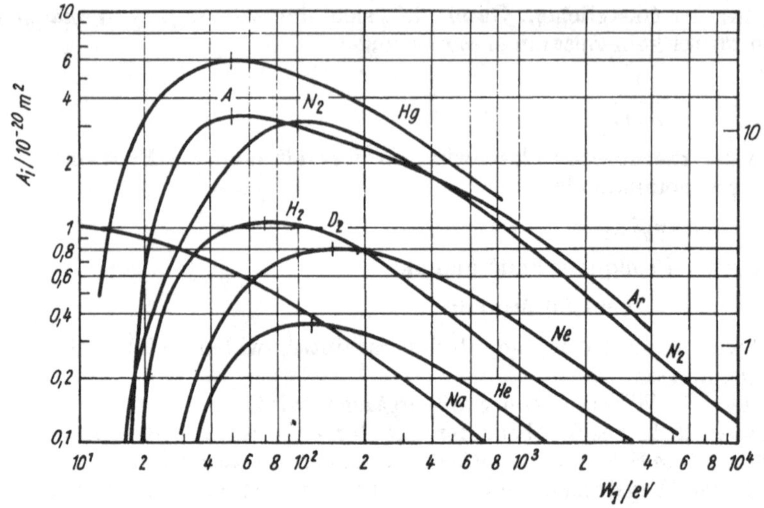

Bild 3. Ionisierungsquerschnitt und differentielle Ionisierung einiger Gase in Abhängigkeit von der Energie der stoßenden Elektronen, nach [1]

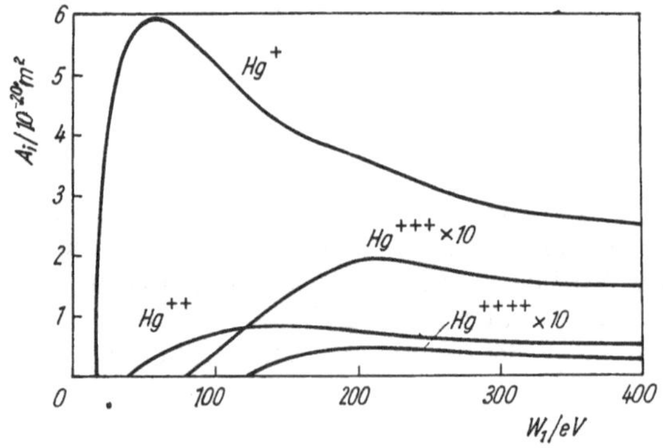

Bild 4. Ionisierungsquerschnitt für Quecksilber in Abhängigkeit von der Energie der stoßenden Elektronen, nach [6]

der Masse m_2 übertragen kann. Beim Stoß von Elektronen auf Moleküle werden neben Molekülionen mit großer Wahrscheinlichkeit auch Atomionen oder Ionen von Molekülbruchstücken erzeugt. Bei dieser *dissoziativen Ionisierung* können z. B. aus Azetylen C_2H_2 die Ionen H^+, CH^+, C^+, $C_2H_2{}^+$, C_2H^+ und C_2^+ entstehen [5]. In Bild 3 sind die gemessenen Ionisierungsquerschnitte A_i und die differentielle Ionisierung Q_d einiger Gase in Abhängigkeit von der Energie W_1 der stoßenden Elektronen dargestellt. Unterhalb der Ionisierungsenergie $q \cdot U_i$ ist $A_1 = 0$. Für $W_1 > q \cdot U_i$ steigt A_i zunächst angenähert linear mit W_1 an, erreicht bei Erfüllung der Bedingung (7) ein Maximum und nähert sich bei höheren Elektronenenergien dem Wert Null, da nun nach (7) gilt $\tau_s \ll \tau_a$. Bei genügend hoher Energie des stoßenden Elektrons können neben einfach geladenen Ionen auch mehrfach geladene Ionen entstehen. Der Ionisierungsquerschnitt verringert sich jedoch stark mit wachsender Ionenladungszahl (Bild 4, Bild 5). Bei He ist der Ionisierungsquerschnitt für die Erzeugung zweifach geladener Ionen bei 300 eV Elektronenenergie z. B. schon 200 mal kleiner als für einfach geladene. Für schwere Atome wird im Vergleich zu leichten Atomen eine relative Vergrößerung des Ionisierungsquerschnittes für die mehrfache Ionisierung festgestellt.

3.4.2.3.2. Ionisierung durch Ionenstoß

Die Stoßionisation durch niederenergetische Ionen spielt gegenüber der Elektronenstoß-Ionisation wegen der viel geringeren Ionisierungsquerschnitte eine untergeordnete Rolle. Aus (3) folgt, daß nur ein Bruchteil der kinetischen Energie des stoßenden Ions auf das zu ionisierende Atom oder Molekül übertragen werden kann. Li^+-Ionen können z. B. He-Atome nur mit Energie ab 307 eV ionisieren, obwohl die Ionisierungsenergie von He 21,5 eV beträgt [4]. Für energiereiche Ionen (z. B. α- oder Protonen-Strahlen von einigen MeV) sind die Ionisierungsquerschnitte jedoch größer als für Elektronen der gleichen Energie, da letztere wegen ihrer höheren Geschwindigkeit die Bedingung (7) nicht mehr erfüllen. Bild 5 zeigt die Ionisierungsquerschnitte für Argon-Ionen.

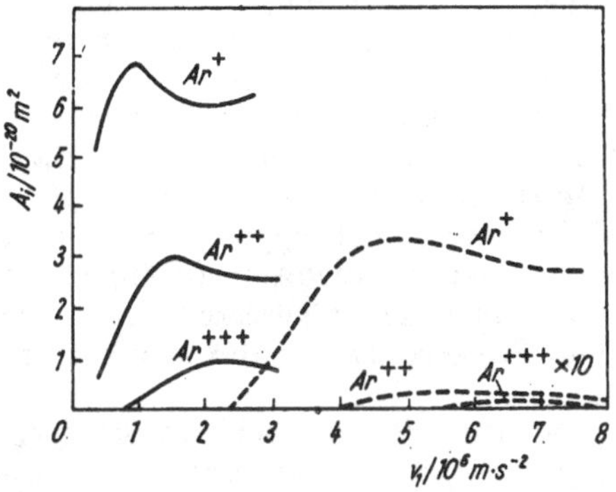

Bild 5. Ionisierungsquerschnitt für Argon in Abhängigkeit von der Geschwindigkeit der stoßenden He^+-Ionen (———) und Elektronen (– – – – –), nach [6]

3.4.2.3.3. Ionisierung durch metastabile Atome

Metastabile Atome besitzen Anregungsniveaus von längerer Lebensdauer (etwa 10^{-2} s [4]). Durch Übertragung der *Anregungsenergie* W^* auf nicht angeregte Atome ist deren Ionisierung bei $W^* \geqq q \cdot U_i$ möglich.

Diese Bedingung ist in Gasgemischen geeigneter Auswahl, wie z. B. Neon-Argon erfüllt. Neon besitzt zwei metastabile Niveaus, deren Anregungsenergien 16,7 und 16,6 eV betragen; qU_i von Argon ist 15,7 eV. Beim Zusammenstoß beider Partner erfolgt die Ionisierung von Argon, wobei die Energiedifferenz von 0,9 bzw. 1 eV in kinetische Energie der Stoßpartner übergeht. Je geringer die Energiedifferenz $\Delta W^* = W^* - qU_i$ ist, mit um so größerer Wahrscheinlichkeit erfolgt die Ionisation. Eine andere Möglichkeit der Übertragung von Anregungsenergie auf neutrale Atome besteht darin, daß durch einen *Stoß zweiter Art* (Umwandlung potentieller Energie in kinetische) zunächst die Anregungsenergie einem Elektron mitgeteilt wird, welches dann eine Elektronenstoß-Ionisation ausführt. In Gasen stellen die metastabilen Atome einen Bestandteil mit geringerer Ionisierungsenergie dar, da nur noch die Energiedifferenz $\Delta W_s = q \cdot U_i - W^*$ aufzuwenden ist, um diese Atome zu ionisieren. Derselbe Vorgang läßt sich auch als *Stufenionisation* auffassen, wobei die Zuführung der Anregungsenergie W^* die erste und die Ionisation durch Zufügen von ΔW_s die zweite Stufe darstellen.

3.4.2.3.4. Ionisierung durch Umladung

Als *Umladung* bezeichnet man den Prozeß der vollständigen oder teilweisen Neutralisierung eines energetischen Ions X^{j+} beim Zusammenstoß mit einem neutralen Atom oder Molekül Y, wobei X^{j+} seine Ladung um eine Elementarladung verringert und Y

in ein langsames Ion verwandelt wird.

$$X^{j+} + Y \rightarrow X^{(j-1)+} + Y^+ ; \qquad j = 1, 2, 3, \ldots . \tag{17}$$

Die Umwandlung erfolgt um so effektiver, je geringer die Differenz der Ionisierungsenergien beider Stoßpartner ist. Bei Gleichheit der Ionisierungsenergien erfolgt *Resonanzumladung* mit hoher Wahrscheinlichkeit [3]. Die Ionisierung durch Umladung wird u. a. genutzt zur Erzeugung schneller Neutralteilchen [7].

3.4.2.3.5. Thermische Ionisation

Bei genügend hoher Temperatur wird jedes Gas ionisiert, weil die kinetische Energie einiger Teilchen (am energetischen Ende der Verteilungskurve) hoch genug ist, um Stoßionisationsprozesse auszulösen. Die dabei entstehenden Ionen und Elektronen befinden sich mit den Gasteilchen im thermischen Gleichgewicht, wobei die Elektronen nun mit viel höherer Wahrscheinlichkeit als die neutralen Gasmoleküle ionisieren. Die thermodynamische Statistik fordert für jeden Gleichgewichtszustand zusätzlich das Bestehen eines ***detaillierten Gleichgewichts***, d. h. jedem Prozeß (Trägererzeugung) muß ein gleichgroßer inverser Prozeß (Trägervernichtung) zugeordnet werden können. Dieses Gleichgewicht bewirkt eine von der Temperatur abhängige zeitkonstante Trägerdichte $n_i = n_e$, die durch die Gleichheit der trägererzeugenden Prozesse (Ionisation) und der trägervernichtenden Prozesse (Rekombination) aufrechterhalten wird.

Ausgehend vom detaillierten Gleichgewicht erhält man bei Berücksichtigung nur der Elektronenstoßionisation die erstmalig von Eggert und Saha angegebene Gleichung für die Bestimmung des Ionisierungsgrades bei thermischer Ionisation [1]:

$$\frac{\chi^2}{1-\chi^2}\, p = \frac{(2 \cdot \pi \cdot m_e)^{3/2}}{h^3} (k \cdot T)^{5/2} \exp\left(-\frac{qU_i}{kT}\right), \tag{18}$$

wobei p in Nm^{-2} einzusetzen ist; k — Boltzmannkonstante, T — absolute Temperatur. Bild 6 enthält den Ionisierungsgrad für die thermische Ionisation einiger Gase.

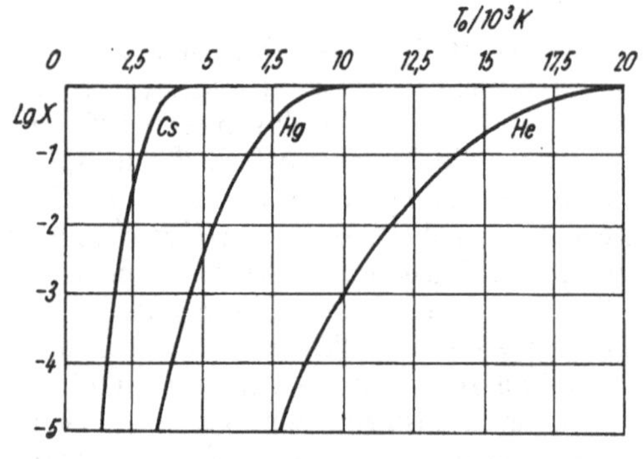

Bild 6. Ionisierungsgrad für thermische Ionisierung als Funktion der Gastemperatur bei $p = 1$ Torr, nach [1]

3.4.2.3.6. Ionisierung durch Photonenstoß

Die *Photoionisation* von Gasen findet statt, wenn das einfallende Photon absorbiert wird und seine Energie $h\nu$ mindestens gleich der Ionisierungsenergie qU_i der Atome oder Moleküle ist:

$$h\nu \geqq qU_i \, .$$

Diese Bedingung erfordert eine obere Grenzwellenlänge λ_g bzw. eine untere Grenzfrequenz v_g des Photons:

$$h\nu_g = \frac{hc}{\lambda_g} = qU_i\,. \tag{19}$$

Tabelle 3. Ionisierungsenergie und die zur Ionisierung notwendige Grenzwellenlänge der Photonen, nach [4]

Gas	qU_i/eV	λ_g/μm	Bemerkung
Cs	3,88	0,318	nahes UV
Hg	10,40	0,119	UV
He	24,50	0,051	fernes UV

Tabelle 3 enthält die Ionisierungsenergien und die zur Ionisierung notwendigen Grenzwellenlängen der Photonen für einige Gase. Die Photoionisation ist jedoch auch durch Photonen geringerer Energie über die in Abschn. 3.4.2.3.3. beschriebene Stufenionisation möglich. Ist die Energie des Photons größer als die Ioniserungsenergie, so kann der Differenzbetrag dem abgelösten Elektron als kinetische Energie oder dem Ion als Anregungsenergie übertragen werden. Die Ionisierungsquerschnitte für Photonen sind von deren Frequenz abhängig und liegen ein bis drei Größenordnungen unter denen für die Elektronenstoß-Ionisation. Der Ionisierungsquerschnitt von Argon gegenüber Photonen der Wellenlänge 70 nm beträgt $0{,}35 \cdot 10^{-20}\,\mathrm{m}^2$ [1] und stellt einen Maximalwert dar. Die Photoionisierung ist für die Funkentladung [8] und für die Hohlkatodenentladung (s. Abschn. 3.4.4.3.2.) von Bedeutung.

3.4.2.3.7. Ionisierung in starken elektrischen Feldern

In elektrischen Feldern mit Feldstärken größer $10^9\,\mathrm{Vm}^{-1}$ tritt die *Feldionisation* von Gasen und Dämpfen auf. Die quantenmechanische Betrachtung dieser Erscheinung ergibt, daß das Elektron den Potentialwall, der die stationären Energiezustände im Atom von dem kontinuierlichen Energiespektrum außerhalb des Atoms trennt, mit einer endlichen Wahrscheinlichkeit durchdringen kann (*Tunneleffekt*). Mit steigender äußerer Feldstärke, d. h. mit Verringerung der Breite des Potentialwalles, nimmt diese Wahrscheinlichkeit expotentiell zu [9].

3.4.2.3.8. Ionenerzeugung an Grenzflächen

Die Erzeugung positiver Ionen an festen Grenzflächen kann durch Sekundärionenemission beim Beschuß fester Körper mit energetischen Ionen (Zerstäubungsprozeß), durch Feldionisation von Atomen oder Molekülen an festen Grenzflächen, die als positive Elektrode geschaltet sind, durch Ionisation an heißen Oberflächen und durch thermisches Verdampfen erfolgen.
Die *Sekundärionenemission* wird beschrieben durch den *Sekundärionenemissionskoeffizienten*

$$K = \frac{\text{Anzahl der emittierten Ionen}}{\text{Anzahl der einfallenden positiven Ionen}}\,,$$

wobei häufig eine Unterteilung in die entsprechenden Koeffizienten für positive und negative Ionen erfolgt:

$$K = \frac{Z_i^+ + Z_i^-}{Z_0^+} = K_+ + K_-\,. \tag{20}$$

Als weitere Charakteristika dienen die Energie-, Winkel- und Masseverteilung der emittierten Ionen. Diese Größen sind Funktionen der Art, der Energie und des Einfallswinkels der zerstäubenden Primärionen und der Art, Struktur und Temperatur sowie des Bedeckungsgrades der Festkörperoberfläche. Bei Primärionenenergien von einigen keV liegen K_+ und K_- für Metalle zwischen $10^{-3} \dots 8 \cdot 10^{-2}$ und $0 \dots 6 \cdot 10^{-2}$ [10, 11, 12]. Durch Oxydation der Oberfläche wächst K_+ gegenüber dem reinen Metall um etwa 2 Größenordnungen [12]. Beim Beschuß von KBr mit niederenergetischen Ar^+- und Xe^+-Ionen wurden ausschließlich positive und negative Sekundärionen, jedoch keine Neutralteilchen registriert [13].
Die theoretische Behandlung der Sekundärionenemission wurde auf der Grundlage von kinetischen Stoßmodellen, thermodynamischen und Oberflächeneffekt-Modellen durchgeführt [14]; eine abgeschlossene Theorie konnte noch nicht vorgelegt werden.
Die *Sekundärionenmassenanalyse* (SIMS) wird gegenwärtig in wachsendem Maße zur Analyse geringster Materialkonzentrationen, z. B. zur Bestimmung der Zusammensetzung dünner Schichten, zur Untersuchung von Störstellenkonzentrationen und von Dotierungsprofilen [14, 15] eingesetzt.
Die Ionisation *an heißen Oberflächen* gelingt mit Elementen, deren Ionisierungsarbeit kleiner ist als die Austrittsarbeit der Elektronen aus hochtemperaturbeständigen Metallen (Tab. 4). Auch bei der thermischen Verdampfung von Ionen hängt die Ausbeute,

Tabelle 4. Bildung von positiven Ionen an heißen Oberflächen, nach [16]

Element	qU_i [eV]	Oberfläche	Temperatur T der Oberfläche [K]	Ausbeute $\frac{Z_{id}}{Z_g}$ [%]
Cs	3,89	W, Pt	1300	≈100
Rb	4,17	W	1300	≈100
K	4,34	W	1400	90
K	4,34	Re	1400	≈100
K	4,34	W mit O-Bedeckung	1400	≈100
Na	5,14	W	2000	2
Na	5,14	W mit O-Bedeckung	1700	≈100
Ba	5,21	W	2000	25
Li	5,40	W mit O-Bedeckung	1800	≈100
Al	5,97	W	1800	0,01

Tabelle 5. Thermische Verdampfung von positiven Ionen, nach [16]

Element	Unterlage	Verbindung	Ionenart	Ausbeute $\frac{Z_{id}}{Z_g}$ [%]
Al	W-Folie	$Al(NO_3)_3$	Al^+	0,16
Ba	W-Folie	$Ba(NO_3)_2$	Ba^+	0,17
Ca	W-Folie	$Ca(NO_3)_2$	Ca^+	0,14
Cs	Pt (Ionisator)	CsCl	Cs^+	8
Ga	W-Folie	Ga_2O_3	Ga^+	0,015
Gd	W-Folie	$Gd(NO_3)_3$	Gd^+ (40%)	0,05
			GdO^+ (60%)	0,05
In	W-Folie	In/HNO_3	In^+	3,5
La	W-Folie	$La(NO_3)_3$	LaO^+	17
Rh	W-Folie	$RhCl_3$	Rh^+	0,005
U	W-Folie	U_3O_8	U^+, UO^+ U_2O^+	0,008

d. h. das Verhältnis der Zahl der verdampften Ionen Z_{id}^+ zu verdampften Neutralteilchen Z_g, von der Ionisierungsarbeit des Materials und von der Elektronenaustrittsarbeit qU_a der Unterlage ab [16]:

$$\frac{Z_{id}^+}{Z_g} = \exp\left(-\frac{qU_i - qU_a}{kT}\right). \tag{21}$$

Tabelle 5 enthält die auf die entsprechende Unterlage aufgebrachte Verbindung und die Ausbeute der verdampften positiven Ionen einiger Elemente.

3.4.3. Erzeugung negativer Ionen

3.4.3.1. Ionenbildung durch Elektronenlagerung

Die *Elektronenanlagerung* erfolgt mit großer Wahrscheinlichkeit für vergleichsweise langsame Elektronen (einige Zehntel bis zu einigen eV) bei relativ hohen Drücken elektronegativer Gase, wie z. B. mit Halogeniden F, Br, J, in den Metalldämpfen Li, Na, K, Cs, Rb, mit Sauerstoff und Wasserdampf. Negative Ionen sind von etwa $^1/_3$ der Elemente und von den meisten Molekülen herstellbar. Edelgase bilden keine negativen Ionen. In Tab. 6 sind die verschiedenen Prozesse der Bildung negativer Ionen durch Elektronenanlagerung dargestellt.

Tabelle 6. Die verschiedenen Prozesse der Bildung negativer Ionen durch Elektronenanlagerung (Ionenanlagerung) nach [16]

Ionenbildungs-Prozeß		Zeichenerklärung
Bildung eines Ionenpaares	$XY + e^- \rightarrow X^+ + Y^- + e^-$	X = } Atom bzw. Y = } Atomgruppe XY = Molekül e^- = Elektron Z^- = Negatives Ion
Anlagerung mit Aufspaltung	$XY + e^- \rightarrow [XY]^- \rightarrow X + Y^-$	
Anlagerung mit Abspaltung ($X \ll Y^-$)		
Resonanzanlagerung	$XY + e^- \rightarrow [XY]^-$	
(Anlagerung eines negativen Ions mit Abspaltung ($X \gg Y$))	$XY + Z^- \rightarrow X + [YZ]^-$	
(Anlagerung eines negativen Ions ohne Abspaltung)	$XY + Z^- \rightarrow [XYZ]^-$	

Die Stabilität der negativen Ionen steigt mit der Elektronenaffinität, d. h. mit der Differenz aus der Energie W_{na} des neutralen Atoms und der Energie W_{ip} des Ions im Grundzustand. Bei der Ionenbildung wird diese Energiedifferenz und die kinetische Energie des Elektrons in Form von Strahlung abgegeben oder einem dritten Teilchen übertragen.

$$\Delta W_{in} = W_{na} - W_{ip} + \frac{m_e \cdot v_e^2}{2}. \tag{22}$$

ΔW_{in} beträgt beispielsweise für die Ionenbildung von Halogeniden 3 ... 4 eV, für Li etwa 0,5 eV [3]. Die energetischen Verhältnisse bei der Bildung negativer Ionen sind in [17] beschrieben. Eine charakteristische Größe für die Beständigkeit des negativen Ions ist seine *Lebensdauer*, d. h. die Zeit von der Ionenbildung bis zur Reemission des eingefangenen Elektrons. Die Lebensdauer von $C_6H_5NO_2^-$- bzw. SF_6^--Ionen beträgt beispielsweise bei Ionenenergien von 2 ... 4 keV bzw. 2,5 keV 31 ... 42 µs bzw. 28 µs [17]. Für den massenspektrometrischen Nachweis negativer Ionen ist gegenwärtig eine Lebensdauer von etwa 10 µs erforderlich. Da sich die Anlagerung im allgemeinen ohne Dissoziation der Moleküle realisieren läßt, ist die Massenspektrometrie negativer organischer Ionen zu einem wichtigen analytischen Hilfsmittel entwickelt worden.

3.4.3.2. Ionenbildung durch Ionenanlagerung und Umladung

Die Erzeugung negativer Ionen durch *Ionenanlagerung* an Atome oder Moleküle wird genutzt zur Bildung von negativen Ionen solcher Substanzen, deren Elektronenanlagerungswahrscheinlichkeit P_e geringer ist als die Ionenanlagerungswahrscheinlichkeit. In Tab. 7 sind einige Reaktionen negativer Ionen mit neutralen Atomen bzw. Molekülen dargestellt.

Tabelle 7. Reaktionen negativer Ionen mit neutralen Molekülen, nach [17]

System	Reaktion
H_2O	$H_2O + H^- \rightarrow OH^- + H_2$
	$H_2O + O^- \rightarrow OH^- + OH$
NO_2	$O^- + NO_2 \rightarrow NO_2^- + O$
CS_2/SO_2	$CS^- + SO_2 \rightarrow SO_2^- + CS$
NH_3/SO_2	$NH_2^- + SO_2 \rightarrow SO_2^- + NH_2$
NH_3/CS_2	$NH_2^- + CS_2 \rightarrow CS_2^- + NH_2$
N_2O	$O^- + N_2O \rightarrow NO^- + NO$
	$O^- + N_2O \rightarrow O_2^- + N_2$
	$O^- + N_2O \rightarrow NO_2^- + N$

3.4.3.3. Ionenbildung an Grenzflächen

Beim Beschuß von Oberflächen fester Körper werden neben positiven Sekundärionen auch negative Sekundärionen erzeugt [11] (s. Abschn. 3.4.2.3.8.); die Sekundärionenausbeute ist hier in der Regel geringer als bei der Bildung positiver Ionen. Die Bildung negativer Ionen gelingt auch an heißen Oberflächen (Tab. 8) und durch Verdampfung. Negative Ionen werden bevorzugt verdampft, wenn die Elektronenaustrittsarbeit qU_a der Unterlage kleiner ist als die Elektronenaffinität der absorbierten Atome qU_{ea}, wobei die Ausbeute

$$\frac{Z_{id}^-}{Z_g} = \exp\left(-\frac{qU_a - qU_{ea}}{k \cdot T}\right) \tag{23}$$

beträgt [16].

3.4.4. Erzeugung von Ionenstrahlen

Zur Erzeugung von Ionenstrahlen für die verschiedenartigsten Anwendungen wird eine Vielzahl von Ionenquellentypen eingesetzt, deren Wirkungsweise auf einem oder

Tabelle 8. Bildung von negativen Ionen an heißen Oberflächen, nach [16]

Element	$q \cdot U_{ea}$ [eV]	Oberfläche	Temperatur T der Oberfläche [K]	Ausbeute $\frac{Z_{id}^-}{Z_g}$ wie [%]
J	3,12	W	>1800	<1
Br	3,64	W	>1800	<1
Cl	3,78	W	>1800	0,01
F	4,11	W	>1800	<1
F	4,11	W + Th-Film	1850	<1

mehreren der im Abschnitt 3.4.2. beschriebenen Ionisierungsprozessen basiert. Stromstarke Ionenstrahlen, die z. B. für Anwendungen auf dem Gebiete der Ionentechnologie erforderlich sind, können aus dem Plasma von Gasentladungen extrahiert werden, wenn die Ionendichte im Plasma genügend groß ist. Derartige Ionenquellen werden als Plasmaionenquellen bezeichnet.

3.4.4.1. Ionenerzeugung in Gasentladungen

Die Gasentladungen werden bezüglich des Zeitverlaufes in stationäre und nichtstationäre, bezüglich der Ladungsträgerbilanz in selbständige und unselbständige und bezüglich des Druckes in Niederdruck- und Hochdruckentladungen eingeteilt. Von wesentlicher Bedeutung für die Erzeugung von Ionenstrahlen sind die stationäre Niederdruck-Bodenentladung [18] sowie die nichtstationäre Hochfrequenzentladung [3, 27]. Die Ionisierung erfolgt bei diesen Entladungsformen hauptsächlich durch Elektronenstoß. Für die Erzeugung stromstarker Ionenstrahlen werden vorwiegend die *Gühkatoden-Niederdruckbogenentladung*, die *Hohlkatodenbogenentladung* und die *Hochfrequenzentladung* verwendet.

3.4.4.1.1. Glühkatoden-Bogenentladung

In Bild 7 sind schematisch die Anordnung der *Glühkatode*, der *Anode* sowie einige Parameter einer zylindrischen Glühkatoden-Bogenentladung dargestellt. Man unterscheidet drei Entladungsteile: *Katodenfall*, *positive Säule* (*Entladungsplasma*) und *Anodenfall*. Die Glühkatode und der Katodenfall sind von wesentlicher Bedeutung für die Teilchen- und Energiebilanz der Entladung. Die Dichte des von der Glühkatode emittierten Elektronenstromes bei der Temperatur T beträgt [1]

$$G_e = CT^2 \exp\left(-\frac{qU_a}{kT}\right) \tag{24}$$

Richardsonsche Gleichung,

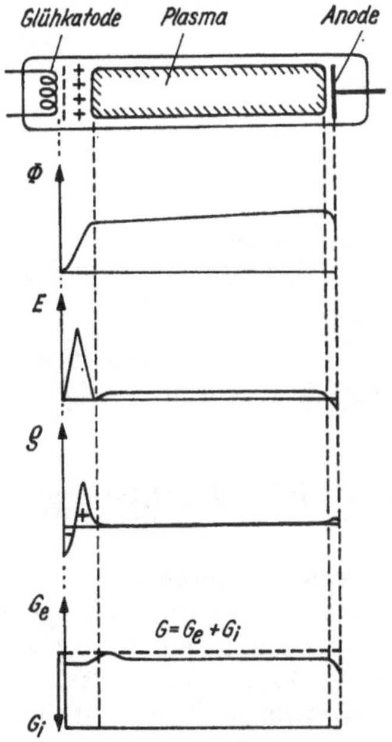

Bild 7. Potential Φ, elektrische Feldstärke E, Raumladung ϱ, Elektronenstromdichte G_e und Ionenstromdichte G_i längs der Achse einer zylindrischen Glühkatoden-Bogenentladung, nach [19]

wobei eine Leistung von

$$N_e = G_e U_a A_K \tag{25}$$

benötigt wird.

qU_a – Austrittsarbeit (4,52 eV für Wolfram),
U_a – Austrittsspannung,
C – Richardson-Konstante (60A · cm^{-2} · grd^{-2} bei Wolfram),
A_K – Katodenfläche.

Die gleichzeitig durch Wärmestrahlung abgegebene Verlustleistung beträgt [20]

$$N_v = \sigma e_g T^4 A_K \,. \tag{26}$$

$\sigma = 5{,}67 \cdot 10^{-12}$ $Wcm^{-2}grd^{-4}$ Stefan-Boltzmann-Konstante, e_g – Verhältnis der Gesamtstrahlungsleistung des Materials relativ zum schwarzen Körper ($e_g = 0{,}31$ für W bei 3000 K).
Für eine W-Katode von 1 cm^2 Fläche ergeben sich bei 3000 K folgende theoretische Werte: $G_e = 14$ Acm^{-2}, $N_e = 63{,}5$ W, $N_v = 140$ W. Durch das elektrische Feld des Katodenfalls verringert sich die Austrittsarbeit auf Grund des Schottky-Effektes um $\left(\frac{q^2 E}{4 \cdot \pi\, \varepsilon_0}\right)^{1/2}$. Bei Feldstärken über 10^9 Vm^{-1}, die beispielsweise an Oberflächenrauhigkeiten der Katode entstehen können, setzt außerdem die *Feldemission* von Elektronen infolge des *Tunneleffektes* ein. Die von der Glühkatode emittierten Elektronen werden durch den Katodenfall beschleunigt. Da die Stromdichte im stationären Fall konstant ist ($G_e \approx q n_e v_e$) nimmt die Ladungsträgerdichte in Richtung Plasmagrenze ab. Liegt der Potentialunterschied des Katodenfalls in der Größenordnung der Ionisierungsspannung (normaler Niedervoltbogen), so bildet sich unmittelbar vor der Katode eine negative Raumladung aus. Aus der *Plasmagrenze* der positiven Säule fließt gleichzeitig ein Strom positiver Ionen zur Katode. Die positive Raumladung entsteht vor der Plasmagrenze. Durch die negative und positive Raumladung kommt es somit zur Herausbildung einer *elektrischen Doppelschicht* vor der Katode [21, 27]. Elektronen- und Ionenstrom sind raumladungsbegrenzt. Für die Dichten der raumladungsbegrenzten Ströme erhält man im Falle ebener Elektroden (Katode, Plasmagrenze) durch Anwendung der Poissonschen Gleichung [16]:

$$G_{er} = \frac{4 \cdot \varepsilon_0}{9} \left(\frac{2q}{m_e}\right)^{1/2} \cdot \frac{U_B^{3/2}}{d^2}\,, \tag{27}$$

$$G_{ir} = \frac{4 \cdot \varepsilon_0}{9} \left(\frac{2 \cdot z \cdot q}{m_i}\right)^{1/2} \cdot \frac{U_B^{3/2}}{d^2}\,, \tag{28}$$

U_B – Beschleunigungsspannung (Katodenfall),
d – Elektrodenabstand (Breite der elektrischen Doppelschicht),
z – Ladungszahl des Ions.

Beträgt der Katodenfall 20 ... 30 V und $G_e = 1$ Acm^{-2}, so erhält man für $d = 2 \ldots 5 \cdot 10^{-4}$ m. Für die Feldstärke im Katodenfallraum wurde folgende Gleichung ermittelt [22]:

$$E^2 = \left[\left(\frac{8}{q}\right)^{1/2} \cdot \varepsilon_0^{-1}\right] \cdot [G_i \cdot (m_i)^{1/2} \cdot (\varphi_p - \varphi)^{1/2} - G_e \cdot (m_e)^{1/2} (\varphi_p^{1/2} - \varphi^{1/2})]\,, \tag{29}$$

φ – veränderliches Potential, φ_p – Potential der Plasmagrenze.
Damit die Feldstärke an der Katode verschwindet ($\varphi = 0$), muß gelten $G_i/G_e = (m_e/m_i)^{1/2}$; daraus folgt z. B. $G_i/G_e = 4 \cdot 10^{-3}$ für einfach geladene Argonionen. Wenn bei 40 V Bogenspannung der Katodenfall 25 V, der Bogenstrom 2 A und die Katodenfläche 2 cm^2 betragen, wird die maximale Feldstärke im Katodenfallraum $E_{max} =$

$4{,}1 \cdot 10^6\,\mathrm{Vm}^{-1}$ (bei $\varphi = 12{,}5$ V). Die positive Säule wird vom Entladungsplasma gebildet. Als Plasma wird allgemein ein hochgradig ionisiertes Gas bezeichnet, d. h. die Dichten n_e und n_i der Elektronen und Ionen können nicht vernachlässigt werden. Von einem Plasma spricht man auch, wenn die Debye-Länge l_D klein gegen die Gefäßdimensionen ist; als l_D wird dabei die Entfernung definiert, in deren Abstand das Potential eines Ladungsträgers im Vergleich zum Coulomb-Potential auf das e^{-1}-fache abgefallen ist. Für l_D erhält man bei Annahme eines Störpotentials φ_s in einem ungestörten Plasma der Dichte n mit Hilfe der Poisson-Gleichung [1]:

$$l_D = (\varepsilon_0 k T_e / 2 n q^2)^{1/2}\,. \tag{30}$$

Die Debye-Länge ist auch als Abschirmlänge für kleine Potentiale eine untere Grenze für die Dicke von Plasmagrenzschichten [23]. Die physikalischen Vorgänge in Plasmen werden beispielsweise in [24] beschrieben.

Die elektrischen Parameter des Plasmas sind durch folgende Gleichungen verknüpft:

a) $$E = -\operatorname{grad}\varphi, \tag{31}$$

b) $$\nabla^2\varphi = -\frac{1}{\varepsilon_0}\sum_j q_j n_j \quad \text{(Poissonsche Gleichung)}, \tag{32}$$

j — Teilchenart,

q_j — Ladung des j-ten Teilchens,

c) $$\frac{\mathrm{d}n_j}{\mathrm{d}t} = g_j - \delta_i - \operatorname{div}(\pm\, n_j, \mu_j, \boldsymbol{E} - D_j \cdot \operatorname{grad} n_j) \tag{33}$$

(Trägerbilanzgleichung [1]).

g — Generationsrate,
δ — Rekombinationsrate,
μ — Beweglichkeit,
D — Diffusionskoeffizient,

d) Gleichung der Elektronen- bzw. Ionenstromdichten unter Berücksichtigung der Anteile von Ohmschen-, Diffusions-, Lorentz- und eventuell Konvektionsströmen,

e) Leistungsbilanzgleichung,

f) $$\frac{n_e - n_i}{n_g} = 2\,\frac{\xi_i}{\xi_0}\,\frac{(2\cdot\pi\cdot m_e\cdot kT)^{3/2}}{h^3}\exp\left(-\frac{qU_i}{kT}\right) \tag{34}$$

(Eggert-Saha-Gleichung [25], bei therm. Ionisation),

ξ_i, ξ_0 — Zustandssumme des Ions bzw. der Neutralteilchen.

Besonders problematisch ist die Formulierung und die Lösung der Leistungsbilanz- und Stromdichtegleichungen wegen nicht konstanter Koeffizienten und komplizierter Randbedingungen. In der Niederdruckplasmasäule liegt die Elektronentemperatur um ein bis zwei Größenordnungen über der Ionen- und Neutralteilchentemperatur, so daß man nicht von einer einheitlichen Plasmatemperatur sprechen kann. Bei diesem nichtisothermen Plasma herrscht jedoch ein partielles Gleichgewicht innerhalb einer Teilchenart mit entsprechender Geschwindigkeitsverteilung. Für die Niederdrucksäule in einem zylindrischen Rohr kann unter Annahme der Quasineutralität $n_i = n_e = n$ und der ambipolaren Diffusion der Ladungsträger zur Wand die Trägerbilanzgleichung für den stationären Fall integriert werden [1, 26]. Für die radiale Verteilung der Ladungsträger ergibt sich

$$n(r) = n J_0\left(r\sqrt{\frac{f_i}{D_a}}\right), \tag{35}$$

die Bessel-Funktion nullter Ordnung. Diese Bessel-Funktion hat bei $r\sqrt{\frac{f_i}{D_a}} = 2{,}405$ eine Nullstelle. Nehmen wir an, daß an der Gefäßwand $r = R_0$ die Trägerdichte Null ist, d. h. fällt die Wand mit der Nullstelle zusammen, folgt:

$$\frac{1}{f_i} = \frac{R_0^2}{(2{,}405)^2 D_a} . \tag{36}$$

Links steht die Zeit, die zwischen zwei Ionisationsakten eines Elektrons verstreicht, während die rechte Seite mit der Zeit identisch ist, die ein Träger im Mittel benötigt, um zur Wand zu diffundieren. Daraus folgt, daß jedes Elektron während seiner Lebensdauer in der Niederdrucksäule einmal ionisieren muß, um eine stationäre Entladung zu sichern. Diese Diffusionstheorie berücksichtigt nicht die quadratischen Effekte wie Stufenionisation und Volumenrekombination und den radialen Abfall der Gastemperatur.

Ist die Quasineutralität des Plasmas $n_e = n_i = n$ in einem Raumelement gestört, so erhält man als Lösung der entsprechenden Differentialgleichung Schwingungen mit

$$\omega_p^2 = (2 \cdot \pi \nu_p)^2 = nq^2/m_e\varepsilon_0 \tag{37}$$

als Schwingungsfrequenz (*Plasma- oder Langmuir-Frequenz*) [1]. Für $n = 10^{18}\ \mathrm{m}^{-3}$ wird $\nu_p \approx 10^{10}$ Hz.

Der *Einfluß äußerer Magnetfelder* auf die Entladung ist von wesentlicher Bedeutung. Mit Hilfe äußerer Magnetfelder können hauptsächlich die von der Katode emittierten und im Katodenfallraum beschleunigten Primärelektronen auf Spiralbahnen gezwungen werden, wodurch sich ihre Gesamtwegstrecke im Zwischenelektrodenraum und somit die Ionisierungswahrscheinlichkeit erhöht. Der Radius r_B der Elektronenbahn im homogenen Magnetfeld ergibt sich aus der Gleichsetzung von Lorenz-Kraft und Zentrifugalkraft:

$$r_B = \frac{m_e v_e}{qB} , \tag{38}$$

B — magnetische Induktion.

Bei einer Elektronenenergie von 25 eV und $B = 78$ Gauss wird $r_B = 2$ mm. Der Diffusionskoeffizient der Elektronen senkrecht zum Magnetfeld beträgt [27]:

$$D_{em}^s = \frac{D_e}{1 + (\omega_H \cdot \bar{\tau})^2} , \tag{39}$$

$\omega_H = qB/m_e$ Zyklotronfrequenz, D_e — Diffusionskoeffizient ohne Magnetfeld, $\bar{\tau}$ — mittlere Zeit zwischen zwei Zusammenstößen.

Die Magnetfeldstärke wird für die meisten Anwendungen von Gasentladungen so gewählt (bis zu einigen 10^2 Gauss), daß wesentlich nur die Elektronenbahnen beeinflußt werden. Auf Grund der Quasineutralitätsbedingung im Plasma und der ambipolaren Diffusion in der Niederdrucksäule werden die Ionen nahezu im gleichen Raum wie die Elektronen eingeschlossen.

3.4.4.1.2. Hochfrequenzentladung

Im Unterschied zur stationären Glimm- und Bogenentladung spielen bei der HF-Entladung die Prozesse an den Elektroden eine untergeordnete Rolle, so daß diese Entladung auch ohne Elektroden existieren kann. Die HF-Entladungen werden in *E-Entladung* und *H-Entladung* eingeteilt. Die Erregung der E-Entladung — sie wird auch lineare Entladung genannt — erfolgt durch hochfrequente elektrische Felder, wobei die Elektroden innerhalb oder außerhalb des Entladungsraumes angeordnet

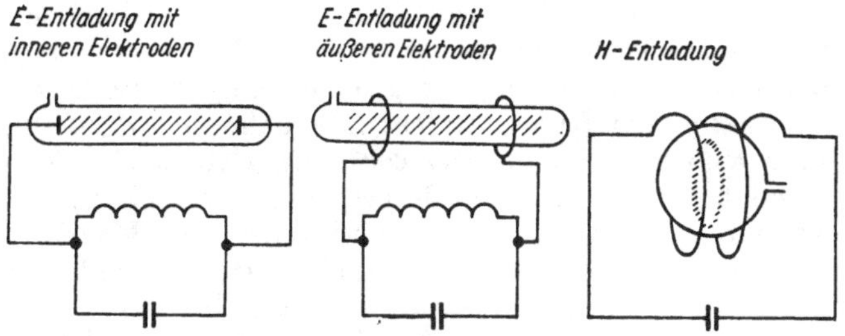

Bild 8. Möglichkeiten zur Erzeugung einer Hochfrequenzentladung, nach [27]

sind (Bild 8). Der Entladungsstrom ist hier mit dem äußeren Stromkreis durch den Verschiebungsstrom verbunden. Die Erregung der H-Entladung – sie wird auch ringförmige Entladung genannt – erfolgt induktiv über ein hochfrequentes Magnetfeld durch das induzierte elektrische Feld:

$$\text{rot}\,\mathbf{E} = -\frac{1}{c}\frac{\partial \mathbf{H}}{\partial t}. \tag{40}$$

Die Bewegungsgleichung der Elektronen im elektrischen Wechselfeld kann unter Berücksichtigung von Stoßprozessen und bei Vernachlässigung einer Geschwindigkeitsverteilung geschrieben werden [3]:

$$m_e \frac{\mathrm{d}u}{\mathrm{d}t} = -qE_0 \cdot \exp\left(-i\,\omega_E \cdot t\right) - bu\,, \tag{41}$$

wobei E_0 die Amplitude des elektrischen Feldes $\mathbf{E}$ und b einen Koeffizienten, der den Widerstand des Gasmediums, d. h. die Wechselwirkung des Elektrons mit anderen Teilchen, darstellen. Bei überwiegend elastischer Wechselwirkung wird $b = m_e f_s$ und bu stellt die über die Zeit gemittelte Impulsänderung des Elektrons dar. Die Lösung dieser Gleichung schreiben wir in der Form:

$$u = -\mu_e E_0 \exp\left(-i \cdot \omega_E \cdot t\right), \tag{42}$$

wobei

$$\mu_e = \frac{q}{m_e(f_s + i\omega_E)} = \mu_{er} - i\mu_{ei} = \frac{qf_s}{m_e(f_s^2 + \omega_E^2)} - i\,\frac{qw_E}{m_e(f_s^2 + \omega_E^2)}$$

die komplexe Beweglichkeit des Elektrons im elektrischen Wechselfeld darstellt. Die Stromdichte G_e ergibt sich hieraus zu:

$$\mathbf{G}_e = qn_e \cdot \mathbf{u} = \mathbf{G}_{er} - i\mathbf{G}_{ei} = -qn_e\mu_{er} \cdot \mathbf{E} - iqn_e\mu_{ei} \cdot \mathbf{E}\,, \tag{43}$$

G_{er}, G_{ei} — Real- bzw. Imaginärteil der Stromdichte.

Ist die Kreisfrequenz des elektrischen Feldes ω_E viel größer als die Stroßfrequenz ($\omega_E \gg f_s$), so überwiegt der imaginäre Stromanteil und es findet keine Energieübertragung vom elektrischen Wechselfeld in das Plasma statt. Nur bei genügend hohen Stoßfrequenzen, d. h. bei genügend starker Wechselwirkung der Elektronen mit den Gasteilchen, können die Elektronen infolge der durch Stöße erfolgenden Phasenverschiebung ihrer Bewegung zum elektrischen Feld in der ersten Halbperiode mehr Energie aufnehmen, als sie in der zweiten Halbperiode abgeben. Die Energieübertragung vom elektrischen Wechselfeld in das Plasma erreicht ein Maximum, wenn ω_E und f_s vergleichbar sind [27]. Bei $\omega_E \approx f_s$ liegt auch das Minimum der für die Zündung der HF-Entladung erforderlichen Feldstärke.

Das Plasmapotential einer HF-Entladung ist positiv gegenüber dem Potential der Gefäßwand auf Grund der höheren Diffusionsgeschwindigkeit der Elektronen gegenüber den Ionen. Die einsetzende ambipolare Diffusion bewirkt schließlich ein konstantes Wandpotential, das im Falle von Isolatorwänden bis -40 V gegenüber dem Plasmapotential betragen kann. Die in das Plasma eingespeiste Energie und die Gleichgewichtskonzentration der Ladungsträger in hochfrequenten E- und H-Entladungen können durch ***Einwirken zusätzlicher konstanter elektrischer oder magnetischer Felder*** wesentlich erhöht werden. Aus der Betrachtung der Elektronenbewegung in gekreuzten hochfrequenten E- bzw. H-Feldern und konstanten Magnetfeldern folgt, daß sich die Energieaufnahme des Elektrons resonanzartig erhöht, wenn die Bedingung $\omega_E = \omega_H$ erfüllt ist. Zur Erhöhung der Plasmadichte werden für die H-Entladung im allgemeinen senkrechte und für die E-Entladung parallele „Resonanz"-Magnetfelder verwendet [27]. Gleichzeitig mit der resonanzartigen Erhöhung der Energieaufnahme entsteht infolge der erschwerten Diffusion der Elektronen senkrecht zur Magnetfeldrichtung eine räumliche Konzentration der Entladung.

3.4.4.2. Ionenextraktion aus Gasentladungsplasmen

Für die Extraktion eines definierten Ionenstrahles ist die Existenz einer stabilen Plasmagrenze erforderlich. Für die Stromdichte der senkrecht zur Plasmagrenzschicht startenden Ionen gilt [28]:

$$G_i \approx q n_i \left(\frac{2kT_e}{m_i}\right)^{1/2}. \tag{44}$$

Die extrahierbaren Ionenstromdichte hängt somit ab von der Ionendichte n_i und der Elektronentemperatur T_e im Plasma. Der Abstand der Phasengrenze von der negativ vorgespannten Beschleunigungselektrode kann bei vorgegebenen G_i nach (44) aus (28) abgeschätzt werden ($-U_E \equiv U_B$). Der exakte Wert des extrahierbaren Ionenstromes und die Parameter des sich formenden Ionenstrahles werden bestimmt durch die Art der Entladung und durch die konkreten Extraktionsbedingungen wie Extraktionsfeldstärke, Größe und Form der Extraktionsöffnungen, Fläche und Form der Plasmagrenze vor der Extraktionsöffnung, geometrische Form und Anordnung der Extraktionselektrode usw. In Bild 9 sind die Form der Plasmagrenze und des extrahierten Ionenstrahles in Abhängigkeit von der Extraktionsfeldstärke für die Ionen-

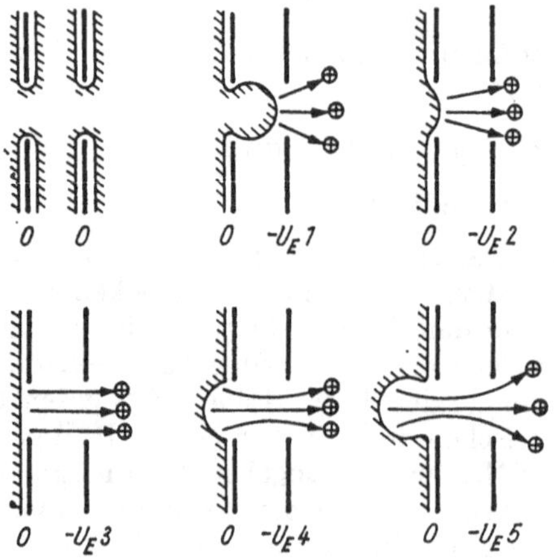

Bild 9. Form der Plasmagrenze und des extrahierten Ionenstrahles in Abhängigkeit von der Extraktionsfeldstärke, Extraktionsspannung $U_E1 < U_E2 < U_E3 < U_E4 < U_E5$

extraktion mit Hilfe eines planen Extraktionselektrodensystems bei $n_i = \text{const}$ schematisch dargestellt; d) stellt den für die meisten Anwendungen angestrebten Normalfall für die Ionenextraktion dar. Bei der Extraktion von Ionenstrahlen muß demnach die Stärke des extrahierenden elektrischen Feldes auf die vorliegende Ionendichte in der Plasmagrenzschicht eingestellt werden (hohe Ionendichten erfordern starke Felder!), um die optimale Form der Plasmagrenze vor der Emissionsöffnung zu erhalten. Die durch die Raumladung hervorgerufene Differgenz des Ionenstrahles kann im Zwischenelektrodenraum durch Einfügen einer Zwischenelektrode, die gegenüber der Extraktionselektrode ein negatives Potential erhält, gesteuert werden. Ferner werden hierdurch die von außen in Richtung Plasmagrenze fließenden Elektronen (Erzeugung beispielsweise durch Restgasionisation), die die Raumladung des Ionenstrahles teilweise kompensieren, zur Umkehr gezwungen [29, 30]. Häufig wird auch die aus der Elektronenstrahltechnik bekannte Pierce-Geometrie für die Extraktionselektrodensysteme verwendet [31].
Bei der Ionenextraktion aus dem Plasma einer Ionenquelle kann der Gaswirkungsgrad η_g der Ionenquelle wesentlich höher sein, als der Ionisierungsgrad in der Entladung, da die extrahierten Ionen eine wesentlich höhere Dichte und Geschwindigkeit besitzen als die durch das Elektrodensystem diffundierenden Neutralteilchen, wodurch letztere länger in der Entladung verbleiben. Eine Abschätzung ergibt für den Gaswirkungsgrad [21]

$$\eta_g = \frac{I^+}{I^+ + I_0} = \frac{A_p}{A_E}\left[1 + \frac{n_g}{k \cdot n_i} \cdot \left(\frac{T_0}{T_e}\right)^{1/2}\right]^{-1}, \tag{45}$$

I^+ und I_0 —extrahierter Ionenstrom und durch das Elektrodensystem diffundierender Neutralteilchenstrom, T_0 und T_e — Gastemperatur und Elektronentemperatur, A_p und A_E — Fläche der Plasmagrenze vor der Emissionsöffnung und Fläche der Emissionsöffnung.

Eine weitere Möglichkeit zur Extraktion von Ionen aus einem Plasma besteht darin, daß eine Sonde eingeführt wird, die sich auf negativem Potential gegenüber dem Plasma befindet (Bild 10). Die Sonde besitzt einen Kanal zur Extraktion des Ionenstrahles, der gleichzeitig als Druckstufe dient und somit den Neutralteilchenverlust reduziert. Bei genügend negativem Sondenpotential nimmt die Plasmagrenze vor der Sonde eine konkave Form an, so daß die in den Kanal extrahierten Ionen in der ersten Hälfte des Kanals einen konvergierenden und danach einen divergierenden Ionenstrahl bilden. Der Maximalwert des extrahierbaren Ionenstromes durch einen Kanal beträgt bei optimaler Fokussierung [27]

$$I_{\max} = 1{,}08 \cdot 2^{3/2} \left(\frac{q}{m_i}\right)^{1/2} U_s \left(\frac{r_0}{L}\right)^2, \tag{46}$$

U_s — Sondenspannung, r_0, L-Radius und Länge des Kanals.

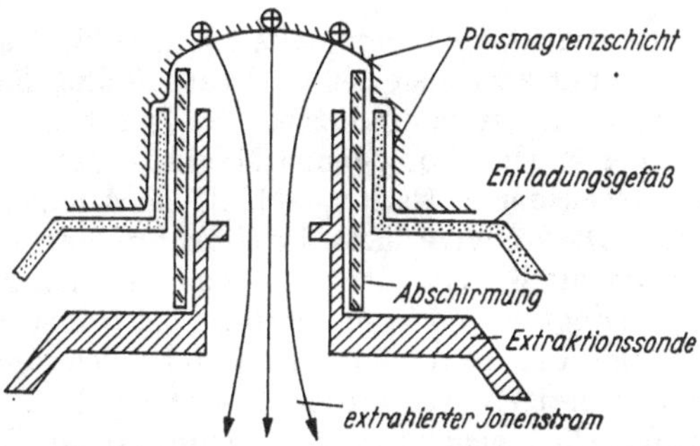

Bild 10. Ionenextraktion mit Hilfe einer Sonde

Ionenstrahlen großen Querschnitts, hoher Stromstärke und nahezu homogener Ionendichte können aus einer Emissionsöffnung nicht extrahiert werden. Einmal wäre die dafür erforderliche Feldstärke — vorausgesetzt es existiert eine genügend hohe Ionendichte im Plasma — sehr hoch, so daß die Durchbruchspannung zwischen den Elektroden erreicht werden kann, zum anderen entsteht bei großflächigen Emissionsöffnungen ein stark defokussierter Ionenstrahl, da das Feld nur an den Randgebieten der Emissionsöffnungen wirksam wird und sich eine konvexe Plasmagrenze einstellt; für eine ausreichende Fokussierung muß der Elektrodenabstand größer sein, als der Durchmesser der Emissionsöffnungen. Um stromstarke Ionenstrahlen großen Querschnittes bei ausreichender Strahlfokussierung und vertretbaren Extraktionsspannungen zu erhalten, werden Extraktionselektrodensystemen mit mehreren nebeneinander angeordneten Extraktionsöffnungen bzw. Extraktionssonden mit mehreren Kanälen verwendet [32, 33, 34]. Voraussetzung für eine homogene Ionendichte im extrahierten Ionenstrahl ist eine homogene Ionendichte in der Plasmagrenzschicht von der Emissionselektrode bzw. Extraktionssonde. Bei inhomogener Verteilung der Ionendichte in der Plasmagrenzschicht kann die Größe und Verteilung der Öffnungen im Elektrodensystem so gewählt werden, daß eine annähernd homogene Dichte im extrahierten Ionenstrahl entsteht, wobei jedoch eine Verringerung des extrahierten Gesamtionenstromes zu verzeichnen ist.

3.4.4.3. Plasma-Ionenquellen

Eine Vielzahl unterschiedlicher Ionenquellentypen ist in den letzten vier Jahrzehnten für die Erzeugung von Ionenstrahlen der verschiedensten Elemente und Verbindungen zum Zwecke massenanalytischer Materialanalysen entwickelt worden. Die hierzu erforderlichen Ionenstromstärken sind meistens gering und liegen im Mikroampere-Bereich. Es werden z. B. Elektronenstoß-Ionenquellen, Ionenstoß-Ionenquellen, Feldionisations-Ionenquellen (insbesondere für kurzlebige Ionen), Elektronenanlagerungs-Ionenquellen und verschiedene Arten von Plasma-Ionenquellen verwendet [11, 16, 27]. Die Entwicklung leistungsfähiger Ionenquellen wird durch die zunehmende Bedeutung der Verfahren der Ionentechnologie, durch die Versuche zur gesteuerten Kernfusion mit Hilfe von Ionenstrahlen und durch den Einsatz von Raumfahrt-Ionentriebwerken stimuliert. Für diese Anwendungen werden im wesentlichen folgende Plasma-Ionenquellen eingesetzt:

Duoplasmatron-Ionenquelle,
Hohlkatodenentladungs-Ionenquelle,
Hochfrequenzentladungs-Ionenquelle,
Niederdruckbogen-Ionenquelle.

3.4.4.3.1. Duoplasmatron-Ionenquelle

Der prinzipielle Aufbau einer Duoplasmatron-Ionenquelle ist in Bild 11 schematisch dargestellt. Die Bogenentladung brennt zwischen der Glühkatode und der gekühlten Anode durch den Kanal der Zwischenelektrode hindurch. Die Zwischenelektrode und die Anode sind zur Erzeugung eines stark inhomogenen Magnetfeldes als Polschuhe ausgebildet. Der hoch verdichtete Teil der Entladung bildet das Anodenplasma mit Teilchendichten von etwa 10^{22} m^{-3}. Die Ionenverluste durch Abfluß aus dem Anodenplasma über die Doppelschichtblase zur Katode und zur Anode werden durch die in der Zwischenelektrode nachbeschleunigten und verdichteten Elektronen hervorgerufenen Ionisationen kompensiert. Das Plasma besitzt im Hauptionisierungsraum der Anode bei Entladungsströmen von einigen Ampere eine positive Raumladung, die einen Potentialunterschied von 20 ... 25 V gegenüber der Anode erzeugt. Durch dieses Potentialgefälle werden die Ionen aus dem Plasma in Richtung zur Emissionsöffnung

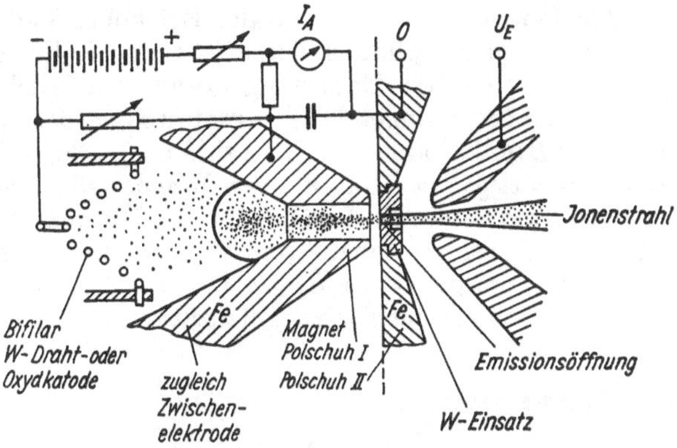

Bild 11. Duoplasmatron-Ionenquelle (schematisch), nach [16]

in der Anode beschleunigt. Zur Extraktionsseite hin ist die Emissionsöffnung zu einem Entspannungsraum erweitert, um eine Verringerung der Plasmadichte zu bewirken, damit die zur Extraktion notwendigen Extraktionsfeldstärken in Grenzen gehalten werden können (Extraktionsspannung 25 ... 70 kV). Eine eingehende Beschreibung von Duoplasmatron-Ionenquellen ist in [27] enthalten.

3.4.4.3.2. Hohlkatodenentladungs-Ionenquelle

Bei der Hohlkatoden-Ionenquelle erfolgt eine geometrische Konzentration des Plasmas durch die Formgebung des Entladungsraumes (Hohlkatode), so daß auf ein Magnetfeld verzichtet werden kann. Da die Hohlkatode in Richtung der elektrischen Feldlinien im wesentlichen konkave Flächen besitzt, wird eine bessere Ausnutzung der emittierten Elektronen erreicht. Bild 12 zeigt schematisch den Querschnitt durch

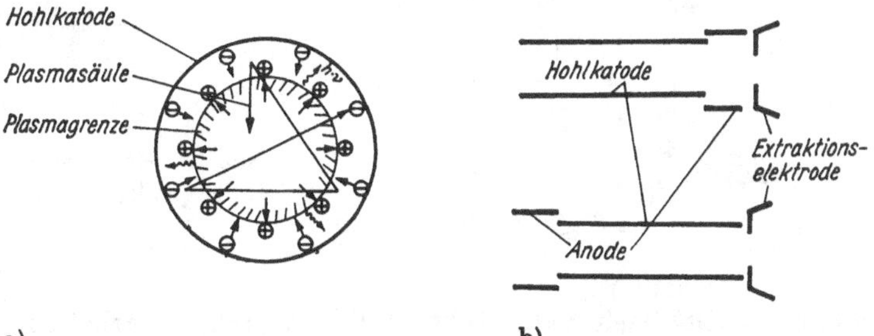

a) b)

Bild 12. Querschnitt durch die Hohlkatodenentladung (a), Anordnung von Anoden und Extraktionselektrode am gleichen bzw. entgegengesetzten Ende der Hohlkatode (b)

eine Hohlkatode (a) sowie die mögliche Anordnung der Extraktionselektrode und der Anode am gleichen bzw. entgegengesetzten Ende der Hohlkatode (b). Bei Herausbildung der Plasmasäule fällt nahezu die gesamte Anodenspannung zwischen der Säule und der zylindrischen Hohlkatode ab. Die von der Hohlkatode vorwiegend durch Glühemission (Hohlkatodenbogenentladung) emittierten Elektronen erreichen die Plasmasäule mit einer der Anodenspannung entsprechenden Energie, führen Ionisationsakte aus, werden durch Reflexion an der gegenüberliegenden Wand radial gehalten und driften in axialer Richtung. Die Elektronenemission wird verstärkt durch Einfall von Ionen, von metastabilen angeregten Neutralteilchen und von Photonen

(Rekombinationsstrahlung des Plasmas) auf die Katode. Bei hoher Ladungsträgerkonzentration im Plasma kann auch der Volumen-Fotoeffekt eine Rolle bei der Ionisation spielen. Die geringen Abmessungen des Entladungsraumes ermöglichen Arbeitstemperaturen von 2000 °C bei relativ geringer Leistungsaufnahme der Ionenquelle. Ausführliche Beschreibungen der Hohlkatodenentladung sind in [35, 36, 37] enthalten. In unserem Bereich wird gegenwärtig eine Hohlkatoden-Ionenquelle mit folgenden Abmessungen und Parametern erprobt [38]: Länge 50 mm, Durchmesser 25 mm, Leistungsaufnahme 25 W, extrahierter Ar-Ionenstrom 2 mA, Ionenenergie 6 keV. Hohlkatoden-Ionenquellen werden beispielsweise eingesetzt zur Erzeugung schwerer Ionen für Anwendungen auf dem Gebiete der Ionenimplantation.

3.4.4.3.3. Hochfrequenzentladungs-Ionenquelle

Für den Betrieb von HF-Ionenquellen werden sowohl die E- als auch die H-Entladung verwendet; für die Extraktion der Ionen gelangt vorwiegend die negative Extraktionssonde zum Einsatz. Die das Plasmapotential bestimmende Anode und die Extraktionselektrode können wahlweise am gleichen oder an den entgegengesetzten Enden des Entladungsraumes angeordnet werden. In Bild 13 ist eine HF-Ionenquelle

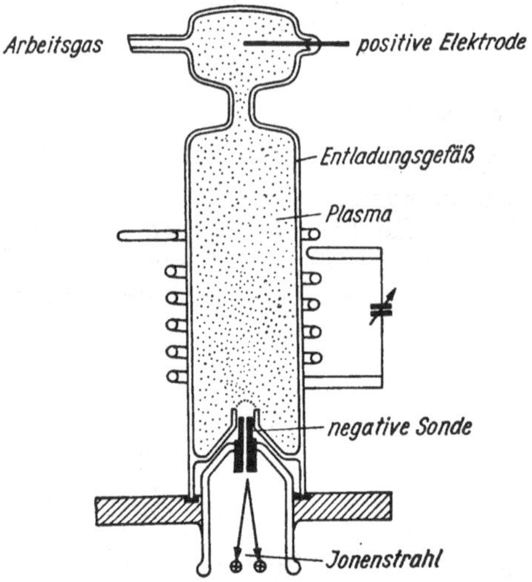

Bild 13. Hochfrequenzentladungs-Ionenquelle, nach [27]

mit H-Entladung schematisch dargestellt. HF-Ionenquellen arbeiten vorwiegend bei Frequenzen zwischen 10 und 100 MHz, einem Druck im Entladungsraum von $1 \dots 5 \cdot 10^{-2}$ Torr und Leistungsaufnahmen von einigen hundert Watt; die Ionenstromstärke beträgt dabei bis zu einigen Milliampere. Durch Parallelschalten mehrerer Extraktionssonden kann der extrahierte Ionenstrom erhöht werden. Aus sieben Extraktionssonden wurden beispielsweise 16 mA Ionen extrahiert [27]. Mit Hilfe einer Vielzahl von Extraktionssonden — der Gesamtdurchmesser des Extraktionssiebes betrug 200 mm — erhielt Loeb [34] 450 mA Hg^+-Ionen mit 3 keV Energie bei einer Gesamtleistungsaufnahme der Ionenquelle (Ionentriebwerk für Raumfahrzwecke) von 1350 W.

3.4.4.3.4. Niederdruckbogen-Ionenquelle mit magnetisch geführter Elektronenpendelung

Das Elektrodensystem der Niederdruckbogen-Ionenquelle besteht aus der Glühkatode, dem Anodenzylinder und der Gegenkatode mit den Emissionsöffnungen für den Ionenstrahl (Bild 14). Durch die Wirkung des elektrischen und magnetischen Feldes (70 ... 200 Gauss) pendeln die von der Glühkatode emittierten Primärelektronen in einer Potentialmulde auf Spiralbahnen innerhalb eines „Elektronenschlauches" zwischen der Glüh- und der Gegenkatode, wodurch sich die zurückgelegte Wegstrecke und damit die Ionisierungswahrscheinlichkeit erheblich vergrößert. Die Ionisierungsprozesse werden vorwiegend im Bereich des Elektronenschlauches durch unelastische Wechselwirkung der Primärelektronen mit den Neutralgasteilchen hervorgerufen; die entstehenden Ionen kompensieren teilweise die negative Raumladung vor der Katode (Herausbildung der elektrischen Doppelschicht), was eine erhöhte Elektronenemission

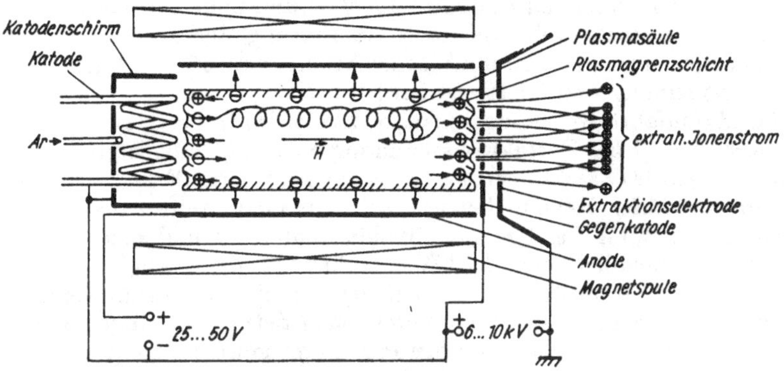

Bild 14. Wirkungsweise der Niederdruckbogen-Ionenquelle mit magnetisch geführter Elektronenpendelung

und damit auch eine erhöhte Ionisation zur Folge hat. Dieser Prozeß führt zu einer stabilen Bogenentladung bei Drücken im 10^{-4} Torr-Bereich und zur Entstehung einer Plasmasäule zwischen Glühkatode und Gegenkatode. Der Radius dieser Plasmasäule ist auf Grund der Quasineutralitätsbedingung mit dem des Elektronenschlauches nahezu identisch. Durch die Wirkung des elektrischen Feldes und durch die Wechselwirkung mit den Gasteilchen erhalten die Elektronen Impulskomponenten in radialer Richtung. Es entsteht, besonders aus den Randgebieten der Plasmasäule, ein radialer Elektronendiffusionsstrom zur Anode, der den Entladungsstrom trägt. Auf Grund der sich herausbildenden Potentialfälle fließen positive Ionenströme in Richtung Glüh- und Gegenkatode.

Aus der Plasmagrenzschicht werden die Ionen durch die Emissionsöffnungen der Gegenkatode, die als Sieb ausgebildet ist, mit Hilfe eines starken elektrischen Feldes ($3 \dots 5 \cdot 10^6$ Vm^{-1}) extrahiert, das zwischen der Gegenkatode und der vakuumseitig angebrachten Extraktionselektroden anliegt, deren Extraktionsöffnungen deckungsgleich zu den Emissionsöffnungen angeordnet sind. Voraussetzung für eine radial homogene Ionendichte im extrahierten Ionenstrahl ist eine radial homogene Ionendichte in der Plasmagrenzschicht vor der Gegenkatode. Berechnungen ergaben, daß die Homogenität der radialen Ionendichte in der Plasmagrenzschicht vor der Gegenkatode durch Verwendung einer ringförmigen Glühkatode verbessert werden kann [38]. Von Degel [39] in unserem Bereich durchgeführte Sondenmessungen an einer Niederdruckbogen-Ionenquelle mit magnetisch geführter Elektronenpendelung brachten bei 40 V Bogenspannung, 1 A Bogenstrom, einem Magnetfeld von 70 Gauss und einem Druck von $5 \cdot 10^{-4}$ Torr folgende Ergebnisse: Der Anodenfall betrug ca. 5V, d. h. das Plasmapotential liegt etwa 5 V unter dem Anodenpotential. Da über die Plasmasäule 5 ... 10 V Spannungsabfall zu erwarten sind, beträgt der Katodenfall 25 ... 30 V. Mit $G_e \approx 1$ Acm^{-2} ergibt sich eine Dunkelraumdicke von $2 \dots 3 \cdot 10^{-4}$ m,

eine mittlere Feldstärke von 7 ... 10 · 10^4 Vm^{-1} und eine maximale Feldstärke am Ort des Potentials 12,5 V von 4 · 10^6 Vm^{-1} für den Katodenfall. Die Temperatur der thermischen Elektronen wurde zu 45000 K (4 eV) ermittelt; die von der Glühkatode emittierten und im Katodenfallraum beschleunigten Elektronen besitzen eine entsprechend höhere Temperatur (ca. 25 eV), ihre Geschwindigkeitsverteilung kann jedoch von der Maxwellverteilung abweichen. Die Elektronendichte in der Plasmasäule beträgt: $n_e = 2 ... 2{,}5 \cdot 10^{18}$ m^{-3}. Bei Annahme eines konstanten Ionisierungsquerschnittes von 1,5 $Å^2$ für 25 eV-Elektronen gegenüber Argon (Bild 3) mit $n_g = 10^{19}$ m^{-3} ergibt sich $f_i \approx 5 \cdot 10^5$ Hz und $\lambda_i \approx 6{,}5$ m. Niederdruckbogen-Ionenquellen mit magnetisch geführter Elektronenpendelung werden von uns für die Ionenstrahlzerstäubung zur Herstellung dünner Schichten und zum Abtragen von Festkörperoberflächen eingesetzt, wobei je nach Ausführung der Ionenquelle mit Gesamtemissionsflächen von 12 ... 80 mm^2 Ionenströme von 15 ... 100 mA bei 6 ... 10 kV Extraktionsspannung extrahiert werden konnten.
Eine für Raumfahrtzwecke entwickelte Niederdruck-Bogenionenquelle ähnlichen Typs lieferte bei 10 kV Extraktionsspannung einen Hg^+-Ionenstrom von 1 A, wobei der Durchmesser des aus 540 nebeneinander angeordneten Emissionsöffnungen extrahierten Ionenstrahles 100 mm betrug [40]. Aus einer weiteren Variante wurde ein Ionenstrom von 2,5 A bei 300 mm Strahldurchmesser und einer Gesamtleistungsaufnahme der Ionenquelle von 2,7 kW extrahiert [41].
Obwohl die verschiedensten Ionenquellentypen eine breite Anwendung erfahren, können die gegenwärtig bekannten theoretischen Betrachtungen (z. B. in [27, 42]) nur als Arbeitsmittel zur Abschätzung der Parameter gewertet werden. Die mathematische Erfassung der plasmaphysikalischen Prozesse, der Raumladungs-, Potential- und Extraktionsbedingungen dieser Ionenquellen erfordert numerische Verfahren und den Einsatz der digitalen Rechentechnik.

Literaturverzeichnis

[1] *Mierdel, G.*: Elektrophysik. VEB Verlag Technik, Berlin 1970, S. 122, 183, 194, 188, 253, 179, 306.
[2] *Фриш, С. Э.*: Оптические спектры атомов. Государственное издательство физикоматематической литературы, Москва Ленинград 1963, стр. 55.
[3] *Чернетский, А. В.*: Введение в физику плазмы. Атомиздат, Москва 1969, стр. 87, 88, 105, 163, 165.
[4] Lehrbriefe für das Fernstudium, herausgegeben von der TU Dresden, VEB Verlag Technik, Berlin 1969, 11. Lehrbrief – Elektrophysik, S. 595, 606, 611.
[5] Kleine Enzyklopädie Atom, Struktur der Materie. Herausgeber: *C. Weißmantel* u. a., VEB Bibliografisches Institut, Leipzig 1970, S. 304.
[6] Физический энциклонедический словарь, том второй. Государственное научное издательство „Советская Энциклопедия“, Москва 1962, стр. 222.
[7] *Richards, J., J. C. Kelly*: Neutral Beam sputtering of positive ion clusters from alkali halides. In: Ion Surface Interaction, Sputtering and Related Phenomena, edited by R. Behrisch et. al.. Gordon and Breach Science Publishers, London/New York/Paris 1973, p. 191.
[8] *Penning, F. M.*: Elektrische Gasentladungen. Philips technische Bibliothek, Eindhoven/Holland 1957, S. 37.
[9] *Landau, L. D., E. M. Lifschitz*: Lehrbuch der Theoretischen Physik, Band III. Quantenmechanik. Akademie-Verlag, Berlin 1974.
[10] *Фогель, Я. М.*: Вторичная ионная эмиссия. Успехи физ. наук, **91**, Nr. 1 (1967) 75.
[11] *Carter, G., J. S. Colligon*: Ion bomardement of solids, Chapter 4, Ionic Emission. Heinemann Educational Books Ltd., London 1968, p. 75–94.
[12] *Benninghofen, A.*: Developments in secondary ion mass spectroskopy and applications to surface studies. Surface Science **53** (1975) 596–625.
[13] *Campbell III, A. B., C. B. Cooper*: J. Appl. Phys. **43** (1972) 863.
[14] Ion Surface Interaction, Sputtering and Related Phenomena, edited by R. Behrisch et al. Gordon and Break Science Publishers, London/New York/Paris 1973, p. 139–197.

[15] *Werner, H. W.*: Secondary Ion Mass Spectrometry and its Application in Thin Film and Surface Layer Research, Proc. 6th. Intern. Vacuum Congress 1974, Jap. J. Appl. Phys., Suppl. 2, Pt. 1 (1974) 367—374.
[16] *Ardenne, v. M.*: Tabellen zur angewandten Physik, Bd. I. VEB Deutscher Verlag der Wissenschaften, Berlin 1962, S. 600, 602, 606, 124, 615, 653.
[17] *Thynne, J.-C. J., K. A. G. Mac Neil, K. J. Caldwell*: Negative Ions. In: Time-of-flight mass spectrometry, Pergamon Press 1969, p. 117—170.
[18] *Hantsche, E.*: in: Einführung in die Plasmaphysik und ihre technische Anwendung. Herausgeber *G. Hertz/R. Rompe*, Akademie-Verlag, Berlin 1968, S. 37—81.
[19] *Ardenne, v. M.*: Tabellen zur angewandten Physik, Bd. II. VEB Deutscher Verlag der Wissenschaften, Berlin 1964, S. 722.
[20] *Ardenne, v. M.*: Tabellen zur angewandten Physik, Bd. III. VEB Deutscher Verlag der Wissenschaften, Berlin 1973, S. 185.
[21] *Dearnaley, G., J. H. Freemann, R. S. Nelson, J. Stephen*: Ion implantation. North-Holland Publishing Company 1973, p. 320, 311.
[22] *Rieder, W.*: Plasma und Lichtbogen. Verlag Vieweg, Braunschweig 1967
[23] *Frank-Kamenezki, D. A.*: Vorlesungen über Plasmaphysik. VEB Deutscher Verlag der Wissenschaften, Berlin 1967, S. 16—18.
[24] *Cap, F.*: Einführung in die Plasmaphysik I—III, Wissenschaftliche Taschenbücher Mathematik/Physik. Akademie-Verlag, Berlin 1970.
[25] *Jäger, J.*: Plasmadiagnostik. In: Einführung in die Plasmaphysik und ihre technische Anwendung. Herausgeber *G. Hertz / R. Rompe*, Akademie-Verlag, Berlin 1968, S. 101.
[26] Lehrbriefe für das Fernstudium, herausgegeben von der TU Dresden, VEB Verlag Technik, Berlin 1969, 12. Lehrbrief Elektrophysik, S. 666.
[27] *Габович, М. Д.*: Физика и техника плазменных источников ионов. Атомиздат, Москва 1972, стр. 58, 129, 131, 214, 91, 138, 74.
[28] *Bohm, D.*: The characteristics of electrical discharges in magnetic fields. Mc Graw-Hill Book Company Inc. 1949.
[29] *Pagel, L.*: Potential und Raumladung in Ionenstrahlen. Dissertation A, TH Karl-Marx-Stadt 1975.
[30] *Pagel, L., U. Scheit*: Numerische Berechnung des Potentialfeldes, der Ionenbahn und der Plasmagrenze im Extraktionssystem einer Ionenquelle. Wiss. Zeitschr. d. TH Karl-Marx-Stadt **17**, Heft 3 (1975) 349—355.
[31] *Rothe, H., W. Kleen*: Hochvakuum-Elektronenröhren Bd. 1. Akademische Verlagsgesellschaft MbH, Frankfurt/M. 1955.
[32] *Fiedler, O., G. Reiße*: Mehrstrahl-Ionenzerstäubungssystem zur Herstellung dünner einheitlicher oder legierter Schichten. DDR WP 76865 (1969).
[33] *Reiße, G.*: Ein Verfahren zur Herstellung dünner Schichten durch Ionenstrahlzerstäubung. Dissertation A, TH Karl-Marx-Stadt 1972.
[34] *Loeb, H. W.*: Radiofrequency ion sources for electrostatic propulsion. Proceedings of the Symposium on Ion sources and Formation of Ion Beams, Oktober 19—21 (1971), Brookhaven National Laboratory, Upton, New York, p. 9—17.
[35] Hollow cathode discharges. Proceedings of the Eleventh Internat. Conference an Phenomena in ionized gases, Prague, September 10.—14. (1973), papers p. 117—127.
[36] *Rutscher, A.*: Die Hohlkatodenentladung — physikalische Grundlagen und Anwendungen. Physik und Technik des Plasmas IV, Vorträge der Arbeitstagung in Karl-Marx-Stadt, 14.—18. 10. (1974), S. 265—276.
[37] *Sidenius, G.*: The hollow-cathode ion source. Premiere conference internationale sur les sources d'ions, Saclay-France, 18.—20. juin (1969), p. 401—411.
[38] *Scheit, U.*: Beiträge zur Entwicklung von Ionenquellen für die Ionenstrahlzerstäubung. Dissertation A, TH Karl-Marx-Stadt 1976.
[39] *Degel, W.*: Plasmauntersuchungen an Ionenquellen vom Finkelstein-Typ und Hohlkatodenionenquellen. Diplomarbeit, TH Karl-Marx-Stadt 1975.
[40] *Kramer, N. B., H. J. King*: Extraction of Dense Ion Beams from Plasmas. J. Appl. Phys. **38**, Nr. 10 (1967) p. 4019—4023.
[41] *Kerslake, W. R., P. D. Reader*: Kaufmann thruster development at Lewis Research Center (Le RC). Proceedings of the Symposium on Ion Sources and Formation of Ion Beams, October 19—21 (1971), Brookhaven National Laboratory, Upton, New York, p. 85—93.
[42] Papers in the Proceedings of the Symposium on Ion Sources and Formation of Ion Beams, October 19—21 (1971), Brookhaven National Laboratory, Upton, New York.

3.5. Bewegung freier Ladungsträger

Von *L. Pagel*

Technische Hochschule Karl-Marx-Stadt

3.5.1. Überblick über die technische Nutzung der Eigenschaften freier Ladungsträger

In der Vakuumelektronik werden die Gesetzmäßigkeiten der Bewegung freier Ladungsträger und ihre Wechselwirkung mit Festkörperoberflächen angewandt. Hierbei werden die freien Ladungsträger, Elektronen oder Ionen zur Energie- bzw. Informationsübertragung benutzt. Für das Verständnis der Wirkungsweise und für die Entwicklung von Bauelementen der Vakuumelektronik ist die Kenntnis und Anwendung der Gesetze der Bewegung freier Ladungsträger im elektrischen und magnetischen Feld eine wichtige Voraussetzung, denn zur Energieaufnahme und -abgabe sowie zur Steuerung der Bewegung wird fast ausschließlich die Wechselwirkung der Teilchen mit elektrischen und magnetischen Feldern und Festkörperoberflächen genutzt.
In den meisten Anwendungsfällen wird zuerst eine gerichtete Bewegung der Elektronen oder Ionen erzeugt. Hierbei werden statische oder quasistatische elektrische und magnetische Felder angewandt, die die Teilchen beschleunigen und führen, wie es beispielsweise bei der Erzeugung und Führung von Elektronen- oder Ionenstrahlen der Fall ist. Da die Beeinflussung der Bewegung der Teilchen durch Kraftwirkung in elektrischen und magnetischen Feldern geschieht, ist es notwendig, ein Feld zu erzeugen, das die Teilchen in der gewünschten Weise führt bzw. steuert.
Ausgehend von der Tatsache, daß bei der Entwicklung elektronischer Anordnungen eine Vorausberechnung der Teilchenbahnen und der durch eine Elektrodenanordnung erzeugten Feldverteilung sowie die Diagnostik vorhandener Felder wünschenswert ist, werden Methoden zur Feld- und Bahnberechnung diskutiert. Weiterhin werden einige Methoden zur Diagnostik von elektrischen Potentialfeldern vorgestellt. Hierbei werden die Wechselwirkungen der Teilchen mit elektromagnetischen Wellen, wie es in der Höchstfrequenztechnik (Wanderfeldröhren) üblich ist, nicht betrachtet. Aber auch bei diesen Anordnungen werden zur Führung der Teilchen statische bzw. langsam veränderliche Felder benutzt.
Der Schwerpunkt unserer Betrachtungen wird auf der Lösung der nichtrelativistischen Bewegungsgleichung der Teilchen im Zusammenhang mit der Feldberechnung liegen.

3.5.2. Physikalische Grundlagen der Bewegung freier Ladungsträger

3.5.2.1. Grundgleichungen

Für die mathematische Behandlung der Bewegung freier Ladungsträger ist es günstig, die Bewegung der Teilchen unter dem Einfluß makroskopischer Felder zu ermitteln und die mikroskopische Wechselwirkung der Teilchen untereinander durch makroskopische Größen (z. B. Quellen und Senken) zu berücksichtigen.
Die Bewegungsgleichung für ein Teilchen mit der Masse m und der Ladung q im elektrischen Feld mit dem Potential u und dem magnetischen Feld der Flußdichte $\boldsymbol{B}$

lautet:

$$\frac{d^2\boldsymbol{r}}{dt^2} = \frac{q}{m}\,\text{grad}\,(u) + \frac{q}{m}(\boldsymbol{v} \times \boldsymbol{B})\,. \tag{1}$$

$\boldsymbol{r}$ ist der Ort und $\boldsymbol{v}$ die Geschwindigkeit der Teilchen.

Um diese Gleichung lösen zu können, müssen die Verteilung des Potentials u und des Magnetfeldes bekannt sein. Zur Berechnung des Potentialfeldes kann die Poisson-Gleichung herangezogen werden:

$$\Delta u = -\frac{\varrho}{\varepsilon}\,. \tag{2}$$

Die Raumladungsdichte ϱ ergibt sich im eindimensionalen Fall zu

$$\varrho = \frac{j}{v} \tag{3}$$

oder allgemeiner aus der Kontinuitätsgleichung

$$\text{div}\,\boldsymbol{j} = \text{div}\,\boldsymbol{v} + \text{grad}\,\varrho v = -\frac{d\varrho}{dt} \tag{4}$$

Hierbei ist j die Stromdichte.
Zur Berechnung der magnetischen Feldstärke **H** (bzw. der Flußdichte **B**) kann bei vorgegebener Stromverteilung **J** das Durchflutungsgesetz

$$\frac{1}{\mu}\oint \boldsymbol{B}\,d\boldsymbol{r} = \int_A \boldsymbol{J}\,d\boldsymbol{A} \tag{5}$$

oder das Biot-Savartsche-Gesetz

$$\boldsymbol{B} = \frac{I}{4\pi\mu}\int \frac{d\boldsymbol{s} \times \boldsymbol{r}}{r^3} \tag{6}$$

benutzt werden.
Bei starken Strömen geladener Teilchen werden die Felder durch die Teilchen beeinflußt, so daß die Bewegungsgleichung gekoppelt mit den Feldgleichungen gelöst werden muß. Das Magnetfeld wird gemäß Durchflutungsgesetz durch die Teilchen, die ja einen Strom darstellen, verändert. Die Rückwirkung dieses Feldanteils auf die Bewegung der Teilchen wollen wir vernachlässigen, sie wird nur für den relativistischen Fall bedeutsam. Dagegen kann die Raumladungswirkung geladener Teilchen deren Bewegung stark beeinflussen, wie es bei der Raumladungsbegrenzung von Strömen der Fall ist.

3.5.2.2. Randbedingungen

Als Randbedingungen für die Potentialfeldberechnung fungieren die Potentiale auf der Oberfläche des zu untersuchenden (zusammenhängenden) Raumes. In vielen Fällen werden diese der geerdete Rezipient und die Elektroden der Vakuumapparatur sein. Isolierende Teile, die von geladenen Teilchen getroffen werden, erhalten ein Potential, das sich aus der Aufladung der Oberfläche ergibt. In den meisten Fällen wird sich eine Flächenladung ausbilden, die dann das Potential im Raum wiederum beeinflußt.
Die Startkoordinaten und -geschwindigkeiten der einzelnen Teilchen bestimmen oft den Bahnverlauf wesentlich und beeinflussen somit Raumladung und Potential. Als Quellen für Teilchen fungieren Prozesse wie der β- und γ-Prozeß.

Oft können auch Ionen- und Elektronenquellen verschiedener Bauarten nur durch Startkoordinaten (Ort der Quelle) und Startgeschwindigkeiten (Beschleunigungsspannung der Quelle) charakterisiert werden.
Für die Magnetfeldberechnung kann die Stromdichteverteilung in der erzeugenden Anordnung (z. B. Spule) als Randbedingung angesehen werden.

3.5.2.3. Ähnlichkeitsbetrachtungen

Eine Lösung der Grundgleichungen kann durch Multiplikation der unabhängigen Variablen mit einem konstanten Faktor (Maßstabsänderung) wieder in eine Lösung dieser Gleichungen überführt werden. Diese Tatsache gibt uns in einer Reihe wichtiger Fälle die Möglichkeit, wesentliche Schlüsse über die Bewegung der Teilchen zu ziehen, ohne die Gleichungen explizit zu lösen. Die Bedingungen, die bei derartigen Transformationen einzuhalten sind, können durch Einsetzen dieser Faktoren in die Gleichung erhalten werden.
Werden die Maßstabsfaktoren zu den physikalischen Größen t, $\boldsymbol{r}$, $\boldsymbol{v}$, q, m, u, ϱ, μ, $\boldsymbol{j}$, $\boldsymbol{J}$ $\boldsymbol{B}$ mit $\mathbf{t}$, $\mathbf{r}$, $\mathbf{v}$, $\mathbf{q}$, $\mathbf{m}$, $\mathbf{u}$, $\mathbf{P}$, $\mathbf{M}$, $\mathbf{j}$, $\mathbf{J}$, $\mathbf{B}$ bezeichnet, so lauten die Gleichungen:

$$\frac{\mathrm{d}^2\boldsymbol{r}}{\mathrm{d}t^2} = \frac{\mathbf{tqu}}{\mathbf{r}^2\mathbf{m}} \cdot \frac{q}{m} \operatorname{grad} u + \frac{\mathbf{qvBt}}{\mathbf{r}^2\mathbf{m}} \frac{q}{m} (\boldsymbol{v} \times \boldsymbol{B}) \,, \tag{7}$$

$$\Delta u = \frac{\mathbf{Pr}^2}{\mathbf{u}} \frac{\varrho}{\varepsilon} \,, \tag{8}$$

$$\boldsymbol{v} = \frac{\mathbf{r}}{\mathbf{tv}} \cdot \frac{\mathrm{d}\boldsymbol{r}}{\mathrm{d}t} \,, \tag{9}$$

$$\varrho \operatorname{div} \boldsymbol{v} + \operatorname{grad} \varrho v = \frac{\mathbf{j}}{\mathbf{Pv}} \operatorname{div} \boldsymbol{j} \,, \tag{10}$$

$$\frac{1}{\mu} \oint \boldsymbol{B} \,\mathrm{d}\boldsymbol{r} = \frac{\mathbf{MJr}}{\mathbf{B}} \int \boldsymbol{J} \,\mathrm{d}\boldsymbol{A} \,. \tag{11}$$

Werden die Terme, in denen die Maßstabsfaktoren zusammengefaßt sind, gleich 1 gesetzt, so verändert die dazugehörige Transformation die Gleichungen nicht. Die Maßstabsfaktoren müssen deshalb folgende Bedingungen erfüllen:

$\mathbf{tqu} = \mathbf{r}^2\mathbf{m}$	(12)	$\mathbf{j} = \mathbf{Pv}$	(13)
$\mathbf{Pr} = \mathbf{u}$	(14)	$\mathbf{B} = \mathbf{MJr}$	(15)
$\mathbf{r} = \mathbf{tv}$	(16)	$\mathbf{qvBt} = \mathbf{r}^2\mathbf{m}$	(17).

Vier dieser 11 Faktoren können beliebig vorgegeben werden, die restlichen werden durch die Gleichungen (12) bis (17) festgelegt.
Die Transformationskonstanten können nicht nur als dimensionslose Konstanten verwendet werden, sondern sie können mit den Maßeinheiten der entsprechenden Größe versehen werden. Dann erhalten wir normierte Größen. Wir wollen im folgenden den für die Anwendung wichtigen Fall der Bewegung der Ladungsträger im stationären elektrischen Feld mit Raumladung näher betrachten.
Für die Praxis ist es günstig, einige Größen, die sich leicht aus anderen berechnen lassen, zu eliminieren. Dadurch wird die Anwendung, die an einigen Beispielen demonstriert werden soll, übersichtlich. Ein Beispiel ist die Beziehung

$$\mathbf{u}^3 = \mathbf{r}^4\mathbf{mj} \,, \tag{18}$$

die durch Elimination von $\mathbf{P}$, $\mathbf{t}$ und $\mathbf{v}$ sowie durch Nullsetzen von $\mathbf{J}$ entstanden ist.

Für Strahlen geladener Teilchen ergeben sich aus (18) beispielsweise folgende Eigenschaften:

- Die Teilchenbahnen bleiben unverändert, wenn bei einer Verdopplung der Beschleunigungsspannung (**U** = 2) der Teilchenstrom auf den 2,8fachen Wert ansteigt oder die Masse der Teilchen auf das Achtfache vergrößert wird.
- Die Teilchenbahnen bleiben ähnlich, wenn bei einer Verdopplung des Abstandes Quelle — Target (**R** = 2) der Teilchenstrom auf $^1/_4$ oder die Masse der Teilchen bei gleicher Beschleunigungsspannung auf $^1/_6$ reduziert wird.
- Alle Ergebnisse, die z. B. für Ar^+-Ionen gelten, können für H^+-Ionen verwendet werden, wenn die Potentiale mit 0,27 multipliziert werden oder die Stromdichten auf das 6,3-fache erhöht oder alle Längen mit 2,5 multipliziert werden.
- Beim Übergang von Ar^+-Ionen zu Elektronen ist demnach **U** = 0,023, **I** = 200 oder **R** = 14.

3.5.3. Überblick und Diskussion von Methoden zur Ermittlung von Teilchenbahnen und Potentialfeldern

Die Grundgleichungen enthalten als wichtigste Gleichungen die Poisson-Gleichung und die Bewegungsgleichung. Beide Gleichungen müssen unter Berücksichtigung der Randbedingungen gleichzeitig (gekoppelt) gelöst werden.
Die Lösungsmethoden können in drei Gruppen eingeteilt werden: Ermittlung durch analytische Lösung der Gleichungen, durch numerische Lösung und durch Lösung mit Hilfe von universellen und speziellen Analogrechnern (Modelle). Den Methoden zur direkten Messung des Potentialfeldes (Diagnostik von Potentialfeldern) kommt besondere Bedeutung zu, da sie es gestatten, das Potentialfeld am realen System, ohne Vernachlässigungen und vereinfachende Annahmen zu ermitteln.
Die einzelnen Verfahren werden erläutert und ihr Einsatz an typischen Beispielen demonstriert. Weiterhin werden ihre Genauigkeit und ihre Einsatzmöglichkeiten diskutiert.

3.5.3.1. Methoden zur Lösung der Poisson-Gleichung

3.5.3.1.1. Analytische Methoden

Analytische Methoden sind besonders zur Ermittlung des Potentialfeldes einfacher Anordnung geeignet, da die Lösung unter komplizierten Randbedingungen in den meisten Fällen auf erhebliche Schwierigkeiten stößt. Sie werden deshalb vorwiegend zur Berechnung der Felder typischer Anordnungen (z. B. Feldverläufe in Linsen, an Spitzen, zur Berechnung des Durchgriffes in Elektronenröhren usw.) angewendet. Da die Randbedingungen in den meisten Fällen idealisiert vorgegeben werden müssen, sind die Lösungen für praktische Anwendungen oft nur Näherungslösungen.
Als wichtigste Lösungsmethoden sind die Trennung der Variablen, die Operatorenmethode, die Spiegelungsmethode, die Inversionsmethode und die Methode der konformen Abbildung zu nennen. Der Wahl eines geeigneten Koordinatensystems (angepaßte Koordinaten) kommt große Bedeutung zu. Einzelheiten, weitere spezielle Methoden und eine große Zahl von Beispielen sind in [4] zu finden.

3.5.3.1.2. Numerische Methoden

Die numerischen Methoden beruhen auf dem Ersetzen der Differentialquotienten durch Differenzenquotienten. Die Differentialgleichung geht in ein System linearer

algebraischer Gleichungen über. An Stelle der Differentialgleichung muß ein lineares Gleichungssystem meist hoher Dimension gelöst werden.
Das Potential- und das Raumladungsfeld wird durch Angabe der Potentiale an Rasterpunkten im Raum angegeben. Im einfachsten Falle sind die Rasterpunkte äquidistant angeordnet. Sind e_x, e_y, e_z die Einheitsvektoren und h ihr kleinster Abstand, so haben die Punkte die Koordinaten $r = h(e_x i + e_y j + e_z k)$. Hierbei laufen i, j und k im Falle eines kubusförmigen Raumes von 0 bis ig, jg, bzw. kg. Der Raum enthält dann $(ig + 1)(jg + 1)(kg + 1)$ Rasterpunkte.
Zur Ableitung der gewünschten Differenzengleichungen werden die Potentiale in der Umgebung eines Punktes, der durch i, j, k gekennzeichnet ist, in eine Taylor-Reihe nach Potenzen von h entwickelt. Summiert man die Reihenentwicklungen der Potentiale an den 6 Nachbarpunkten, so bleiben nur noch Glieder gerader Ordnung. Die Glieder zweiter Ordnung sind mit der linken Seite der Poisson-Gleichung identisch und können durch die rechte Seite ersetzt werden. Wählt man das Netz der Rasterpunkte so eng, daß Glieder vierter und höherer Ordnung vernachlässigt werden können, so gilt:

$$u_{i,j,k} = \frac{1}{6}\left(u_{i+1,j,k} + u_{i-1,j,k} + u_{i,j+1,k} + u_{i,j-1,k} + u_{i,j,k+1} + u_{i,j,k-1}\right) + \frac{\varrho_{i,j,k}}{\varepsilon} \tag{19}$$

und für Rotationssymmetrie:

$$u_{r,z} = \frac{1}{4}\left(u_{r+1,z} + u_{r-1,z} + u_{r,z+1} + u_{r,z-1}\right) + \frac{u_{r+1,z} - u_{r-1,z}}{8}\,\frac{h}{r} + \frac{\varrho_{r,z}}{\varepsilon} h^2 . \tag{20}$$

Für $r = 0$ gilt:

$$u_{0,z} = \frac{1}{6}\left(u_{0,z} + u_{0,z+1}\right) + \frac{2}{3} u_{1,z} + \frac{\varrho_{0z}}{\varepsilon} h^2 . \tag{21}$$

Für jeden Rasterpunkt, der nicht auf der Oberfläche des Raumes liegt, wird eine solche Gleichung angegeben. In praktischen Fällen besteht das Gleichungssystem aus einigen tausend Gleichungen. Die obere Grenze wird durch die Speicherkapazität und Rechengeschwindigkeit der zur Lösung des Gleichungssystemes verwendeten Rechenanlage begrenzt. Zur Lösung des Gleichungssystems wird meistens ein Näherungsverfahren, das Relaxationsverfahren, benutzt.
Große Bedeutung kommt der Konvergenzgeschwindigkeit bei der Lösung des Gleichungssystems zu. Im folgenden soll das Verfahren der Relaxation und deren Konvergenzbeschleunigung kurz erläutert werden.
Geht man von einem Gleichungssystem $AX = X - BX = C$ (X: Vektor im n-dimensionalen Vektorraum über der Menge der komplexen Zahlen, A: Matrix mit n Zeilen und Spalten, diag $(B) = 0$, det $(A) = 0$) aus, so lautet die Iterationsvorschrift für die Überrelaxation (Successive-Over-Relaxation, SCR):

$$X_{m+1} = X + \omega(C + LX_{m+1} - X_m + RX_m) , \tag{22}$$

X_0 beliebig, $m = 0, 1, 2, \ldots$.

Hierbei sind L und R ($B = L + R$) Dreiecksmatrizen und ω ein Faktor, der die Konvergenz wesentlich beeinflußt. Das Verfahren konvergiert, wenn $0 < \omega < 2$ ist. Für $\omega = 1$ geht die SCR in das Einzelschrittverfahren über. Die Wahl eines geeigneten ω ist problematisch. *Knorrich* und *Koller* [1] lassen es während der Rechnung von 1 auf 1,9 kontinuierlich wachsen.

Die Lösung der Poisson-Gleichung mit Hilfe der SCR hat breite Anwendung gefunden, denn es liefert sehr genaue Lösungen unter beliebigen Randbedingungen. Durch die hohe Konvergenzgeschwindigkeit wird das Verfahren beim Einsatz der EDV sehr ökonomisch.

3.5.3.1.3. Lösung mit Hilfe von Analogrechnern

a) *Programmierung universeller Analogrechner*

Universelle Analogrechner bieten sich besonders zur Lösung der eindimensionalen Poisson-Gleichung an. Hierbei können die Raumladungsprofile durch Funktionsgeneratoren bzw. Unterprogramme vorgegeben werden.
Zur Lösung partieller Differentialgleichungen wird vor allen Dingen die Differenzmethode eingesetzt. In Anwendung dieses Verfahrens werden die Differentialquotienten bis auf einen durch Differenzenquotienten ersetzt.
Für die Lösung der zwei- bzw. dreidimensionalen Poisson-Gleichung ist dieses Verfahren auch anwendbar. Es ist bei einer geringen Anzahl von Rasterpunkten nicht besonders genau. Eine Erhöhung der Genauigkeit ist durch eine Verfeinerung des Rasters möglich. Allerdings steigt hierbei besonders im dreidimensionalen Fall die Zahl der benötigten Rechenelemente sehr stark an. Die Genauigkeit, mit der komplizierte Randbedingungen vorgegeben werden können, ist für viele Anwendungen zu gering. Diese und andere Methoden (Methode der Trennung der Variablen, direkte Methoden der Variationsrechnung) werden von *Sydow* [2] ausführlich beschrieben.
Zusammenfassend kann gesagt werden, daß besonders eindimensionale Probleme auf universellen Analogrechnern wegen ihrer einfachen Programmierung gut behandelt werden können. Es können sehr schnell und mit geringen Kosten eine große Anzahl von Lösungen erhalten werden, so daß man sich in kurzer Zeit einen Überblick über das Verhalten der Differentialgleichung verschaffen kann. Bei komplizierten Randbedingungen und höheren Genauigkeitsanforderungen sind numerische Methoden vorzuziehen.

b) *Modellierung auf speziellen Analogrechnern*

Unter speziellen Analogrechnern sollen Anlagen (Modelle) verstanden werden, deren Verhalten durch einen bestimmten Typ von Differentialgleichungen beschrieben wird und die zur Lösung dieser Gleichungen eingesetzt werden.
Als wichtigste Modelle zur Lösung der Poisson-Gleichung können das Widerstandsnetzwerk, der elektrolytische Trog und die Gummimembran angesehen werden. Die größte Bedeutung hat das Widerstandsnetzwerk, da die Raumladung durch Einspeisung von Strömen in die Knotenpunkte auf günstige Weise berücksichtigt werden kann und da es die genauesten Lösungen liefert. Der elektrolytische Trog ist zur Ermittlung raumladungsbeschwerter Felder nur im zweidimensionalen Fall durch Verwendung eines plastisch verformbaren Bodens des Troges (Änderung der Dicke der Wasserschicht je nach Raumladung) anwendbar. Dieses Verfahren ist umständlich und nicht sehr genau. Weniger bekannt ist, daß an Stelle der Leitungsströme im Elektrolyten Verschiebungsströme eingesetzt werden können. Hierzu wird an die Elektroden der zu vermessenden Anordnung oder deren Modell eine Wechselspannung angelegt. Eine kapazitive Sonde vermißt das Feld. Raumladungen können nicht berücksichtigt werden. Die Anwendung der Gummimembran ist auf ebene Probleme beschränkt. Die Raumladung kann durch zusätzliche Kräfte, die von unten auf die Membran wirken, vorgegeben werden.
Die Bedeutung dieser analogen Methoden nimmt mit der Verbesserung der digitalen Rechenautomaten (Senkung des Preises einer Operation, Erhöhung der Speicherkapazität) ständig ab.

3.5.3.2. Methoden zur Lösung der Bewegungsgleichung in einem vorgegebenen Potentialfeld

3.5.3.2.1. Analytische Methoden

Eine direkte Lösung der Bewegungsgleichung eines geladenen Teilchens in einem elektrischen Feld

$$\frac{m}{q}\,\frac{\mathrm{d}^2\boldsymbol{r}}{\mathrm{d}t^2} = -\mathrm{grad}\,(u) \tag{23}$$

oder des äquivalenten Variationsproblemes (Prinzip der kleinsten Wirkung)

$$\int_{r_1}^{r_2} \sqrt{2qmu}\,\mathrm{d}r = \min \tag{24}$$

ist nur in speziellen Fällen möglich. Voraussetzung für eine analytische Lösung ist, daß das Potentialfeld ebenfalls in einer analytischen Form vorliegt. In praktischen Anwendungsfällen wird die Poisson-Gleichung meist nicht analytisch gelöst, so daß die analytischen Methoden in diesen Fällen nicht angewendet werden können.

3.5.3.2.2. Numerische Methoden

Zur Lösung der Bewegungsgleichung werden in den meisten Fällen numerische Methoden in Verbindung mit digitalen Rechenautomaten eingesetzt.
Von *Worster* [3] wird zur Integration der Bewegungsgleichung von Elektronen in einem durch die Angabe von Potentialen an Rasterpunkten dargestellten rotationssymmetrischen Potentialfeld nach Elimination der Zeit das Runge-Kutta-Verfahren angewendet. Um die Genauigkeit der Bahnberechnung zu steigern, wird das Potential zwischen den Rasterpunkten nach einer speziellen Interpolationsformel (nicht linear) berechnet.
In [4] werden einige graphische Methoden angegeben, die als Grundlage für numerische Verfahren verwendet werden können. Hierbei wird das Feld in Bereiche gleichen Potentials aufgeteilt. Die Bahnänderungen werden nach dem elektronenoptischen Brechungsgesetz, nach der Parabelmethode nach Hepp oder nach der Kreisbogenmethode von Slinger bestimmt.
Um Raumladungsprobleme lösen zu können, muß zusätzlich zum Potentialfeld und der Teilchenbahn das Raumladungsfeld berechnet werden. Dieses Feld wird durch die Teilchenbahnen, die Teilchengeschwinigkeiten und die vorgegebene Stromdichte bestimmt und muß bei der Berechnung des Potentialfeldes berücksichtigt werden.

3.5.3.2.3. Lösung mit Hilfe von Analogrechnern

Universelle Analogrechner sind zur Lösung der Bewegungsgleichung in zwei- und dreidimensionalen Feldern wenig geeignet, da die Darstellung bzw. die Speicherung des Feldes im allgemeinen Fall erhebliche Schwierigkeiten bereitet. Im eindimensionalen Fall (Berechnung der Geschwindigkeit aus dem Potential) sind Analogrechner gut geeignet, wenn gleichzeitig das Potential errechnet wird und während der Rechnung ständig zur Verfügung steht.
Besonders einfach können Teilchenbahnen in zweidimensionalen Feldern ermittelt werden, wenn das Potentialfeld mit Hilfe einer Gummimembran nachgebildet wird. Die Bahn ist mit der Bahn einer auf der Membran laufenden Kugel identisch.
Weiterhin sind von *Gabor* [5] und *Langmuir* [6] voll- bzw. halbautomatische Apparate zur Aufzeichnung von Elektronenbahnen mit Hilfe des elektrolytischen Troges angegeben worden, die auf der Kreisbogenmethode beruhen.

Wallmark [7] schickt zur Bestimmung von Elektronenbahnen einen feinen Strahl in das nachgebildete Feld und benutzt zur Sichtbarmachung der Elektronen ein Füllgas mit einem Druck von 10^{-4} bis 10^{-5} Torr. Bei diesem Druck wirkt sich die Störung des Feldes durch die Ladung der entstehenden Ionen wenig aus. Zur Registrierung der schwachen Lichteindrücke kommen photographische Methoden (sehr lange Belichtungszeit) zur Anwendung.
Diese Methoden sind für universelle Anwendungen wenig geeignet, da die Anordnungen für jeden Anwendungsfall umgebaut werden müssen.

3.5.3.3. Kombinierte Lösung der Poisson- und der Bewegungsgleichung

3.5.3.3.1. Analytische Methoden

a) *Der eindimensionale Fall*

Einige wesentliche Raumladungseffekte wie der Hysteresiseffekt, die bei Strahlen hoher Perveance beobachtet werden, können in besonders übersichtlicher Weise bei der eindimensionalen Lösung der Poisson- und der Bewegungsgleichung studiert werden. Die Gleichungen lauten für den eindimensionalen Fall:

$$\frac{\mathrm{d}^2u}{\mathrm{d}x^2} = -\frac{\varrho}{\varepsilon}, \tag{25}$$

$$\frac{\mathrm{d}^2x}{\mathrm{d}t^2} = -\frac{q}{m}\frac{\mathrm{d}u}{\mathrm{d}x}. \tag{26}$$

Setzt man $\varrho = j/v$ und $v - \sqrt{2qu/m}$ in diese Gleichungen und eliminiert v, so erhält man

$$\frac{\mathrm{d}^2u}{\mathrm{d}t^2} = -\frac{j}{\varepsilon}\left(\frac{m}{2q}\right)^{1/2} u^{-1/2}. \tag{27}$$

Als Randbedingungen werden die Potentiale $u(1)$, $u(0)$ und die Geschwindigkeit $v(0)$ angegeben.
Eine analytische Lösung dieser Gleichung ist von Plato, Kleen und Rothe in [8] angegeben worden. Für den Fall $v(0) = 0$ geht die Lösung in das Langmuir-Childsche Raumladungsgesetz über.

b) *Zweidimensionale Näherung*

Das Verhalten von Strahlen geladener Teilchen kann im feldfreien Raum unter dem Einfluß ihrer Raumladung bei kleinen Perveancen durch Vernachlässigung der Feldkomponente in Strahlrichtung berechnet werden (Bild 1), da diese Komponente in diesem Fall nicht wesentlich zur Strahlverbreitung beiträgt.

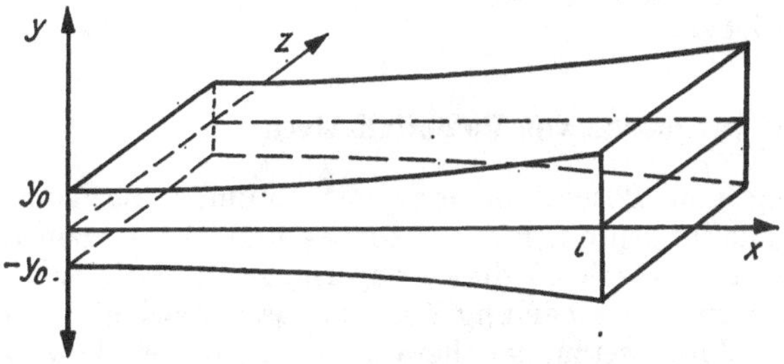

Bild 1. Schematische Darstellung eines Ionenstrahles, der von einer Ionenquelle mit schlitzförmigem Extraktionssystem erzeugt wird

Für die transversale Feldstärke am Rande eines flachen Strahles erhält man aus der Poisson-Gleichung

$$E_y = \frac{I}{2lv\varepsilon}\,. \tag{28}$$

Die Bewegungsgleichung für ein Randteilchen ist

$$\frac{\mathrm{d}^2y}{\mathrm{d}t^2} = \frac{q}{m}E_y\,. \tag{29}$$

Die Gleichung für die Bahn der Randteilchen lautet dann

$$\frac{\mathrm{d}^2y}{\mathrm{d}x^2} = \frac{\mathrm{d}^2y}{\mathrm{d}t^2}\frac{1}{v^2} = \frac{I}{4(2q/m)^{1/2}u_b^{3/2}} = A\,. \tag{30}$$

Die Integration ergibt einen parabelförmigen Bahnverlauf.

$$y = \frac{A}{2}x^2 + x\cdot\tan\gamma_0 + b_0\,. \tag{31}$$

Der kleinste Querschnitt folgt aus der Bedingung $\mathrm{d}y/\mathrm{d}x = 0$.

$$y_{\min} = b_0 - \frac{\tan^2\gamma_0}{2b}\,, \qquad x_{\min} = -\frac{\tan^2\gamma_0}{A}\,. \tag{32}$$

Für $\tan\gamma_0 = -\sqrt{2b_0A}$ wird $y_{\min} = 0$. Wird $\tan\gamma_0 < -\sqrt{2b_0A}$, so überschneiden sich die Teilchenbahnen.
Für Strahlen mit rundem Querschnitt ist die Verbreiterung auf ähnliche Weise in [4] berechnet worden. Für diesen Fall ist ein Überschneiden der Teilchenbahnen nicht mehr möglich.

3.5.3.3.2. Numerische Methoden

Zur numerischen Lösung der Grundgleichungen kann besonders im eindimensionalen Fall das Runge-Kutta-Verfahren oder im zwei- bzw. im dreidimensionalen Fall das im vorigen Abschnitt beschriebene iterative Verfahren unter Anwendung numerischer Methoden zur Potentialfeldberechnung (Relaxationsverfahren) und zur Teilchenbahnberechnung benutzt werden. Dieses Verfahren konvergiert schnell und ist bei Anwendung der EDV sehr genau.
Von *Sayegh*, *Alais* und *Sagot* [9] und *Sechovocov* [10] wurden Programme entwickelt, die die Raumladung bei der Feld- und Teilchenbahnberechnung berücksichtigen. Diese Programme sind nur zur Berechnung rotationssymmetrischer Probleme geeignet, wobei die Bewegung der Teilchen auf die Strahlrichtung beschränkt ist.
Ein Verfahren zur Lösung von Raumladungsproblemen unter Berücksichtigung der Sekundärelektronen und uneingeschränkter Bewegungsrichtung der Teilchen wird in [11] ausführlich beschrieben.

3.5.3.4. Methoden zur Diagnostik von Potentialfeldern

Der direkten Ermittlung von Potentialfeldern mit Raumladung kommt bei der Untersuchung von Raumladungsproblemen in Ionen- und Elektronenstrahlen eine besondere Bedeutung zu. Ein Vergleich dieser experimentell ermittelten Felder mit berechneten Feldern kann zur Entscheidung über die Bauchbarkeit der bei den Berechnungen verwendeten Voraussetzungen herangezogen werden bzw. kann dabei die Wirkung der vernachlässigten Effekte (z. B. Sekundärteilchenemission) untersucht werden.

3.5.3.4.1. Die glühende Sonde

Wird in ein Potentialfeld eine elektronenemittierende Sonde gebracht, so nimmt diese ein Potential an, das durch die thermische Geschwindigkeit der von der Sonde emittierten Elektronen um etwa 1 V negativer als das Potential am Ort der Sonde ist. Dieses Potential kann elektrostatisch gemessen werden. Der Nachteil dieser Sonde besteht darin, daß die Elektronen die Raumladung verfälschen und durch die leitende Verbindung von der glühenden Sonde zum Elektrometer dem Feld eine Äquipotentiallinie aufgezwungen wird. Die Sonde verfälscht das Potential nur dann nicht, wenn die Zuleitung auf eine Äquipotentiallinie gebracht wird, was z. B. in ebenen Feldern gut möglich ist.

3.5.3.4.2. Influenzierende Sonde

Wird ein vertikal hängender und einseitig beweglicher dünner Metallfaden, der sich an einer leitenden Sonde befindet, in das Feld gebracht, so bewegt sich der Faden, wenn an den Stab eine Spannung gelegt wird, die mit dem Raumpotential am Ort der Sonde nicht übereinstimmt.
Nur wenn Raumpotential und angelegtes Potential gleich sind, bewegt sich der Faden beim Anlegen des Potentiales nicht. Der wesentliche Vorteil dieser Methode besteht darin, daß sie gut in raumladungsbeschwerten Feldern anwendbar ist. Die Zuleitung wird, ebenso wie bei der glühenden Sonde, im allgemeinen Fall das Potentialfeld stören.

3.5.3.4.3. Der Elektronenstrahl als Sonde

Bereits 1926 wurde von *Wehnelt* und *Bley* [12] die Ablenkung eines Elektronenstrahles in einem Feld zum qualitativen Nachweis der virtuellen Katode in Elektronenröhren benutzt.
Elektronenstrahlen werden besonders zur Untersuchung rotationssymmetrischer Felder herangezogen. *Nitsche* [13] und *Büchler* [14] behandeln den Einsatz von Elektronenstrahlen zur Ermittlung der Potentialverteilung in einer HF-Gasentladung bzw. im Katodenfallraum einer mit Gleichspannung überlagerten HF-Entladung.
Diese Methode hat den Vorteil, daß bei genügender Empfindlichkeit der Registriereinrichtung mit sehr kleinen Elektronenströmen gemessen werden kann. Das Feld wird durch die Raumladung des Elektronenstrahles praktisch nicht gestört.
Die Methode wird wegen ihrer guten Empfindlichkeit und geringen Störung des zu vermessenden Feldes weiterentwickelt, so daß sie zur Diagnostik beliebiger Raumladungsfelder eingesetzt werden kann. Eine experimentelle Anordung, die störsicher aufgebaut ist und in vorhandene Apparaturen zur Feldvermessung nachträglich eingebaut werden kann, wird in [11 beschrieben.

Literaturverzeichnis

[1] *Knorrich, K., Koller, A.*: Digitale Berechnung von ebenen und rotationssymmetrischen Potentialfeldern mit beliebigen Randbedingungen. VDE-Verlag Berlin 1971 (ETZ-Report 5, 18B6).
[2] *Sydow, A.*: Programmierungstechnik für elektronische Analogrechner. VEB Verlag Technik, Berlin 1964.
[3] *Worster, J.*: Digital computer studies of electron guns for electron microscopes. Int. J. Electronics 28, No. 2 (1970)
[4] *Rothe, H., Kleen, W.*: Hochvakuum-Elektronenröhren Bd. 1. Akademische Verlagsgesellschaft M.B.H., Frankfurt/M. 1955.
[5] *Gabor, D.*: Mechanical tracer for electron trajectories. Nature 139 (1937) 373.
[6] *Langmuir, B. B.*: An automatic plotter for electron trajectories. RCA Rev. 11 (1950) 143—154.

[7] *Wallmark, J. T.*: Space charge spread of reflected electron beams studied by a photographic method. J. appl. Phys. **24** (1953) 590–597.
[8] *Plato, G., Kleen, W., Rothe, H.*: Die Raumladung für Elektronen mit Anfangsgeschwindigkeit. Z. Phys. **101** (1936) 509–520.
[9] *Sayegh, G., Alais, M., Sagot, J.*: A Programm for Elektron Guns Computation Application to a 500 kW Power Gun.
[10] *Sechovocov, V.*: Computer Programm for the Simulation of High Intensity Beam of Charged Particles in Rotationally Symmetrie Geometry. Czech. J. Phys. **B21** (1971).
[11] *Pagel, L.*: Potential und Raumladung in Ionenstrahlen. Dissertation, TH Karl-Marx-Stadt 1973.
[12] *Wehnelt, A., Bley, H.*: Ein experimenteller Nachweis der Raumladung. Z. Phys. **35** (1926) 338–345.
[13] *Nitschke, E.*: Feldverteilung in HF-Gasentladungen, untersucht mit einer Elektronenstrahlsonde. Dissertation, Köln 1955.
[14] *Büchler, H.*: Die Potentialverteilung im Kathodenfallraum einer mit Gleichspannung überlagerten HF-Gasentladung. Dissertation, TH Karlsruhe 1959.

4. Konstruktive Realisierung und Technologie vakuumelektronischer Bauelemente

4.1. Metallische Werkstoffe für die Vakuumelektronik / Unedle Metalle und Legierungen

Von *R. Kupfer*

Bereich Forschung und Entwicklung des VEB Halbzeugwerk Auerhammer

Die Bereitstellung geeigneter Werkstoffe übt gegenwärtig in der ganzen Welt einen nicht unwesentlichen Einfluß auf das Entwicklungstempo vieler Wirtschaftszweige aus. Nicht selten wird die Möglichkeit und die Optimierung der Entwicklung und Herstellung eines Erzeugnisses durch die Qualität der zur Verfügung stehenden Werkstoffe bestimmt.

Die Eigenschaften des Werkstoffes, der Aufwand und die Sicherheit bei der Herstellung, seine gleichbleibende Qualität und die Deckung des bestehenden Bedarfs, vor allem aber auch der bei der Anwendung erreichte Ausnutzungsgrad seiner Eigenschaften bestimmen den volkswirtschaftlichen Effekt des Werkstoffeinsatzes [1].

Wie bei allen speziellen Anwendungszwecken wird die Auswahl und Verarbeitung in der Vakuumelektronik unter Beachtung wesentlich anderer Gesichtspunkte als in der übrigen Technik vorgenommen [2]. Die in der Vakuum- und Mikroelektronik speziellen und teilweise sehr unterschiedlichen Bedingungen erfordern oft schwierig zu vereinende Eigenschaftskombinationen. Genaue Kenntnisse der Eigenschaften und ihrer Beeinflußbarkeit, die kritische Auswahl und sorgfältige Kontrolle der Eigenschaften sowie eine verständnisvolle Verarbeitung sind bei der Verwendung dieser Werkstoffe in besonders hohem Maße erforderlich.

4.1.1. Einteilung der Werkstoffe für die Vakuum- und Mikroelektronik / grundsätzliche Eigenschaften / Besonderheiten der Verwendung

Die Einteilung der Werkstoffe für die Vakuum- und Mikroelektronik kann nach zwei Gesichtspunkten vorgenommen werden: nach ihrer chemischen Zusammensetzung bzw. Zuordnung zu Elementgruppen und zum anderen nach ihrem Einsatz bei der Anwendung im Bauelement.

Tabelle 1 gibt einen Überblick der Werkstoffe nach der Einteilung entsprechend ihrer chemischen Zusammensetzung. Wir unterscheiden drei große Gruppen, wenn man die Halbleiter- und Getterwerkstoffe nicht berücksichtigt:

a) Die Edelmetalle und deren Legierungen. Ihre Verwendung beschränkt sich auf ganz spezielle Anwendungsfälle, für die sie z. Z. noch nicht ersetzbar sind.

b) Die hochschmelzenden Metalle und Legierungen. Auch sie werden nur für mechanisch und thermisch hochbeanspruchte Bauteile verwendet.

c) Die unedlen Metalle und deren Legierungen. Diese Werkstoffgruppe hat in den letzten Jahrzehnten in der Vakuumtechnik, Elektronik und jetzt auch in der Mikroelektronik eine hohe Bedeutung erlangt. Nach der Entdeckung der Anomalien der thermischen Ausdehnung der FeNi-Legierungen durch *Chevenard* [3] wurde diese Legierungsreihe sehr intensiv erforscht (z. B. [4]). Es wurde festgestellt, daß sich bei diesen Werkstoffen durch Änderung des Ni-Gehaltes zwischen 36% und 60% der thermische Ausdehnungskoeffizient kontinuierlich im Bereich des Wärme-

Tabelle 1. Metallische Werkstoffe für die Vakuum- und Mikroelektronik[1]), Einteilung nach der chemischen Zusammensetzung

Gruppe	Element bzw. Legierungen	Hauptanwendungsgebiete
Edelmetalle u. Legierungen	Pt, Au, Ag, Pd, Rh, Ru, Os, Ir, AuSi, AgCu, AgPt, AgPd, AgPdCu	spez. Einschmelzungen, spez. Gitterdrähte, Niete u. hochbelastete Elektroden, Oxidträger, Überzüge, Spiegel, Lote
Hochschmelzende Metalle u. Legierungen	W, Mo, Nb, Re, Ta, WMo, TaW	mechanisch u. thermisch hochbeanspruchte Anoden, Steuergitter, Gitterdrähte, Halter, Ösen, Abschirmungen u. Kontakte, Einschmelzungen f. Hartgläser
unedle Metalle u. Legierungen	Ni, Fe, Co, Cu, FeNi, FeNiCr, FeNiCo, FeCr, CuNi, Fe-Band mit Ni; Al oder Ni-Al-plattiert, CuSn6	Röhreneinbau- u. Katodenwerkstoffe, Legierung für Glas-Metall-Einschmelzungen u. Keramik-Metall-Verbindungen, Trägerstreifenwerkstoffe

[1]) Halbleiterwerkstoffe und Getterwerkstoffe sind nicht angeführt

Tabelle 2. Metallische Werkstoffe für die Vakuum- und Mikroelektronik[1]), Einteilung nach ihrer Verwendung

Verwendungszweck	Werkstoffe	Grundforderungen an die Eigenschaften
Glas-Metall- u. Keramik-Metall-Verbindungen	Einschmelz- u. Ausdehnungslegierungen FeNi, FeNiCr, FeNiCo, FeCr, TGL 24329	Wärmeausdehnungseigenschaften, Reinheit, Oberflächenbeschaffenheit, mechanische Eigenschaften, Anglasbarkeit, Lötfähigkeit
Trägerstreifen f. Festkörperschaltkreise u. Miniplasttransistoren	FeNi, FeNiCo, Fe, CuSn6	Oberfläche, Abmessungstoleranzen, Veredlungsfähigkeit, mechanische Eigenschaften, Wärmeausdehnungseigenschaften, Bondfähigkeit
Röhreneinbauwerkstoffe	Ni, Fe, Ni-Leg., CuNi, P2-, N2- u. PN-Band[2]), CuSn6	mechanische Eigenschaften, gute Wärmeleitfähigkeit bzw. gutes Wärmereflexionsvermögen, geringe Gasabgabewerte bei Erwärmung
Katodenwerkstoffe (Träger f. Oxidkatoden)	Ni, Ni-Leg. mit Zusätzen von Mg, W, Mn, WZr TGL 8281	hohe Reinheit, mechanische Eigenschaften, geringe Gasabgabewerte bei Erwärmung
Heizleiterwerkstoffe	W, Mo, NiCr	elektrischer Widerstand, hohe thermische Belastbarkeit, mechanische Eigenschaften, geringe Gasabgabewerte bei Erwärmung

[1]) ohne Halbleiter- und Getterwerkstoffe

[2]) N2-Band Eisenband beidseitig Ni-plattiert
P2-Band Eisenband beidseitig Al-plattiert
PN-Band Eisenband einseitig Al-, einseitig Ni-plattiert

ausdehnungskoeffizienten vieler technischer Gläser und keramischer Werkstoffe einstellen läßt ([2], S. 341). Dadurch haben diese Legierungen als Verbindungspartner für Glas-Metall- und Keramik-Metall-Verbindungen eine große Bedeutung erlangt.
In Tabelle 2 ist die Einteilung der Werkstoffe für die Vakuumtechnik und Elektronik vom Gesichtspunkt ihrer Verwendung zusammengestellt. Man kann hier unterscheiden:

a) Die Einschmelz- und Ausdehnungslegierungen für Glas-Metall- und Keramik-Metall-Verbindungen.
b) Werkstoffe für Trägerstreifen zur Herstellung von Miniplasttransistoren, Festkörperschaltkreisen (MOS-Feldeffekttransistoren und -Schaltkreise).
c) Röhreneinbauwerkstoffe
d) Trägerwerkstoffe für Oxidkatoden
e) Heizleiterwerkstoffe für Elektronenröhren.

In den folgenden Ausführungen werden die Werkstoffe auf der Basis der unedlen Metalle und deren Legierungen behandelt. Als Hauptbestandteile kommen hier in Betracht die Elemente Fe, Ni, Co, ev. Cu, Cr.

4.1.1.1. Grundsätzliche Eigenschaften und Besonderheiten bei der Verwendung

Die metallischen Werkstoffe für die Vakuum- und Mikroelektronik gehören zur Gruppe der Sonderwerkstoffe. Im allgemeinen bezeichnet man als Sonderwerkstoffe Metalle, Legierungen und intermetallische Phasen, die sich durch besondere physikalische oder chemische Eigenschaften auszeichnen. Sie übernehmen bei ihrer Anwendung unter Ausnutzung dieser speziellen Eigenschaften im Bauelement sogenannte funktionssichernde Eigenschaften.
Man bezeichnet diese Werkstoffgruppe auch häufig als Funktionswerkstoffe zur Unterscheidung von den Konstruktionswerkstoffen. Die an einen Werkstoff zu stellenden technischen Forderungen werden vom Verwendungszweck und der Art der weiteren Verarbeitung bestimmt. Sie sollen alle notwendigen Voraussetzungen beinhalten, die seine Verarbeitbarkeit und die Gewährleistung der Funktionstüchtigkeit des daraus hergestellten Bauelementes sichern. Dabei gilt der Grundsatz, die Forderungen so hoch wie notwendig, und nicht so hoch wie möglich zu stellen.
Bei den Sonderwerkstoffen, und das gilt auch für die hier behandelten Werkstoffe läßt sich der allgemeine Trend zu den Werkstofforderungen wie folgt zusammen, fassen:

— hochgezüchtete physikalische und chemische sowie technologische Eigenschaften, (Erreichung der theoretisch möglichen Werte werden angestrebt),
— hohe Ansprüche an die Beschaffenheit des Werkstoffes (Abmessungen, Toleranzen, Oberflächenbeschaffenheit u. a.),
— Kopplung verschiedener Eigenschaften und Forderungen an die Beschaffenheit (oft sind diese Forderungen widersprüchlich).

Insgesamt gesehen wird ein Werkstoff mit auf den speziellen Anwendungsfall zugeschnittenen Forderungen an Eigenschaften und Beschaffenheit verlangt, das heißt, ein „*Werkstoff nach Maß*".
Für den Werkstoff-Hersteller bedeutet das, daß er nicht nur die Einhaltung der ausschlaggebenden physikalischen Eigenschaften zu sichern hat, sondern daß ihm auch die Erfüllung einer Reihe scheinbar nebensächlicher Forderungen auferlegt werden. Daraus ergibt sich eine Einengung des technologischen Spielraumes und ein hoher Aufwand an wissenschaftlich-technischem Vorlauf, an technologischer Überwachung des Produktionsprozesses sowie der Qualitätskontrolle in den einzelnen Produktionsstufen und am Fertigerzeugnis.

Die Anwendung neuester Erkenntnisse der Metallphysik und Metallurgie sowie der Einsatz vollkommener Technologien und zweckmäßiger Ausrüstungen sind in einem Betrieb, der Sonderwerkstoffe erzeugt, eine notwendige Voraussetzung. Das heißt, nur ein Betrieb mit hoher wissenschaftlich-technischer Produktionskultur ist in der Lage, moderne Werkstoffe mit besonderen physikalischen Eigenschaften zu erzeugen.

4.1.2. Allgemeine und spezielle Forderungen an die Werkstoffe für die Vakuum- und Mikroelektronik

Durch den Verwendungszweck eines Werkstoffes werden seine notwendigen Voraussetzungen für die Verarbeitbarkeit und die Funktionstüchtigkeit des hergestellten Bauelementes bestimmt. Diese Voraussetzungen sind als technische Forderungen in den Standards (TGL) oder in den technischen Liefer- und Abnahmebedingungen festzulegen. Durch diese Bedingungen, die die Produktionssicherheit beim Bauelementehersteller gewährleisten, in Verbindung mit dem Preis wird der Gebrauchswert des Werkstoffes für einen bestimmten Anwendungsfall bestimmt.

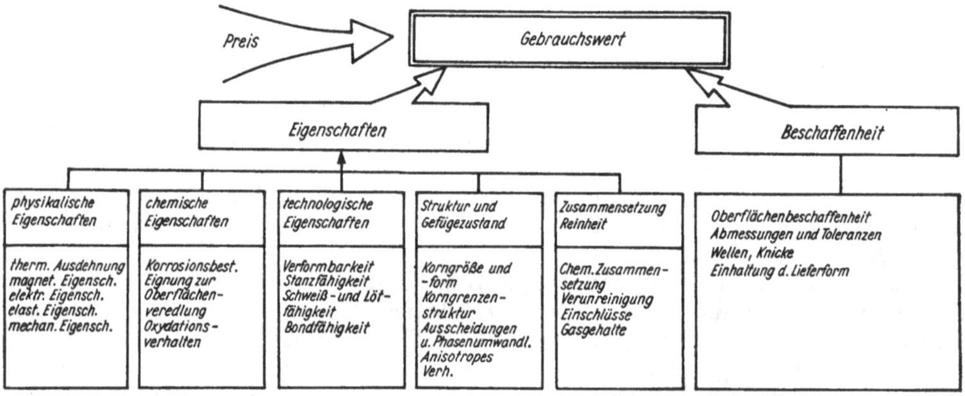

Bild 1. Schematische Darstellung der Faktoren, die den Gebrauchswert von Sonderwerkstoffen bestimmen

Bild 1 zeigt schematisch die den Gebrauchswert eines Werkstoffes bestimmenden Faktoren. Dabei sichern sowohl die Eigenschaften als auch die Beschaffenheit die Verarbeitbarkeit und Funktionstüchtigkeit.

Unter *Eigenschaften* wollen wir die durch die Zusammensetzung, die Struktur und das Gefüge sowie durch den technologischen Bearbeitungszustand bedingten Eigenheiten des Werkstoffes verstehen. Sie werden wesentlich durch die technologische Vorgeschichte bestimmt. Wie aus Bild 1 hervorgeht, handelt es sich sowohl um unterschiedliche physikalische, chemische und technologische Eigenschaften als auch um den Struktur- und Gefügezustand sowie um Zusammensetzung und Reinheit.

Die *Beschaffenheit* eines Werkstoffes beinhaltet schließlich alle Eigenheiten, die durch äußere Einflüsse bei der Herstellung, Verarbeitung, Lagerung und beim Transport hervorgerufen werden. Zu ihnen gehören z. B. die Abmessungen und deren Toleranzen, die Oberflächenbeschaffenheit, die Einhaltung der Form u. a.

Die Forderungen für einen bestimmten Anwendungsfall sind spezifisch, und sie treten in jedem Falle als eine Kombination von Eigenschafts- und Beschaffenheitsmerkmalen auf. Sie bilden in der Summe die technischen Güte- und Lieferbedingungen. Die Aufgabe des Werkstoff-Herstellers ist es, bei der Entwicklung und Produktion des Werkstoffes durch geeignete technologische Maßnahmen die Sicherung dieser Bedingung zu garantieren. Der Bauelementehersteller muß bei der Verarbeitung durch Wahl geeigneter Verarbeitungsverfahren und Beanspruchungskriterien dafür Sorge tragen, daß keine Verschlechterung bzw. ungewünschte Veränderung der Eigenschaften eintreten kann. Um dies zu sichern, sind Kenntnisse über die funktionellen Zusammenhänge aller Faktoren, die Eigenschaften und Beschaffenheit beeinflussen, erforderlich.

4.1.3. Die Verwendung von Werkstoffen mit definiertem linearem Wärmeausdehnungsverhalten

Am Beispiel dieser Werkstoffgruppe [5] soll dargelegt werden, wie im Verlaufe eines relativ kurzen Zeitraumes durch das Einsetzen neuer Entwicklungsphasen in der Vakuum- und Mikroelektronik das Einsatzgebiet und die Forderungen starken Änderungen unterworfen sind. Die Bedeutung dieser Werkstoffe war in den letzten 20 Jahren oft umstritten, eben durch das Einsetzen neuer Entwicklungsphasen in der Elektronik. Infolge der Variationsbreite ihrer Eigenschaften haben sie sich jedoch unter unterschiedlichen Einsatzbedingungen bewährt. In Tab. 3 sind die wichtigsten Ver-

Tabelle 3. Einschmelzlegierungen — Verwendung und Forderungen

Erzeugnis	Produktionsart	Art der Verbindung	Forderungen
Röntgenröhren, Glühventile, Bild- und Oszillographenröhren, Glasgerätetechnik, Zählrohre	Kleinserien- und Einzelanfertigung, tlw. automatisierte Fertigung mittlerer Seriengröße (Bildröhren)	Glas-Metall	Wärmeausdehnung, Reinheit, Oxydationsverhalten, Haftfestigkeit des Glases
Transistorensockel geschützte Kontakte u. a.	Automatisierte Großserienfertigung	Glas-Metall	Wärmeausdehnung, Reinheit, Oxydationsverhalten, Haftfestigkeit, magnetische Eigenschaften, mechanische Eigenschaften, enge Abmessungstoleranzen, Veredelbarkeit
Hochleistungssenderöhren, hochbeanspruchte Isolatoren	Einzelanfertigung bis zur automatisierten Serienfertigung	Keramik-Lot-Metall	Wärmeausdehnung, Reinheit, Lötfähigkeit, Lotbruchverhalten, Oberflächenbeschaffenheit, Abmessungstoleranzen, Veredelbarkeit
Elektronische Kleinstbauelemente: Miniplasttransistoren, Festkörperschaltkreise, Schwingquarze	hochautomatisierte Großserienfertigung	Metall-Glaslot; Metall-Lot-Keramik; Metall-Plast; Metall-AuSi-Eutektikum; Metall-Al-Schichten	Oberflächenbeschaffenheit, Abmessungstoleranzen, Korrosionsverhalten, Löt- und Bondbarkeit, elektrolytisch polierbar und veredelbar (Ag, Ni, Au). Mechanische Eigenschaften. Volle oder partielle Beschichtung mit Cu, Al, Ni, Sandwichmaterial

wendungsgebiete dieser Legierungsgruppe sowie die technischen Forderungen zusammengestellt.
Obwohl die Glas-Metall-Verbindung auch weiterhin eine große Rolle in der Vakuumtechnik und -elektronik spielt, kann man diesen Verwendungsfall bereits als klassisch bezeichnen. Man unterscheidet nach der Produktionsart beim Bauelementehersteller zwischen der Kleinserienfertigung und der Großserienfertigung. In Bild 2 sind ver-

Bild 2. Verschiedene Glas-Metall-Verbindungen in der Vakuumtechnik, Beispiele für Kleinserienfertigung

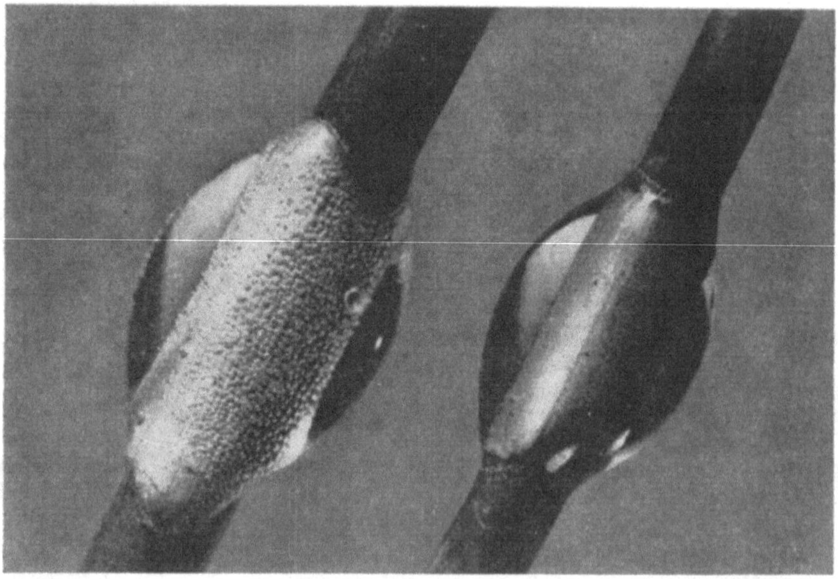

Bild 3. Beispiel für eine fehlerhafte (Glasblasen) und eine einwandfreie Glas-Metall-Verbindung

schiedene Beispiele von Glas-Metall-Verbindungen der Kleinserienfertigung gezeigt. Hier kommt es vor allem auf Eigenschaften wie thermische Ausdehnung, Knickpunkt, Reinheit, Haftfestigkeit des Glases usw. an. In Bild 3 ist die Wirkung von Verunreinigungen im Werkstoff gezeigt. Beim Einschmelzprozeß treten Gase aus, in der Verbindungsebene zwischen Glas und Metall bilden sich Gasblasen, die Verbindung ist nicht vakuumdicht.
Mit der sprunghaften Entwicklung der Daten- und Informationserfassungs-, -verarbeitungs- und- übertragungstechnik ergab sich ein enorm ansteigender Bedarf an elektronischen Bauelementen. Die automatisierte Fertigung von Kleinteilen mit geringer Größe und Masse wie Glasdurchführungen für Transistoren, Schutzrohrkontakte u. a. (Beispiele sind in Bild 4 gezeigt) stellte zwangsläufig neue Forderungen an die verwendeten Werkstoffe. Zu den schon bekannten Forderungen traten zusätzlich neue einzuhaltende magnetische und mechanische Eigenschaften sowie enge Abmessungstoleranzen, verbesserte Oberflächenbeschaffenheit und die Möglichkeit der Oberflächenveredlung hinzu.

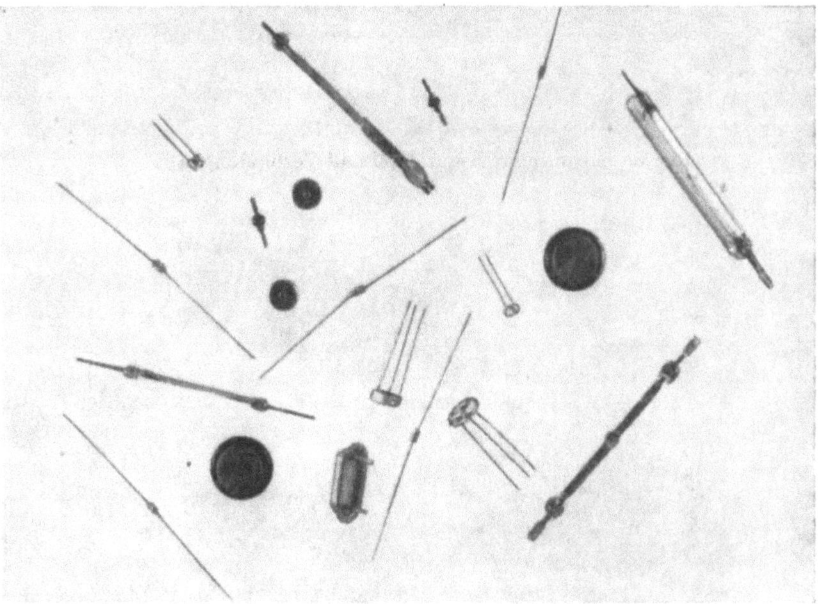

Bild 4. Beispiele für massearme Kleinteile mit Glas-Metall-Verbindungen

Für spezielle Anwendungsfälle mußte die thermische Belastbarkeit der Bauelemente und Systeme erhöht werden. Mit dem Einsatz von Keramik (Al_2O_3 bzw. Forsterit) als vakuumtechnisches und elektrisches Isoliermaterial wurde dies gelöst. Neue Verbindungstechniken mußten entwickelt werden. Sie wurden durch den Lötprozeß ermöglicht, nachdem man es verstand, genügend haftfeste Metallschichten auf die Keramik aufzubringen [7, 8]. In Bild 5 sind Beispiele für solche Keramik-Metall-Verbindungen abgebildet. Als neues Qualitätsproblem trat die Forderung nach Lötbarkeit und nach Lotbruchunempfindlichkeit auf. Dieses Problem wird uns in einem späteren Abschnitt noch beschäftigen.
Die Weiterentwicklung der Transistortechnik mit dem Ziel einer weiteren Verdichtung elektronischer Systeme auf kleinstem Raum führte zu Bauteilen der Mikroelektronik wie Miniplasttransistoren, MOS-Feldeffekttransistoren, MOS-Schaltkreise u. a. In einem derartigen Bauelement lassen sich auf kleinstem Raum eine hohe Anzahl von Einzelschaltungen zum integrierten Schaltkreis zusammenfassen. Der Automatisierungsgrad kann stark erhöht werden, die Kosten und Ausschußraten sinken.

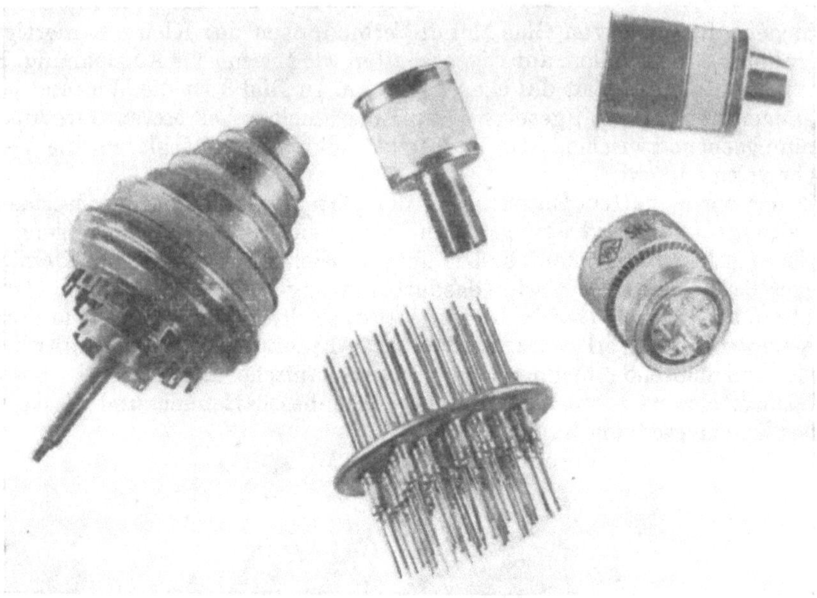

Bild 5. Beispiele für Keramik-Metall-Verbindungen

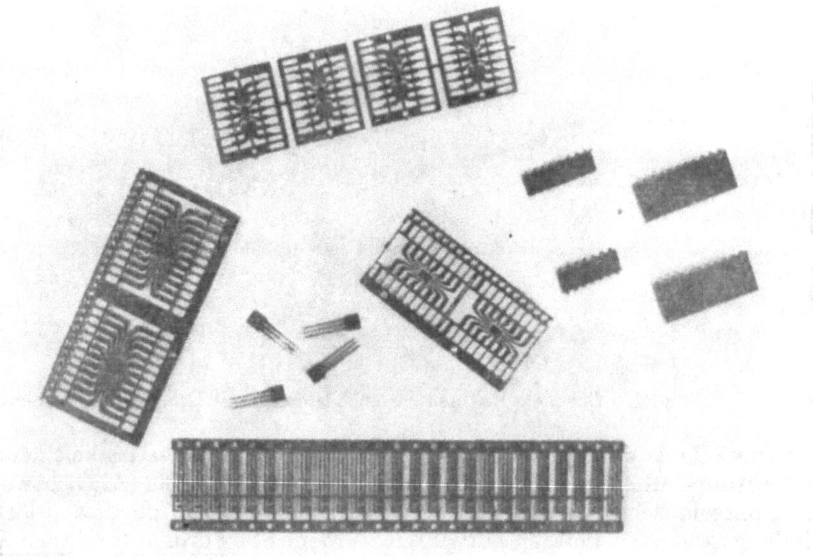

Bild 6. Trägerwerkstoffe und mikroelektronische Bauteile

An die verwendeten Werkstoffe (als Trägerwerkstoffe, Bild 6) mußten infolge ihrer neuen Funktionsaufgaben neue Eigenschaftsforderungen gestellt werden, wie sie aus der Tabelle 3 hervorgehen.
Bei einem neuen Anwendungsfall greift man oft auf schon bekannte Werkstoffe zurück. Eine Reihe von Eigenschaften sind bekannt, und es wird versucht, durch Zusatzforderungen den Werkstoff dem neuen Anwendungsfall anzupassen. Um sich ein Urteil über diese Möglichkeiten bilden zu können, ist es zweckmäßig, einige Möglichkeiten der Beeinflussung der Eigenschaften zu kennen.

4.1.4. Möglichkeiten der Beeinflussung der Werkstoffeigenschaften bei der Herstellung und Verwendung

Die Einhaltung der an einen Werkstoff gestellten Forderungen hinsichtlich seiner Eigenschaften und Beschaffenheit setzt Kenntnisse über die funktionellen Zusammenhänge aller Faktoren voraus, die sich beeinflussen. Ganz allgemein gilt:

Zusammensetzung + *Struktur* u. *Gefüge* → *Eigenschaften.*

So dargestellt, erscheinen die Zusammenhänge recht einfach und beherrschbar. Man muß jedoch berücksichtigen, daß neben den Eigenschaften noch Beschaffenheitsmerkmale eingehalten werden müssen, außerdem treten immer Kombinationen von Forderungen auf. Zum anderen werden sowohl die Zusammensetzung als auch die Struktur- und Gefügebeschaffenheit von einer nahezu unübersehbaren Reihe von Faktoren bestimmt, die sowohl bei der Herstellung als auch bei der Verarbeitung und Beanspruchung im Bauteil auftreten können.

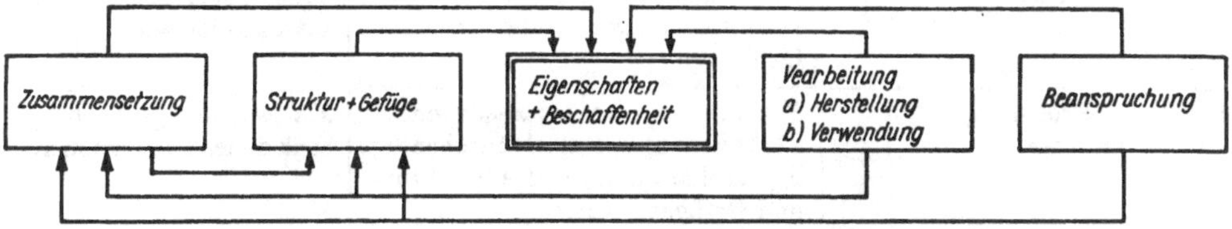

Bild 7. Schematische Darstellung der Faktoren der direkten und indirekten Beeinflussung der Eigenschaften und Beschaffenheit [10]

In Bild 7 wird versucht, die grundsätzlichen Faktoren der Beeinflussung der Eigenschaften und Beschaffenheit schematisch darzustellen. Diese Beeinflussung kann direkt erfolgen, sie ist aber auch indirekt möglich. So kann z. B. bei der Wärmebehandlung des Werkstoffes im Verarbeitungsprozeß eine direkte Beeinflussung der Oberflächenbeschaffenheit (Auftreten von Oxidschichtbildung) auftreten. Im gleichen Arbeitsprozeß erfolgt jedoch auch eine indirekte Beeinflussung der Eigenschaften durch die mit der Wärmebehandlung verbundenen Struktur- und Gefügeänderungen.
Durch selektive Oxydation kann ohne Zweifel gleichzeitig eine mit einer Eigenschaftsänderung verbundene Veränderung der Zusammensetzung auftreten. Beispiele für die praktische Wirkung werden in den weiteren Abschnitten dargelegt.
Schlußfolgernd muß festgestellt werden, daß zur Beurteilung eines Werkstoffzustandes unbedingt seine technologische Vorgeschichte betrachtet werden muß. Das gilt sowohl für die Herstellungs- als auch für die Verarbeitungsphase.

4.1.4.1. Beeinflussung der Werkstoffeigenschaften im Herstellungsprozeß

Am Beispiel der Werkstoffe mit definiertem linearem Wärmeausdehnungsverhalten soll ein Einblick in die funktionellen Zusammenhänge der Wirkung einzelner Beeinflussungsfaktoren bei der Herstellung gegeben werden. Daraus lassen sich jedoch auch Rückschlüsse für die Bearbeitung des Werkstoffes bei der Verwendung ziehen, weil ähnliche technologische Teilschritte vorliegen.
In Tabelle 4 sind die wichtigsten technologischen Teilschritte zur Herstellung von Werkstoffen mit definiertem linearem Wärmeausdehnungsverhalten schematisch zusammengestellt. Die wichtigsten Produktionsphasen sind:

Tabelle 4. Technologisches Schema zur Herstellung von Werkstoffen mit definiertem Wärmeausdehnungsverhalten

	Bearbeitungsschritt	Ergebnis des Bearbeitungsschrittes	Bearbeitungsanlage
1	Gattierung	Zusammenstellung geeigneter Rohmetalle zu einem ofengerechten Schmelzversatz	
2	Schmelz- und Gießprozeß	Aufbau einer homogenen Legierung, Reinigungsprozeß (Raffination), Herstellung eines zur Weiterverarbeitung geeigneten Vorblockes	Vakuuminduktionsschmelz- und Gießanlage
3	Warmformung	Herstellung eines für die Weiterverarbeitung geeigneten Vormaterials (Warmband) Veränderung des Struktur- und Gefügezustandes	Warmwalzgerüst
4	Oberflächenbearbeitung	Beseitigung der Oberflächenverunreinigungen (Gußhaut, Oxide u. a.)	Fräsanlage, Beize, Stahlkiesstrahlanlage
5	Kaltformungsprozesse	Veränderung der Abmessungen, Veränderung der mechanischen Eigenschaften sowie des Struktur- und Gefügezustandes	Kaltwalzanlagen verschiedener Dimensionen
6	Oberflächenreinigungsprozesse	a) Beseitigung von Verunreinigungsresten von Bearbeitungsprozessen (Öle, Schmutz) vor jeder Wärmebehandlung b) Schleifen der Oberfläche vor dem letzten Kaltformungsprozeß	a) Bandreinigungsanlagen b) Bandschleifanlage
7	Wärmebehandlungsprozesse	a) Zwischenglühungen: Gefügeneubildung nach Kaltformungsprozessen (Rekristallisation) b) Schlußwärmebehandlung: Erreichung eines bestimmten Struktur- und Gefügezustandes, Reinigungswirkung	Glühanlagen mit Schutzgas (Inertgas oder H_2)

— die Gattierung, d. h. die Auswahl und Vorbereitung der Rohmetalle und Zuschlagstoffe zum ofengerechten Versatz,
— der Vakuumschmelz- und -gießprozeß,
— der Komplex der Warmformung einschließlich der Oberflächenbearbeitung,
— der Komplex der Kaltformung mit den eingeschobenen Oberflächenreinigungsprozessen und den Wärmebehandlungen.

In den einzelnen Produktionsphasen erfolgt an geeigneten Proben die Qualitätskontrolle. Am Beispiel der Technologie sollen einige Beeinflussungsfaktoren erläutert werden.

4.1.4.1.1. Die Gattierung

In Tab. 5 sind die Bestandteile eines Werkstoffes (Legierung) und ihre Bedeutung für den Werkstoff zusammengestellt. Die Legierungshauptbestandteile bestimmen die

Tabelle 5. Zusammensetzungsbestandteile eines metallischen Werkstoffes

	Metalle bei E/A	beeinflussen im wesentlichen
Hauptbestandteile	Fe, Co, Ni, Cr über 5%	grundsätzliche strukturunabhängige physikalische und chemische Eigenschaften
Nebenbestandteile	Cu, Cr, Ti, Mn, Si, W, Mg, Zr, Katoden-Werkstoffe max. bis 5%	Erreichung zusätzlicher spezieller Eigenschaften (Korrosionsverhalten, Lotbruchsicherheit, Oxydationsverhalten u. a.)
Verunreinigungen	O_2, H_2, N_2, S, P, C, Si, Al, Bi, Sb, Pb, As u. a. ungewollt im Ausgangsmaterial bis ca. 0,1%	beeinflussen meist negativ phys. chem Eigenschaften, Warm- und Kaltverarbeitbarkeit, Löt- und Schweißbarkeit
Zusatzelemente Desoxydationsmittel	Mn, Mg, Ce, Ti, C, Si, H_2, Al, Ca, Ge bis max. 1% zum Abbinden der Verunreinigungen	Verunreinigungen werden in eine für den Verwendungszweck unschädlichere Form überführt

grundsätzlichen strukturunabhängigen physikalischen und chemischen Eigenschaften. In Bild 8 ist die Wirkung des Ni-Gehaltes, der einen Hauptbestandteil darstellt, auf die Wärmeausdehnung bei FeNi-Legierungen gezeigt.

Die Legierungsnebenbestandteile werden zur Erzielung bestimmter besonderer Eigenschaften zugesetzt. Man erreicht dadurch z. B. eine Veränderung der Korrosionseigenschaften, des Oxydationsverhaltens u. a. Sie beeinflussen daneben die Wärmeausdehnungseigenschaften, was bei ihrem Zusatz berücksichtigt werden muß.

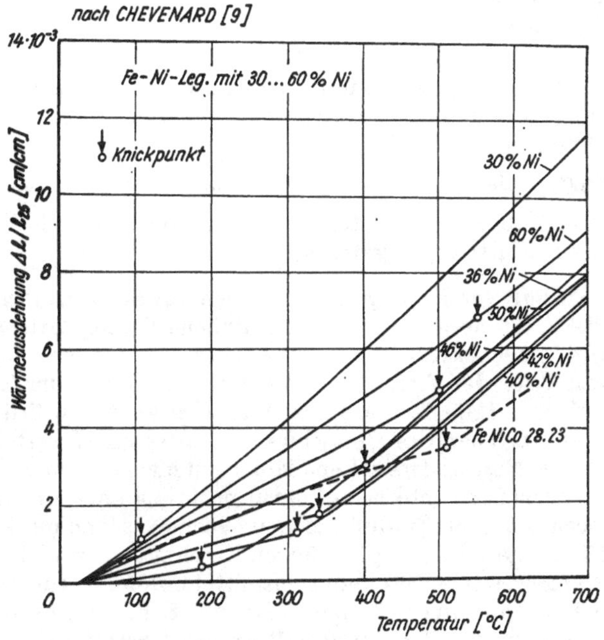

Bild 8. Einfluß des Ni-Gehaltes auf die Wärmeausdehnung von FeNi-Legierungen nach *Chevenard* [9]

Verunreinigungen sind vom Metallurgen unerwünschte Elemente, die in unterschiedlichen Konzentrationen im Vormaterial (Rohmetall) enthalten sind. Sie beeinflussen die meisten Eigenschaften und die Verarbeitungsmöglichkeiten negativ. So werden neben der Veränderung der physikalischen und chemischen Eigenschaften vor allem die Warm- und Kaltformbarkeit verschlechtert, es tritt Warm- und Kaltbruchneigung auf. Aber auch Lötfähigkeit und Lotbruchsicherheit, Schweißfähigkeit und Schweißbruchneigung und andere Eigenschaften werden ungünstig beeinflußt.
Die Verunreinigungen, insbesondere S und O_2, bilden mit den Legierungsbestandteilen (Fe, Ni, Co) Verbindungen, die oft einen niedrigeren Schmelzpunkt als die Legierung selbst aufweisen. Dadurch werden sie bei der Erstarrung nach dem Schmelzprozeß vor der Erstarrungsfront hergeschoben und lagern sich an den Korngrenzen der Kristallite ab. Das führt zu Korngrenzenverdickungen, die den Zusammenhalt des gesamten Gefüges stören. Bei Warmformungsvorgängen und Löt- oder Schweißprozessen kann es bereits zum Aufschmelzen dieser Korngrenzenverunreinigungen kommen und damit zu Materialschäden wie Rissen oder Bruch.
Zur Kompensierung der schädlichen Wirkung von Verunreinigungen bedient man sich der Zusatzelemente. Für den Fall der Abbindung von O_2 und S bezeichnet man diese als Desoxydationsmittel. Dabei bildet das Zusatzelement mit der Verunreinigung eine stabile Verbindung, die für den vorgesehenen Verwendungszweck des Werkstoffes nicht oder weniger schädlich ist. Das heißt, daß man das Desoxydationsmittel unter Berücksichtigung des Verwendungszweckes und der Weiterverarbeitung des Werkstoffes auswählen muß. Die Forderungen, die man an ein Desoxydationsmittel für die hier behandelten Werkstoffe stellen muß, kann man wie folgt zusammenfassen:

— Es muß eine starke Affinität zu den Verunreinigungen aufweisen, die gebunden werden sollen.
— Geringe Zusätze müssen bereits eine starke Wirkung bringen. Z. B. muß man für die Abbindung von S etwa folgende Verhältnisse einhalten:

$$Mn:S = 30 \ldots 50:1$$

$$Ce:S = 1{,}5 \ldots 2:1$$

— Das thermodynamische Gleichgewicht muß bei den Bedingungen der Desoxydation (Temperatur und Druck) stark zum Reaktionsprodukt verschoben sein. Die Reaktionsprodukte müssen stabil sein.
— Die Reaktionsprodukte sollen für den Verwendungszweck nahezu unschädlich sein.
— Das Zusatzelement muß im angewendeten Konzentrationsbereich löslich sein und die angestrebten Eigenschaften nur gering beeinflussen.

In dem Bild 9 ist der Einfluß von Desoxydationsmitteln auf die Warmbruchdehnung bei FeNi28Co18 mit 0,4% Mn dargestellt ohne zusätzliche Desoxydationsmittel und mit 0,11% Zr bzw. 0,14% Ce-Zusatz. Durch die stärkere Abbindung des S-Gehaltes bei Zr- bzw. Ce-Zusatz tritt der Abfall der Warmbruchdehnung im Temperaturbereich zwischen 800 °C und 1200 °C nicht auf. Das wird auch deutlich in Bild 10. Man erkennt ein starkes Absinken des Restschwefelgehaltes im Werkstoff nach Zusatz von SEM (ca. 60% Ce, Rest andere seltene Erden) in Mengen von ca. 0,05%. Die Verunreinigungen und Zusatzelemente beeinflussen natürlich auch die angestrebten physikalischen Eigenschaften. Der Einfluß auf den Wärmeausdehnungskoeffizienten bei FeNi36 ist in Bild 11 dargestellt. Die günstigsten Ergebnisse werden für den Werkstoff erzielt, wenn das angewendete Desoxydationsmittel mit der Verunreinigung gasförmige bzw. flüchtige Reaktionsprodukte bildet. Das gilt z. B. für C bei der Reaktion mit O_2. Nachteilig ist jedoch, daß der Restgehalt an Kohlenstoff stark schädigende Wirkungen in den hier behandelten Werkstoffen aufweist und deshalb nur begrenzt eingesetzt werden kann.

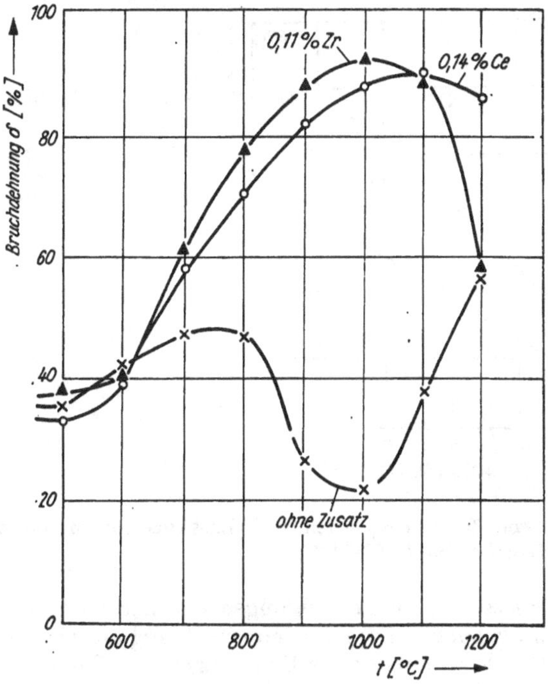

Bild 9. Warmbruchdehnung von FeNi28Co18 bei verschiedenen Zusatzelementen [11]

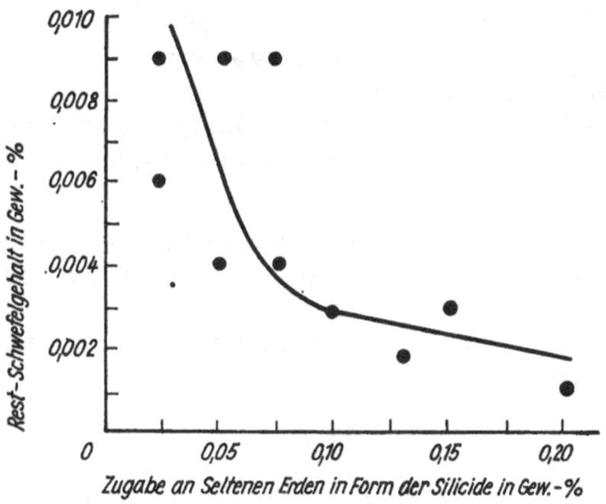

Bild 10. Abhängigkeit des Schwefelgehaltes von der Seltenerd-Zugabemenge beim Vakuum-Induktionsschmelzen [12]

4.1.4.1.2. Der Schmelz- und Gießprozeß

Der Schmelz- und Gießprozeß verfolgt mehrere Ziele. Es soll der Aufbau einer homogenen Legierung erreicht werden. Weiterhin soll gleichzeitig nach Möglichkeit noch eine Reinigungswirkung (Raffination), z. B. durch Schlacken, Zuschlagmittel und Zusatzelemente, erfolgen. Schließlich muß beim Gießprozeß eine für die Weiterverarbeitung geeignete Gußbramme hergestellt werden. Die Werkstoffe für die Vakuum- und Mikroelektronik werden fast ausschließlich in Vakuumschmelz- und Gießanlagen oder nach Sonderverfahren hergestellt.

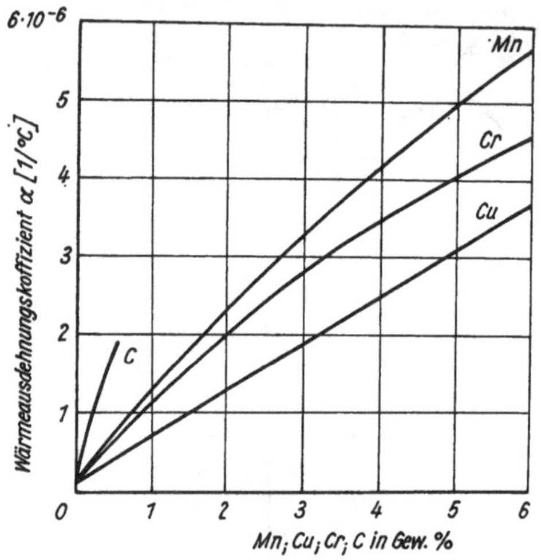

Bild 11. Einfluß von Verunreinigungen und Zusatzelementen auf den Wärmeausdehnungskoeffizienten bei FeNi36 [13]

Während des Schmelzprozesses können Schädigungen der Legierung auftreten, die sich sowohl auf die Reinheit als auch auf die Zusammensetzung auswirken können.
Bei der Festlegung der Technologie müssen die Grundlagen der Thermodynamik des Schmelzprozesses berücksichtigt werden. Insbesondere sind zu beachten:

— Reaktionen mit der keramischen Schmelztiegelauskleidung und mit der Restatmosphäre,
— die sogenannten Ab- und Zubrandverhältnisse der einzelnen Legierungselemente und die Verdampfungsraten beim Schmelzen unter Vakuum,
— Temperaturführung und Entgasungsprozeß,
— Einhaltung der optimalen Bedingungen (Temperatur, Zeitpunkt) für die Desoxydation zur Erreichung des gewünschten Reaktionsgleichgewichtes,
— Vorgänge beim Gieß- und Abkühlungsprozeß.

Die Kontrolle der chemischen Zusammensetzung, der Qualität des Gußes sowie bestimmter physikalischer Eigenschaften bildet den Abschluß dieser Produktionsphase.
Mit der Gattierung und dem Schmelz- und Gießprozeß sind die strukturunabhängigen Eigenschaften des Werkstoffes festgelegt.

4.1.4.1.3. Formgebungsprozesse

Die Formgebungsprozesse erfolgen mit dem Ziel, die vom Anwender gewünschte Form des Werkstoffes zu erreichen. Je nach dem herzustellenden Enderzeugnis können Formgebungsprozesse im warmen oder kalten Zustand des Werkstoffes erfolgen. Als Verfahren kommen in Betracht Walzen, Ziehen, Pressen, Fließpressen, Tiefziehen, Stauchen, Biegen u. a., wobei in diesen Betrachtungen nur spanlose Formgebungsprozesse behandelt werden sollen. Mit der Formgebung sind folgende Werkstoffänderungen verbunden, bzw. sie können bewußt erreicht werden:

— Veränderungen der äußeren Abmessungen,
— Veränderung der mechanischen Eigenschaften (Steigerung der Härte und Festigkeit, Verringerung der Bruchdehnung),
— Veränderung des Struktur- und Gefügezustandes (Textur, Feinkorn, Grobkorn u. a.).

Die Verformung bestimmt in Verbindung mit der Wärmebehandlung die strukturabhängigen Eigenschaften sowie die Beschaffenheit des Werkstoffes. Bei der Durchführung der Umformungsprozesse bestehen viele Möglichkeiten der Schädigung der Werkstoffe. Oft sind diese nicht unmittelbar nach dem Arbeitsprozeß, sondern erst nach mehreren Folgeverarbeitungsstufen erkennbar. So können zum Beispiel feinste Risse an den Austenitkorngrenzen während des Warmformungsprozesses auftreten, die erst bei Endverarbeitungsstufen (Banddicken von $d < 1$ mm) äußerlich erkennbar werden. Bei allen spanlosen Formgebungsprozessen müssen die werkstoffeigenen Parameter berücksichtigt werden. Die Vielfältigkeit der Problematik tritt insbesondere bei Tiefziehprozessen auf.

4.1.4.1.4. Oberflächenreinigung und Wärmebehandlung

Die Probleme der Oberflächenreinigung und Wärmebehandlung stehen in enger Wechselwirkung und sollen im Zusammenhang betrachtet werden. Die mechanischen Bearbeitungsprozesse wie Fräsen oder Schleifen, die zur Beseitigung grober Oberflächenverunreinigungen (Zunder, Gußhaut u. a.) angewendet werden, sollen hier unberücksichtigt bleiben.
Bei den meisten Kaltformungsprozessen werden Schmiermittel angewendet, die vor der Wärmebehandlung oder sonstigen Weiterverarbeitung des Werkstoffes entfernt werden müssen. Zur Lösung dieses Problems stehen, je nach Verunreinigungsart und -grad verschiedene Verfahren zur Auswahl [14]. Notwendig ist, daß das angewendete Verfahren einen möglichst hohen Reinigungseffekt bewirkt.
Die Wärmebehandlung eines Werkstoffes kann mit folgenden Veränderungen der Eigenschaften verbunden sein:

- Gefügeneubildung nach Kaltumformungsprozessen (Rekristallisation) und Beseitigung von Gitterstörungen,
- Veränderung der mechanischen Eigenschaften wie Festigkeit, Dehnung, Härte u. a.,
- Veränderung bestimmter physikalischer Eigenschaften (magnetische oder elastische Eigenschaften),
- Erreichung bestimmter Struktur- und Gefügezustände (Textur, Ordnungszustand, Feinkorn, Sammelrekristallisation u. a. eventuell in Verbindung mit einem darauf abgestimmten Verformungsgrad vor der Wärmebehandlung),
- Veränderung des Oberflächenzustandes (Oxidbildung, selektive Verdampfung oder selektive Oxydation),
- Reinigung (z. B. Entfernung von C oder S beim Glühen unter H_2-Atmosphäre).

Je nach dem Zweck und möglichem Aufwand können unterschiedliche Verfahren z. B. Glühen unter Vakuum (Blankglühen), unter Inertgas, unter Schutzgas (H_2, Reinigungsglühung) oder unter normaler Atmosphäre angewendet werden.
In Bild 12 ist die Wirkung der Glühatmosphäre und der Verunreinigung der Oberfläche bei FeNi50 an Schliffbildern dargestellt. Man kann sehr deutlich die Schädigung der Korngrenzen, und im fortschreitendem Stadium der gesamten Oberfläche sowohl durch Verunreinigungen als auch durch Luftsauerstoff erkennen.

4.1.4.2. Die Beeinflussungsmöglichkeiten der Eigenschaften bei der Verwendung der Werkstoffe

Die Werkstoffe für die Vakuum- und Mikroelektronik werden zum Teil als Stanzteile, aber zum größten Teil als Halbzeuge an den Verbraucher geliefert. Beim Bauelemente-

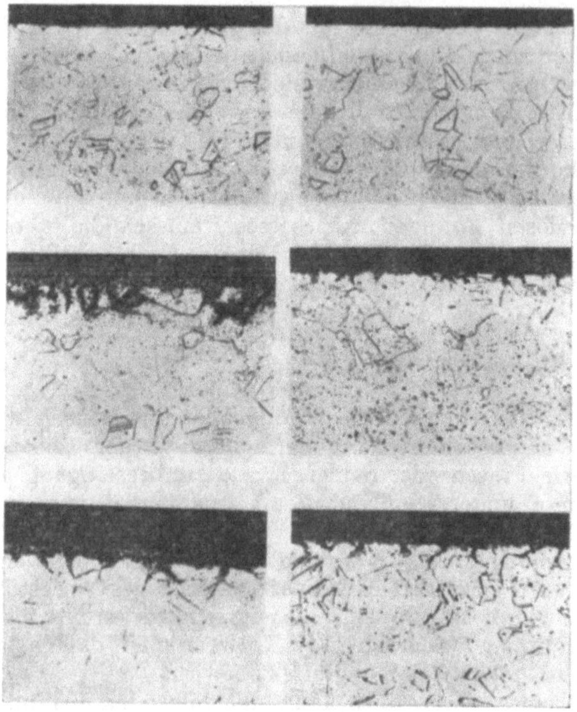

Bild 12. Einfluß von Verunreinigungen und Glühatmosphäre auf die Qualität der Bandoberfläche bei FeNi50 (aus [14])

linke Reihe senkrecht mit S-haltigem Ölrückstand
rechte Reihe senkrecht gereinigt mit US

1. Reihe waagerecht Glühatmosphäre H_2 850 °C 120 min
2. Reihe waagerecht Glühatmosphäre Ar 850 °C 120 min
3. Reihe waagerecht Glühatmosphäre Luft 850 °C 120 min

$V = 100\times$ im Originalzustand, nachträglich fotografisch verkleinert (Faktor 0,4)

hersteller werden unterschiedliche Bearbeitungsschritte durchgeführt. Dies können sein:

- Umformungsprozesse (spanlos),
- mechanische Bearbeitungsprozesse (spanabhebende Bearbeitung, Stanzen),
- Wärmebehandlungen,
- chemische oder elektrochemische Bearbeitungsprozesse (Beizen, Polieren, Veredeln),
- Verbindungsprozesse (Anglasen, Löten, Bonden).

Bei all diesen Prozessen müssen die Eigenheiten des zu behandelnden Werkstoffes berücksichtigt werden. An einigen Beispielen sollen die möglichen Beeinflussungsfaktoren erläutert werden.

4.1.4.2.1. Keramik-Metall-Verbindungen / Lotbruch

Bei der Herstellung von vakuumdichten Keramik-Metall-Verbindungen wird die Methode des Hartlötens (meist unter Vakuum) als Verbindungstechnologie angewendet. Als Keramik findet normalerweise Al_2O_3 oder Forsterit Verwendung [7, 8]. Als metallischer Werkstoff findet eine Eisen-Nickel-Kobalt-Legierung Anwendung, deren Wärmeausdehnungskoeffizient der Keramik angepaßt ist (FeNi28Co23). Als Lot werden reines Silber oder AgCu28-Lot eingesetzt. Je nach Bedingungen kann es vorkommen, daß das flüssige Lot während des Lötprozesses die Korngrenzen angreift und entlang der Korngrenzen in den metallischen Werkstoff eindringt. Bild 13 zeigt ein derartiges Beispiel. Man kann sehr gut erkennen, daß ein Teil des auf den Werkstoff aufgebrachten Lotes AgCu28 an einer Stelle bis tief in das Innere des Werkstoffes eingedrungen ist. Beim Abkühlen auftretende Spannungen oder mit dem Temperatur-

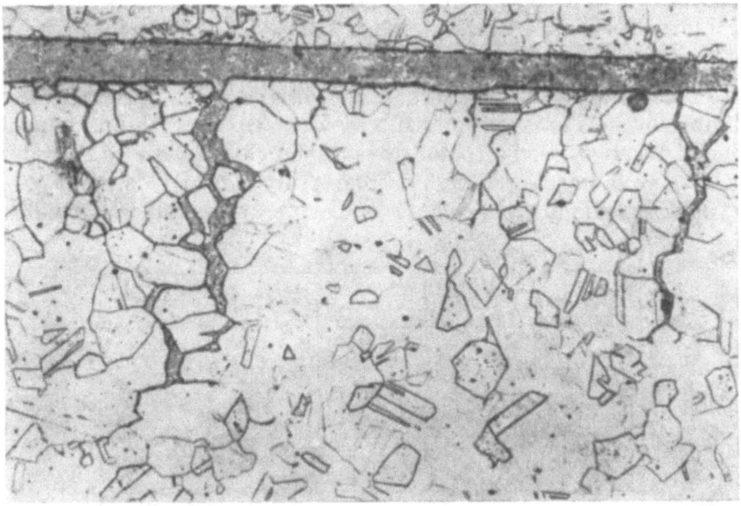

Bild 13. Lotbruch bei FeNi28Co23 mit AgCu28-Lot hartgelötet $V = 100\times$

wechsel beim Einsatz des Bauelementes verbundene Spannungen können zur Rißbildung und damit zur Vakuumundichtheit führen. Lotbruch wird beeinflußt durch:

- die Gefügestruktur und Reinheit sowie durch die Art des eingesetzten Werkstoffes (Verunreinigungen an den Korngrenzen begünstigen Lotbruch),
- durch die Löttechnologie (Temperatur und Zeit) sowie durch die Wahl des eingesetzten Lotes (Cu-haltige Lote bzw. Lote, die bei der Verarbeitungstemperatur dünnflüssig sind, begünstigen das Auftreten des Lotbruches),
- durch die Wahl der Verbindungspartner Keramik und Metall. Treten im metallischen Werkstoff Zugspannungen auf, so wird der Lotbruch begünstigt.

Die technologischen Bedingungen beim Lötvorgang sind also sorgfältig auf die Werkstoffe abzustimmen.

4.1.4.2.2. Glas-Metall-Verbindungen / Fragen der Haftung

Bei einer Glas-Metall-Verbindung soll eine vakuumdichte metallische Durchführung hergestellt werden. Maßgebend für die Qualität der Verbindung ist die Haftfestigkeit des Glases am Metall. Betrachtet man sich eine solche Verbindung im Schnitt, so zeigt sich folgender Schichtenaufbau:

Metall — Oxid — Zwischenglasschicht — Glas.

Die Zwischenglasschicht wird während des Verschmelzungsprozesses durch die zeitlich abhängige Einwirkung der Temperatur durch Auflösen eines Teiles des Metalloxides im Glas an der Phasengrenze gebildet. Für die Qualität der Haftung Glas—Metall sind die Oxidschichtdicke und die Ausbildung der Zwischenglasschicht von entscheidender Bedeutung [15]. Der Oxidschicht des Metalls kommt dabei folgende Bedeutung zu:

— hohe Haftfestigkeit am Metall gibt vakuumdichten Übergang,
— Löslichkeit im verwendeten Glas ermöglicht Bildung einer stabilen Zwischenglasschicht.

Die Dicke der Oxidschicht sollte nach *Zinke* [16] bei normalen Einschmelzlegierungen etwa 0,3 bis 0,7 mg/cm² betragen. Die Oxydation von Legierungen ist ein kompliziertes Problem. Nach *Kubaschewski* und *Hopkins* [17] spielen folgende Faktoren eine Rolle:

— die Zusammensetzung der Legierung einschließlich der Zusatzelemente und Verunreinigungen. Sie bestimmt die Affinität der einzelnen Metallkomponenten untereinander und zum O_2, den Mechanismus der Oxydation, die Diffusionsgeschwindigkeit der Atome in der Legierung und den Aufbau der Oxidschicht;
— die Oxydationsbedingungen, d. h. Zeit, Temperatur und O_2-Partialdruck.

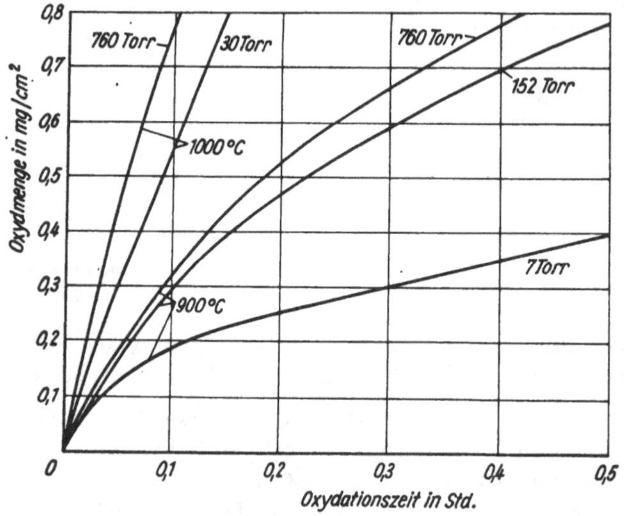

Bild 14. Oxidmenge in Abhängigkeit von der Oxydationszeit und dem O_2-Partialdruck bei verschiedenen Temperaturen für FeNi28Co18 [18]

In Bild 14 ist für FeNi28Co18 die Abhängigkeit der Oxidschichtbildung von der Oxydationszeit bei verschiedenen O_2-Partialdrücken und für verschiedene Temperaturen dargestellt. Durch eine exakt gesteuerte Voroxydation kann man erreichen, daß bestimmte Korngrenzen bereits leicht anoxydiert werden. Beim Anglasprozeß tritt dann eine Verzahnung und damit Erhöhung der Haftfestigkeit auf.
Fehler in der Haftung lassen auf eine zu dünne Oxidschicht schließen, wenn die Trennflächen metallisch blank sind. Beim Anglasprozeß wurde praktisch das gesamte Oxid vom Glas aufgenommen. Ist die Trennfläche stark oxydiert, so weist diese auf zu dicke Oxidschichten hin.

4.1.5. Einschätzung der Entwicklungstendenzen bei Werkstoffen für die Vakuum- und Mikroelektronik

Die Werkstoffe mit definiertem Wärmeausdehnungsverhalten auf der Basis der FeNi- und FeNiCo-Legierungen sind hinsichtlich ihrer Wärmeausdehnungseigenschaften in der Entwicklung abgeschlossen. In der Technik haben sich eine Reihe von Standard-

Tabelle 6. Einschmelz- und Ausdehnungslegierungen (HWA) Wärmeausdehnungswerte

Legierung			Linearer Längenausdehnungskoeffizient α 20 bis T °C 10^7 [grd^{-1}][2])							Knickpunkt der Ausdehnungskurve T_k °C	Schmelzpunkt[1]) [°C]
Werksbezeichnung		Legierungsbezeichnung	200	300	400	500	600	700	800		
Aurodil®	36	FeNi 36	23	45	75	92	107	—	—	—	1450
Aurodil	39	FeNi 39	—	45	—	—	—	—	—	—	1450
Aurodil	42	FeNi 42	—	53	—	—	—	—	—	—	1450
Aurodil	44	FeNi 44	—	—	**64**	—	—	—	—	—	1450
Nicosil®	61	FeNi28Co18/61	52	48	**47**	**61**	76	91	102	420	1400
Nicosil	63	FeNi28Co18/63	54	51	**49**	**63**	78	92	104	420	1400
Nicosil	71	FeNi28Co23	82	78	**74**	**71**	79	92	101	510	1400
Dilasil®	91	FeNi46Cr1	85	83	**83**	**91**	102	112	120	420	1450
Dilasil	93	FeNi48	93	93	**93**	**93**	101	110	118	500	1450
Dilasil	97	FeNi48Cr1	90	90	**89**	**97**	105	114	122	450	1450
Dilasil	102	FeNi51Cr1	100	101	**100**	**102**	110	118	125	480	1450
Dilasil	110	FeNi48Cr5	—	**92**	**98**	**110**	118	125	132	360	1450
Socosil®	102	FeNi30Co20	102	103	**102**	**99**	103	111	118	530	1400
Socosil	105	FeNi32Co20	106	106	**105**	**103**	104	113	120	530	1400
Gekosil	97	FeNi50	106	99	**97**	**97**	104	113	120	500	1450
Gekosil	101	FeNi51	—	**101**	**99**	**99**	—	—	—	500	1450
FeCr	25	FeCr25	—	—	**109**	111	—	—	—	—	1400

[1]) Streng genommen besitzen diese Legierungen keinen definierten Schmelzpunkt, sondern ein Schmelzintervall von geringer Breite.

[2]) Die α-Werte gelten für den rekristallisiert geglühten Zustand. **Die fettgedruckten Zahlen sind Garantiewerte** die Toleranzbeträgt $\pm 3 \times 10^{-7}$

® Registriertes Warenzeichen

sorten eingeführt, die dem jeweiligen Anwendungsfall angepaßt sind. In Tabelle 6 sind die Wärmeausdehnungseigenschaften der in der DDR gefertigten Werkstoffe zusammengestellt, Bild 15 zeigt die α-T-Kurven für diese Legierungen. Die Entwicklungstendenzen werden bei diesen Werkstoffen von der Entwicklung der Vakuum- und Mikroelektronik bestimmt. Beispiele für die Änderung der Anwendungsgebiete wurden bereits erläutert. Bei den Werkstoffen mit besonderen physikalischen Eigenschaften, also bei den Sonderwerkstoffen allgemein, besteht in der ganzen Welt von seiten der Werkstoffanwender ein nachhaltiges Streben, vom Werkstoffhersteller nicht nur die Einhaltung der ausschlaggebenden physikalischen Eigenschaften zu fordern. Es wird versucht, daneben dem Hersteller auch die Erfüllung einer Reihe scheinbar nebensächlicher Forderungen aufzuerlegen. Dieser durch die moderne Großserien- und automatisierte Fertigung sowie durch Rationalisierungsmaßnahmen beim Anwender hervorgerufene Trend zieht beim Werkstoff-Hersteller Probleme in

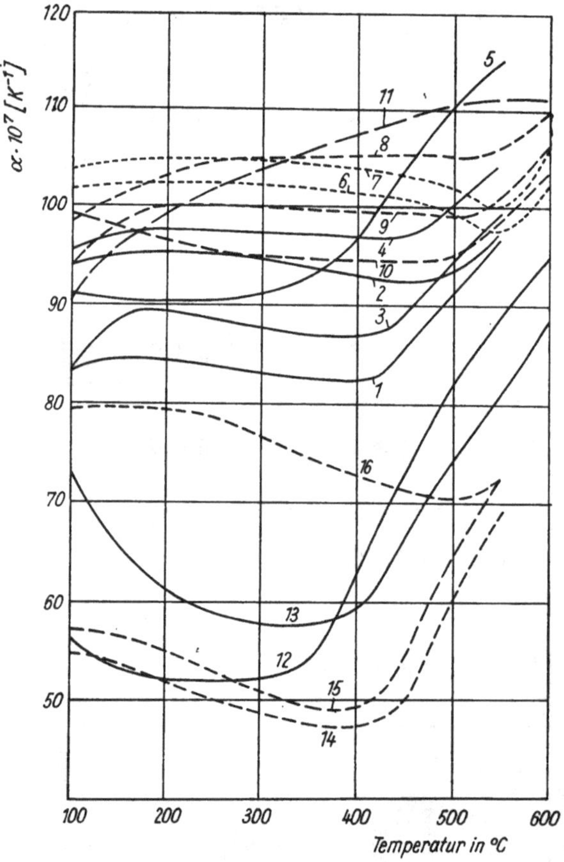

Bild 15. Wärmeausdehnungskurven der Einschmelzlegierungen (Fabrikationsprogramm VEB Halbzeugwerk Auerhammer) [6]

Kennzeichnung der α-T-Kurven:

1 — FeNi46Cr1 (Dilasil 91)	*2* — FeNi48 (Dilasil 93)
3 — FeNi48Cr1 (Dilasil 97)	*4* — FeNi51Cr1 (Dilasil 102)
5 — FeNi48Cr5 (Dilasil 110)	*6* — FeNi30Co20 (Socosil 102)
7 — FeNi32Co20 (Socosil 105)	*8* — FeNi50 (Gekosil 97)
9 — FeNi51 (Gekosil 101)	*10* — FeNi53 (Gekosil 108)
11 — FeCr25	*12* — FeNi42 (Aurodil 42)
13 — FeNi44 (Aurodil 44)	*14* — FeNi28Co18/61 (Nicosil 61)
15 — FeNi28Co18/63 (Nicosil 63)	*16* — FeNi28Co28 (Nicosil 71)

der Technologie und Entwicklung nach sich, wie sie in der Vergangenheit in diese Ausprägung nicht vorhanden waren [19].
Der Werkstoff-Anwender verlangt vom Werkstoff-Hersteller immer mehr die Anpassung der Werkstoffe an ganz spezielle Verwendungsfälle unter Berücksichtigung der dafür vorgesehenen Technologie. Beim Auftreten eines neuen Anwendungsfalles wird oft auf einen vorhandenen Werkstoff zurückgegriffen, der den Forderungen in einigen Punkten entspricht. Schließlich werden aus den Erfahrungen der Erprobung zusätzliche Forderungen erhoben, die man im wesentlichen wie folgt zusammenfassen kann:

— Einengung der Wertebereiche bestimmter Eigenschaften.
— Die wichtigsten physikalischen Eigenschaften sind gegen andere Parameter (z. B. Temperatur) unabhängig zu machen.
— Kombinierung verschiedener spezifischer Eigenschaften, wobei oft einander widersprechende Forderungen erhoben werden.
— Es wird angestrebt, nahezu die theoretisch möglichen physikalischen Eigenschaften zu erreichen.
— Hohe Forderungen an die Reinheit, wobei diese nicht nur im chemischen Sinne zu sehen ist.
— Hohe Forderungen an die Beschaffenheit, d. h. an Abmessungen und Abmessungstoleranzen, an Oberflächenqualität u. a.

Die Forderungen nach dem „*Werkstoff nach Maß*“ zielen letzten Endes zur fertigen Baugruppe hin, die dem Werkstoff-Anwender Fertigungsschritte und Zwischenkontrollen ersparen und gleichzeitig die optimale Ausnutzung hochgezüchteter physikalischer Eigenschaften ermöglichen.
Die Weiterentwicklung der Werkstoffe wird ermöglicht durch:

— die mit der Weiterentwicklung der Metallurgie verbundene Möglichkeit der Verwendung hochreiner Ausgangswerkstoffe,
— Anwendung der neuesten Erkenntnisse der Metallphysik sowie der Struktur- und Gefügeforschung,
— Anwendung der neuesten Erkenntnisse der Metallurgie,
— Anwendung moderner metallurgischer Anlagen und Einsatz einer modernen Prüftechnik und moderne Geräte zur Qualitätskontrolle,
— Anwendung moderner technologischer Verfahren.

Mit der Entwicklung neuer Werkstoffe und der Weiterentwicklung bekannter Werkstoffe entsteht eine Fülle von Problemen, die durch Forschungs- und Entwicklungsarbeiten geklärt werden müssen. Sie beinhalten technologische Belange, Fragen der Analytik, der Struktur- und Gefügeuntersuchung, der Untersuchung der physikalischen Eigenschaften u. a.
Sehr wichtig ist für den Werkstoffproduzenten der Kontakt mit dem Werkstoff-Anwender. Die Berücksichtigung bestimmter technologischer Gesichtspunkte, spezieller Eigenschaftsforderungen und möglicher Qualitätsschwankungen bestimmen von vornherein den Arbeitsstil und Aufwand bei den Entwicklungsarbeiten. Sehr wichtig ist die Auswertung der beim Anwender auftretenden Probleme und Schadensfälle, weil sie Rückschlüsse auf die Technologie und Forschungsarbeit erlauben. Dieses Anliegen der Aufrechterhaltung der guten Kontakte und der weiteren Verbesserung der Beziehungen soll hier nochmals hervorgehoben werden.

Literaturverzeichnis

[1] *Henkel, O.*: Neue Hütte **18** (1973) 1, 2–5.
[2] *Espe, W.*: Werkstoffkunde der Hochvakuumtechnik, Bd. I. VEB Deutscher Verlag der Wissenschaften, Berlin 1959.
[3] *Chevenard, P.*: Rev. de Mét., Mém. **14** (1917) 610.

[4] *Masumoto, H.*: Sci. Rep. Tôhoku Univ. **20** (1931) 101 und **23** (1934) 265.
[5] Informationsschrift „Einschmelzlegierungen“ Aufgabe 1973, VEB Halbzeugwerk Auerhammer Aue/Sa.
[6] *Czäczine, N.*: Sonderdruck „20 Jahre Sonderwerkstoffe“, S. 34, VEB Halbzeugwerk Auerhammer Aue/Sa.
[7] *Maronna, G.*: Schweißtechnik **17** (1967) 399–401.
[8] *Dittmann, G.*: Schweißtechnik **17** (1967) 402–405.
[9] *Chevenard, P.*: Traveaus et Mémoires des Bureau International des Poids et Masures Paris **17** (1927) 83.
[10] *Kupfer, R.*: Sonderdruck „20 Jahre Sonderwerkstoffe“, S. 7, VEB Halbzeugwerk Auerhammer Aue/Sa.
[11] *Schuster, M.*: „Einfluß von Ce und Zr auf die physikalischen Eigenschaften von Nicosil 63“. Ingenieurpraktikumsarbeit, Sektion Chemie und Werkstofftechnik, TH Karl-Marx-Stadt 1972.
[12] *Wilson, W. G.*: Sonderdruck „Aus der Arbeit der Th. Goldschmidt AG“ 4/74, Nr. 31, Pkt. 74, S. 16–25.
[13] „Die physikalischen Eigenschaften der Nickel-Eisen-Legierungen“. Nickel-Informationsbüro Düsseldorf.
[14] *Kupfer, R.*: Studie „Oberflächenreinigung von Bändern“, Forschungsbericht VEB Halbzeugwerk Auerhammer Aue/Sa., Febr. 1976.
[15] *Pask, I. A., Fulrath, R. M.*: Fundamentals of Glass-to-Metal Bonding: VIII Nature of Wedding and Adherende. Journal of the American Ceramic Society Bez. 1962.
[16] *Zinke, A.*: Technologie der Glasverschmelzungen. Akadem. Verlagsgesellsch. Geest u. Portig KG, Leipzig 1961.
[17] *Kubaschewski, O., Hopkins, B. E.*: Oxydation of Metals and Alloys. Butterworths, London 1962.
[18] Forschungsberichte: „Oxydation von Einschmelzlegierungen“ 10/1967 und „Interkristalline Oxydation“ 12/70. Forschungsinstitut für NE-Metalle Freiberg/Sa.
[19] Festschrift „50 Jahre Sonderwerkstoffe VAC“ der Vakuumschmelze AG Hanau.

Weiterführende Literatur zu Werkstoff- und sonst. Problemen

[20] Informationsschrift „Einschmelzlegierungen“ des VEB Halbzeugwerk Auerhammer Aue/Sa.
[21] Informationsschrift „Plattierte Werkstoffe“ des VEB Walzwerk Hettstedt.
[22] TGL 8251 April 1969: Nickel und Nickellegierungen für Elektronenröhren und Glühlampen.
[23] TGL 10061 Nov. 1963: Nickellegierungen.
[24] TGL 24329 Dez. 1969: Einschmelzlegierungen Halbzeuge aus FeNi-, FeNiCo-, FeNiCr- und FeCr-Legierungen, Blatt 1 bis Blatt 3.
[25] *Espe, W.*: Physikalisch-chemische Grundlagen der Glas-Metall-Verschmelztechnik. Feinmechanik und Präzision **47**, H. 18 (1939) 247–252.
[26] *Düsing, W.*: Vakuumdichte Glas-Metall-Verschmelzungen für die Elektrotechnik. Glastechnische Berichte **26**, H. 8, (1953) 232–238.
[27] Das Verbinden von Metall mit Keramik. Technika, Basel **10**, H. 12 (1961) 797.
[28] *Burnside, D. G.*: Ceramik-Metal Seals of the Tungsten-Iron-Type. RCA-Review **17** (1954) 46.
[29] *Kramer, Irving, Member* and *Francis*: The instability of low expansion Iron-nickel-cobalt alloys. Americ. Inst. of Mining and Metallurgical Engineers, Techn. Publ. Nr. 1370, S. 1–3.
[30] *Hessenbruch, W.*: Beitrag zur Kenntnis der Legierung Koʌar. Zeitschr. für Metallkunde **29**, H. 6 (1937) 193.

4.2. Glasverschmelzungen unter besonderer Berücksichtigung mechanischer Spannungen

Von *W. Helmert*

Kombinat VEB Funkwerk Erfurt

4.2.1. Einleitung

Für die Herstellerbetriebe elektronischer Bauelemente spielt die Ökonomie des Herstellungsprozesses eine ganz entscheidende Rolle. Sie zu gewährleisten und zu verbessern, ist das Endziel auch der vorwiegend theoretisch und rein physikalisch arbeitenden Kollegen. Unter diesem Aspekt kommt bei den vakuumelektronischen Bauelementen der Vakuumhülle und der zu ihrer Verwirklichung erforderlichen Technologien eine überaus große Bedeutung zu. Neben den für viele Spezialzwecke äußerst wichtigen Keramiktechnologien verdienen die zahlenmäßig bei weitem überwiegenden Bauelemente mit Glas-Vakuumhülle gerade unter dem Aspekt der Ökonomie besondere Beachtung, und daraus ergibt sich die große Bedeutung, die den Verschmelztechnologien zwischen Glas und Glas einerseits und zwischen Glas und Metall andererseits zukommt. Die dabei wichtigen Begriffsbestimmungen, die physikalischen und die physikalisch-chemischen Grundlagen und die technologischen Folgerungen sollen in diesem Beitrag angerissen werden.

4.2.2. Die Problematik der Glasverschmelzungen

Unter Glasverschmelzungen sind in diesem Beitrag Verschmelzungen von Gläsern unterschiedlicher physikalischer Eigenschaften zu verstehen. Die folgenden Aufzählungen von Fällen, in denen Glas-Glas-Verschmelzungen vorgenommen werden und die Begründung ihrer Notwendigkeit, soll nur einen Einblick in die Vielfalt von Glas-Glas-Verschmelzungsproblemen geben.

4.2.2.1. Fälle, in denen Glas-Glas-Verschmelzungen notwendig sind

An notwendigen Glas-Glas-Verschmelzungen sind folgende zu nennen:

1. Sehr oft wird ein billiges Kolbenglas mit einem teuren Fußglas verschmolzen. Der hohe Bleigehalt und die häufige Anwendung zwingt zu intensiven Importen. Mit Hilfe des Bleianteiles kann man hohe elektrische Volumenwiderstände verwirklichen und damit u. a. eine Elektrolyse vermeiden, andererseits läßt sich die Viskosität im Verarbeitungsbereich verringern, letzteres wirkt sich günstig auf die maschinelle Fertigung von Röhrenfüßen aus.
2. In Oszillographenröhren ist es vorteilhaft, wenn die Frontscheibe gute optische Qualität besitzt, also wenig Blasen und Schlieren aufweist. Geblasene und normal gepreßte Frontscheiben erfüllen diese Forderung nicht in ausreichendem Maße.
3. Bei dem bariumhaltigen Fernsehkolbenglas ist man an dem hohen Volumenwiderstand, dem verhältnismäßig niedrigen T_g-Wert und an der Einfärbung interessiert.
4. Sekundärelektronenvervielfacher, die für UV-Licht brauchbar sein sollen, benötigen für die Frontscheibe Quarzglas.
5. Für die Glasfaseroptik sind konzentrische Verschmelzungen zweier Gläser mit sehr unterschiedlichen Brechzahlen erforderlich.

Außer diesen mehr oder weniger physikalischen gibt es auch technologische Gesichtspunkte, die den Einsatz diverser Glasarten fordern:

1. Weichgläser gestatten einfache, billige Technologien und werden in der Massenproduktion bevorzugt. 2. Man benötigt Hartgläser, wenn die Vakuumgefäße höhere Betriebstemperaturen aushalten müssen oder in ihnen sehr gute Vakua erzeugt werden sollen. 3. Quarzglas ist überall da unentbehrlich, wo die Gefäße große Temperaturwechsel zu ertragen haben. 4. Sinterglas wird schließlich benötigt, wenn komplizierte Formgebungen verwirklicht oder sehr dünne Glasschichten erzeugt werden sollen.

4.2.2.2. Die Abkühlkurve von Gläsern und ihre charakteristischen Gebiete

In den folgenden Ausführungen muß des öfteren auf bestimmte Temperaturbereiche der Abkühlkurve technischer Gläser Bezug genommen werden. Diese Bereiche unterscheiden sich durch charakteristische physikalische Merkmale. Die Abkühlkurve (Bild 1) sei den Überlegungen über mechanische Spannungen in Gläsern vorangestellt.

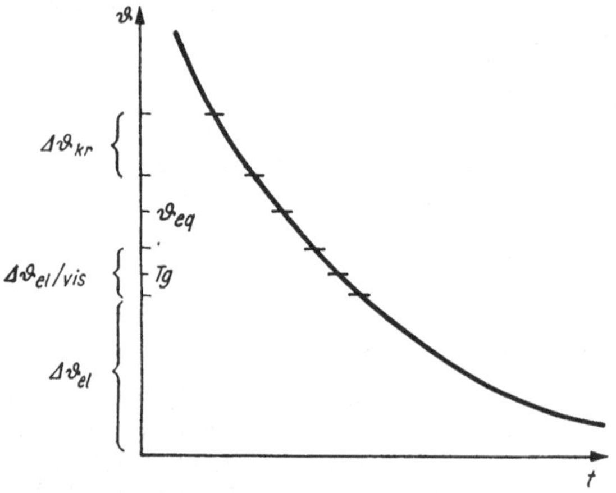

Bild 1. Abkühlkurve technischer Gläser

innerhalb $\Delta\vartheta_{kr}$	: partielle Kristallisation möglich
innerhalb $\Delta\vartheta_{el/vis}$	: begrenzter Abbau elastischer Spannungen durch viskose Deformation
$\Delta\vartheta_{el}$	: elastischer Bereich
ϑ_{eq}	: unterhalb dieser Temperatur ist das Glas im thermischen Nichtgleichgewicht bei technisch normalen Abkühlgeschwindigkeiten
T_g	: Transformationstemperatur
t	: Zeit

4.2.2.3. Der Einfluß der Wärmedehnung auf Glasverschmelzungen

Bei allen Glasverschmelzungen ist die Wärmedehnung die dominierende Materialgröße. Sie verlangt eine Anpassung der Verschmelzpartner aneinander. Die Differenz der Ausdehnungskoeffizienten der Partner darf im allgemeinen nicht mehr als $5 \cdot 10^{-7}$ grd^{-1} betragen.

Eine Ausnahme stellen jedoch die „nichtangepaßten" Glas-Metall-Verschmelzungen dar. Bei diesen darf die Wärmedehnung des metallischen Partners das zwei- bis fünffache der Wärmedehnung des Glaspartners betragen. Ein derartig großer Spielraum wird dadurch möglich, daß bei den nichtangepaßten Glas-Metall-Verschmelzungen die bei der Abkühlung entstehenden mechanischen Spannungen im Glas durch eine gezielt herbeigeführte Deformierbarkeit des zu verschmelzenden metallischen Werkstückes weitgehend abgebaut werden. Es handelt sich dabei um

1. dünne und weiche Kupferschneiden mit Hartglas,
2. dünnes, weiches und eine Sicke enthaltendes Kupferblech mit Hartglas,
3. dünnes Molybdänblech mit Quarzglas,
4. dünnes Eisendrahtgeflecht mit Fensterglas.
5. Druckglasverschmelzungen. Bei ihnen schrumpft ein Stahlmantel auf eine Weichglasdrahteinschmelzung auf. Die mechanischen Spannungen im Glas müssen auf der Oberfläche tangentiale Druckspannungen sein. Druckspannungen führen nämlich erst bei bedeutend höheren Werten zum Bruche als Zugspannungen.

Diese Problematik wird in [1] behandelt.

Bei Glas-Glas-Verschmelzungen liegen praktisch immer angepaßte Verschmelzungen vor. Es sind nur mäßig große Fehlanpassungen gestattet. Man denke dabei an den sehr aufwendigen Übergang vom Quarzglas zum Wolframglas über mindestens fünf Zwischengläser.
Bei der enorm häufig vorkommenden Verschmelzung Kolbenglas mit bleihaltigem Fußglas haben die Wärmedehnungskurven der Partner, die zu einem spannungsfreien Zustand bei Raumtemperatur führen, das in Bild 2 dargestellte Aussehen.

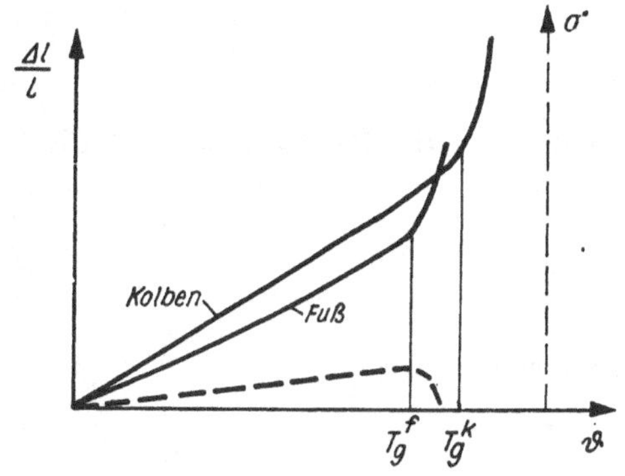

Bild 2. Wärmedehnung $\Delta l/l$ und mechanische Spannungen σ der Kombination Kolbenglas/Fußglas in Abhängigkeit von der Temperatur

Das Fußglas mit einem T_g^f um 430 °C muß einen mittleren Wärmedehnungskoeffizienten $\alpha_{20\,...\,400}$ besitzen, der etwa $7 \cdot 10^{-7}$ grd $^{-1}$ niedriger liegt als der des Kolbenglases mit einem T_g^k um 520 °C. Das hat folgenden Grund: Bei normalen Kühlgeschwindigkeiten setzen die mechanischen Spannungen, die durch viskose Deformation des Fußglases nur noch teilweise abgebaut werden, etwa 20 grd oberhalb vom T_g^f ein. Weicht nun ein Partner um mehr als etwa $\pm\, 6 \cdot 10^{-7}$ grd^{-1} von dem Wert ab, der zum spannungsfreien Zustand führt, dann ist die Warngrenze erreicht. Die zulässigen Streuungen der Materialchargen betragen i. a. für jeden Partner $\pm\, 3 \cdot 10^{-7}$ grd^{-1}. Rutscht z. B. der eine Partner um 3 Einheiten nach oben, der andere um denselben Betrag nach unten, dann dürfen keine weiteren Spannungen, die sich addieren, hinzukommen. Von diesen zusätzlichen Spannungsursachen soll nunmehr ausführlich die Rede sein.

4.2.3. Klassifikation der mechanischen Spannungen in technischen Gläsern

4.2.3.1. Temporäre Spannungen

Temporäre Spannungen können hervorgerufen werden durch

a) zeitabhängige äußere mechanische Kräfte
   Beispiele:
   1. Einspannvorrichtung
   2. Verbiegen der Stiftdurchführungen
   3. Druckkammer
   4. Vakuumpumpen,

b) Temperaturgradienten
   Beispiele:
   1. schnelle Temperaturänderungen (dickwandiges Glas ist besonders anfällig, wenn α hoch ist, dagegen kann Quarzglas schnell erwärmt und abgekühlt werden)
   2. ungleichmäßige Wärmezuführung (deshalb fortwährendes Drehen des Glaskörpers vorm Tischgebläse erforderlich).

Ein Kriterium der temporären Spannungen ist: Bleibt man bei den eben aufgezählten Behandlungen unterhalb des Transformationsbereiches, dann verschwinden diese Spannungen gleichzeitig mit den verursachenden Kräften bzw. nach dem Erreichen einer Temperaturgleichverteilung.

4.2.3.2. Permanente Spannungen

Hier interessieren permanente Spannungen für Raumtemperatur. Sie können verursacht werden durch

a) chemische Inhomogenitäten
   Beispiele:
   1. Einschluß von Steinen
   2. fremde Glasteile anderer Zusammensetzung
   3. Elektrolyse
   4. Ionenimplantation,

b) physikalische Inhomogenitäten
   Dafür gibt es drei Ursachen:
   1. Partielle Entglasung
      Während der Glasformung — etwa bei Temperaturen um 900 °C — können Kristallkeime entstehen, die bei längerer Bearbeitungszeit wachsen können. Diese Kristallite besitzen eine anisotrope Wärmedehnung mit merklich abweichenden Beträgen zum umhüllenden Mutterglas. In der Vitrokeramik wird diese Kristallisation in beschränktem Umfange gezielt herbeigeführt.
   2. Differentielle Kühlung
      Das ist die am häufigsten vorkommende Ursache für permanente Spannungen. Hierzu muß ausführlicher gesprochen werden.
   3. Auswirkungen des Struktureffektes
      Auch auf diesen ist noch ausführlicher einzugehen.

Differentielle Kühlung als Ursache für permanente Spannungen

Zur Zeit $t < t_{\text{kü}}$ herrsche in einem Kühlgut, das kann ein einheitliches Stück Glas aber auch eine beliebige Glasverschmelzung sein, Spannungsfreiheit. Es sei jedoch nicht

temperaturhomogen. Da bei einem Kühlvorgang Wärmeenergie aus dem Kühlgut fließt, existieren streng genommen auch bei geringsten Kühlgeschwindigkeiten Temperaturgradienten, so daß differentielle Kühlung, die auf dieser Temperaturabhängigkeit beruht, stets wirksam ist. Unter der Voraussetzung, daß die Spannungen trotz einer Temperaturinhomogenität gleichzeitig einsetzen, ist die Temperaturdifferenz, vom Zeitpunkt des Spannungseinsatzes bis zum Zeitpunkt, bei dem homogen Raumtemperatur herrscht, ortsabhängig.
Die Schrumpfung auf Grund der Wärmekontraktion ist somit ebenfalls ortsabhängig. Das bewirkt permanente Spannungen. Unbehagen löst die Voraussetzung aus, daß die Spannungen ortsunabhängig trotz Temperaturinhomogenität gleichzeitig einsetzen sollen. Dieser Ansatz wird durch das praktische Ergebnis verifiziert. Denn die gemessene örtliche Verteilung der permanenten Spannung ist, mäßig große Abmessungen des Kühlgutes vorausgesetzt, eine Funktion der Temperaturverteilung im Transformationsbereich. Bei geometrisch einfachen Glaskörpern, für die die Wärmeleitungsgleichung lösbar ist, etwa für runde Glasstäbe, ist die Korrelation zwischen Spannungsverteilung bei Raumtemperatur und der Temperaturverteilung im Transformationsbereich relativ gut.

Praktische Anwendungen der differentiellen Kühlung

A) Die differentielle Kühlung tritt beim Einschmelzen von Kontaktnäpfen in Oszillografenröhren unangenehm auf. Da das Metall relativ zum Glas eine geringe Masse hat und außerdem eine intensivere Wärmeabstrahlung besitzt, ist der Napf beim Abkühlen im Tb ohne Gegenmaßnahmen erheblich kühler als das benachbarte Glas. Das führt zu tangentialen Zugspannungen und zu radialen Rissen.
B) Zuweilen lassen sich schlecht angepaßte Glasglasverschmelzungen durch beabsichtigte differentielle Kühlung geringfügig korrigieren. Der Korrekturumfang beträgt etwa $\pm 5 \cdot 10^{-7}$ grd^{-1}. Nur dürfen solche Verschmelzungen nicht noch einmal im Tb getempert werden.
C) Die differentielle Kühlung ist zuweilen unumgänglich bei automatischen Einschmelzungen. Die Taktzeit ist derartig kurz, daß eine Steilkühlung erfolgt. Die Verschmelzpartner müssen von vornherein in ihrer Wärmedehnung geeignet unterschiedlich gewählt werden, um die differentielle Kühlung zu kompensieren.

Permanente Spannungen, die durch den Struktureffekt hervorgerufen werden

Unterhalb einer Temperatur ϑ_{eq} (s. Bild 1) befindet sich die Glasstruktur bei einer vorgegebenen Kühlgeschwindigkeit nicht mehr im thermodynamischen Gleichgewicht. Das bedeutet, daß die innere Energie oberhalb des stabilen Energieminimums liegt. Sind Platzwechsel von Atomen möglich, so ist die Wahrscheinlichkeit für Platzwechsel, die zu einem energieärmeren Zustand führen, größer als umgekehrt. Die Konfiguration mit der Minimalenergie wird isotherm in mehr oder weniger langer Zeit erreicht. Wenig unterhalb ϑ_{eq} werden Sekunden, im Transformationsbereich Minuten bis Stunden, darunter Tage und Jahre benötigt. Bei Raumtemperatur ist die Struktur praktisch „eingefroren“.
Der Abbau des Nichtgleichgewichtes ist in den meisten Fällen der Praxis mit einem Dichteanstieg verknüpft, welcher wiederum in einer Verschmelzung verschiedener Partner eine Spannungsänderung verursacht [2].
Es folgt ein Beispiel für Spannungen, die durch den Struktureffekt modifiziert werden:
Eine kreisrunde Metalleinschmelzung (Kontaktnapf), siehe Bild 3, stehe unter tangentiellen Zugspannungen (etwa wegen $\bar{\alpha}_{Metall} < \bar{\alpha}_{Glas}$).
Wird das Vakuumgefäß nochmals stark (etwa 450 °C, wobei $T_g = 510$ °C) über längere Zeit (etwa 1 Stunde) erwärmt, vielleicht zum Zwecke der Vakuumverbesserung

oder der Aktivierung von Leuchtstoffen, dann kann der Struktureffekt wirksam werden. Das Glas schrumpft und die tangentialen Zugspannungen wachsen!
In der Nähe der Transformationstemperatur wirken nun sowohl der Struktureffekt als auch der langsame Abbau mechanischer Spannungen durch viskoses Fließen. Während der erstere so lange anhält, so lange das Glas sich noch im thermischen Nichtgleichgewicht befindet, verschwindet die viskose Deformation mit dem Abklingen der mechanischen Spannungen.

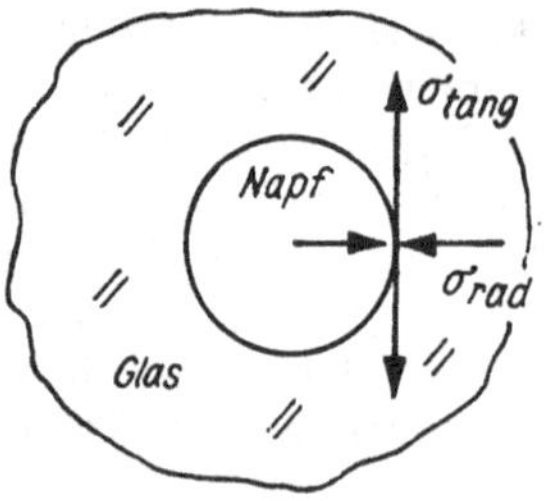

Bild 3. Mechanische Spannungen an einer Napfeinschmelzung

σ_{tang} tangentielle Spannungen

σ_{rad} radiale Spannungen

4.2.4. Einschmelzmetalle und ihre Verschmelzung mit Gläsern

Eingangs wurde darauf hingewiesen, daß es eine Anzahl physikalischer, technologischer und ökonomischer Argumente gibt, Gläser mit recht unterschiedlichen Wärmedehnungen einzusetzen. Es erwächst daraus die Aufgabe, entsprechende Metalle oder Legierungen zu finden, die ähnliche Wärmedehnungen besitzen, die jedoch zusätzlich noch einige weitere notwendige Eigenschaften aufweisen müssen. Sie betreffen die Verformbarkeit, die Vakuumdichtheit, die Entgasbarkeit und die Oxydierbarkeit.
Von der Wärmedehnung her bieten sich die Elemente Silizium, Wolfram, Molybdän, Chrom, Titan, Platin, Gold, Eisen, Nickel und Kupfer an. Silizium liegt nicht als Draht oder Blech vor, Chrom ist zu spröde, Titan ist nicht auf dem Markt, Platin und Gold sind zu teuer und ergeben schwache Haftungen, da sie sich nicht oxydieren lassen. Die Gläser für Eisen, Nickel und Kupfer besitzen eine unbefriedigende chemische Beständigkeit, so daß sie nur in Sonderfällen Anwendung finden. In geringem Umfang bleibt Wolfram und Molybdän übrig.
Den Hauptanteil der metallischen Verschmelzpartner liefern die Einschmelzlegierungen und da wiederum nur die magnetostriktiven. Es gibt prinzipiell zwei Arten Einschmelzlegierungen. Bei der ersten werden zwei Metalle, das eine mit einer niedrigen, das andere mit einer hohen Wärmedehnung, verschmolzen. Je nach den Anteilen erhält man eine dazwischenliegende Wärmedehnung. Ein Vertreter dieser Gruppe sind die Chromeisenlegierungen. Von überragender praktischer Bedeutung sind dagegen die Legierungen, die den inneren magnetostriktiven Effekt nutzen. Sie enthalten die ferromagnetischen Metalle Eisen, Nickel und Kobalt. Es gibt Eisennickel- und Eisennickelkobaltlegierungen. Bei geeigneter Wahl der prozentualen Anteile läßt sich eine ganze Palette verschiedener mittlerer Wärmedehnungen verwirklichen. Da oberhalb der Curie-Temperatur die Wärmedehnung sprungartig ansteigt, muß die Curie-Temperatur entweder bei der Transformationstemperatur und darüber oder nur wenig (etwa 50 grd) unterhalb von T_g liegen. Das Legierungsmetall Invar ist deshalb mit Quarzglas nicht verschmelzbar, weil seine *Curie*-Temperatur undiskutabel zu niedrig liegt. Die erwähnten Legierungen erhielten noch mehrfach Modifikationen, etwa durch Chromzusätze oder Kupfermäntel, um vor allem die Haftung zum Glase zu erhöhen.
Die wichtigste Forderung, die eine Glas-Metall-Verschmelzung erfüllen muß, ist die Vakuumdichtheit. Bei konzentrischen Einschmelzungen kann die Dichtheit allein durch radialen Druck erreicht werden, es handelt sich um die sogenannten Druckglaseinschmelzungen. Die Dichtheit wird stark vermindert, wenn beim Einschmelz-

vorgang, wobei das Glas das Metall benetzt, aus dem Metall Gase an die Phasengrenze herausdiffundieren. Die Gasblasen reduzieren mehr oder weniger die Dichtungsfläche. Um dieser Qualitätsminderung vorzubeugen, wird ein intensives Entgasungsglühen im Vakuum oder in einer Schutzgasatmosphäre vorgenommen. Glühtemperatur und Glühzeit werden empirisch ermittelt. Wird z. B. der Durchmesser einer Stabeinschmelzung verdoppelt, so muß die Glühzeit, entsprechend dem Wurzelgesetz der Diffusion, mehr als verdoppelt werden. Entgaste Metallteile können längere Zeit bis zur Verschmelzung aufbewahrt werden. Die adsorbierten Gase entweichen in der Flamme beim Erhitzen des Metalles. Bilden die Metalle kein Oxid (Platin), so ist der Glaspartner so zu wählen, daß schwache radiale Druckspannungen entstehen, um Dichtheit zu gewährleisten. Gute Verbindungen entstehen über eine Oxidschicht des Metalles oder der Legierung. Ein ungefährer Richtwert für die Oxiddicke ist 3 µm. Meßtechnisch kann die optimale Dicke durch die Massenzunahme bei der Oxydation überwacht werden. Zu dicke Oxidschichten sind für den glasfreien und zu kontaktierenden Teil der Durchführung unerwünscht. Beim Verschmelzen des voroxydierten Metallteiles und des Glases soll das Oxid zum überwiegenden Teil in das Glas hineindiffundieren. Das läßt sich einfach durch Querschliffe im Auflichtmikroskop und aufwendiger mit der Röntgenmikroanalyse nachweisen. Die Verschmelzung ist am haltbarsten, wenn der Übergang so wenig wie möglich abrupt vor sich geht und das ist bei der Schichtenfolge: Metall / Metalloxid / durch Diffusion mit dem Metalloxid angereichertes Glas / Glas am besten erfüllt. Dem Praktiker dienen feinste Farbunterschiede der Oxidschicht als Hilfsmittel zur Einstellung der optimalen Oxiddicke.
Die schwächste Phasengrenze ist die zwischen Metall und seinem Oxid. Das erkennt man am einfachsten am Glasbruch, der vorwiegend durch diese Phasengrenze verläuft.
Bei Legierungen treten Mischoxide auf. Ein geringfügiger Chromanteil zu einer Nickeleisenlegierung führt zur kräftigen Bildung von Chromoxid, das verhältnismäßig geringe Scherspannungen zum Metall verursacht und somit relativ gut haftet.
Zugspannungen normal zur Phasengrenze Metall / Metalloxid fördern sehr oft die Undichtheit. Es sollen somit stets geringe Druckspannungen normal zu dieser Grenzfläche angestrebt werden. Dieser Zustand ist praktisch stets vorteilhafter als der völlig spannungsfreie. Große Zugspannungen auf der Glasoberfläche führen allerdings zum Glasbruch, der meist mit einem sofortigen Ausfall des vakuumelektronischen Bauelementes verbunden ist.

4.2.5. Verschiedene Einflüsse auf die Verschmelzbarkeit

Es könnte der Eindruck entstehen, daß an angepaßten Glas-Metall-Verschmelzungen die Geometrie der Verschmelzung und die elastischen Eigenschaften der Verschmelzpartner ohne Belang wären. Sie sind wohl von untergeordneter Bedeutung aber keinesfalls vernachlässigbar. Das macht sich am deutlichsten bei Stifteinschmelzungen bemerkbar, wenn der Stiftdurchmesser erhöht wird. Je dicker der Stift, desto besser müssen die Partner von vornherein aneinander angepaßt sein und um so mehr engen sich die zulässigen Schwankungsbreiten für die Wärmedehnung und die Technologie ein.
Für Fälle mit hoher geometrischer Regelmäßigkeit, also vor allem für Stifteinschmelzungen, lassen sich analytische Ausdrücke für die mechanischen Spannungen theoretisch herleiten. Von der axialen, radialen und tangentialen Komponente wird hier nur die letztere zur Diskussion angegeben:

$$p_t = \frac{-E_g}{\underbrace{1 + \frac{a^2}{b^2}(2\sigma - 1) + \frac{a^2}{b^2}(2\sigma - 1)\left(\frac{b^2}{a^2} - 1\right)\frac{E_g}{E_m}}_{\text{elastischer Term}}} \underbrace{\left(\frac{a^2}{b^2} + 1\right)}_{\text{rein geometr. Term}} \underbrace{\Delta\alpha \cdot \Delta\vartheta}_{\text{Wärmedehnungsterm}} .$$

Es bedeuten:

E_g, E_m Elastizitätsmoduln für Glas und Metall
μ_g, μ_m *Poisson*-Zahlen für Glas und Metall
$\sigma = \mu_g/\mu_m$
a Stiftdurchmesser
b Durchmesser des in Bild 4 angedeuteten, verspannten Gebietes
$\Delta\alpha$ Wärmedehnungsdifferenz
$\Delta\vartheta$ Temperaturdifferenz $\vartheta - \vartheta_R$.

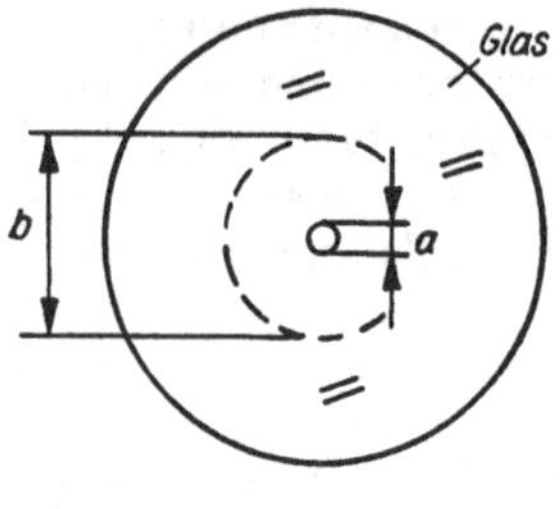

Bild 4. Darstellung des verspannten Gebietes bei Stifteinschmelzungen

4.2.5.1. Der Einfluß der elastischen Eigenschaften und der Geometrie der Partner

Diese Formeln haben keine große praktische Bedeutung erlangt, denn die vier elastischen Materialkonstanten stehen in der erforderlichen Genauigkeit nur ungenügend zur Verfügung und der Wärmedehnungsterm beschreibt die realen Verhältnisse nur in sehr grober Näherung. Der Geometrieterm ist allerdings einigermaßen aussagekräftig.
Bei Tiefziehteilen (Kontaktnäpfe) werden die funktionalen Abhängigkeiten noch komplizierter, durch Formgebungsänderungen und durch plastische Deformationen können die mechanischen Spannungen weiter variiert werden.

4.2.5.2. Die Bedeutung nichtlinearer Wärmedehnungen

Dieser einfache und in der theoretischen Literatur häufig benutzte lineare Ansatz für Wärmespannungen $\Delta\alpha\ \Delta\vartheta$ verliert völlig seine Berechtigung, wenn der metallische Partner eine magnetostriktive Legierung ist. Es gibt zwei Grenzfälle:

1. die Curie-Temperatur liegt oberhalb der Transformationstemperatur des Glases (in Bild 5 gestrichelt gezeichnet),
2. die Curie-Temperatur liegt etwa 50 grd unterhalb der Transformationstemperatur des Glases (in Bild 5 strichpunktiert gezeichnet).

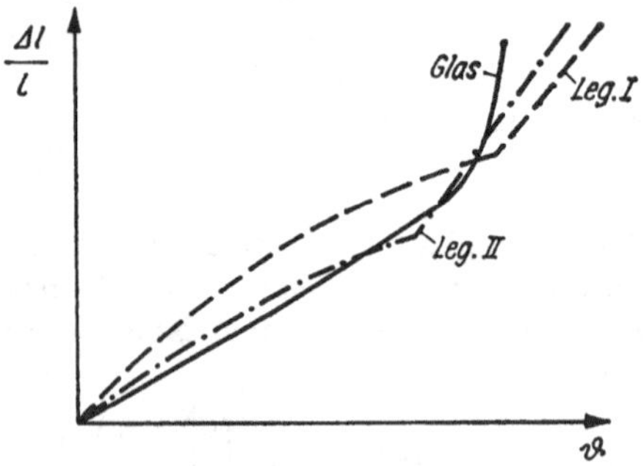

Bild 5. Wärmedehnungskurven für ein Weichglas und zwei magnetostriktiven Einschmelzlegierungen, die an das Glas angepaßt sind aber sehr unterschiedliche *Curie*-Temperaturen besitzen

Für den im gesamten elastischen Bereich spannungsarmen zweiten Fall entstünden, wollte man die physikalischen Erscheinungen analytisch beschreiben, enorme Schwierigkeiten. Der erste Fall weist bei Raumtemperatur geringe, bei Zwischentemperaturen sehr große Spannungen auf.
Man erinnere sich, daß die Wärmedehnungsdifferenz $\Delta\alpha$ für Gläser vom thermischen Nichtgleichgewicht (Struktureffekt) abhängt und somit eine Funktion der Abkühlgeschwindigkeit ist. Die Temperaturdifferenz $\Delta\vartheta$ ist eine Funktion des Ortes, wenn vom differentiellen Charakter der Kühlung nicht abgesehen werden kann. $\Delta\vartheta$ ist darüberhinaus auf Grund der viskosen Entspannung ebenfalls eine Funktion der Abkühlgeschwindigkeit.
Die adäquate Beschreibung ist somit keine analytische sondern eine mit Differenzdilatometer- und Polarimeterkurven!
Die dargelegten Überlegungen sollten zeigen, wodurch die Spannungen in Glasverschmelzungen beeinflußt werden. Zum Abschluß soll nur noch erwähnt werden, daß der Oberflächenzustand des Glases ganz erheblich die Bruchgrenze bestimmt.

4.2.6. Zusammenfassende Folgerungen

Der Glastechnologe befaßt sich heutzutage weniger mit Neuentwicklungen als vielmehr mit Problemen der Sicherung der Vakuumdichtheit und der Herabsetzung des Glasbruches. Er benötigt dazu wie sich aus den gemachten Ausführungen ergibt, einige für Glasverschmelzungen typische Meßgeräte, nämlich ein Dilatometer, einen Polarograf und ein Polarimeter. Ein Viskosimeter im Anwendungsbereich 10^6 bis 10^{15} Poise wird ihm weniger praktischen jedoch einen ungeahnten theoretischen Nutzen bringen. Viskosimetrische Studien erhellen das Bild über die merkwürdigen Eigenarten des Werkstoffes Glas ganz besonders. Weiterhin benötigt er ein umfangreiches Wissen über die Bruchanalyse. Und der Glastechnologe braucht nicht zuletzt solide Kenntnisse über die Entstehung und die Systematisierung der mechanischen Spannungen im Glas. Diesem Anliegen dienten die vorliegenden Überlegungen.

Literaturverzeichnis

[1] *Zincke, A.*: Technologie der Glasverschmelzungen. Akademische Verlagsgesellschaft Geest & Portig K.-G., Leipzig 1961.
[2] *Helmert, W.*: Glasglas- und Glasmetallverschmelzungen unter besonderer Berücksichtigung des Struktureffektes an Gläsern. Dissertation A, TH Ilmenau 1969.

4.3. Konstruktionsprinzipien, Leistungsgrenzen und Herstellung von Glasdurchführungen

Von *E. Altstadt*

VEB Elektroglas Ilmenau

Verschmelzungen zwischen Glas und Metall werden hergestellt, seitdem man die chemische Resistenz von Gläsern, ihre Lichtdurchlässigkeit und elektrische Isolierfähigkeit schätzen gelernt hat. Ihre großtechnische Nutzung und die Produktion mit Massenfertigungscharakter ist eng mit der Entwicklung der Elektrotechnik und Elektronik verbunden.

4.3.1. Überblick über Glas-Metall-Verbindungen

Trotz der sprichwörtlichen Zerbrechlichkeit des Glases gestattet die breite Skala der Glas-Metallverbindungen Anwendungen bei komplizierten Laborgeräten und emailliertem Hausrat ebenso wie bei Beleuchtungskörpern und elektronischen Bauelementen. Für die Festigkeit einer Glas-Metall-Verschmelzung sind neben den Werkstoffeigenschaften der Verschmelzpartner Bindungsmechanismen verantwortlich, die der Techniker entsprechend den spezifischen Erfordernissen zu beeinflussen sucht:

- *die Adhäsion* durch Verschmelztemperatur und mechanische Unterstützung des Verschmelzprozesses (Quetschen, Pressen, Blasen),
- *die chemischen Bindungskräfte* durch die Zusammensetzung der Verschmelzatmosphäre sowie durch chemische und thermische Vorbehandlung der Metallpartner,
- *mechanische Verspannungen* durch geeignete Werkstoffwahl, Abmessungsverhältnisse und Kühlbedingungen.

Die Problematik ist zwar etwas komplexer als hier dargelegt, sie ist aber hinreichend durch die Literatur bekannt [1, 2].

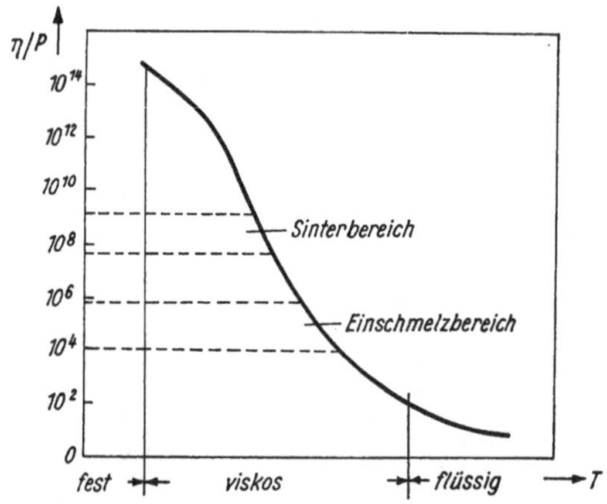

Bild 1. Temperaturabhängigkeit der Zähigkeit üblicher Einschmelzgläser und ihrer Arbeitsbereiche

Um Adhäsion und chemische Bindung wirksam werden zu lassen, sind Temperaturen erforderlich, die die Zähigkeit des Glases auf 10^4 bis $10^{6,5}$ Poise herabsetzen (s. Bild 1).[1] Bei den praktisch verwendeten Gläsern geschieht das zwischen 800 °C und 1050 °C. Spannungen setzen erst oberhalb 10^{13} P, das ist unterhalb etwa 500 °C, beim Abkühlen ein.
Glasdurchführungen sind besonders Glas-Metallverschmelzungen, die als Gehäusebauteile eine elektrisch isolierte Zugänglichkeit in vakuum- oder druckdicht verschlossene Volumina ermöglichen.

4.3.2. Glasdurchführungen für die Elektronik

Neben den Anwendungen in Gebieten der Hochdruck-, Hochvakuum- und Kältetechnik haben Glasdurchführungen vor allem in das Gebiet der elektronischen Bauelemente Eingang gefunden. Dabei haben sich meist Glasdurchführungen bewährt (und auf Grund ihrer höheren Zuverlässigkeit auch gegen die Konkurrenz der Plastverkapselungen behauptet), bei denen nachfolgende Merkmale zutreffen:

1. die Erzeugnisse werden vorwiegend in hohen Produktionsauflagen hergestellt, 10^4—10^7 pro Jahr;
2. die Konstruktionen zeichnen sich durch eine gewisse Rotationssymmetrie aus;
3. die Verschmelzung erfolgt ohne Unterstützung durch mechanische Kräfte (außer der Schwerkraft);
4. die Komplettierung zu fast stets metallischen Gehäusen erfolgt durch Schweißen oder Löten.

Aus letzterem und anderen Verarbeitungs- und Betriebsbedingungen ergeben sich weitgestreute Anforderungen:

a) *mechanisch*: neben verschiedenen Zugkräften, Biege- und Drehmomenten werden Druckfestigkeiten bis 1000 at und Linearbeschleunigungen bis 25000 g gefordert,
b) *thermisch*: statische Belastungen zwischen —155 °C und +500 °C, Schocks bis 150 grd,
c) *elektrisch*: Isolationswiderstand bis 10^{12} Ohm, Überschlagsspannungsfestigkeit bis 15 kV, verlustarme Durchführungen für den HF-Einsatz, Strombelastbarkeit bis 1 kA,
d) *vakuumtechnisch*: maximale Leckraten zwischen 10^{-8} und 10^{-10} Torr · l · s^{-1}.

Es ist bekannt, daß Glas zwar hohen Druck- aber nur geringen Zugspannungen standhält. Es läßt sich vor allem bei Verwendung von eingefärbtem Sinterglas auch kaum eine feste Grenze der Zugspannungen definieren, bei denen eine mechanische Zerstörung der Glas-Metall-Verschmelzung und damit unzulässig erhöhte Leckraten auftreten. Das Vorhandensein von kleinsten Beschädigungen und Unregelmäßigkeiten an der Oberfläche des Glaskörpers führt bei Zulassung von geringen Zugspannungen im Glas zu einem mehr oder weniger zufälligen Bruchbeginn bei Belastung. Um den damit verbundenen statistischen Prozeß des Undichtwerdens weitgehend zu unterdrücken, wird daher die prinzipielle Forderung erhoben, Zugspannungen im Glas zu vermeiden.
Die beiden konstruktiven Wege, dieser Forderung in der Praxis nahezukommen, haben zu den zwei Arten von Glasdurchführungen, der angepaßten und der Druckglasdurchführung, geführt.

4.3.2.1. Druckglasdurchführungen

Druckglasdurchführungen zeichnen sich durch einen meist metallischen Druckring aus, der infolge seines höher gewählten Ausdehnungskoeffizienten bei der Kontrak-

[1]) Quellennachweis der Abbildungen: alle VEB Elektroglas Ilmenau.

tion nach dem Einschmelzen dem Glaskörper Druckspannungen aufzwingt. Bei Druckglasdurchführungen übersteigen die durch Druckverspannung des Glases erzielten Festigkeitseigenschaften bei weitem den Anteil der chemischen Bindungskräfte, sie sind aber im Gegensatz zu letzteren im interessierenden Anwendungsbereich temperaturabhängig. Der mögliche Verzicht auf spezielle Einschmelzlegierungen mit den teuren Bestandteilen Co, Ni und Cr und die Realisierbarkeit großer Innenleiterquerschnitte für hohe Stromstärken bei hoher mechanischer Festigkeit sind die Hauptvorteile. Ein Beispiel einer Druckglasdurchführung gibt Bild 2 wieder.

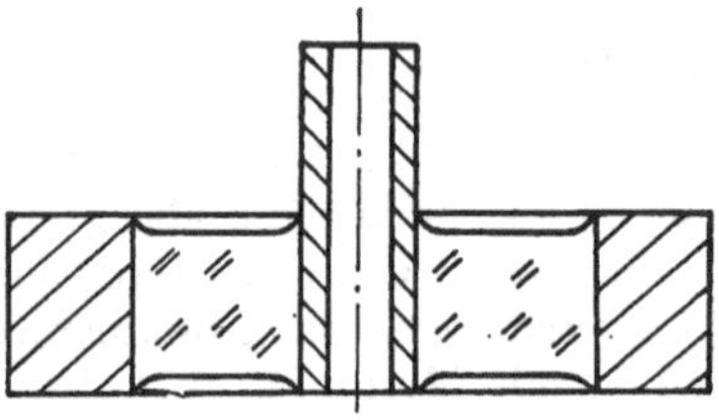

Bild 2. Druckglasdurchführung

4.3.2.2. Angepaßte Glas-Metallverschmelzung

Bei angepaßten Glasdurchführungen wird angestrebt, durch „Anpassung" der gläsernen und der metallischen Verschmelzpartner hinsichtlich ihrer thermischen Ausdehnungen mechanische Spannungen im Glas zu vermeiden. Das gelingt natürlich nicht für alle statischen Betriebszustände in dem Maße, wie das wünschenswert wäre, schon gar nicht für thermische Belastungen mit erhöhtem zeitlichen Temperaturgradienten. Dabei entstehen infolge der stark unterschiedlichen Wärmeleitfähigkeit von Glas und Metall auch örtliche Temperaturgradienten und damit Spannungen. Die Kunst besteht nun darin, durch sorgfältige Vorbereitung und Steuerung des Einschmelzprozesses noch eine hinreichende mechanische und thermische Stabilität in den besonders gefährdeten Verschmelzfugen über den chemischen Bindungsmechanismus zu erreichen. Vorteilhaft ist die Möglichkeit, bei angepaßten Glasdurchführungen Glasüberhöhungen zur Verlängerung der elektrischen Kriechstrecken bei gleichbleibendem Durchmesser zuzulassen.

4.3.2.3. Keramikschalengehäuse

Für mehrpolige Gehäuse integrierter Halbleiterschaltkreise haben in den letzten Jahren Glas-Metall-Keramik-Verschmelzungen auf der Basis von Glasloten Bedeutung erlangt. Gegenüber Gläsern der klassischen Glas-Metall-Verschmelzungen zeichnen sich die meist verwendeten Glaslote durch geringe Verschmelztemperaturen (ca. 350 °C bis 500 °C) und Kristallisierbarkeit aus. Erstere Eigenschaft gestattet es, die Verschmelzung der keramischen Gehäuseschalen mit den metallischen Durchführungen nach erfolgter Montage temperaturbeständiger Halbleiterschaltungen vorzunehmen. Eine nach dem Verschmelzvorgang erfolgte Kristallisation erhöht die Festig-

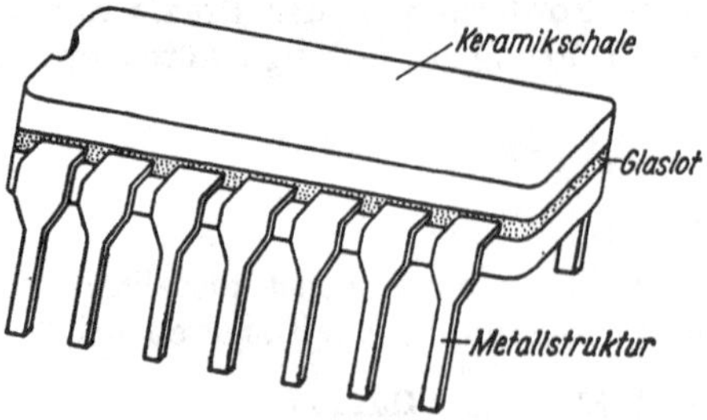

Bild 3. Keramikschalengehäuse

keit des Glaslotes vor allem gegen Zugbelastung. Dadurch ergeben sich weitere Konstruktionsprinzipien abweichend von denen, wie sie eingangs dieses Kapitels für Gläser entsprechend Bild 1 genannt wurden. Ein Beispiel zeigt Bild 3.

4.3.3. Leistungsgrenzen

Nach vorliegenden Erfahrungen nimmt die Stabilität der Glasdurchführungen mit steigenden Dimensionen unter den Bedingungen der Massenfertigung stark ab. Bei angepaßten Durchführungen führen insbesondere große Materialstärken der Metallteile, bei Druckglasdurchführungen große Glasmassen zu geminderter Beständigkeit gegen thermische und mechanische Belastungen. Äußerlich oft nicht sichtbare Beschädigungen an den Grenzflächen Glas-Metall führen dann zu erhöhten Leckraten. Eine Ursache liegt wohl auch darin, daß man bei Massenfertigung den Aufwand einer für steigende Dimensionen kritischeren Kühlung und das erhöhte Risiko von Spätausfällen meiden möchte. Bei angepaßten Glasdurchführungen sollte also die elastische Verformbarkeit (in Spezialfällen auch die plastische, z. B. bei Schneidenanglasungen bzw. Finkdrahteinschmelzungen) der Metallteile möglichst so groß sein, daß sich die Spannungen an der Grenzfläche Glas-Metall in Grenzen halten. Das gelingt etwa bis zu Blech- bzw. Drahtstärken von 1 mm mit verträglichem Aufwand.
Vorteilhaft für die Begrenzung der Spannungen in den Verschmelzfugen nicht nur bei angepaßten, sondern auch bei Druckglasdurchführungen, ist eine sinnvolle Kombination zwischen elastischer und plastischer Verformbarkeit. Sie wird beispielsweise durch eine Verkupferung von 2 bis 10 μm der Metallteile erreicht. Hierbei wird nicht nur die gute Duktilität des Kupfers, sondern auch die ausgezeichnete Haftfestigkeit seiner Verschmelzung mit Glas genutzt. Kritische Fälle, wie sie beispielsweise in Bild 5 umrissen werden, können so gemildert werden.

4.3.3.1. Einfluß der Spannungen auf die Festigkeitseigenschaften

Die Kenntnis der in Glasdurchführungen herrschenden mechanischen Spannungen ist von entscheidender praktischer Bedeutung für die Beurteilung von Leistungsfähigkeit und Zuverlässigkeit. Vorzeichen und Größe der Spannungen hängen von der Geometrie und den Werkstoffeigenschaften der Glas- und Metallteile sowie von dem Temperatur-Zeitverlauf ab, mit dem der Transformationsbereich des Glases durchlaufen wird. In der Praxis werden im wesentlichen drei Methoden angewendet, um zur Kenntnis der Spannungen zu gelangen:

1. optische und dilatometrische Messungen an Modellen,
2. Prüfung auf thermische und mechanische Grenzbelastbarkeit mit Rückschlüssen auf Spannungen und Haftfestigkeit der Verschmelzung,
3. Spannungsberechnung.

Methode 1 wird vorzugsweise bei angepaßten Durchführungen angewendet. Die Methode 2 wird zur Ergänzung von 1 und 3 in weniger kritischen Fällen auch allein angewendet. Die Spannungsberechnung 3 hat vor allem bei Druckglasdurchführungen Bedeutung, da hier im Gegensatz zur angepaßten der mathematisch schwer erfaßbare Einfluß des Temperatur-Zeitverlaufes auf die Spannungen in der Regel vernachlässigbar gegen den Einfluß der ungestörten Ausdehnungsdifferenz zwischen Glas und Metall ist.
Für die Konstruktion und Entwicklung von Druckglasdurchführungen ist die Spannungsberechnung ein bedeutsames Hilfsmittel. Sie erspart einen Teil der aufwendigen Versuchsreihen und gestattet es, ökonomisch günstige Materialarten und Abmessungen zu ermitteln.
Alle Tangentialspannungen τ und Radialspannungen ϱ in einer Druckglasdurchführung sind dem temperaturabhängigen Dehnungsunterschied δ zwischen Druckring

und Glas und damit auch untereinander proportional [4]. Damit genügt die qualitative Diskussion einer Spannung. Die Proportionalität gilt natürlich nur, wenn die Spannungen im Hookschen Bereich der Werkstoffe liegen und alle Teile der Druckglasdurchführung gleiche Temperatur besitzen (vgl. Kurve 1 in Bild 4).
Die Spannungen ϱ und τ setzen beim Transformationspunkt T_g des Glases (430 °C bis 550 °C für übliche Einschmelzgläser) ein und steigen linear mit fallender Temperatur[1])
Mit der Kenntnis der Spannungen können einige mechanische und thermische Leistungsgrenzen abgeschätzt werden. Zur Beurteilung auf mechanische Belastbarkeiten können beispielsweise folgende Gleichungen herangezogen werden.

$$F_H \leqq 2\pi r_1 \cdot h \cdot \nu_1 \cdot \varrho_1 + F_{C1}\,, \tag{1}$$

$$p_2 \leqq \begin{cases} \dfrac{2h}{r_2} \nu_2 \cdot \varrho_2 + \dfrac{F_{C2}}{r_2^2 \pi} \\ \dfrac{2h}{r_1} \nu_1 \cdot \varrho_1 + \dfrac{F_{C1}}{r_1^2 \pi}\,. \end{cases} \tag{2}$$

Die Haftfestigkeit F_H des Innenleiters kann nach Gl. (1), die pneumatische oder hydraulische Druckfestigkeit p_2 nach Gl. (2) eingeschätzt werden, ϱ_1 und ϱ_2 sind dabei die Radialspannungen in den Verschmelzfugen, h die axiale Höhe der Einschmelzung und r_1, r_2 die Radien des Glaskörpers, ν_1, ν_2 sind die Haftreibbeiwerte in den Verschmelzfugen, F_{C1} und F_{C2} sind chemische und adhäsive Bindungskräfte. Die Größen ν und F_C unterliegen in der Fertigung den größten Schwankungen und degradieren so oftmals die Ergebnisse nach Gl. (1) bzw. Gl. (2) zu Richtwerten. Multipliziert man Gl. (1) mit r_1, hat man ein Maß für die Torsionsfestigkeit des Innenleiters. Für die exakte Berechnung der Spannungen muß es u. a. als nachteilig angesehen werden, daß die bekannten Berechnungsmethoden, z. B. in [4, 7] beschrieben, die axiale Höhe h der Verschmelzung nicht berücksichtigen.
Praktisch erreichte und bei Raumtemperatur nachgewiesene Grenzwerte liegen bei $F_H = 1{,}2$ Mp (für einen Leiterdurchmesser von 12 mm) und $p_2 = 2500$ at. Solche Werte haben ihre Bedeutung z. B. bei chemischen Reaktoren und geologischen Erkundungsgeräten, in denen sich Druckglasdurchführungen bewährt haben.
Für höhere elektrische Spannungen hat die Druckglasdurchführung den Nachteil, daß eventuell zur Verlängerung der Kriechstrecke überstehend gestaltetes Glas abgeschert würde. Solche Glasüberhöhungen, die ein gern genutztes Konstruktionselement bei angepaßten Durchführungen sind, unterliegen bei Druckglasdurchführungen großen Schubspannungen und führen zum Glasbruch. In gesonderten Fällen kann durch Einglasen scherspannungsfester Keramikrohre dieser Nachteil behoben werden [5]. Dabei sind elektrische Überschlagsspannungen größer 25 kV erreichbar.

4.3.3.2. Thermische Beanspruchbarkeiten

Ein Kriterium für die Leistungsfähigkeit einer Glasdurchführung ist ihre Wiederaufheizbarkeit bis zum Leckwerden. Am Beispiel der Druckglasdurchführung soll die Wirkung thermischer Einflüsse näher untersucht werden. Für den statischen Fall, d. h. bei praktisch vernachlässigbaren Temperaturgradienten, läßt sich eine kritische Temperatur T_k definieren, bei der die gefährlichen Zugspannungen an der Grenze zwischen Glas und Metall eintreten und zu einem statistischen Prozeß des Leckwerdens führen. Theoretisch ist eine Druckglasdurchführung längs der gleichen Kurve 1 in Bild 4 wiederaufheizbar (praktisch sogar darüber hinaus), die sie beim Abkühlen durchlaufen hat.

---

[1]) Vergleiche jedoch Beitrag *Helmert*, Glasverschmelzungen, Seite 200

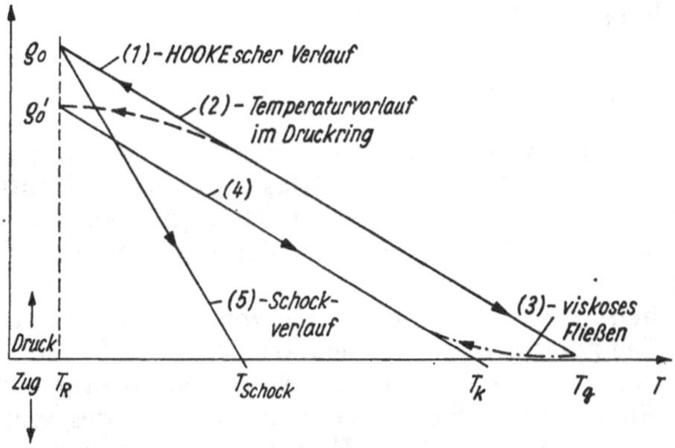

Bild 4. Spannungen in einer Druckglasdurchführung bei verschiedenen Temperaturverläufen

Abweichungen vom linearen Verlauf können sowohl durch schnelle, als auch durch extrem langsame Abkühlung entstehen. Im ersten Fall (siehe Kurve 2) verhindert ein Temperaturvorlauf im Druckring, im zweiten (siehe Kurve 3) viskoses Fließen im Transformationsbereich den Aufbau der vollen Druckspannung ϱ_0 bei Raumtemperaturen T_R. Es entsteht in beiden Fällen eine verminderte Druckspannung ϱ_0' (in Bild 4 willkürlich gleichgroß gewählt), wodurch die Druckglasdurchführung beim Wiederaufheizen gemäß Kurve 4 schon unterhalb T_g bei T_k in den Bereich der Zugspannungen gerät. Diese Abweichungen vom linearen Verlauf resultieren aus Werkstoffeigenschaften des Glases.
Aber auch der metallische Druckring kann zu starken Nichtlinearitäten beitragen. So wird beispielsweise bei Druckglasdurchführungen mit geringen statischen Temperaturbelastungen ($\leqq$ 300 °C) eine Überdehnung (Überschreiten der Elastizitätsgrenze) des Druckringes zugunsten ökonomisch vorteilhafterer Materialsorten und -abmessungen zugelassen. Die erwünschte radiale Druckspannung ϱ führt im Druckring zu tangentialen Zugspannungen τ, deren idealisierter Verlauf bei Überdehnung in Bild 5 dargestellt ist.
Beim Abkühlen erreicht die Tangentialspannung bei T_S die Streckgrenze (die Streckgrenze von Metallen ist in der Praxis besser auswertbar als die Elastizitätsgrenze) des Druckringmaterials und bleibt bei der nachfolgenden plastischen Verformung etwa konstant. Beim Wiederaufheizen erfolgt die Vorzeichenumkehr bei der Temperatur T_k, die sich bei so idealisiert vorausgesetztem Verlauf rechnerisch einfach ermitteln läßt.

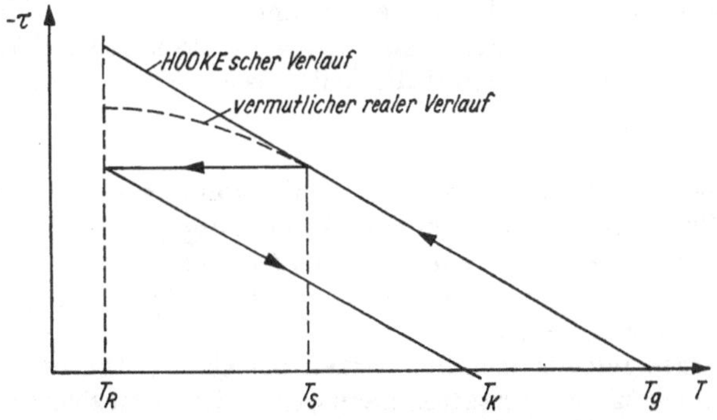

Bild 5. Idealisierter temperaturabhängiger Tangentialspannungsverlauf in einer Druckglasdurchführung bei „überdehntem" Druckring

Während bei den statischen Aufheizkurven bei einer bestimmten Temperatur T der Dehnungsunterschied

$$\delta = (\alpha_{St} - \alpha_{Gl}) (T_g - T)$$

proportional der Differenz der Ausdehnungskoeffizienten α_{St} des Stahls, das meist als Druckringmaterial verwendet wird, und α_{Gl} des Glases ist, muß bei Aufheizungen mit nicht mehr vernachlässigbarem Temperaturgradienten (Aufheizgeschwindigkeit ϑ) auch der Unterschied berücksichtigt werden, mit der die mittlere Temperatur T_{Gl} des Glases der Stahltemperatur T_{St} nachhinkt.
Bei schockartigem Aufheizen mit $\vartheta \to \infty$ kann man voraussetzen, daß nur der Druckring der einwirkenden Temperatur folgt, während das Glas auf Grund seiner wesentlich geringeren Wärmeleitfähigkeit bei der vorherigen Temperatur verharrt. Damit ist der temperaturabhängige Verlauf des Dehnungsunterschiedes und zugleich der Spannungen proportional α_{St}, wie das durch Kurve 5 in Bild 4 angedeutet wird. Ein Leckwerden erfolgt bei T_{Schock}.
Zwischen dem statischen Grenzfall ($\vartheta \to 0$) und dem des Schockes ($\vartheta \to \infty$) läßt sich eine maximale temperaturabhängige Aufheizgeschwindigkeit

$$\vartheta_{max} = \frac{\alpha_{St} - \alpha_{Gl}}{\alpha_{St} \cdot \tau} (T_g - T_{St}) \tag{3}$$

definieren. Der zulässige Gradient sinkt also mit steigender Druckringtemperatur. Im Falle der vorher beschriebenen Nichtlinearitäten, die beim Abkühlen bereits entstehen, ist in Gl. 3 anstelle von T_g der entsprechende Wert für T_k einzusetzen. Die Zeitkonstante τ hängt von der Geometrie der Glasdurchführung sowie von der Leitfähigkeit und der spezifischen Wärme des Glases ab. τ ist zweckmäßig experimentell zu bestimmen.

4.3.3.3. Prüfung auf Vakuumdichtheit

Für die Prüfung von Glas-Metall-Verschmelzungen als Bestandteil von hermetischen Gehäusen werden eine Vielzahl von Methoden angewandt. Gegenüber allen übrigen Prüfmethoden hat sich für den Entwickler und Hersteller von Glasdurchführungen die Leckratenmessung mittels Gasdetektoren als zweckmäßigste erwiesen. Die Hauptgründe (in [6] dargelegt) liegen einerseits in der möglichen Lecklokalisation, anderer seits in der guten Reproduzierbarkeit bei quantitativer Messung.
Durch ein vorhandenes Leck strömt, abhängig vom anliegenden Druckunterschied und von der Gasart, ein Gasmengenstrom q. Unter genormten Bedingungen, z. B. ist in den für Glasdurchführungen einschlägigen Standards (TGL 200–8309 ... 8314) als Druckunterschied 1 at und als Testgas Helium festgelegt, wird dieser Gasmengenstrom mit der Dimension Torr $\cdot$ l $\cdot$ s^{-1} Leckrate genannt.
Eine für die Beurteilung der Vakuumdichtheit eines verschlossenen Gehäuses bessere Angabe als die gemessene Leckrate L liefert die Zeitkonstante

$$t_L = p_n \cdot V_i \cdot L^{-1} .$$

p_n ist hierbei der Normaldruck und V_i das effektive Gasvolumen des Gehäuseinneren. Liegen bei Gehäusen für Halbleiterbauelemente keine ausgeprägten Volumina vor, oder ist insbesondere eine Getterwirkung des Bauelementes zu berücksichtigen, ist es zweckmäßig, anstelle von V_i die kritische Menge eines schädlichen Gases (etwa Wasserdampf) zu Normaldruck einzusetzen.
Zur Messung der Leckrate mittels Helium werden als Gasdetektoren vorzugsweise Massenspektrometer eingesetzt. Sie gestatten nach dem bekannten Prinzip der magnetischen Bahnablenkung [3], abhängig von der Atommasse der vorher ionisierten und elektrostatisch beschleunigten Gasbestandteile sowie des zur Anzeige gebrachten

Entladestromes, eine Trennung des Heliums von den übrigen Atmosphärenbestandteilen und seinen quantitativen Nachweis.
Dabei werden drei Prüfmethoden unterschieden:

a) die offene oder zerstörende Methode (vorzugsweise für Gehäuseeinzelteile),
b) die Verschließmethode (für komplettierte Gehäuse, bei deren Verschluß das Testgas He ins Gehäuseinnere gebracht wird),
c) die Autoklavenmethode (für komplettierte Gehäuse, bei denen durch Überdruck He über eventuell vorhandene Lecks ins Gehäuseinnere gelangt).

Im Gegensatz zur Fertigungsüberwachung in der Halbleiterindustrie haben die Methoden b) und c) bei der Entwicklung und Fertigung von Glasdurchführungen kaum Bedeutung erlangt, schon deshalb nicht, weil hier die Prüflinge in einem Rezipienten verschlossen werden, und die Lecklokalisation nicht wie bei Methode a) ohne weiteres möglich ist.
Die Empfindlichkeit und damit die Meßfehlermöglichkeiten der Methoden kann durch das Verhältnis des gemessenen Heliumgasmengenstromes q zur Leckrate L ausgedrückt werden. Theoretisch gilt für alle drei Methoden, die Empfindlichkeitsgrenzen der Geräte unberücksichtigt sowie molekulare Lecks vorausgesetzt,

$$\frac{q}{L} = \frac{p_A}{p_n}\left[1 - \exp\left(-\frac{t_A}{t_L}\right)\right] \cdot \exp\left(-\frac{t_ü}{t_L}\right) \cdot k_{\mathrm{He}} \,. \tag{4}$$

Die Bedeutung der Größen in Gl. (4) sowie ihre praktisch vorkommenden Werte sind in Tabelle 1 wiedergegeben. Der Gasmengenstrom wird also in der Regel kleiner als die Leckrate gemessen. Das ist insbesondere für Gehäuselecks mit kleinen Zeitkonstanten t_L zu berücksichtigen.

Tabelle 1. **Praktische Werte bei der Dichtheitsprüfung mittels Massenspektrometer**

physikalische Größen			Methode		
		Dim	a)	b)	c)
p_A	Arbeitsdruck	at	ca. 1	0,8–1,0	1,0–10
k_{He}	Helium-Konzentration	1	0,1–0,9	0,1–1,0	0,5–1,0
t_A	Aufladezeit	h	∞	∞	10–36
$t_ü$	Übergangszeit	min	0	5–60	5–60

Unterzieht man sich der Mühe, die Abklingkurven $q = f(t)$ nach Methode b) oder c) aufzunehmen, so stellt man einen gewissen Unterschied zwischen den Zeitkonstanten fest, je nachdem, ob die Prüflinge ständig unter Meßbedingungen im Rezipienten verbleiben, oder zwischendurch in Normalatmosphäre abklingen. Aus diesem Unterschied lassen sich mit Einschränkungen Rückschlüsse [6] über die Art der Lecks (molekular oder laminar, oder auch virtuell) ziehen.

4.3.4. Technologische Aspekte der Massenfertigung

Die Herstellung der metallischen Einzelteile von Glasdurchführungen bietet keine Besonderheiten im Vergleich zu anderen Massenfertigungstechnologien. Sie erfolgt nach bekannten spanlosen und spangebenden Formungsverfahren aus den Halbzeugen Stangen, Rohre, Drähte und Bleche. Bei der Behandlung der Metallteile vor dem Verschmelzen mit Glas sind sorgfältiges Entfetten, Glühen unter Wasserstoff und das Voroxydieren hervorzuheben. Zur Erzielung besonderer Effekte sind auch galvanische Oberflächenbehandlungen, wie Verkupferung und Vernickelung, möglich. Nach

dem Einschmelzen sind außer diesen beiden noch die Aufbringung von Au, Ag, Cd und Sn üblich.
Die Problematik der Glasverarbeitung für den Einschmelzprozeß besteht bei Massenfertigung in der Portionierung, der groben Formgebung und gegebenenfalls in der lichtundurchlässigen Einfärbung von Gerätegläsern. Zur Vorbereitung wird das Glas bzw. das Glaslot in jedem Falle gemahlen und mit geeigneten organischen Bindemitteln versetzt. So aufbereitetes Glas wird zu Sinterglaskörpern verpreßt. Dünne Glasschichten werden nach dem Sprühverfahren aufgebracht, neuerdings auch mittels Siebdruck. Im nachfolgenden Sinterprozeß (vgl. Bild 1) werden die Glaskörper bzw. -schichten bei gleichzeitiger oder vorangegangener Vertreibung des organischen Bindemittels soweit verfestigt, daß sie ohne Beschädigung transportabel und für die nächsten Arbeitsgänge manipulierbar werden.
Nach der Zusammenfügung der gläsernen mit den metallischen Teilen in Elektrographitmagazinen bleibt alles übrige dem Einschmelzprozeß überlassen. Dabei werden die temperaturabhängigen Größen der Zähigkeit, der Oberflächenspannung und des Benetzungswinkels so gesteuert, daß die gewünschte Form des Glases und eine haftfeste Verbindung mit den Metallteilen entsteht. Zuweilen unterstützen Druckstücke aus Graphit durch ihre Schwerkraft diesen Formgebungsprozeß. Glasbläser- und ähnliche Arbeiten vor der Flamme sind bei der Herstellung von Glasdurchführungen für elektronische Bauelemente weitgehend verschwunden. Zum Schutz der Metallteile vor zu großer Oxydation und auch zur Steuerung der Bindungsmechanismen erfolgt die Einschmelzung unter Schutzgas. Gewöhnlich wird diese Schutzgasatmosphäre in den elektrisch beheizten Einschmelzöfen aus Monogasen (N_2, H_2) synthetisiert. Stehen geeignete Transportmittel bzw. Aufbereitungsanlagen für Stickstoff mit einer gewissen maximalen Verunreinigung (O_2-Gehalt $< 0{,}05\%$, H_2O-Gehalt $< 0{,}1\%$) nicht zur Verfügung, kann ein durch Crackung von Propan mit Luft gewonnenes und entfeuchtetes Gasgemisch Verwendung finden. Als besonders schädlich hat sich die Anwesenheit von Fett-, Öl- und Wachsrückständen und Schwefelverbindungen beim Einschmelzprozeß erwiesen.

Literaturverzeichnis

Übersichtsliteratur

[1] *Espe, W.*: Werkstoffkunde der Hochvakuumtechnik. VEB Deutscher Verlag der Wissenschaften, Berlin 1960.
[2] *Zincke, A.*: Technologie der Glasverschmelzungen. Akademische Verlagsgesellschaft Geest & Portig, Leipzig 1961.
[3] *Rieck, G. R.*: Einführung in die Massenspektroskopie. Deutscher Verlag der Wissenschaften, Berlin 1956.

Spezielle Literatur

[4] *Adam, H.*: Die theoretischen Grundlagen der Druckglaseinschmelzung und ihre praktischen Folgerungen. Feinwerktechnik Heft 2 (1952).
[5] DDR-Wirtschaftspatent 94669: Vakuumdichte und druckfeste elektrische Durchführung. 20. 12. 72.
[6] *Altstadt, H.*: Hermetikprüfung von Gehäusen für elektronische Bauelemente. 1971. Standort: Ingenieurschule für technische Glasverarbeitung Ilmenau.
[7] *Altstadt, E.*: Berechnung von Druckglasdurchführungen. 1972. Standort: VEB Elektroglas Ilmenau, Abt. Entwicklung.

4.4. Oxidkeramische Bauteile für die Vakuumtechnik

Von *R. Bahn*

VEB Porzellanwerk Auma

4.4.1. Die oxidkeramischen Werkstoffe

Die Oxidkeramik ist eines der jüngsten Arbeitsgebiete der technischen Keramik. Ihr spezifisches Kennzeichen besteht darin, daß die zur Verarbeitung kommenden Massen völlig, oder doch nahezu kieselsäurefrei sind. Diese chemische Eigenart ist gleichzeitig die Abgrenzung zur allgemeinen oder Silikatkeramik. Ein weiteres Kennzeichen besteht darin, daß die Oxidkeramik ausschließlich reine, synthetisch hergestellte Rohstoffe verarbeitet, während in der Silikatkeramik natürliche Rohstoffe wie Tone, Kaoline und Feldspate der unterschiedlichsten Fundstätten Verwendung finden.
Chemisch betrachtet sind oxidkeramische Werkstoffe Einstoffsysteme folgender Oxide:

Al_2O_3, ZrO_2, MgO, CaO, BeO, ThO_2.

Von diesen Werkstoffen hat mit Abstand das Al_2O_3 die größten Anwendungsmöglichkeiten gefunden. Diese liegen auf den verschiedensten Gebieten, wie Elektrotechnik/Elektronik, Maschinenbau, Chemie und Metallurgie, so daß es entsprechend der vielfältigen Forderungen notwendig war, Werkstoffe mit unterschiedlichen Al_2O_3-Anteilen und definierten Zusätzen anderer Oxide zu entwickeln.
Die Zusammenstellung dieser Werkstoffe wird in Tabelle 1 wiedergegeben.

Tabelle 1. Al_2O_3 — Werkstoffe des VEB Porzellanwerk Auma

Handelsbezeichnung	Standardbezeichnung	Al_2O_3-Anteil %	Haupterzeugnissortiment
Kawenit EL	KER 640	90	Zündkerzenisolierkörper u. Schweißdüsen
Kawenit P_8	KER 708	95	Keramik-Metall-Verbundkörper, Substrat, elektronische Isoliertheit
Kawenit T_6	KER 708	96	Verschleißbeanspruchte Maschinenteile
Kawenit S	KER 710	99	Hochtemperatur-Rohre, Schmelztiegel, Glühschiffchen
Kawenit S_{reinst}	KER 712	99,8	Schneidkeramik, elektronische Isolierteile
Kawenit $S_{transparent}$	—	99,9	Brenner für Natrium-Hochdrucklampen

Im welchen Maße der Al_2O_3-Anteil die Feuerfestigkeit beeinflußt, ist Bild 1 zu entnehmen. Beide Rohre wurden 2 Stunden lang auf 1730 °C erhitzt. Das linke Rohr besteht aus KER 708 (96% Al_2O_3), das rechte aus KER 710.
Die physikalischen Parameter der in Tabelle 1 angegebenen Werkstoffe sind in TGL 7838 Blatt 7 festgelegt. Der noch nicht standardisierte Werkstoff Kawenit $S_{transparent}$ wird im Abschnitt 6 näher erläutert.

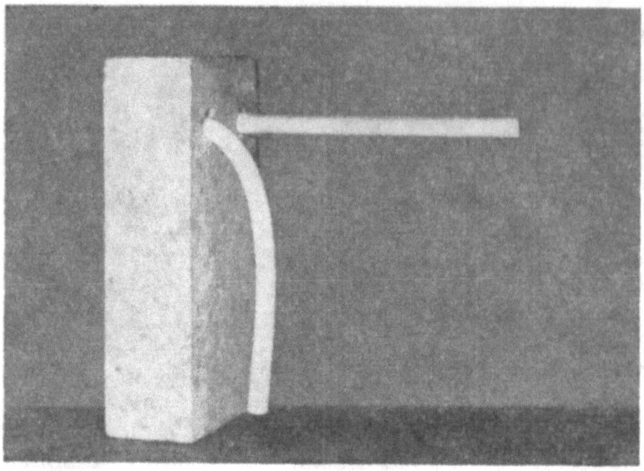

Bild 1. Beeinflussung der Warmstandfestigkeit von Keramiken durch den Al_2O_3-Anteil

Für die Herstellung dieser Werkstoffe stehen in der DDR zwei Tonerderohstoffe zur Verfügung, deren Beschaffenheit entscheidenden Einfluß auf die Verarbeitungs- und Werkstoffeigenschaften hat. Eine technische Tonerde nach TGL 7750 jedoch mit einem speziell für keramische Zwecke niedriggehaltenem Na_2O-Anteil wird nach dem Bayer-Verfahren aus Bauxit im Autoklaven als Natriumaluminat ausgefällt. Eine weitere Tonerde wird durch mehrfache Umkristallisation von Amoniumalaun in hochdisperser und sehr reiner Form hergestellt. Von großem Einfluß auf die elektrischen und mechanischen Parameter der Al_2O_3-Werkstoffe ist der Anteil an Na_2O-Verunreinigungen (vgl. Tabelle 2). Aus diesem Grunde wurden verschiedene Verfahren zur Nachreinigung der Tonerderohstoffe entwickelt.

Tabelle 2. Einfluß von Na_2O auf tan δ und Biegefestigkeit

Na_2O-Anteil %	Verlustfaktor tan δ	Biegefestigkeit kpcm^{-2}
0,05	$5 \cdot 10^{-4}$	2500
0,2	$6 \cdot 10^{-3}$	1800

4.4.2. Technologische Verfahren der Oxidkeramik

Die Aufbereitung der oxidkeramischen Rohmasse besteht in den Arbeitsgängen Kalzinieren, Mahlen und Plastifizieren.
Die Kalzinierung der Tonerde erfolgt bei ca. 1400 °C und dient dazu, den Rohstoff vollständig in die α-Modifikation umzuwandeln und gleichzeitig damit eine Nachreinigung durchzuführen. In der α-Modifikation ist der Rohstoff von Raumtemperatur bis zur Schmelztemperatur von 2050 °C stabil und unterliegt keiner Umwandlung mehr.
Ein Mahlprozeß des Rohstoffes ist nur bei der technischen Tonerde erforderlich. Er erfolgt in Attritoren oder Kugelmühlen. Wichtig dabei ist, daß sowohl Mahlkugeln, als auch die Mahlgefäßwandung aus Al_2O_3 hergestellt sind, um Verunreinigungen zu verhindern. Nach der Mahlung liegt die Primärkorngröße der Tonerde im Bereich von 0 bis 10 μm. Die bereits erwähnte Reinsttonerde liegt durch das angewendete Fällungsverfahren in hochdisperser Form, mit einer mittleren Korngröße von 0,2 μm vor, so daß sich eine mechanische Nachzerkleinerung erübrigt.

Die Plastifizierung der Rohmasse dient dazu, die im Gegensatz zu Tonen und Kaolinen völlig unplastische Tonerde durch Zusatz organischer Bindemittel für das nachfolgende Formgebungsverfahren plastisch zu machen. Es gibt eine Vielzahl von keramischen Formgebungsverfahren, die jeweils spezifisch für ein bestimmtes Erzeugnissortiment sind. Jedes dieser Formgebungsverfahren verlangt eine andere Plastifizierung. Einen Überblick gibt Tabelle 3.

Tabelle 3. Die Formgebungsverfahren der Oxidkeramik

Formgebungsart	Erzeugnissortiment	Grünlingsdichte gcm^{-3}	Maßtoleranzen
Strangpreßverfahren	Rohre, Profilstäbe, Vollstäbe	1,9–2,1	±5%–±3%
Schlickergießverfahren	Hohlteile wie Schmelztiegel, Glühschiffchen usw.	2,0–2,2	±5%
Spritzgußverfahren	kompliz. Kleinteile wie Fadenführer, Isolierteile	2,3–2,5	±3%–±1%
Trockenpreßverfahren	einfach geschaltete Kleinteile	2,2–2,4	±3%
Isostatisches Pressen mit Weißbearbeitung	große Teile wie Rohre, Ziehkonen, Walzen, Ringe usw.	2,2–2,4	±3%–±1%

Als organische Plastifizierungsmittel stehen in der DDR zur Verfügung: Quellzellulose, Zellin, Polyolefine, Paraffine, Montanwachs, Polyvinylalkohol und Polyvinylacetate.
Nach der Trocknung der geformten Rohlinge erfolgt nur beim Spritzgußverfahren ein besonderes Ausgasen der zugesetzten Plastifizierungsmittel. Alle nach den übrigen Verfahren geformten Teile werden nach der Trocknung in gasbeheizten Tunnel- oder Kammeröfen bei Temperaturen von 1700 bis 1800 °C gesintert.
Bei der Sinterung verwachsen die Al_2O_3-Körner zu einem dichten Gefüge. Angestrebt wird ein feinkristalliner Gefügeaufbau mit einer Kristallitgröße von $< 10\ \mu m$. Nur feinkristalliner Gefügeaufbau garantiert eine glatte Oberfläche und hohe mechanische Festigkeit. Um dieses zu erreichen, wird der Masse ca. 0,5% MgO zugesetzt, welches mineralisatorische Wirkung besitzt und das Kristallwachstum weitgehend unterbindet. Die genannten Werkstoffe sind nach dieser Sinterung fuxin- und hochvakuumdicht, so daß eine Vakuumleckrate von 10^{-9} Torr · l · s^{-1} erreicht wird. Diese Dichtigkeit kann bei KER 708 bis 1400 °C und bei KER 710 und KER 712 bis 1600 °C garantiert werden.
Infolge der hohen Bildungswärme des Al_2O_3 mit 380 kcal/Mol liegt der Sauerstoff chemisch fest gebunden vor, so daß auch bei höheren Temperaturen der Dissoziationsdruck des Werkstoffes sehr niedrig bleibt.
Bei der Sinterung unterliegen die Rohlinge einer Brennschwindung von 20 bis 25%. Diese Schwindung ist von vielen Faktoren wie Korngrößenzusammensetzung, Kornform, Plastifizierungsmittel, Grünlingsdichte, Sintertemperatur usw. abhängig. Es ist darum nicht möglich, die Maßgenauigkeiten (Toleranzen) zu erreichen, wie sie von der Metallbearbeitung her bekannt sind. Bei der Metallbearbeitung erfolgt die Formgebung am fertigen Werkstoff, während bei der Keramik eine Masse verformt wird und der eigentliche Werkstoff erst im nachfolgenden Sinterprozeß entsteht. Die von der Keramik zu garantierenden Maßtoleranzen sind in der TGL 8853 festgelegt. Wo diese Toleranzen nicht ausreichend sind, besteht noch die Möglichkeit des nachträglichen Schleifens. Da dieses infolge der großen Härte dieser Werkstoffe nur mit Diamantschleifwerkzeugen erfolgen kann, tritt eine wesentliche Verteuerung solcher Erzeugnisse ein. Der hohe Gebrauchswert dieser Erzeugnisse rechtfertigt aber in sehr vielen Fällen eine Schleifbearbeitung.

In neuerer Zeit werden Impuls-Gas-Lasergeräte gebaut, mit denen es möglich ist, Al_2O_3-Substrate mit hoher Maßgenauigkeit und Konturenschärfe zu schneiden. Möglicherweise entwickelt sich hier ein neues Formgebungsverfahren, das am fertigen Werkstoff und folglich mit hoher Maßgenauigkeit praktiziert werden kann.

4.4.3. Keramik-Metall-Verbund-Systeme

Ein weiteres Nachbearbeitungsverfahren für fertiggesinterte Al_2O_3-Werkstoffe ist die Metallisierung bestimmter Oberflächenpartien. Es gibt dafür das Mo/Mn- und das Titanhydridverfahren. Nach beiden Verfahren lassen sich festhaftende, hochvakuumdichte, Keramik-Metall-Hartlotverbindungen herstellen. Zur Erreichung hoher mechanischer Festigkeit werden für solche Verbindungen Metalle verwendet, die in der Wärmedehnung weitestgehend an die Keramik angepaßt sind. Eine solche Übereinstimmung liegt vor bei den Werkstoffen Kawenit P_8 und Nikosil 71 (Hersteller VEB Halbzeugwerk Auerhammer) im Bereich von Raum- bis Löttemperatur (850 °C), siehe Bild 2.
Von Wichtigkeit ist auch die geometrische Anordnung der Verbindungsstelle von Keramik und Metall. In Bild 3 sind die gebräuchlichsten Verbindungsarten dargestellt.
Die höchste mechanische Festigkeit ist von der Außenrandlötung zu erwarten. Bei ihr wird die Keramik vorwiegend auf Druck beansprucht. Die Druckbeständigkeit der

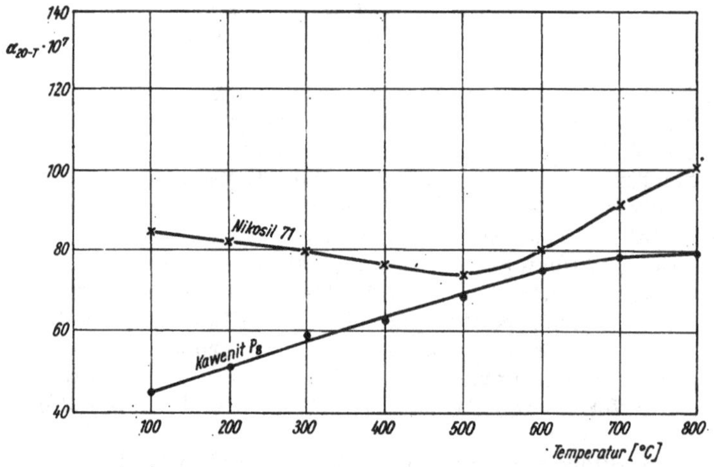

Bild 2. Temperaturabhängigkeit des Wärmedehnungskoeffizienten α für zwei einander angepaßter Partner

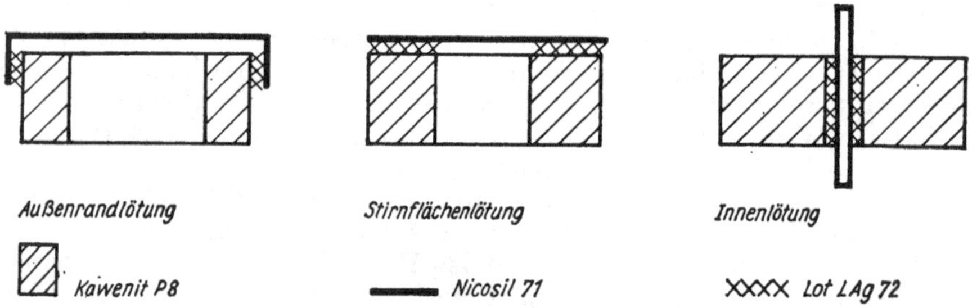

Bild 3. Gebräuchliche Verbindungsarten Metall-Keramik bei einander angepaßten Partnern

Keramik ist sehr hoch, sie beträgt ca. $20 \cdot 10^3$ kp $\cdot$ cm^{-2} und übertrifft damit die metallischen Werkstoffe. Anschaulich wird dies in Bild 4 dargestellt: Ein Zylinder aus Kawenit P_8 wird mittels einer hydraulischen Presse durch ein 15 mm dickes Bandeisen gedrückt.

Außenrandlötungen überstehen hohe mechanische und Thermoschock-Beanspruchungen. Bei Stirnflächenlötungen treten in der Keramikgrenzfläche Scherspannungen auf, gegen die die Keramik weit empfindlicher ist. Derartige Verbindungen sind weniger fest.

Bild 4. Demonstration der hohen Druckbeständigkeit von Kawenit

Schlechte mechanische Festigkeit wird bei Innenlötungen erreicht. Sie wird darum nur in seltenen, spezifischen Fällen angewendet, wo keine andere konstruktive Lösung möglich ist. Es gibt auch vielfältige Anwendungsfälle, bei denen Nikosil als Metallpartner nicht in Frage kommt und Metalle wie beispielsweise Kupfer oder Konstantan (CuNi 45) verwendet werden müssen, die in der Wärmedehnung weit höher liegen als die Keramik. In solchen Fällen ist es gut, die in Bild 5 gezeigten Verbindungsgeometrieen anzuwenden.

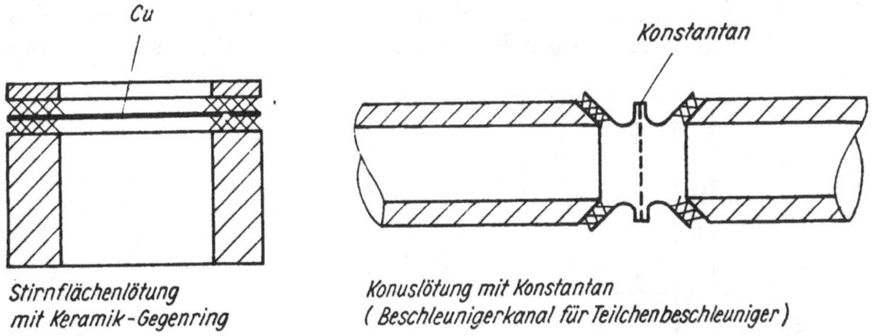

Bild 5. Beispiele für Verbindungsarten Metall-Keramik bei unangepaßten Partnern

Die wichtigsten Parameter für Keramik-Metall-Verbindungen sind:

Thermoschockbeständigkeit: -80 °C bis $+160$ °C
Vakuumleckrate: $<10^{-9}$ Torr $\cdot$ l $\cdot$ s^{-1}
Wärmebeständigkeit bis 400 °C
elektr. Durchschlagsspannung: $\geqq 200$ kV $\cdot$ cm^{-1}.

Unter Anwendung dieses Mo/Mn-Verfahrens wird im VEB Porzellanwerk Auma ein umfangreiches Erzeugnissortiment von Gehäusen für Si-Dioden und Thyristoren,

Stromdurchführungen, Kabelendverschlüssen und Kanälen für Linear- und Zirkular-Teilchenbeschleuniger hergestellt.
Daneben gibt es eine ganze Reihe von Metallisierungsverfahren, die dazu dienen, Elektroden, Schaltungselemente (Schaltkreise) oder Weichlotverbindungsstellen auf die Keramikoberfläche aufzubringen. Diese sollen hier nur kurz erwähnt werden:

— das chemische (stromlose) Verkupfern oder Vernickeln
— das Eisen-Nickelverfahren mit Unterglasur
— das Einsintern von Edelmetallpräparaten auf Basis Silber-Palladium, Platin, Gold usw.

Besonders das zuletzt genannte Verfahren findet umfangreiche Anwendung bei der Herstellung von Dickfilmschaltkreisen, bei denen die erwähnten Präparate im Siebdruck auf die Keramikoberfläche aufgebracht und anschließend bei Temperaturen von 700—900 °C eingesintert werden.

4.4.4. Gehäuse für integrierte Schaltkreise

Im Bereich Elektronik gibt es viele Beispiele, bei denen es darauf ankommt, konzentrierte Wärmeenergien von einem Isolierteil rasch abzuleiten. Es wird vielfach noch die Meinung vertreten, daß keramische Werkstoffe nur Wärme isolieren, gute Wärmeleiter aber nur unter den Metallen zu finden sind. Es ist aber eine Tatsache, daß die oxidkeramischen Werkstoffe einen Bereich der Wärmeleitfähigkeit von der Isolierung bis zur Leitung aufweisen, der weit größer als bei allen anderen Werkstoffen ist. In Tabelle 4 werden diese Verhältnisse dargestellt.

Tabelle 4. Wärmeleitfähigkeit verschiedener Werkstoffe

	λ [kcal · m^{-1} · h^{-1} · grd^{-1}]
Schaumkorund	0,2
Kawenit S (KER 710)	15
V2A-Stahl	13
Berylliumoxid	210

Die Abhängigkeit der Wärmeleitfähigkeit von der Temperatur wird für Schaumkorund und Kawenit S (KER 710) in Bild 6 dargestellt. Dabei erweist sich Schaumkorund infolge seiner offenen Poren und seiner geringen spezifischen Wärme als vorzügliches

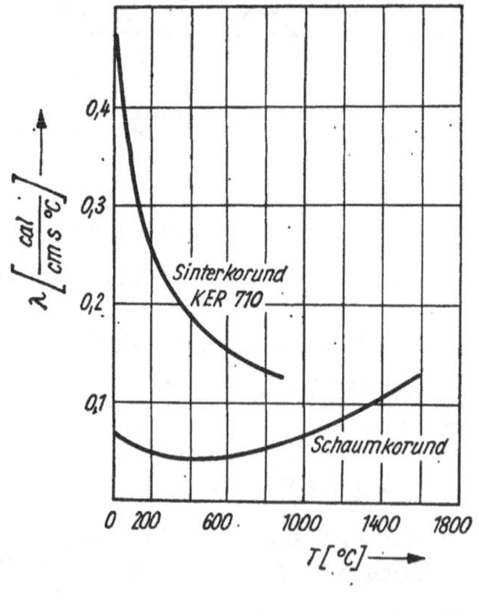

Bild 6. Die Wärmeleitfähigkeit als Funktion der Temperatur für Kawenit *S* und Schaumkorund

Auskleidungsmaterial für Hochtemperaturvakuumöfen bis max. 1900 °C. Die hohe Wärmeleitfähigkeit von Kawenit S (KER 710) besonders im Temperaturbereich von 0—200 °C bei gleichzeitiger hoher elektrischer Isolation sind die Voraussetzungen dafür, Isolierteile für hohe elektrische Leistungen aus Al_2O_3-Werkstoffen herzustellen. Zu diesen Erzeugnissortimenten gehört die Typenbaureihe der keramischen Mehrschichtgehäuse (vgl. Bild 7).

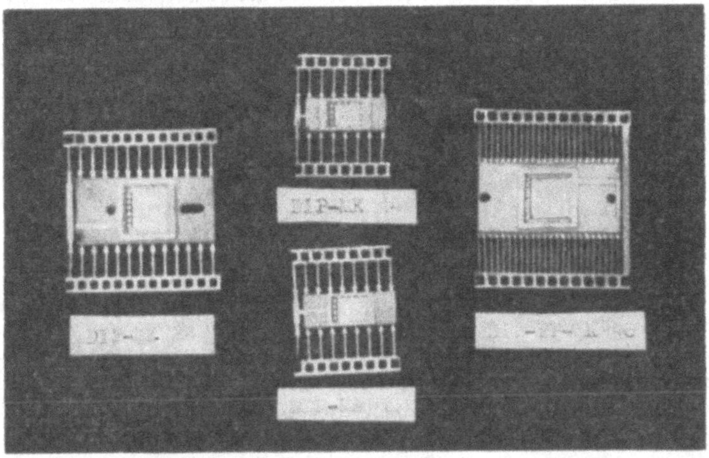

Bild 7. Keramische Mehrschichtgehäuse (dual inline package), deren Entwicklung durch die hohe Wärmeleitfähigkeit von Al_2O_3-Werkstoffen möglich wurde

Bei diesen Gehäusen handelt es sich ebenfalls um einen Keramik-Metall-Verbundkörper. Der Aufbau erfolgt dreischichtig mit mehreren Leitbahnebenen. Darum muß eine völlig neue Technologie zur Anwendung kommen. Ihr liegt sowohl ein neues Formgebungsverfahren für die Keramikteile, als auch ein neues Metallisierungsverfahren zu grunde. Die Formgebung erfolgt nach dem Foliengießverfahren mit nachfolgender Kalibrierung und Nachverdichtung der Folien auf einem Kalander. Anschließend werden diese Folien ausgestanzt und die Metallisierungsstellen im Siebdruckverfahren aufgebracht. Die einzelnen Folienschichten werden übereinander positioniert und miteinander verklebt. Der anschließende Sinterprozeß muß ähnlich wie beim Mo/Mn-Verfahren unter einer exakt definierten Schutzgasatmosphäre verlaufen. Die Metallisierungsstellen werden vor dem Anlöten des „Kammes" chemisch und nach dem Löten nochmals galvanisch vernickelt und anschließend vergoldet.

4.4.5. Transparente Keramik

Bei licht- und elektronenmikroskopischen Gefügeuntersuchungen von Al_2O_3-Werkstoffen wird immer wieder deutlich, daß in den Kristalliten aber vielfach auch an den Korngrenzen Gasbläschen enthalten sind. Vielfältige Bemühungen, diese Poren durch sehr hohe Vorverdichtung (Preßdruck) zu beseitigen, schlugen fehl. Erst bei Verwendung einer sehr reinen und hochdispersen Tonerde und nach der Sinterung dieses Rohstoffes unter Wasserstoffatmosphäre wird der keramische Scherben transparent und erreicht ein Raumgewicht von 3,99 $g cm^{-3}$. Damit ist das spezifische Gewicht von Al_2O_3 erreicht und die Restporosität, welche der Anlaß für die Lichtstreuung ist, völlig beseitigt. Unter den genannten Bedingungen beträgt die Lichtdurchlässigkeit eines Scherbens von 1 mm Dicke im sichtbaren Bereich $> 90\%$. Auf Grund dieser Eigenschaft erfolgt der Einsatz des Werkstoffes Kawenit $S_{transparent}$ (Alux) als Brennergehäuse für eine neuentwickelte Lichtquelle, die Natriumdampf-

Hochdrucklampe. Diese neue Lichtquelle dient der Straßenbeleuchtung. Sie zeichnet sich durch eine hohe Lichtausbeute von 100 Lumen/Watt und durch eine angenehme warmweiße Lichtfarbe aus. Der Brenner dieser Lichtquelle erreicht unter Betriebsbedingungen eine Temperatur von ca. 1400 °C. Es gibt kaum einen lichtdurchlässigen Werkstoff, der unter diesen Bedingungen korrosionsbeständig gegenüber Natriumdämpfen ist. Allein das hierfür verwendete, hochreine Al_2O_3 bietet einen ausreichenden Korrosionsschutz. Das in Rohrform hergestellte Brennergehäuse ist an den Enden mit Kappen aus Niobblech verschlossen. Diese Kappen sind mit einem Hochtemperaturglaslot aufgekittet. Aus diesem Grunde sind der Rohrinnendurchmesser mit $\pm 0{,}1$ mm und die Ovalität mit $\pm$ 0,03 mm toleriert. Diese hohe Maß- und Formgenauigkeit erfordert bei der Formgebung und bei der Sinterung besondere Maßnahmen, da die Schwindung des hochdispersen und teilweise noch in der γ-Modifikation vorliegenden Rohstoffes ca. 40% beträgt.

4.4.6. Zusammenfassung

Verschiedenartige Forderungen der strukturbestimmenden Industriezweige der DDR an keramische Werkstoffe waren entscheidend für die im Porzellanwerk Auma durchgeführten Entwicklungen oxidkeramischer Werkstoffe. Der Fortschritt in der Metallurgie führte zur Suche nach Werkstoffen mit höherer Temperatur- und Korrosionsbeständigkeit gegenüber Metallschmelzen und Schlacken. Die Elektrotechnik-Elektronik benötigt Reinstwerkstoffe, um speziellen elektrischen und dielektrischen Forderungen genügen zu können, und der Maschinenbau braucht für die weitere Steigerung der Maschinenleistungen hochverschleißfeste Maschinenbauteile und Werkzeuge aus keramischen Sonderwerkstoffen. Diesen vielfältigen Forderungen entspricht die Werkstoffpalette der Kawenit-Werkstoffe.
Im vorliegenden Beitrag wurden die wichtigsten technologischen Verfahren zur Herstellung der oxidkeramischen Werkstoffe erläutert, um auf diese Weise die Möglichkeiten und Grenzen bestimmter Erzeugnissortimente aufzuzeigen. Einige für die Vakuumtechnik und Elektronik spezifische Erzeugnisse wurden beschrieben und ihre anwendungstechnischen Parameter mitgeteilt.

4.5. Die Metall-Keramik-Technik der Vakuumelektronik

Von *G. Milde*

Werk für Fernsehelektronik, Berlin

4.5.1. Problematik der Metall-Keramik-Verbundtechnologie

Unter Metall-Keramik-Technik verstehen wir den Erfahrungs- und Verfahrenskomplex der Herstellung von Metall-Keramik-Verbundkörpern zum Aufbau von Funktionseinheiten vakuumelektronischer Bauelemente. Die Metall-Keramik-Verbundkörper dienen als Gehäuse zur vakuumdichten Umhüllung elektronischer Bauelemente oder stellen selbst Aufbauteile von Funktionselementen dar, wie zum Beispiel Elektrodenaufbauten zu Höchstfrequenz- und Hochleistungsröhren.
Die hier in Betracht kommenden metallischen und keramischen Werkstoffe weisen zu dieser Partnerschaft keineswegs zueinander passende Eigenschaften auf. Mit technologischen und konstruktiven Maßnahmen muß jeweils erst eine Partnerschaft geschaffen werden. Hierbei ist zunächst von den zu erwartenden Herstellungs- und Betriebsbeanspruchungen der Bauelemente auszugehen. So sollen diese Metall-Keramik-Baugruppen meist nicht nur vakuumdicht, sondern auch ausheizfähig sein, mindestens bei 450 °C. Dazu ist die Erhaltung ihrer Funktionstüchtigkeit in einem jeweils unterschiedlichen Betriebs- oder Lagerungsbereich unter teils besonderen klimatischen Bedingungen zu sichern, welcher etwa —65 °C bis +250 °C umfaßt. Gemäß dem Stand der Technik entsteht jede Metall-Keramik-Verbindung der hier interessierenden Art durch einen thermischen Prozeß, zu dem die gesamte Baugruppe auf eine mindestens 800 °C betragende Arbeitstemperatur erwärmt werden muß. Mit nur einer einzigen Ausnahme enthalten jedoch die in Betracht kommenden Werk-

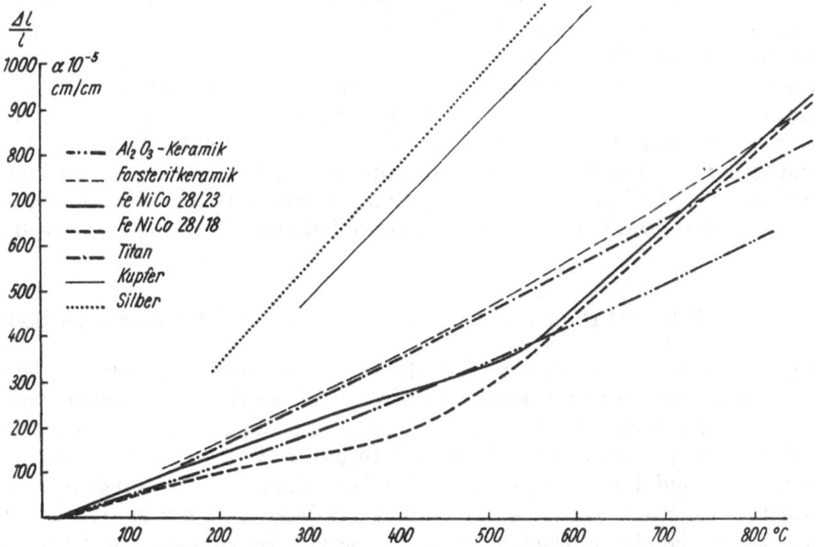

Bild 1. Wärmeausdehnungskennlinien von Werkstoffen der Vakuumelektronik

stoffkombinationen erhebliche Unterschiede in ihren Wärmeausdehnungskennlinien (Bild 1) und kühlen dann nach Vollzug der Metall-Keramik-Verbindung mit entsprechenden Kontraktionsdifferenzen aus. Als einzige Ausnahme kann eine Kombination von Titan mit Forsteritkeramik auf praktisch gleiche Wärmeausdehnungskennlinien abgestimmt werden.
In der Regel stellen die aus Dehnungs- oder Kontraktionsdifferenzen resultierenden elastischen Spannungen die wesentlichsten Einflußgrößen der Zuverlässigkeit vakuumdicht verbundener Metall-Keramik-Baugruppen dar. Deren mechanische sowie thermische Belastbarkeit bei der Herstellung und im Betrieb der Bauelemente wird umso geringer, je höher sie bereits ungünstige Vorbelastungen enthalten.
Dabei können die Keramikteile und ihre Verbindungszonen als schwächste Gliedstellen der Werkstoffkombinationen gelten.
Hohe Belastbarkeit und Zuverlässigkeit werden jedoch nicht durch den Einsatz hochfester Keramiken erzielt, sondern in erster Linie durch optimale Abstimmung der die Entstehung gefährdender elastischer Spannungen bewirkenden Faktoren. Bei dieser Abstimmung zu berücksichtigen sind besondere Folge-Beanspruchungen aus Verarbeitungsstufen der Bauelementeherstellung. So erbringen Verschlußtechniken, wie Argonarc- und Kurzzeit- sowie Widerstands-Schweißverfahren, oder HF-Konzentratorlötungen, zonenweise thermische Stoß-Beanspruchungen, aus denen lokal Dehnungsdifferenzen resultieren, welche die Ausbildung gefährdender elastischer Spannung bewirken können. Unterschiedliche Wärmeleitfähigkeit der Werkstoffe und Wandungsdicken, oder nur kurze Weglängen für den Wärmefluß tragen ebenfalls hierzu bei. Das Auftreten von Keramikbrüchen kann dann nicht unbedingt mangelnder Keramikgüte zugeschrieben werden, sondern oft eher als Hinweis gelten, daß die vorgegebene oder die praktizierte Technologie den vorliegenden Anforderungen nicht entsprach. Der jeweilige Schwierigkeitsgrad ist von den Abmessungen und konstruktiven Ausführungen der Bauteilekombinationen beeinflußt.
Auf den Arbeitsgebieten der Vakuumelektronik umfaßt der Einsatzbereich der Metall-Keramik-Technik sowohl Kleinstgehäuse von nur wenigen mm Durchmesser, als auch Großbaugruppen aus 40 Keramikteilen, mit bis 140 mm Durchmesser, deren vakuumdichte Metall-Keramik-Verbindungen zum Beispiel eine Gesamt-Dichtungslänge von etwa 34 m aufweisen.
Die Skala der thermischen Beanspruchungen geht von im Betrieb praktisch unbelasteten einfachen Leiterdurchführungen bis zu thermisch extrem beanspruchten Hochleistungs-Senderöhren, deren Metall-Keramik-Außenhaut-Betriebserwärmungen nur mittels intensiver Druckluft-Kühlung auf ca. 250 °C begrenzt werden können. Dabei muß teils eine hohe mechanische Stabilität gesichert sein, insbesondere dann, wenn diese Metall-Keramik-Baugruppen Trägerfunktionen ausüben, wie bei schweren Anodenaufbauten von Hochleistungs-Senderöhren. Schließlich sind teils hohe Ansprüche hinsichtlich der Geometriestabilität zur Sicherung eng tolerierter Elektrodenabstände zu erfüllen, obwohl diese Baugruppen aus Werkstoffen unterschiedlicher Eigenschaften bestehen und Zonen unterschiedlicher Betriebstemperaturen enthalten.

4.5.2. Zur Keramik für vakuumelektronische Metall-Keramik-Baugruppen

Seit dem Entwicklungsbeginn der Höchstfrequenztechnik, insbesondere der Metall-Keramik-Bauweise von Elektronenröhren, sind an die keramischen Isolierstoffe hinsichtlich der physikalischen und technologischen Eigenschaften progressiv ansteigende Forderungen gestellt worden. Hier beeinflußt die Werkstoffgüte entscheidend Röhrenfunktionen und Leistungsgrenzen. Auf den Wegen und mit den Standardtypen des Industriezweiges Technische Keramik kann jedoch diesen speziellen Anforderungen nicht ausreichend entsprochen werden. Betriebe der Elektronenröhren- sowie Elektrotechnik haben daher selbst Entwicklungs- und Fertigungsstätten für spezielle keramische Erzeugnisse eingerichtet und auf dieser Basis Höchstfrequenz- und Hochleistungsröhren-Entwicklungen betrieben. Im Zuge dieser Arbeiten auf keramiktechnischen Gebieten konnte dann noch weitergehenden Güteansprüchen nachgekommen werden.

Keramische Isolierteile zu elektronischen Bauelementen müssen meist in ihren geometrischen Abmessungen einen relativ hohen Genauigkeitsgrad aufweisen. Nachbearbeitung durch Schleifen erhöht die Kosten und kann oft nicht oder nur teilweise durchgeführt werden. Es ist anzustreben, Keramikteile zu erhalten, welche ohne manuelle oder mechanische Nachbearbeitung bedarfsgerechten Genauigkeitsansprüchen entsprechen.

Erfahrungsgemäß sind dann bei Isolierteilen der hier in Betracht kommenden Größenordnung als Richtwert Toleranzbereiche bis $\pm$ 1% vom jeweiligen Nennmaß einzuhalten.

Funktionsmaße sollten mit 1% des Nennmaßes ohne Nachbearbeitung und ohne besondere Auslese eingehalten werden können. Bei Abmessungen kleiner als 5 mm sollten Werte von $\pm$ 30 μm möglich sein. Solche Genauigkeitsansprüche stellen erhebliche Einengungen dar, im Vergleich zu üblichen Toleranzbreiten für unbearbeitete Isolierteile der Elektrotechnik. Aus Bild 2 sind die Auswirkungen derartiger Einengungen gegnüber Abgrenzungen der TGL 8853 zu ersehen.

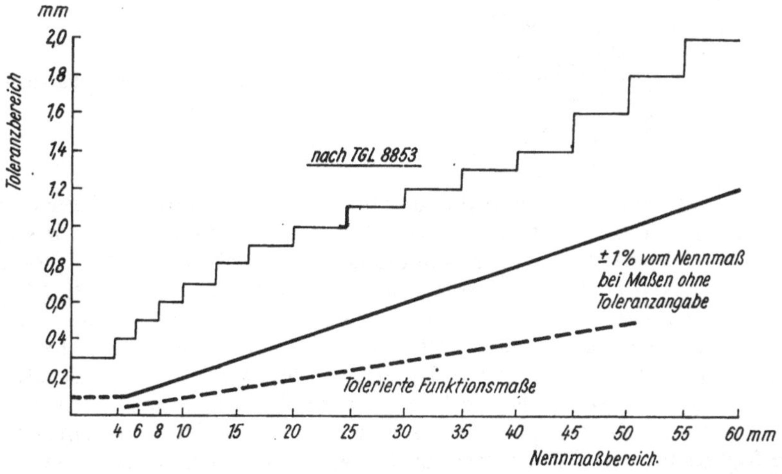

Bild 2. Technische Keramik, Abweichungen für Maße ohne Toleranzangabe

Mit der generellen Genauigkeitssteigerung ist eine weitere Anforderung zu stellen. Der Bauelemententwickler muß funktionsgerecht konstruieren können, das heißt, weitgehend frei von einschränkenden Bedingungen der Keramiktechnik, wie sie zum Beispiel aus den herkömmlichen Formgebungsverfahren resultieren.

Hohe Genauigkeit und funktionsgerechte Gestaltung ermöglichen erst bedarfsgerechte konstruktive Lösungen, insbesondere bei Aufgaben auf den Gebieten der Miniaturisierung elektronischer Bauelemente. Das Bild 3 zeigt einen derartigen bis zur Großproduktion gelösten Konstruktionsfall, bei dem eng toleriert bei Abmessungen im Millimeterbereich 12 Elektroden im Rastermaß 0,625 mm isoliert angeordnet und 12 Anschlußstreifen aus einem Elektrodensystem isoliert herausgeführt sind.

Die bei diesem Beispiel erreichte praktisch uneingeschränkte Formgebungsmöglichkeit und die dabei erzielte hohe Maßgenauigkeit basieren auf speziellen Herstellungswegen für keramische Isolierteile der Elektronik. So sind hier statt natürlich vorkommender mineralischer Rohstoffe praktisch reine Grundstoffe der chemischen Industrie eingesetzt. Die Verarbeitung dieser Rohstoffe erfolgt mittels moderner

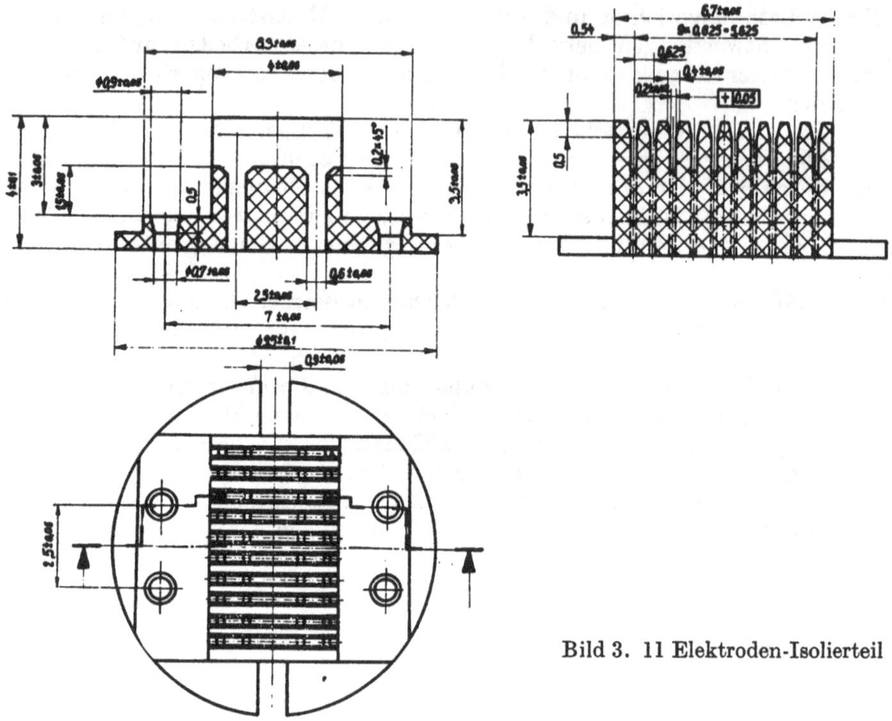

Bild 3. 11 Elektroden-Isolierteil

Aufbereitungsverfahren, wie praktisch abriebfrei arbeitende Mahleinrichtungen sowie Zerstäubungstrockner. Gezielte Strukturumwandlungen während zwischenzeitlichen thermischen Prozessen werden röntgenologisch kontrolliert. Die Formgebung der Teile erfolgt nach einem Warmspritzverfahren unter Einsatz thermoplastischer Binder wobei in allen Teilezonen weitgehend homogene Massedichten erzielt werden. Hieraus resultierten ein in engen Grenzen reproduzierbares Brennschwindungsverhalten und damit eine hohe Maßgenauigkeit. Aus dem synthetischen Aufbau des keramischen Werkstoffes, als Basis eng tolerierbarer chemischer sowie mineralogischer Beschaffenheit, resultierten ebenso wesentliche positive Einflüsse auf seine physikalischen Eigenschaften. Es interessieren meist Wärmeleitvermögen, sowie dielektrische Eigenschaften bei hohen Frequenzen.

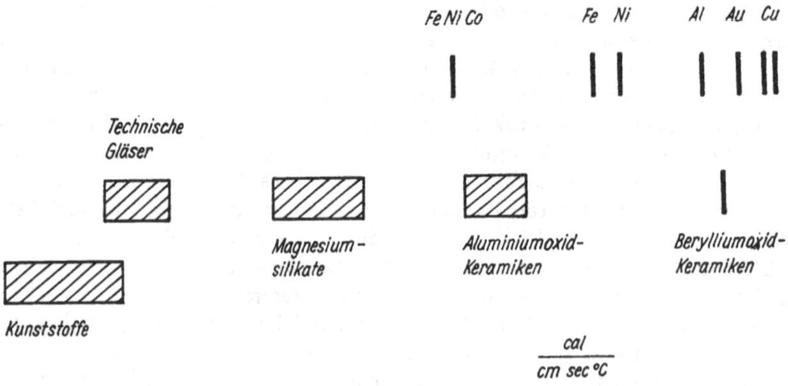

Bild 4. Wärmeleitfähigkeit von Isolierstoffen

Aus Bild 4 sind die Datenbereiche der Wärmeleitfähigkeit von Isolierstoffen der Elektronik zu ersehen. Darüber zum Vergleich die Daten hier in Betracht kommender metallischer Partner-Werkstoffe. Allein Berylliumoxidkeramiken weisen recht gute, etwa dem Reinaluminium vergleichbare Wärmeleitfähigkeitsdaten aus, während die meist eingesetzten Aluminiumoxidkeramiken mit Abstand niedriger, jedoch noch besser als die meist hierzu verwendeten FeNiCo-Legierungen liegen. Eine wirksame Beeinflussung des Wärmeleitvermögens von Isolierteilen erfolgt durch die Wahl der Werkstoffgruppe, weniger durch die Wahl von Werkstoffvarianten innerhalb einer Gruppe. So kann die oft angestrebte Verwendung hochreiner Aluminiumoxidkeramiken, gegenüber den üblichen Standardtypen um 95% Al_2O_3 in dieser Hinsicht keine wesentlichen Vorteile erbringen.
Anders liegen die Beziehungen bei den dielektrischen Eigenschaften. Hier sind durch hohe Reinheit bei Aluminiumoxidkeramiken entscheidende Verbesserungen erzielt worden. So werden nunmehr bei einer Meßfrequenz von 10 GHz tan δ-Werte von $< 10^{-4}$ erzielt. Beträchtliche Senkungen sind auch bei den zur Gruppe der Magnesiumsilikate zählenden Forsteritkeramiken erreicht. Werkstoffe der vorgenannten synthetischen Basis weisen z. B. eine Stabilisierung der Dielektrizitätskonstante ε auf $\pm$ 0,1, sowie tan δ-Daten bei 10 GHz von $< 6 \cdot 10^{-4}$ aus.
Mit 3 Isolier-Keramiktypen, der Forsteritkeramik, sowie etwa 95%-igen Aluminiumsilikaten und den sogenannten Reinoxidkeramiken mit $>$ 99,7% Al_2O_3-Anteil, sind in der Regel die bekannten Bedarfsfälle der Vakuumelektronik zu erfüllen. Zur vollständigen Information muß erwähnt werden, daß bei letzterer die restlichen 0,3% nicht etwa Verunreinigungen darstellen, sondern gezielte Zusätze aus technologischem Anlaß. Die Summe der unerwünschten Bestandteile liegt hierbei $<$ 0,03%. Als vierte Type gehört schließlich die Berylliumoxidkeramik dazu, deren entscheidender Vorzug ihre hohe Wärmeleitfähigkeit darstellt. Berylliumoxidkeramik gilt jedoch aus Kosten- und Transportgründen als schwer beschaffbar und kommt derzeitig offenbar nicht zum Einsatz.
Zu diesen verschiedenen Keramiktypen gibt es nun recht unterschiedliche Wege der vakuumdichten Verbindung mit metallischen Anschlußteilen.

4.5.3. Verfahren der vakuumdichten Metall-Keramik-Verbindung

4.5.3.1. Übersicht

Die Verfahrenstechnik der Herstellung nicht lösbarer, vakuumdichter und ausheizfähiger Metall-Keramik-Verbindungen ist ca. 40 Jahre alt. Die ersten Erfolge im Zusammenhang mit vakuumelektronischen Entwicklungen erbrachten Molybdänpulver-Einbrennmetallisierungen nach Pulfrich, welcher bereits 1937 in einer Patentanmeldung diesen Weg als Vorstufe einer vakuumdichten Metall-Keramik-Hartlötverbindung beschreibt. Auf dieser Basis entstanden die ersten Höchstfrequenzröhren in Metall-Keramik-Bauweise, wie sie als LD-Röhrenserie bekannt und noch bis Ende der sechziger Jahre gefertigt wurden.
Es fand dann international eine Ausweitung der Anwendung des Pulfrich-Prinzips durch viele Hersteller von Metall-Keramik-Bauteilen der Elektronik und Elektrotechnik statt. Der überwiegende Anteil von Metall-Keramik-Baugruppen zu vakuumelektronischen sowie elektronischen Anwendungsgebieten sowie schließlich auch von Halbleiterbauelementen-Verkappungen dieser Art, entsteht auch heute noch unter Nutzung dieses sogenannten Mehrstufen-Einbrennmetallisierungsprinzips.
Daneben sind in breitem Umfang Entwicklungsarbeiten zur Auffindung weiterer Lösungswege durchgeführt worden. Praktisch kommen jedoch nur wenige der bekanntgewordenen Lösungswege auf vakuumelektronischen Gebieten zur Anwendung.

Man kann diese Verfahren, je nach dem Grundprinzip ihres Lösungsweges, in drei Gruppen einteilen:
Die erste Gruppe umfaßt die Verfahren der metallischen Hartlötverbindunge auf zuvor einbrennmetallisierte Zonen der Keramikkörper. Hierzu gehört das vorgenannte Mehrstufen-Einbrenn-Metallisierungsverfahren nach Pulfrich.
Die zweite Gruppe umfaßt Verfahren, bei denen eine Hartlötverbindung mittels einer die Keramikoberfläche direkt benetzenden und auf dieser fest haftenden metallischen Lotschmelze erfolgt.
Als dritte Gruppe sind die Verfahren der sogenannten Thermodiffusions-Verbindungen anzusprechen, bei denen ohne Vormetallisierung und ohne Lotschmelze vakuumdichte Metall-Keramik-Verbindungen in direktem Kontakt mittels Druck und Wärme hergestellt werden.
Jede dieser Verfahrensgruppen enthält Lösungswege, welche für bestimmte Aufgaben der Vakuumelektronik mit besonderem Vorteil geeignet sein können. Es ist technisch und ökonomisch durchaus nicht in jedem Fall vorteilhaft, mit einer einzigen Verfahrenstechnik alle Aufgaben zu erfüllen. Praktisch wird jedoch in der Regel so verfahren. So ist der Großserien-Einsatz der Einbrennmetallisierung bei Kleinst-Gehäusen genauso üblich, wie bei Großbauteilen in Einzel- oder Kleinserienherstellung.

4.5.3.2. Einbrenn-Metallisierungsverfahren

Von den bekannten Verbindungsverfahren der ersten Gruppe ist allein das Hartlötverfahren auf Einbrenn-Metallisierungsbasis von Bedeutung. Auf diesem Wege können alle in Betracht kommenden Keramikgruppen metallisiert werden.
Die zu lötenden Keramikteilzonen sind hierbei zunächst mit einer Molybdän- oder Wolframpulverschicht zu bedecken. Dies geschieht in Pastenform als Siebdruck, teils im Tauchverfahren, oft mittels Pinsel oder auch mechanisiert mittels spezieller Metallisierungsfolien. Die so aufgebrachte Pulverschicht enthält bereits sogenannte reaktionsfördernde Metall- oder Oxidpulveranteile, vorzugsweise Mangan, teils auch Eisen. Das Einbrennen geschieht in einem Schutzgasofen zwischen 1300 und 1650 °C, je nach der verwendeten Keramikart oder Metallisierungsvariante. Das Schutzgasgemisch aus meist Wasserstoff und Stickstoff muß dabei einen bestimmten Feuchteanteil aufweisen.
Während des Aufheizens oxydieren die Metallpulverteilchen der Metallisierungsauflage, und es entsteht bei weiterer Temperatursteigerung eine auf die Glasphase der Keramik schmelzpunkterniedrigend wirkende gemeinsame Oxidschmelze, welche schließlich die Grenzzone der Metallisierungsschicht in die Schmelzphasenzone einbezieht. Damit ist dann auch die gleichzeitig zusammensinternde Metallpulverschicht sowohl an der Keramikoberfläche verankert, als auch in ihrer äußeren Zone noch metallisch und lötfähig geblieben.
Die mechanische Festigkeit solcher Einbrennmetallisierungen wird entscheidend von der Art und Menge der Oxidschmelze bestimmt. Sie kann mit der Einbrenntemperatur sowie Einbrenndauer und mit dem Feuchteanteil des Schutzgases beeinflußt werden. Optimale Ergebnisse werden dann erhalten, wenn die in der Metallisierungsschicht enthaltenen Oxidanteile auf die Glasphasenbeschaffenheit der Keramik abgestimmt sind. Die Glasphase der Keramik stellt somit eine Bezugsbasis für den Aufbau der jeweiligen Technologie dar.
Bei den hier in Betracht kommenden Magnesium- und teils auch Aluminiumsilikat-Keramiken setzt das voraus, daß aus ihrem Herstellungsgang, insbesondere ihrem Dichtbrenntemperaturverlauf, eine in engen Grenzen einheitliche Glasphasenausbildung gesichert ist. Andernfalls können selbst unter stabilen Bedingungen einbrennmetallisierte Teilechargen trotzdem unterschiedliche Metallisierungsergebnisse erbringen.

Auf den herkömmlichen Wegen der Keramiktechnik kann diese Vorbedingung offenbar nicht ausreichend erfüllt werden, weshalb derartige Keramikteile oft auf besonders stabilisierten Verfahrenswegen speziell hergestellt sind.
Andere Bedingungen liegen bei den hochprozentigen sogenannten Reinoxidkeramiken vor. Diese enthalten nur unzureichend oder praktisch keine Partner zur Schmelzphasenausbildung, so daß die Metallisierungsauflage selbst alle Schmelzpartner erbringen muß. Bei diesen Einbrenn-Metallisierungen wird ihr Haftmechanismus vorzugsweise einer Mangan-Aluminium-Spinellbildung zugeschrieben.
Zur Erzielung optimaler Ergebnisse müssen somit eine Vielzahl von Abstimmungsfaktoren wirksam werden. Als optimal bezeichnen wir Ergebnisse, welche sowohl eine über alle Teile einer Herstellungscharge gleichmäßige Einbrennreaktion ausweisen, als auch geringstmögliche Sprödigkeit in der Schmelzphasenzone enthalten. Dies ist jeweils durch Hartlötungen und Belastungs- sowie Dichtigkeitsprüfungen, oft an speziellen Test-Teilen, zu kontrollieren. Güteaussagen erbringen weniger die in der Literatur meist zitierten Bruchfestigkeiten solcher Hartlötverbindungen, sondern besser die Ermittlung des Entstehungspunktes erster Leckstellen bei Dichtigkeitsprüfungen unter thermischen bzw. mechanischen Belastungen.
Mit der vollzogenen Einbrenn-Metallisierung ist die erste Stufe der die Hartlötverbindung vorbereitenden Arbeitsschritte erreicht. Da die Benetzung und Ausbreitung der in Betracht kommenden metallischen Lote auf diesen Metallisierungsschichten nicht befriedigen, werden in der Regel zunächst galvanisch oder mittels Paste lotausbreitungsfördernde Schichten, vorzugsweise aus Nickel, aufgebracht und mittels eines thermischen Prozesses unter Schutzgas gesintert. Erst dann können die Baugruppen-Montage und der Lötprozeß durchgeführt werden.
Die Mehrstufen-Einbrennmetallisierungstechnik erfordert somit relativ hohe Aufwendungen zur Durchführung und zur Sicherung der Ergebnisse. Es hat viele Versuche gegeben, andere Wege zu gehen und zum Beispiel Metall-Keramik-Direkt-Hartlötverbindungen herzustellen. Hieraus resultieren unter anderem die Lösungswege der bereits genannten 2. Verfahrensgruppe.

4.5.3.3. Metall-Keramik-Direkt-Hartlötverbindung

Auch hier sind verschiedene Lösungswege bekannt geworden. Den wesentlichsten Beitrag haben *Kelley* und *Bondley* mit der sogenannten Titanhydrid-Technik geleistet. In der Patentschrift hierzu wird u. a. ausgeführt:

„Die Erfindung basiert auf der Beobachtung, daß das durch thermische Zersetzung von Titanhydrid erhaltene Titan außerordentlich fest auf nichtmetallischen Stoffen, zum Beispiel Keramik, haftet. Werden Titanhydrid und der zu überziehende Stoff unter solchen Bedingungen erhitzt, daß sich das Titan nicht mit anderen Stoffen, zum Beispiel Sauerstoff, umsetzen kann, so bildet das Titan einen fest haftenden Überzug. Reines Titan hat bei hohen Temperaturen eine große Affinität zu zahlreichen Stoffen, zum Beispiel zu den die Keramik bildenden Stoffen.“
Soweit die Patentschrift zum Titanhydridverfahren. Auf Aktivmetall-Basis gibt es weiterhin eine Vielzahl von Verfahren unter Verwendung von Titan oder anderen Aktimetallen, von denen jedoch praktisch keine die Ergebnisse der Hydridtechnik verbessernden Lösungen bekannt wurden.
Als Varianten sind titanhaltige Lote und sogenannte Manteldrahtlote mit Aktivmetallkerndrähten, sowie Mehrschicht-Lotfolien mit Aktivmetallzwischenschichten bekannt geworden. Es hat sich jedoch gezeigt, daß man die angestrebte Funktion der Benetzung und Haftung am besten dann erzielt, wenn die aktivmetallhaltige Lotschmelze erst während dem Lötprozeß entsteht, das heißt, wenn das Titan oder Zirkon in der hochaktiven Form vorliegt, wie es unmittelbar mit der Dissoziation von

Hydrid erhalten wird. Die Aktivmetall-Hydridtechnik ist in der Literatur vielfach beschrieben. Zu einer Anwendung von Verfahren auf dieser Basis ist es jedoch offenbar nur in begrenztem Umfang gekommen, obwohl dieser Lösungsweg gegenüber anderen Verfahren, insbesondere auch den Mehrstufen-Einbrenn-Metallisierungsverfahren ökonomische Vorteile erwarten läßt.
Auch bei den Aktivmetall-Hydridverfahren sind die zu lötenden Zonen der Keramikteile zunächst mit einer Auflage zu versehen, welche als fein gepulvertes Aktivmetallhydrid in Pastenform mittels Siebdruck oder Pinsel aufgetragen wird. Hier kann jedoch die Hartlötung bereits unmittelbar diesem ersten Arbeitsschritt folgen.
Der Literatur sind zu Aktivmetall-Verfahren teils auch negative Beurteilungen zu entnehmen. Es werden mangelhafte Reproduzierbarkeit, sowie die Sprödigkeit aktivmetallhaltiger Lotschmelzen genannt. Das ist an sich richtig, wenn man allein von den in der Literatur beschriebenen Arbeitsweisen ausgeht. Dem stehen jedoch ausgezeichnete Ergebnisse gerade hinsichtlich der Reproduzierbarkeit und auch Belastungsfähigkeit solcher Verbindungen entgegen, wie sie von einzelnen Verfahrensanwendern auf der Basis spezieller eigener Verfahrensvarianten erzielt werden. Bei diesen Verfahren werden negative Eigenschaften der vorgenannten Art nicht wirksam.

Hierzu als Beispiel die Beschreibung eines von der Schweizer Firma Cerberus AG angebotenen Aktivmetall-Hartlötverfahrens. „Das neue Verfahren ist ebenfalls ein direktes Lötverfahren, bei dem jedoch die Versprödung des Lotes vermieden wird. Früher erhielt man aus reaktivem Metall und Lot beim Verlöten eine homogene Schmelze, deren Härte bei nur 5% reaktivem Metall um den Faktor 5 gegenüber dem gewöhnlichen Lot anstieg. Neu ist, durch eine geeignete Zwischenfolie das reaktive Metall vom Lot so zu trennen, daß jedes von ihnen mit der Keramik beziehungsweise mit dem Metall binden kann, ohne daß sie sich mischen und damit verspröden können. Zwischen Metall und Keramik werden 3 Folien gelegt. Neben dem Metall liegt eine Lötfolie, zum Beispiel aus Gold. Neben der Keramik liegt eine Lötfolie, zum Beispiel aus Zirkon. Zwischen diesen beiden Lötfolien befindet sich eine Trennfolie aus reinem Nickel. Beim Erhitzen auf etwa 1000 °C unter Schutzgas oder Vakuum bilden sich ein Eutektikum Nickel-Zirkon, das bei 961 °C schmilzt und die Keramikbenetzung herbeiführt, sowie ein ebensolches Gold-Nickel, das bei 950 °C schmilzt und die metallseitige Lötung bewirkt. Während und nach dem Lötvorgang behalten die Trennwand und das Nickel-Gold-Lot ihre ursprüngliche Duktilität. Durch die Kombination verschiedener Folienmaterialien ist es möglich, die Löttemperaturen zwischen 800 °C und 1400 °C zu variieren."

Soweit die Cerberus-Ausführungen.
Dieser Verfahrensweg stellt einen speziell auf die konstruktive Ausführung der Stumpf- oder Scheibenlötung orientierten Lösungsweg dar.

Mit der Aktivmetalltechnik ist ein weiterer Vorteil verbunden, sie erfordert keine Abstimmung auf die Glasphase der Keramik. Sowohl Silikatkeramiken, als auch die praktisch glasphasenfreien Reinoxidkeramiken sind mit gleich gutem Erfolg in einer einzigen Arbeitsweise vakuumdicht lötbar. Bei der Keramikherstellung entfällt demnach auch die Einhaltung spezieller Dichtbrennbedingungen.

Diesen eindeutigen Vorteilen der Aktivmetall-Hydridtechnik stehen erschwerend diffizile Arbeitsbedingungen bei ihrer Anwendung gegenüber. Die Durchführung der Lötprozesse muß entweder im Vakuum bei Drücken unter $5 \cdot 10^{-5}$ Torr erfolgen, oder in sehr reinem Wasserstoff bei extrem niedriger Taupunkt-Temperatur. Bestimmte Werkstoffkombinationen sollen gemäß Literaturhinweisen auch in inerter Atmosphäre, wie in Argon, lötbar sein. In jedem Fall darf im Temperaturbereich oberhalb der Hydrid-Dissoziationstemperatur kein schädliches Nachgasen aus den zu verbindenden Teilen auftreten, wie es zum Beispiel erfahrungsgemäß bei Verwendung nicht im Vakuum erschmolzener Lotwerkstoffe zu erwarten ist.

Bei Einhaltung der Vorbedingungen können außerordentlich zuverlässige Metall-Keramik-Hartlötverbindungen entstehen, welche auch im Hochleistungs-Senderöhren-Einsatz praktisch ausfallfrei bleiben. Dies hat sich bei der Herstellung und Verarbeitung von mehr als 10000 Stck. solcher Verbindungen an Hochleistungssenderöhren bestätigt.

4.5.3.4. Thermodiffusion-Metall-Keramik-Verbindungen

Auf den Wegen dieser Verfahrensgruppe werden vakuumdichte Metall-Keramik-Verbindungen ohne die Anwendung einer flüssigen Phase hergestellt. Die Haftung des metallischen Partners geschieht über Feststoffreaktionen, zu deren Erzielung die Anwendung von Druck und Wärme erforderlich ist. Die jeweils günstigsten Arbeitsdrücke sind von der Art des metallischen Werkstoffes abhängig und betragen etwa 75—200 kp/cm². Als optimale Arbeitstemperatur werden jeweils 90% der Schmelztemperatur der metallischen Werkstoffe genannt. Feuchter Wasserstoff mit einem Taupunkt von +20 °C soll hierbei förderlich sein, doch sind auch Verfahren und Anlagen aus der UdSSR bekannt, bei denen die Verbindungen unter Vakuum entstehen. Zur Erzielung ausreichend fester Haftung werden Reaktionszeiten von 10—60 min benötigt.
Nach Informationen aus Anwenderbetrieben haben sich als Werkstoffkombination für Baugruppen mittlerer bis großer Abmessungen Kupfer/Aluminiumoxidkeramik bewährt. Erst in zweiter Linie kommen die aus der Glas/Metall-Verschmelzungstechnik bekannten FeNiCo-Einschmelzlegierungen in Betracht.
Aus der Anwendung relativ hoher Drücke bei hohen Arbeitstemperaturen, sowie auch aus den hohen Kontraktionsdifferenzen der verbundenen Werkstoffe ergeben sich Deformationen in den Metallteilen, insbesondere im Falle von Kupfer, denen mit entsprechenden konstruktiven Maßnahmen zu begegnen ist.
Weitere Entwicklungen, bei denen mittels aktivmetallhaltiger Zwischenschichten eine Verkürzung der Reaktionsdauer angestrebt wird, könnten für den Großserien-Einsatz, insbesondere bei Klein-Teilen interessant werden. Auf diese Weise sollen z. B. zwischen Aluminiumoxidkeramik und dem metallischen Partner Scherfestigkeiten bis zu 30 kp/mm² erzielt werden. Als förderlich für den Haftvorgang sollen sich auch bestimmte Oxidanteile in Aluminiumoxidkeramik erwiesen haben.

4.5.4. Lötverbindung

Bei den praktisch vorwiegend in Betracht kommenden Verbindungsverfahren aus den Gruppen 1 und 2 erfolgt die Verbindung der metallischen mit keramischen Stoffen mittels einer temperaturflüssigen Phase, durch Hartlötung.
Das Lot stellt hierbei das verbindende Zwischenglied dar. Es hat weiterhin die Aufgabe, während der Auskühlung nach vollzogener Lötung die aus Kontraktionsdifferenzen der Werkstoffpartner resultierenden elastischen Spannungen durch plastisches Fließen zu begrenzen. Kontraktionsdifferenzen ergeben sich nicht nur aus den unterschiedlichen Wärmeausdehnungen der nun ab Lot-Erstarrungspunkt verbundenen Bauteile. Das verbindende Lot selbst steht ebenfalls in Kontraktionsdifferenz sowohl zur Keramik, als auch zum Metallteil. Welche elastischen Spannungen letztendlich in einer solchen Werkstoffkombination vorliegen, das wird von der Fähigkeit der erstarrten Lotschmelze bestimmt, bereits bei relativ niedrigen auf sie einwirkenden Deformationskräften plastisch nachzugeben. Diese Schwelle, welche wir als Fließgrenze ansprechen, ist nicht als eine Konstante dem jeweiligen Lotwerkstoffen beizuordnen. Sie ist vielmehr temperaturabhängig und steigt mit fallender Temperatur. Plastische Verformungen der Lotzahl sind unter bestimmten Bedingungen auch unter dem Einfluß der Belastungsdauer möglich. Finden jedoch plastische Verformungen

unterhalb der Lot-Weichglüh-Temperatur statt, so resultieren hieraus Verfestigungen und damit ansteigende Fließgrenzenwerte. Die Gesamtkonzeption der zu verbindenden Partner soll so abgestimmt sein, daß im Bereich ihrer Verarbeitungs- und Betriebstemperaturen plastische Deformationen nicht mehr erzwungen werden. Das plastische Fließen der Lotwerkstoffe ist somit ein Eignungskriterium für diese Einsatzart.

Aufschlüsse zum plastischen Fließen erbringen Fließpunktbestimmungen unter verschiedenen Temperatur-, Zeit- und Lastbedingungen, wie sie zum Beispiel als Kegelfließpunktbestimmung mit einem Höppler-Konsistometer aufgenommen werden können. Hierbei dringt ein besonders dimensionierter Hartmetallkegel unter einer Belastung solange und soweit in das zu prüfende Material ein, bis für die dem Kegelmantel anliegenden Stoffteile der Fließpunkt erreicht ist. Die Feststellung des Kegelfließpunktes besagt, daß diejenige Fläche gesucht wird, bei welcher eine auf sie einwirkende Kraft beginnt, den Prüfkörper zum Fließen zu bringen. Zwischen der Basisfläche des eingedrungenen Kegels und der Belastung bestehen lineare Beziehungen, so daß die Messung bei beliebigen Belastungen stets den gleichen Kegelfließpunkt erbringt. Damit ist offenbar die Kegelfließpunkt-Bestimmung geeignet, Aufschlüsse über die hier genannten Fließeigenschaften der Lote zu erbringen.

Vergleicht man Kegelfließpunkt-Daten des für Metall-Keramik-Hartlötverbindungen meist verwendeten Silber-Kupfer-Lotes der eutektischen Zusammensetzung 72/28 mit den Daten eines reinen Silberlotes, so erkennt man einen erheblichen Unterschied im plastischen Verhalten dieser Lote (Bild 5). Während das reine Silberlot bei Raum-

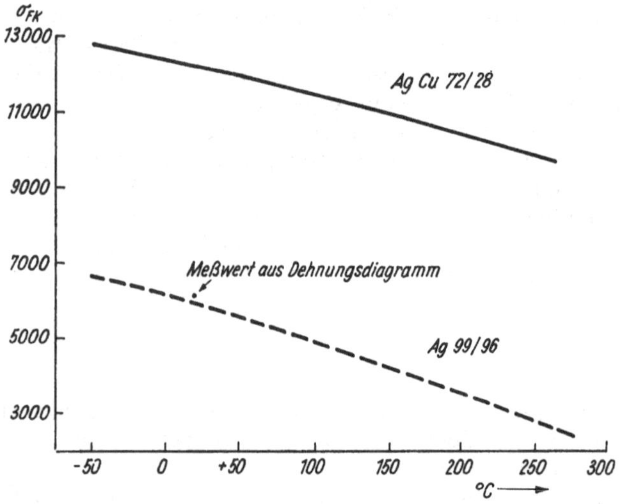

Bild 5. Kegelfließpunkt von Ag sowie AgCU 72/28, abhängig von der Temperatur

temperatur Kegelfließpunktwerte um 600 kp/cm² erbringt, sind es unter gleichen Bedingungen bei eutektischen Silber-Kupferlot bereits 1150 kp/cm², das ist somit fast eine Verdoppelung des Wertes. Entsprechend höhere Restspannungen sind dann auch in den Metall-Keramik-Hartlötverbindungen zu erwarten. Weitere Aufschlüsse erbringen Kegelfließpunktbestimmungen bei Raumtemperatur unter verschiedenen Belastungen. Hier zeigt das Reinsilberlot mit steigender Belastung ein schwaches Absinken der Werte, wogegen beim eutektischen Silber/Kupferlot ein eindeutiges Ansteigen eintritt, obwohl eigentlich eine Belastungsabhängigkeit nicht bestehen sollte. Wir erhalten offenbar beim Reinsilber trotz des stärkeren Fließens an der Meßstelle merkliche Verfestigungseinflüsse nicht ausgemessen, wogegen beim eutektischen Silber-Kupferlot mit dem Fließen bereits auch merkliche Verfestigungen in den anliegenden Zonen wirksam werden. Daß dagegen im Falle des Reinsilbers Verfestigungen tatsächlich nicht vorliegen, das zeigen Dauerbelastungsversuche. So erbrachten bei Raumtemperatur unter gleichbleibender Last durchgeführte Messungen zunächst die zu erwartenden Kegeleindringtiefen. Bei Fortsetzung der Belastungsdauer über Tage und Wochen setzte sich dann auch der Kegel-Eindringvorgang fort. Erst nach 32 Tagen und um 35% des Anfangswertes fortgeschrittener Eindringtiefe war ein Gleichgewicht und damit Stillstand erreicht (Bild 6).

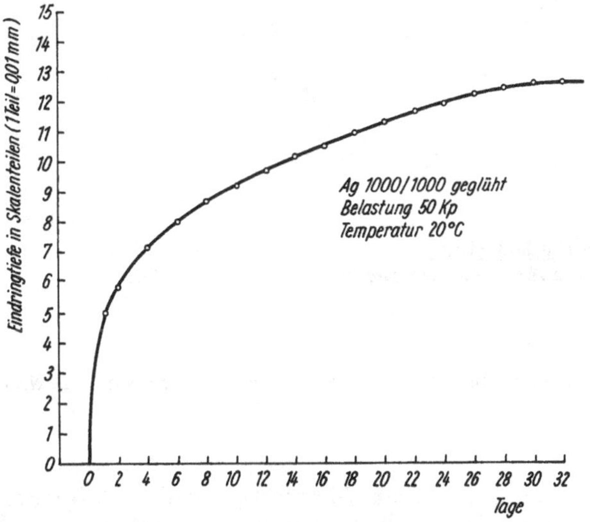

Bild 6. Nachfließen von Reinsilber, gemessen mit einem Höppler-Konsistometer bei 50 kp Belastung im Anschluß an eine Kegelfließunkt-Bestimmung

Fließgrenzbestimmungen können weiterhin Aufschlüsse geben zu Folgen sich während des Lot-Schmelzvorganges verändernder Lotzonen-Zusammensetzung. Dies trifft zum Beispiel beim Legieren der Lotschmelze mit Oberflächen-Plattierungswerkstoffen der Metallteile zu oder bei Lötungen an Kupferteilen mit den hier in Betracht kommenden silberhaltigen Loten. In diesen Fällen werden durch die Höhe der Löttemperatur, sowie Dauer des Verbleibens im schmelzflüssigen Zustand und damit fortschreitendem Legierungsvorgang wesentliche Einflüsse auf die Zuverlässigkeit solcher Metall-Keramik-Baugruppen ausgeübt.

Die Lotauswahl sowie der Lötprozeß selbst stellen somit wesentliche Faktoren der Gesamtkonzeption dar, welche mit ihren Folgerungen nach den Verarbeitungsschritten im Griff bleiben müssen. Bei dieser Vielzahl beeinflussender Faktoren werden die jeweiligen Auswirkungen von Abstimmungsmaßnahmen schwerlich in ausreichender Konsequenz übersehbar. Insbesonders, da die hier interessierenden Werkstoffeigenschaften und Zusammenhänge offenbar nur wenig bekannt oder publiziert sind.

Es ist anzustreben, den aus der Kombination aller beteiligten Werkstoffe sowie aus dem Verbindungsvorgang resultierenden elastischen Spannungsverlauf meßbar zu gestalten oder zumindest an einem Modellfall sichtbar zu machen, da reproduzierbare Vergleichsaussagen möglich werden. Hierzu sind nach dem Grundprinzip der Bimetall-Meßstreifen gestaltete Metall-Keramik-Baugruppen verwendet worden. Schmale dünnwandige Keramikringe von 100 mm Durchmesser wurden mit innen eingelöteten Metallringen versehen und an einer Stelle so aufgetrennt, daß zwischen den dabei entstandenen Ringenden ein Spalt von ca. 4 mm verblieb, welcher nunmehr als Meßstrecke dient. Der offene Ring stellt einen gekrümmten Meßstab dar, der in einer

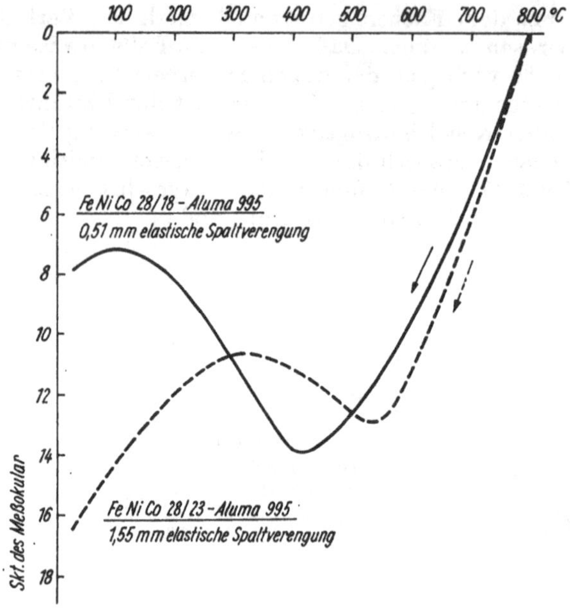

Bild 7. Meßring-Ergebnisse, abhängig vom verwendeten FeNiCo-Einschmelzwerkstoff

beheizbaren Einrichtung an einem Ende so befestigt wird, daß Spaltbreiten-Änderungen im Zuge von Aufheiz- oder Kühlprozessen mittels einer optischen Einrichtung in Skalenteilen gemessen werden können (Bild 7). Spaltbreitenänderungen resultieren aus dem unterschiedlichen Dilatations- bzw. Kontraktionsbestreben der beteiligten Werkstoffe. Sie sind beeinflußt durch die Fließeigenschaften der Lotzahl im Zusammenhang mit dem Temperatur-Zeit-Verlauf des thermischen Prozesses.
Alle in Betracht kommenden Metallteile-Werkstoffe erbringen gegenüber ihren keramischen Partnerwerkstoffen größere Dilatationswerte. Der zusätzliche Krümmungsgrad des Keramikringes im Sinne einer Durchmesserverkleinerung bzw. die damit verbundene Spaltbreiten-Verringerung kennzeichnen einen bestimmten Spannungszustand. Zur Größe der jeweilig die Krümmungsänderung bewirkenden elastischen Spannungen sind keine Aussagen abzuleiten. Dagegen sind die Auswirkungen unterschiedlicher Abkühlungsgeschwindigkeit, sowie von Haltezeiten der Temperatur, ferner auch der Einfluß einer Verwendung verschiedener Lote oder von Werkstoffen verschiedener Wärmeausdehnungskennlinien reproduzierbar in Diagrammen zu erfassen und auf dieser Basis gesteuerte thermische Prozesse aufzubauen. Schon bei der Werkstoffbestimmung für die Metallteile können Aussagen zur Eignung und Technologie der jeweiligen Werkstoffkombination erarbeitet werden.
Zur Gruppe der Aluminiumoxidkeramik-Typen sind Kupfer, sowie Eisen-Nickel-Kobalt-Legierungen zu verwenden, wie zum Beispiel Nicosil-Einschmelzlegierungen, in bestimmten Fällen kommen auch FeNi-Legierungen in Betracht.
Bei der Kombination Kupfer mit Aluminiumoxidkeramik kann die verbindende Lotzone nicht als plastische Zwischenschicht wirken, da sie gegenüber dem reinen Kupfer merklich höhere Fließgrenzen aufweisen wird. Das Kupferteil selbst muß daher in seinen Grenzzonen zur MK-Verbindung die Aufgabe des plastischen Abbaues von Kontraktionsdifferenzen erfüllen. Hieraus folgt zunächst, daß die Lötzone einschließlich der legierten Kupferteil-Grenzzone nur eine geringe Dicke erreichen darf. Aus den hohen Kontraktionsdifferenzen Kupfer-Keramik folgt ferner, daß mit steigender Bau-

teilgröße auch stärkere Deformationen der Kupferteile selbst zu erwarten sind. Dies trifft bei Kupfer-Keramik-Verbindungen auf Thermodiffusionsbasis ebenfalls zu.
Von den FeNiCo-Legierungen werden zwei Einschmelzwerkstoffe verwendet, speziell für Aluminiumoxidkeramiken FeNiCo 28/23, sowie ebenfalls die bereits aus der Glas/Metall-Verschmelztechnik bekannte FeNiCo 28/18-Legierung. Diese Einschmelzwerkstoffe erbringen auf Grund ihrer unterschiedlichen Wärmeausdehnungs-Kennlinien auch recht unterschiedliche Ergebnisse.
Dies wird deutlich, wenn man Meßringe der vorgenannten Art auftrennt. Im Falle der Legierung mit 18% Kobaltanteil tritt sofort eine elastische Krümmung ein von etwa $^1/_3$ des Wertes eines gleichartigen Meßringes mit der 23%-igen FeNiCo-Legierung.
Die Diagramme des temperaturabhängigen Spaltverlaufes bestätigen den unterschiedlichen elastischen Spannungsverlauf und Endzustand bei Raumtemperatur. Es ist weiterhin zu erkennen, daß die sonst übliche Ableitung aus der Differenz der freien Dilatation (Bild 8) unter der Mitwirkung in gewissen Grenzen plastischer

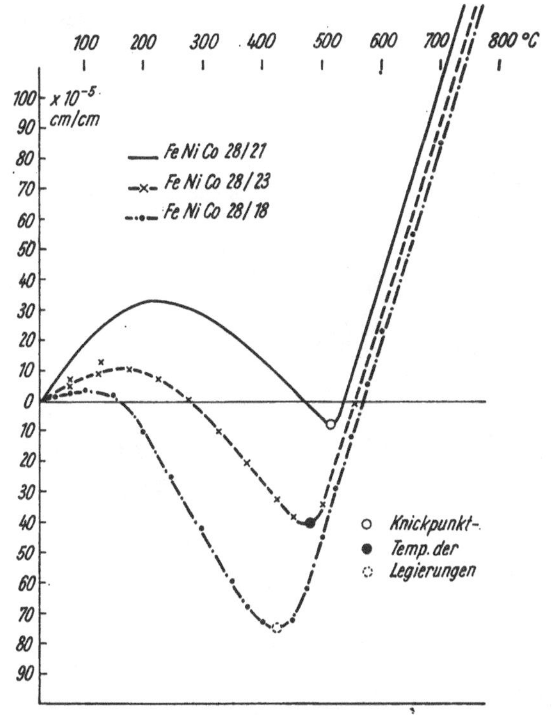

Bild 8. Differenz der freien Dilatation von FeNiCo-Einschmelzwerkstoffen zu Al_2O_3-Reinoxidkeramik

Zwischenschichten brauchbare Aussagen nicht erbringen kann. Wie aus der Literatur und aus Fremdmustern zu ersehen ist, verwendet man anderenorts beide FeNiCo-Typen offenbar allgemein ohne Zuordnung bestimmter Bauteilegrößen oder Einsatzfälle.
FeNiCo-Metallteileoberflächen erhalten in vielen Fällen zur Verbesserung der HF- oder Wärmeleitfähigkeit Kupferplattierungen, wie zum Beispiel Senderöhrenbauteile. Grundwerkstoff und aufgesinterte Plattierung stehen jedoch beträchtlich in Differenz hinsichtlich ihres Dilatationsbestrebens, so daß mit steigender Plattierungsdichte versteifende bzw. Verwerfungskräfte auftreten, welche sich auf Metall-Keramik-Ver-

bindungen übertragen und zum Bruch führen können. Dies wird insbesondere im Falle von Kälteprüfungen bis −50 °C kritisch. Plattierungsdicken sowie das Wandungsdickenverhältnis FeNiCo-Kupfer erfordern somit eine jeweils auf die vorliegende konstruktive Ausführung orientierte sorgfältige Abstimmung. Abschließend ist noch darauf zu verweisen, daß Bauelemente der Vakuumelektronik zwar meist Zuverlässigkeitsansprüchen teils bis −65 °C auch im Kältebereich unterliegen, daß aber das Rüstzeug des Technologen hinsichtlich der Werkstoffeigenschaften in diesem Temperaturbereich nicht befriedigen kann und somit hier Zuverlässigkeit auf empirischer Basis entstehen muß.

4.6. Leuchtstoffmaterialien für Farbbildröhren

Von *K. Schmidt* und *W. Senf*

VEB JENAPHARM Leuchtstoffwerk Bad Liebenstein

4.6.1. Einleitung

Vom Erscheinen der ersten Farbfernsehbildröhren auf dem Markt bis zum gegenwärtigen Zeitpunkt haben die verwendeten Leuchtstoffe mit blauer, grüner und roter Emissionsfarbe deutliche Veränderungen hinsichtlich ihrer chemischen Zusammensetzung und Aktivierung erfahren (s. Tabelle 1).

Tabelle 1. Die historische Entwicklung der Leuchtstoffe für Farbbildröhren nach [1]

relative Intensität in %	chemische Zusammensetzung	Jahr der Einführung (ca.)
Blaukomponente		
100	$(Ca, Mg)SiO_4:Mn$	1953
146	$ZnS:Ag$	1961
Grünkomponente		
100	$Zn_2SiO_4:Mn$	1953
155	$(Zn, Cd)\,S:Ag$	1961
160	$(Zn, Cd)S:Ag$	1970
160	$(Zn, Cd)S:Cu$	1970
Rotkomponente		
100	$Zn_3(PO_4)_2:Mn$	1953
140	$ZnSe:Cu$	1956
160	$(Zn, Cd)Se:Cu$	1956
125 100	$(Zn, Cd)S:Ag$	1961
215 172 100	$YVO_4:Eu$	1964
308 247 144	$Y_2O_2S:Eu$	1969
333 267 155	$Y_2O_3:Eu$, $Gd_2O_3:Eu$	1970

Bei der Blaukomponente setzte sich nach dem anfänglichen Einsatz eines $(Ca, Mg)SiO_4:Mn$ schon ab 1961 das $ZnS:Ag$ durch, welches auch heute noch, nach Änderungen in der Präparationstechnologie, Verwendung findet.
Die erste Grünkomponente $ZnSiO_4:Mn$ wurde gleichfalls ab 1961 durch ein (Zn, Cd)S, aktiviert durch Silber (Ag), ersetzt. Der Entwicklungsweg dieses Leuchtstoffes ging über Änderungen in der anteilmäßigen Zn/Cd-Zusammensetzung und damit verbundener Änderungen in der Emissionsfarbe bis zum Ersatz des Aktivators durch Kupfer (Cu).
Sehr zahlreich waren die verwendeten Rotkomponenten. Vom $Zn_3(PO_4)_2:Mn$ ausgehend, über Zn- bzw. (Zn, Cd)-Selenide, aktiviert durch Cu, wurde 1961 mit einem $(Zn, Cd)S:Ag$ mit hohen Cadmiumanteilen erstmals eine Dreierkombination vom All-Sulfid-Typ geschaffen. Bei Anerkennung des Fortschrittes dieser Leuchtstoffe hinsichtlich der Intensität und der Vorteile in der Verarbeitbarkeit durch gleiche Basismaterialien waren jedoch auch hier, besonders durch die Eigenschaften der Rotkomponente, Grenzen für erforderlich werdende Helligkeitssteigerungen gesetzt.

Die sehr breite spektrale Strahldichteverteilung des $(Zn_{0,2}Cd_{0,8})S:Ag$ bewirkt, daß ein hoher Anteil im Bereich geringer Augenempfindlichkeit emittiert wird. Will man auf dem Bildschirm die Farbe Weiß erzeugen, ist für die Rotkomponente im Vergleich zur Blau- und Grünkomponente ein wesentlich höherer Elektronenstrahlstrom erforderlich. Der für eine ausreichende Bildschirmweißhelligkeit notwendige Strahlstrom mußte bereits so hoch gewählt werden, daß sich Sättigungserscheinungen in Form von Nichtlinearität zwischen Anregungsstromdichte und Lichtausbeute, begleitet von einer Farbverschiebung, bemerkbar machten. Ferner entstanden durch die intensiv gelbe Körperfarbe des $(Zn_{0,2}Cd_{0,8})S:Ag$ unerwünschte Farbverschiebungen an der Bildröhre bei Einschaltung einer Raumbeleuchtung. Als Ergebnis dieser aufgezeigten Nachteile des Rotleuchtstoffes war man gezwungen, die möglichen Intensitäten bei Blau und Grün durch Reduzierung des Strahlstromes zu drosseln.
Durch Untersuchungen an Verbindungen der Seltenen Erden, aktiviert durch Seltene Erden (SE), die auf Arbeiten von *Lenard* [2] aus den zwanziger Jahren dieses Jahrhunderts fußten, konnte besonders bei den durch Europium aktivierten Systemen eine linienhafte Rotemission hoher Lichtausbeute beobachtet werden. Die grundlegenden Untersuchungen von *Van Uitert* [3, 4, 5] führen durch *Levine* und *Palilla* [6—11] zur Entwicklung eines Yttriumvanadats, aktiviert durch Europium ($YVO_4:Eu$), welches die erwähnten Nachteile des Sulfidleuchtstoffes nicht besaß und eine deutlich höhere Helligkeit aufwies. Noch im Jahre 1964 erschien von der Sylvania Electric Products eine neue Farbbildröhre mit der Bezeichnung „Color Bright 85" auf dem Markt, die neben den sulfidischen Blau- und Grünkomponenten als Rotleuchtstoff $YVO_4:Eu$ enthielt. Ab 1969 wird ein Yttriumoxysulfid, aktiviert durch Europium, mit einer gegenüber dem Vanadatleuchtstoff höheren Helligkeit verwendet. Yttrium- bzw. Gadoliniumoxid, gleichfalls durch Europium aktiviert, werden, obwohl schon seit Mitte der 60ziger Jahre als hocheffektive Leuchtstoffe bei Kathodenstrahlanregung bekannt [12], erst seit 1970 eingesetzt. Die Ursache ist darin zu sehen, daß durch die Betonung der kurzwelligen Emissionslinien bei den Oxiden im Vergleich zum $YVO_4:Eu$ eine geringere Farbsättigung auftrat, die man anfangs als für die Farbfernsehnorm unzureichend ansah.
Ein Intensitätsvergleich dieser drei Rotkomponenten durch *Awazu* [13] ergab die in Tabelle 2 aufgeführten Werte.

Tabelle 2. Intensitätsvergleich dreier Rotkomponenten nach [13]

chemische Zusammensetzung	Farbkoordinaten x	y	relative Intensität %
$YVO_4:Eu$	0,668	0,328	100
$Y_2O_2S:Eu$	0,643	0,352	128
$Y_2O_3:Eu$, $Gd_2O_3:Eu$	0,652	0,346	166

Tabelle 3. Die erreichbare Weißhelligkeit bei vorgegebenem Gesamtkatodenstrom der drei Strahlsysteme nach [102]

Rot Leuchtst.	B [%]	Grün Leuchtst.	B [%]	Blau Leuchtst.	B [%]	Weiß B [cdm^{-2}]	B [%]
$YVO_4:Eu$	100	(ZnCd)S:Ag	100	ZnS:Ag	100	55	100
$Y_2O_2S:Eu$	137	(ZnCd)S:Ag	100	ZnS:Ag		66	120
$Y_2O_2S:Eu$		(ZnCd)S:Cu	112	ZnS:Ag		85	154
$Y_2O_2S:Eu$ mod Farbe	185	(ZnCd)S:Cu mod. Farbe	114	ZnS:Ag mod. Farbe	110	97	176
nach modifizierten Beschirmungsprozeß (ohne Einzelangaben)							
$Y_2O_2S:Eu$	220	(ZnCd)S:Cu	140	ZnS:Ag	140	120	218

Zum gegenwärtigen Zeitpunkt werden als Blaukomponente ZnS:Ag, als Grünkomponente (Zn, Cd)S:Cu und als Rotkomponenten Y_2O_3:Eu, Gd_2O_3:Eu und Y_2O_2S:Eu für die industrielle Fertigung von Farbbildröhren eingesetzt.
Die erreichbare Weißlichthelligkeit an Farbbildröhren ist ein nicht unwesentliches Kriterium für die Leistungsfähigkeit von Leuchtstoffkombinationen. Dabei bezieht man sich auf eine vorgegebene Weißeinstellung (z. B. 9300K + 27 MPCD $\triangleq$ $x = 0{,}281$; $y = 0{,}311$) bei einem vorgegebenen Gesamtkatodenstrom der 3 Elektrodensysteme (z. B. $I_{K\,\mathrm{ges}} = 800\ \mu\mathrm{A}$). In [102] wird diesbezüglich der in Tab. 3 dargestellte Entwicklungsstand angegeben ($U_A = 25$ kV).

4.6.2. Herstellungsverfahren für die Leuchtstoffkomponenten

4.6.2.1. Grünkomponenten

Wie einleitend erwähnt, wird neben einem in der Emissionsfarbe modifizierten (Zn, Cd)S:Ag die Hauptbedeutung für den gegenwärtigen Einsatz dem (Zn, Cd)S:Cu zugebilligt. Die Vorteile des Aktivatorersatzes werden bei etwa gleicher Intensität in einer besseren Verarbeitungsstabilität gesehen. Während im Falle des Silberaktivators zur Erreichung der geforderten Emissionsfarbe eine molare Zusammensetzung des Mischsulfides entsprechend der Formel $(Zn_{0,73}Cd_{0,27})S$ verwendet werden muß, reduziert sich der CdS-Anteil im Falle der Cu-Aktivierung auf 3—10 Mol-%.
Die Firma Toshiba, Japan, stellt sogar einen ZnS-Grünleuchtstoff ohne Cd-Gehalt vor. Die Ursache für diese Entwicklung ist in Umweltproblemen zu suchen, die aus den beim Beschirmungsprozeß anfallenden Cd-haltigen Abfallprodukten resultieren. Durch den Aktivatorwechsel von Silber nach Kupfer ergeben sich für den Herstellungsprozeß des Leuchtstoffes insofern Schwierigkeiten, daß die Anwesenheit von Sauerstoff während des Glühprozesses bei Cu-Aktivierung zu starker und langanhaltender Phosphoreszenz führt, die über den für das Farbfernsehen gültigen Grenzwerten liegt.
Um diesen Nachteil zu beseitigen, wurden Koaktivatoren und Schmelzmittelsubstanzen für den Glühprozeß sowie die Glühatmosphäre verändert.
Die bisher üblichen Schmelz- oder Flußmittel zur Förderung des Kristallisationsprozesses auf der Basis von Alkali- und Erdalkalichloriden, die neben dieser Funktion zugleich Koaktivatoreigenschaft übernehmen, wurden z. T. durch Jodide [14] ersetzt. Dadurch konnte neben der angestrebten Reduzierung des Nachleuchtens zugleich eine Steigerung der Emissionshelligkeit erreicht werden.
Als Koaktivator wird jetzt ausschließlich Aluminium verwendet. Die Rolle des Ladungskompensators im Sulfidgrundgitter, erforderlich durch den Einbau des einwertigen Aktivatorions Cu bzw. auch Ag auf Gitterplatz des zweiwertigen Zn bzw. Cd, wird hier nicht vom einfach negativ geladenen Halogenidanion auf Aniongitterplatz des Schwefels, sondern vom dreifach positiv geladenen Al-Kation auf Zn- bzw. Cd-Gitterplatz übernommen. Der entscheidende Schritt zur Reduzierung des langen Nachleuchtens wird aber durch Veränderung der Glühatmosphäre erreicht.
Während im Produktionsvorgang das (Zn, Cd)S:Ag in abgedeckten Quarztiegeln unter Normalatmosphäre mit ca. 20 Vol-% Sauerstoff geglüht wurde, sind für den Cu-aktivierten Leuchtstoff inerte, sulfurierende Atmosphären erforderlich. Einmal kann man dieses Problem dadurch lösen, daß man in speziellen Schutzgasöfen in Schwefelwasserstoffatmosphäre [15] oder in Inertgasatmosphäre mit Anteilen an Schwefelkohlenstoff [16] glüht. Ökonomisch billiger und technologisch einfacher ist die Durchführung der Glühung im geschlossenen Quarztiegel unter Zusatz von Aktivkohle bestimmter Körnung und Schwefelpulver [17, 18]. Die überschüssige Kohle wird nach dem Glühprozeß abgesiebt.
Die Glühtemperaturen betragen bei Einsatz von Halogenidschmelzmitteln 800 bis 1000 °C, ohne Flußmittel 1000—1250 °C.

Neben diesen Grünkomponenten auf der Basis von (Zn, Cd)S häufen sich in den letzten Jahren Mitteilungen über neue Systeme, die analog der Rotkomponente Verbindungen von Seltenen Erden (SE) als Basismaterial und Aktivatorsubstanz beinhalten. Nach bisher bekanntem Stand werden jedoch nur Intensitäten der ersten Farbfernsehgrünkomponente Zn_2SiO_4:Mn erreicht. Das entspricht 60—70% der im Vergleich zu den Zink-Cadmiumsulfiden erreichbaren Helligkeit.
So berichtet *Awazu Kenzo* [13] von einem $InBO_3$:Tb, welches diese erwähnte Intensität erreicht, als Boratverbindung aber geringe Stabilität gegenüber dem Wasser besitzt.
Japanische Patente der Jahre 1971—73 stellen unterschiedliche Gallatverbindungen vor, die durch Terbium oder Mangan aktiviert sind [19—23].
Sugay u. a. stellten Yttriumoxysulfid (Y_2O_2S), Yttriumsilikat (Y_2SiO_5) u. Yttriumphosphat (YPO_4), aktiviert durch Terbium, als effektive Leuchtstoffe für Katodenstrahlröhren her und berichten mit dem Indiumoxychlorid (InOCl:Tb) über ein weiteres System mit vergleichbarer Intensität. Nachteile ergeben sich auch hier aus der Empfindlichkeit gegenüber Wasser.
Peters [25, 26] vergleicht die Emissionseigenschaften neuer SE-aktivierter Leuchtstoffe mit denen des (Zn, Cd)S:Ag (Tab. 4).

Tabelle 4. Emissionseigenschaften von grünemittierenden Leuchtstoffen für das Farbfernsehen

chem. Zusammensetzung	relative Intensität in %	Farbkoordinaten x	Farbkoordinaten y	Nachleuchten I_0/i_{10} in ms
$(Zn_{0,72}Cd_{0,28})S$:Ag	100	0,270	0,620	0,05
Zn_2SiO_4:Mn	60	0,220	0,710	15
$InBO_3$:Tb	65	0,310	0,660	15
$Gd_2Si_2O_7$:Tb	40	0,330	0,590	7
Y_2SiO_5:Tb	65	0,330	0,590	5
YPO_4:Tb	65	0,350	0,570	5

4.6.2.2. Blaukomponenten

Für den praktischen Einsatz in Bildröhren ist bisher nur ein blau-emittierender Leuchtstoff auf der Basis von ZnS, aktiviert durch Silber, bekannt. Versuche, Helligkeitsgewinne durch Zusätze von CdS [27] zu erreichen, gehen zu Lasten einer Emissionsverschiebung zum langwelligeren Spektralbereich und führen damit zu einer Reduzierung der Farbsättigung. Die gegenwärtigen Forderungen an die Intensität verlangen inzwischen auch beim Blauleuchtstoff die Ausschöpfung präparativer Reserven und verbieten die Unterdrückung möglicher Phosphoreszenz durch Zusatz von Killersubstanzen (z. B. Nickel) während des Herstellungsprozesses. Wie bei der Grünkomponente erfolgt auch beim ZnS:Ag ein Wechsel des Koaktivators von den Halogenidionen zum Aluminium [28, 29]. Nach [30] gelangt man zu einem ZnS:Ag mit „verbesserter Farbe" durch Zusatz von Zinkoxid zum Glühansatzgemisch. Zu verbesserten Lumineszenzeigenschaften führt auch eine Zugabe von SO_4^{2-}- und O^{2-}-Ionen, deren Konzentration über die effektivste Thermolumineszenz des Leuchtstoffes ermittelt wird [31]. Die Glühtemperaturen liegen, vergleichbar zum (Zn, Cd)S bei 800—1000 °C im Falle des Zusatzes von Schmelzmitteln, bei 1000—1300 °C im Falle der reinen Festkörperreaktion mit Al als Koaktivator.

4.6.2.3. Rotkomponenten

Die relative Neuheit der Rotkomponenten auf der Basis von SE-Verbindungen hinsichtlich ihrer praktischen Anwendung äußert sich in einer Vielzahl von Veröffent-

lichungen. Eine Sichtung verdichtet die praktisch interessanten Systeme neben dem YVO_4:Eu jedoch auf die Oxide Y_2O_3:Eu, Gd_2O_3:Eu und die Oxysulfide Y_2O_2S:Eu und Gd_2O_2S:Eu.
Den meisten Herstellungsverfahren dieser drei Grundsysteme ist gemeinsam, daß als SE-Verbindungen die einzelnen Oxide bzw. Verbindungen, die thermisch zu diesen zerfallen, eingesetzt werden. Zur Steigerung der Qualität durch homogene Verteilung des Eu-Aktivators in der Matrix werden die SE-Oxide in Säure gelöst und vorrangig als Mischoxalat ausgefällt. Dieses Oxalat wird dann direkt bzw. nach thermischer Zersetzung zum Mischoxid für die Leuchtstoffpräparation eingesetzt.

4.6.2.3.1. Yttriumvanadat, aktiviert durch Europium (YVO_4:Eu)

YVO_4 wie auch $EuVO_4$ kristallisieren beide im tetragonalen System mit Zirkonstruktur. Durch die Ähnlichkeit der Gitterkonstanten ist die Substitution des Y durch Eu sehr einfach. Die schmalbandige Emission resultiert aus 4*f*-4*f*-Übergängen des Eu^{3+}-Ions (Tab. 5). Das YVO_4 selbst ist nicht katodolumineszent. Es absorbiert nur die Anregungsenergie und überträgt diese auf das Eu-Aktivatorion.

Tabelle 5. Emissionsparameter des YVO_4:Eu

Maxima der Emissionslinien in nm	Übergänge im Europiumion	Anteil an der Gesamtemission in %
619	$^5D_0 \rightarrow {}^7F_2$	70
615 Hauptbanden		
698	$^5D_0 \rightarrow {}^7F_4$	21
595	$^5D_0 \rightarrow {}^7F_1$	6

Der optimale Europiumgehalt liegt bei 5 Mol-%, wobei im Bereich von 3—10 Mol-% kein markanter Helligkeitsunterschied festzustellen ist [6—10].
Zur Darstellung des Leuchtstoffes werden in der Hauptsache drei Verfahren beschrieben:

1. Festkörperreaktion der SE-Oxide mit Vanadinpentoxid (V_2O_5) bzw. Ammoniummetavanadat bei Temperaturen von 1000—1300 °C [3—5, 32].
2. Festkörperreaktion der SE-Oxide mit einer Vanadinkomponente bei Anwesenheit eines Schmelzmittels [33—36]. Durch den Einsatz von Alkalivanadaten (z. B. $NaVO_3$) verbindet man die erforderliche Bereitstellung der Vanadinverbindung mit der Schmelzmittelverbindung. Der im Überschuß eingesetzte Anteil des Flußmittels kann auf Grund der Wasserlöslichkeit nach dem Glühprozeß problemlos entfernt werden.
3. Darstellung des SE-Orthovanadats durch eine Fällreaktion und Rekristallisation des Fällproduktes mit oder ohne Flußmittelzusatz bei 1100—1300 °C [37—40]. Man löst dazu die SE-Oxide in einer Säure und vereinigt diese Lösung mit einer Vanadatlösung. Nach Neutralisation wird der Niederschlag abgetrennt, getrocknet und geglüht.

Die geringere Intensität des YVO_4:Eu im Vergleich zum Oxysulfid und Oxid hat trotz der sehr guten Farbsättigung dazu geführt, daß in den heutigen Bildröhrenproduktionen vorwiegend nur noch Y_2O_3:Eu bzw. Gd_2O_3:Eu und SE_2O_2S:Eu als Rotkomponenten eingesetzt werden. Das Vanadat hat aber seine technische Bedeutung als Farbkorrekturkomponente in Hg-Hochdrucklampen [41] behalten.

4.6.2.3.2. Yttriumoxid bzw. Gadoliniumoxid, aktiviert durch Europoium (Y_2O_3:Eu, Gd_2O_3:Eu)

Bei der bekanntermaßen sehr hohen Intensität des Y_2O_3:Eu und Gd_2O_3:Eu wurde anfänglich ein Einsatz in Farbbildröhren wegen der im Vergleich zum YVO_4:Eu kurzwelligeren Emission gescheut. Die stärkste Emissionslinie liegt bei 611 nm und entspricht einem Übergang $^5D_0 \rightarrow {}^7F_2$. Durch *Ropp* u. a. [42] wurde eine diesbezügliche Verbesserung gefunden.
Durch eine Zunahme der Eu-Konzentration kann zwar eine angestrebte Verschiebung nach Rot erreicht werden, aber der gleichlaufende Rückgang der Helligkeit läßt den wesentlichen Vorteil dieser Systeme schwinden. Optimale Intensität wird bei Eu-Konzentrationen zwischen 3,5 und 6,5 Mol-% erreicht, während für den angestrebten Farbort mehr als 7,5 Mol-% benötigt werden. Um einen Leuchtstoff mit optimalen Lumineszenzeigenschaften zu erhalten, müssen alle Eu-Ionen im dreiwertigen Ladungszustand vorliegen.
Durch die Oxalatmischfällung besteht jedoch beim thermischen Zerfall die Möglichkeit der Kohlenmonoxidbildung. Dieses CO ist durch seine reduzierenden Eigenschaften in der Lage, das Eu^{3+} zum Eu^{2+} zu reduzieren. *Ropp* u. a. folgerten deshalb, daß ein Zusatz eines Oxydationsmittels (Wasserstoffperoxid) während der Oxalatfällung diese unerwünschte Reduktion verhindern könne. Die Ergebnisse bestätigten, daß jetzt das Intensitätsoptimum in die Richtung des Farboptimums verschoben vorliegt. Der Mechanismus der Oxalatfällung unter H_2O_2-Zusatz schließt eine Bildung von Peroxy- oder Hydroperoxyverbindungen ein und läßt für die nachfolgende Oxalatzersetzung die ausschließliche Bildung des neutral reagierenden Kohlendioxides erwarten.
Die leichte Reduzierbarkeit des Eu^{3+}-Ions macht verständlich, daß die Aktivatorionen empfindlich gegenüber dem Oxydationsgrad während der Präparation sind. Es bestehen zwei mögliche Mechanismen zur Deutung der ablaufenden Vorgänge. Die bereits geschilderte Reduktion des Eu^{3+} durch CO verliert an Wahrscheinlichkeit durch die negativen Ergebnisse umfangreicher Messungen hinsichtlich der durch das Eu^{2+}-Ion zu erwartenden blauen Bandenemission. Der zweite Mechanismus schließt die Bildung von Charge-Transfer-Komplexen, bestehend aus Eu^{3+}-Sauerstoffzentren, ein.
Die Mehrzahl der bekannten Herstellungsverfahren [43—55] verwendet als Einsatzstoffe Mischfällungen der SE-Oxalate bzw. die durch thermische Zersetzung bei 600—1000 °C entstehenden Mischoxide. Daneben werden auch Hydroxide [56], Karbonate [57—60], Mischsulfate [50, 61] und Tartarate [50] eingesetzt.
Sehr umfangreich ist die Zahl der Verbindungen, die als Schmelzmittel Verwendung finden, um die Intensität zu erhöhen und eine bestimmte Beeinflussung der Korngröße und -form zu erreichen.
So werden neben Sulfaten, Bisulfaten und Pyrosulfaten Borsäure und Borate, Alkali- und Erdalkalifluoride und Alkalikarbonate eingesetzt. Stets wiederkehrend in den Veröffentlichungen ist der Einsatz von Halogeniden der ersten bis dritten Gruppe des Periodensystems bis hin zur Glühung im Chlorgasstrom [62]. Man muß hier allerdings beachten, daß in diesen Fällen der Grenzbereich zwischen reinem Oxid und Oxyhalogenid betroffen wird und nur in den Fällen noch von Oxidleuchtstoffen gesprochen werden kann, wo durch nachfolgende Pyrolyse der Halogenanteil aus dem Grundgitter entfernt wird [63].
Hinsichtlich der Glühatmosphäre bestehen bei den Oxiden keine Probleme. Das erstrebte Ziel, den Eu-Aktivator in seiner dreiwertigen Oxydationsstufe vorliegen zu haben, kann durch Glühung im offenen Glühgefäß in Normalatmosphäre erreicht werden. Während die Glühtemperatur im Falle des Y_2O_3:Eu in weiten Grenzen unkritisch (900—1400 °C) ist und letzlich durch die angestrebte hohe Intensität bei geforderter Korngröße festgelegt wird, sind beim Gd_2O_3:Eu durch einen Phasenwandel bei

> 1250 °C Grenzen gesetzt. Ein Vorteil einer dieser beiden Oxidleuchtstoffe ist nicht bekannt, so daß eine Entscheidung für ein System aus ökonomischen Aspekten durch den unterschiedlichen Marktpreis für Yttrium und Gadolinium erfolgen kann.

4.6.2.3.3. SE-Oxysulfide, aktiviert durch Europium

Für den speziellen Einsatz als Rotkomponenten in Farbfernsehbildröhren eignen sich aus der Vielzahl der bekannten Oxysulfide das Yttrium-(Y_2O_2S:Eu) und Gadoliniumoxysulfid (Gd_2O_2S:Eu) bzw. Substitutionsprodukte beider Systeme untereinander. Als Ausgangsstoffe werden auch hier bevorzugt Mischoxalate bzw. die daraus entstehenden Mischoxide der SE eingesetzt [64—79]. Der Einsatz der einzelnen Oxide führt nur im Falle der Darstellung des Leuchtstoffs in einer Salzschmelze zu guten Ergebnissen [80—82]. Als weitere Möglichkeiten werden Mischsulfide [83, 84], Mischsulfate [67, 74, 76] sowie Oxysulfate [79] angegeben.
Im Gegensatz zu den Oxiden gestaltet sich der Glühprozeß für die Oxysulfide komplizierter, wobei bisher sehr unterschiedliche Verfahren ausgearbeitet wurden. Von der technologischen Realisierbarkeit her, aus ökonomischen und sicherheitstechnischen Aspekten sind Glühungen in Normalatmosphäre im abgedeckten Glühgefäß mit entsprechenden Zusatzstoffen zu dem Glühansatzgemisch vorteilhafter im Vergleich zu Schutzgasatmosphären mit Zusätzen von Schwefelwasserstoff (H_2S) bzw. Schwefelkohlenstoff (CS_2).
Im ersten Fall werden als Zusatzstoffe verwendet:

- Schwefel, Soda, Ca-Phosphat [64]
- Schwefel, Soda, K-Phosphat [65]
- Schwefel, Soda, Ca-Karbonat [77]
- Schwefel, Soda, Na-Karbonat [72]
- Kaliumrhodanid (Glühung in einer Schmelze) [80—82].

Zur Verbesserung der Lumineszenzeigenschaften schließt sich dem eigentlichen Glühprozeß oft eine Temperung in einer inerten Atmosphäre bzw. in geschlossenen Glühgefäßen unter Zusatz von Kohlepulver an.
Im Fall der Glühung in einer Schutzatmosphäre unterscheiden sich die Gaszusammensetzungen z. T. sehr wesentlich:

- reine H_2S-Atmosphäre [66—68, 70, 73—76]
- Gemisch aus N_2/H_2 und H_2S; Vorteil: neben dem Oxysulfid entstehen keine weiteren Fremdphasen [78]
- Gemisch aus 72 Vol-% N_2 und 28 Vol-% H_2S. Höhere H_2S-Konzentrationen führen zur Verfärbung des Glühgutes durch Bildung von SE-Sulfiden [79]
- CS_2-Inertgasgemisch.

Reduzierende Gasatmosphären werden in den Fällen erforderlich, wo der Schwefel in den Einsatzprodukten in höherwertiger, positiver Ladungsstufe auftritt (Mischsulfite, -sulfate, Oxysulfate).
Die Glühtemperaturen liegen im allgemeinen bei 900—1300 °C, reduzieren sich aber bei Einsatz von Schmelzmitteln auf 400—900 °C. Der Einfluß der Aktivatorkonzentration im Y_2O_2S:Eu auf die Lumineszenzintensität und die Emissionsfarbe wurde von *Haynes* [79] untersucht (Tab. 6).
Aus den derzeitigen Anforderungen an die Emissionsfarbe der Rotkomponente von $x = 0{,}655$ und $y = 0{,}345$ ergeben sich somit Intensitäten von ca. 140% im Vergleich zum YVO_4:Eu.

Tabelle 6. Die Abhängigkeit der Lumineszenzintensität und der Emissionsfarbe des Y_2O_2S: Eu vom Aktivatorgehalt

$(Y_{1-x}Eu_x)_2O_2S$ x	rel. Intensität in % (Vergleich: YVO_4:Eu)	Farbkoordinaten x	y
0,005	192	0,520	0,431
0,01	183	0,581	0,405
0,02	140	0,650	0,350
0,03	105	0,672	0,328
0,04	100	0,677	0,323
0,05	89	0,680	0,320
0,06	87	0,679	0,321
0,10	45	0,681	0,319
0,13	12	0,680	0,320

4.6.2.3.4. Sonstige Rotkomponenten

Neben den vorrangig verwendeten Oxiden und Oxysulfiden der SE, aktiviert durch Eu, stellt die Literatur auch andere Lumineszenzmaterialien als Farbfernseh-Rotkomponente vor. Über einen praktischen Einsatz liegen allerdings bisher keine Hinweise vor.

Referiert wurden u. a.:

- $AGa_5O_8:Mn^{4+}$ A = Li, Na, K [85]
  Ein Teil des Ga kann durch Al, Si oder Ge ersetzt werden.
- M_2XF_6:Mn X = Ti, Si, Ge, M = NH_4, K [86]
- $LaGaO_3$:Eu [87]
- $(A_{1-x}Eu_x)_3\,(Ga_{1-y}Al_y)O_{12}$ A = Y, Gd [88]
- $La_2O_3 \cdot In_2O_3$:Eu [89].

Das $La_2O_3 \cdot In_2O_3$:Eu soll bei besseren Verarbeitungseigenschaften gegenüber dem Gd_2O_3:Eu in der „Ausbeute und Farbe des Lumineszenzlichtes" ähnlich sein, dafür aber wesentlich billiger.

4.6.2.4. Nachbehandlungen der Leuchtstoffe

Die Durchführung von Nachbehandlungen der Leuchtstoffe dient der Bedeckung der Leuchtstoffteilchen mit einer inerten, nichtlumineszierenden Schicht zum Schutz vor chemischen Angriffen beim Herstellungsprozeß der Bildschirme (Einfluß der PVA-$NH_4Cr_2O_7$-Lösung) und zur Erhöhung der thermischen Stabilisierung bei den erforderlichen Ausheizprozessen der Bildröhren. Sehr oft werden Schichten aus Siliziumdioxid oder Silikaten unterschiedlicher Zusammensetzung aufgebracht [90–96]. Zur Stabilisierung der Slurries und zum Schutz des Leuchtstoffes gegen diese werden Bedeckungen der Oberfläche der Teilchen mit sauren Oxiden des B, Al, Ti, V, Ge, As, Nb, Mo, Sn, Ta und W vorgenommen. Durch diese Operationen kann die Slurry so stabilisiert werden, daß sie nach 100 Stunden Standzeit noch voll verwendbar ist [97, 98].

4.6.2.5. Regenerierungsverfahren

Eine Regenerierung bzw. Aufarbeitung von Leuchtstoffresten der Bildröhrenfertigung ist erst mit der Einführung der teuren SE-Verbindungen interessant geworden und seitdem auch nur für diese Komponenten praktiziert worden.

Während bei Einsatz des YVO_4:Eu, bedingt durch dessen Schwerlöslichkeit in verdünnten Mineralsäuren, eine Regenerierung durch Ablösen der sulfidischen Verunreinigungen und des Chroms aus der Slurry mit einer Säurebehandlung möglich war, werden die oxidischen Leuchtstoffe der SE vorwiegend direkt aufgelöst und die SE durch einen Fällprozeß (z. B. als Oxalat) zurückgewonnen und wieder zum Leuchtstoff verglüht [99–101].

4.6.3. Spezifische Leuchtstoffeigenschaften

4.6.3.1. Emissionsfarbe

Der häufige Wechsel der angewendeten Leuchtstoffsysteme führte zu unterschiedlichen Angaben für die erforderlichen Primärfarborte (Farbkoordinaten der Komponenten in der Bildröhre). In [102] wird die in Tab. 7 aufgeführte Entwicklung angegeben.

Tabelle 7. Die historische Entwicklung der für erforderlich gehaltenen Primärfarborte

Jahr	Leuchtstoff	Farbkoordinaten Leuchtstoffkomponente $x; y$	in Bildröhre $x; y$
1967	YVO_4:Eu	0,670; 0,330	0,664; 0,330
	(ZnCd)S:Ag	0,280; 0,600	0,288; 0,600
	ZnS:Ag	0,148; 0,064	0,150; 0,065
1969–70	Y_2O_2S:Eu	0,660; 0,340	0,632; 0,339
	(Zn, Cd)S:Ag	0,300; 0,600	0,307; 0,597
	ZnS:Ag	0,150; 0,058	0,152; 0,064
1970–71	Y_2O_2S:Eu (Mod.)	0,655; 0,347	0,627; 0,341
	(ZnCd)S:Cu	0,320; 0,605	0,325; 0,590
	ZnS:Ag	0,148; 0,058	0,150; 0,060

Weitere Angaben von Farbkoordinaten findet man in [103–105]. Der Übergang zu entsättigteren Farben vollzog sich im Zusammenhang mit der Erhöhung der Leuchtdichte (Weißhelligkeit) der Bildröhren.

In [1] wird eine Betrachtung bezüglich Lage und Toleranzen der Primärfarborte vom Standpunkt der Farbwiedergabe gegeben. Dabei korrespondieren die hier im UCS-System angegebenen Farbkoordinaten mit den Werten des Entwicklungsstandes 1969–70 aus [102]. Sie lauten:

	u	v $\hat{=}$	x	y
Rot	0,440	0,350	0,635	0,337
Grün	0,130	0,375	0,310	0,585
Blau	0,170	0,110	0,147	0,064

Zur Gewährleistung eines allgemeinen Farbwiedergabeindex $R_a > 65$, welcher für eine gute Farbwiedergabe vorgegeben wird, resultieren im UCS-System die nachfolgend angegebenen maximal zulässigen Abstände (Toleranzkreisradien):

Rot $\leqq$ 0,005 UCS-Einheiten
Grün $\leqq$ 0,005 UCS-Einheiten
Blau $\leqq$ 0,010 UCS-Einheiten

Weitere Ausführungen bezüglich des Zusammenhanges von Farbwiedergabe und Leuchtstoffarbe findet man in [106]. Aus der Sicht des Leuchtstoffherstellers werden hier jedoch keine zusätzlich interessierenden Fakten angegeben.

4.6.3.2. Nachleuchtdauer

Eine Betrachtung über die maximal zulässige Nachleuchtdauer wird in [107] gegeben. Dabei geht man davon aus, daß nach Ablauf der Zeitdauer für einen Bildwechsel (nach amerikan. Norm 33 ms) die Helligkeitspegel der drei Grundfarben soweit abgeklungen sein müssen, daß sie unterhalb der Empfindungsschwelle des Auges bei der gegebenen Umfeldbeleuchtung liegen. Diese Empfindungsschwellen, die für die drei Grundfarben verschieden sind, wurden empirisch durch Mittelwertbildung von fünf Beobachtern bei einer „typischen“ Umfeldbeleuchtung ermittelt. Zusammenfassend kann den Ausführungen entnommen werden, daß nach Ablauf von 33 ms folgende Helligkeitspegel bezogen auf die ermittelten Empfindungsschwellenwerte vorliegen:

Rot	YVO_4:Eu	≈ 20%
Grün	(ZnCd)S:Sg	≈ 95–100%
Blau	ZnS:Ag	≈ 40%.

Die Grünkomponente (ZnCd)S:Ag besitzt nur eine geringfügige Reserve, so daß beim Übergang auf (ZnCd)S:Cu diesbezüglich wahrscheinlich Kompromisse eingegangen werden müssen. Hinsichtlich der Natur der Abklingprozesse wird für die Eu-aktivierten Leuchtstoffe exponentielles Verhalten angegeben (monomolekulares Verhalten), wogegen die (ZnCd)S-Leuchtstoffe hyperbolisches Abklingen zeigen (bimolekulares Verhalten).
In [108] wird für das Nachleuchten der Eu-aktivierten Leuchtstoffe ein Wert von 0,9 ms für das Erreichen des $1/e$-Wertes angegeben.
In [103] bezieht sich der Autor auf das Erreichen des 1%-Wertes und gibt für die ZnS- bzw. (ZnCd)S-Leuchtstoffe einen Wert von 0,1 ms an. An dieser Stelle soll jedoch nicht unerwähnt bleiben, daß stets dann, wenn das Abklingen vom monomolekularen Verhalten abweicht, eine meist starke Abhängigkeit der Nachleuchtzeit von den Anregungsbedingungen vorliegt [109].

4.6.3.3. Verarbeitungstechnisch bedingte Eigenschaften

Hinsichtlich Verarbeitungstechnologie hat sich im internationalen Rahmen neben den Methoden des Wassersettelns (water settling) und des Aufstäubens (dusting) vorwiegend der Slurry-Prozeß für das Aufbringen der Leuchtstoffe durchgesetzt. Ein allgemeiner Überblick über dieses Verfahren wird in [104] und [110] gegeben.
Aus der Sicht des Leuchtstoffverarbeiters sind im wesentlichen die nachfolgend angeführten Parameter von Interesse:

- Korneigenschaften
- thermische Beständigkeit
- Stabilitätsverhalten bezüglich der Slurry-Suspension.

4.6.3.3.1. Korneigenschaften

Die Fixierung der Korngrößenverteilung sollte zweckmäßigerweise in Zusammenarbeit zwischen Leuchtstoffhersteller und -verarbeiter erfolgen. Orientierend findet man z. B. in [103] für den mittleren Korndurchmesser einen Wert von 8–9 µm. Als Resumee verschiedener Firmenangaben kann für Leuchtstoffe, die im Slurry-Prozeß verarbeitet werden, eine 70–80%iger Gewichtsanteil im Korngrößenbereich von 0–12 µm angegeben werden. Dagegen verlangt der Dusting-Prozeß eine Vergrößerung der Leuchtstoffkörner, wobei allgemein ein mittlerer Korndurchmesser von ca. 15 µm genannt wird.
Im allgemeinen liegt hinsichtlich der Kornform eine annähernd kugelförmige Gestalt vor. Von der Fa. Toshiba, Japan, wird für das weniger gebräuchliche ZnS:Cu als

Grünkomponente kugelförmige und plättchenförmige Gestalt des Leuchtstoffkorns angegeben. Dabei soll der Plättchenleuchtstoff bei optimaler Schichtdicke eine um ca. 5% größere Helligkeit erbringen.

4.6.3.3.2. Thermische Beständigkeit

Der Lötprozeß, welcher die Bildschirmkalotte mit dem Konusteil zusammenfügt, erfordert eine Temperatur von 420—450 °C, wobei eine nicht unwesentliche thermische Belastung der Leuchtstoffkomponenten auftritt. Die Anwesenheit des Ammoniumdichromat, welches im Hinblick auf das Fotofixierverfahren der PVA-Leuchtstoffsuspension zugegeben wird, spielt dabei eine bedeutsame Rolle. Nach [111] erfährt z. B. der (ZnCd)S:Ag-Leuchtstoff eine Veränderung der Emissionsfarbe zu langwelligeren Anteilen. Hervorgerufen wird dieser Effekt dadurch, daß bei Temperung an Luft (o. g. Prozeß) am Leuchtstoffkorn eine Oberflächenschicht mit hohem Anteil von CdS entsteht, die eine Gelbfärbung hervorruft. Durch diese Gelbfärbung wird der kurzwellige Anteil des emittierten Lichtes absorbiert, was zur genannten Farbänderung führt.
Die Bildung dieser Oberflächenschicht kann durch eine geeignete Oberflächenbelegung der Leuchtstoffkörner unterdrückt werden. Der hier genannte Effekt ist nach einer Notiz in [102] beim (ZnCd)S:Cu stark reduziert, da anteilmäßig wesentlich weniger Cd vorhanden ist.
Eine Verringerung der Leuchtstoffhelligkeit durch die thermische Behandlung bei der Bildschirmherstellung wird in [94] und [96] angeführt. Die Verbesserung der thermischen Stabilität nach Oberflächenbehandlung wird wie folgt angegeben: 13% bzw. 25% Helligkeitsabfall für unbehandelten und 1% bzw. 3% für nachbehandelten Leuchtstoff.

4.6.3.3.3. Stabilitätsverhalten bezüglich der Slurry-Suspension

Eine weitere anzustrebende Eigenschaft der Leuchtstoffe beruht darauf, daß man mit ihnen stabile Suspensionen (im physikalischen Sinne — keine Entmischung bzw. Sedimentation) herstellen kann [103, 110]. In erster Linie wird dies durch geeignete Korneigenschaften der Leuchtstoffe und optimierte Viskosität der Suspension erreicht.
In [13] wird eine chemische Instabilität der SE-Oxidleuchtstoffe gegenüber Dichromat angeführt. Diesbezüglich ist Y_2O_3 stärker gefährtet als Y_2O_2S. Eine geeignete Oberflächenbehandlung ist jedoch offensichtlich sowohl für Y_2O_3 als auch Y_2O_2S erforderlich.

Literaturverzeichnis

[1] *Röder, D.*: Radio Mentor Electronic, Berlin **38** (1972) 2, 70—73.
[2] *Lenard, P., F. Schmidt, R. Tomaschek*: Phosphoreszenz und Fluoreszenz. Akademische Vertragsgesellschaft, Leipzig, 1928 S. 460 ff.
[3] *Van Uitert, I. G., R. C. Lineares, R. R. Soden, A. A. Ballmann*: J. Chem. Phys. **36** (1962) 3, 702—705.
[4] *Van Uitert, I. G., R. C. Lineares, R. R. Soden, A. A. Ballmann*: J. Chem. Phys. **36** (1962) 7, 1793—96.
[5] *Van Uitert, I. G., S. Jida*: J. Chem. Phys. **37** (1963) 5, 986—92.
[6] *Levine, A. K., F. C. Palilla*: Appl. Phys. Letters **5** (1964) 6, 118—120.
[7] *Levine, A. K., F. C. Palilla*: Chem. Engng. **7** (1964) 96—97.
[8] *Levine, A. K., F. C. Palilla*: J. Electrochem. Technol. **4** (1966) 1—2, 16—20.
[9] *Levine, A. K., F. C. Palilla*: Internat. Symp. Physik und Chemie d. Szintillatoren 5.—9. 9. 1965 in München. Verlag K. Thiemig-KG, München 1965, Seite 317.
[10] *Levine, A. K., F. C. Palilla*: US-Patent, Nr. 3243625.
[11] *Pallila, F. C., A. K. Levine*: J. Electrochem. Soc. **112** (1965) 776.

[12] *Bril, A., W. L. Wanmaker*: Philips' techn. Rdsch. **27** (1966) 2/3, 66—71.
[13] *Awazu Kenzo*: J. Inst. Television Engr. Iap. **22** (1968) 3, 179 – 185
[14] Japan. Patent, Nr. 7.352.685 (2. 7. 71/24. 7. 73).
[15] USA-Patent, Nr. 3.655.575 (2. 2. 70/11. 4. 72).
[16] USA-Patent, Nr. 3.704.232 (24. 9. 70/28. 11. 72).
[17] USA-Patent, Nr. 3.595.804 (30. 10. 68/22. 7. 71).
[18] Japan. Patent, Nr. 7.324.982 (3. 8. 71/31. 3. 73).
[19] Japan. Patent, Nr. 30805 (10. 5. 69/7. 9. 71).
[20] Japan. Patent, Nr. 32162 (9. 5. 69/7. 9. 71).
[21] Japan. Patent, Nr. 32163 (9. 5. 69/7. 9. 71).
[22] Japan- Patent, Nr. 32164 (16. 5. 69/7. 9. 71).
[23] Japan. Patent, Nr. 40-43034 (7. 10. 69/15. 11. 73).
[24] *Sugay, S., Y. Tsujimoto, Y. Fukuda, M. Fukai*: J. Lum. **8** (1974) 6, 488—91.
[25] *Peters, T. E.*: J. Electrochem. Soc. **116** (1969) 7, 985—989.
[26] USA-Patent, Nr. 3.758.413.
[27] USA-Patent, Nr. 3.655.575 (2. 2. 70/11. 4. 72).
[28] USA-Patent, Nr. 3.666.677 (29. 4. 71/30. 5. 72).
[29] USA-Patent, Nr. 2.623.858 (30. 12. 52).
[30] Japan. Patent, Nr. 48-31477 (13. 11. 69/29. 9. 73).
[31] Japan. Patent, Nr. 6134 ? (15. 12. 66/2. 3. 70).
[32] *Datta, R. K.*: Trans. metallurg. Soc. AIME (New York) **239** (1967) 355.
[33] USA-Patent, Nr. 3.380.926 (30. 4. 68).
[34] USA-Patent, Nr. 3.424.692 (28. 1. 69).
[35] USA-Patent, Nr. 3.511.785 (12. 5. 70).
[36] BRD-Auslegeschrift, Nr. 1.289.933 (27. 2. 69).
[37] USA-Patent, Nr. 3.360.480 (26. 12. 67).
[38] USA-Patent, Nr. 3.441.512 (29. 4. 69).
[39] USA-Patent, Nr. 3.479.296 (18. 11. 69).
[40] USA-Patent, Nr. 3.507.804 (21. 4. 70).
[41] *Pallila, F. C., A. K. Levine*: Appl. Optics **5** (1966) 1467.
[42] *Ropp, R. C., E. E. Gritz, P. H. Haberland, D. E. Ridout*: J. Electrochem. Techn. **4** (1966) 1.2, 24.
[43] USA-Patent, Nr. 3.574.131 (4. 2. 69/6. 4. 71).
[44] USA-Patent, Nr. 3.562.175 (11. 9. 61/9. 2. 71).
[45] USA-Patent, Nr. 3.544.478 (18. 2. 69/1. 12. 70).
[46] USA-Patent, Nr. 3.457.184 (15. 11. 66/22. 7. 69).
[47] USA-Patent, Nr. 3.650.975 (31. 10. 69/21. 3. 72).
[48] USA-Patent, Nr. 3.458.451 (20. 12. 65/29. 7. 69).
[49] USA-Patent, Nr. 3.457.184 (15. 11. 66/22. 7. 69).
[50] USA-Patent, Nr. 3.717.584 (11. 6. 70/20. 2. 73).
[51] USA-Patent, Nr. 3.684.730 (13. 1. 71/15. 8. 72).
[52] USA-Patent, Nr. 3.449.859 (17. 11. 65/10. 6. 69).
[53] USA-Patent, Nr. 3.574.130 (16. 1. 69/6. 4. 71).
[54] USA-Patent, Nr. 3.711.418 (13. 11. 70/16. 1. 73).
[55] Japan. Patent, Nr. 48—23260 (22. 11. 65/12. 7. 73).
[56] Japan. Patent, Nr. 49—3911 (25. 11. 70/29. 1. 74).
[57] Engl. Patent, Nr. 1.118.800 (23. 12. 65/3. 7. 68).
[58] Engl. Patent, Nr. 1.004.260 (6. 2. 63/15. 9. 65).
[59] BRD-Auslegeschrift, Nr. 1.300.996 (22. 12. 65/13. 8. 69).
[60] Franz. Patent, Nr. 1.464.976 (23. 12. 65/28.11. 66).
[61] USA-Patent, Nr. 3.582.493 (20. 7. 67/1. 6. 71).
[62] USA-Patent, Seriennummer 800.272 (18. 2. 69).
[63] USA-Patent, Nr. 3.591.516 (23. 10. 68/6. 7. 71).
[64] USA-Patent, Nr. 3.738.856 (11. 2. 72/12. 6. 73).
[65] USA-Patent, Nr. 3.502.590 (1. 3. 67/24. 3. 70).
[66] USA-Patent, Nr. 3.418.246 (24. 3. 65/28. 12. 68).
[67] USA-Patent, Nr. 3.418.247 (24. 3. 65/24. 12. 68).
[68] USA-Patent, Nr. 3.647.707 (8. 9. 69/10. 7. 72).
[69] UdSSR-Patent, Nr. 276293 (12. 6. 68/22. 10. 70).
[70] UdSSR-Patent, Nr. 270938 (24. 9. 68/19. 8. 70).

[71] UdSSR-Patent, Nr. 283.463 (10. 6. 68/22. 12. 70).
[72] BRD-Auslegeschrift, Nr. 2.218.799 (18. 4. 72/31. 10. 73).
[73] BRD-Auslegeschrift, Nr. 1.282.819 (18. 3. 66/14. 11. 68).
[74] BRD-Auslegeschrift, Nr. 1.279.872 (18. 3. 66/10. 10. 68).
[75] Franz. Patent, Nr. 1.437.531 (24. 3. 66/17. 3. 67).
[76] Engl. Patent, Nr. 1.121.055 (23. 3. 66/24. 7. 68).
[77] Japan. Patent, Nr. 72-23.521 (30. 6. 72)
[78] *Ormond, D. W., E. Banks*: J. Electrochem. Soc. **122** (1975) 1.152–54.
[79] *Haynes, J. W., J. J. Brown*: J. Electrochem. Soc. **115** (1968) 1060–61.
[80] USA-Patent, Nr. 3.563.909 (29. 3. 68).
[81] USA-Patent, Nr. 3.562.174 (29. 3. 68).
[82] BRD-Auslegeschrift, Nr. 1.283.419.
[83] BRD-Auslegeschrift, Nr. 2.201.271 (20. 7. 72).
[84] USA-Patent, Nr. 3.705.058 (12. 1. 71/12. 12. 72).
[85] USA-Patent, Nr. 3.576.757 (14. 6. 68/27. 4. 71).
[86] USA-Patent, Nr. 3.576.756 (12. 6. 68/27. 4. 71).
[87] Japan. Patent, Nr. 71-31.843 (17. 9. 71).
[88] Japan. Patent, Nr. 71-43.521 (23. 11. 71).
[89] BRD-Auslegeschrift, Nr. 1.276.259 (28. 7. 67/29. 8. 68).
[90] Japan. Patent, Nr. 16091 (27. 6. 66/4. 6. 70).
[91] Japan. Patent, Nr. 48-9274 (16. 8. 68/23. 3. 72).
[92] Japan. Patent, Nr. 72-13881 (26. 4. 72).
[93] Japan. Patent, Nr. 72-47516 (20. 3. 69/30. 11. 72).
[94] Japan. Patent, Nr. 13242 (12. 2. 67/21. 4. 72).
[95] Japan. Patent, Nr. 72-13418 (24. 2. 72).
[96] Japan. Patent, Nr. 13481 (30. 4. 68/24. 4. 72).
[97] USA-Patent, Nr. 3.522.071 (19. 8. 66/28. 7. 70).
[98] USA-Patent, Nr. 3.690.929 (15. 10. 70/12. 9. 72).
[99] USA-Patent, Nr. 3.506.585 (27. 2. 66/14. 4. 70).
[100] Japan. Patent, Nr. 72-19525 (3. 6. 72).
[101] Japan. Patent, Nr. 71-30801 (28. 12. 65/7. 9. 71).
[102] *Wright, W. W.*: The Royal Television Society Journal **13** (1971), Nr. 10, 221–230.
[103] *Scharrer, E.*: Funkschau (München) **41** (1969) 261–68.
[104] *Scharrer, E.*: Funkschau (München) **39** (1967) 513–516.
[105] *Bril, A., De Laat, C. D.*: J. C. Electrochem. Technology **4** (1966) Nr. 1–2, 21–24.
[106] *Wagner, H. G.*: Fernseh-Kino-Technik (Bln) **27** (1973) 9, 304–306.
[107] *Rychlewski, T. V.*; *Vogel, R. Q.*: Elektrochem. Technology **4** (1966) Nr. 1–2, 9–12.
[108] *Bril, A.*; *Wanmaker, L., Delaat, C. D.*, J. C. Eectrochem. Soc. (1965) Nr. 1, 111–112.
[109] *Adirowitsch, E. J.*: Einige Fragen zur Theorie der Lumineszenz der Kristalle. Akademie-Verlag, Berlin 1953.
[110] *Saulnicr, Th. A.*: Electrochem. Techn. **4** (1966) Nr. 1–2, 27–31.
[111] *De Boer, E., Broos, J.*: J. Electrochem. Technology **4** (1966) Nr. 1–2, 38–41.

4.7. Untersuchungen von elektrischen Störungen beim Kurzzeitbetrieb von Drehanoden-Röntgenröhren an Hochspannung

Von *H. Saalmann*

VEB Röhrenwerk Rudolstadt im VEB Kombinat Mikroelektronik

4.7.1. Problemstellung

Im klinischen Einsatz wird von Röntgenröhren bei mehr als 10000 Einzelbelastungen ein einwandfreies Betriebsverhalten gefordert. Dabei können Störungen in Form von Impulsströmen auftreten. Diese Impulsströme, die ein Vielfaches des eingestellten Röhrenstromes in sehr kurzen Zeiten ($\leqq 10^{-5}$ s) erreichen können, erzeugen Aufschmelzungen auf dem W-Teller oder führen zur Zerstörung der Röntgenröhre, der Hochspannungskabel oder der Isolationsteile des Hochspannungsapparates. Gewöhnlich werden die Impulsströme erstmalig oberhalb 130 kV registriert. Bei einem kleinen Prozentsatz der geprüften Röhren — $\leqq 1\%$ — treten während der Kurzzeitbelastungen schon bei der Endprüfung im Herstellerwerk die genannten Störungen auf.
Es bestand die Aufgabe, durch sorgfältige Untersuchung der bei Hochspannungsbelastung an Drehanoden-Röntgenröhren auftretenden Störimpulsströme deren Ursachen zu ermitteln und für den Fertigungsprozeß entsprechende Schlußfolgerungen zu ziehen, um die Qualität des Erzeugnisses zu verbessern.

4.7.2. Untersuchung der Störimpulsströme bei Hochspannungsbelastung

Röntgenröhren werden nach dem Entgasungsprozeß einem Einlaufbetrieb an Hochspannung unterworfen. Der Einlaufbetrieb beginnt bei 30% der Nennspannung und wird in mehreren Stunden schrittweise bis auf 120% der Nennspannung gesteigert. Mit ihm wird eine Hochspannungsgetterung, also eine Vakuumverbesserung, angestrebt. Die Hochspannungsgetterung stellt eine elektrische Gasaufzehrung dar, die erstmals von Plücker beobachtet und beschrieben wurde.
Unter elektrischer Gasaufzehrung wird die Entfernung von Gasmolekülen aus einem gasgefüllten Volumen über den Umweg einer Ionisierung des Gasgehaltes verstanden [1]. Die Untersuchungen im VEB Röhrenwerk Rudolstadt ergaben im Unterschied zu den Ergebnissen von Plücker, daß keine wesentliche Verbesserung des Vakuums durch den Hochspannungs-Einlaufbetrieb erreicht wird. Die durch den Einlaufbetrieb erzielten Ergebnisse haben nichts mit der Vakuumverbesserung zu tun.
Nach dem Einlaufbetrieb werden Röntgenröhren — in dem hier zu beschreibenden Fall Drehanoden-Röntgenröhren (siehe Bild 1) — an einem Hochleistungs-Hochspannungsgenerator in 6-Puls-Schaltung belastet. Während der Endprüfung werden von 50 kV bis 150 kV Kurzzeitbelastungen bis 100 kW auf die Röhre gegeben. Die in Bild 2 skizzierte Anordnung wird zur Untersuchung der Impulsströme verwendet. In die Hochspannungsleitung wird in Reihe mit der Röntgenröhre ein Widerstand R_m von 100 Ohm eingesetzt mit Abgriffen bei 80 Ohm und 65 Ohm. Parallel zu den einzelnen Abgriffen liegt je ein Glimmgleichrichter, der jeweils bei verschiedenen durch den Widerstand R_m fließenden Strömen zündet.

Glimmgleichrichter 1 zündet bei einem Stromfluß von 0,35 A,
Glimmgleichrichter 1 und 2 zünden bei einem Stromfluß von 0,5 A,
Glimmgleichrichter 1, 2 und 3 zünden bei einem Stromfluß von 0,8 A.

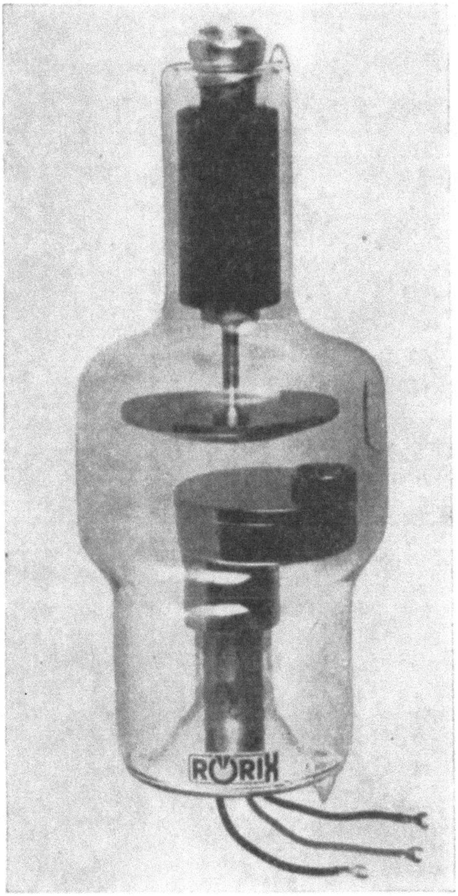

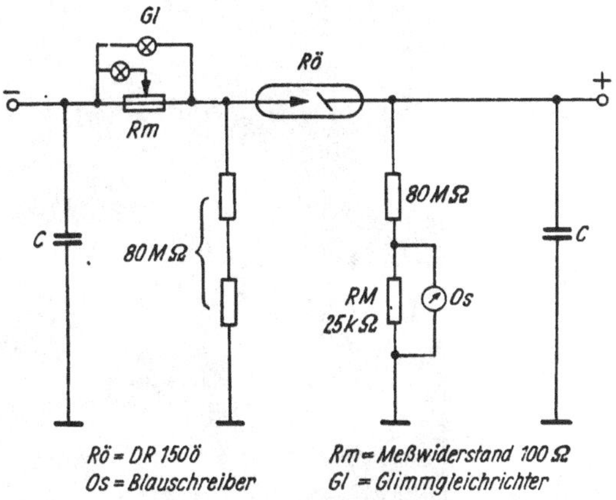

Bild 2. Prinzip-Schaltbild für Messung der Höhe der Impulsströme und ihres zeitlichen Verlaufes

Bild 1. Drehanoden-Röntgenröhre

Die Addition von Röhrenstrom und Impulsstrom ergibt an R_m den zur Zündung benötigten Spannungsabfall. An Hand der gezündeten Glimmgleichrichter läßt sich die Höhe des Zusatzstromes sehr leicht abschätzen. Die ständige Beobachtung der Glimmgleichrichter ist jedoch ermüdend, so daß zur Zeit elektronisch arbeitende Registriereinrichtungen eingesetzt werden.

Um den zeitlichen Verlauf des Stromes während des Impulses aufzuzeichnen, wird der Spannungsabfall an einem Meßwiderstand R_M oszillografiert. Dieser Meßwiderstand gehört zu einem Spannungsteiler, der zwischen der Hochspannung und Erdpotential angeordnet ist. Bei Nennspannung fließt durch ihn ein Strom von 1 mA. Da die Gleich-Hochspannung nur eine Welligkeit von $\leqq 15\%$ besitzt und der aus ohmschen Widerständen aufgebaute Widerstandsteiler abgeschirmt ist, machen sich Resultatsverfälschungen durch eingestreute elektrische und magnetische Felder nicht bemerkbar.

Der sich am Meßwiderstand R_M ergebende zeitliche Verlauf des Spannungsabfalls während eines störenden Impulses wird mit einem Blauschreiber aufgezeichnet. Die Bilder 3 und 4 stellen Ablichtungen der Blauschreiberröhre dar. In Bild 3 sind 2 Diagramme von einer Belastung mit 150 kV — 200 mA — 1 s Schußdauer aufgenommen worden. Während der Belastungen zeigen sich keine Störungen.

In Bild 4 sind im ersten Diagramm — die Aufnahmedaten sind wiederum 150 kV — 200 mA — 1 s — bereits einige störende Impulse zu sehen. Im zweiten Diagramm ist der Katastrophenfall festgehalten. Der störende Impulsstrom löst eine Dauer-

Abb. 3. Darstellung des Röhrenstromes bei einer Aufnahmebelastung
mit 150 kV — 200 mA — 1 s

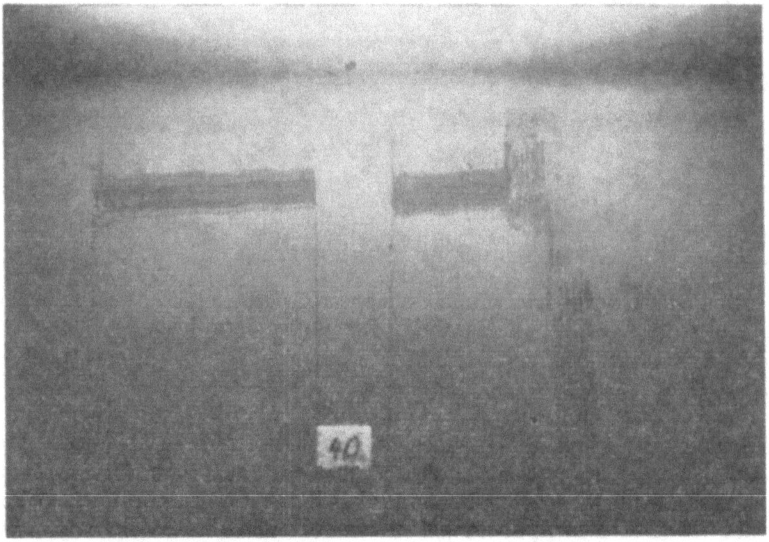

Bild 4. Darstellung des Röhrenstromes bei einer Aufnahmebelastung
mit 150 kV — 200 mA — 1 s; im 1. Oszillogramm sind leichte Störungen zu erkennen; im zweiten ist der Katastrophenfall festgehalten

schwingung aus, die zur Zerstörung der Isolationsteile des Apparates oder der Drehanodenröntgenröhre führt.

Die in den Diagrammen aufgezeichneten Nadelimpulse stellen Stromstöße dar, die auch durch das Röntgenrohr fließen müssen.

Da der Hochspannungserzeuger einen inneren Spannungsabfall von 8,4 kV/100 mA hat, bewirkt jede Stromerhöhung einen Spannungszusammenbruch, der abhängig ist von der Höhe des zusätzlich zum Normalstrom durch die Röhre fließenden Stromes.

Der Wiederanstieg der Spannung nach vollständigem Spannungszusammenbruch entspricht der dämpfungsfreien Einschaltung des Hochspannungserzeugers mit Spannungsspitzen bis zu 230 kV, die eine zusätzliche Gefährdung für die Röhre und die Apparateisolation darstellen.

4.7.3. Ursachen der Störimpulsströme

Die Impulsströme können nicht gezielt erzeugt werden. Sie treten willkürlich und unregelmäßig auf. Jeder Nadelimpuls kann auch eine Dauerschwingung auslösen.
Diese störenden Impulsströme behindern den reibungslosen Betrieb in den medizinischen Kliniken, so daß der Ursachenforschung höchste Aufmerksamkeit geschenkt wird.
Obwohl die Ursachen für die störenden Impulse

in der Röntgenröhre,
in der Einheit Röntgenröhre-Röhrenschutzgehäuse
und auch im Hochspannungserzeuger

liegen können, sollen zunächst nur die Störfaktoren, die durch die Drehanoden-Röntgenröhre bedingt sind, untersucht werden. Dabei zeigt sich, daß alle Ausfallröhren ähnliche Fehler aufweisen:

1. Unregelmäßig begrenzte Oberflächenaufschmelzungen auf dem Wolframteller;
2. punktförmige Gefügeveränderungen auf der Katodenscheibe und
3. sehr feine Ladungsdurchschläge im anodenseitigen Glaskolbenhals.

Zu 1: *Unregelmäßig begrenzte Oberflächenaufschmelzungen*

Jeder starke Impulsstrom erzeugt auf dem Wolframteller eine unregelmäßig begrenzte Oberflächenaufschmelzung unterschiedlicher Ausdehnung. Bild 5 zeigt einen Wolframteller mit solchen Aufschmelzungen.
Die Energie zur Erzeugung dieser Aufschmelzungen muß von negativen Ladungsträgern stammen, die während des Impulses zur Anode fliegen. Eine Abschätzung der Energie, die während des Impulses transportiert wird, beweist diese Annahme. Da sich Betriebsstörungen, die durch schlechtes Vakuum hervorgerufen werden, anders

Bild 5. Ansicht des Wolfram-Tellers mit oberflächlichen Aufschmelzungen

darstellen, kann für die Ladungsträgervermehrung die durch Vakuumverschlechterung sich ergebende Stoßionisation ausgeschlossen werden.
Die Dauer des elektrischen Entladungsvorganges im Röntgenrohr, d. h. also der Spannungszusammenbruch und der Stromverlauf, wird einesteils durch die Vorgänge in der Entladung und andernteils durch den Entladungskreis bestimmt. Je nach den gewählten Bedingungen wird der eine oder andere Faktor das Übergewicht bekommen. Da der Aufbau des Hochspannungskreises — Selbstinduktion L und ohmscher Widerstand R — die Impulsdauer stark beeinflußt [2], werden die Messungen mit dem Originalapparat durchgeführt.
Der Druck im Inneren der Röntgenröhre ist besser als 10^{-8} Torr. Nach *Dyke* und *Trolan* [3] wird ein elektrischer Spannungsdurchschlag bei so kleinen Drücken allein eingeleitet durch das Anwachsen der Feldemissionsstromdichte. Die Feldemissionszentren, feine mikroskopische Spitzen, werden bei solchen Impulsen zerstört, da die Erhöhung der Stromdichte eine Widerstandserhöhung und damit eine Temperaturerhöhung, die bis zur Verdampfung der mikroskopisch feinen Spitze führt, zur Folge hat.
Nach *Tuczek* [4] werden Feldemissionszentren während des Hochspannungsbetriebes nach folgendem Prinzip ständig neu gebildet:
Die Anoden sind mit Sicherheit mit Adsorptionsschichten behaftet. Treffen die Elektronen auf die Anode auf, so werden die Moleküle dieser Adsorptionsschichten ionisiert, vom elektrischen Feld abgerissen und gelangen mit einer der angelegten Spannung entsprechenden Energie auf die Katode. Beim Aufprall auf die Katode können sie aus dem Gitter Atome auslösen, die zum Teil an der Oberfläche absorbiert werden. Dadurch bilden sich Anlagerungen auf der Metalloberfläche, die die Feldstärke erhöhen und damit die Zahl der auftreffenden Ionen so lange vermehren, bis sich eine emissionsfähige Mikrospitze gebildet hat. Aus dieser wächst die Feldemissionsstromdichte so stark an, bis sie, alle Stadien der Temperaturfeldemission durchlaufend, explosionsartig verdampft.
Die Bildung dieser Spitzen ist abhängig von der angelegten Spannungsdifferenz, der Fläche der Katode, von der Bedeckung der Anode mit absorbierten Fremdschichten und von der Dauer der Spannungsbeanspruchung.
Solange der Abstand zweier Elektroden so klein ist, daß die Überschlagsspannung im Hochvakuum unterhalb von etwa 20 kV liegt, kann die Ursache für den Spannungsdurchbruch auf die an der Katode durch Feldemission ausgelösten Elektronen zurückgeführt werden. Wird aber der Elektrodenabstand vergrößert, so zeigt sich, daß zwar auch die Überschlagsspannung wächst, daß aber die Feldstärke an der Katode, bei der der Überschlag erfolgt, stetig abnimmt und schließlich Werte annimmt, bei denen eine den Überschlag bewirkende Feldemission an der Katode nicht mehr in Frage kommt.
J. Trump und *Van de Graaff* [5] glauben, daß bei hohen Spannungen bereits ein einzelnes Elektron, welches aus der Katode austritt, genügt, so günstige Vermehrungsbedingungen zu finden, daß es zum lawinenartigen Anwachsen des Stromes und damit zum Durchbruch kommt. Bei niedrigen Spannungen müssen die Bedingungen für die Instabilität erst durch eine bestimmte Dichte der Feldemission geschaffen werden, bei hohen Spannungen sind sie von vornherein vorhanden, da bereits ein einzelnes Elektron zur Einleitung des Durchschlages ausreicht. Zwischen diesen Grenzfällen liegt das Übergangsgebiet, in dem mit anwachsender Spannung die zum Durchschlag benötigte Feldemission immer kleiner wird.
Um Aussagen über die Feldemission abgeben zu können, werden mehrere Röhren mit ungeheizter Katode an einer *kk*-Gleichspannungsanlage — Greinacher Schaltung — betrieben. Bild 6 zeigt das bei der Messung angewendete Prinzipschaltbild.
Die Messungen beginnen bei allen Röhren bei 70 kV und enden bei den extrem guten Röhren bei 200 kV. Der Kaltemissionsstrom wird ab ca. 80 kV meßbar und steigt mit anwachsender Spannung an.

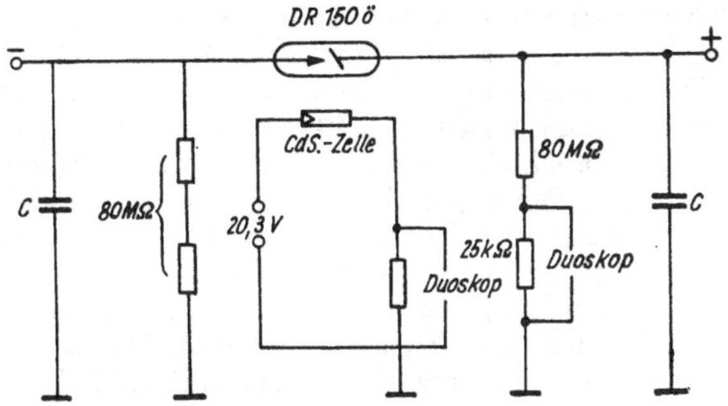

Bild 6. Prinzip Schaltbild — Messung der Röntgenstrahlung während des Ablaufes von Störimpulsen

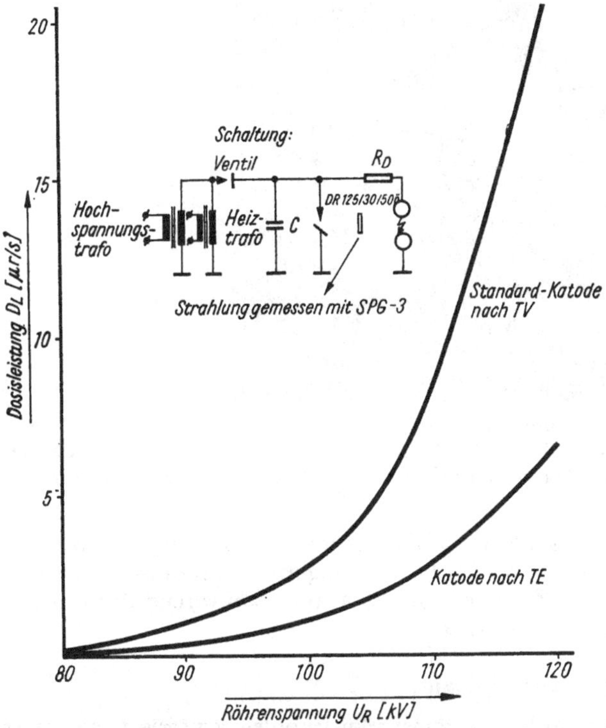

Bild 7. Erhöhung des Kaltemissionsstromes in Abhängigkeit von der Erhöhung der Betriebsspannung

Bei konstanter Spannung bleibt auch der Kaltemissionsstrom konstant, störende Impulsströme können zunächst nicht nachgewiesen werden.
In Bild 7 sind Meßwerte in Kurvendarstellung festgehalten.
Da die Röntgenstrahlung proportional dem Röhrenstrom ist, werden die Kaltemissionen durch Messung der Röntgenstrahlung ermittelt. Dadurch kann selbst bei hohen Spannungen ein relativ einfacher Versuchsaufbau angewandt werden.
Werden die Röhren sehr lange Zeit ungeheizt an Hochspannung betrieben, können plötzlich sehr hohe Stromimpulse auftreten, die den 10^5 bis 10^6fachen Wert des Kaltemissionsstromes haben. Der Innenwiderstand der Röhre R_i verringert sich dabei so stark, daß er für den Transformator bzw. für den Hochspannungserzeuger fast einen

Kurzschluß darstellt. Entsprechend wächst der Strom sehr stark an. Der Stromstoß hat einen sofortigen hohen Spannungsabfall in der Transformatorwicklung und den Zuleitungen zur Folge. Die Verringerung des Innenwiderstandes R_i ist eine Folge der vermehrten Bildung von Ladungsträgern. In 10^{-6} s wird die 10^5 bis 10^6fache Zahl gebildet. Die Stromstärke der Nadelimpulse wird mit der in der Abbildung skizzierten Schaltung gemessen und zu $\geqq 2$ A ermittelt. Die stromstarken Nadelimpulse hinterlassen in jedem Fall auf dem Anodenteller die bereits beschriebenen unregelmäßig begrenzten Oberflächenüberschmelzungen unterschiedlicher Ausdehnung. Vor diesen Untersuchungen bestand die Annahme, daß die Nadelimpulse nur bei stromstarken Aufnahmebelastungen (also bei geheizter Katode) auftreten. Das Ergebnis beweist, daß die Strombelastung nicht Voraussetzung ist. Ebenso wird die Behauptung widerlegt, daß die Temperatur des Wolframtellers Hauptfaktor für das Zünden der Entladung ist. Der hohe Stromfluß erzeugt im Rohr einen Röntgenblitz, der mit einer für Röntgenstrahlen empfindlichen Meßanordnung nachgewiesen wird (Bild 8).

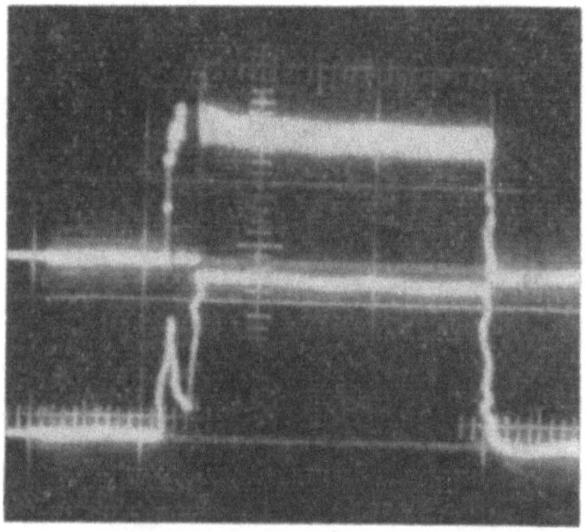

Bild 8. Die untere Kurve stellt den zeitlichen Verlauf des Spannungsabfalls am Meßwiderstand R_M dar beim Auftreten eines Störimpulses; die obere Kurve gibt den dazu gehörenden zeitlichen Verlauf der Röntgenstrahlung wieder

Tritt während der Messung der Kaltemission ein stromstarker Nadelimpuls auf, so kann danach nur noch ein wesentlich verringerter Kaltemissionsstrom nachgewiesen werden. Das scheint ein Zeichen dafür zu sein, daß während der Entladung das Kaltemissionszentrum weggebrannt wird.

Zu 2: *Punktförmige Gefügeänderungen*

Können in Drehanodenröhren stromstarke Impulse registriert werden, sind auch auf der Katodenscheibe punktförmige Gefügeveränderungen nachzuweisen, die sich am Fokussierungssystem und in dessen nächster Umgebung häufen (Bild 9). Dort sind die Kaltemissionszentren, von denen ausgehend Elektronen zur Anode fliegen und Röntgenstrahlen erzeugen.

Läßt man die Röntgenstrahlen durch eine Lochblende fallen, kann auf einem Film die Anode abgebildet werden. Der Film zeigt punktförmige Strahlungszentren auf der Anode, die den Feldemissionszentren auf der Katode zugeordnet werden können. Die Anzahl der Emissionszentren auf der Katode ist umso größer, je schlechter die Oberflächenqualität der Katode ist. In den Bildern 10a und 10b sind Aufnahmen von Katoden mit schlechter Oberflächenqualität solchen mit guten Oberflächen gegenübergestellt.

Das bei der Elektronenemission verdampfende Feldemissionszentrum sendet einen Lichtblitz aus, der auf Fotoplatten registriert werden kann. Wenn dafür gesorgt

Bild 9. Fokussierungssystem einer Drehanodenröhre mit punktförmigen Gefügeveränderungen

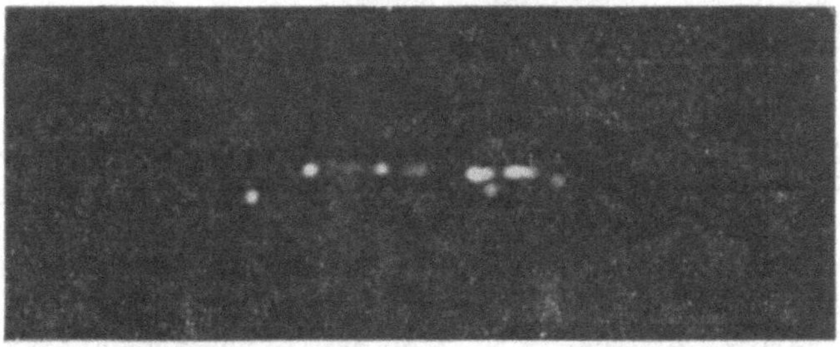

a)

Bild 10a Strahlungszentren auf dem Anodenteller einer Drehanodenröhre bei Verwendung einer schlechten Katodenkonstruktion

b)

Bild 10b. Strahlungszentren auf dem Anodenteller einer Drehanoden-Röntgenröhre bei Verwendung einer guten Katodenkonstruktion

wird, daß die Röntgenstrahlung von einer Bleiglasscheibe absorbiert wird, kann die Katode der Drehanode während des Auftretens solcher Nadelimpulse fotografiert werden. Die Lichtblitze konzentrieren sich an den Kanten und Spitzen (Bild 11). Die Auswertung der Röntgenaufnahmen und der lichtoptischen Aufnahmen führt zwangsläufig zur Verbesserung der Katode.

Während der praktischen Untersuchungen sind mehr als 50000 Schaltungen beobachtet und mehr als 500 Blauschreiber-Diagramme von störenden Stromimpulsen aufgenommen worden; dabei konnten von Mikroentladungen bis zum elektrischen

Bild 11. Darstellung verdampfender Emissionszentren in einer Drehanodenröhre während des Auftretens von Störimpulsen

Durchschlag alle Zwischenwerte registriert werden. Das bedeutet, daß nicht in allen Entladungen die Vermehrungsbedingungen für Ladungsträger gleich gut sind.
Bei Verschlechterung der Röhrenqualität — Druck $= 10^{-4}$ Torr — wird der Energietransport während der Entladungen immer gleichmäßiger; die Höhe des Röhrenstromes während der Entladung wird durch die Ionisation des Restgases bestimmt. Der Röhrenstrom wächst schließlich so stark an, daß es zur Ausbildung eines Lichtbogens kommt, was sich aus den Oszillationen schließen läßt, die sich an den vollständigen Spannungszusammenbruch anschließen (Bild 4). Gleichzeitig setzen die Entladungen bei immer tieferen Betriebsspannungen ein, die Spannungssicherheit nimmt immer mehr ab.
Zusammenfassend kann gesagt werden: Im guten Vakuum ($\leqq 10^{-8}$ Torr) wird der Spannungsdurchbruch eingeleitet durch Elektronen, die aus der Katode durch Feldemission ausgelöst werden. Die Feldemission hängt ebenso wie die thermische Elektronenemission entscheidend vom Zustand der Oberfläche ab. Die Feldemission steigt exponentiell mit der Feldstärke an der Katode an und führt zu lokalen Temperaturerhöhungen und Sekundäreffekten, die schließlich zum Überschlag Veranlassung geben. Die Entladung wird immer erst dann zünden, wenn die Zahl n_- der Elektronen, die ein Ion von der Katode und die Zahl n_+ der Ionen, die ein Elektron an der Anode auslöst, im Produkt einen Wert $\geqq 1$ ergibt [6]:

$$M = n_- \cdot n_+ > 1 \, .$$

Der Stromanstieg in der Entladung verläuft sehr schnell (ca. 10^{-8} s), die Spannung an den Elektroden bricht zusammen; die Elektroden zeigen Spuren der Verdampfung von Elektrodenmaterial. Für die Trägerbildung zwischen den Elektroden — nach der eingeleiteten Entladung — wie auch für den weiteren Ablauf der Entladung zeichnet der ausgetriebene Dampf aus dem Elektrodenmaterial verantwortlich.
Zur Erhöhung der Durchbruchsfeldstärke an der Katode soll der Abstand zwischen Anode und Katode möglichst groß sein, Kanten und Spitzen sind zu vermeiden, große Krümmungsradien sind anzustreben.

Die Vorgänge, die sich auf den Anoden abspielen, wenn Entladungen durch das Rohr laufen, sind immer lokalisiert und eng begrenzt. Die unregelmäßige Lage und Größe der Oberflächenaufschmelzungen ist bedingt durch ungleichmäßige Bedeckung mit absorbierten Fremdschichten und Unregelmäßigkeiten in der Oberflächenstruktur. Je sauberer die Telleroberflächen sind, umso geringer wird bei Hochvakuumentladungen der Energietransport.
Die Stromstärke der störenden Impulse ist unabhängig von der Aufnahmebelastung, damit also unabhängig von der Temperatur der Ionenelektroden.
Fremdstoffschichten auf den Elektroden — insbesondere auf der Anode — begünstigen die Ausbildung ionisierender Entladungen.
Im Diagramm kann die Hochvakuumentladung von der Gasentladung kaum getrennt werden. Eine Unterscheidung ist jedoch dadurch gegeben, daß die Hochvakuumentladung immer nur oberhalb einer Spannungsgrenze auftreten wird, während die Gasentladung sich im Einsatzpunkt stetig nach tieferen Spannungswerten verschiebt. Außerdem ist der Energietransport immer gleich und sehr groß.

4.7.4. Schlußfolgerungen

Die Auswertung aller Untersuchungsergebnisse führte zu der Neukonstruktion der Katode, zur Veränderung der Behandlungstechnologie, zu neuen Entgasungs- und Einlaufvorschriften. Ein deutlicher Qualitätsanstieg war nachweisbar; die Fertigung der Röhren konnte so stabilisiert werden, daß die vorgegebenen technologischen Werte wieder voll eingehalten werden konnten.
In den Untersuchungen konnte nachgewiesen werden, daß das Auftreten von Impulsströmen eine Eigentümlichkeit von Hochspannungs-Hochvakuumröhren ist. Die Anzahl der Impulse kann minimiert, aber nie ganz beseitigt werden.

Literaturverzeichnis

[1] *Adam*: Vakuum-Technik **7** (1958) 29.
[2] *Fünfer*: Z. f. angew. Phys. **5** (1954) 426; **2** (1950) 25.
[3] *Dyke, Trolen*: Phys. Rev. **91** (1953) 1054.
[4] *Tuczek*: Z. f. angew. Phys. **9** (1957) 388.
[5] *Trump, J., van de Graaff*
[6] *Boersch, Hanisch, Wiesner*: Z. f. angew. Phys. **23** (1954) 450.
[7] *Fenner*: Elektronik **5** (1956) 10.
[8] *Fenner*: Röntgenblätter **7** (1955) 12.
[9] *Thorp, J. S.*: J. Sci. Instr. (1949) 201.
[10] *Norton, Marshall*: Amer. Inst. Mining Met. Engrs. **351** (1956) 1954.
[11] *Klopfer*: Z. f. angew. Phys. **13** (1961) 480.
[12] *Stolzer*: Z. f. angew. Phys. **10** (1958) 207; **11** (1959) 233.
[13] *Dosse, Mierdel, G.*: Der elektr. Strom im Hochvakuum und Gasen. Leipzig 1945.
[14] *Kirchner*: Z. f. angew. Phys. **5** (1953) 281.
[15] *Kerner*: Z. f. angew. Phys. **6** (1954) 212.
[16] *Ardenne, M. v.*: Tabellen zur angew. Physik. Band 1: Elektronenphysik — Übermikroskopie —Ionenphysik. VEB Deutscher Verlag der Wissenschaften, Berlin 1974.

4.8. Forschungs- und Entwicklungsarbeiten auf dem Gebiet der Senderöhren

Von *P. Hix*

Entwicklungsabteilung der Firma TESLA Vršovice-Prag, ČSSR

4.8.1. Einführung

Das Funktionsprinzip der klassischen Senderöhren, d. h. Gitterelektronenröhren (Trioden und Tetroden) mit großer Anodenverlustleistung ist seit der Erfindung von *Lee de Forest* zu Beginn dieses Jahrhunderts dasselbe geblieben. Dabei ging natürlich die technische Entwicklung ständig weiter, bedingt durch neue Konstruktionen, Anwendung neuer Werkstoffe und neuer technologischer Vorgänge.

Dieser Fortschritt sei durch den Vergleich von Parametern zweier Röhren — einer alten wassergekühlten Sendetriode RD150YA und einer neuen Koaxialtriode RD250VM mit Siedekühlung — veranschaulicht. Die Parameter sind in Tab. 1 zusammengestellt.

Tabelle 1.

Parameter	Symbol	RD 150 YA	RD 250 VM	Einheit
Heizleistung	N_f	15	10,7	kW
Anodenverlustleistung	W_a	150	250	kW
Gitterverlustleistung	W_g	8	6	kW
Steilheit		40	180	mA/V
nutzbare Katodenemission	I_k	80	380	A
max. Katodenemission	I_{cm}	120	1000	A_2
spez. Katodenstrom		0,7	2,56	A/cm^2
Wirkungsgrad der Katode		8	93	mA/W
aktive Anodenoberfläche		1750	1350	cm^2
Anodenbelastung		100	200	W/cm^2
Kühlsystem		Wasser	Dampf	
Menge des Kühlwassers		0,4	0,024	l/min

Die angeführten Parameter der neuen Röhre RD250VM werden insbesondere durch eine höhere Belastung der einzelnen Elektroden erzielt. Dabei muß die neue Röhre ebenso wie die alte Röhre langlebig und betriebssicher sein.

Die Anforderungen, die an die Röhrenparameter seitens der Anwender gestellt werden, lassen sich wie folgt zusammenfassen: großer Wirkungsgrad der Umwandlung der Gleichspannungsenergie in die Hochfrequenzenergie, minimale Ansteuerenergie, wirkungsvolle Kühlung und maximale Betriebssicherheit. Unter Betriebssicherheit versteht man spratz- und überschlagfreien Betrieb und hohe Lebensdauer.

Im folgenden soll auf die einzelnen Anforderungen eingegangen und die Möglichkeiten und erreichbaren Grenzen diskutiert werden.

4.8.2. Wirkungsgrad der Umwandlung der Gleichspannungsenergie in Hochfrequenzenergie

Bei der Ansteuerung von Gitterelektronenröhren erfolgt die Ansteuerung im Kennlinienfeld entlang einer Belastungslinie bis zu ihrem Schnittpunkt mit der Grenzlinie,

Bild 1. Photo einer großen Senderöhre RD250VM mit einer Anodenverlustleistung von 250 kW

d. h. mit der gemeinsamen Tangente der Kennlinien (Bild 2). Die Anodenverlustleistung wird am kleinsten, wenn dieser Schnittpunkt bei einer möglichst kleinen Anodenspannung liegt, d. h. die Grenzlinie muß einen möglichst steilen Verlauf haben. Diese Bedingung läßt sich dann erfüllen, wenn eine möglichst große Katodenemission zur Verfügung steht und der Abstand Anode-Gitter möglichst klein ist. Wenn die Steuerspannung in annehmbaren Grenzen bleiben soll, so muß die Steilheit der Röhre groß sein, was einen minimalen Abstand Gitter-Katode bedeutet.

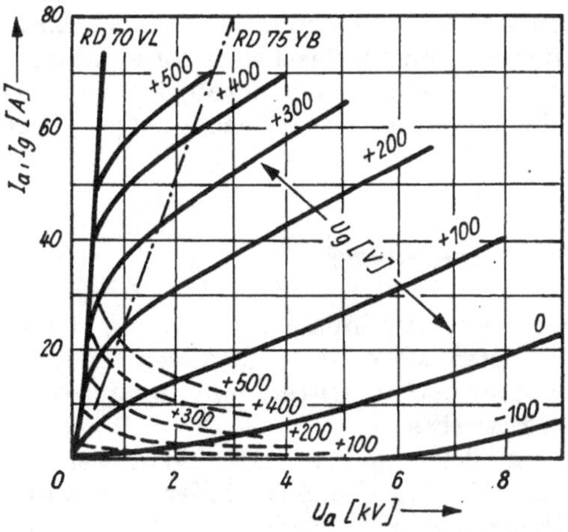

Bild 2. Anoden- und Gittercharakteristik einer koaxialen siedegekühlten Triode TESLA RD70VL. Zum Vergleich ist die Grenzlinie der älteren Type TESLA RD75YB mit eingezeichnet

Diese Forderung nach minimalem Abstand Gitter-Katode tritt noch verstärkt bei Röhren auf, die in Verstärkern der A Klasse arbeiten, d. h. die nur im negativen Gitterbereich gesteuert werden. Diese müssen, um eine geforderte Leistung abgeben zu können, eine hohe Nullcharakteristik aufweisen (Charakteristik bei Gitterpotential gleich Null) und demzufolge auch eine hohe Steilheit haben.
Die Grenzen im ersten Fall, d. h. Abstand Gitter-Anode, sind durch die Spannungsfestigkeit und zulässige Größe der Ausgangskapazität gegeben, im zweiten Fall, d. h. Abstand Katode-Gitter, durch konstruktive und technologische Möglichkeiten.

4.8.3. Kleinstmögliche Ansteuerenergie

Die Herabsetzung der Gitterverlustleistung ist im wesentlichen durch die Verminderung des Gitterstromes bei der positiven Ansteuerung des Gitters gegeben, insbesondere bei der Halbwelle, in der die Anodenspannung den kleinsten positiven Wert hat.
Diese Verminderung des Gitterstromes ist vor allem durch die Verbesserung der Röhrengeometrie gegeben. Die Gitterdrähte und eventuelle Gitterstäbe müssen eine derartige Form haben und an solchen Stellen angeordnet sein, daß sie die wenigsten Elektronen auffangen. Das führt zu sehr feinen Gitterstrukturen, d. h. zur Anwendung von dünnsten Drähten und Streben, soweit es die Wärmeleitfähigkeit, die Abstrahlung und die mechanische Formbeständigkeit erlauben. Das Material der Gitteroberfläche, die Herstellungstechnologie und Herstellungsprozesse bestimmen die Oberflächeneigenschaften des Gitters und somit die Sekundäremission und die thermische Emission des Gitters.
Es ist im allgemeinen nicht möglich, einen optimalen Wert der Sekundäremission festzulegen. Die Sekundäremission vermindert zwar in den positiven Halbwellen den Gitterstrom, aber nicht die Gitterverlustleistung. Die Steuerleistung wird zwar herabgesetzt, aber bei höheren positiven Spannungen des Gitters ist dieser Effekt nicht linear, nicht stabil und auch nicht zuverlässig, also im großen und ganzen nicht erwünscht.
Die Größe der thermischen Gitteremission, die überhaupt nicht erwünscht ist, bestimmen die Temperatur und die Elektronenaustrittsarbeit der Gitteroberfläche.
Es werden sehr verschiedene Gitterbedeckungen zur Herabsetzung der Gitteremission und auch der Sekundäremission verwendet. Im TESLA-Betrieb in Prag — Vršovice haben kataphoretische Schichten aus aufgesintertem Titan- und Zirkonsilizid und elektrolytische Schichten aus Rhenium und Platinschwarz Verwendung gefunden.
Die Antiemissionsschichten sind ständig ein Forschungsobjekt auch hinsichtlich der Eigenschaften bei der Verunreinigung ihrer Oberfläche infolge der Aufdampfung während des Pumprozesses und des Betriebes.

4.8.4. Betriebssicherheit und Lebensdauer

Die Betriebssicherheit hängt bei Leistungsröhren vor allem von der konstruktiven Ausführung, Qualität des verwendeten Materials und dessen technologischer Verarbeitung, von der Qualität der Katode und der Gitter, vom Pumpprozeß und von dem Wert des Vakuums während des Betriebes ab.
Die Tendenz der Verminderung der Elektrodenabstände, die notwendig ist, um hohe Betriebsparameter zu erhalten, und die notgedrungen zu Herstellungsschwierigkeiten führt, muß durch verbesserte Herstellungstechnologie ausgeglichen werden.
Nur Werkstoffe höchster Qualität, wie sauerstofffreies Kupfer, Einschmelzmetalle mit engen Toleranzen der Wärmeausdehnung und vakuumgeschmolzene Metalle können in Elektronenröhren Verwendung finden.

Keramische Isolierteile ersetzen solche aus Glas in neuen Röhrentypen. Ihre besonderen Vorteile sind: kleinere mechanische Maßtoleranzen und infolgedessen eine größere Genauigkeit der gegenseitigen Lage der Elektroden, höhere Entgasungstemperatur beim Pumpen und bessere mechanische Festigkeit und Wärmewiderstandsfähigkeit beim Betrieb. Die keramischen Röhren haben kleinere Abmessungen als die in Glasausführung. Die Elektrodenabstände können kleiner sein und die höhere Entgasungstemperatur verbessert die Lebensdauer und die Betriebssicherheit.
Ein sehr gutes Vakuum während des Pumpprozesses und des Betriebes ist eine grundsätzliche Bedingung der Betriebssicherheit und der langen Lebensdauer. Während des Pumpprozesses müssen absorbierte Gasreste aus den Oberflächenschichten und auch chemisorbiertes Gas frei und abgepumpt werden. Dabei dürfen die Getter nicht mit Gas gesättigt werden, und sie müssen am Ende des Pumpprozesses aktiv bleiben. Übliche Pumpstände mit Rotations- und Diffusionspumpen entsprechen dieser Bedingung nur im beschränkten Maße. Versuche haben gezeigt, daß bei den üblichen Pumpständen der Gasstrom aus der Röhre in die Pumpe seine Richtung umkehrt, nachdem bei der ausgeheizten Röhre zum ersten Mal die Katode hochgeheizt wird und die Getter eine Temperatur zwischen 400 °C und 800 °C erreicht haben, d. h., daß die Röhre beziehungsweise die Getter Gas aus der Pumpe pumpen (Bild 3).

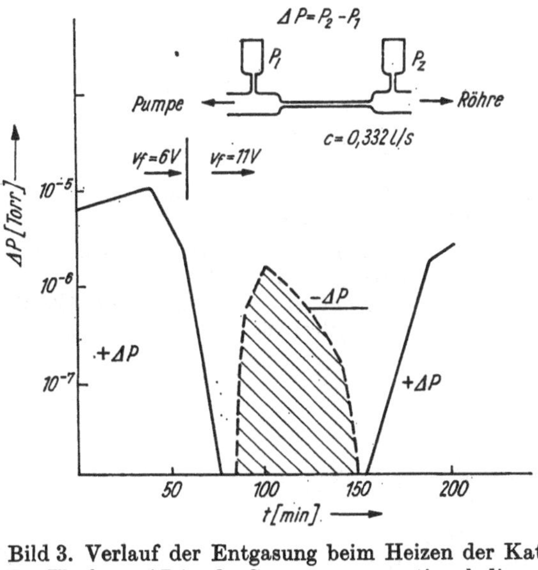

Bild 3. Verlauf der Entgasung beim Heizen der Katode bei der Röhre RD250VM
Die Fläche $-\Delta P$ ist der Gasmenge proportional, die von der Röhre „zurückgepumpt“ wird

Die Getteraktivität konnte in vollem Maße nach der Einführung von Titanionenzerstäuber-Pumpen erhalten bleiben, weil diese Pumpen ein größenordnungsmäßig höheres Vakuum während des Pumpprozesses ermöglichen (wobei natürlich der Verlauf des Pumpprozesses den Eigenschaften dieser Pumpen angeglichen werden muß) und am Ende des Pumpprozesses ein Endvakuum in der Größenordnung von 10^{-10} Torr erreichen.
Einen Vergleich der Zusammensetzung der Restgasatmosphäre in Röhren, die mit Öldiffusionspumpe mit Ausfrierfalle und mit Titanionenzerstäuberpumpe gepumpt wurden, zeigt Bild 4. Die Massenspektren wurden mit einem Omegatron an abgeschmolzenen Röhren bei 200 °C Anodentemperatur aufgenommen.
Die Zusammensetzung der Restgasatmosphäre und auch der Totaldruck in der Röhre sind nicht kritisch, soweit der Gitterionenstrom in zulässigen Grenzen bleibt (etwa

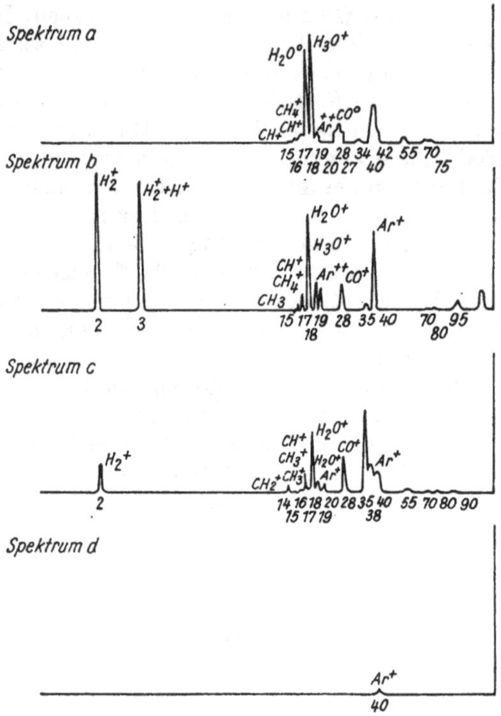

Bild 4. Vergleich der Massenspektren der Restgasatmosphäre in abgeschmolzenen Röhren (gemessen bei 200 °C Anodentemperatur)

a) Röhre gepumpt mit Öldiffusionspumpe, Ausfrierfalle, geheizt 520 °C
b) Röhre gepumpt mit Titanpumpe, geheizt 520 °C
c) Röhre gepumpt mit Öldiffusionpumpe, Ausfrierfalle, geheizt 650 °C
d) Röhre gepumpt mit Titanpumpe, geheizt 650 °C

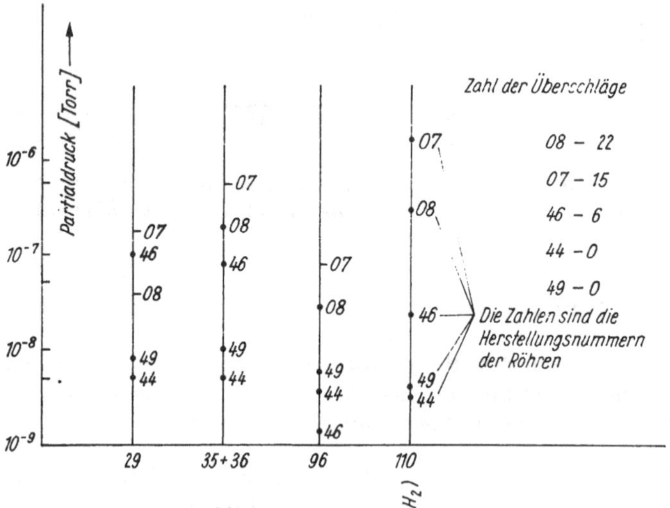

Bild 5. Zusammenhang zwischen dem Partialdruck der Massen 29, 35 + 36, 96 und 110 und der Zahl der Überschläge im Versuchsbetrieb bei der Röhre RD250VM

10^{-4} Anodenstrom), da jede Röhre an sich eine Ionenzerstäuberpumpe ist und auch größere Gasmengen bewältigen kann (clean-up-Effekte). Diese Pumpkapazität ist, wie schon erwähnt, von dem Verlauf des Pumpprozesses und von der sorgfältigen Entgasung der inneren Oberflächen abhängig.
Jedem Röhrenhersteller sind jedoch Metalltransportprozesse bekannt, die verschiedene unerwünschte Metallbeläge an Isolatoren und auch Elektroden verursachen. Diese Transportprozesse sind von der Restgaszusammensetzung abhängig. Einen indirekten Hinweis gibt Bild 5. In diesem Bild wird der Partialdruck von Chlor und Schwefelverbindungen in sechs Röhren angegeben. Röhren mit höherem Partialdruck dieser Verbindung (etwa 10^{-6}—10^{-7} Torr) wiesen im Versuchsbetrieb eine weit höhere Anzahl von Spratzern und Überschlägen auf als die mit niedrigerem Partialdruck (etwa $< 10^{-8}$ Torr). Diese Überschläge haben vermutlich ihren Grund in Metallbelägen, die durch Transportprozesse entstanden sind, bei denen Chlor und Schwefelverbindungen mitgewirkt haben.

4.8.5. Erhöhung der Spannungs- und Spratzfestigkeit

Wie schon erwähnt wurde, führt die Forderung nach größerem Wirkungsgrad zu einer Verminderung der Elektrodenabstände. Demgegenüber steht die Forderung nach höheren Anodenspannungen in Hinblick auf die große Ansteuerung des Gitters und der Anode sowie nach einem höheren Wirkungsgrad.
Die Röhre muß besonders in der Sperrphase, wo die Spannungsbelastung am höchsten ist, spratzfest bleiben. Überschläge sind eine sehr komplizierte Angelegenheit. Sie sind in mancher Hinsicht noch heute theoretisch nicht geklärt.
Über das Problem der Überschläge im Vakuum gibt es eine sehr reichhaltige Literatur. Die von uns in dieser Hinsicht durchgeführte Recherche enthält mehr als 1100 Literaturhinweise, trotzdem jedoch sind wir bei den komplizierten Oberflächen der Röhrenelektroden auf experimentelle Erfahrungen angewiesen. Die Gitter sind keine ebenen Oberflächen und diese sind noch dazu mit diversen aufgedampften Schichten bedeckt. Die angelegte Spannung ist keine Gleichspannung, sondern sie ist mit Hochfrequenzspannung überlagert. Die Erfahrungen auf diesem Gebiete können wie folgt zusammengefaßt werden:

1. Wenn eine neue Senderöhre mit ungeheizter Katode an eine Spannungsquelle, deren Spannung sich ständig erhöht, über einen Schutzwiderstand geschaltet wird, kommt es zu Überschlägen bei relativ niedriger Spannung. Die Überschlagspannung erhöht sich allmählich bis zu einem Maximum, das man nicht mehr überschreiten kann, bei dem der Überschlag innerhalb der Röhre oder über den Anodenisolator außerhalb der Röhre geht. Die maximale Spannungsfestigkeit bei gegebenen Abständen ist erreicht.
2. Wenn der Schutzwiderstand zu hoch ist, erhöht sich die Überschlagspannung sehr langsam oder überhaupt nicht.
3. Wenn der Schutzwiderstand zu klein ist (der innere Widerstand der Spannungsquelle mit eingerechnet — „harte" Spannungsquelle), können die Überschläge eine Beschädigung der Elektroden, insbesondere der Gitterdrähte verursachen oder eine übermäßige Menge Gas aus den Elektroden heraustreiben.

Diese Erfahrungen zeigen, daß die Spannungsquelle, die für das „Härten" der Röhren benutzt wird, beim Überschlag eine ziemlich genau definierte Energiemenge abgeben muß.
Um diese durch Erfahrung gewonnenen Erkenntnisse durch Messungen zu bestätigen, haben wir in Zusammenarbeit mit der Prager Karlsuniversität einige Messungen durchgeführt, deren Resultate in den Bildern 6 und 7 wiedergegeben sind.

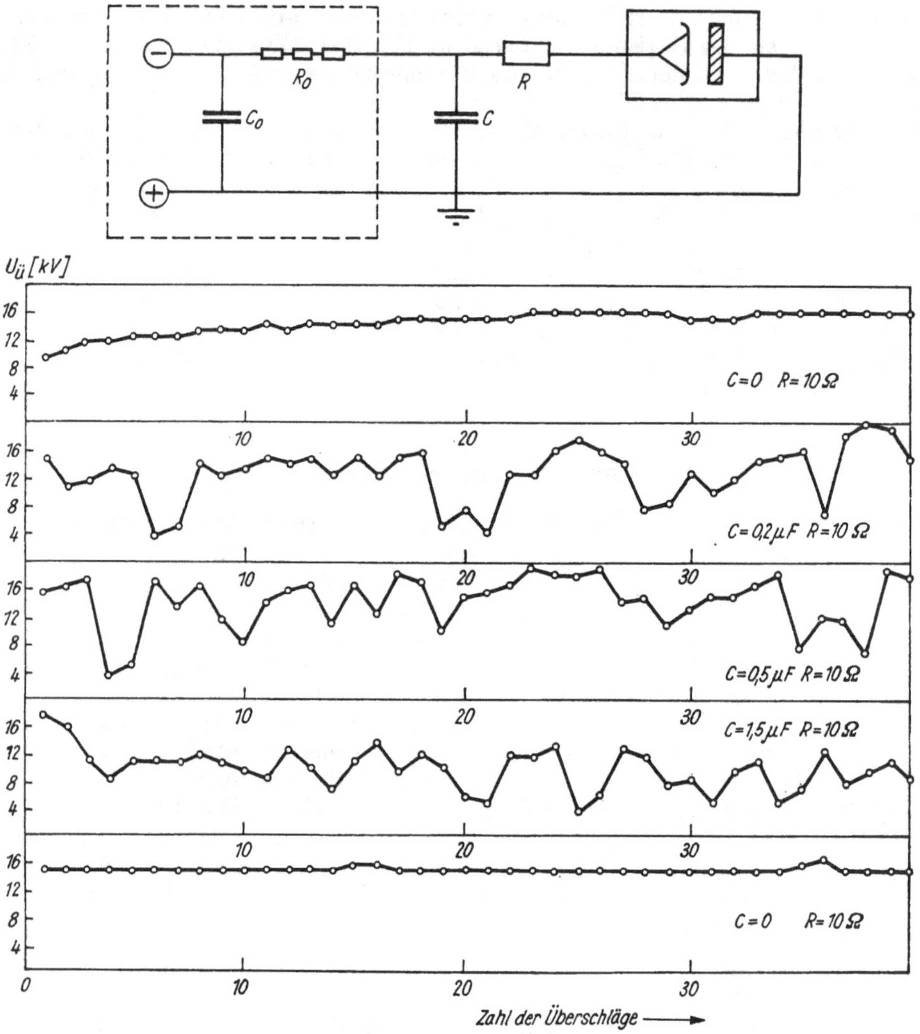

Bild 6. Abhängigkeit der Streuung der Überschlagspannung von der Kapazität der Spannungsquelle

Die Bilder 6 und 7 geben die Schwankungen der Überschlagspannung bei einer Anordnung von Draht mit einem Durchmesser von 0,1 mm und ebener Cu-Elektrode bei einem Abstand von 1 mm in Abhängigkeit von der „Härte" der Stromquelle an.
Die „Härte" der Stromquelle wird durch die Größe der Kapazität C und des Widerstandes R geregelt.
Man sieht, daß die Höhe der Überschlagspannung ein statistischer Wert ist. Die Größe der Schwankungen um den Mittelwert ist von der „Härte" der Stromquelle abhängig. Diese „Härte" der Stromquelle kann auch als die Energie ($I^2 \cdot t$ in $A^2 \cdot s$), die sich beim Überschlag über die Entladungsstrecke entlädt, dargestellt werden.
Auch das „Härten" einer Entladungsstrecke ist von der sich entladenden Energie abhängig. Dies gibt das schematische Bild 8 an. In diesem sind die statistisch gefundenen Mittelwerte der Überschlagspannung bei einer bestimmten Energie (angegeben in I^2t) aufgetragen in Abhängigkeit von der Größe dieser Energie. Man erhält eine glockenförmige Kurve, deren Maximum die optimale Härtungsenergie der gegebe-

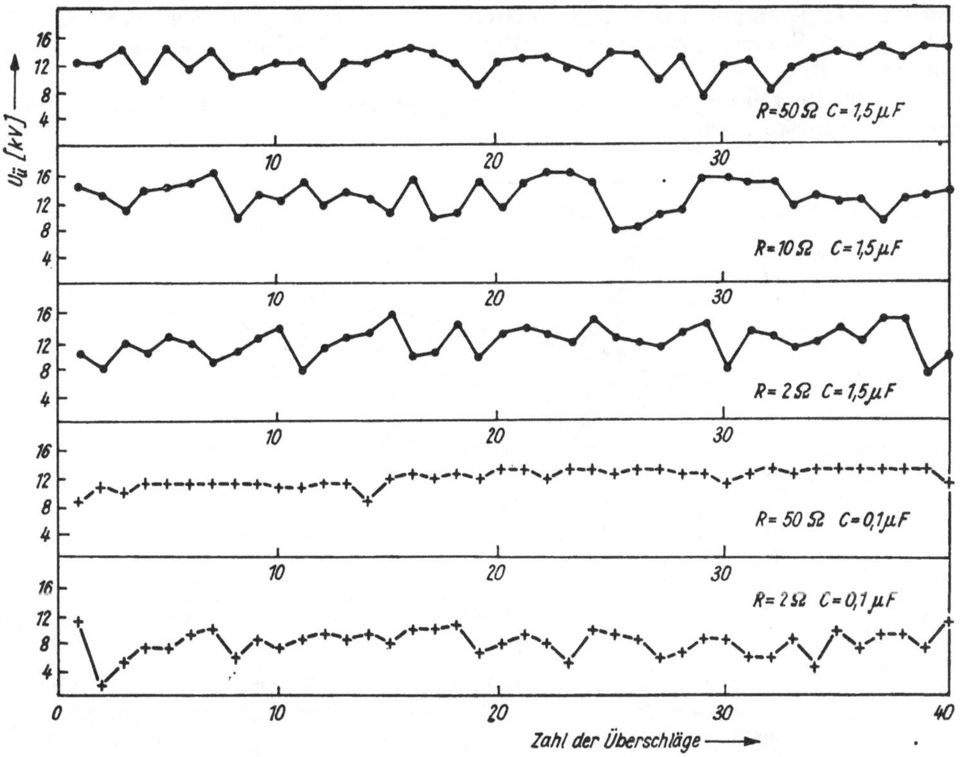

Bild 7. Abhängigkeit der Streuung der Überschlagspannung von der Größe des Widerstandes R und der Kapazität C

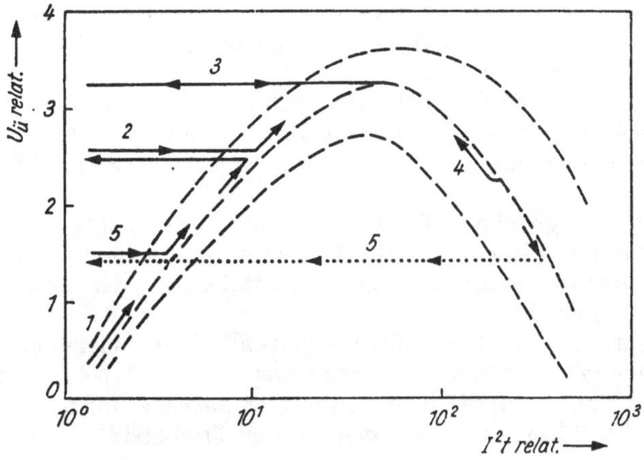

Bild 8. Schematische Darstellung der Abhängigkeit der Überschlagspannung $U_ü$ von der Überschlagsenergie (gegeben durch I^2t)

nen Anordnung angibt.[1]) Die gestrichelten Kurven geben die sich vergrößernde Streuung der Spannungswerte an, die Pfeile geben das Verhalten bei Unterbrechungen der Härtung an.
Bild 9 gibt die gemessenen Werte für bestimmte Anordnungen und Werkstoffe der Entladungstrecke wieder.

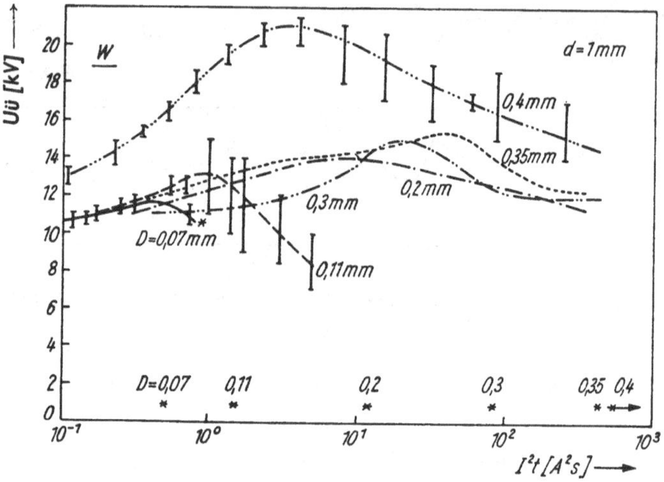

Bild 9. Abhängigkeit $U_ü$ von I^2t für verschiedene Durchmesser der Wolframkatode. Die Sternzeichen geben den Wert von I^2t an, der an Luft zum Durchbrennen des Drahtes führt

Das „Härten" ist von einer Verminderung des sogenannten Dunkelstromes begleitet. Unter dieser Bezeichnung versteht man den Strom, der zwischen den kalten Elektroden bei angelegter Hochspannung fließt. Dieser Dunkelstrom ist in der Größenordnung von µA bis zu einigen zehn mA und kann seinen Wert beim Überschlag sprungartig ändern. Die Höhe des Dunkelstromes hängt von der Beschaffenheit der Elektrodenoberfläche ab und speziell von den Emissionszentren mit lokal hohem Spannungsgradienten. Diese Zentren können beim Überschlag entweder vernichtet werden, oder es können auch neue Zentren entstehen.
Die Spannungshärtung soll mit Gleichspannung durchgeführt werden, und zwar mit dem Pluspol an der Anode. Wechselspannung führt zu unkontrollierbaren Materialgransporten, die zu Gitteremission und anderen unerwünschten Effekten führen können.
Die Überschläge für eine gegebene Röhrengeometrie werden durch Mikromaterialspitzen, grobe und verunreinigte Oberflächen, durch nicht zusammenhängende oder nicht gleichmäßige Antiemissionsschichten, Staubteilchen oder isolierende Inseln an den Oberflächen verursacht.
Bei Betrieb der Röhre im Sender können Überschläge, die meist am Anfang der Lebensdauer vorkommen, entweder die Röhre härten oder beschädigen, und zwar nach der beim Überschlag durch die Röhre geleiteten Energie. Im Sender kann diese Energie im Gleichrichterfilter, im Modulator, in der Treiberstufe oder auch in den

[1]) Die einzelnen Punkte der glockenförmigen Kurve wurden wie folgt ermittelt: Schaltung eines Widerstandes R und einer Kapazität C an eine regelbare Stromquelle (Abb. 6). Erhöhung der Spannung bis zum Überschlag. Dies wurde 50mal wiederholt. Anschließend Messung der Überschlagsspannung bei 12 Überschlägen, ohne Berücksichtigung des höchsten und niedrigsten Wertes. Bildung eines Mittelwertes aus zehn Überschlagspannungswerten. Dieser ergab mit den $R + C$-Gliedern einen bestimmten Wert I^2t. Dann Wiederholung mit anderen RC-Werten.

Kopplungskapazitäten gespeichert sein, und ein Teil kommt natürlich auch vom Speisenetz.
Die Energiemenge, die durch die Röhre fließt, ist abhängig von den Schutzvorrichtungen im Sender, von der Größe des Senders (d. h. von der Größe der Transformatoren, Drosseln, Kapazitäten, der „Härte" des Speisenetzes u. ä.) und der Höhe der Anodenspannung. Der Wert I^2t kann durch die sogenannte Drahtprobe festgestellt werden. Die Anodenzuleitung wird über einen Kupferdraht mit einem bekannten Durchmesser kurzgeschlossen und die Schutzvorrichtungen müssen so rasch abschalten, daß der Draht nicht durchbrennt.
Für das Durchbrennen des Drahtes ist der Wert von I^2t maßgebend. Für den kritischen Wert von I^2t, bei dem der Draht durchbrennt, gilt

$$I^2t = kD^4$$

(I Strom in A, t Zeit in Sekunden, k Konstante gegeben durch die Materialkonstanten des Drahtmaterials; sie ist von dem spezifischen Widerstand, der spezifischen Wärme, dem Schmelzpunkt und der Dichte des Drahtmaterials abhängig. D ist der Durchmesser des Drahtes in mm).
Versuche haben gezeigt, daß die Drahtprobe sehr genau reproduzierbare Resultate liefert. Werte I^2t, die ein wenig unterhalb des kritischen Wertes liegen, lassen den Draht unbeschädigt. Werte, die den kritischen Wert etwas überschreiten, schmelzen sowohl den Testdraht als auch die Gitterdrähte in der Röhre durch.
Wenn wir zusammenfassen, so kann man sagen, daß es für ein bestimmtes Minimum an Elektrodenabständen einen höchstzulässigen Wert der Betriebsspannung gibt. Um diese Grenzbedingungen zu erreichen, die die Röhrenparameter besser machen, muß man sehr sorgfältige Herstellungsmethoden und moderne Konstruktionen anwenden. Ebenso müssen die Schutzvorrichtungen im Sender verbessert werden, sonst würden die verbesserten Parameter der Röhren auf Kosten der Zuverlässigkeit und der Lebensdauer gehen.

4.8.6. Verbesserung der Kühlung von Außenwandanoden

Die Außenanoden von Senderöhren können mit Wasser, Luft oder Siedekühlung gekühlt werden. Fortschritte wurden in der Luftkühlung, vor allem aber in der Siedekühlung erzielt. Die Luftkühlung ist verhältnismäßig einfach und die Betriebskosten sind nicht hoch. Die Anode der Röhre muß aber mit einem ziemlich kostspieligen Rippenkühler versehen werden.
Wir haben uns mit der Berechnung von Rippenkühlern ziemlich viel befaßt und eine Optimierung der Rippenkühlerformen durchgeführt. Diese Berechnung ermöglicht es, die optimale Zahl, Dicke, Spaltbreite und Abmessungen der Rippen festzulegen.
Luftkühlung findet Anwendung bei Röhren mit einer Anodenverlustleistung von etwa 20 kW, obwohl es auch 50 kW-Röhren mit Luftkühlung gibt. Für größere Anodenverlustleistungen wäre der Luftkühler zu kompliziert und zu kostspielig (Bild 10).
Die meisten modernen großen Röhren werden mittels Siedekühlung gekühlt. Dieses Prinzip ist vom Standpunkt der Betriebskosten das günstigste. Der Transport der Wärmeenergie ist infolge des größeren Temperaturgefälles sehr wirkungsvoll. Die Anode ist in ein Siedegefäß mit Wasser getaucht, es entwickelt sich Dampf, wobei der große Wert der Siedeumwandlungswärme ausgenützt wird. Der Dampf wird in einen Kondensator geführt und das Kondensat wird zurück in das Siedegefäß geleitet.
Die Übergabe von Wärmeenergie von einer Metalloberfläche ins Kühlwasser ist von der bekannten Nukijama-Kurve bestimmt (Bild 11). Diese besagt, daß der Wärmefluß ins Wasser bis zu einem Punkt steigt ($M \doteq 125$ °C), sich dann aber vermindert bis zu dem Leidenfrostschen Punkt L. In diesem Gebiet ist auch das Sieden nicht stabil.

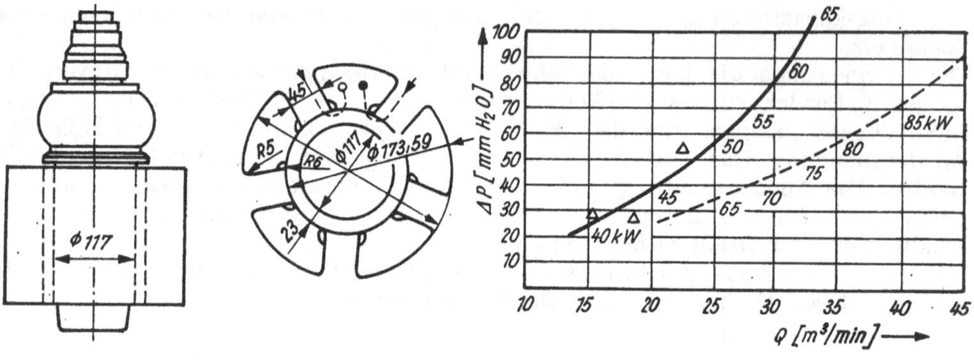

a) b)

Bild 10. Luftkühlung der 50 kW Triode TESLA RD50XL

a) Querschnitt durch die Anode mit Luftverteiler

b) Kühlcharakteristik für maximal zulässige Erwärmung von 300 °C; ΔP — Luftdruck; Q — Luftmenge

ausgezogene Linie: Charakteristik der Röhre bei dem bestehenden Anodenluftkühler

gestrichelte Linie: Kühlcharakteristik bei der theoretisch ermittelten optimalen Ausführung des Anodenluftkühlers

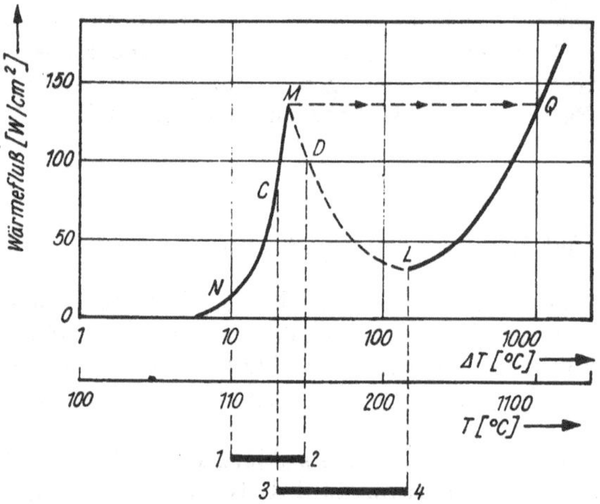

Bild 11. *Nukiyama*-Kurve

1 — *2* — Funktionsgebiet der Vapotronkühlung

3 — *4* — Funktionsgebiet der Supervapotronkühlung

Von da an wächst der Wärmefluß wieder an, um bei etwa 1100 °C den Wert des Punktes M erneut zu erreichen. Wenn bei unbegrenzter Energiezufuhr der Punkt M überschritten wird, steigt die Temperatur der Metalloberfläche sprungartig auf mehr als 1100 °C an und es kommt zum Schmelzen des Metalls (Kupfer 1083 °C).

Das Sieden im Gebiet zwischen den Punkten M und L kann man stabilisieren, indem man die Anode der Röhre dickwandig macht und mit dicken Rippen versieht. Wenigstens ein Teil der Rippenoberfläche muß eine Temperatur unterhalb des Punktes M haben, dann kann infolge der Wärmeleitfähigkeit des Rippenmaterials die Temperatur nicht beliebig steigen. Das normale Arbeitsgebiet des Siedekühlung ist durch die Punkte 1 und 2 in Bild 11 gegeben. Bei Überlastung kann man kurzzeitig in das

Gebiet 3 ÷ 4 übergehen. Die Siedekühlung kann bei Überlastung bis etwa 150 W/cm² kurzzeitig kühlen. Eine Neuentwicklung auf diesem Gebiet ist das System „Supervapotron" der Firma Thompson CSF.
Infolge sehr hoher Turbulenz entlang der Metalloberfläche bekommt die Nukijama-Kurve eine andere Form (Bild 12). Das Sieden wird dann auch im $M-L$ Gebiet stabil. Die hohe Turbulenz läßt sich automatisch durch die Form der Rippen und Spalte erreichen. Wenn der Spalt eng und tief wird, entstehen in der Tiefe (an der heißen Zone) Dampfblasen, die mit großer Geschwindigkeit aus dem Spalt entweichen. In der folgenden Phase wird neues Wasser in den Spalt gesaugt. Auf diese Weise lassen sich Leistungen bis 500 W/cm² und bei geeigneten Siede- und Kondensationsgefäßen bis 700 W/cm² erreichen.

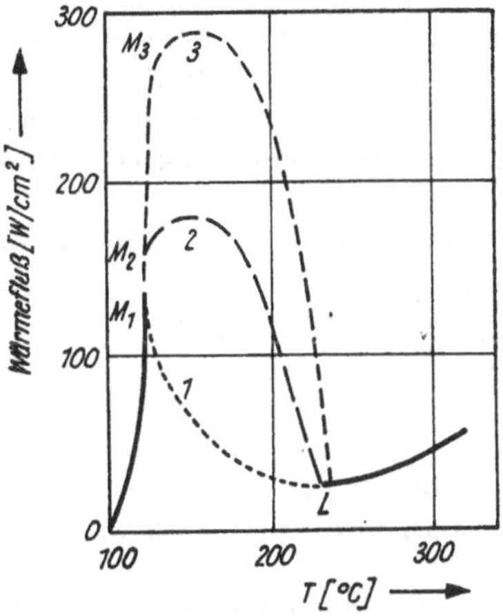

Bild 12. Wärmeübergabe in engen Spalten

Wenn durch einen Wasserstrom, der quer zu den Rippen fließt, der entweichende Dampfstrom kondensiert wird, läßt sich die gekühlte Leistung noch weiter erhöhen. Es können Leistungen bis 1000 W/cm² gekühlt werden, wobei es zu Überlastungen bis zu 2000 W/cm² kommen kann. Dieses Kühlsystem hat die Firma Thompson CSF „Hypervapotron" benannt. Es hat den Vorteil, daß die Wasserdampfkondensatoren entfallen.

4.8.7. Neue Gitterkonstruktionen und Gitterwerkstoffe

Aus dieser Beschreibung der Neuentwicklungen auf dem Gebiet der Senderöhren geht eine allgemeine Tendenz hervor: Verminderung der Abmessungen. Dem müssen auch die Gitter entsprechen, deshalb kommen in neuen Röhrenkonstruktionen immer mehr monolytische Gitter vor. Unter dieser Bezeichnung ist ein Gitter zu verstehen, das aus *einem* Stück Material gefertigt wird, es gibt also keine Schweißstellen. Die Herstellungsmethoden sind verschieden: Es wird ein Topf aus dem Gittermaterial gefertigt, in diesen werden dann die Öffnungen gestanzt, durch Funkenerosion ausgebrannt, mittels Photoätzmethoden geätzt und noch durch andere Methoden hergestellt. Diese Gitter haben den Vorteil sehr großer mechanischer Festigkeit und Wärmebeständigkeit, sehr genauer Abmessungen, und bieten die Möglichkeit der genauen Deckung von erstem und zweitem Gitter bei Bündeltetroden.
Die Herstellungstechnologie solcher Gitter ist nicht einfach und wird meistens nicht veröffentlicht.
Der Firma Thompson CSF ist es gelungen, monolytische Gitter aus pyrolytischem Graphit herzustellen. Pyrolytischer Graphit wird durch Zersetzung von Kohlenwasserstoffen und Ablagerung von Kohlenstoff an heißem Metall oder Graphitoberflächen

gewonnen. Auf diese Weise lassen sich gleichmäßige Schichten herstellen, die die Form der Unterlage kopieren. Die Dicke und Eigenschaften sind von der Temperatur und Dauer der Zersetzung und der Art des Kohlenwasserstoffes abhängig. Die physikalischen Eigenschaften von pyrolytischem Graphit weisen starke Anisotropien in den verschiedenen Richtungen auf.
Graphit hat als Material für Gitter große Vorteile in seinen physikalischen Eigenschaften: sehr große Austrittsarbeit und geringe Sekundäremission, große Abstrahlung. Beim pyrolytischen Graphit kommen noch folgende Vorteile dazu:

Große Wärmeleitfähigkeit (vergleichbar mit Cu, W oder Al) parallel zur Ablagerungsoberfläche. Senkrecht zur Ablagerungsoberfläche ist die Wärmeleitfähigkeit etwa 20mal kleiner.
Kleiner Wärmeausdehnungskoeffizient parallel zur Ablagerungsoberfläche (etwa $20 \cdot 10^{-7}$ pro Grad), großer Wärmeausdehnungskoeffizient senkrecht zu dieser Fläche (etwa $220 \cdot 10^{-7}$ pro Grad).
Große elektrische Leitfähigkeit parallel zur Ablagerungsoberfläche (etwa $3 \cdot 10^{-4}$ Ωcm), kleine elektrische Leitfähigkeit senkrecht zu dieser Fläche (etwa 0,5 Ωcm).
Große mechanische Festigkeit (Zugfestigkeit etwa 1100 kg/cm²).

Diese Eigenschaften erlauben es, Gitter herzustellen, die große Abstrahlung und große Wärmeableitung aufweisen, ihre Abmessungen infolge Wärmeausdehnung minimal ändern, sich infolge von Wirbelströmen wenig erwärmen und mechanisch fest sind. Infolge der großen Austrittsarbeit beim Betrieb können sie die Temperatur der thorierten Wolframkatode ohne unzulässige thermische Gitteremission erreichen. Es läßt sich etwa die doppelte Belastung gegenüber den üblichen Gittern erzielen. Durch Spezialbearbeitung lassen sich Streben von 0,01 mm² Querschnitt herstellen, was den Abmessungen von üblichen Gittern entspricht.
Röhren der Firma Thompson CSF, die mit den neuen Kühlern und pyrolytischen Gittern ausgestattet sind, weisen wesentlich kleinere Abmessungen auf als Röhren bisheriger Konstruktion bei Parametern, die den Betrieb bis 1000 MHz und auch darüber ermöglichen (bis Anodenverlustleistung von 30 kW).
Abschließend kann also wie bereits anfangs angeführt gesagt werden: Das Funktionsprinzip der Gitterelektronenröhre hat sich seit ihrer Erfindung vor einem Dreivierteljahrhundert nicht geändert. Die technologische Entwicklung und Verbesserungen der Konstruktion waren die Träger des Fortschrittes. Durch diese Entwicklung wurde die klassische Senderöhre zur heutigen Vollkommenheit gebracht. Trotz des Fortschrittes der Halbleitertechnik ist und wird die klassische Gittersenderöhre noch sehr lang ein unersetzliches Element im Senderbau und in der Industrie bleiben.

Literaturverzeichnis

Übersichtsliteratur

[a] *Espe, W.*: Werkstoffkunde der Hochvakuumtechnik. VEB Deutscher Verlag der Wissenschaften, Berlin 1960.
[b] *Zarev, B. M.*: Berechnung und Konstruktion von Elektronenröhren (russisch). Verlag Gosenergoizdat, Moskau 1961.

Spezialliteratur

Die Spezialliteratur über dieses Thema ist viel zu umfangreich, um hier komplett angeführt werden zu können. Es werden nur Arbeiten, die in Tesla-Vršovice durchgeführt wurden, angegeben.

[1] *Schneider, P.*: Contribution to the Evaluation of Some Anti-Emission Materials for Tubes with Cathodes of Thoriated Tungsten. Vacuum (1963) 293—299. (Dito in: Elektrotechnický časopis **9** (1962) 555—563.

[2] *Espe, W.*, u. *Schneider, P.*: Anti-Emissionsmaterialien für Gitter von Elektronenröhren mit thorierten Wolfram-Kathoden. Feinwerktechnik, **71**, No. 8 (1967) 370—374.

[3] *Schneider, P.*, u. *Hix, P.*: Zjištovaní příčin nežádoucích termických emisí. (Die Ursachen von nichterwünschter thermionischen Emission (tschechisch). (Slaboproudý obzor **29**, No. 3 (1968) 158—162.

[4] *Hix, P.*: Zur Luftkühlung von Senderöhren mit Außenanoden. Feinwerktechnik **72**, No. 5 (1968) 224—238.

[5] *Espe, W.*, u. *Hix, P.*: Zur Praxis der Verwendung von Titan-Ionen-Zerstäuberpumpen bei der Fertigung von Senderöhren. Feinwerktechnik, **72**, No. 9 (1968) 453—457.

[6] *Schneider, P.*: Použití komplexonů v chemické analýze XLVIII. Vážkové stanovení thoria. (Anwendung von Komplexons in der chemischen Analyze XLVII — Gewichtsbestimmung von Thorium-tschechisch). Chemické listy **50** (1956) 81—83.

[7] *Schneider, P.*: Aktivační mechanismus katod z thoriovaného wolframu (Aktivationsprozeß bei Katoden aus thoriierten Wolfram tschechisch). Slaboproudý obzor **18**, No. 6 (1957) 353—358.

[8] *Schneider, P.*, u. *Mareš, P.*: Changes of the mechanical properties of carburized thoriated tungsten wire. Vacuum **12** (1962) 255—258.

[9] *Schneider, P.*: Sledování zbytkové atmosféry u elektronek s katodou z thoriovaného wolframu pomocí omegatronu (Restgasanalyse bei Elektronenröhren mit Kathoden aus thoriierten Wolfram tschechisch). Elektrotechnický časopis **15**, No. 7 (1964) 396—410.

[10] *Espe, W.*, *Hix, P.*, u. *Kejhar, J.*: Über eine hochvakuumdichte, verläßliche Keramik-Metall-Lötverbindung. Silikattechnik **15**, No. 7 (1964) 205—211, 248—252; Vacum **16**, No. 1—8 and No. 2 (1966) 61—65.

[11] *Espe, W.*, u. *Hix, P.*: Prispevok k výhodnému spracovaniu zliatin FeNiCo pred a po stavení so sklom. (Ein Beitrag zur Bearbeitung der FeNiCo Legierungen vor und nach dem Verschmelzen mit Glass — slovakisch). Elektrotechnický časopis **16** (1965) 348—363. (Dito in: Feinwerktechnik **65**, No. 2 (1965) 49—55)

[12] *Schmidt, L.*: Zvyšování napětové pevnosti vysílacích elektronek. (Verbesserung der Spannungsfertigkeit von Senderöhren — tschechisch) Bericht Tesla-Vršovice 1971.

[13] *Hix, P.* u. *Hypš, V.*: Research and Development of High Power Transmitting Tubes at Tesla. Tesla Electronics **5**, No. 3 (1972).

4.9. Experimentelle Untersuchungen von Elektronenströmungen in einer belüftbaren Vakuumanlage

Von *J. Fisch*, *H. Göllnitz* und *H. Rößler*

Technische Hochschule Ilmenau, Sektion Physik und Technik elektronischer Bauelemente

4.9.1. Einleitung

Der Elektronenstrahl ist Bestandteil einer Reihe wichtiger vakuumelektronischer Bauelemente und Verfahren. Dabei handelt es sich insbesondere um solche, die heute vorrangig weiterentwickelt werden, z. B. leistungsstarke Linearstrahlröhren der Mikrowellentechnik, oder in jüngster Zeit neu geschaffen wurden, z. B. Elektronenstrahl-Halbleiter-Bauelemente (EBS-Bauelemente).
Es geht gegenwärtig bei Untersuchungen an Elektronenstrahlen nicht um die Klärung grundsätzlicher, allgemeingültiger Eigenschaften des Elektronenstrahls, sondern um die Untersuchung spezieller Eigenschaften in Verbindung mit ganz bestimmten technischen Anwendungsfällen. Dabei sind meist technologische Fragen eng mit dem zu untersuchenden Problemkreis verknüpft. Neben der theoretischen Behandlung, die in den letzten Jahren durch den Einsatz von Rechnern stark verbessert wurde, sind nach wie vor experimentelle Untersuchungen bedeutungsvoll und zur Klärung technologischer Fragen sowie zur Überprüfung theoretisch gewonnener Erkenntnisse oft unerläßlich.
In den Jahren 1966 bis 1971 befaßte sich die Vakuumelektronikgruppe unserer Sektion mit der experimentellen Untersuchung von hochperveanten Elektronenstrahlen größerer Leistung. Ziel dieser als angewandte Grundlagenforschung einzustufenden Arbeit war es, unmittelbar für die Leistungsstrahlröhrenentwicklung nutzbare Ergebnisse zu liefern und für Studierende auf dem Gebiet der Vakuumelektronik moderne, praxisnahe Ausbildungsmöglichkeiten zu schaffen. Der Schwerpunkt lag auf der Entwicklung von Systemen und Verfahren zur Erzeugung und Untersuchung von Elektronenstrahlen [1 bis 10].
Zunächst wird die experimentelle Einrichtung kurz vorgestellt. Anschließend werden zwei Fragestellungen ausführlicher behandelt, von denen wir glauben, daß sie über den speziellen Anwendungsfall hinaus für den experimentell arbeitenden Vakuumelektroniker bedeutungsvoll sein können. Das ist einmal die Frage nach der Auswahl geeigneter belüftbarer großflächiger Katoden und deren Betriebsverhalten und zum anderen die Frage nach einer einfachen meßtechnischen Bestimmung der Stromdichteverteilung in Elektronenströmungen.

4.9.2. Die experimentelle Einrichtung

Mit der vorzustellenden Einrichtung wurden folgende experimentelle Arbeiten durchgeführt:

- Erzeugung von Elektronenstrahlen,
- Untersuchung und Optimierung von Kanonenkonfigurationen,
- Untersuchungen zum Emissionsverhalten verschiedener Katodenmaterialien,
- Bestimmung der Strahlstromdichteverteilung magnetisch fokussierter und nicht magnetisch fokussierter Elektronenstrahlen.

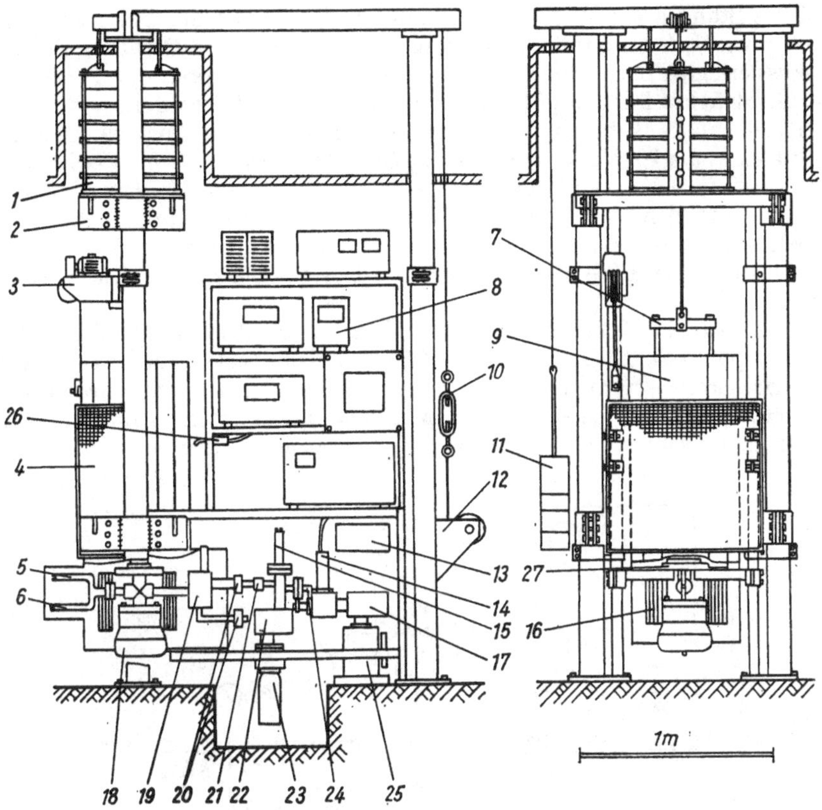

Bild 1. Schematische Darstellung des Experimentierstandes
1 — Fokussiereinheit, *2* — Montageteil mit Stahlträger, *3* — Montageaufzug, *4* — Schutzgitter, *5* — UHV-Meßröhre, *6* — Meßröhre zur Restgasanalyse, *7* — Halterung für Ausgleichsvorrichtung, *8* — elektronische Geräte zur Vakuummessung und -erzeugung, *9* — Ausheizöfen, *10* — Justierung für Fokussiereinheit, *11* — Gegengewicht der Ausgleichsvorrichtung, *12* — Aufzug für Fokussiereinheit, *13* — Ausheiztemperaturregelung, *14* — VV-Meßröhre, *15* — HV-Meßröhre, *16* — Heizelemente im Ausheizofen, *17* — VV-Schutzventil, *18* — Ionengetterpumpe, *19* — Kühlfalle, *20* — Wasserkühlung, *21* — HV-Absperrventil, *22* — Kühlfalle, *23* — HV-Diffusionspumpe, *24* — Nadelventil, *25* — VV-Pumpe, *26* — Temperaturmeßfühler für Wasserkühlung, *27* — Montageflansch

Dabei lagen die elektrischen Betriebsgrößen in folgenden Bereichen: Strahlspannungen von 1 bis 12 kV, Strahl- bzw. Emissionsströme bis zu 8 A und Leistungen bis zu 20 kW. Die Perveanzen der untersuchten Kanonen betrugen 0,1 bis 5 $\mu AV^{-3/2}$. Die Messungen wurden vorwiegend im Impuls-, teilweise auch im Dauerbetrieb durchgeführt.

Die experimentelle Einrichtung läßt sich grob in den mechanischen Aufbau, in den Rezipienten mit sämtlichen vakuumtechnischen Einrichtungen und in die Geräte zur Erzeugung und Bestimmung der elektrischen Betriebsgrößen untergliedern. Der mechanische Aufbau des Experimentierstandes geht aus Bild 1 hervor. Das Skelett des Standes besteht aus drei Stahlrohren, die mit dem Fundament verschraubt und oben durch Querträger miteinander verbunden sind. Sie geben dem Aufbau die Stabilität, die erforderlich ist, um die etwa 600 kp schwere Fokussiereinheit zu tragen und diese in eine definierte, unveränderlich stabile Lage zum übrigen Aufbau zu bringen. Die Fokussiereinheit wird von drei Stahlseilen gehalten, die über Umlenkrollen im Ober-

teil des Standes zur Wickeltrommel des Aufzuges führen. Der mechanische Aufbau wird wesentlich durch die Forderung bestimmt, daß die Richtung des magnetischen Fokussierfeldes nach Hochziehen und erneutem Absenken der Fokussiereinheit mit der Strahlachse in genaue Übereinstimmung gebracht werden muß.
Der erreichbare Totaldruck im Rezipienten sollte so gering wie möglich, auf jeden Fall kleiner als 10^{-6} Torr sein. Kleiner 10^{-6} Torr deshalb, weil oberhalb 10^{-6} Torr der Restgaseinfluß auf den Gesamtstrahlstrom bereits merklich wird und eine Extrapolation auf den vom Restgas unbeeinflußten Strahl kaum mehr möglich ist. Es wurde angenommen, daß in dem Druckbereich von 10^{-6} bis 10^{-8} Torr sowohl der vom Restgas unbeeinflußte als auch der vom Restgas beeinflußte Strahl studiert werden kann.
Der Aufbau der Vakuumapparatur erfolgte nach den für UHV-Anlagen geltenden Gesichtspunkten. Bild 2 zeigt die Vakuumanlage schematisch. Der Rezipient *R*, in dem Elektronenstrahlen erzeugt, beeinflußt und untersucht werden, setzt sich aus verschiedenen, der jeweiligen Meßaufgabe angepaßten Funktionsbausteinen zusammen. Er schließt sich über ein Kreuzstück nach oben an die Ionengetterpumpe

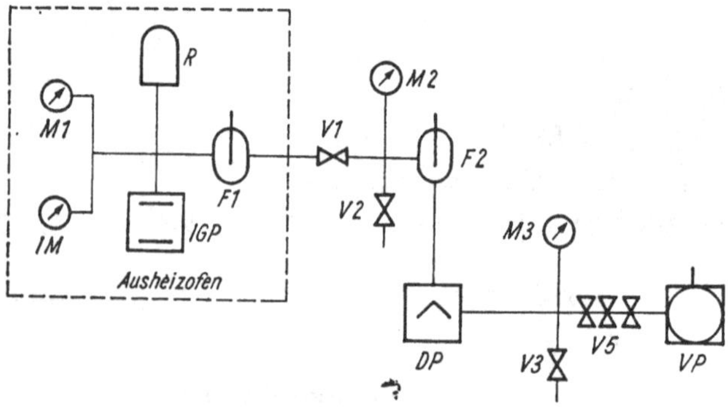

Bild 2. Schematischer Aufbau der Vakuumanlage

IGP an. M 1 ist die Meßröhre des Ionisationsvakuummeters, IM die des Restgasindikators. Vom Verteilerstück geht es über die mit flüssigem Stickstoff gekühlte Kühlfalle F 1 zu einem Hochvakuumabsperrventil V 1 und weiter zur Diffusionspumpenanordnung, bestehend aus Diffusionspumpe DP, Kühlfalle F 2, einer zweiten Ionisationsvakuummeter-Meßröhre M 2 und einem Nadeleinlaßventil V 2 für die Argonbehandlung der Ionengetterpumpe. An die Diffusionspumpe schließt sich die Vorpumpenanordnung mit Vorvakuumpumpe VP, Vorvakuumschutzventil V 5 und Piranivakuummeter M 3 an. Die in Bild 2 innerhalb der gestrichelten Linie liegenden Teile der Vakuumanlage können bis 450 °C ausgeheizt werden. Der Ausheizofen ist durch die Aufteilung in einzelne, verschieden kombinierbare Ofenteile an das Baukastenprinzip des Rezipientenaufbaus angepaßt. Der Druck im Rezipienten liegt im Bereich um 10^{-7} Torr, wenn die Katode ihre Betriebstemperatur besitzt, bei kalter Katode ist er um etwa eine Größenordnung niedriger. Der Betriebsdruck wird nach 25 bis 30 Stunden erreicht, wenn ausgeheizt wird. Ein um etwa 15 Stunden verkürztes Pumpprogramm ist möglich, wenn auf das Ausheizen verzichtet wird. Das ist einige Male ohne größeren Anstieg des Arbeitsdruckes dann möglich, wenn nur kurzzeitig geöffnet und während des Öffnens die Anlage mit trockenem Stickstoff oder Argon gespült wird. Als Restgase treten im wesentlichen Kohlenmonoxid, Stickstoff, Wasserstoff und Argon auf. Zusätzlich tritt Wasserdampf auf, wenn nicht ausgeheizt wird.
Die elektronischen Einrichtungen lassen sich im wesentlichen in zwei Gruppen unterteilen. Einmal sind das die Geräte zur Erzeugung der Betriebsspannungen für den Dauer- und Impulsbetrieb. Dazu gehören die Netzteile und der Hochspannungs-

impulsgenerator für die Betriebsspannungen der Elektronenkanone, das Stromversorgungsteil für die elektromagnetische Strahlfokussierung und die Netzteile für die Betriebspannungen der Meßsysteme. Die Geräte zur Erfassung und Registrierung der Meßwerte bilden die zweite Gruppe.

4.9.3. Auswahl und Einsatz belüftbarer Katoden

4.9.3.1. Geeignete Katodenarten für belüftbare Systeme

Die Katode hat als Quelle freier Elektronen eine wichtige Funktion für den Betrieb der Anlage. Ihre Eigenschaften müssen bekannt und beherrschbar sein, damit sie sich nicht verfälschend auf die eigentlichen Untersuchungsergebnisse, die mit der Experimentieranlage gewonnen werden sollen, auswirken. Diesem speziellen Einsatz entsprechend müssen die Katoden einer Reihe von Forderungen genügen:

- Sie müssen zumindest im kalten Zustand belüftbar sein, d. h. nach Zwischenbelüftungen und erneutem Hochheizen reproduzierbare Emissionseigenschaften besitzen.
- Sie müssen im Betrieb unempfindlich gegen Ionenbeschuß und Vergiftung sein.
- Um Temperatur- und Spannungsgefälle über den Katoden gering zu halten, sollen thermischer und elektrischer Widerstand möglichst klein sein.
- Niedrige Betriebstemperaturen sind anzustreben.
- Die Katoden müssen raumladungsbegrenzte Ströme hinreichender Stromdichten liefern und im Impuls- und Dauerbetrieb eingesetzt werden können.
- Die Katoden müssen konstruktiv so ausgeführt sein, daß sie dem Baukastenprinzip angepaßt und leicht austauschbar sind.
- Die Herstellung der Katoden soll technologisch und mechanisch einfach sein.

Als wesentlichster Gesichtspunkt für die Eignung einer bestimmten Katodenart für diesen speziellen Anwendungsfall ist die Belüftbarkeit ohne oder mit kontrollierbarer Änderung der Emissionseigenschaften anzusehen.
Es war unmöglich, in der einschlägigen Literatur, z. B. [11 bis 14], eine Katodenart zu finden, die allen Forderungen gerecht wird und die günstigen Eigenschaften verschiedener Arten auf sich vereinigt.
In den meisten praktischen Anwendungsfällen werden irreversibel verschlossene Vakuumhüllen verwendet. Dort spielt die Belüftbarkeit der Katoden natürlich gegenüber den angestrebten niedrigen Austrittsarbeiten und niedrigen Betriebstemperaturen eine untergeordnete Rolle.
Reinmetallkatoden, z. B. aus Wolfram oder Tantal, sind zwar belüftbar, kommen aber wegen ihrer hohen Austrittsarbeit ($W_W = 4{,}5$ eV, $W_{Ta} = 4{,}1$ eV) und den folglich niedrigen Emissionsströmen bei hohen Betriebstemperaturen nicht in Betracht, da die thermische Belastung der Innenaufbauten wegen der Konstanz der geometrischen Abmessungen niedrig gehalten werden muß. Auf den Leistungsaufwand bezogen liegen die Oxidkatoden vergleichsweise bedeutend günstiger. Bei gleicher Geometrie benötigt für die gleiche Emissionsstromdichte eine BaO-Katode etwa nur $^1/_{30}$ der Heizleistung einer Wolframkatode.
Mit einer BaO-Katode können im Impulsbetrieb Stromdichten bis 50 Acm^{-2} realisiert werden. Im Gleichbetrieb sind Stromdichten bis maximal 1 Acm^{-2} möglich. Die Katode würde sich eignen, wenn nicht eine große Anfälligkeit für Vergiftungen (O_2, H_2O), Empfindlichkeit bei Ionenbeschuß und Belüftbarkeit nur in stark begrenztem Umfang dagegen ständen. Oxidkatoden sind praktisch nicht belüftbar [11, 15, 16], obwohl es auch vereinzelt in der Literatur Hinweise über mehrmalige Wiederverwendung nach Lufteinbrüchen gibt, z. B. [17], was auch durch eigene Untersuchungen [18] bestätigt werden konnte.

Vorratskatoden, die eine Beständigkeit gegenüber Ionenbeschuß bei relativ hohen Emissionsstromdichten und niedrigen Betriebstemperaturen besitzen, z. B. $G = 30\ \mathrm{Acm^{-2}}$ bei $T_k = 1250$ °C, werden im Hinblick auf die Eigenschaft, belüftbar zu sein, unterschiedlich beurteilt. Z. B. verhalten sich nach Gude [11] imprägnierte Wolframkatoden trotz mehrmaliger Belüftung günstig und imprägnierte Nickel-Katoden nach Haas und Jensen [15] nicht besser als Oxidkatoden. Venema [19] berichtete, daß gepreßte wie auch imprägnierte Wolfram-Katoden mehrmals belüftbar sind. Eigene mehrjährige Erfahrungen haben bestätigt, daß unter günstigen Versuchsbedingungen wie

— kurze Belüftungszeiten,
— niedrige Belüftungspartialdrücke der oxidierenden Gase und
— geringe Luftfeuchtigkeit

mit Nickel-Matrix-Katoden etwa 10 Belüftungen möglich sind. Die Gesamtemission im Sättigungsbetrieb wird nach jeder Belüftung etwas geringer. Die Sättigungsstromdichteverteilung ist selbst unter günstigen Vakuumbedingungen von der Betriebsdauer abhängig, wie auch Jansen und Mitarbeiter [20] bei ihren Untersuchungen an L-Katoden und (BaSr)-Katoden festgestellt haben.
Die von Lafferty [21, 22] erstmals vorgeschlagenen Lanthanhexaboridkatoden haben sich beim Einsatz in belüftbaren Anlagen gut bewährt. Wegen ihres hohen Dampfdruckes und ihrer Unempfindlichkeit gegen Restgaseinflüsse werden sie vorzugsweise dort eingesetzt, wo hohe Restgasdrücke zulässig bzw. verfahrensbedingt sind. Zu solchen Anwendungsbeispielen zählen Teilchenbeschleuniger, Plasmageneratoren und Elektronenstrahlanlagen zur Metallbearbeitung. Sie besitzen eine hohe Elektronenemissionsfähigkeit und können auch noch bei relativ niedrigen Temperaturen, beispielsweise bei 800 °C, mit guter Ergiebigkeit und hinreichend geringer Abdampfung in speziellen Ionisationsvakuummeßgeräten betrieben werden.
Karburierte thorierte Wolframkatoden liefern bei etwa einem Drittel der Heizleistung die vierfache Emissionsstromdichte des reinen Wolframs. Sie haben eine Sättigungsstromdichte von 3—4 $\mathrm{Acm^{-2}}$ bei 1750 °C [23], und sie besitzen eine hohe Widerstandsfähigkeit gegen Ionenbombardements [24]. Walker und Mitarbeiter [25] zeigten anhand langjähriger statistischer Untersuchungen an Drahtkatoden von Hochleistungsröhren, daß die durchschnittliche Lebensdauer von karburierten thorierten Wolframkatoden höher ist als die der Wolframkatoden. Aufgrund der genannten günstigen Eigenschaften und der vorhandenen experimentellen Möglichkeiten wurden die thorierten karburierten W-Katoden auf ihre Eignung zum Einsatz in der vakuumelektronischen Experimentieranordnung besonders intensiv untersucht.

4.9.3.2. Großflächige Wolfram-Thorium-Rhenium-Katoden

Thorierte karburierte W-Katoden haben sich besonders bei ihrem Einsatz in hochbeanspruchten vakuumelektronischen Bauelementen, wie z. B. Senderöhren, seit Jahrzehnten ausgezeichnet bewährt. Allerdings wurden dafür Katoden fast ausschließlich als Drahtkatoden verschiedenster geometrischer Gestaltung verwendet (s. z. B. [26, 27]).
Karburierte thorierte W-Katoden bzw. WRh-Katoden zeichnen sich gegenüber thorierten Wolframkatoden durch verbesserte Emissionseigenschaften aus. Bei karburierten thorierten W-Katoden wird durch die Anwesenheit von W_2C sichergestellt, daß bereits bei Betriebstemperaturen von ca. 1700 °C die Reduktion von Thoriumoxid zu metallischem Thorium erfolgt. Es tritt wegen der sich ausbildenden Struktur des W_2C eine ausreichende Diffusion der die emissionsaktiven Schicht bildenden Thoriumatome zur Oberfläche ein. Infolge der Vielzahl der entsprechenden Diffusionskanäle wird eine gleichmäßige Bedeckung erreicht. Aus diesem Grunde sind sie gegen Vergiftungen weit weniger anfällig und weisen eine viel höhere Lebensdauer

auf als nicht karburierte Katoden, bei denen die thermische Aufspaltung des Thoriumoxids in ausreichendem Maße nur durch Hochheizen der Kathoden zu Betriebsbeginn bis ca. 2600 °C erreicht werden kann. Die Eigenschaften der durch Karburierung entstehenden Wolframkarbidschicht bestimmen das Emissionsverhalten und die Lebensdauer der Katoden.
Weil für die vakuumelektronische Experimentieranordnung große in sich geschlossene Emissionsflächen erforderlich sind, Drahtformen also ungeeignet waren, stellte sich die Aufgabe, zu untersuchen, ob und wie großflächige thorierte, karburierte Wolframkatoden bei Wahrung der Vorzüge dieser Katodenart hergestellt werden können.
Grundsätzlich bestanden die Möglichkeiten, Schicht- oder Massivkatoden herzustellen. Die Entscheidung fiel für die Herstellung der Massivkatoden, da bei den Schichtkatoden das Verbinden der emissionsaktiven Schicht mit dem Grundkörper zusätzliche Probleme bringt.
Besondere Beachtung mußte aufgrund der relativ hohen Betriebstemperatur von etwa 1700 °C der mechanischen Stabilität der Katode und der Halterung geschenkt werden, weil auch ausgeschlossen werden muß, daß die Materialien der Zuführungs- und Halterungsteile Verbindungen mit Kohlenstoff eingehen. Wegen seiner guten Vakuumeigenschaften sowie der bei vertretbarem Aufwand möglichen mechanischen Bearbeitbarkeit [28] wurde Molybdän ausgewählt.
Weil die Katodenkörper als großvolumige Blöcke ausgeführt wurden, ist eine direkte Heizung der Katode nicht sinnvoll. Die Arbeitstemperaturen wurden mittels Elektronenbombardement in einem Stoßheizsystem eingestellt.

4.9.3.2.1. Angewendete Herstellungstechnologie

Zur Herstellung der Katodenkörper wurde in Analogie zu den in der Literatur ausführlich beschriebenen Herstellungsverfahren für Drahtkatoden [29] ein pulvermetallurgisches Verfahren angewandt. Als Ausgangsmaterial wurde ein in der Industrie übliches Gemisch aus Wolframpulver mit einer Körnung von etwa 2 μm, dem 1,8 Gewichtsprozente Thoriumoxid und 5 Gewichtsprozente metallisches Rhenium in Pulverform zugesetzt waren, verwendet. Das Rhenium wird aus Gründen der mechanischen Bearbeitbarkeit und Belastbarkeit zugesetzt. Die Katodenrohlinge wurden durch Pressen mit einem Druck von 2,5 tcm^{-2} im Sinterprozeß hergestellt. Die Dichte, 5,8 ... 5,9 gcm^{-3}, wurde durch Temperaturbehandlung auf 15 ... 16 gcm^{-3} gebracht. Danach bekamen die Sinterlinge durch Drehen ihre äußere Form. In einem sich anschließenden Nachsinter- und Karburierprozeß wurden die Katoden emissionsfähig gemacht und erhielten ihre endgültige geometrische Gestalt. Beim Karburieren wird im allgemeinen die Katode durch Glühen in einer geeigneten kohlenstoffhaltigen Atmosphäre oberflächlich mit einer spröden, grobkristallinen Wolframkarbidschicht überzogen. Der Prozeß muß so geführt werden, daß sich vorzugsweise die laminare Struktur des W_2C ausbildet und die Entstehung von WC verhindert wird [30, 31].
In eigenen Versuchen wurde ein Verfahren entwickelt, das für die Karburierung von Massivkatoden besonders geeignet ist [6, 7, 32, 33].
Zum Karburieren von thorierten Wolfram-Katoden ist eine Temperatur von ca. 2000 °C erforderlich. Die für Drahtkatoden gebräuchliche Methode, die Katode im direkten Stromdurchgang auf Karburiertemperatur zu bringen, ist bei Massivkatoden nur schwer oder nicht zu realisieren. Deshalb wurde auf das Prinzip der Strahlungserwärmung zurückgegriffen. Da der für die Karburierung eingesetzte Hochtemperaturofen eine Anzahl Strahlungsbleche und verschiedene Innenaufbauten aus Molybdän enthält, hätte das übliche Glühen der Katoden in kohlenstoffhaltiger Atmosphäre zu einer Karburierung der auf hoher Temperatur befindlichen Molybdänbauteile, zur Versprödung und zum Unbrauchbarwerden geführt. Deshalb ist das angewendete Karburier-Verfahren dadurch gekennzeichnet, daß die entsprechend vorbehandelten Katoden in Graphitpulver eingebettet oder mit einer in einem organischen Lösungsmittel

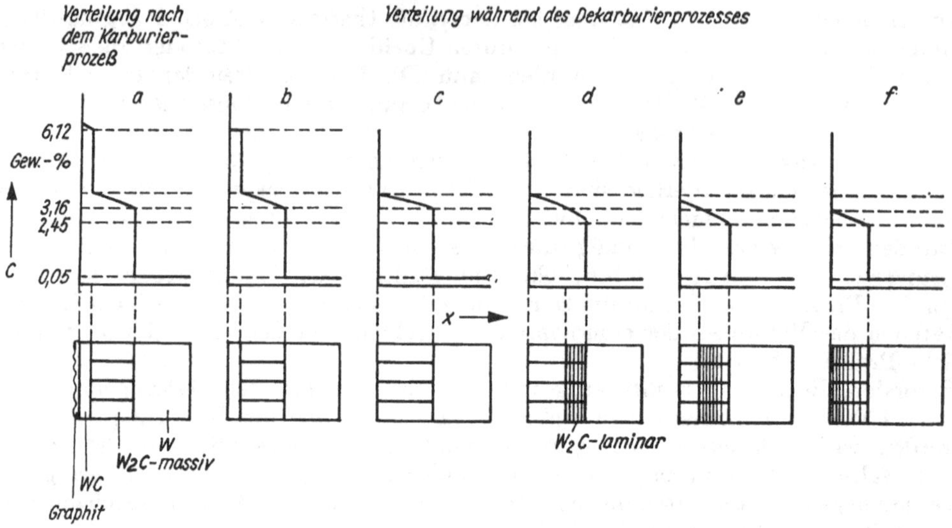

Bild 3. Schichtfolgen nach demKarburierprozeß (a) und während des Dekarburierprozesses (b...f)

aufgeschlemmten Graphitpaste beschichtet werden und bei Temperaturen um 2000 °C im Hochvakuum bei einem Druck von 10^{-5} Torr karburiert werden. Die hohe Kohlenstoffkonzentration an der Oberfläche führt dazu, daß sich nicht nur das gewünschte W_2C, sondern auch das den Emissionsmechanismus schädigende WC bildet. Beide Wolframkarbidarten wurden mittels Röntgenfeinstrukturanalyse nachgewiesen. Um das WC zu beseitigen und um die erwünschte laminare Struktur des W_2C zu erzeugen, wird die Katode einem anschließenden 100 Minuten dauernden Dekarburierprozeß bei Temperaturen von 2100 °C und einem Druck von 10^{-5} Torr unterzogen. Bild 3 zeigt prinzipiell die beim Karburierprozeß vor sich gehenden Umwandlungen.

4.9.3.2.2. Untersuchung der Katoden-Eigenschaften in belüftbaren Systemen

Bezüglich des Emissionsverhaltens der in der Experimentieranordnung einzusetzenden Katoden sind zwei Dinge wesentlich. Einmal muß der Sättigungsemissionsstrom bei der Betriebstemperatur ausreichend groß sein, um zu gewährleisten, daß der beim Einsatz dieser Katoden in den zu untersuchenden Kanonen gezogene Strom raumladungsbegrenzt ist, und zum anderen muß die Schwankung der Emissionsstromdichte über der Oberfläche so gering sein, daß sie unter den Einsatzbedingungen nicht störend in Erscheinung tritt. Um das zu überprüfen, wurden in einer Experimentierkanone ebene Dioden aufgebaut, deren prinzipielle Gestaltung aus der Skizze Bild 4 ersichtlich ist.

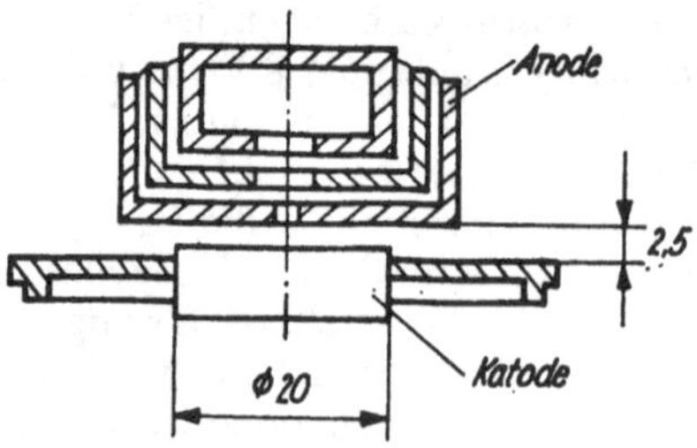

Bild 4. Schnittdarstellung der ebenen Diode

Es wurden thorierte karburierte Wolfram-Rhenium-Blockkatoden mit einem Durchmesser von 16 bis 20 mm und einer Höhe von 7 mm auf ihre Emissionseigenschaften untersucht. Von besonderem Interesse waren dabei

- die Abhängigkeit des Emissionsstromes von der Katodentemperatur,
- die zeitliche Konstanz des Gesamtemissionsstromes und
- die Emissionsdichteverteilung.

Die Emissionskonstante wurde zu

$$A_R = 3\ \mathrm{Acm^{-2}\,K^{-2}}$$

und die Austrittsarbeit zu

$$\psi = 2{,}7\ \mathrm{eV}\ \text{experimentell}$$

mit Hilfe der Richardson-Geraden ermittelt.
Bild 5 zeigt die Abhängigkeit des Gesamtemissionsstromes von der Anodenspannung bei verschiedenen Katodentemperaturen. Diese Messungen wurden im Impulsbetrieb mit einer Impulsbreite von $t = 30\ \mu s$ und einem Tastverhältnis von 1:3000 durch-

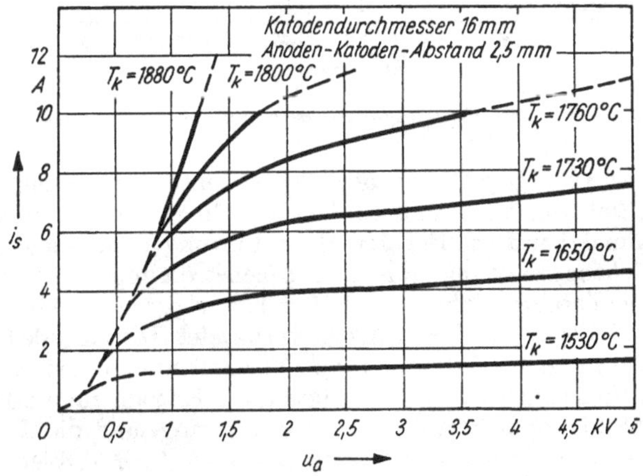

Bild 5. Abhängigkeit des Gesamtemissionsstromes von der Anodenspannung bei verschiedenen Katodentemperaturen

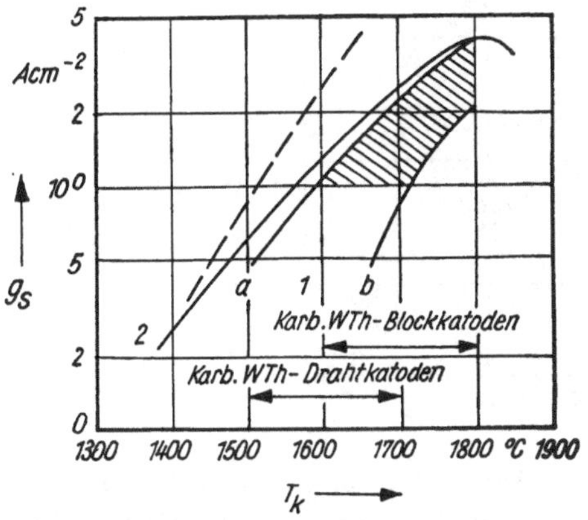

Bild 6. Temperaturabhängigkeit der Emissionsstromdichte

1 — Betriebswerte für Blockkatoden, *a* ... *b* — Streubereich

2 — Betriebswerte für Drahtkatoden

geführt. Vergleiche mit Messungen im Dauerbetrieb ergaben im Sättigungsfall mögliche Stromabweichungen bis 50%. Im Raumladungsgebiet sind diese Änderungen praktisch von geringer Bedeutung.
Die in Bild 6 dargestellte Temperaturabhängigkeit der Emissionsstromdichte zeigt einen ähnlichen Verlauf wie die für thorierte karburierte Drahtkatoden. Der Streubereich für nicht ausreichend karburierte Blockkatoden wurde mit eingezeichnet.
Die geringere Gesamtemissionsstromichte beruht auf ungleichmäßiger Flächenverteilung der Emission. Die Abweichung ist aber nicht so erheblich, daß dadurch die Vorzüge der Resistenz gegen Ionenbeschuß und Vergiftung, was bei Experimentiervorhaben von besonderer Bedeutung ist, aufgehoben würden.

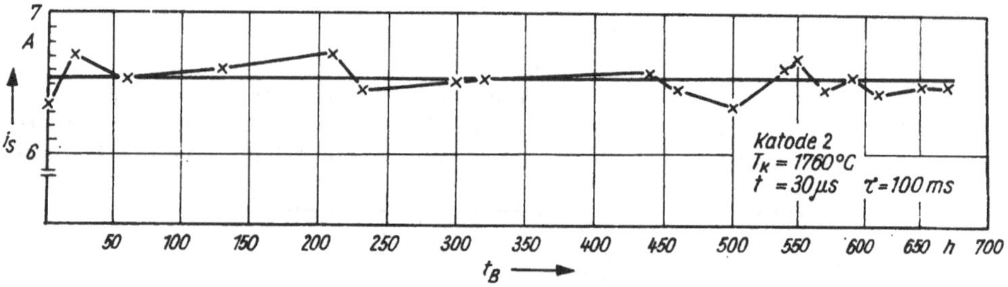

Bild 7. Abhängigkeit des Sättigungsstromes von der Betriebsdauer

Bild 7 zeigt die von Zeit zu Zeit während der Experimente gemessenen Sättigungsstromwerte über einen Zeitraum von 5 Jahren. Die Katode wurde über diesen Einsatzzeitraum insgesamt 55mal belüftet. Bei der Durchführung experimenteller Untersuchungen, die der Sichtbarmachung von Elektronenströmungen dienten, wurden Gase eingelassen und der Totaldruck bis auf $1 \cdot 10^{-4}$ Torr vergrößert. Als Gase wurden Kohlendioxid, Stickstoff, Wasserstoff oder Argon verwendet. Die Katode lag während der Experimentierzeit insgesamt 3 Jahre unter Normalbedingungen an der Luft. Trotz dieser extremen Versuchsbedingungen zeigte diese Katode ein ausgezeichnetes Gesamtverhalten. Die Emissionsschwankungen waren gering, und die Totalemission blieb über den gesamten Einsatzzeitraum nahezu konstant. In Bild 8 ist das Anfahrverhalten der Katode nach Belüftung dargestellt.
Messungen an Katoden ohne Rheniumzusatz mit der Abmessung 8,3 mm × 8,9 mm × × 2,5 mm ∅, 5 mm ∅ und 8 mm ∅, die hauptsächlich der Optimierung des Karbu-

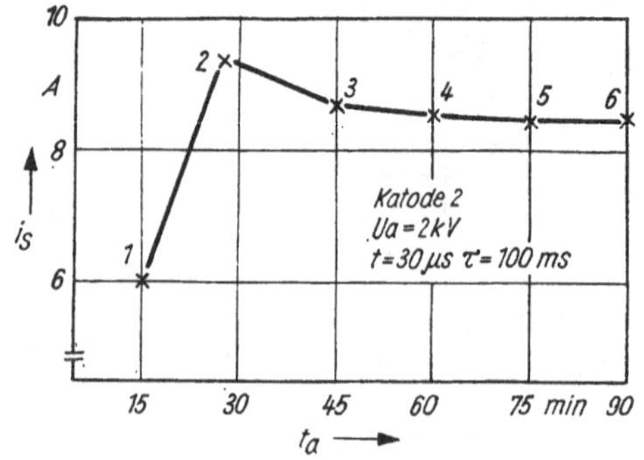

Bild 8. Anfahrverhalten des Sättigungsstromes einer Katode nach Belüftung

1 — Messung: 15 min nach dem Einstellen des thermischen Gleichgewichts bei 1760 °C

2 — Messung: sofort nach Glühbehandlung bei 2000 °C

3 — bis *6* — Messung: nach jeweils 15 min bei 1760 °C

rierprozesses und der Dimensionierung des Stoßsystems dienten, zeigten ähnliches Verhalten der Gesamtemission wie die Katoden mit Rheniumzusatz.
Bezüglich der Emissionsgleichmäßigkeit haben bereits Jansen und Mitarbeiter [20] sowie Venema [34] darauf hingewiesen, daß verschiedene Katodenarten unter den verschiedenen Betriebsbedingungen wie Raumladungs- und Sättigungsbetrieb, aber auch in Abhängigkeit von der Betriebsdauer merkliche Unterschiede in der Emissionsgleichmäßigkeit aufwiesen. Venema hat über Untersuchungen an L-Katoden, imprägnierten Katoden und Oxidkatoden berichtet. Elektronenoptische, Elektronenemissions- und Sekundärelektronenemissions-Untersuchungen anderer Autoren, z. B. [35, 36, 37], erhärteten diese Erwartungen. Die Untersuchung der Emissionsfähigkeit der thorierten karburierten Wolfram-Rhenium-Blockkatoden zeigte Ungleichmäßigkeiten der Emissionsdichte über der Katodenoberfläche.
Die Emissionsdichteverteilung wurde mit Hilfe des Lochblendenverfahrens ermittelt, über das weiter unten berichtet wird. Die Ungleichmäßigkeit der Emissionsdichteverteilung über der Oberfläche von thorierten karburierten W-Katoden und W-Rh-Katoden ist begründet durch die polykristalline Struktur und die makroskopische Beschaffenheit der Katoden, wie Risse, Spalten, Löcher. Auf Grund des angewendeten Karburierverfahrens muß mit einer verhältnismäßig ungleichförmigen W_2C-Schicht gerechnet werden. Daß dennoch relativ gleichförmige Emissionsverteilungen erhalten werden, steht in Übereinstimmung mit der in [70] für Drahtkatoden getroffenen Aussage, daß keine zusammenhängende W_2C-Schicht an der Oberfläche erforderlich ist und bereits W_2C-Inseln ausreichen, um die für thorierte Wolframkatoden charakteristische Sättigungsemission von der gesamten Oberfläche zu erhalten.

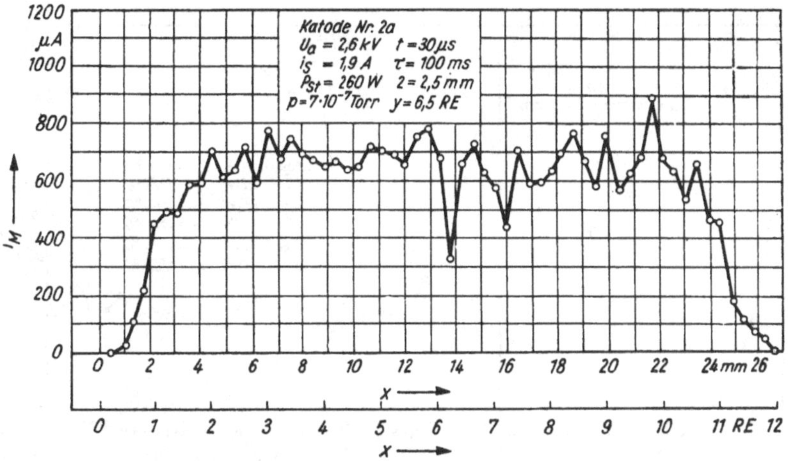

Bild 9. Emissionsprofil, Blendendurchmesser 0,4 mm

In Bild 9 ist ein typisches Beispiel dargestellt. Im Gegensatz zu Jansen und Mitarbeiter [20] wurde aber hinsichtlich der Abhängigkeit der Emissionsgleichmäßigkeit von der Betriebsdauer ein gänzlich anderer Eindruck erhalten. Die thorierten karburierten Wolframkatoden und W-Rh-Katoden zeigen nicht nur, wie schon in Bild 7 dargestellt, einen konstanten Totalstrom über einen längeren Zeitraum, sondern auch eine prinzipiell ähnliche Dichteverteilung des Sättigungsstromes nach Zwischenbelüftungen, vgl. dazu Bild 10. Aufgrund des Gesamtverhaltens der Emissionsparameter über lange Zeiträume und aufgrund der geringen Veränderlichkeit der Emissionsverteilung nach Zwischenbelüftungen, die wiederholt zu verschiedenen Zeitpunkten des Versuchsprogrammes vorgenommen wurden, kann erwartet werden, daß

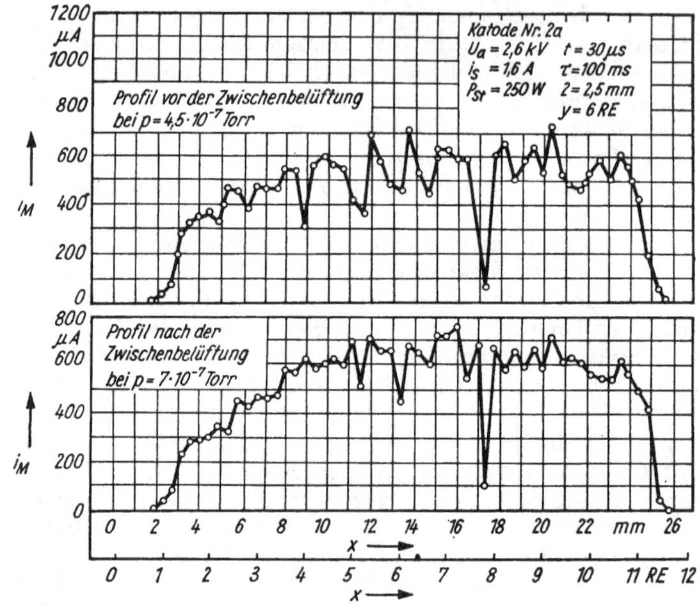

Bild 10. Emissionsprofil vor und nach Zwischenbelüftung, Blendendurchmesser 0,4 mm

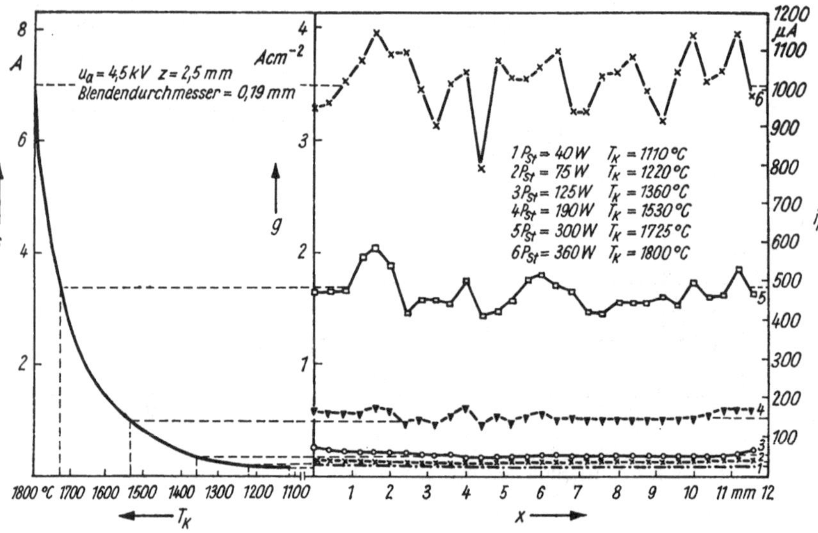

Bild 11. Ausschnitt aus der örtlichen Verteilung des Sättigungsstromes entlang einer Linie im zentralen Teil einer Katode in Verbindung mit der Gesamtstromkennlinie

bei den verwendeten thorierten karburierten Blockkatoden die Dichteverteilung der Sättigungsemission prinzipiell erhalten bleibt.

In Bild 11 ist ein charakteristischer Ausschnitt aus der örtlichen Verteilung des Sättigungsemissionsstromes entlang einer Linie im zentralen Teil einer Katode in Verbindung mit der Gesamtstromkennlinie in Abhängigkeit von der Temperatur dargestellt. Die Kurven wurden bei $u_a = 4{,}5$ kV im Sättigungsbereich der Katode aufgenommen. Der Mittelwert der Stromdichteverteilung zeigt etwa die gleiche Tempera-

turabhängigkeit wie der Gesamtstrom. Die Auswertung einer Vielzahl von Profilbildern zeigt, daß im Sättigungsgebiet die relativen örtlichen Stromdichteabweichungen nahezu unabhängig von der Temperatur sind.
Aus dem Emissionsdichteverlauf in Abhängigkeit vom Ort kann geschlossen werden, daß der Totalstrom aus Teilströmen von Flächenstücken unterschiedlicher Austrittsarbeit und Emissionskonstanten integriert wird. Es ist somit wesentlich, bei der Technologie der Katoden auf eine gleichmäßige Emissionsstruktur hinzuarbeiten, denn auch im raumladungsbegrenzten Fall ist, wie Bild 12 zeigt, immer noch ein kleiner Einfluß der Stromdichteunregelmäßigkeiten feststellbar.
Die Untersuchungen haben bestätigt, daß mit der entwickelten Katodentechnologie geeignete Katoden für die vakuumelektronische Experimentieranordnung hergestellt werden können. Die Belüftbarkeit der karburierten Wolfram-Thorium-Katoden ist ausgezeichnet. Sie brauchen aus diesem Grunde nicht anders als andere, z. B. aus Graphit bestehende Elektroden, behandelt zu werden. Sie können monatelang an Luft gelagert werden und zeigen nach dem Hochheizen nicht nur praktisch die gleichen Sättigungsströme (2,5 ... 4 Acm^{-2} bei 1750 ... 1800 °C), sondern auch eine prinzipiell ähnliche Dichteverteilung des Emissionsstromes.

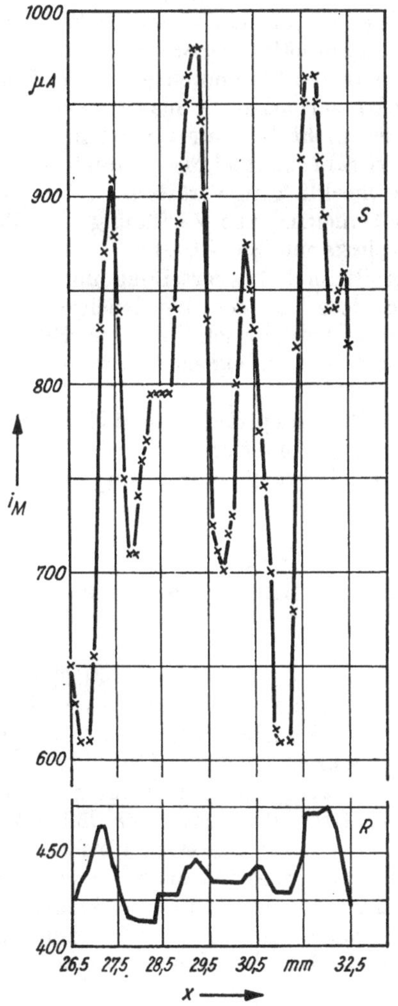

Bild 12. Örtliche Verteilung des Emissionsstromes entlag einer Linie im zentralen Teil einer Katode für den Raumladungs- und Sättigungsbetrieb
$u_{aR} = 1$ kV, $u_{aS} = 2{,}5$ kV, $i_R = 4{,}7$ A, $i_S = 8{,}5$ A, $T_k = 1750$ °C, $p = 3 \cdot 10^{-7}$ Torr, $t = 30$ μs, $\tau = 100$ ms, Blendendurchmesser = 0,3 mm

Die Stromdichteunregelmäßigkeiten des Sättigungsstromes werden im Raumladungsgebiet stark eingeebnet. Die Emissionsstärke garantiert einen sicheren Betrieb im Raumladungsgebiet (0,5—1 Acm^{-2}). Die Emissionseigenschaften sind in Grenzen unabhängig von der Katodengeometrie. Nach der beschriebenen Technologie hergestellte kugelkalottenförmige Katoden, die für Untersuchungen in [1] zum Einsatz gelangten, zeigten ein ähnliches Verhalten.

4.9.4. Die Bestimmung der Stromdichteverteilung

4.9.4.1. Einleitung

Für eine Elektronenströmung interessiert neben dem Gesamtstrom und dem Durchmesser für bestimmte Anwendungsfälle die Stromdichte und deren Abhängigkeit vom Ort in der Elektronenströmung. Von Bedeutung ist die Kenntnis der Stromdichteverteilung in Elektronenstrahlen, sowohl im Bereich der Linearstrahlröhren, der Bildaufnahme- und Wiedergaberöhren als auch auf dem Gebiet der Elektronenstrahltechnologie. Man denke z. B. an das Problem der Kanonenentwicklung für Linearstrahlröhren hoher Leistung. Während sowohl Perveanz als auch Kanonenwirkungsgrad durch Strom- und Spannungsmessungen ermittelt werden können, ist man in bezug auf die Strahlstromdichteverteilung auf näherungsweise Berechnungen oder auf Rückschlüsse aus sekundären Auswirkungen der Stromdichteverteilung, z. B. niedrige Strahlwirkungsgrade oder schlechte Fokussierbarkeit in magnetischen Längsfeldern, angewiesen, wenn die Strahlstromdichte nicht bestimmt werden kann. Gelingt es dagegen, die Stromdichteverteilung im Strahl meßtechnisch direkt zu erfassen, ohne den Strahlverlauf durch die Meßsonde merklich zu verfälschen, dann hat man ein wesentliches Kriterium zur Kanonenoptimierung zur Verfügung. Aus der Literatur sind Arbeiten zu dieser Vorgehensweise bekannt [39, 40, 41].
Interessant ist ferner die Messung der Stromdichteverteilung unmittelbar vor der Oberfläche von Katoden. Betreibt man diese Katoden, bei denen es sich um Probekörper zu untersuchender Emissionsmaterialien handeln kann, im Bereich der Sättigung, so ergeben sich Rückschlüsse auf Materialeigenschaften und Herstellungstechnologie [42].
Über ein Verfahren der meßtechnischen Erfassung der Stromdichteverteilung — das am vorteilhaftesten erscheinende Lochblendenverfahren — soll hier anhand von Untersuchungen mit einer eigenen Stromdichtemeßeinrichtung für hochperveante Leistungsstrahlen berichtet werden.

4.9.4.2. Mögliche Verfahren zur experimentellen Untersuchung der Strahlstromdichte

Das Lochblendenverfahren ist aus der Literatur bekannt [39 bis 59]. Neben diesem gibt es zur Untersuchung der Stromdichteverteilung in Elektronenstrahlen eine Reihe weiterer Methoden. Am bekanntesten ist das Sichtbarmachen des Stromdichteprofils, indem man den Strahl auf einen Fluoreszenzschirm auftreffen läßt [60, 61]. Ferner kann aus dem von der lokalen Strahlintensität abhängigen Aufglühen einer sehr dünnen, in den Strahlquerschnitt gebrachten Graphitschicht in ähnlicher Weise auf die Stromdichteverteilung geschlossen werden [40, 62]. Neben den bisher genannten Methoden sind u. a. noch das Leuchten des Restgases [63 bis 67], das Aufglühen bzw. Aufleuchten von feinen Drähten und Lochblenden [68] bzw. kleinen beweglichen Leuchtschirmen [63, 64], die an verschiedenen Stellen in den vermutlichen Strahlbereich gebracht werden, und der von kleinen Drahtsonden aufgenommene Strom [68] zur Strahluntersuchung verwendet worden.

Das Lochblendenverfahren erlaubt die zur Zeit genaueste Bestimmung der Strahlstromdichteverteilung. Die anderen genannten Verfahren liefern nur eine qualitative Übersichtsdarstellung des Stromdichteprofils oder nur eine Information über den Ort des Strahlrandes.

4.9.4.3. Das Lochblendenverfahren

4.9.4.3.1. Das Prinzip

Das Lochblendenverfahren ist das für quantitative Messungen zweckmäßigste. Das Prinzip geht aus Bild 13 hervor. Der Strahlstrom I_S trifft auf eine ebene, üblicherweise kreisrunde Elektrode, die Treffplatte T, und fließt als Treffplattenstrom I_T ab.

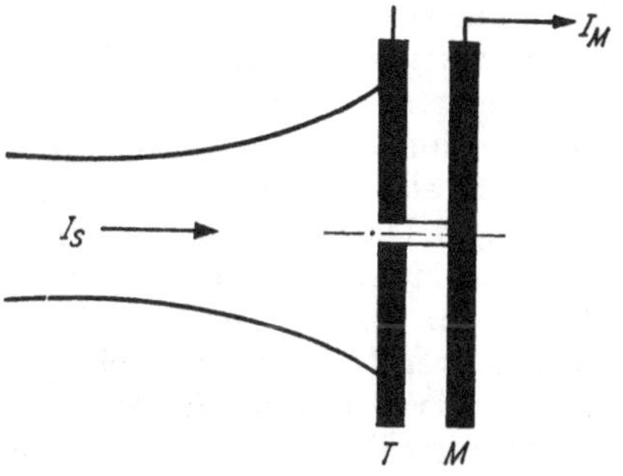

Bild 13. Prinzipskizze des Lochblendenverfahrens
Treffplatte T, Meßkollektor M, Strahlstrom I_S, Treffplattenstrom I_T, Meßkollektorstrom I_M

Über eine kleine Bohrung gelangt ein Teilstrom I_M auf den Meßkollektor M, der bei geschickter Wahl der Vorspannungen und der Form des Meßkollektors der am Ort der Bohrung herrschenden Strahlstromdichte proportional ist:

$$I_M(x, y, z) = A_1 \cdot G(x, y, z) .$$

A_1 ist die elektrisch wirksame Fläche der Treffplattenöffnung und G die ortsabhängige Strahlstromdichte. Für die primären Elektronenströme gilt

$$I_S = I_T + I_M .$$

Praktisch ist stets $I_M \ll I_T$ und damit $I_T = I_S$. Bewegt man nun das Meßsystem, unter dem die Treffplatte, der Meßkollektor und weitere evtl. vorhandene Elektroden verstanden werden sollen, und den Strahl relativ gegeneinander, so ist die Stromdichteverteilung im Strahl meßbar.

4.9.4.3.2. Meßfehler

Das vom Prinzip her zunächst einfach erscheinende Meßverfahren hat bei der praktischen Anwendung doch eine Reihe von Tücken, die festgestellt und in geeigneter Weise umgangen werden müssen.
Die wichtigsten Meßfehler ergeben sich aus folgenden Sachverhalten:

1. Zwischen den Elektroden des Meßsystems und zwischen diesen und der Rezipientenwand bzw. anderen in der Nähe liegenden Elektroden erfolgt ein von der Energie der Primärelektronen und vom Material abhängiger Sekundärelektronenaustausch.
2. Die elektrisch leitende Treffplatte ändert die Raumladungspotentialverteilung im Strahl und demnach den Bahnverlauf der Primärelektronen.
3. Bei den praktisch erreichbaren Drücken im Rezipienten entstehen durch Ionisierung der Restgasmoleküle positive Ionen und sekundäre Elektronen. Zwischen den

neu entstehenden, sich in der Strahlachse sammelnden und den entlang der Strahlachse abfließenden Ionen stellt sich ein dynamisches Gleichgewicht ein. Die in den Strahl gebrachte, leitende Treffplatte verändert dem nicht gestörten Fall gegenüber die Einstellzeit und die sich einstellende Höhe des Gleichgewichtes, wodurch sich veränderte Rückwirkungen auf den auszumessenden Primärstrahlverlauf ergeben.
4. Die elektrisch wirksame Fläche der Treffplattenöffnung weicht von der geometrischen ab.
5. Die meßtechnische Auswertung der Strom- und Spannungswerte ist fehlerbehaftet.
6. Die Registrierung der räumlichen Lage der Treffplattenöffnung ist fehlerbehaftet.

4.9.4.3.3. Konstruktiver Aufbau der verwendeten Meßeinrichtung

Bevor auf die Überlegungen und Messungen zur zweckmäßigen Gestaltung des Lochblenden-Meßsystems eingegangen wird, soll die verwendete Strahlstromdichtemeßeinrichtung vorgestellt werden, die für Messungen an Strahlen hoher Leistung und Perveanz entwickelt wurde. Bild 14 veranschaulicht den konstruktiven Aufbau. Die Strahlstromdichtemeßeinrichtung ist ein Funktionsbaustein, der nach dem Baukastenprinzip aufgebauten Experimentieranlage. Die Apparatur ist in mechanischer Hinsicht verhältnismäßig einfach aufgebaut. Ein Stab ist außerhalb des Vakuumraumes in einem Kugelgelenk gelagert. An seinem unteren, im Rezipienten liegenden Teil ist das Strahlmeßsystem befestigt. Sein oberer Teil wird über einen Pantographmechanismus bewegt, der die Bewegung der Treffplattenöffnung — etwa um den Faktor 2,5 vergrößert — auf ein Raster überträgt. Die Ebene, in der sich das Kugelgelenk befindet, kann mit dem darüberliegenden Aufbau in ihrer Entfernung zur übrigen Apparatur um etwa 20 mm variiert werden, wodurch die Lage des Meßsystems in gleicher Weise in Richtung der Elektronenstrahlachse geändert wird. Die Elektroden des Meßsystems sind über Molybdänlitze mit den Anschlüssen einer seitlich angebrachten Durchführung verbunden. Der gesamte Baustein ist unmagnetisch. Das den Pantograph tragende Teil ist abnehmbar, die übrige Apparatur kann bis 450 °C ausgeheizt werden. Sie besteht aus unmagnetischem CrNi-Stahl.

4.9.4.3.4. Meßbedingungen und Blockschaltbild des verwendeten Elektronenstrahlanalysators

Die Einrichtung ist zur Bestimmung der Stromdichteverteilung in Elektronenströmungen in einer großen Anzahl von Meßreihen eingesetzt worden. Die Anwendung erfolgte für drei in ihren Besonderheiten etwas unterschiedliche Fälle:

1. Bestimmung der Stromdichteverteilung in magnetisch nicht geführten Elektronenstrahlen vorwiegend unmittelbar nach der Anode der Elektronenkanone im Bereich der Strahltaille.
2. Bestimmung der Stromdichteverteilung in magnetisch fokussierten Elektronenstrahlen.
3. Bestimmung der Emissionsstromdichteverteilung von großflächigen Katoden im Gebiet der Sättigung und Raumladung.

Die Entwicklung der Stromdichtemeßeinrichtung erfolgte für den erstgenannten Anwendungsfall. Es zeigte sich, daß dieser Fall die größten Forderungen an das Meßsystem stellt und ein dafür geeignetes Meßsystem für die weiteren Anwendungsfälle ohne konstruktive Änderungen einsetzbar ist.
Sämtliche Messungen, über die hier berichtet wird, sind im Impulsbetrieb durchgeführt worden, um die Erwärmung des Meßsystems in zulässigen Grenzen zu halten. Es wird die Katode gegenüber der auf Massenpotential liegenden Anode negativ getastet. Die Impulsdauer betrug im allgemeinen 30 µs, konnte aber auch bis auf 500 µs verlängert werden. Das Tastverhältnis wurde 1:1000 gewählt. Die Strahlspannungen

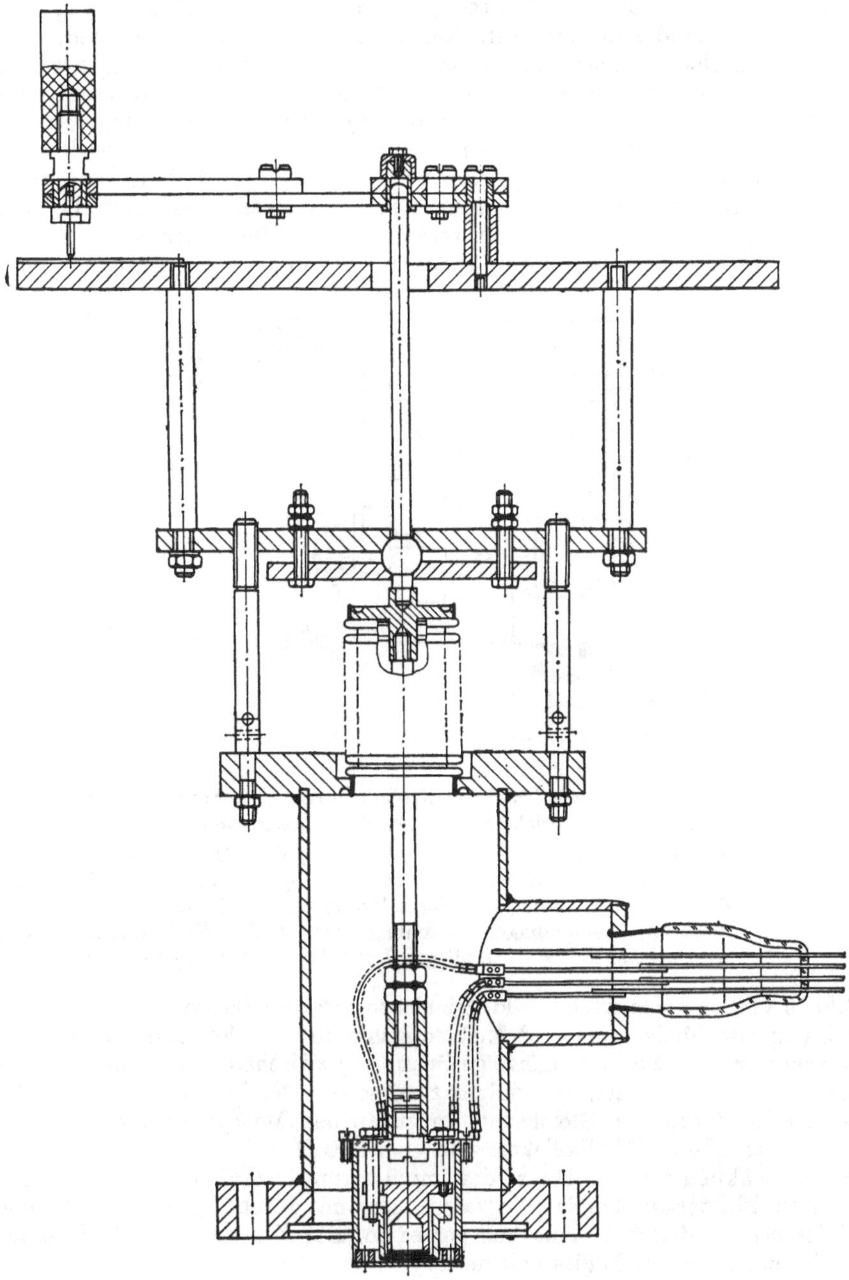

Bild 14. Schnittdarstellung der Strahlstromdichtemeßeinrichtung

lagen zwischen 1 und 10 kV, die Strahlströme unter 4 A. Die Messungen sind im Druckbereich $1 \cdot 10^{-7}$ bis $5 \cdot 10^{-7}$ Torr durchgeführt worden. In diesem Druckbereich ist der Einfluß der Ionenbildung auf den Strahlstrom i_S als Ganzes zu vernachlässigen. Dagegen ist, wie meßtechnisch bestätigt werden konnte, die Auswirkung der im Strahlvolumen vorhandenen positiven Ionen auf die räumliche Stromdichteverteilung $g(x, y, z)$ durchaus vorhanden. Die Erzeugung einer zur Einstellung des dynamischen Gleichgewichtes zwischen erzeugten und abfließenden Ionen notwendigen Ionenzahl erfordert in diesem Druckbereich Zeiten, die mehrere Millisekunden betragen können. Bei den hier zu besprechenden Untersuchungen soll nicht die durch Restgase veränderte Stromdichteverteilung bestimmt werden. Es ist deshalb bei einer so kurzen Zeit nach Einschalten des Elektronenstrahls zu messen, daß sich die Stromdichteverteilung noch nicht wesentlich verändert hat. Unter den vorliegenden Verhältnissen erfüllt die gewählte Impulsdauer von 30 µs diese Bedingung hinreichend.

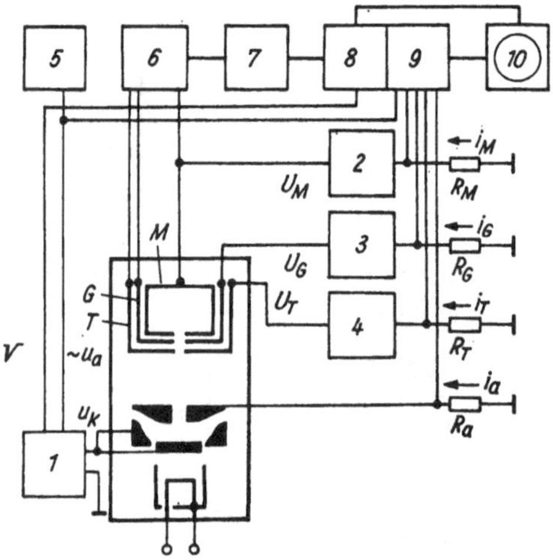

Bild 15. Blockschaltbild des Stromdichteanalysators für die Messung in magnetisch fokussierten und nichtfokussierten Elektronenstrahlen

1 — Hochspannungsimpulsgenerator, *2*, *3*, *4* — Gleichspannungsquellen zur Vorspannung der Meßsystemelektroden, *5* — Digitalzähler zur Impulsdauer- und Periodendauerbestimmung, *6* — Digitalvoltmeter zur Meßmarken- und Vorspannungsmessung, *7* — Meßmarkenspannungserzeuger, *8* — Meßmarkengenerator, *9* — Meßwertumschalter, *10* — Oszillograph zur Anzeige der Impulsgrößen

Bild 15 gibt das Blockschaltbild der elektronischen Geräte und die prinzipielle Anordnung von Meßsystem und Elektronenkanone an. Folgende Größen müssen gemessen werden: Die impulsförmige Spannung zwischen Anode und Katode der Kanone $u_k = -u_a$, die impulsförmigen Ströme der Treffplatte und des Meßkollektors, i_T und i_M; ferner die Gleichspannungen an den Meßsystemelektroden: U_T an der Treffplatte, U_M am Meßkollektor und U_G am Gitter.
Die Auslenkung und die Dauer der impulsförmigen Größen werden durch Vergleich des Impulsbildes auf dem Oszillografenschirm mit durch Digitalvoltmeter und Digitalzähler bestimmbaren Meßmarken gemessen. Die Messung der Gleichvorspannungen erfolgt ebenfalls mit Digitalvoltmeter.

4.9.4.3.5. Das Lochblendenmeßsystem

a) *Das Zweielektrodenmeßsystem*

Bild 16 zeigt das zunächst verwendete Zweielektrodenmeßsystem, wie es in ähnlicher Form von anderen Autoren (z. B. [39 bis 41], [44 bis 60], [68]) zur Messung der Strom-

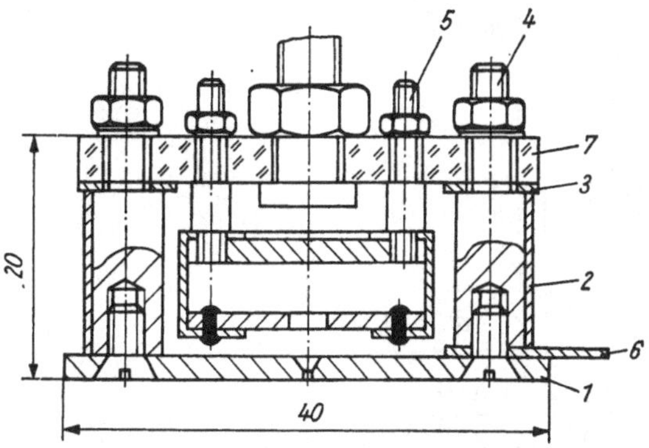

Bild 16. Schnittdarstellung des Zweielektrodenmeßsystems

1 — Treffplatte, *2* — Außenhülle, *3* — obere metallische Abdeckung, *4* — Haltebolzen für die Treffplatte, *5* — Meßkollektor mit Haltebolzen, *6* — Treffplattenanschluß, *7* — Keramikhalterung

dichteverteilung im magnetisch fokussierten Strahlen verwendet wurde. Es bestand nun die Aufgabe, die Vorspannungen für die Meßsystemelektroden so zu wählen, daß der gemessene Treffplattenstrom i_T gleich dem Strahlstrom i_S und ein der Strahlstromdichte am Meßort $g(x, y, z)$ proportionaler Meßkollektorstrom $i_M(x, y, z)$ gemessen wird. Üblicherweise wird die Treffplatte mit $U_T = +50 \ldots 100$ V vorgespannt, um die vom Primärstrahl dort ausgelösten SE auf dieser Elektrode zurückzuhalten. Der meist als Faraday-Käfig ausgebildete Meßkollektor wird mit $U_M = +150 \ldots 200$ V vorgespannt, um die dort vom ausgeblendeten Teilstrahl erzeugten SE nicht zur Treffplatte gelangen zu lassen. Als versucht wurde, mit diesen Vorspannungen die Stromdichteverteilung am Ausgang von Pierce- und Müller-Kanonen zu messen, führte das zu völlig unbefriedigenden Ergebnissen. Das Kennlinienfeld in Bild 17 macht das deutlich. Das Zweielektrodenmeßsystem befindet sich etwa auf Strahlmitte ausgerichtet 10 mm hinter der Anode einer Pierce-Kanone, deren Elektrodenkonfiguration aus Bild 18 hervorgeht. Die in Bild 17 angegebenen Gleichvorspannungen für Treffplatte U_T und Meßkollektor U_M sind auf die geerdete Anode und die mit dieser verbundene Vakuumhülle der Strahlstromdichtemeßeinrichtung bezogen.

Die als Parameter gewählten Impulsanodenspannungen bedeuten, daß die Katode um $-u_a$ negativ getastet wird. Zweckmäßigerweise sollte man das Diagramm auf die Treffplatte bezogen betrachten: Der Abszissenwert $U_M - U_T$ stellt die auf die Treffplatte bezogene Meßkollektorspannung dar; der für eine bestimmte Kurve geltende Parameterwert U_T bedeutet, daß die gesamte Umgebung des Meßsystems,

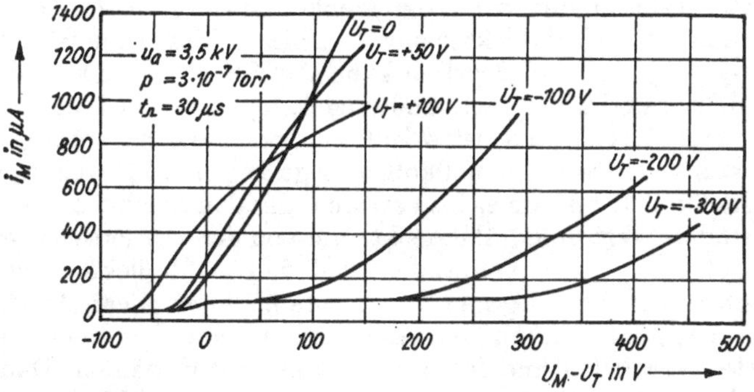

Bild 17. Meßkollektorstrom i_M als Funktion der Treffplattenvorspannung U_T und Meßkollektorvorspannung U_M für das Zweielektrodenmeßsystem

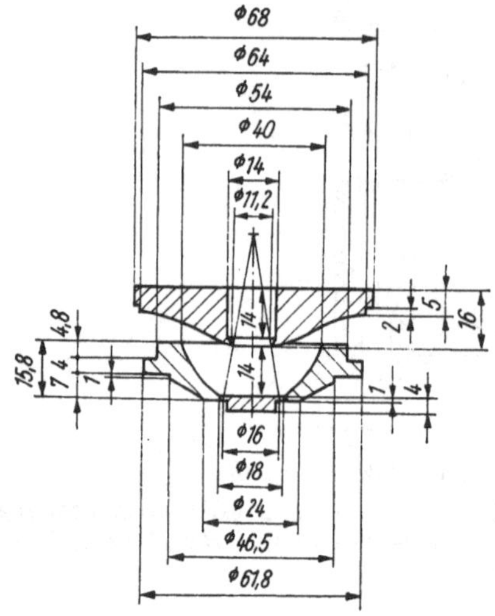

Bild 18. Elektrodenform einer Elektronenkanone nach *Pierce*
$\frac{R_K}{R_a} = 1{,}45$; $\alpha = 10°$; ebene Katode

d. h. die Anode und die Vakuumhülle der Stromdichtemeßeinrichtung, relativ zur Treffplatte auf $-U_T$ liegt. Das Kennlinienfeld ist gekennzeichnet durch einen für negative und positive $(U_M - U_T)$-Werte in unterschiedlicher Höhe etwa horizontal verlaufenden Ast und durch steile Anstiege des Meßkollektorstromes stets dann, wenn der Meßkollektor positiv sowohl gegen Treffplatte als auch gegen Anode wird. Der Kurvenverlauf wird erklärbar, wenn man den SE-Austausch zwischen den beiden Elektroden des Meßsystems und ihren Anschlußdrähten untereinander und mit der Anode, die mit der Wand des Meßraumes verbunden ist, berücksichtigt. Dieser SE-Austausch ist die wesentlichste Ursache für Meßfehler. Durch den Primärstrahl werden aus der Treffplatte, durch den Fehlstrom der Kanone aus der Anode, durch den ausgeblendeten Teilstrahl aus dem Meßkollektor und aus der Bohrung der Treffplatte SE ausgelöst. Die SE durchlaufen auf Grund ihrer Anfangsgeschwindigkeit (Betrag und Richtung) und der auf sie wirkenden Feldkräfte (Potentialverteilung zwischen den Elektroden) den Raum und treffen dann auf eine Elektrode auf. Durch geeignete Elektrodenspannungen kann der Hauptanteil der SE auf bestimmte Elektroden gelenkt oder von diesen ferngehalten werden. Das gilt nicht für elastisch reflektierte und nur für einen Teil der rückdiffundierenden SE.
Der horizontale Kennlinienast stellt für positive $(U_M - U_T)$-Werte den primären Meßkollektorstrom $i_M = i_{MP}$ dar, wenn man dagegen den von der Treffplattenöffnung zum Meßkollektor fließenden SE-Strom vernachlässigt. (Diese Vernachlässigung ist gerechtfertigt, wie die Messungen am Dreielektrodenmeßsystem zeigen.) Für negative $(U_M - U_T)$-Werte stellt er den primären Meßkollektorstrom dar, der um den im Inneren des Systems vom Meßkollektor zur Treffplatte fließenden SE-Strom vermindert ist. $i_M = i_{MP} - i_{MS}$. Am Meßsystem kann der SE-Strom nicht nur im Inneren zwischen Meßkollektor und Treffplatte und umgekehrt, sondern auch „außen herum" fließen, da der Meßkollektor und seine Zuleitungen nicht vollständig abgeschirmt sind. Zusätzlich von außen auf den Meßkollektor gelangende SE sind es, die den starken Anstieg des Meßkollektorstromes hervorrufen, der den primären, der Strahlstromdichte entsprechenden Wert völlig überdeckt. Die von der Vorderseite der Treffplatte ausgelösten SE gelangen dann „von außen" auf den Meßkollektor und dessen Anschlußdraht, wenn dieser sowohl gegen Treffplatte als auch gegen Anode positiv ist. Will man also $i_M = i_{MP}$ messen, muß man den horizontalen Kennlinienast für positive $(U_M - U_T)$-Werte verwenden und folglich U_T kleiner 0 V wählen. Dann mißt man jedoch als Treffplattenstrom i_T nur den um den weggehenden SE-Strom i_{TS} verminderten Strahlstrom $i_S \cdot i_T = i_{TP} - i_{TS} \neq i_S$ (Bild 19). Nur durch sehr sorgfältige

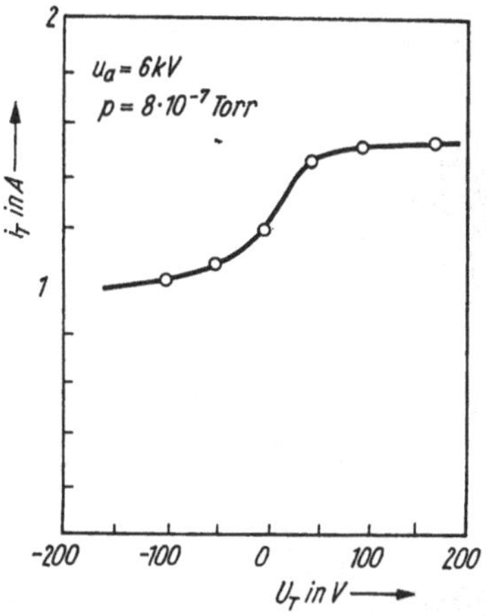

Bild 19. Treffplattenstrom i_T als Funktion der Gleichvorspannung der Treffplatte U_T;

Abschirmung des Meßkollektors und seiner Zuleitung — ein technisch u. U. nicht einfach zu lösendes Problem — könnte das Auftreten von SE auf den Meßkollektor verhindert werden. Um deutlich zu machen, welcher geringe SE-Anteil des Strahlstromes ausreicht, i_M entscheidend zu verfälschen, sei auf das Verhältnis von Strahlstrom zu Meßkollektorstrom $i_S/i_M = 10^3 \dots 10^5$ hingewiesen, so daß z. B. das 10^{-6}-fache des Strahlstromes als SE-Strom auf den Meßkollektor zu gelangen braucht, um i_M um 10% zu verfälschen.

b) *Das Dreielektrodenmeßsystem*

Fügt man zwischen Meßkollektor und Treffplatte eine Gitterblende ein, die vom ausgeblendeten Primärstrahl nicht getroffen wird, und macht deren Potential so negativ, daß der SE-Austausch im Inneren des Meßsystems zwischen diesen beiden Elektroden sicher unterbunden wird, also U_G um etwa 100 V negativer als U_M, dann kann U_T etwa +100 V gemacht werden, wobei $i_S \approx i_T$ gilt. Ferner kann auch $(U_M - U_T)$ ausreichend negativ gewählt werden, um das Auftreffen von SE der Treffplatte auf den Meßkollektor zu verhindern. Das auf Grund dieser Überlegungen entwickelte Dreielektrodenmeßsystem ist in Bild 20 dargestellt. Es befindet sich 10 mm über der Anodenrückseite eines Müller-Kanonensystems [69]. Die Treffplatte kann leicht ausgewechselt werden. Sie hat einen Durchmesser von 40 mm und ist 2 mm dick. Es wurden solche aus Molybdän oder Graphit verwendet. Der Durchmesser der Abtastöffnung betrug 100 μm bis 400 μm, sie ist von der Rückseite konusförmig erweitert.
Bild 21 zeigt in einer zum Zweielektrodenmeßsystem analogen Darstellung den Meßkollektorstromverlauf in Abhängigkeit von den Elektrodenvorspannungen für eine Strahlspannung von 2,7 kV. Zusätzlich tritt der Parameter U_G auf. Die Kurvenschar für einen bestimmten Wert für U_T überkreuzt sich etwa dort, wo der Einfluß des SE-Stromes „außen herum" bedeutend wird und zu einem starken Anstieg von i_M führt. Links von diesem Kreuzungspunkt bleibt i_M so lange auf dem Wert des Meßkollektorprimärstromes, hier etwa 58 μA, wie die durch die negative Gitterspannung vor dem Meßkollektor erzeugte Potentialabsenkung ausreicht, die vom Meßkollektor ausgehenden SE zurückzuhalten: Die Gitterelektrode hat die erwartete Wirkung. Rechts vom Kreuzungspunkt gelangen um so mehr SE der Treffplatte auf den Meßkollektor, je weniger negativ U_G ist.
Verbindet man die Gitterelektrode mit dem Meßkollektor, dann verhält sich das Dreielektrodenmeßsystem völlig analog zum Zweielektrodensystem. Bild 22 zeigt diesen Sachverhalt. Anhand von Bild 19 und Bild 21 können geeignete Arbeitspunkte fest-

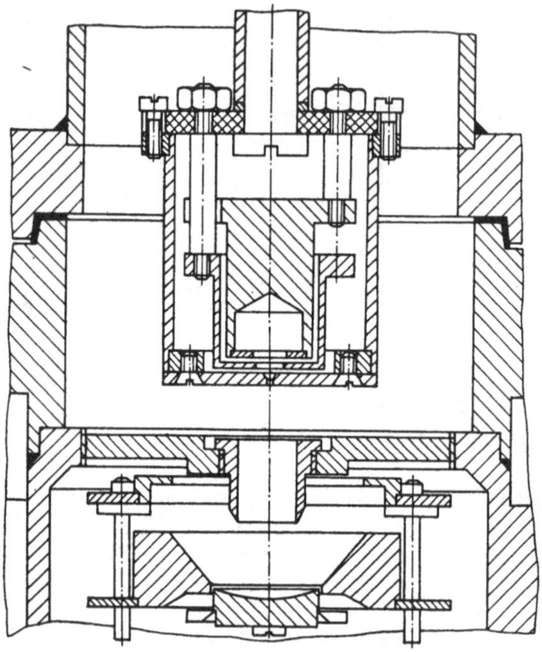

Bild 20. Schnittdarstellung des Dreielektrodenmeßsystems in Meßposition

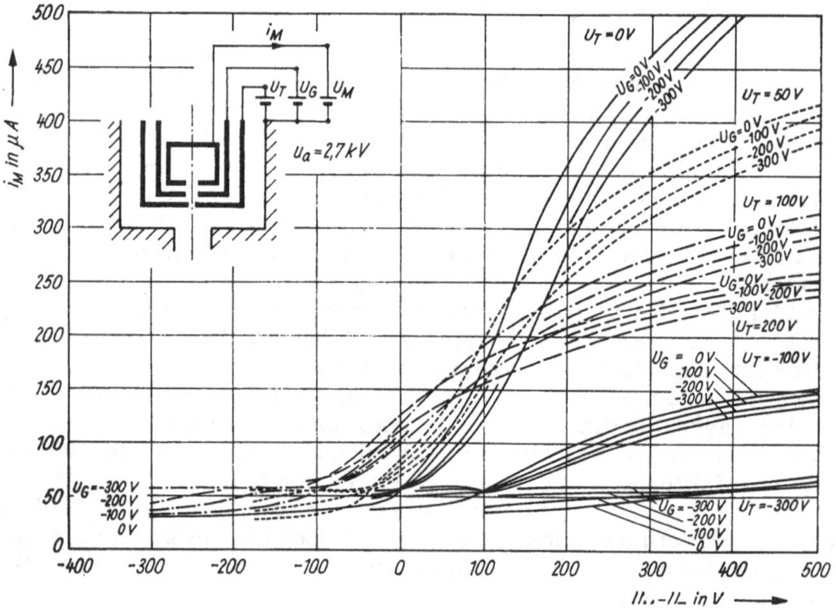

Bild 21. Meßkollektorstrom i_M als Funktion der Treffplatten- U_T, Gitter- U_G und Meßkollektorvorspannung U_M für das Dreielektrodenmeßsystem (Impulsdauer $t = 30\ \mu s$, Tastverhältnis 1:1000, Druck $p = 3 \cdot 10^{-7}$ Torr)

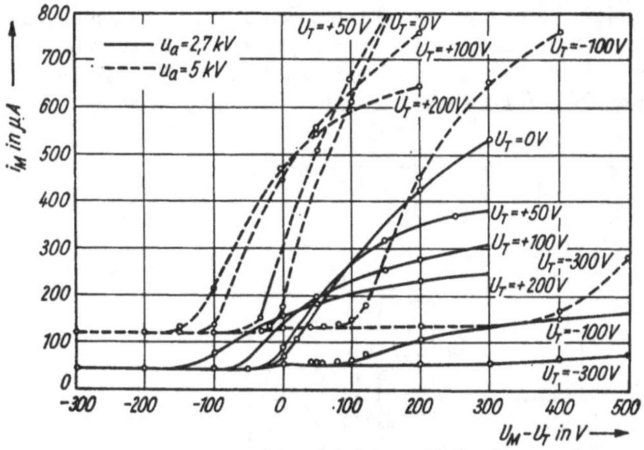

Bild 22. Meßkollektorstrom i_M des Dreielektrodenmeßsystems, Gitter mit Meßkollektor verbunden (Impulsdauer $t = 30\,\mu s$, Tastverhältnis 1:1000, Druck $p = 3 \cdot 10^{-7}$ Torr)

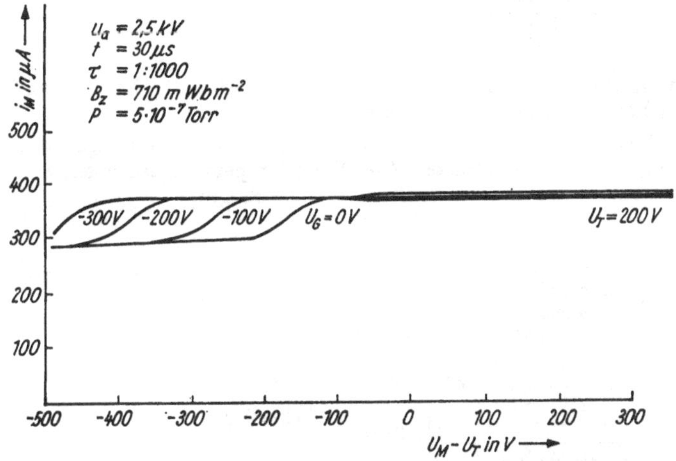

Bild 23. Meßkollektorstrom i_M als Funktion der Treffplatten- U_T und Meßkollektorspannung U_M für das Dreielektrodensystem bei starkem magnetischen Längsfeld

gelegt werden. Für die meisten Messungen wurde folgender Arbeitspunkt gewählt: $U_T = 100$ V, $U_G = -200$ V, $U_M = -100$ V. Die Wahl des Arbeitspunktes ist nicht sehr kritisch, beachtet man die Kennlinien nach Bild 19 und Bild 21 und die diesen zugrundeliegenden physikalischen Gesetzmäßigkeiten.

Das entwickelte Dreielektrodenmeßsystem wurde auch eingesetzt, um die Stromdichteverteilung in magnetisch fokussierten Elektronenstrahlen zu messen. Bild 23 zeigt ein für diesen Anwendungsfall typisches Kennlinienfeld. Der steile Anstieg des Meßkollektorstromes, als dessen Ursache der von der Treffplatte auf den Meßkollektor und seine Anschlußleitung gehende SE-Strom ermittelt worden war, tritt nicht mehr auf. Die zur Fokussierung leistungsstarker Strahlen erforderlichen magnetischen Längsfelder (B_z in Richtung der Strahlachse und demnach etwa senkrecht zur Treffplattenoberfläche) in der Größenordnung von 10 bis einige 100 $mWbm^{-2}$ krümmen die Bahnen der durch den Primärstrahl an der Treffplatte ausgelösten SE sofort, wodurch auch bei positiven ($U_M - U_T$)-Werten „außen herum" keine SE auf den Meßkollektor gelangen können.

Wie die Kennlinie zeigt, kann man sowohl mit den für den magnetfeldfreien Fall ermittelten Parameterwerten messen als auch $U_G = 0$ V wählen oder das Gitter mit dem Meßkollektor verbinden und mit positiven ($U_M - U_T$)-Werten arbeiten. Für Messungen an magnetisch fokussierten Strahlen ist also auch ein Zweielektroden-

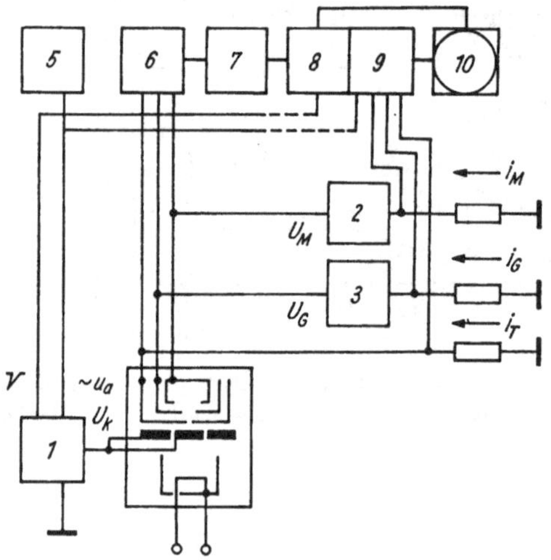

Bild 24. Blockschaltbild des Stromdichteanalysators für die Messung der Emissionsstromdichteverteilung von Katoden

1 — Hochspannungsimpulsgenerator, *2, 3, 4* — Gleichspannungsquellen, *5* — Digitalzähler, *6* — Digitalvoltmeter, *7* — Vergleichspannungserzeuger, *8* — Meßmarkenerzeuger, *9* — Meßwertumschalter, *10* — Oszillograph

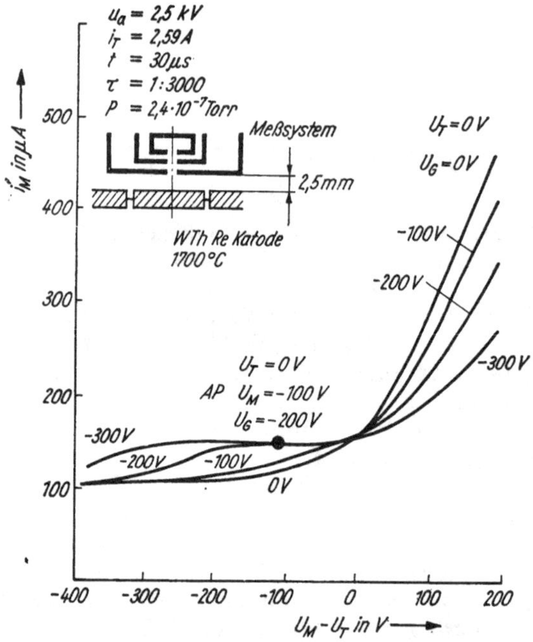

Bild 25. Meßkollektorstrom i_M als Funktion der Treffplatten- U_T und Meßkollektorspannung U_M für das Dreielektrodenmeßsystem bei der Bestimmung der Emissionsstromdichteverteilung

system mit z. B. den Vorspannungen $U_T = +100$ V und $U_M = +200$ V durchaus geeignet.

Beim letztgenannten Anwendungsfall, der Messung der Emissionsstromdichte von Katodenwerkstoffen, liegen die in Bild 24 dargestellten Verhältnisse vor. Bild 25 zeigt ein typisches Kennlinienfeld. Auch hier treten die für Fall 1 beschriebenen SE-Effekte auf. Die Anwendung des Dreielektrodenmeßsystems ist erforderlich. In Bild 25 ist der im allgemeinen verwendete Arbeitspunkt mit eingetragen. Auf eine Besonderheit muß noch hingewiesen werden: Vor der Treffplatte herrscht eine relativ hohe Feldstärke von etwa 10 kV/cm. Der sich in der Umgebung der Abtastöffnung ergebende Feldverlauf führt dazu, daß der wirksame Lochdurchmesser erheblich vom geometrischen Wert abweicht. Bild 26 zeigt die Verhältnisse qualitativ. Diese Abweichung ist von der Potentialverteilung abhängig und muß beim Vergleich verschiedener Meßreihen berücksichtigt werden.

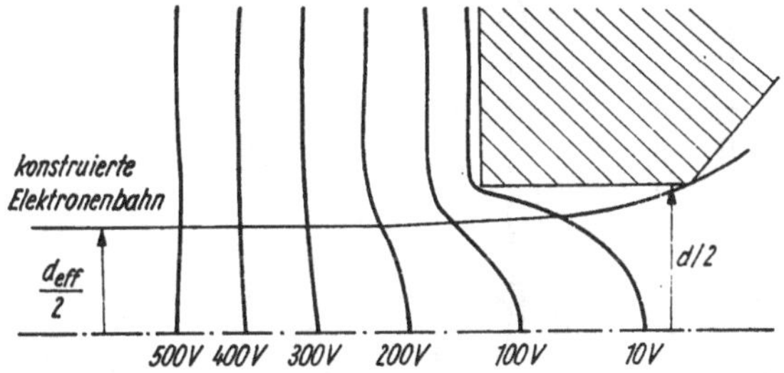

Bild 26. Prinzipieller Verlauf des Potentials in der Nähe der Treffplattenöffnung bei Anwendung des Dreielektrodenmeßsystems zur Bestimmung von Emissionsstromdichteverteilungen. Blendendurchmesser d elektrisch wirksamer Blendendurchmesser d_{eff}

4.9.4.4. Ausgewählte Meßergebnisse

Eine erste Erprobung sollte die Brauchbarkeit der Meßeinrichtung zeigen und noch vorhandene Unzulänglichkeiten erkennen lassen. Es wurde 10 mm jenseits der Anodenöffnung der Pierce-Kanone nach Bild 18 deren Strahlstromdichte bestimmt. Bild 27 vermittelt eine anschauliche Vorstellung. Die Messung ist über den gesamten

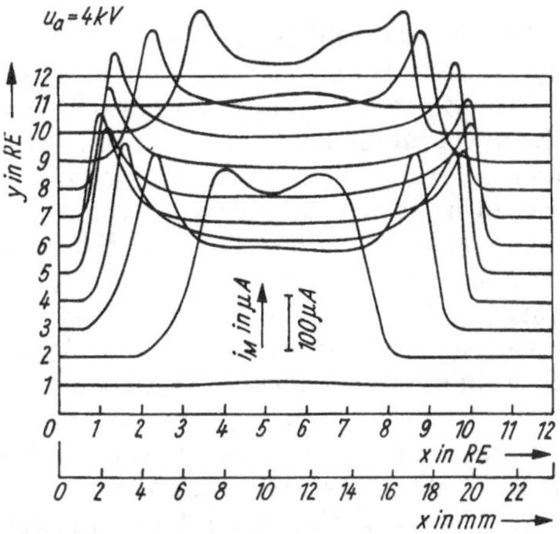

Bild 27. Übersichtsdarstellung der Stromdichteverteilung über dem Strahlquerschnitt 10 mm hinter der Anode der Pierce-Kanone nach Abb. 18 (Impulsdauer $t = 30$ µs, Druck $p = 5 \cdot 10^{-7}$ Torr)

Querschnitt eines Strahles von 20 mm Durchmesser möglich. Der Meßfehler für den Meßkollektorstrom beträgt $\pm 3\% \pm 2\,\mu A$. Während dieser Wert durchaus befriedigen konnte, war die Genauigkeit der Einstellung der Ortskoordinaten noch unbefriedigend. Wie Bild 28 zeigt, streuen die Meßwerte im Bereich starker örtlicher Stromdichteschwankungen beträchtlich, wodurch die Reproduzierbarkeit leidet. Nachdem die mechanischen Eigenschaften verbessert wurden, war der Fehler der mechanischen

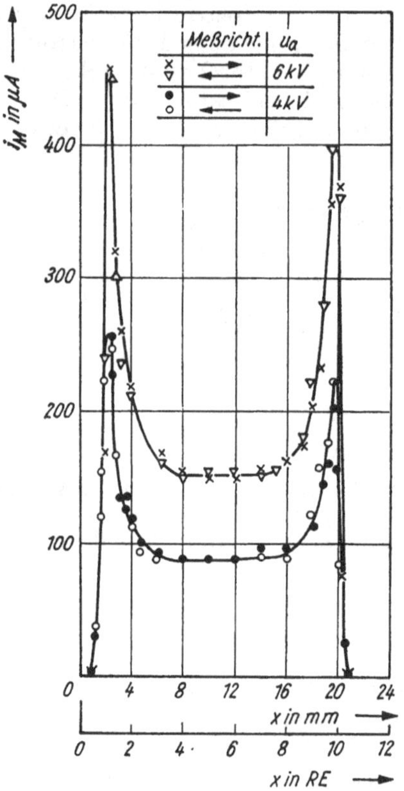

Bild 28. Stromdichteverteilung längs eines Strahldurchmessers 10 mm hinter der Anode der Pierce-Kanone nach Abb. 18 (Impulsdauer 30 µs, Druck $p = 5 \cdot 10^{-7}$ Torr)

Einstellung kleiner als 0,2 mm. Bild 29 und Bild 30 demonstrieren die Leistungsfähigkeit der Einrichtung besonders in dieser Hinsicht. Bei diesen Stromdichteprofilen handelt es sich um Meßwerte, die aus folgender Anordnung gewonnen wurden: Ein ebenes Diodensystem mit einem Katodendurchmesser von 20 mm besitzt eine ebene Anode, die mit einer Reihe kleiner Bohrungen versehen ist, deren räumliche Anordnung, optisch in das Meßdiagramm projeziert und als ausgezogene Kreise dargestellt, Bild 29 entnommen werden kann. Ein kleiner Teil des Diodenstromes tritt durch die Bohrungen hindurch und bildet kleine Teilstrahlen mit einem Durchmesser von 1,5 ... 2 mm, deren Dichteverteilung 1 mm nach der Anode ausgemessen wurde. Auf diese Weise wird gewissermaßen ein Strahlprofil vorgegeben, dessen Geometrie bekannt ist. In Bild 30 sind jeweils zwei senkrecht aufeinander stehende, etwa durch die Mitte der Teilstrahlen gehende Dichteprofile dargestellt. Die Messungen sind nacheinander, vorwärts und rückwärts messend (Pfeilrichtung) durchgeführt worden. Bedenkt man, daß die Strahlstromdichtenmeßeinrichtung für Strahldurchmesser von 5 ... 20 mm konzipiert wurde, dann ist die mechanische Reproduzierbarkeit gut.

Wir haben die Eigenschaften des von Müller [69] vorgeschlagenen Kanonentyps ausführlich untersucht. Als weiteres Beispiel für die Anwendung der Meßeinrichtung sollen die folgenden zwei Bilder dienen.

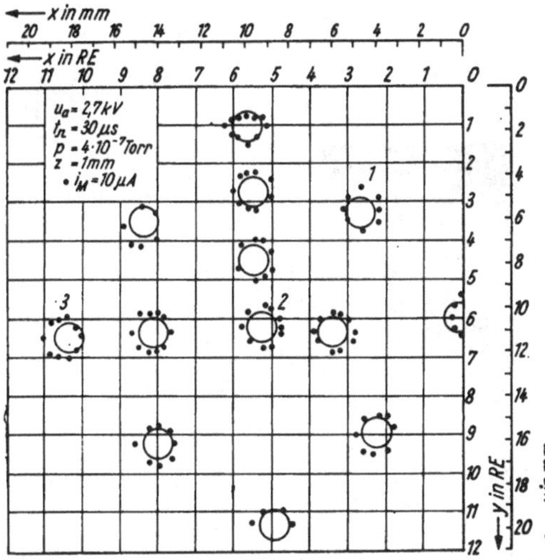

Bild 29. Bohrungsraster mit Punkten konstanter Stromdichte

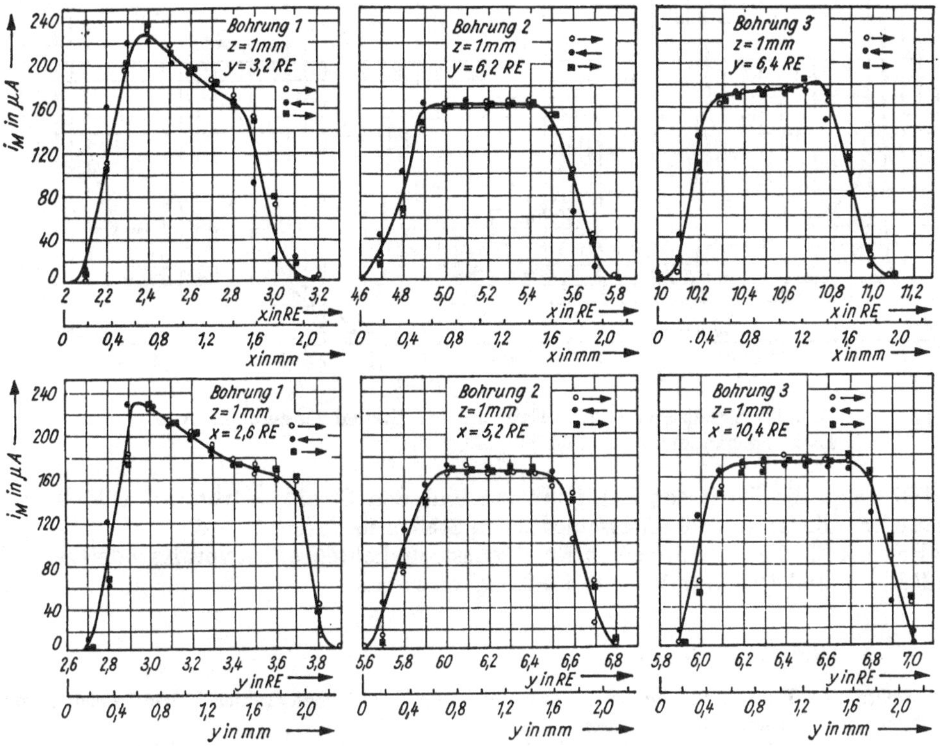

Bild 30. Stromdichteverteilung 1 mm nach der Anode eines ebenen Diodensystems über den Bohrungen *1*, *2* und *3* entsprechend Bild 29 (Impulsdauer $t = 30$ µs, Druck $p = 4 \cdot 10^{-7}$ Torr, Anodenspannung $u_a = 2{,}7$ kV). Die Pfeile geben die Meßrichtung an

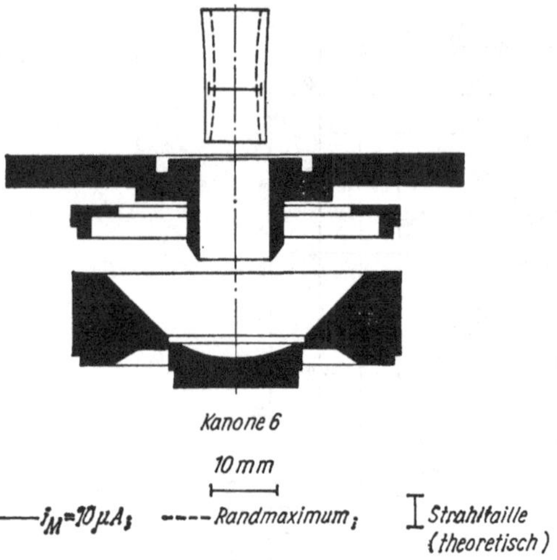

Bild 31. Elektrodenkonfiguration und Strahlrandverlauf einer Elektronenkanone nach *Müller*

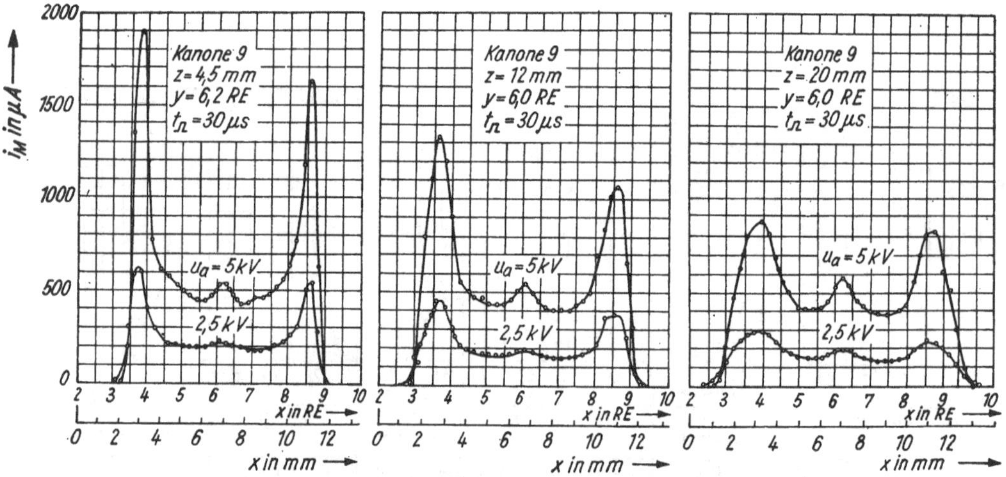

Bild 32. Strahlstromdichteverlauf an drei Stellen jenseits der Anodenöffnung der Elektronenkanone nach Bild 31

Bild 31 zeigt die Elektrodenkonfiguration und den Strahlrandverlauf, Bild 32 die Strahlstromdichte an drei unterschiedlichen Stellen nach der Anode.
Als Beispiel für die Aufnahme von Emissionsstromdichteprofilen von Katoden sei auf die Bilder 9 und 10 unter Abschn. 4.9.3.2.2. verwiesen.

Literaturverzeichnis

[1] *Rößler, H.*: Die experimentelle Untersuchung von Elektronenstrahlen hoher Leistung und Perveanz. Dissertation, TH Ilmenau 1971.
[2] *Göllnitz, H., Rößler, H., Fisch, H. J., Kurt, J.*: Analyse hochperveanter Leistungsstrahlen. Wiss. Z. TH Ilmenau, **16** 2/3 (1970) 55—66.
[3] *Göllnitz, H., Fisch, H. J., Kurt, J., Rößler, H.*: UHV-Hüllenbausteine für experimentelle Untersuchungen an hochperveanten Leistungselektronenstrahlen. Vakuum-Information, 3. Ausgabe, März (1971) 65—69.

[4] *Fisch, H. J., Rößler, H.*: Das Lochblendenverfahren — eine Methode zur Bestimmung der Stromdichteverteilung in Elektronenstrahlen. Wiss. Z. TH Ilmenau **16**, 5 (1970) 47 ... 59.

[5] *Rößler, H., Fisch, H. J.*: Probleme bei Untersuchungen von hochperveanten Elektronenstrahlen. Wiss. Z. Elektrotechnik **12** (1968) 12—34.

[6] *Fisch, H. J., Kurt, J., Rößler, H.*: Verfahren zur Karburierung von Wolfram-Thorium-Rhenium- und Wolfram-Thorium-Blockkatoden. DWP 21g, 13/03 Nr. 75580, 20. 8. 1970.

[7] *Fisch, H. J., Kurt, J., Rößler, H.*: Verfahren zur Karburierung von Wolfram-Thorium-Rhenium- und Wolfram-Thorium-Blockkatoden. DWP 21g, 13/03 Nr. 80786, 20. 3. 1971.

[8] *Rößler, H., Kurt, J., Fisch, H. J.*: Untersuchungen und Messungen von Emissionsprofilen verschiedener Wth-Materialien. Bericht BGW NARWA 1970.

[9] *Fisch, H. J., Rößler, H.*: Ein Impulsgenerator zur Erzeugung negativer Hochspannungsimpulse. Wiss. Z. TH Ilmenau **16**, 5 (1970) 61 ... 67.

[10] *Sommer, J.*: Einsatz von Katoden in belüftbaren Ultrahochvakuumsystemen. Ingenieurbeleg, Ing. Schule für techn. Glasverarbeitung, Ilmenau 1969.

[11] *te Gude, H.*: Neue Glühkatodentechnik, Handbuch für Hochfrequenz- und Elektrotechniker Bd. VII. Verlag für Radio-Foto-Kinotechnik, Berlin-Borsigwalde 1964, S. 459—505.

[12] *Tischer, M.*: Die Katoden — ihre Physik und Technologie. Vakuum-Technik **13**, 4 (1964) 105—110; **13**, 5 (1964) 155—162.

[13] *Huber, H.*: Technologische Probleme bei Hochfrequenzröhren. Vorträge der internat. Tagung Mikrowellenröhren, München 1960. NTF **22** (1961) 560—580.

[14] *Wagner, S., Albrecht, H. E., Kotsch, H.*: Lanthanhexaborid als Katodenwerkstoff. Neue Hütte **9**, 5 (1964) 278—281.

[15] *Haas, A., Jensen, T.*: Einfluß von Lufteinbrüchen auf verschiedene Glühkatoden in zerlegbaren Vakuumsystemen. Vakuum-Technik **9**, 3 (1960) 76—79.

[16] *Haas, A., Jensen, T.*: Use of oxide cathodes in demontable vacuum systems. Rev. of Scient. Instr. **28**, 12 (1957) 1007.

[17] *Tischer, M.*: Über den Emissionsmechanismus der BN-Katode. Z. angew. Physik **15**, 6 (1963) 509—518.

[18] *Duhre, K. P.*: Experimentierkanone. Diplomarbeit, Inst. f. Elektronik, TH Ilmenau 1967.

[19] *Venema, A.*: Nachlieferungskatoden. Philips Techn. Rundschau **19**, 8—9 (1957/58) 281—295.

[20] *Jansen, J., Venema, A., Weekers, H.*: Noninform emission of thermionic cathodes J. Appl. Phys. **37**, 6 (1966) 2234—2245.

[21] *Lafferty, M.*: Thermionischer Elektronenspender. DBP 21g, 13/03 Nr. 856666.

[22] *Lafferty, M.*: Borid cathodes. J. Appl. Phys. **22**, 3 (1951) 299—309.

[23] *Seiffarth, W.*: Thorierte Wolframkatoden für Senderöhren großer Leistung. Siemens Z. **35**, 9 (1961) 670—674.

[24] *Kudinzewa, A.* u. a.: Thermoelektronische Katoden. Energieverlag Moskau-Leningrad 1966, S. 276—289.

[25] *Walker, S.*, u. a.: High-power transmitting valves with thoriated filaments for use in broadcasting The Inst. of Electr. Engineers **107** (1960) 173—180.

[26] *Zarew, M.*: Berechnung und Konstruktion von Elektronenröhren. VEB Verlag Technik Berlin 1955, S. 122—136.

[27] *Daily, J.*: Designing thoriated tungsten filaments. Electronics 1 (1948) 107—109.

[28] *Espe, W.*: Werkstoffe der Hochvakuumtechnik Bd. I. VEB Deutscher Verlag der Wissenschaften, Berlin 1959, S. 74—114.

[29] *Espe, W.*: Werkstoffe der Hochvakuumtechnik Bd. I. VEB DeutscherVerlag der Wissenschaften, Berlin 1959, S. 17—73.

[30] *Horsting, W.*: Carbide structures in carburized thoriated tungsten filaments. J. Appl. Phys. **12**, 1 (1947) 95—102.

[31] *Harbaugh, E.*: Verfahren zur Kaburierung thorierter Wolframkörper. DBP 48b, 13 Nr. 869890.

[32] *Kurt, J.*: Katodensystem. Diplomarbeit, Inst. f. Elektronik, TH Ilmenau 1967.

[33] *Schulze, K.*: Karburierung. Diplomarbeit, Inst. f. Elektronik, TH Ilmenau 1968.

[34] *Rößler, H., Fisch, H. J.*: Ergebnisse bei der Untersuchung großflächiger Katoden. Bericht des Inst. f. Elektronik, TH Ilmenau 1968.

[35] *Venema, A.*: Thermionic emission. Handbook of Vacuum Physics. Pergamon Press, New York 1966, S. 179—298.

[36] *Brüche, E.*: Film d'image électroniques de cathodes chaudes. Le Vide **9**, 52—53 (1954) 177 bis 180.

[37] *Sander, A.*: Thermionic emission from barium-coated ultra-pure nickel in the emission microscope. J. Electron. Control **5** (1964) 377—391.
[38] *Harth, W., Steffen, D., Dittmar, W.*: Electron-optical analog study of image tubes with different types of cathodes. IEEE Trans. on Electron Dev. **ED-14**, 5 (1967) 264—266.
[39] *Frost, R. D., Purl, O. T., Johnson, H. R.*: Electron guns for forming solid beams of high perveance and high convergence. IRE Proc. **50**, 8 (1962) 1800—1807.
[40] *Mathias, L. E. S., King, P. G. R.*: On the performance of high perveance electron gun IRE Trans. on Electron Devices **ED-4**, 3 (1957) 280—286.
[41] *Kawamura, M., Uchizaki, I.*: Experimental investigation of highly focused electron beams extracted from a nonshperical cathode. Int. J. Electronics **24**, 4 (1968) 317—331.
[42] *Venema, A.*: Thermionic emission, Measurements on thermionic cathodes. Handbook of vacuum Physics, Vol. 2. Physical Electronics. Pergamon Press, Ltd. 1966, S. 217—237.
[43] *Brewer, G. R.*: Einige Eigenschaften magnetisch fokussierter Elektronenstrahlen. J. Appl. Phys. **30**, 7 (1959) 1022—1057.
[44] *Fujii, T.*: Electron beam analyzer using a piezoelectric scanner. Rev. Sci. Instr. **32**, 4 (1961) 434—444.
[45] *Gilmour, A. S., Dalman, G. L., Eastman, L. F.*: The current and velocity distributions in a velocity modulated, brillouin-focused electron beam. Vorträge der 4. Intern. Tagung Mikrowellenröhren 1962, Scheveningen, Centrex Publishing Company Eindhoven 1963, S. 675 bis 688.
[46] *Roberts, M.*: Space charge wave propagation along a periodically varying electron beam. Vorträge der 5. Intern. Tagung Mikrowellenröhren 1964 Paris. Friedr. Vieweg und Sohn Verlag, Braunschweig 1965, S. 394—399.
[47] *Gilmour, A. S., Hallock, D. D.*: A demontable beam analyzer für studying magnetically confined electron beams. Kopie des VEB WF Berlin Nr. 25165/64 S. 153—157.
[48] *Fujii, T., Soburi, A.*: Analysis of a thin high-current-density electron beam by means of a mechanical scanner. Proc. Instn. Electrical Engrs. **105** (1958) Part B, Suppl. Nr. 12, S. 883 bis 885.
[49] *Senise, J. T.*: Note on positive-ion effects in pulsed electron beams. J. Appl. Phys. **29** (1958) 839—841.
[50] *Chodorow, M., Shaw, H. J., Winslow, D. K.*: The r.f. current distribution in modulated magnetically focused electron beams. J. Appl. Phys. **29**, 11 (1958) 1525—1533.
[51] *Winslow, D. K.*: The current distribution in magnetically focused modulated electron beams. Stanford University Californa, M. L. Report No. 380, April 1957.
[52] *Senise, J. T.*: The influence of electron beam behavior on klystron effiency. Stanford University Stanford, California M. L. Report No. 552.
[53] *Askin, A.*: Electron beam analyzer. J. Appl. Phys. **28**, 5 (1957) 564—569.
[54] *Askin, A.*: Dynamics of electron beams from magnetically shielded guns. J. Appl. Phys. **29**, 11 (1958) 1594—1604.
[55] *King, G., Solymar, L., Ash, E. A.*: Experimental investigation of non-linear phenomena in electron beams at fundamental and harmonic frequencies. Proc. of the 4th Int. Congress on Microwave Tubes 1962 Centrex Publishing Company Eindhoven 1963, S. 668—674.
[56] *King, G., Solymar, L.*: Experimental and theoretical study of the remodulation of an already modulated electron beam in the large signal region. Vorträge der 5. Intern. Tagung Mikrowellenröhren, 1964, Paris. Verlag, Friedr. Vieweg u. Sohn, Braunschweig 1965, S. 284—288.
[57] *Climer, B. J.*: Electron current densities and transverse velocities in pierce emission systems J. Electronics and Control **13**, 5 (1962) 385—400.
[58] *Gregory, B. D., Beck, A. H. W.*: Analogue and practical studies on a low voltage electron gun. Int. J. Electronics **21**, 6 (1966) 561—575.
[59] *Warner, F. W., Winters, B. C.*: Some characteristics of multicavity klystron with variable drift lengths. Vorträge der 5. Int. Tagung Mikrowellenröhren, 1964 Paris, Friedr. Vieweg u. Sohn, Braunschweig 1965, S. 281—284.
[60] *Cutler, C. C., Saloom, I. A.*: Pin-hole camera investigation of electron beams. Proc. IRE **43**, 3 (1955) 299—306.
[61] *Brewer, G. R.*: Formation of high-density electron beams. J. Appl. Phys. **28**, 1 (1957) 7—15.
[62] *Seeger, J. A.*: Magnetic compression of axially symmetric brillouin-focused electron brems. IEEE Trans. on Electron Dev. **ED-16**, 1 (1969) 1—5.
[63] *King, P. G. R.*: Electron guns for travelling wave tubes. Technical Journal **4**, 1 (1954) 9—22.
[64] *Lawson, I. D.*: Some experiments on a cylindrical electron beam constrained by a magnetic field. J. Electronics Nr. **1**, 1 (1955) 43—59.

[65] *Johnston, T. W.*: Non-laminar electron beams in high magnetic fields. Proc. Instn. of Electr. Engrs. **105B**, Suppl. Nr. 12, S. 907–917.
[66] *Haneman, D.*: Visual Observation of low-energy electron beams. American J. of Physics **34**, 4 (1956) 289–290.
[67] *Rao, R. A., van Duzer, T.*: Direct synthesis of crossed-field electron guns – a novel gun for producing brillouin flow. IEEE Trans. on Electron Dev. **ED-14**, 10 (1967) 669–676.
[68] *Eberhardt, N.*: Über eine Ionenrelaxationsschwingung in gebündelten Elektronenströmungen. Z. f. angewandte Physik **16**, 5 (1963) 360–369.
[69] *Müller, M.*: Neue Gesichtspunkte zur Berechnung von Elektronenkanonen für zylindrische Strombündel großer Raumladung. AEÜ **9** (1955) 20–28.
[70] *Schelz, M.*: Über das Lebensdauerverhalten von karburierten ThW-Katoden in Senderöhren. Dissertation, TH Ilmenau 1972.

4.10. Technologische Spezialprobleme bei der Oszillografenröhrenfertigung

Von *L. Rost*

Kombinat VEB Funkwerk Erfurt

4.10.1. Stand der Technik

Die Fertigungsstückzahl von Oszillografenröhren ist klein. Es gibt einerseits viele Typen und andererseits werden kleine Mengen Zuliefermaterial mit ausgesucht guter Qualität gefordert. Man kann nicht immer die Qualität gemäß TLB und TGL absichern, oft müssen Zugeständnisse in der Technologie gemacht bzw. improvisiert werden. Am Beispiel der Glasteile für die Produktion von Oszillographenröhren kann man diese Problematik beweisen, ebenso wie für die anderen verwendeten Materialien CuNi45, Leuchtstoffe, Katodenchemikalien usw. Weiterhin ist die Frage zu klären, inwieweit eine technologische Betreuung, direkt oder indirekt, ausreichend ist, damit eine mit obigen Schwierigkeiten belastete Fertigung technisch sicher und ökonomisch aufrecht erhalten werden kann.

Elektronenröhren werden seit einigen Jahrzehnten gebaut. Man könnte der Meinung sein, daß in dieser, für technische Probleme langen Zeit, alle Aufgaben gelöst sind. Auch die Entwicklung von Empfängerröhren, Bildröhren, Oszillografenröhren ist im wesentlichen abgeschlossen. Außer Verbesserungen im Detail ist kaum noch etwas Neues zu erwarten. Ähnlich sieht es bei der Herstellungstechnologie und für die dazugehörigen Grundmittel aus.

Trotzdem muß eine Fertigung laufend betreut werden, wenn nicht entscheidende Rückschritte, vor allem im Ausfallgeschehen, in Kauf genommen werden sollen. Der schlimmste Feind ist der Verlust von Erfahrungen durch Fluktuation der Arbeitskräfte, wodurch viele Kenntnisse verlorengehen, die nicht wegen Geringfügigkeit in die Arbeitsvorschriften aufgenommen wurden. Ungünstig wirken sich auch die Alterung und der Verschleiß der Maschinen und Einrichtungen, die nachlassende Sorgfalt sowohl bei den unmittelbaren Arbeitskräften als auch bei den Wareneingangsprüfern und bei der Materialbeschaffung aus. Oft werden Unkorrektheiten in Kauf genommen, wobei bei allem guten Willen nicht daran gedacht wird, daß oft ein Fehler allein noch keinen Schaden anrichten muß, aber mit einer zusätzliche Unsicherheit dann zum Ausschuß führt.

Zu diesen allgemeinen Aspekten kommt speziell in der Oszillografenröhrenherstellung noch der Umstand, daß bei einer großen Typenzahl jeweils nur kleine Stückzahlen hergestellt werden. Bei 23 Röhren bestehen noch ca. 60 verschiedene Varianten. Unter diesen Umständen kommen weitere Fehlerquellen hinzu. Das Umdenken der Arbeitskräfte bei der Vielfalt des Sortiments führt zu einer relativ hohen subjektiven Fehlerquote. Die Werkzeuge müssen wiederholt neu eingerichtet werden, was die Standzeit verringert. Es entstehen große Lagerbestände, die auf Grund der langen Lagerzeiten zu Verschmutzung neigen, Nicht zuletzt hat jede Röhrentype ihre spezifischen Probleme, so daß die Betreuung mit der Vielschichtigkeit schwieriger wird.

Vom technischen Standpunkt aus kann man immer Verbesserungen einbringen, aber bei Kleinstlosgrößen ist es sehr schwierig, einen unmittelbaren Gewinn nachzuweisen, weil die Realisierungskosten der Neuerungen bei weitem nicht durch die geringen Ausbeuteerhöhungen oder verbesserte Rentabilität gedeckt werden. Aus diesem Grunde

unterbleibt nicht nur eine Verbesserung, sondern oft auch eine notwendige Rekonstruktionsmaßnahme.
Ein letzter Hinderungsgrund ist das unaufhörliche Zurückdrängen der Röhren durch die Halbleitertechnik, was oft nur emotional bedingt, aber technisch unbegründet ist.
Zusammenfassend müssen für eine Fertigung folgende Grenzen berücksichtigt werden:

1. Die angewandten Technologien müssen große technologische Toleranzbreiten zulassen, ohne die Erfüllung der technischen Forderungen zu gefährden.
2. Die Investitionen für Verbesserungen und Neuerungen müssen gering bleiben.

Im folgenden werden als Beispiel einige typische Probleme behandelt. Es sollen die in der Technologie, in der arbeitsmoralischen Einstellung des Menschen und die im Ausgangsmaterial liegenden Ursachen für Fehler an der Röhre aufgezeigt werden.

4.10.2. Spezielle Probleme

4.10.2.1. Unschärfe und ihre Ursachen

Ein wesentlicher Fehler ist eine Unschärfe des Bildpunktes, und zwar wenn der Punkt in y-Richtung abgelenkt wird. Er heißt „Spitzenunschärfe“. Unschärfen, die durch elektronenoptische Abbildungsfehler (schiefe Linse, exzentrisch usw.) entstehen, werden hier nicht betrachtet. Die Spitzenunschärfe tritt vornehmlich bei hochempfindlichen Röhren auf, die im Verzögerungsbetrieb arbeiten oder auch sonst geringe Spannungen haben.
Physikalisch ist dieser Effekt leicht zu erklären. Das quasi-homogene Feld zwischen den Ablenkplatten in Meßrichtung wird durch punktförmige Aufladungen an der Plattenoberfläche verzerrt. Dadurch werden Elektronen zusätzlich gering abgelenkt, was sich durch einen unregelmäßigen Hof um den Lichtpunkt im ausgelenkten Zustand bemerkbar macht. Diese Aufladung rührt vom Strahlstrom her und wird wahrscheinlich durch kleine Isolierinseln auf den Plattenoberflächen ermöglicht.
Nach unseren jetzigen Erkenntnissen gibt es mehrere verschiedene Ursachen für diese Isolationsinseln.

4.10.2.1.1. Materialfehler

Es konnte nachgewiesen werden, daß Verunreinigungen bei der Herstellung von CuNi45 im Walzwerk die Ursache sind. Außer den Schlackeneinschlüssen auf der Oberfläche, die abgefräst werden, stören die Lunker im Inneren des Bleches. Durch stark unsymmetrisches Abfräsen ergaben sich nach dem Walzprozeß zwei qualitativ unterschiedliche Seiten des Bleches. Die mit geringeren Fehlern versehene Seite wurde zur Beeinflussung des Elektronenstrahls verwendet. Die Unschärfe der Röhren verringerte sich durch diese Maßnahme. Außerdem löste eine spezielle Beize, in diesem Fall heiße Salzsäure, die Einschlüsse an der Oberfläche, so daß eine höhere Reinheit erreicht wurde und die Unschärfe der Röhren sich weiter verminderte.

4.10.2.1.2. Verarbeitungsschmutz

Eine völlig andere Ursache ergibt sich durch äußere Verschmutzung. Schmutzteilchen kommen durch nicht vakuumgerechte Behandlung der Teile und des Systems auf die Metalloberflächen, z. B. Öle und Fette bei der Einzelteilherstellung (Stanzen, Ziehen u. a.) oder durch einfaches Anfassen mit den Fingern. Die anschließende

Reinigung beseitigt diese Fettreste nicht immer vollständig, und beim Reinigungsglühen werden sie dann als Rückstände verbrannt. Diese Rückstände aber reichen schon als Fehlerursache aus.

4.10.2.1.3. Staub

Ebenso problematisch ist der „normale" Umweltstaub, der sich während der Bearbeitung und Lagerung der Systeme absetzt. Eine Cleanroom-Atmosphäre würde das Problem beseitigen. Aus verschiedenen, auch finanziellen Gründen, kann jedoch der Staubpegel nur durch Einzelmaßnahmen gesenkt werden.
Gegen organische Mikroverunreinigungen kann man sich in fertigen Röhren dadurch helfen, daß man durch den Elektronenstrahl die Teilchen wegbrennt. Diese „Nachbehandlung" geht jedoch als eine Art „Roßkur" zu Lasten der Katoden.

4.10.2.1.4. Schweißspritzer

Ebenso unangenehm wie die o. g. Ursachen sind mikroskopisch kleine beim Punktschweißvorgang entstehende Spritzer, die während der Systemmontage bzw. Verdrahtung auf die Ablenkplatten gelangen. Obwohl sie metallisch sind, sind sie von einer isolierenden Oxidhaut umgeben, so daß sie nicht mit der Ablenkplatte leitend verbunden sind und zu Aufladungsinseln führen können.

4.10.2.1.5. Einlagen

Durch lose Leuchtstoffteilchen am Schirm, durch Kratzen der Zentrierfedern an der Schwärzepaste oder noch anderen Ursachen entstehen nach dem Einschmelzen und Pumpen mikroskopisch kleine lose Teilchen in der Röhre, die mitunter, wenn sie sich auf den Ablenkplatten oder Blenden festsetzen, durch Aufladung zu Unschärfen führen.
In der Praxis hat es sich gezeigt, daß der Anteil dieses Fehlers gering ist. Bei nachträglichem Entstehen von einigen losen Teilchen wird im allgemeinen eine Röhre, die vorher in Ordnung war, dadurch nicht zu einem Ausfallexemplar.

4.10.2.1.6. Grat

Grat an den Blendenlöchern und an den oberen oder unteren Kanten der Ablenkplatten führt theoretisch solange zu keinem Ausfall, solange die Teile absolut sauber sind. Die Gefahr entsteht durch den Schmutz, der sich in der Regel immer an Blenden absetzt.
Faßt man die genannten Ursachen zusammen, so sieht man, daß erst bei Bekämpfung aller Ursachen mit einem Erfolg gerechnet werden kann und daß eine Fehlererscheinung eine Reihe unabhängiger Ursachen haben kann.
Bei Röhren mit höheren Anodenspannungen ist der Fehler „Unschärfe" auch bekannt. Hier hat das Schwärzen wesentliche Abhilfe gebracht: Diese Maßnahme besteht darin, die Platten mit einer Graphitschicht zu bedecken. Danach sind sie in ihrer Oberflächenleitfähigkeit homogen genug und die Sekundärelektronenemission ist gering.
Es konnte bisher nicht geklärt werden, warum das Schwärzen bei den Verzögerungsröhren und die relativ komplizierte Reinigung des Beizens bei den anderen Röhren nicht zum Erfolg geführt hat.
Andere Oberflächenbehandlungen und -veredlungen haben immer nur zeitweisen Erfolg gebracht (z. B. Verzinnen, Vergolden u. a. m.).

4.10.2.2. Nebenleuchten und seine Ursachen

Das Nebenleuchten ist ebenfalls ein komplexer Fehler, d. h., hier können unterschiedliche, voneinander unabhängige Ursachen vorhanden sein. Bei diesem Fehler handelt es sich um ein flackerndes flächenhaftes Aufleuchten des Schirmes. Dabei gibt es zwei verschiedene Erscheinungsformen. Einmal tritt das Nebenleuchten auf, wenn nur die Anodenspannung angelegt wird, im zweiten Fall ist für das Nebenleuchten noch das Vorhandensein eines Strahlstroms notwendig. In jedem Falle ist die physikalische Ursache eine Elektronenemissionsquelle im Röhrenkolben bzw. im System außerhalb des Katodensystems. Es handelt sich dabei meistens um eine Feldemission, wobei im einzelnen zwei Fälle zu unterscheiden sind:

4.10.2.2.1. Normale Feldemission durch Spitzenentladung

Hierbei handelt es sich vorwiegend um Grate (die bei der Teilherstellung entstehen), feine Drähte (z. B. bei Plate-mesh-Röhren) oder Fusseln und Fasern. Durch das Ausheizen werden diese in ein „Kohlenstoffgerüst“ umgewandelt, so daß sie leitfähig werden. Eine Beseitigung dieses Fehlers gelingt nur durch eine einwandfreie Teileherstellung und durch größere Sauberkeit. Eine nachträgliche „Reparatur“ ist in den seltensten Fällen möglich.

4.10.2.2.2. Feldemission durch Maltereffekt

Durch dünne dielektrische Schichten im Strahlstromraum können auf der Seite von Elektroden, die dem Strahlstrom zugewandt ist, Aufladungen entstehen, die wiederum sehr hohe Feldstärken im Dielektrikum hervorrufen. Diese hohen Feldstärken verursachen durch die dünnen Schichten eine Feldemission, die zum „Nebenleuchten“ führt. Die dünnen Schichten sind meistens Öl- und Fettschichten, die entsprechend den Ausheizbedingungen verharzen oder sich in anderer Weise bilden.
Nebenleuchten zeigt sich auch im Zusammenhang mit Isolierschichten aus Cr_2O_3. Diese Schichten sind notwendig, um zwei Elektroden, die durch je eine Graphitschicht gebildet werden, mit einem linearen Potentialabfall zu verbinden.

4.10.2.3. Gasprobleme

Die Scheibenfüße für Oszillografenröhren werden durch einen Glaspreßvorgang hergestellt. Dabei wird das Pumpstengelglas mit dem Glas des Preßringes verschmolzen. Gleichzeitig werden die Finkdrahtdurchführungen vakuumdicht in Glas eingebettet. Bei diesem Arbeitsgang ist es wichtig, daß das Glas mit einer kleinen Temperaturdifferenz gleichmäßig aufgeheizt wird, damit bei der Auslösung des Preßvorganges eine gleichmäßige Viskosität im Volumen vorhanden ist. Durch Verwendung anderer Gase kann ein zu starkes Temperaturgefälle entstehen, das durch Änderung der Mischungsverhältnisse und Brennerstellung der Heizgasflammen nicht ausgeglichen werden kann.
In einer Analyse der Unterschiede zwischen Stadtgas und Ferngas wurde folgendes festgestellt:

1. Die für das Gas geforderten TGL-Werte sind sowohl bei Stadtgas als auch beim Ferngas eingehalten, insbesondere unterscheidet sich der Heizwert nicht.
2. Die Zusammensetzung der Hauptkomponenten unterscheidet sich nicht so stark, daß auf eine unterschiedliche Erwärmung von Glasoberfläche und Glasvolumen geschlossen werden könnte.

3. Infolge der spezifischen Herkunft wird das Ferngas wesentlich besser von Verunreinigungen (insbesondere weitere Kohlenwasserstoffe, Schwefelwasserstoff u. a.) gereinigt. Im Ferngas fehlen die Benzole und Teerbestandteile, die bei der Verkokung der Steinkohle auftreten, vollständig.

Ein Versuch, entsprechend dem dritten Punkte dem Gas bestimmte Kohlenwasserstoffe zuzumischen, führte zu einer gleichmäßigen Durchwärmung des Glases.
Durch die Verunreinigungen werden bestimmte Strahlungseigenschaften hervorgerufen, die für das Aufheizen des Glases wichtig sind. Das Glas wird durch die Wärmestrahlung in einem entsprechenden Spektralbereich durch Absorption im Innern vom Volumen her erwärmt, d. h., der Temperaturgradient ist genügend klein. Wenn jedoch durch den Waschprozeß die „strahlenden" Bestandteile beseitigt werden, wird das Glas durch Konvektion nur an der Oberfläche direkt erwärmt. Die Wärmeenergie dringt dann im wesentlichen nur durch Wärmeleitung in das Innere des Glases. Wegen der schlechten Wärmeleitfähigkeit entsteht so ein großer Temperaturgradient. Dadurch wird das Glas an der der Flamme zugewendeten Seite wegen Überhitzung schon entglast, während es im Innern noch nicht die für den Preßvorgang erforderliche Viskosität besitzt. Die Folge ist, daß beim Pressen „pockennarbige" Füße entstehen.
Seitdem das Ferngas mit Benzoldämpfen angereichert wird, ist diese Ausschußursache nicht mehr aufgetreten. Der Anreicherungsprozentsatz beträgt ca. 1—5%. Bei geringeren Mengen wird der Effekt nicht erreicht, bei größeren Mengen rußt die Flamme und gibt einen Belag.
Entsprechend der geringen Menge ist die Anwendung dieser Methode billig und ökonomisch, da technisches Benzol verwendet wird. Dabei ist noch nicht bekannt, mit welchem Stoff eine optimale Wirkung erreicht werden kann. Es wird nach den derzeitigen Erfahrungen eingeschätzt, daß ca. 0,5 Liter Benzol pro 50 m³ Gas verbraucht werden.

4.10.2.4. Glasprobleme

Zur Fertigung der Oszillografenröhren werden für Planscheiben-, Kolben- und Fußglas vier verschiedene Glassorten eingesetzt, die von vier verschiedenen Kooperationsbetrieben erschmolzen und geliefert werden.
Wegen der Fußdurchführungen aus Kupfermanteldraht muß für den Fuß Glas 123a, aus dem Glaswerk Weißwasser benutzt werden. Auf der gegenüberliegenden Seite befindet sich die Planscheibe, die aus Flachglas des Glaswerkes Torgau besteht.[1])
Das Kolbenglas aus Gräfenroda ist so ausgelegt, daß es gerade noch an den Fuß einerseits und an die Planscheibe andererseits angepaßt ist und mit dem Einschmelzmaterial für die Hohlkontakte „Socosil" verträglich ist. Die vierte Glassorte ist das sich mit dem Borax des Finkdrahtes ergebende Perlenglas der Drahtdurchführung.
Bei den hier notwendigen Glas-Glas-Verschmelzungen ist vollkommene Spannungsfreiheit nicht erreichbar. Als Kriterium für den Grad der Abweichung vom spannungsfreien Idealzustand wird die von den mechanischen Spannungen verursachte optische Doppelbrechung an der Verschmelzstelle benutzt. Der Gangunterschied zwischen ordentlichem und außerordentlichem Strahl darf an einer solchen Stelle 200 nm pro cm Lichtweg im Glas nicht überschreiten. In Ausnahmefällen kann man zwar auch an einer haltbaren Glasverbindung noch größere Gangunterschiede feststellen, jedoch

[1]) Anmerkung bei Drucklegung: Aus Gründen der Produktivitätserhöhung mußte die Glaszusammensetzung zwecks Erzielung einer höheren Ziehgeschwindigkeit geändert werden, weil eine geringere Viskosität dazu Voraussetzung ist. Als Folge ergab sich jedoch bei der Frontscheibenverschmelzung ein höherer Gangunterschied, der die Verwendung dieses Glases für Oszillografenröhren unmöglich macht. Es wird deshalb neuerdings für diesen Zweck Frontscheibenglas aus dem VEB Glaswerk Uhsmannsdorf bezogen.

steigt die Wahrscheinlichkeit für das Auftreten eines Bruches über ein vertretbares Maß hinaus an.
Bei den Glasfehlanpassungen gehen die Röhren hauptsächlich durch „Planscheibenabringler“, Fußrisse und Implosionen zu Bruch. In der Fertigung implodieren ca. 0,5—1% der Röhren, die meistens auf dem Pumpstand während des Ausheizens. Eine Ausschließung der Implosionsgefahr ist nur durch Anpassung der Glassorten möglich.

4.10.2.5. Katodenprobleme

Die Bariumoxid-Katode ist fast so alt wie die Elektronenröhre selbst. Bereits solange wie sie existiert werden Untersuchungen auf diesem Gebiete durchgeführt. Es wurden zahlreiche Arbeiten veröffentlicht. Trotzdem konnte die Fertigung von Katoden im Laufe der Zeit nicht so stabilisiert werden, daß nicht von Zeit zu Zeit Schwierigkeiten auftraten. Die Hauptgründe dafür sind: die Vakuumqualität in Bezug auf Druck und Partialdruck, die Reinheit der Katodenchemikalien, die Herstellungstechnologie und die Aktivierungs- und Formierverfahren.

4.10.3. Schlußbemerkung

Die beschriebenen technologischen Schwierigkeiten zeigen, daß die wissenschaftliche Basis zwar ausreicht, jedoch ständig wissenschaftliche Erkenntnisse für den speziellen technologischen Fall eingebracht werden müssen. Träger dieser Informationen ist der Mensch mit positiven und negativen Eigenschaften, die nur im Kollektiv ausgeglichen werden können. Die Beeinflussung der Arbeitsmoral und deren Wechselwirkung mit den beschriebenen technischen Problemen sind Eckpfeiler für eine stabile Produktion.

4.11. Wirkprinzipien und technologische Besonderheiten bei Sichtspeicherröhren

Von *W. Bolze*

Kombinat VEB Funkwerk Erfurt

4.11.1. Einleitende Bemerkungen

Die Sichtspeicherröhre mit elektrischem Eingang und optischem Ausgang wurde für verschiedene Anwendungsgebiete weiterentwickelt. Sie kommt in Oszilloskopen und Geräten zum Einsatz, mit denen schnell oder langsam ablaufende, einmalige Vorgänge geschlossen dargestellt und miteinander verglichen werden können. Ein Speicheroszilloskop kann bei allen elektrischen Fachgebieten, aber auch bei nichtelektrischen Fachgebieten wie in der Chemie, der Medizin und der Metallurgie Anwendung finden, deren Vorgänge sich durch entsprechende Wandler in elektrische Spannungen umwandeln lassen. Beispielsweise können in der Elektromedizin Herz-, Lungen- und Nervenvorgänge aufgezeichnet werden. Weitere Anwendungsmöglichkeiten sind Aufzeichnung von Hochspannungsüberschlägen in der Isolierstoffprüfung, Überwachung und Kontrolle von Regeleinrichtungen sowie die Analyse mechanischer Schwingungen an Maschinen und Bauwerken. Die Bedeutung von Sichtspeicherröhren ist durch neue Einsatzgebiete in modernen Geräten, die mit Halbleiterbauelementen bestückt sind, beispielsweise in Datenverarbeitungsanlagen, noch gestiegen.
Um den Aufwand der elektronischen Schaltung von Speicheroszillografen gering zu halten, soll einmal durch möglichst kleine Spannungsänderungen die Hell-Dunkel-steuerung erfolgen, das heißt, es steht die Forderung nach steiler Steuerkennlinie, zum anderen sollen solche Röhren hohe Ablenkempfindlichkeiten aufweisen. Eine weitere wesentliche Forderung an Sichtspeicherröhren ist hohe Schreibgeschwindigkeit sowie lange Lese- und Speicherzeiten.
Für den Röhrenhersteller ergibt sich damit die Notwendigkeit, Sichtspeicherröhren hinsichtlich der oben genannten Forderungen und für spezielle Anwendungszwecke zu optimieren.

4.11.2. Aufbau und Wirkungsweise von Sichtspeicherröhren

Sichtspeicherröhren benötigen zwei Elektronenstrahlsysteme zur Erzeugung, erstens das des sogenannten Schreibstrahles und zweitens das des Lesestrahles, wie Bild 1 zeigt. Außerdem ist in die Röhre ein Speichersystem eingebaut, das aus einem Kollektorgitter, einem als Speichergitter bezeichneten Metallgitter mit ausgebrachter Isolierschicht und dem Leuchtschirm besteht. Als Schreibstrahlsystem verwendet man ein aus Katode, *Wehnelt*-Zylinder, Anode, Fokussierungselektroden und Ablenkelektroden bestehendes Oszillografenröhrensystem, an das ähnliche Forderungen gestellt werden wie bei direktanzeigenden Oszillografenröhren, nämlich ausreichender Strahlstrom, gute Punktschärfe, empfindliche Ablenkmöglichkeit in x- und y-Richtung und geringer Spannungsbedarf zur Hell-Dunkel-Steuerung.
Das Lesestrahlsystem mit Katode, Wehnelt-Zylinder und Anode erzeugt einen diffusen Elektronenstrom konstanter Stromdichte, aber geringer kinetischer Energie der Elektronen, der durch die Kollimatorelektrode so beeinflußt wird, daß die Lesestrahlelektronen nahezu senkrecht auf das Speichersystem von Bild 1 treffen.

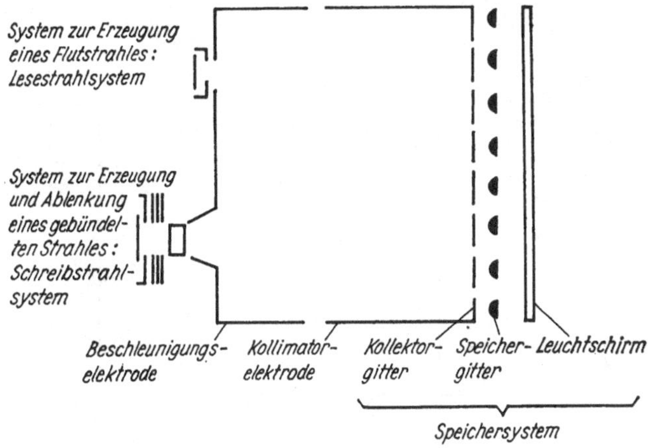

Bild 1. Prinzipaufbau der Sichtspeicherröhre

Das erste Gitter des Speichersystems ist das aus einem feinen Metallnetz bestehende Kollektorgitter. Es erzeugt ein Beschleunigungsfeld für die in parallele Bahnen gebrachten ankommenden Elektronen des Lesestrahles. Es sammelt außerdem die Sekundärelektronen, die durch den Schreibstrahl und Lesestrahl aus dem Speichergitter herausgeschlagen werden, sowie Lesestrahlelektronen, die vor dem Speichergitter umkehren, wenn letzteres ein genügend negatives Potential gegen die Lesestrahlkatode besitzt. Desweiteren stößt das Kollektorgitter positive Ionen ab, die durch Zusammenstöße der Elektronen mit den Molekülen des Restgases im Raum zwischen dem Strahlsystem und dem Kollektorgitter erzeugt werden, so daß diese Ionen gehindert werden, auf das Speichergitter aufzutreffen und ein dort gespeichertes Ladungsbild zu beeinflussen.
Das zweite Gitter des Speichersystems bezeichnet man als Speichergitter. Es besteht aus einem sehr feinen Metallnetz, im weiteren als Rückelektrode bezeichnet, das auf der Seite, die dem Strahlsystemen zugewandt ist, mit einer hochwertigen Isolatorschicht (der sog. Speicherschicht) belegt ist. Das Speichergitter stellt näherungsweise eine Vielzahl parallel geschalteter kapazitiver Speicherelemente dar, deren eine Platte jeweils ein Oberflächenelement der Speicherschicht und deren andere Platte, für alle Speicherlemente gemeinsam, die Rückelektrode ist. Das Dielektrikum ist das dazwischenliegende isolierende Material.
Die dritte Elektrode des Speichersystems ist der Leuchtschirm. Er entspricht völlig dem einer direktanzeigenden Oszillografenröhre, sowohl hinsichtlich des Materials, als auch hinsichtlich der Aufbringtechnologie und der Aluminisierung.
Um die für die Funktion wesentlichen Umladungsvorgänge auf der Speicherschicht zu erklären, muß man davon ausgehen, wie sich eine als Target funktionierende Isolatoroberfläche beim Beschuß mit Elektronen verhält.
Die auftreffenden Elektronen lösen aus der Isolatorschicht Sekundärelektronen aus. Die Anzahl der Sekundärelektronen ist vom SE-Faktor δ abhängig, der das Verhältnis von Primärelektronen zu Sekundärelektronen kennzeichnet und unter anderem im wesentlichen von der Beschleunigungsspannung der Primärelektronen abhängt. Wenn es vorkommt, daß Primärelektronen vor oder beim Erreichen des Targets umkehren, dann werden üblicherweise auch diese mit zu den Sekundärelektronen gerechnet. Mit Hilfe der sich so ergebenden SE-Kurve $\delta = f(eU_p)$ in Bild 2 lassen sich die Potentialverschiebungen auf der Speicherschicht erklären. Die in Bild 2 dargestellte Abhängigkeit $\delta = f(eU_p)$ ist durch drei markante Punkte gekennzeichnet, nämlich den Punkt A (unterer Einspunkt mit dem Potential U_A), den Punkt C mit dem Kollektropotential U_c und dem Punkt E (oberer Einspunkt mit dem Potential U_E).

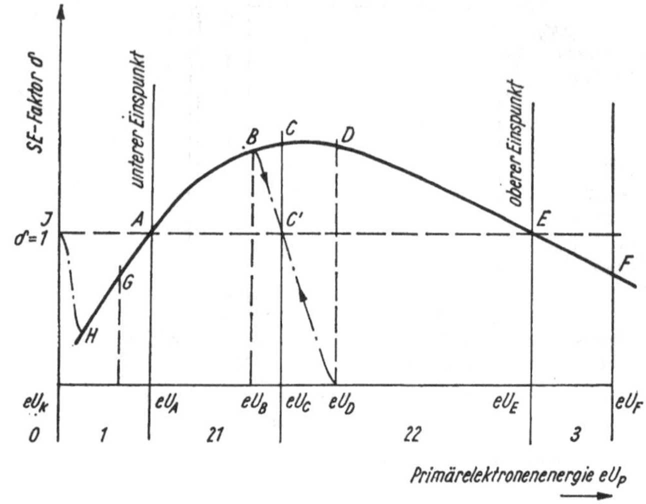

Bild 2. Der Sekundäremissionsfaktor δ als Funktion der Primärelektronenenergie eU_P

Wird nun die Speicherschicht mit dem Potential U_s gegen Lesestrahlkatode, das zunächst nur wenig über dem Potential U_K liegt, von Lesestrahlelektronen mit ihrer geringen Geschwindigkeit getroffen, sinkt das Potential der Speicherschicht, da bei geringer Elektronengeschwindigkeit der SE-Faktor δ kleiner als Eins ist, so daß eine Elektronenanreicherung zustandekommt. Nach Bild 2 (Gebiet 1) fällt das Potential z. B. von G nach H. Das Speicherschichtpotential U_s nähert sich dem Katodenpotential U_K. Von einem bestimmten Target-Potential ab wird ein Teil der Primärelektronen zurückgestoßen. Dieser Anteil steigt mit fallendem Target-Potential stetig an, bis beim Target-Potential Null alle Primärelektronen umkehren und mithin zu den Sekundärelektronen gerechnet werden, so daß dann $\delta = 1$ gilt. Bei diesem Vorgang spielt das Kollektorgitterpotential U_c nur in soweit eine Rolle, als es nicht negativer als das Katodenpotential sein darf. Liegt das Anfangspotential der Speicherschicht tiefer als das der Katode, so werden alle Primärelektronen von vornherein reflektiert.

Nun soll der Fall diskutiert werden, bei dem zu Beginn die Elektronenauftreffgeschwindigkeit so groß ist, daß der SE-Faktor δ größer als Eins ist ($eU_p > eU_A$, Gebiet 21 nach Bild 2) und das Kollektorgitter auf positivem Potential gegenüber der Speicherschicht liegt.

Das Auftreffen der Primärelektronen auf die Speicherschicht bewirkt einen Potentialanstieg in der Weise, daß das Oberflächenpotential der Speicherschicht U_s nach positiven Werten ansteigt. Bei dem Kollektorgitterpotential U_c kommt jedoch der Potentialanstieg zum Stillstand, weil oberhalb dessen das Kollektorgitter die Sekundärelektronen abstößt und daher nicht aufnehmen kann. Folglich müssen sämtliche Sekundärelektronen zur Speicherschicht zurückkehren, und die Primärelektronen verursachen dann eine Elektronenanreicherung der Speicherschicht, d. h. ein Absinken ihres Potentials, bis wieder U_c erreicht ist.

Im Gebiet 2 erfolgt die Verschiebung des Potentials von B nach C'. Der scheinbare SE-Faktor geht nach dem Wert Eins.

Für Sichtspeicherröhren ist nur der Fall von Bedeutung, wenn das Kollektorgitter positiv gegen die Lesestrahlkatode ist und der SE-Faktor einen Wert größer als Eins besitzt. Für Sichtspeicherröhren unterscheidet man zwei verschiedene Betriebsarten, nämlich den bistabilen Betrieb und Bipotentialbetrieb.

Beim bistabilen Betrieb geht man davon aus, daß sich das gesamte Oberflächenpotential der Speicherschicht zunächst auf Potential der Lesestrahlkatode befindet. Die Lesestrahlelektronen werden zum Leuchtschirm hin gesperrt. Dieses Potential ist ein stabiles Gleichgewichtspotential. Der Lesestrahl hält das Gleichgewicht aufrecht, weil die positiven Ionen, die durch Zusammenstöße mit den Restgasmolekülen entstehen, das Potential in positiver Richtung und die Lesestrahlelektronen in negativer Richtung verschieben. Der Schreibstrahl erzeugt nun auf Grund der Sekundärelektronenemission längs seiner auf der Speicherschicht geschriebenen Spur ein Ladungsbild. Da der SE-Faktor $\delta > 1$ ist, befindet sich die Speicherschichtoberfläche der vom Schreibstrahl getroffenen Stellen auf einen Potential oberhalb des unteren Einspunktes. Diese Lesestrahlelektronen verschieben dieses Potential bis Kollektorpotential. Wo der Schreibstrahl nicht hingekommen war, bleibt dagegen die Speicherschichtoberfläche auf dem Potential der Lesestrahlkatode. Nach dem Schreibprozeß befinden sich alle vom Schreibstrahl getroffenen Speicherelemente auf Kollektorpotential und sind somit für Lesestrahlelektronen durchlässig. Die nicht getroffenen Stellen befinden sich auf Katodenpotential und sperren die Lesestrahlelektronen. Damit existieren zwei stabile Potentiale, nämlich das Katodenpotential und das Kollektorpotential, wobei das Katodenpotential der dunkelgesteuerten und das Kollektorpotential der hellgesteuerten Röhre entspricht.
Der Bipotentialbetrieb ist im Gegensatz zum bistabilen Betrieb dadurch gekennzeichnet, daß für die dunkelgesteuerte Röhre das Speicherschichtpotential um einige Volt negativ gegen Lesestrahlkatode sein muß, und sich für die hellgesteuerte Röhre das Speicherschichtpotential auf Katodenpotential befindet. Wegen des kapazitiven Charakters der Speicherelemente kann die Speicherschicht durch Anlegen eines positiven Impulses an die Rückelektrode auf Sperrpotential (ca. —2 V.) gebracht werden. Bild 3 zeigt die Lesestrahlcharakteristik einer Sichtspeicherröhre für bistabilen Betrieb und Bipotentialbetrieb. Nun trifft der durch das Schreibstrahlsystem erzeugte, gut begrenzte Strahl mit möglichst kleinem Querschnitt auf die Speicherschicht. Die Schreibstrahlelektronen besitzen eine genügend große Energie, um ein Sekundäremissionsverhältnis größer Eins zu erzeugen.

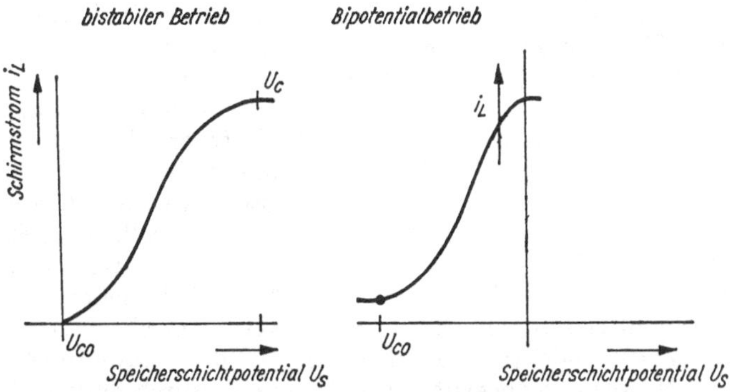

Bild 3. Steuercharakteristik des Lesestrahlstromes für bistabilen Betrieb und Bipotentialbetrieb

Als Folge des Auftreffens der Schreibstrahlelektronen auf die Speicherschicht nehmen die beschriebenen Elemente der Speicherschicht ein Potential an, das positiver ist als das Sperrpotential und proportional zur Stromdichte und Verweilzeit des Schreibstrahles. Somit sind die beschriebenen Elemente der Speicherschicht für Lesestrahlelektronen durchlässig. Die Lesestrahlelektronen treffen auf den Leuchtschirm auf und veranlassen ihn zu fluoreszieren.

Die Dauer der Sichtbarkeit ist im Gegensatz zum bistabilen Betrieb durch die Wirkung positiver Ionen begrenzt, die durch Stoßionisation mit dem Restgas erzeugt werden. Die positiven Ionen neutralisieren das negative Potential der unbeschriebenen Stellen und ermöglichen ein Strömen des Lesestrahls zum Leuchtschirm hin. Dieser Vorgang wird durch eine allmähliche Zunahme der Hintergrundhelligkeit gekennzeichnet. Dieser Nachteil ist beim bistabilen Betrieb nicht vorhanden. Dagegen werden beim bistabilen Betrieb geringere Schreibgeschwindigkeiten erzielt, da längere Verweilzeiten des Schreibstrahles zur Umladung der Speicherschicht nötig sind.

4.11.3. Technologische Probleme der Speichersystemgitter

4.11.3.1. Analyse der Herstellungstechnologien von Speicher- und Kollektorgitter

Für die Gitter des Speichersystems sind im wesentlichen zwei Herstellungstechnologien bekannt, nämlich die Herstellung durch Weben von Paralleldrähten und die durch galvanische Verfahren.

Das nach dem erstgenannten Verfahren in der DDR produzierte Siebgewebe ist in Sichtspeicherröhren als Kollektorgitter einsetzbar, als Speichergitter dagegen nur bedingt. Es besteht aus Zinnbronze SnBZ6 (Cu, Zn, P). Das Sortiment erstreckt sich auf Maschenweiten von 25 μm bis 25 mm. An Speichergitter aus Paralleldrahtgewebe werden hohe Forderungen bezüglich Webfehler, Sauberkeit und Transparenz gestellt. Das Gewebe muß frei sein von Knicken, Knoten, eingewebten Fremdkörpern, Schlingen und Brüchen, die zu keiner einwandfreien Bildwiedergabe führen. Diese Forderungen werden z. Zt. nur von ca. 12% des Siebgewebes erreicht.

Eine derartige Ausbeute ist ökonomisch nicht vertretbar. Deshalb werden für Speichergitter hauptsächlich galvanisch hergestellte Netze aus Kupfer oder Nickel verwendet. Bei der Netzherstellung unterscheidet man das fotolithografische Verfahren und das Ritzverfahren. Das fotolithografische Verfahren wird bekanntlich auch in der Halbleitertechnik und der Farbbildröhrentechnologie angewendet. Um Netze, die als Speichergitter eingesetzt werden, in einem galvanischen Bad herstellen zu können, muß zunächst von einer Fotovorlage ein Zwischenoriginal für die galvanische Abscheidung geschaffen werden. Die Fotoschablone wird durch Fotografieren einer im Maßstab 100 bis 1000:1 gekennzeichneten Fotovorlage (Tuschezeichnung auf Spezialfolie) hergestellt. Mit einer Spezialkamera (Repetier- und Reduktionskamera) erhält man aus dem verkleinerten Zwischenbild die Fotoschablone, auf der die Fotovorlage neben- und untereinander abgebildet ist. Ein mit Chrom bedampftes und mit Fotolack belegtes Glassubstrat wird mit Hilfe der Fotoschablone belichtet. Es werden nur die Stellen belichtet, in denen das Chrom stehenbleiben soll. Beim Entwicklungsprozeß wird der nicht belichtete Lack abgelöst. An den ungeschützten Stellen wird das Chrom im Ätzprozeß beseitigt, und man erhält ein Chrom-Zwischenoriginal. Von einem Chrom-Zwischenoriginal lassen sich ca. 10 bis 15 Netze abziehen. Diese Brauchbarkeitsgrenze wird im wesentlichen dadurch bestimmt, daß Chromteilchen der Stege beim Abziehen des Netzes mit abgerissen werden und dadurch fehlerhafte Stege entstehen. Prinzipiell können sowohl Kupfernetze als auch Nickelnetze als Speichergitter für Sichtspeicherröhren eingesetzt werden. Bei Kupfernetzen besteht die Gefahr der Oxydation. Solche Netze müssen unter definierten Umweltbedingungen gelagert werden. Dieser Nachteil tritt bei Nickelnetzen nicht in dem Maße in Erscheinung, da Nickel wesentlich beständiger gegen Luft ist als Kupfer. Allerdings ist der technologische Aufwand beim Glühen und Spannen des Netzes etwas größer als bei Kupfernetzen.

Bei dem Ritzverfahren wird eine Glasplatte, die zur Beseitigung von Fettrückständen mit Chromschwefelsäure vorbehandelt wurde, zunächst mit einer Silberschicht belegt. Die Silberschicht hat eine Schichtdicke von 2—4 μm und wird durch Aufdampfen im

Vakuum hergestellt. Entsprechend den geometrischen Abmessungen des zu fertigenden Netzes wird die Silberschicht mit einer Diamantschneide geritzt. Anschließend erfolgt der Ätzprozeß des Glases mit Flußsäure. Nur die durch den Ritzvorgang freigelegten Stellen werden von der Flußsäure angegriffen und bilden im Glas Vertiefungen, in denen später im galvanischen Bad das Netz aufwächst. Das zuletzt beschriebene Verfahren der Netzherstellung weist gegenüber der fotolithografischen Methode einige ganz wesentliche Vorteile auf:

1. Größere Genauigkeit und Herstellung von Netzen mit mehr Linien pro cm;
2. die Stegbreite ist nicht in dem Maße von der Netzdicke abhängig wie beim fotolithografischen Verfahren;
3. größere Ausbeute pro Original

Chrom-Zwischenoriginal	Ritzoriginal
10 Netze	5000 Netze.

4.11.3.2. Einfluß der optischen Transparenz des Speichergitters auf Arbeitsbereich und Helligkeit der Röhre

Das Speichergitter einer Sichtspeicherröhre kann man zum Steuern des Schirmstromes in gleicher Weise verwenden, wie das Gitter einer Triode zum Steuern des Anodenstromes. Wird das Speichergitter mit genügend negativer Spannung betrieben, so wird der Strom zum Schirm gesperrt. Dieser Vorgang wird durch die Abhängigkeit des Schirmstromes als Funktion der Speicherspannung gekennzeichnet. Der Verlauf dieser

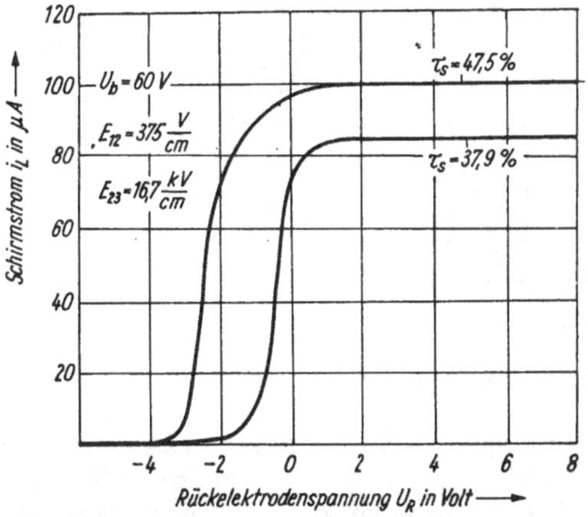

Bild 4. Der Schirmstrom i_L als Funktion der Rückelektrodenspannung U_R für verschiedene Speichergittertransparenzen τ_s

Kennlinie wird entscheidend von der optischen Transparenz des Speichergitters beeinflußt, und zwar in der Weise, daß bei Speichergittern mit großer Transparenz eine größere negative Spannung zum Sperren des Schirmstromes erforderlich ist als bei Speichergittern mit geringerer Transparenz (Bild 4). Das heißt, bei gleicher Speichergitterspannung wird bei Gittern mit großer Transparenz ein höherer Schirmstrom erzielt. Da die Helligkeit bei konstanter Schirmspannung eine Funktion des Schirmstromes ist, beeinflußt die Transparenz des Speichergitters außer der Kennlinie und damit den Arbeitsbereich der Röhre noch die Helligkeit der Röhre.

4.11.3.3. Planierung von Speicher- und Kollektorgitter

Für die einwandfreie Wiedergabe der eingespeicherten Information ist eine wesentliche Voraussetzung, daß Speicher- und Kollektorgitter plan sind. Eine Planierung der Gitter ist durch zwei unterschiedliche Technologien möglich. Die eine Technologie verwendet eine Spannvorrichtung, mit der das vorbehandelte Gitter über einen Tragring gespannt wird und mit Hilfe eines Schweißringes durch Punktschweißen am Tragring befestigt wird (Bild 5). Anschließend wird das restliche Gewebe abgeschnitten.

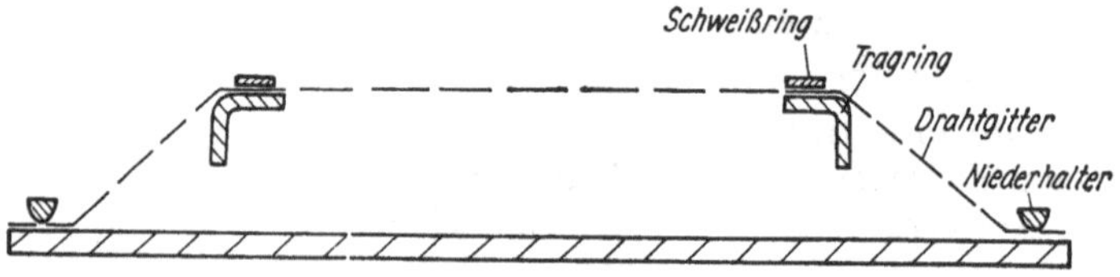

Bild 5. Spannprinzip des Siebgewebes durch Punktschweißen

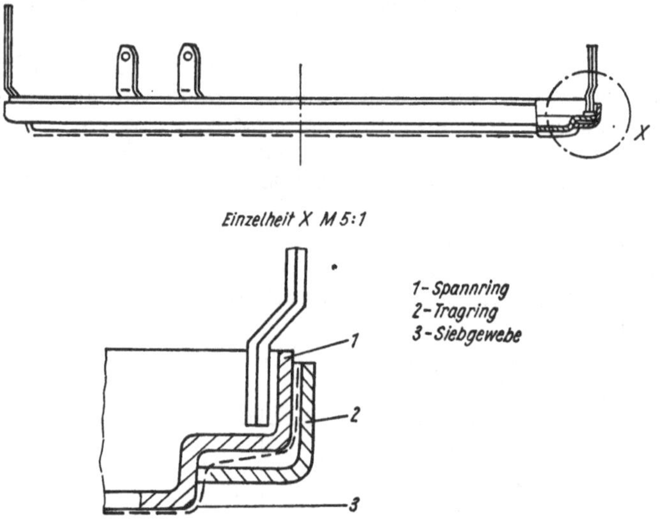

Bild 6. Prinzip des Spannens durch Klemmtechnologie

Die andere, wesentlich verbesserte Spanntechnologie geht von einem Spannring und einem Tragring aus, die im Preßsitze zueinander passen. Beim Spannvorgang wird der Spannring so in den Tragring hineingedrückt, daß das dazwischenliegende Gewebe plan wird (Bild 6).
Die zuletzt beschriebene Spanntechnologie weist gegenüber der erstgenannten einige wesentliche Vorteile auf:

1. geringerer Materialbedarf, insbesondere bei Siebgewebe,
2. Zeiteinsparung von ca. 60%,
3. für Siebgewebe und glavanische hergestellte Gitter einsetzbar.

4.11.3.4. Materialfragen und Aufbringtechnologie der Speicherschicht

Wichtige Parameter der Sichtspeicherröhre wie Schreibgeschwindigkeit, Speicherzeit und Lesezeit sind von der Qualität der Speicherschicht abhängig. Es stellt sich somit die Frage, nach welchen Gesichtspunkten die Speicherschichtmaterialien ausgewählt werden müssen und welches technologische Verfahren zur Herstellung der Speicherschicht anzuwenden ist. Für die Speicherzeit ist die Frage der Isolation von wesentlicher Bedeutung, auf die hier jedoch nicht näher eingegangen wird. Ausgangspunkt für Schreibgeschwindigkeit v_s und Lesezeit t_L sind die folgenden Beziehungen:

$$V_s = \frac{i_s}{C_s \cdot \Delta U} (1 - \alpha)(\delta - 1)$$

i_s — Strahlstrom
C_s — Speicherschichtkapazität
ΔU — Löschspannungsdifferenz
α — Bedeckungsfaktor Kollektorgitter

$$t_L = \frac{C_s \cdot \Delta U}{K \cdot p \cdot i_e(1 + \delta)}$$

δ — SE-Faktor
i_e — Lesestrahlstrom
p — Restgasdruck
K — Geometrie u. Gasartabhängige Konstante

Beim Vergleich beider Beziehungen sieht man, daß die Forderung nach großer Schreibgeschwindigkeit und die nach langer Lesezeit gegensätzliche Forderungen sind. Klammert man einmal die elektrischen Einflußgrößen aus, so stellt man fest, daß

$$V_s \sim \frac{1}{C_s} \qquad t_L \sim C_s$$

sowie

$$V_s \sim \delta \qquad t_L \sim \frac{1}{\delta}.$$

Aus der Speicherschichtkapazität $C_s = \varepsilon \cdot Ad^{-1}$ und dem SE-Faktor δ ergeben sich die Forderungen an die Speicherschicht hinsichtlich der Materialkonstanten und der Schichtdicke d. Auf Grund der reinen Materialkonstanten ε und δ sollte je nach den Anforderungen an die Sichtspeicherröhre die Materialauswahl erfolgen. Eine weitere von den Speicherschichtmaterialien zu erfüllende Bedingung ist Hitzebeständigkeit und Luftbeständigkeit, die aus der Fertigungstechnologie von Sichtspeicherröhren resultieren. Einige Untersuchungen an verschiedenen Materialien führten zu dem Ergebnis, daß Materialien wie Natriumfluorid NaF, Magnesiumfluorid MgF_2, Lithiumfluorid LiF, Natriumchlorid NaCl und Calciumfluorid CaF als Speicherschichtmaterialien geeignet sind. Der Röhrenhersteller kann je nach Anwendungszweck der Röhre die Auswahl des Speicherschichtmaterials treffen. Die oben genannten Beziehungen für die Schreibgeschwindigkeit und Lesezeit sind dabei eine wertvolle Hilfe.
Nach der Auswahl der Speicherschichtmaterialien müssen diese Stoffe durch ein technologisch gut realisierbares Verfahren auf das metallische Speichergitter aufgebracht werden. Dabei bieten sich folgende Technologien an:

1. Aufdampfen im Vakuum
2. Settelverfahren
3. Aufspritzverfahren
4. Elektrophorese.

Das am häufigsten angewendete Verfahren ist das Aufdampfen im Vakuum. Zwei wesentliche Gründe sprechen für diese Methode: erstens große Sauberkeit beim Herstellen der Schicht sowie die Möglichkeit der vorherigen Ionenreinigung des Speichergitters, und zweitens erfüllen die meisten Speicherschichtmaterialien gut die Bedingung für ein Vakuumverdampfung.
Eine Verdampferquelle ist in ihrem Verhalten einer Lichtquelle ähnlich. Demzufolge müssen auch analog die für eine Lichtquelle geltenden Lambertschen Gesetze für eine

punktförmige Verdampfungsquelle Gültigkeit haben. Voraussetzung ist, daß die verdampfenden Substanzteilchen möglichst wenig Zusammenstöße mit den Restgasmolekülen erfahren, d. h. die mittlere freie Weglänge λ muß groß sein gegen die Gefäßdimensionen, also ein niedriger Druck im Rezipienten herrschen. Die kinetische Gastheorie liefert für die mittlere freie Weglänge den Ausdruck

$$\lambda = \frac{k \cdot T}{\sqrt{2}\, p\pi (2r)^2}$$

k — Boltzmann-Konstante
T — absolute Temperatur in Grad Kelvin
p — Druck des Gases in Torr
$2r$ — Moleküldurchmesser in cm.

Setzt man in diese Beziehung die Werte für Luft und Zimmertemperatur ein, so ergibt sich

$$\lambda \approx \frac{50 \text{ cm}}{p/\text{Torr}} \cdot 10^{-4} .$$

Bei einem Druck von 10^{-6} Torr beträgt also die mittlere freie Weglänge in Luft etwa 50 m. Sie übertifft bei weitem die Dimensionen der meisten Vakuumsysteme.
Von praktischer Bedeutung sind nun die Fragen nach dem notwendigen Restgasdruck und Abstand zwischen Verdampferquelle und Target.
Um den Prozentsatz der ungehindert zum Target gelangenden Dampfteilchen zu ermitteln, ist es sinnvoll, deren Prozentsatz als Funktion der Knudsen-Zahl Kn darzustellen, wobei die Knudsen-Zahl aus dem Quotienten aus mittlerer freier Weglänge λ und dem Weg r bestimmt wird $\left(Kn = \frac{\lambda}{r}\right)$. Bild 7 zeigt diese Abhängigkeit. Mit dieser Abhängigkeit kann man bei vorgegebenem Prozentsatz und Weg r den Restgasdruck p berechnen oder bei gegebenen Druck den Weg r.

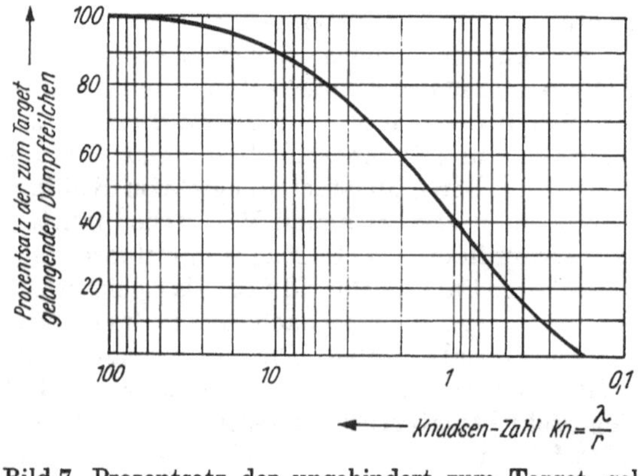

Bild 7. Prozentsatz der ungehindert zum Target gelangenden Dampfteilchen als Funktion der Knudsen-Zahl

Sollten z. B. 90% der Substanzteilchen ungehindert zum Target gelangen, gilt $Kn = 10$ d. h. $\lambda = 10\, r$. Bei einem Abstand $r = 10$ cm folgt daraus $\lambda = 100$ cm.
Mit einem Verdampfungsgefäß, das einen Durchmeseer von 10 cm hat, ist die Bedingung $\lambda \gg$ Gefäßdimensionen erfüllt und läßt sich die Beziehung $\lambda \approx \frac{50 \text{ cm}}{P/\text{Torr}} \cdot 10^{-4}$ anwenden. Für p gilt dann bei $\lambda = 100$ cm und $r = 10$ cm

$$p \approx 5 \cdot 10^{-5} \text{ Torr} .$$

Für das Aufbringen der Speicherschicht auf das metallische Speichergitter durch Vakuumverdampfung lassen sich aus den bisherigen Überlegungen einige Richtlinien ableiten:

1. Die Forderung nach einem Prozentsatz von 90%, der zum Speichergitter gelangenden Substanzteilchen ist im Sinne einer möglichst großen Schichtdicke vernünftig.
2. Der Abstand zwischen Verdampferquelle und Speichergitter sollte ca. 13 cm betragen, damit die Bedingung $\lambda \gg$ Gefäßdimensionen erfüllt ist, wenn man davon ausgeht, daß das Verdampfungsgefäß mit einem Durchmesser von 13 cm bemessen ist. Dieser Durchmesser entspricht dem des Speichergitters einer Sichtspeicherröhre mit 13 cm Schirmdurchmesser.
3. Mit $r = 13$ cm folgt $\lambda = 130$ cm bei $Kn = 10$ und es ergibt sich weiter $p = 5 \cdot 10^{-5}$ Torr. Dieser notwendige Restgasdruck läßt sich mit ökonomisch vertretbarem vakuumtechnischen Aufwand realisieren.

4.11.4. Entwicklungstendenzen

Die Entwicklung des vakuumelektronischen Bauelements Sichtspeicherröhre geht in Richtung Rechteckröhren mit Innenraster sowie Sichtspeicherröhren mit hohen Schreibgeschwindigkeiten bis 1000 km/s. Desweiteren werden Sichtspeicherröhren mit hoher Ablenkempfindlichkeit gefordert für den Einsatz in Geräten, die mit Halbleiterbauelementen bestückt sind.

Literaturverzeichnis

[1] *Kazan, H., Knoll, A.*: Adv. Electronics and Electrophysics 8 H. 10 (1956).
[2] *Rost, L.*: Funktion und Betrieb der Sichtspeicherröhre B 13 S 11. Nachrichtentechnik 15 H. 5 (1965).
[3] *Bolze, W.*: Verbesserung der Lesezeit in Sichtspeicherröhren. Diplomarbeit, TH Ilmenau 1968.

4.12. Technisch-physikalische Probleme bei Schwarz-Weiß-Bildröhren

Von *E. Felske / K. Haustein / H. Jahn / H. Krause*

VEB Werk für Fernsehelektronik, Berlin

4.12.1. Technischer Stand und Entwicklungstendenzen

4.12.1.1. Die Bedeutung der S/W-Bildröhren heute

Der mit Einführung des Farbfernsehens vielerorts propagierte Rückgang des Absatzes an Schwarz-Weiß-Fernsehgeräten ist auf keinem der europäischen Marktgebiete in dem Umfang erfolgt, den die Prognostiker voraussagten. Vielmehr kam es in vielen Ländern kurze Zeit nach Einführung des Farbfernsehens zu einem Anstieg der Nachfrage nach Geräten und Bauelementen der Schwarz-Weiß-Technik. In den USA standen 1973 einer Produktionsziffer von 9 Mio Farbgeräten etwa 6 Mio S/W-Geräte gegenüber. In Westeuropa muß vor allem die Preisrelation von 1:4 zwischen S/W- und Farbbildwiedergaberöhre genannt werden sowie die Tendenz, neben dem großformatigen Farbgerät ein transportables S/W-Gerät mit kleinem Bildschirm zu nutzen.
Für den VEB Werk für Fernsehelektronik als Hersteller von S/W-Bildröhren basiert auf dieser Nachfrage ein umfangreiches Exportgeschäft, vorwiegend in das nichtsozialistische Wirtschaftsgebiet, womit wertvolle Devisen erwirtschaftet werden. Daneben ergeben sich umfassende Erfahrungen zur Standardisierung und Applikation sowie Kenntnisse der Marktgepflogenheiten, die auch für andere moderne Bauelemente, bei deren Entwicklung und Produktion wir noch am Anfang stehen, durchaus von wesentlicher Bedeutung sind. In diesem Sinne möge der Beitrag zur Thematik Schwarz-Weiß-Bildröhre verstanden werden.

4.12.1.2. Technische Entwicklungstendenzen, Weltstandsvergleich

Welche technischen Entwicklungstendenzen bemerkt man nun in der traditionellen Schwarz-Weiß-Bildwiedergabetechnik mit ihrem evakuierten Glaskörper, in dem die Anregung eines Leuchtschirmes mittels Elektronenstrahls erfolgt? Bei der Entwicklung von traditionellen Bauelementen wie S/W-Bildröhren geht man im allgemeinen vom Weltstandsvergleich aus.
Für S/W-Heimgeräte dominieren großformatige Röhren wie die 61-cm-Type mit Grauglasschirm und 110° Ablenkwinkel. Dieser Stand blieb in den letzten 5 Jahren unverändert, da Formatvergrößerungen durch den steigenden Anteil der Farbgeräte auf diesem Sektor nicht lohnten. Bewegung in der Typenentwicklung gab es jedoch bei kleinen und mittleren Formaten, wo sich der günstigste Typ für tragbare Geräte herausschälte. Das ist die 31-cm-Röhre mit 90 oder 110° Ablenkwinkel, Sparheizer und verkleinertem Halsdurchmesser.
Eine gewisse Bedeutung hat noch die 50-cm-Type, eine im Maßstab verkleinerte B61 mit deren technischen Daten.
Es gab zwar auch Versuche auf dem europäischen Marktgebiet, Zwischenformate herauszubringen (36/40/44 cm). Diese Röhren haben sich jedoch nicht durchgesetzt. Als Gründe hierfür, allerdings nur, soweit sie technischer Natur sind, seien genannt:

1. Die Aufnahme einer solchen Type setzt hohe Investitionen auf dem Glassektor voraus.

2. Eine Röhre mit einem Halsdurchmesser von 20 mm wird in der Herstellung bei größeren Formaten als 40 cm bei der Beschirmung kritisch.

3. Eine Röhre mit dem nächstgrößeren Halsdurchmesser 28,6 mm, die eine Paralleltype zu der in Großserie laufenden Großformatröhre darstellen würde, wird für den Geräteehersteller problematisch, weil sich damit nur netzgebundene aber keine transportablen Empfänger herstellen lassen.

So kann man die Aufgaben auf dem Sektor der S/W-Bildröhren im VEB WF in zwei Richtungen charakterisieren:

— Qualitätssicherung und -verbesserung im Detail bei den Typen B61 und B50G1,

— Neuentwicklung einer 31-cm-Röhre für tragbare Empfänger.

Die Anforderungen an die Trägertype des VEB WF, die B61G1, lagen in der Arbeit an Parametern, die die Gebrauchswerteigenschaften erhöhen, wie z. B. Leuchtdichte, Schärfe und Lebensdauer sowie in der Optimierung der Fertigungseinrichtungen. Weiterhin waren gemeinsam mit dem Anwender Probleme zu bearbeiten, die *dessen* Fertigung ökonomischer gestalten. Als Beispiel sei die Einengung der Toleranzfelder elektrischer und mechanischer Parameter genannt. Hier zeigte es sich, daß Schlüsse auf das Qualitätsniveau der Röhren nicht allein auf der Grundlage der propagierten Daten des jeweiligen Herstellers möglich sind — bei Massengütern für die Konsumgüterelektronik wie Bildröhren haben sich einheitliche Daten durchgesetzt — vielmehr ist der technische Stand gemeinsam mit dem Anwender von Fall zu Fall zu bestimmen.
Im VEB WF vorgenommene Analysen haben ergeben, daß Produzenten ihren Anwendern gegenüber die propagierten Daten wesentlich einengen, wenn dies aus anwendungstechnischen Gründen zweckmäßig ist (beispielsweise Maßangaben für Gehäuseausschnitt, Mittenabweichung). Andererseits werden auch Werte bedenkenlos überschritten, wenn dies ohne Auswirkung auf den Gebrauchswert der Röhre ist (Baulänge, Sperrspannung). Das Datenblatt hat somit nur den Wert einer unverbindlichen Information, so daß gewissenhafte Notierung der Kundenforderungen sowie unmittelbare Untersuchung der Konkurrenzprodukte sich als wichtige Ergänzung zum bisher Üblichen beim Weltstandsvergleich notwendig machen.
Aus eigenen Erfahrungen bei der Entwicklung der Type B61G1, die bei Aufnahme der Entwicklung auf die ganze Breite des Exportmarktes ausgelegt war, wurde im VEB WF abgeleitet, daß eine Neuentwicklung in enger Zusammenarbeit mit einem Inlandsabnehmer durchgeführt werden sollte, bis ein Überleitungsqualitätsstand erreicht ist. Weitergehende Forderungen des Außenmarktes können in einer zweiten Etappe bearbeitet werden. Hierbei sind dann spezielle firmenspezifische Forderungen zu berücksichtigen; der Markt ist somit technisch aufzubereiten.
In diesem Sinne wird deshalb auch bei der Entwicklung der B31G1 verfahren, die in enger Zusammenarbeit mit dem Inlandsabnehmer VEB Robotron-Radeberg bis zur Produktionsreife geführt wird. Um eine schnelle Überleitung zu gewährleisten, orientiert VEB WF dabei außerdem auf die Kooperation mit RGW-Partnern, z. B. mit der Glasindustrie der VRP auf dem Sektor des Kolbens, wodurch eine Zeiteinsparung von 1 Jahr erreicht werden kann. Die komplette Katoden-Heizer-Baueinheit wird in Zukunft aus einem auf dieses Bauteil spezialisierten Betrieb der UdSSR bezogen.

4.12.1.3. Physikalische Problemstellung

Hinsichtlich einiger heute bei S/W-Bildröhren bestehender Problemstellungen erbrachte die Analyse der Anwenderforderungen sowie eigene Zuverlässigkeitsuntersuchungen eine Reduzierung auf folgende Problemkreise:

4.12.1.3.1. Auflösungsvermögen und Leuchtdichte

Die Forderung nach hoher Leuchtdichte bei gleichmäßiger Auflösung über den Gesamtschirm ist als Anwenderforderung an eine Fernsehbildröhre durchaus verständlich. Aus physikalischen Gründen ist jedoch nur ein Kompromiß möglich:
Für die Leuchtdichte B gilt

$$B = \eta j_S U_a ,$$

wobei

η = Konstante der Leuchtschirmausbeute,
U_a = die Beschleunigungsspannung,
$j_S = I_a/F$ mit I_a = Strahlstrom und F — Schirmfläche

bedeuten.
Zum anderen gilt für die aufzulösende Zeilenzahl n die Beziehung

$$n = \sqrt[m]{\frac{U_a}{I_a}} .$$

Für m werden in der Literatur unterschiedliche Werte angegeben, die zwischen 2 und 4 schwanken.
Aus diesen beiden Beziehungen folgt, daß eine Leuchtdichtesteigerung mittels Strahlstromerhöhung nicht empfehlenswert ist, da sie die Auflösung vermindert, während höhere Anodenspannung sich sowohl positiv auf die Leuchtdichte als auch auf die auflösbare Zeilenzahl auswirkt.
Weiterhin ist zu beachten, daß die Fleckschärfe umso mehr steigt, je kleiner der an der Emission und an der Abbildung auf den Schirm beteiligte Katodenbereich ist, das heißt bei vorgegebener Leuchtdichte B, je größer die Katodenstromdichte j_K ist.
Da der Vergrößerung des Anodenspannungswertes wegen des Anwendungsfalles in der Konsumgüterelektronik Grenzen gesetzt sind, die sich aus der zulässigen Strahlendosis für nichtgenehmigungspflichtigen Betrieb und aus den für höhere Ablenkspannungen bestehenden erheblichen technischen Schwierigkeiten in der Ablenktechnik ergeben, reduziert sich das Problem einer Steigerung der Leuchtdichte auf die Erreichung eines guten Wirkungsgrades des Settelschirmes und einer großen Katodenstromdichte.
Die elektronenoptischen Probleme für Bildwiedergaberöhren sind nach 30 Jahren Produktion als gelöst zu betrachten. Somit ist die Emissionsfähigkeit der Katode das wesentliche Qualitätsmerkmal. Die Problemstellung „Bildschärfe“ wird also im folgenden unter der Thematik „optimale Emissionsfähigkeit der Katode“ behandelt.
Der andere Komplex ist die Forderung nach einem Settelschirm maximaler Lichtausbeute — damit werden die Fragen der Leuchtstoffe und des Beschirmungsprozesses angesprochen.

4.12.1.3.2. Lebensdauerverhalten

Die Lebensdauer der Bildröhren durchweg aller Hersteller liegt im Verhältnis zu anderen Elektronenröhren außerordentlich hoch. Dieser Tatbestand ist zum Teil damit zu erklären, daß eine Schädigung der Katode durch Restgasbestandteile infolge der hohen Getterwirkung der Innenflächen der Röhre stark eingeschränkt ist.
Nach einigen Jahren kommt es jedoch zur Erschöpfung der Oxidkatode. Der Betrachter merkt dies daran, daß das Bild vom Rand her im allgemeinen unscharf und kontrastarm wird. Exakte Angaben zur Lebenserwartung in Stunden werden international nicht gegeben; man kann aber 5000 Stunden als Grenzwert diskutieren. Dabei ist es für den Hersteller schwierig, den Begriff „Grenze schlecht“ meßtechnisch zu definieren, da der Anwender vorwiegend von subjektiven Kriterien ausgeht. Nach Ergebnissen im VEB WF liefert eine Bildröhre, die meßtechnisch schon deutliche Abfälle zeigt, im Empfänger noch durchaus brauchbare Bilder. Es wurde deshalb für interne

Prüfungen ein Maßstab erarbeitet, der von Zeit zu Zeit an Fremdmusterexemplaren überprüft wird und dem Anwender gegenüber einen deutlichen Sicherheitsabstand einschließt. Wesentlich bei den durchgeführten Versuchen war das Ergebnis von Lebensdaueruntersuchungen bei Über- oder Unterheizung. Im Falle der Überheizung besteht die Gefahr des vorzeitigen Ausdampfens des Aktivators und somit der Verarmung des Katodenträgers, im Falle der Unterheizung die Gefahr der Katodenvergiftung. Maßstab für diese Erscheinungen sind die Emissionskennwerte. Die verschiedensten Kriterien wurden auf ihre Aussagefähigkeit im Lebensdauerfall erprobt. Am Beispiel der Type B61G1 wird Bild 1 der Einfluß der Katodentemperatur demonstriert.

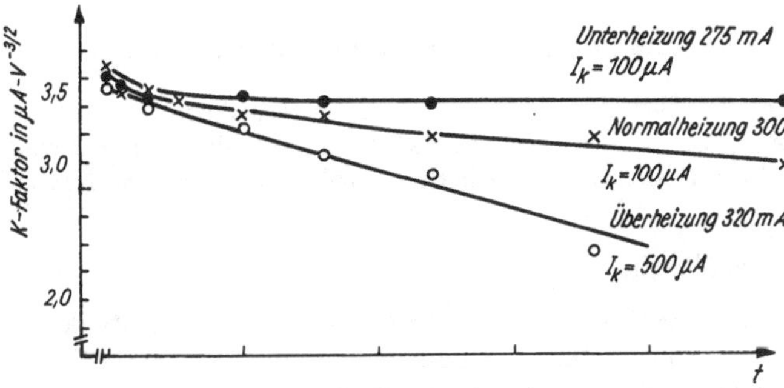

Bild 1. Mittelwertkurven des *K*-Faktors von je 10 Röhren B61G1 in Abhängigkeit von der Betriebszeit

Nach Festlegung einer optimalen Katodentemperatur sowie der Grenzen für den Aktivatorgehalt des Katodenträgermaterials wird in Bezug auf das Lebensdauerverhalten an Einflußgrößen wie Pumpprozeß, Ausheizprozeß und Gettereigenschaften gearbeitet.

4.12.1.3.3. Parametereinengung

Ursache der Kundenforderungen nach Toleranzeinengung am Bauelement Bildröhre sind in der Regel die ständigen Bemühungen der Gerätewerke um höhere Effektivität durch Rationalisierung ihres Fertigungsprozesses. Diese Forderungen betreffen die Hauptabmessungen, die Fokussierspannung, die Mittelpunktabweichung sowie die Ausblendreserve. Justierarbeiten sind produktionshemmend und deshalb unerwünscht. Aus diesem Grunde werden zunehmend vorabgestimmte bzw. vorjustierte Bauelemente und Baugruppen eingesetzt. So hat man z. B. auf die Einregelung einer optimalen Fokusspannung verzichtet. Ähnliches gilt für die Ablenkeinheit, die einfacher aufgebaut und vorjustiert wurde; beim Einbau der Einheit ins Gerät wird nur noch die Bildlagenscheibe eingestellt. Solche Rationalisierungsmaßnahmen setzen aber eine geringe Streuung der Parameter der Bildröhre voraus und gestatten es nicht mehr, die in den Datenblättern propagierten Werte auszufahren.
Echte Schwierigkeiten bereiten diejenigen Toleranzeinengungen, die nur über den Kolben zu realisieren sind, so z. B. die Verringerung der Konuswandstärke im Bereich der Ablenkspulen, durch die der Einsatz vereinfachter Ablenkspulen ermöglicht wird, oder die Verringerung von Zahl und Größe der zulässigen Glasfehler wie Steine, Einschlüsse und Blasen. Die schon genannte Forderung nach verringerter Mittenabweichung des unabgelenkten Elektronenstrahls (ohne Einfluß des Erdmagnetfeldes) bringt neben den Einstellvorteilen im Fernsehgerät eine Verringerung der Ablenkfehler und damit eine Verbesserung der Eckenschärfe bei Grenzexemplaren. Durch

erhöhten technischen Aufwand beim Röhrenhersteller wird hier ein eingeengter Bereich zu Nutzen des Geräteherstellers angestrebt.
Im Falle der „Ausblendreserve“ dagegen war ein Kompromiß zwischen dem Röhrenhersteller und den Gerätewerken erforderlich, der allen Partnern ökonomischen Vorteil brachte. Danach wird nur in Grenzfällen, d. h. bei Ausblenderscheinungen, die aufwendige Ausführung der Ablenkeinheit mit vergrößerten Sattelspulen, die bis vor 2 Jahren allein üblich waren, noch verwendet, während in allen übrigen Fällen die Bildröhren generell mit einer vereinfachten Ablenkeinheit kombiniert werden. Auf diese Weise kann die volle Ausschreibung des Schirmes bei allen Röhren erreicht werden.

4.12.2. Technische Maßnahmen zur Erhöhung der Gebrauchseigenschaften

Für die Praxis ist die Erhöhung der Gebrauchswerteigenschaften die wichtigste Problematik. Wie schon ausgeführt wurde, reduziert sich diese Problematik auf Katodenfragen und auf Schirmfragen, die demzufolge detailliert zu behandeln sind.

4.12.2.1. Emissionsfähigkeit

Die Katodenqualität einer Bildröhre ist abhängig von der Konstruktions- und Materialkonzeption sowie von der Behandlungstechnologie, der sie im Fertigungsprozeß unterworfen wird. Besonders die letztere unter den Bedingungen einer Massenfertigung mit niedrigen Ausfallziffern gehört weiterhin in die Kategorie „problematisch“.
Im folgenden werden technologische Erfahrungen bei der Verarbeitung von Katoden in der S/W-Bildwiedergaberöhre mitgeteilt, die zu einer wesentlichen Qualitätsverbesserung des Hauptproduktes des VEB WF geführt haben. Zu deren besserem Verständnis seien einige technische Daten der Bildröhrenkathode vorangestellt:
WF-Katoden bestehen aus einer einseitig geschlossenen Hülse aus Reinstnickel, das mit etwa 0,05% metallischem Magnesium dotiert ist. Auf der Stirnseite dieser Hülse ist die Emissionspaste als Dreifachkarbonat aufgetragen. Als Heizer ist eine Doppelkehrwendel eingesetzt. Die Katodenoberfläche beträgt 0,03 cm^2. Im Betriebsfall der Röhre beträgt der Strahlstrom 60 bis 100 μA, die dafür wirksame Katodenoberfläche liegt bei 0,00015 bis 0,0002 cm^2. Die Stromdichte errechnet sich dann zu 0,4 bis 0,5 Acm^{-2}. Für den Prüffall auf Emission kommen je nach Sperrspannung maximale Ströme zwischen 800 und 2200 μA vor. Die belastete Fläche liegt demnach für eine Mittelwertröhre bei 0,23 Acm^{-2}; das entspricht einem Durchmesser der emittierenden Fläche von 0,91 mm. Die genannten Daten wurden experimentell am Elektrolyttrog bestimmt und stimmen mit theoretischen Abschätzungen gut überein.
Es sind eine Reihe von Verfahren zur Beurteilung der Emissionsfähigkeit bekannt, von denen hier einige kurz genannt seien:

- Methode der Anfangssteilheit, bei der zum Strombereich 0—100 μA gehörige Spannungsbereich ΔU_{g1} gemessen wird,
- Diodenemissionsmeßverfahren, bei dem der von der Gesamtkatodenfläche emittierte Strom in Diodenschaltung Katode-Steuergitter bestimmt wird,
- Unterheizverfahren, bei dem ein Vergleich der Emissionsströme bei Nenn- und definierter Unterheizung erfolgt.
- Bestimmung der Konstanten K unter der Voraussetzung einer Raumladungskennlinie nach der Beziehung

$$I_{k0} = K U_{g1sp}^{3/2}$$

I_{k0} ist der Katodenstrom bei Nennspannungen der Röhre und gleichem Potential von Gitter 1 und Katode (dies entspricht dem maximal möglichen Strom im negativen

Bereich der Kennlinie $I_k = f(-U_{g1})$; U_{g1sp} ist die U_{g1}-Spannung, bei der bei Nennspannungen der Röhre der Katodenstrom I_k gleich Null wird. Praktisch wird U_{g1sp} durch Verschwinden des unmodulierten fokussierten Rasters bestimmt,

— Beurteilung der Katodenoberfläche mittels elektronenoptischer Abbi dung auf den Bildschirm, genannt „Katodenbildbetrachtung". Diese Beurteilung ist nur bei Änderung der Betriebsparameter möglich. Das Emissionsbild der Katode wird dabei in einer Größe von annähernd 50 bis 70 mm dargestellt. Größe und Ort von dunklen Stellen dieser Abbildung werden als Kriterium in einer Weise herangezogen, die in Bild 2 angedeutet ist. Kriterien der Qualität von Bildröhrenkatoden haben zwei Bedingungen zu genügen:

a) Es ist eine Aussage über die Emissionsqualität der Katodenoberfläche zu treffen, die zur eigentlichen Abbildung beiträgt; dies betrifft das Zentrum der Katode mit einem Durchmesser von etwa 0,15 mm.
b) Es ist eine Aussage über einen größeren Bereich der Katode zu geben, größer als die den Katodenstrom begrenzende Blendenfläche des Gitter 1, um die Katode auf Emissionsreserven zu kontrollieren.

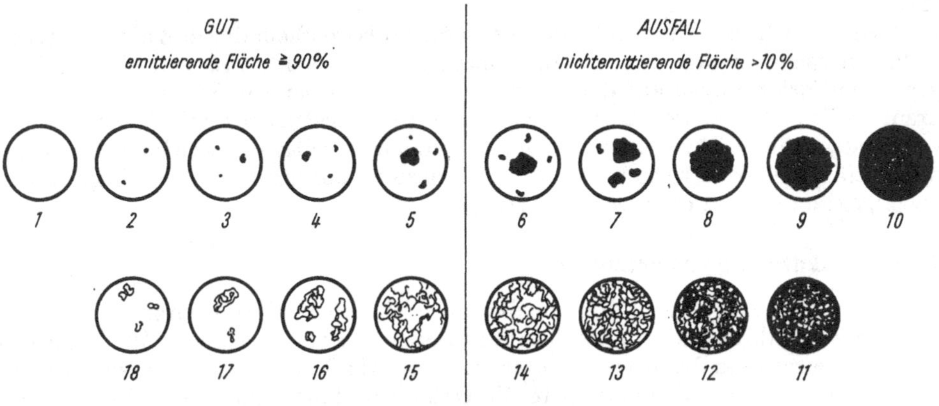

Bild 2. Bewertungsschema für elektronenoptisches Katodenbild

Auf den ersten Blick scheint die ΔU_{g1}-Bestimmung nach der Methode der Anfangssteilheit zur Beurteilung des Betriebsverhaltens der Röhre das angemessene Verfahren zu sein. Untersuchungen an Röhren mit starken Beschädigungen der Katodenpaste haben jedoch ergeben, daß selbst Beschädigungen im Zentrum der Katode, die dem Zehnfachen der sonst belasteten Fläche unbeschädigter Katoden entsprechen, sich nicht derart negativ auf die Größe der Steilheit auswirken, daß sie außerhalb der normalen Schwankungen der Steilheit unbeschädigter Katoden liegen. Solche Katoden führen allerdings im Normalbetrieb zu einer Fleckvergrößerung. Solche Röhren würden also mit „durchrutschen", wenn die Methode der Anfangssteilheitsbestimmung als alleiniges Kriterium angewendet würde.

Das Diodenemissionsmeßverfahren erfaßt die Emissionsfähigkeit der gesamten Katodenfläche, ist jedoch wegen der positiven Spannung am Gitter 1 dem Betriebsverhalten der Röhre fremd. Die Erfahrung hat bei Bildröhren gezeigt, daß selbst bei kurzzeitigem Meßbetrieb die Katode geschädigt wird. Es können vom Gitter 1 katodenvergiftende Bestandteile freigesetzt werden.

Aus Informationen ausländischer Bildröhrenhersteller ist auch der Test auf Unterheizverhalten bekannt. Dieser Test zeigte bei WF-Röhren keine brauchbaren Ergebnisse.

Aus den genannten Beurteilungskriterien zur Katodenqualitätsbeurteilung verbleiben die K-Faktor- und die Katodenbildmethode. Umfangreiche Untersuchungen an ein-

wandfreien Röhren, an Ausfallröhren der Fertigung und an Ausfallröhren aus dem Kundenrücklauf mit dem Fehler „Unschärfe" haben ergeben, daß nur die kombinierte Bewertung nach K-Faktor *und* elektronenoptischem Katodenbild eine Aussortierung katodengeschädigter Röhren erlaubt.
Bei der K-Faktor-Messung wird die Röhre meßtechnisch auf Emission größerer Katodenflächen geprüft, bei der Katodenbildbewertung die für die elektronenoptisch einwandfreie Abbildung wichtige Katodenmitte.
Röhren aus dem Kundenrücklauf mit mangelhafter Schärfe bzw. Ausfallröhren der Fertigung ergeben, daß dunkle Flecken im Zentrum des Katodenbildes bis zu einer gewissen Größe noch nicht als störend empfunden werden. Die Fertigungsprüfung wurde auf diese Grenze eingestellt. Auch für die Ausgangsprüfung des K-Faktors konnte eine zweckmäßige untere Grenze gefunden werden. Im VEB WF wird jede einzelne Bildröhre in der Fertigungsprüfung auf Katodenbild und K-Faktor und in der TKO-Endprüfung nochmals auf K-Faktor beurteilt. Die kombinierte Bewertung der Katodenqualität hat dazu beigetragen, daß die Reklamationsquote beim Kunden wegen ursächlicher Katodenfehler von 1,5% auf weniger als 0,3% gesunken ist; die Summe aller Fehler liegt unter 0,9% und entspricht dem internationalen Spitzenniveau.
Es soll jedoch nicht der Eindruck erweckt werden, als ob allein durch Kontrollmethoden die Emissionsqualität der WF-Bildröhren gesichert wird. Vielmehr sind in Auswertung der Erfahrungen auf dem Exportmarkt in den letzten Jahren durch Optimieren des Produktionsprozesses entscheidende Verbesserungen erreicht worden.
Im folgenden werden Prozesse aufgeführt, bei denen negative Auswirkungen auf die Emissionsfähigkeit der Katode beobachtet wurden. Lösungen zur Beseitigung der Schwierigkeiten werden erläutert.

4.12.2.1.1. Aktivierung und Formierung

Von den meisten Herstellern werden die Katoden von S/W-Bildröhren durch zwei Behandlungsverfahren auf ein genügendes Emissionsniveau gehoben: Während des Pumpausheizprozesses der Röhre werden vor dem Abschmelzen die Emissionskarbonate durch thermische Aktivierung in die Oxide überführt. Die zweite Behandlung erfährt die Katode nach dem Gettern und Härten der Röhre wiederum durch Temperaturbehandlung bei gleichzeitigem Stromfluß zwischen Katode und Gitter 2.
Im VEB WF werden beide Prozesse an der verschlossenen Röhre im Anschluß an das Gettern und Härten unmittelbar nacheinander durchgeführt. Durch das große Volumen der Röhre sowie die großen getternden Flächen werden die freiwerdenden Gasmengen ohne Nachteil aufgenommen. Dieses Verfahren wird seit 1971 mit gutem Erfolg angewendet. Der Nutzen liegt in einer Senkung des Ausfalls in der Fertigung um einige Prozent und in einer Lebensdauerverlängerung ungefähr um den Faktor 2 gegenüber dem Stand vor 1970. Diese Verbesserung kann damit erklärt werden, daß in der kritischen Phase des Abschmelzens der gepumpten Röhre, wobei ein starker Druckanstieg erfolgt, bei der bereits umgewandelten Katode eine erhöhte Vergiftungsanfälligkeit gegeben ist, während im anderen Falle die Katodenpaste noch aus beständigen Karbonaten besteht.

4.12.2.1.2. Katodenherstellung

Es ist bekannt, daß je nach Art des Unterlagenmaterials Schwankungen in der Haftung des Emissionskarbonates zum Unterlagenmaterial auftreten können. Bemerkenswerterweise traten jedoch auch erhebliche Schwankungen des Ausfalles bei völlig gleichem Nickel-Magnesium-Unterlagenmaterial auf, die so weit gehen konnten, daß die Paste sich in Form einer zusammenhängenden Tablette abhob. Dieser Befund weist auf einen nicht zu unterschätzenden Einfluß der Bepastungstechnologie hin.

Es wurde ermittelt, daß die Haftung der Emissionspaste stark von der relativen Luftfeuchtigkeit des Sprühraumes abhängig ist. Aus diesen Erfahrungen wurden angepaßte Prüf- und Prozeßführungsverfahren entwickelt, die den oben angegebenen Fehler aus der Röhrenfertigung ausmerzten.

4.12.2.1.3. Gettern

Zum Binden der Restgase werden in S/W-Bildröhren Verdampfungsgetter verwendet. Es werden Gettermaterialien, die vorwiegend aus metallischem Barium und Aluminium bestehen, in einer Menge von etwa 50 mg als Spiegel auf die gesamte Konus- und Schirmfläche aufgedampft. In Ergänzung zu einem gut geführten Pumpprozeß garantiert das beschriebene Getterverfahren ein Vakuum besser als 10^{-6} Torr über den Lebensdauerzeitraum. Nach eigenen Erfahrungen können Unterschiede im Getterprozeß in Verbindung mit Streuungen des Materials Lebensdauerunterschiede bis zum Faktor 3 verursachen. Allerdings stehen diese Untersuchungen, insbesondere auch die Ermittlung der Ursachen, noch am Anfang, so daß hier nähere Ausführungen nicht gemacht werden können.

4.12.2.1.4. Härten

Dieser Begriff bedarf einer kurzen Erläuterung. Moderne S/W-Bildröhren werden mit 18 bis 20 kV Anodenspannung betrieben. Trotz aller Sauberkeitsmaßnahmen, die noch in einem gesonderten Abschnitt behandelt werden, verbleiben noch einige Schmutzreste und vom Herstellungsprozeß der Elektroden bedingte Metallspitzen auf den Systemeinbauteilen und führen zu Überschlägen in der Röhre, wenn nicht eine spezielle Hochspannungsbelastung der Röhre im Fertigungsprozeß vorangesetzt wird. Bei provozierten Entladungen zwischen den Elektroden mit Spannungen bis zu 50 kV werden diese lokalen Ungleichmäßigkeiten der Oberfläche verdampft. Diese „Reinigung“ bewirkt, daß die Röhre bei 20 kV mit ausreichender Sicherheit hochspannungsfest ist. Die Prüfung auf Hochspannungsfestigkeit erfolgt im VEB WF bei 23 bis 25 kV.

Bei der Härtung wird technologisch so verfahren, daß an die Anode, die bei Bildwiedergaberöhren in den Konus eingeschmolzen ist und mit den hochspannungsführenden Elektroden, Gitter 3 und Gitter 5, über einen leitenden Innenbelag aus Graphit verbunden ist, eine positive Spannung gegenüber allen übrigen Elektroden gelegt wird. Diese übrigen Elektroden sind sockelseitig über den äußeren Kreis, der später die Formierspannung zuführt, miteinander kurzgeschlossen.

Man sollte annehmen, daß nur Überschläge zwischen denjenigen Elektroden auftreten, die den hochspannungsführenden Elektroden, Gitter 3 und Gitter 5, am nächsten liegen, d. h. Gitter 4, Gitter 2 und die Fokussierelektrode. Die Erfahrung zeigt jedoch, daß auch Überschläge bis zur Katode erfolgen können, wobei Beschädigungen der Katodenpaste bis auf das Kernmetall sowohl im Zentrum als auch auf der sonstigen Fläche auftreten. Die Beschädigungsrate betrug trotz weicher strombegrenzter Hochspannungsquellen 3 bis 1% und hatte einen erheblichen negativen Einfluß auf die Lieferqualität. Untersuchungen zur Behebung dieses Übelstandes zeigten, daß die Beschädigungen im Zentrum der Katode vollkommen vermieden werden können, wenn der Kurzschluß durch einen Metallzylinder unmittelbar am Bildröhrensockel erfolgt, wobei diese Maßnahme noch den nicht zu unterschätzenden Vorteil bringt, daß die Beschädigungen der Isolationspaste des Heizers infolge von Überschlägen zahlenmäßig zurückgingen.

4.12.2.1.5. Prüfung der Röhre

S/W-Bildröhren des VEB WF werden während des Produktionsprozesses und unmittelbar vor Verlassen des Werkes eingehenden Prüfungen unterzogen. Hierzu gehört auch die Prüfung auf Hochspannungsfestigkeit bei 24 kV. Wie wichtig eine gute Abstimmung zwischen Verfahrens- und Anlagentechniker sein kann, hat der Prüfvorgang „Hochspannungsfestigkeit" gezeigt. Durch eine einseitige Orientierung auf Einfachheit und Zuverlässigkeit des Prüfgerätes wurden die Netzgeräte für die G_2-, G_4- und Anodenspannung so stabil ausgelegt, daß bei Initialzündung über die Hochspannung auch die Geräte mit niedrigen Spannungen erhebliche Energien in die Röhre einspeisten. Die Folge waren erhebliche Katodenschäden. Durch die Einführung strombegrenzender Netzgeräte wurde dieser Mangel beseitigt.

4.12.2.1.6. Vakuumhygiene

Die unter den Punkten Härten und Prüfen dargelegten Maßnahmen zur Minderung von Sekundärschäden bei verringerter Hochspannungsfestigkeit greifen nicht das Übel an der Wurzel. Im zur Verfügung stehenden Rahmen können die umfangreichen Maßnahmen eines komplexen Vakuumhygienesystems, die zu einer erheblichen Verbesserung der Hochspannungsfestigkeit der WF-Bildröhren geführt haben, nur genannt, nicht jedoch im einzelnen erläutert werden:

— Flußsäurewäsche des Parabel-Halsbereiches nach der Folierung,
— Flußsäurewäsche des Kolbenhalses im bereits aluminisierten Kolben,
— Aufbewahrungsbehälter für die Elektronenstrahlsysteme an den Einschmelzmaschinen,
— Ultraschallwäsche von Systembauteilen und Strahlsystemen,
— Endmontage des Elektronenstrahlsystems in Laminarboxen,
— Transportbehälter für Elektronenstrahlsysteme.

Die Summe dieser Maßnahmen brachte eine Ausfallsenkung auf ein Drittel des früheren Wertes und eine verbesserte Hochspannungsfestigkeit der Röhre insgesamt.

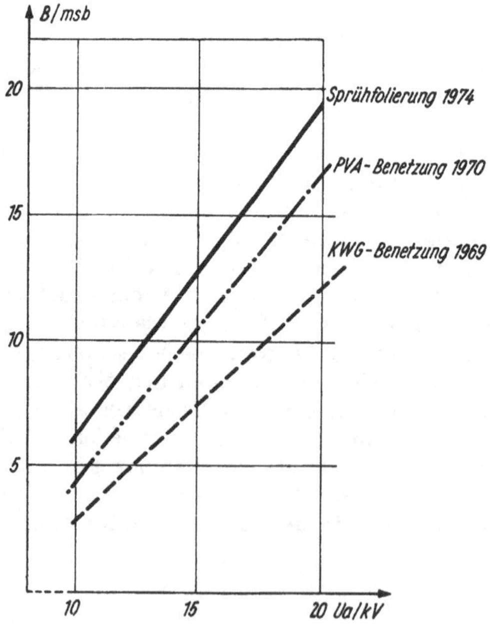

Bild 3. Leuchtdichte B in Abhängigkeit von der Beschleunigungsspannung U_a. Parameter: $I_k = 100\ \mu A$, $A = 500\ cm^2$

4.12.2.2. Verbesserung der Leuchtdichte

Seit etwa 5 Jahren bietet der VEB WF den Röhrenanwendern die Möglichkeit, die Bildröhre mit 20 kV gegenüber 17 kV in früheren Jahren zu betreiben. Diese Erhöhung war nur durch die bereits beschriebenen Sauberkeitsmaßnahmen in der Fertigung möglich. Es liegt nunmehr in der Hand des Anwenders, diesen Vorteil zu nützen. Eine bedeutende Erhöhung der Leuchtschirm-Quantenausbeute η konnte darüberhinaus durch technologische Veränderungen des Folierens erzielt werden. In Bild 3 sind die Ergebnisse der wesentlichsten Etappen dargestellt.
Dargestellt wird die Leuchtdichte B in Millistilb in Abhängigkeit von der Anodenspannung; als Parameter ist die jeweilige die Ausbeute bestimmende Teiltechnologie des Beschirmungsprozesses angetragen. Bezogen auf die Betriebsspannung stieg die Leuchtdichte von 13 msb bei 17 kV und Kaliwasserglasbenetzung 1965 auf 22 msb bei 20 kV und Sprühbeschirmung im Jahre 1975. Dies demonstriert deutlich die Entwicklung auf dem Beschirmungssektor.

4.12.3. Rückwirkungen auf die Anlagentechnik

Ausgehend vom Primat der Qualität des Enderzeugnisses Bildröhre wurden als Ursache der Emissions- und Vakuumfehler der Bildröhren auch die Pumpanlagen sowie die Temperaturführung des Pumpausheizprozesses in der Serienfertigung untersucht.
Mit dem Einschmelzen des Strahlsystems hat die Bildröhre ihr endgültiges Aussehen gewonnen. Sie muß nun evakuiert werden. Die Röhre wird mit dem an ihrem Fuß sitzenden Pumpstengel an ein Pumpsystem über eine spezielle Klemmverbindung angeschlossen. Diese Pumpsysteme bestehen aus: Vorvakuumpumpen 2DS8, Hochvakuumpumpen EDO100, Vorvakuumventil, Kühlmittelpumpen, Abschmelzofen und der zugehörigen elektrischen Steuerung.
Während des Pumpvorganges wird das Glas der Röhre in einem elektrisch beheizten Ofen auf etwa 380 °C erhitzt. Dies ist erforderlich, um die an den Glaswänden adsorbierten Gasmoleküle und Wassermoleküle zu beseitigen. Die im VEB WF verwendete Einrichtung besteht aus 80 bis 120 Pumpwagen. Jeder Wagen stellt für sich eine selbständige Pumpeinheit dar. Diese Pumpgestelle werden mittels Triebwagen oder Kettenantrieb durch den Heiztunnel gezogen. Am Ende der Strecke werden die Bildröhren vom Pumpstutzen elektrisch abgeschmolzen. Der Umlauf dauert etwa 120 Minuten. Die Untersuchungen ergaben, daß Emissions- und Vakuumfehler direkt dem einzelnen Pumpwagen zugeordnet werden konnten. Als Fehlerursache wurden Lecks im Vakuumkreis, unzureichende Saugleistung der Vakuumpumpen durch Ölverlust und mangelhafte Kühlung der Diffusionspumpen erkannt.
Ausgehend von diesen Ergebnissen wurde ein System der Überwachung eingeführt, bei dem

- auf jeder Röhre die Pumpaggregatnummer notiert wird und zu jeder Ausfallröhre ein Prüfprotokoll mit den Fehlern „Vakuum", „Emission" oder „Katodenbild" im Prüffeld geführt wird. Bei zweimaligem Auftreten der vorgenannten Fehler auf einunddemselben Pumpwagen ist das entsprechende Gestell sofort über Prüfprotokoll zu sperren.
- Ferner wird von der Anlagentechnik eine Kartei geführt, in der die Ausfälle „Preßteller-, Pumpstengelbrüche", „Lufteinbruch, angelaufenes System", „Röhrenimplosion, Röhrenzerfälle" registriert werden. Auch hier erfolgt bei zweimaligem Auftreten desselben Fehlers die Gestellsperrung.

Die hier dargestellte Kombination zur Überwachung der Pumpwagen für S/W-Bildröhren — einmal über die unmittelbar sichtbaren mechanischen Röhrenmängel

und zum anderen über die elektrischen Bildröhrenausfälle — ist zur Zeit einmalig in den europäischen Bildröhrenwerken.
Die Trefferwahrscheinlichkeit bei den Pumpgestellsperrungen ausgehend von den Fehlerröhren und bezogen auf die auffindbaren Fehler am Gestell ist für die verschiedenen Ausfallursachen unterschiedlich und kann wie folgt angegeben werden: bei Emissionsfehlern 75%, bei Vakuumfehlern 98%, bei Katodenbildfehlern 87%, bei Kombinationsfehlern Vakuum plus Emission 85%. Aus diesen Ergebnissen geht hervor, daß sich diese zur Zeit angewendete Methode zur Sperrung von Pumpgestellen zur Verbesserung des Fertigungsprozesses im VEB WF bewährt hat.
Parallel zu diesem System der Überwachung läuft die termingemäße Kontrolle der Gestelle.
Mit diesem Sperrsystem war jedoch nur ein Teil der auftretenden Mängel behebbar. Untersuchungen mit einem speziell ausgerüsteten Meßgestell zur Feststellung des Druckverhaltens in der Röhre während des Ausheizvorganges ergaben wesentliche Erkenntnisse für eine Optimierung der Temperaturführung. Der alte Zustand ist durch die folgenden Temperaturparameter,

— Aufheizgradient 16 °C/min

— Maximaltemperatur 380 °C

— Haltezeit über 360 °C gleich 13 min

gekennzeichnet. Die Druckparameter in der Röhre betrugen nach 18 Minuten Pumpzeit $p = 5 \cdot 10^{-3}$ Torr und nach 80 Minuten Pumpzeit $p = 4 \cdot 10^{-6}$ Torr. Eine Analyse des Druckverlaufes $p = f(t)$ und des Temperaturverlaufes $T = f(t)$ zeigte, daß die Vakuumerzeuger selbst noch nicht die erforderlichen stabilen Betriebsbedingungen erreicht hatten, obwohl die Röhre hinsichtlich der Temperaturführung bereits in der Abkühlphase war. Dadurch pumpte der sich abkühlende Kolben auf Grund der Desorption gegen die Hochvakuumpumpe. Das wirkte sich offenbar so aus, daß das Treibmittel in Richtung Bildröhrenkolben zurückströmte. Ein Vorverlegen der Einschaltpunkte für die Diffusions- und die Vorpumpe um etwa 10 Minuten und eine Verdoppelung der Haltezeit oberhalb 360 °C beseitigt diese Mängel. Wichtig für die Temperaturführung ist natürlich außerdem, daß der Enddruck in der Bildröhre durch solche Prozeßveränderungen nicht verschlechtert wird. Durch die genannten Veränderungen hat der Evakuierungsprozeß für Bildröhren zur Zeit eine relativ gute Stabilität erreicht. Die Qualitätsgeschichte ergab, daß der Vakuumfehler und die Folgefehler — Emission und Katodenbild — wesentlich gesenkt werden konnten.

4.12.4. Die nächsten Schritte der Weiterentwicklung

Die Bereitschaft des Kunden und der Gerätehersteller, den wechselnden Trends in der Unterhaltungselektronik *schnell* zu folgen, schlägt sich auch in der Entwicklung bei Bildröhren nieder. So hat sich jetzt in allen Formaten die gestalterisch günstige Vollrechteckform durchgesetzt. Für eine neue Geräteserie des VEB Stassfurt wurde in einer nur einjährigen Entwicklungszeit die Bildröhre B50G1 entwickelt und in die Produktion übergeführt. Im gleichen Maß ist das Kollektiv der zuständigen Kollegen des VEB WF bemüht, auch die moderne S/W-Bildröhre mit 31 cm Diagonale zügig in die Produktion überzuleiten; bereits in der Überleitungsphase werden zweitausend Röhren aus der Versuchsproduktion dem Gerätehersteller zur Verfügung gestellt. Diese Röhre bietet dem Kunden einige entscheidende Vorteile:

1. Verringerter Leistungsbedarf durch den dünnen Kolbenhals und Einsatz eines Sparheizers,

2. Sofortbetrieb nach 5 bis 7 Sekunden durch den Einsatz einer Katodenbaueinheit, die dem Transistorbetrieb des Gerätes angepaßt ist,
3. Möglichkeiten des ortsunabhängigen Betriebes durch Einsatz in Portables, die auch mit Batterie betrieben werden können.

Bei den Standardtypen stehen weiterhin Arbeiten zur Qualitätssicherung im Vordergrund des Interesses. Dies bezieht sich insbesondere auf die weitere Erhöhung der Lebensdauererwartung bei reduzierten Ausfallziffern im Herstellungsprozeß, so daß eine stetige Qualitätsverbesserung gesichert ist.

4.13. Moderne Farbbildröhren — Aufbau, Wirkungsweise, Anwendung —

Von *H. Schlesier*

Zentrallaboratorium für Rundfunk- und Fernsehempfangstechnik, Dresden

Selten hat in der Geschichte der Elektronik das Ringen um optimale Verfahrenslösungen so viel Kraft und Aufwand gekostet, wie bei der Farbbildröhre. Vielfältig waren die Versuche, immer wieder neue Varianten und Systeme von Farbbildröhren zu finden, um die hervorstechenden Nachteile bisheriger Lösungen zu vermeiden. Während alle in der Vergangenheit neu vorgeschlagenen Bildröhrenprinzipien, die vom „Hauptweg" der „klassischen" Lochmaskenröhre, die als Mutter der Farbbildröhren überhaupt angesehen werden kann, abweichen, sich als technologisch nicht realisierbar herausgestellt haben, beeinflußten sie doch in starkem Maße als Qualitätskonkurrenz die Weiterentwicklung der Lochmaskenröhre selbst. Obwohl noch keineswegs die Entwicklung der Farbbildröhren als abgeschlossen betrachtet werden kann, ist festzustellen, daß durch zahlreiche Detailverbesserungen an der Lochmaskenröhre und immer bessere Beherrschung technologischer Prozesse in der Fertigung einer Wiedergabequalität erreicht ist, die sich mit besten Farbdrucken und -filmen messen kann und diese teilweise übertrifft.
Die Lochmaskenröhre hat ihren Ursprung in US-amerikanischen Entwicklungen, die hauptsächlich in den Jahren nach dem 2. Weltkrieg begannen, als in Europa an derartige Industrieentwicklungen noch nicht zu denken war. Trotzdem hat es bis 1960 ... 1962 gedauert, bis eine Qualität erreicht war, die einen Großserieneinsatz gewährleistete und damit dem Farbfernsehen überhaupt zum Durchbruch verhalf.
Die Schwierigkeiten bei der Produktion von Farbbildröhren liegen insbesondere in der Komplexität der technischen und technologischen Verfahren. Ein voluminöses Vakuumgefäß muß mit engsten Toleranzen hergestellt werden. Die Strahlsysteme erfordern höchste mechanische Präzision und chemische Reinheit. Die Vorbereitung und Aufbringung der Leuchtstoffe erfordert intensives Zusammenwirken mechanischer, optischer und chemischer Prozesse, die sich nicht zuletzt nur durch Anwendung von Erfahrungswerten beherrschen lassen, deren Erarbeitung langer Jahre bedurfte und die noch nicht abgeschlossen sind.

4.13.1. Grundsätzliche Anforderungen an die Farbbildröhre

4.13.1.1. Einhaltung der Kompatibilität

Die Bildwiedergabe muß in der Farbbildröhre nach den gleichen Prinzipien möglich sein, wie in einer Schwarz-Weiß-Bildröhre. Der Aufbau des Bildes erfolgt punkt- und zeilenequentiell, das heißt, das Bild wird am linken oberen Bildrand beginnend aus einzelnen Punkten, die zeilenweise von links nach rechts und von oben nach unten angeordnet werden, zusammengesetzt. Die Schreibgeschwindigkeiten entsprechen den Normen des Anwenderlandes. Zur Erzielung scheinbar ruhig stehender, flimmerfreier Bilder werden in Europa im Geltungsbereich der CCIR- oder OIRT-Normen Zeilenfrequenzen von 15625 Hz und Halbbildfrequenzen von 50 Hz angewendet, wobei je zwei Halbbilder ineinander geschrieben werden (Zeilensprungverfahren — interfacing). Das bedeutet nicht nur, daß der das Bild schreibende Strahl mit einer Geschwindigkeit von ca. 7,8 km/s und im Rücklauf mit 420 km/s über den Schirm geführt wird, sondern daß die Anregungs- und Abklingzeitkonstanten der unterschiedlichen Leuchtstoffe sehr genau aufeinander abgestimmt sein müssen. Während die Anregungszeitkonstante nach quantenmechanischen Gesichtspunkten unter 10^{-10} s liegt, erfordert die gegenseitige Abstimmung der Abklingzeitkonstanten erhebliche Sorgfalt in der Aufbereitung der Leuchtstoffe. Im allgemeinen werden diese Probleme beherrscht. Spezielle Anforderungen, die außerdem an die Leuchtstoffe gestellt werden müssen, können im Abschnitt 4.13.2.1. nachgelesen werden.

4.13.1.2. Die Auflösung der Farbbildröhre

Prinzipiell ist zwischen der dynamischen und statischen Auflösung zu unterscheiden. Die dynamische Auflösung wird charakterisiert durch die Modulierbarkeit des Elektronenstrahls in Zusammenhang mit den kapazitiven Belastungen des Signalgenerators durch die Bildröhre selbst. Die Modulationsträgheit des Elektronenstrahls selbst ist wiederum quantenmechanisch zu ermitteln und spielt bei den in Betracht kommenden Signalfrequenzen von maximal 10 MHz keine Rolle. Die Kapazitäten der Steuerelektroden sind erheblich, sie betragen im allgemeinen 5 ... 10 pF und bestimmen damit die in die Steuerelektrode einzuspeisende Blindleistung. Mit dem gegenwärtigen Stand der Technik lassen sich Modulationstiefen von 100% bei Frequenzen von 20 MHz erreichen.
Ausschlaggebend besonders für die Auflösung der Farbbildröhre ist demzufolge die statische oder quasistatische Auflösung, die durch den Punktdurchmesser des Elektronenstrahls in der Schirmebene bestimmt wird. Dieser wiederum wird im zentralen Teil des Schirms vom Strahlsystem und der Strahllänge und in den Randzonen des Schirms außerdem von der Ablenkeinheit bestimmt. Die von der Farbbildröhre zu erbringende Auflösung muß mit den Parametern des Übertragungssystems übereinstimmen. Die Kennwerte der CCIR-Norm lassen eine Modulationsbandbreite von 5 MHz zu. Damit lassen sich theoretisch Linien im Abstand von 0,1 µs — das bedeutet bei 6% Überschreibung und einer Schirmbreite von 480 mm eine Strichbreite von 0,98 mm — darstellen. Der wirksame Fleckdurchmesser des Elektronenstrahles soll deshalb 1 mm nicht überschreiten. Auch die modernsten Farbbildröhren erfüllen diese Forderung noch nicht bei großen Strahlströmen (s. a. Abschn. 4.13.2.2.). Allerdings muß darauf hingewiesen werden, daß die Energieverteilung über den Strahlquerschnitt nicht konstant ist. Die einer Gaußschen Funktion nahekommende Verteilung der Leuchtdichte läßt nämlich eine exakte Definition des Fleckdurchmessers und damit der Auflösung nicht zu. Der obengenannte Linienabstand von ca. 1 mm ist deshalb bei Fleckdurchmessern von 1,6 mm noch gut zu erkennen, wobei als Fleckdurchmesser die Breite des Leuchtpunktes definiert ist, die als „gut sichtbar aufgehellt“ bezeichnet werden kann.

4.13.1.3. Photometrische Anforderungen an die Farbbildröhre

Nach dem derzeitigen Stand der Technik ist nur dann eine Bildröhre konkurrenzfähig, wenn die erzeugten Bilder eine solche Leuchtkraft, besser Leuchtdichte, besitzen, daß eine Betrachtung auch bei durchschnittlichem Tageslicht noch zufriedenstellend möglich ist. Die derzeitig verwendeten Systeme der Farbbildröhren erreichen dabei die vom Schwarz-Weiß-Fernsehen gewohnten Leuchtdichten noch nicht. Glücklicherweise empfindet das Auge Leuchtdichteunterschiede im logarithmischen Maßstab, so daß eine Verdoppelung der Leuchtdichte nur einer Steigerung der Helligkeit um ca. 30% entspricht [1]. Dieser Effekt kommt besonders der Ungleichmäßigkeit der Leuchtdichte über die ganze Schirmfläche entgegen. Zwei Effekte führen zu einem spürbaren Abfall der Leuchtdichte an den Rändern und Ecken des Schirmes:

- Zur Beherrschung der Stabilität des Vakuumgefäßes ist es notwendig, die Schirmglasstärke nach den Rändern zu zu vergrößern. Die Lichtdurchlässigkeit des Glases soll aus colorimetrischen Gründen (s. a. Abschn. 4.13.1.4.) so klein wie möglich sein, um den Fremdlichteinfluß auszuschalten. Damit nimmt die absolute Lichtdurchlässigkeit nach den Rändern zu ab.
- Die Beherrschung der Toleranzen der Farbregistratur (s. a. Abschn. 4.13.2.3.) erzwingt eine Reduzierung der ausgeleuchteten Flächen an den Rändern und Ecken. Diese Ausleuchtungsverluste können bis zu 30% betragen.

Moderne Farbbildröhren erzeugen Spitzenleuchtdichten im Zentrum von 180 cd/m² mit einem Abfall um 35% in den äußersten Ecken und einer Lichtdurchlässigkeit im Zentrum des Schirms von 50% ... 60%. Damit ist auch bei Tageslicht eine gute Wiedergabequalität des Farbbildes gewährleistet.

4.13.1.4. Farbmetrische Anforderungen

Um die an die Farbbildröhre zu stellenden farbmetrischen Anforderungen abschätzen zu können, muß auf die Prinzipien der Farbwiedergabe zurückgegriffen werden. Im Farbfernsehen wird das additive Mischverfahren angewendet. Unter Bezug auf die Graßmann'schen Gesetze [2, 3, 4] werden die Grundfarben Rot, Grün und Blau verwendet, die durch Intensitätsbeeinflussung die Wiedergabe sämtlicher Mischfarben gewährleisten, die mit diesen drei Grundfarben überhaupt möglich sind. Die farbmetrischen Grundlagen können an dieser Stelle nicht abgeleitet werden. Es sei auf die einschlägige Literatur verwiesen [5, 6, 7]. Wie an jedes andere Farbwiedergabesystem muß auch von der Farbbildröhre die Frage nach dem maximal möglichen Bereich der wiedergebbaren Farben beantwortet werden. Bezüglich der reproduzierbaren Farborte ist diese Frage relativ einfach zu beantworten. In der IBK-Farbtafel lassen sich die Spektralfarben sowie die Farborte der Primärfarben der Bildröhre eintragen (Bild 1). Ein ideales Farbwiedergabesystem sollte den gesamten Flächenbereich innerhalb des Spektralfarbenzuges erfassen. Selbst Fünf- oder Sechsfarbendrucke sind z. Z. nur in der Lage, eine Fläche innerhalb des Kurvenzuges A zu erfassen. Der durch die Filmwiedergabe erfaßte Flächenteil ist nur geringfügig größer. Wie noch zu zeigen ist, besitzt der Film in Bezug auf die Abhängigkeit der Sättigung von der Leuchtdichte aber eine Reihe anderer Nachteile. Unter der berechtigten Annahme linearer Mischungsverhältnisse erfaßt die Farbbildröhre das von den Primärfarben R, G, B umschlossene Dreieck. Damit ergeben sich nur wiederum geringfügige Abweichungen gegenüber Körper- und Filmfarben.
Es darf aber nicht unerwähnt bleiben, daß die Entwicklung von Farbstoffen hauptsächlich in der Oberflächenchemie und der Textilindustrie bestrebt ist, höhere Sättigungswerte insbesondere in den blaugrünen, grünen und violetten Farbbereichen zu erzielen.
Die Beurteilung eines Farbwiedergabesystems aus der IBK-Farbtafel allein bleibt aber unvollkommen. Ein die Brillanz einer Farbwiedergabe entscheidend beeinflußender Faktor ist die gleichzeitige Wiedergabemöglichkeit hoher Sättigungswerte und großer Leuchtdichten. Während bei Körperfarben hohe Sättigungen im allgemeinen mit einer großen Dunkelstufe korrelieren, die gesättigten Farben, von wenigen Ausnahmen den sog. Leuchtfarben abgesehen, also geringe Remissionsfaktoren zeigen, kann durch die echte additive Mischung die Bildröhre die vom Dreieck RGB bestimmten maximalen Sättigungen mit der maximalen Leuchtdichte wiedergeben. In der Filmwiedergabetechnik bedeutet jede Vergrößerung der Leuchtdichte eine weitere Entfernung von den Hauptfarben und damit zwangsläufig eine Entsättigung. Die

Wiedergabe von Kinofilmen über eine Farbbildröhre erfordert deshalb entsprechende Sättigungskorrekturen bei großen Leuchtdichten [6], um die Wiedergabe wenigstens annähernd an die Qualität einer Farbkamera-Aufnahme anzugleichen.

4.13.2. Allgemeine Realisierungsprinzipien

Wie dem Abschnitt 4.13.1. zu entnehmen ist, sind eine Vielzahl unterschiedlicher Wissensgebiete und spezieller Technologe erforderlich, um die gesamten Anforderungen zu erfüllen. Dabei sind alle z. Z. in Anwendung befindlichen Farbbildröhren mit Kompromissen behaftet, deren unterschiedliche Orientierung z. Z. noch verschiedene Bildröhrentypen begründet. Soweit sich überhaupt die zur Gesamtheit der Farbbildröhre beitragenden Techniken voneinander trennen lassen, soll im folgenden versucht werden, die speziellen Probleme des Bildschirms, der Strahlsysteme sowie der Farbregistratur und Ablenk- und Konvergenzeigenschaften nacheinander zu behandeln.

4.13.2.1. Der Bildschirm

Die mit dem Bildschirm im Zusammenhang stehenden Probleme sind im wesentlichen die Fragen des Leuchtstoffes, dessen chemische Zusammensetzung, die Aufbringung und die mechanisch geometrische Struktur, sowie die Einbettung der Leuchtstoffflächen zwischen Glasfläche und lichtreflektierende Deckschichten. Die mit der Farbregistratur im Zusammenhang stehenden Fragen der Schirmstruktur werden im Abschnitt 4.13.2.3. behandelt.
Wird in einem geeigneten Stoff ein Elektron durch Energiezufuhr auf ein höheres Potential gebracht, so erzeugt es bei seinem Zurückfallen ein Lichtquant mit einer Wellenlänge von $\nu = \frac{\Delta E}{h}$. Dabei ist ΔE die Energiedifferenz und h das Plancksche Wirkungsquantum. Die Wellenlänge des erzeugten Lichtes ist damit eine stoffgebundene Eigenschaft. Durch Fremdstoffeinlagerung (Aktivierung) kann dabei eine Vielzahl von Spektrallinien erzeugt werden, im Grenzfall kann innerhalb bestimmter Wellenlängenbereiche ein kontinuierliches Spektrum entstehen. Diese Eigenschaft besitzen alle in der Farbbildröhre verwendeten Leuchtstoffe, wobei dem kontinuierlichen Energieverteilungsspektrum mehr oder weniger stark ausgeprägte Spektrallinien (monochromatische Strahler) überlagert sind. Diese als selbstände Lichtquellen zu betrachtenden Leuchtstoffe sind zu beurteilen nach den Farborten, den maximalen Leuchtdichten und den Anregungsbedingungen.

Die Farborte lassen sich für das X, Y, Z-System der IBK aus den Energieverteilungsfunktionen $B_e(\lambda)$ und den Normfarbmischkurven $X(\lambda)$, $Y(\lambda)$ und $Z(\lambda)$, die von der IBK 1931 als Standardwerte dem System der Farbmessung zugrunde gelegt wurden, einfach berechnen. Es ist:

$$X = \int B_e(\lambda) \cdot X(\lambda)\, d\lambda\,,$$
$$Y = \int B_e(\lambda) \cdot Y(\lambda)\, d\lambda\,,$$
$$Z = \int B_e(\lambda) \cdot Z(\lambda)\, d\lambda\,,$$

woraus sich nach

$$x = \frac{X}{X+Y+Z}\,, \qquad y = \frac{Y}{X+Y+Z}$$

die Farborte in der Farbtafel ermitteln lassen. Mit der Kenntnis der Farborte verlieren die Funktion $B_e(\lambda)$ ihre Bedeutung für die weitere Behandlung.

Die maximale Leuchtdichte wird in einer modernen Farbbildröhre nicht in erster Linie vom Leuchtstoff begrenzt, sondern von der maximal zuführbaren Energie des Strahlstroms und dem Wirkungsgrad des Leuchtstoffes. Dabei ist es nicht gleichgültig wie weit die Wirkungsgrade der drei Leuchtstoffe voneinander abweichen. Die Abhängigkeit des Strahlstromes von der Steuerspannung ist gekennzeichnet durch die Funktion

$$I_{\mathrm{Str}} = K U_{\mathrm{st}}^{\gamma}$$

Die Steuerspannung U_{st} wirkt über den Gradationskoeffizienten γ (= 2,5 ... 3) auf den Strahlstrom und damit auf die Leuchtdichte. Diese γ-Koeffizienten streuen zwischen den drei Strahlsystemen einer Farbbildröhre, so daß ein vollständiger Gleichlauf ohnehin nicht gegeben ist. Bild 2 veranschaulicht die Verhältnisse. Ohne auf die Normierungsprobleme für die Schwarz-Weiß-Übertragung hier näher einzugehen ist einzusehen, daß zur Erzielung eines farbstichfreien Schwarz-Weiß-Bildes völlig proportionale Steuerungen der Leuchtdichten der drei Grundfarben von Null bis zum Maximum erforderlich sind. Bei Ungleichheiten der Wirkungsgrade der Leuchtstoffe machen sich γ-Unterschiede sehr bald störend bemerkbar. In den Anfangsjahren der Farbbildröhrenproduktion waren die Unterschiede so groß, daß der Anwender gezwungen war, in die Signalverstärker einstellbare nichtlineare Elemente einzufügen, um im Schwarz-Weiß-Bild eine farbstichfreie Gradation zu erzielen.

Tabelle 1. Wichtigste bisher verwendete Leuchtstoffe für Farbbildröhren

Nr.	Leuchtstoffart	Farbe	Farbort x	Farbort y	Ausbeute lm/W
1	$Cd_2B_2O_5$:Mn	rot	0,63	0,37	10,7
2	$Zn_3(PO_4)_2$:Mn	rot	0,67	0,33	7
3	ZnSe:Cn	rot	0,65	0,35	17
4	ZnCdSe:Cn	rot	0,66	0,34	11
5	ZnCdS:Ag	rot	0,66	0,34	8,6
6	**YVO_4:En**	rot	**0,68**	**0,33**	**9,5**
7	Y_2O_2S:En	rot	0,66	0,34	13,5
8	**Y_2O_3:En**	rot	**0,66**	**0,34**	**14**
9	**Gd_2O_3:En**	rot	**0,66**	**0,34**	**14**
10	Zn_2SiO_n:Mn	grün	0,22	0,71	31
11	$ZnAl_2O_4$:Mn	grün	0,11	0,75	10
12	**ZnCdS:Ag**	grün	**0,29**	**0,60**	**46**
13	$CaMgSiO_4$:Mn	blau	0,16	0,12	8,7
14	**ZnS:Ag**	blau	**0,15**	**0,07**	**7,5**

Die Entwicklung der Leuchtstoffe in der Vergangenheit ist durch ständiges Bemühen um Erhöhung und gegenseitige Angleichung der Wirkungsgrade gekennzeichnet. Tabelle 1 gibt einen Überblick über die wichtigsten in der Vergangenheit entwickelten Leuchtstoffe. Die wechselvollste Geschichte hat dabei der „rote" Leuchtstoff hinter sich. Während die älteren Phosphate und Sulfide wesentlich schlechtere Wirkungsgrade als die beiden anderen Leuchtstoffe zeigten, hat mit der Einführung von Yttriumoxyden im roten Leuchtstoff der grüne die Rolle des schlechtesten Wirkungsgrades übernommen. Aus Tabelle 1 ist zu erkennen, daß sich dabei der Farbort der roten Primärfarbe nahezu überhaupt nicht geändert hat. Völlig anders verlief die Entwicklung des grünen Leuchtstoffes. Für diesen ist noch keine Substanz mit ausgesprochenem Linienspektrum bekannt. Eine Vergrößerung der Leuchtdichte war hier nur mit einer Veränderung des Farbortes im ungünstigsten Sinne möglich. Die bis 1971 ausschließlich verwendeten Silikatleuchtstoffe erfaßten mit einem $y = 0{,}71$ einen größeren Farbortbereich, als die modernen lichtstärkeren Sulfid-Leuchtstoffe. Die in Tabelle 1 mit fett gedruckten Zahlen gekennzeichneten Leuchtstoffe stellen den gegenwärtig angewendeten Stand dar.

Von nahezu gleichwertiger Wichtigkeit für die Lichtausbeute der Leuchtstoffe ist die Teilchengröße und die Verteilung auf dem Schirmglas. Der Elektronenstrahl hat beim Auftreffen auf den Leuchtstoff ein Potential von ca. 25 kV. Daraus ergibt sich eine bestimmte Eindringtiefe, die mit der Schichtdicke übereinstimmen sollte. Dabei ist eine völlige Flächenbedeckung notwendig, um nicht durch Fehlstellen Leuchtdichteverluste zu bewirken. Andererseits darf die Schichtdicke nicht so groß sein, daß das hauptsächlich an der Innenseite der Leuchtstoffschicht erzeugte Licht beim Austritt nach vorn stark geschwächt wird. Mit zunehmender Schichtdicke sinkt die Lichtausbeute, wenn eine bestimmte Schwelle überschritten wird [8]. In Abhängigkeit von der Schichtdicke ergeben sich damit zwei Bereiche, die ein deutlich ausgeprägtes Maximum bilden (Bild 3). In Abhängigkeit von der Teilchengröße ergibt sich ein Verlauf nach Bild 4. Es zeigt sich also, daß nicht nur die Entwicklung neuer Leuchtstoffe Farbort und Leuchtdichte verbessern kann, sondern auch die Anbringung auf dem Schirmglas beherrscht werden muß.

Um das nach hinten in das Röhreninnere abgestrahlte Licht wenigstens teilweise für die Erhöhung des Wirkungsgrades nutzbar zu machen, wird der Schirm mit einer dünnen Aluminiumschicht hinterlegt. Für die wesentlich kürzeren Wellenlängen des Elektronenstrahls stellt der dünne Al-Schirm keine spürbare Absorption dar.

Die Anregung der Leuchtstoffe erfolgt in der Bildröhre durch einen Elektronenstrahl, der regelmäßig im Abstand von 20 ms einmal mit einer Geschwindigkeit von 7,8 km/s den Leuchtstoff überstreicht. Bei einem Fleckdurchmesser von 1 mm bedeutet dies eine „Belichtungszeit“ von 130 ns. In dieser Zeit soll eine Lumineszenz angeregt werden, die der Intensität der Anregung in ihrem Mittelwert streng proportional ist, ohne daß dabei Verschiebungen der Farborte auftreten. Da die mittlere vom Auge wahrnehmbare Leuchtdichte außerdem von der Abklingzeit abhängt, spielt diese Größe ebenfalls für die Beurteilung der Leuchtstoffe eine wichtige Rolle [9].

Bei der Beurteilung der Proportionalität zwischen Strahlstrom und Leuchtdichte ist davon auszugehen, daß die strenge Proportionalität nur relativ im Zusammenwirken der drei Leuchtstoffe untereinander gefordert werden muß. Die Nichtlinearität der Steuercharakteristik der Strahlsysteme erfordert ohnehin aus farbmetrischen Gründen eine gegenläufige Verzerrung der Signale (s. Abschn. 4.13.2.2.). Leider ist festzustellen, daß ein völliger Gleichlauf der zur Weißeinstellung erforderlichen Leuchtdichten der drei Leuchtstoffe im gesamten Kontrastbereich nicht erreicht wird. Die mittlere Leuchtdichte eines Punktes auf dem Leuchtstoffelement in Abhängigkeit der Strahldichte zeigt Bild 5. Durch den Bezug auf die Dichte des anregenden Elektronenstrahls werden die Einflüsse der unterschiedlichen Fleckdurchmesser bei unterschiedlichen Strahlströmen eliminiert. Wie zu sehen ist, treten krasse Nichtlinearitäten erst bei Leuchtdioden oberhalb 1500 cd/cm² bei Grün und 300 cd/m² bei Blau auf, während der rote Leuchtstoff im Vergleich dazu völlig linear ist. Diese Leuchtdichten sind allerdings auf Grund der Schirmstruktur nur zu ca. 10% als Schirm-Leuchtdichte sichtbar, da sich die ausgeleuchtete Fläche (pro Grundfarbe) zur Gesamtfläche wie ca. 1:10 verhält. Wirkungsgrad und thermische Belastbarkeit der Maske lassen mittlere Strahlströme von 1,5 mA, Spitzenströme von 4 mA und Gesamtleuchtdichten von 200 cd/m² bei Weiß D65 erreichen. Der grüne Leuchtstoff muß dazu ca. 60%, also 120 cd/m² beitragen und der blaue ca. 12%, also 24 cd/m². Im interessierenden Bereich der Modulation ist demzufolge eine ausreichend genaue Proportionalität der Leuchtdichten gewährleistet.

Es ist aber darauf hinzuweisen, daß die zeitlich mittlere Leuchtdichte bestimmt wird von der Spitzenleuchtdichte und der Abklingzeit. Bezüglich dieser Größen verhalten sich die drei Leuchtstoffe sehr unterschiedlich. Dabei besitzt Rot die größte Abklingzeit und die kleinste Spitzenleuchtdichte. Der blaue Leuchtstoff zeigt umgekehrtes Verhalten (Bild 6 und 7). Damit ist auch zu erklären, daß schon bei relativ kleinen mittleren Leuchtdichten der blaue Leuchtstoff Sättigungserscheinungen zeigt.

Die aus Bild 5 erkennbare Nichtlinearität führt auch zu einer Abhängigkeit der Leuchtdichte von der Fokussierung. Eine schärfere Bündelung erhöht die Strahlintensität und bewirkt damit eine Reduzierung der Gesamtleuchtdichte. Dieser Einfluß ist für die Behandlung der Bildröhre bei der Einstellung der Weißbalance wichtig. Da gem. Bild 5 Rot diese Erscheinung nicht zeigt, verändert sich der Farbort von Weiß in Richtung Rot, wenn die Fokussierung erst nach dem Weißabgleich optimal eingestellt wird.
Eine besondere Rolle für den Weißabgleich spielt die Gleichmäßigkeit der Beschirmung über den ganzen Bildschirm. Während bei einer Schwarz-Weiß-Bildröhre die mit Ungleichmäßigkeiten verbundenen Leuchtdichtefehler nicht sehr ins Gewicht fallen, führen diese im Farbbild schnell zu Farbtonänderungen. Örtliche gegenseitige Unterschiede in den Wirkungsgraden der Leuchtstoffe von 1% werden bereits bemerkt, 3% als störend empfunden und 5—6% werden vom Betrachter mit Sicherheit als nicht mehr zulässig beanstandet. Die Erfüllung dieser Forderungen setzt im Vergleich zur Schwarz-Weiß-Bildröhre völlige neuartige Prinzipien der Settelung der Leuchtstoffe voraus.
Aus Gründen der unter Abschn. 4.13.2.3. zu behandelnden Farbregistratur werden die Leuchtstoffe nicht gleichmäßig über den Schirm verteilt, sondern in bestimmten Strukturen angeordnet. Auch bedeckt der anregende Elektronenstrahl den Leuchtstoff nicht vollständig. Der weißlich-gelbe nicht angeregte Leuchtstoff, sowie der von vorn sichtbare Teil der Aluminisierung in den Beschirmungslücken erzeugt eine Strahlung durch Reflexion diffusen Lichtes, das entweder vom angeregten Teil des Schirmes selbst oder von der Raumhelligkeit herrührt und damit den maximalen Kontrast besonders bei nicht völlig abgedunkelten Betrachtungsräumen begrenzt. Lösungen dieses Problems, das mit zunehmender Vergrößerung der Spitzenleuchtdichten allerdings an Bedeutung verliert, sind in 2 Richtungen möglich:

— Das Schirmglas wird mit geringer Lichtdurchlässigkeit versehen. Fremdlicht wird durch den doppelten Durchgang nahezu doppelt so stark gedämpft wie das Nutzlicht vom Schirm. Der Einfluß des eigenen Streulichtes und die Oberflächenreflexion wird davon aber nicht verändert, so daß dieser Weg in den letzten Jahren bei Lichtdurchlässigkeiten (Transparenzen) von 50 ... 65% zum Stillstand gekommen ist.
— Die nicht beschirmten Flächen werden schwarz ausgelegt, und die Beschirmung selbst wird flächenmäßig so stark reduziert, daß der registrierte Elektronenstrahl auch bei auftretenden Landungstoleranzen die Leuchtstoffflächen jederzeit voll ausleuchtet. Diese sogenannten Matrixröhren mit positivem oder negativem Schutzband (guard band) erfordern eine erhebliche Steigerung des technologischen Aufwandes und damit der Kosten, so daß eine allgemeine Einführung dieser Technik noch nicht festzustellen ist [10].

4.13.2.2. Strahlsysteme

Alle bisher verwendeten Farbbildröhrentypen sind auf die Erzeugung des scharf gebündelten Elektronenstrahls im Vakuum angewiesen, da dieser immer noch die einfachste Methode der Positionierung der zeitlich nacheinander übertragenen Bildelemente darstellt. Die begrenzte zur Verfügung stehende Baulänge erfordert dabei eine Reihe von Kompromissen, die in Übereinstimmung mit den sonstigen Parametern des Übertragungssystems stehen müssen. Die wichtigsten Eigenschaften, nach denen die Güte eines Strahlsystems zu beurteilen ist, sind:

— die Strahlschärfe (Auflösung),
— die Gleichmäßigkeit der Steuercharakteristiken,
— die Katode und deren Lebensdauer,
— die allgemeinen Betriebsbedingungen.

Das Strahlsystem besteht prinzipiell aus dem Emissionsteil, das den Elektronenstrahl mit einer bestimmten Divergenz erzeugt und eine Modulation desselben ermöglicht und dem Fokussierteil. Der vordere Abschnitt für die Fokussierung besteht pro Strahlsystem aus zwei axial angeordneten Zylindern, zwischen denen sich eine Potentialdifferenz von ca. 15 KV befindet. Durch den ringförmigen Spalt wird im Inneren der Zylinder eine elektrostatische bikonvexe Linse erzeugt, die analog den optischen Gesetzen den divergent einlaufenden Elektronenstrahl zu einem Brennpunkt in der Bildschirmebene sammelt (Bild 8). Die elektronenoptischen Eigenschaften eines Strahlsystems lassen sich demzufolge gemäß Bild 9 darstellen.

4.13.2.2.1. Die Strahlschärfe

Die Größe des Punktdurchmessers hängt strahlsystembezogen damit von folgenden Hauptparametern ab:

- von der Größe des virtuellen Brennflecks, der von den divergierenden, aus dem Erzeugersystem austretenden Elektronenstrahlen gebildet wird
- vom Abbildungsmaßstab des virtuellen Brennflecks auf den Bildschirm,
- von der sphärischen Aberration,
- von der Apertur,
- von der raumladungsbedingten Defokussierung des Strahles wärend der Laufzeit.

Die Berechnung der Größe des virtuellen Brennflecks ist außerordentlich kompliziert. Sie wird beeinflußt durch die Geometrie und die Potentiale der Kathode und der beiden ersten Steuerelektroden (G_1 und G_2 in Bild 8) und ist nur unter Berücksichtigung der Raumladungsverteilung vor der Katode zu ermitteln. Der computergestützte Rechengang ermittelt die Tangenten der Austrittstrajektorien der Elektronen aus deren Divergenz zweiten Grades und durch deren rückwärtige Verlängerung Abmessung und Lage des Brennflecks [11]. Die Näherungen betreffen die Annahme eines feldstärkefreien Raumes im Bereich des Gitters 3 als „Trennelektrode“ zwischen dem Fokussierteil und dem Emissionsteil, sowie eine ortsunabhängige konstante Emission an der Katodenoberfläche. Diese Vernachlässigungen wirken sich in einem Unterschied zwischen den theoretisch ermittelten Werten und den experimentellen Ergebnissen aus.

Die Abbildungsverhältnisse lassen sich aus Bild 9 ableiten. Der virtuelle Brennfleckdurchmesser d_x wird zunächst unter Vernachlässigung anderer Einflüsse auf dem Bildschirm mit einem Durchmesser von

$$D_x = \frac{b}{g} \sqrt{\frac{U_x}{U_H}} \cdot d_x \tag{1}$$

abgebildet.

Dabei sind die Größen g und b aus Bild 9 zu entnehmen. U_x ist das Potential beim Durchlaufen der Elektronen durch den feldstärkefreien Raum und U_H ist die am Schirm anliegende Hochspannung ($= U_{g3} = U_{g5}$). Aus (1) ist zu ersehen, daß D_x von $\frac{1}{\sqrt{U_H}}$ abhängt. Diese Beziehung hat dazu geführt, daß in den letzten Jahren die Hochspannung so weit heraufgesetzt wurde, bis die Beherrschung der Isolation innerhalb und außerhalb der Röhre sowie der entstehenden Röntgenstrahlung eine Grenze setzten. Dies trifft insbesondere für Farbbildröhren zu, bei denen aus noch darzulegenden Gründen die notwendige Farbregistratur mit einem erheblichen Energieverlust verbunden ist, der neben der Erhöhung des Strahlstromes die maximal mögliche Hochspannung zur Erzielung ausreichender Leuchtdichte notwendig macht.

Die elektrostatische Fokussierlinse kann mit sehr guter Näherung als Bikonvexlinse mit zwei sphärischen Begrenzungsflächen betrachtet werden. Solche optisch unkorrigierten Systeme zeigen im allgemeinen die Erscheinung, daß ein punktförmiges Objekt nicht mehr als Punkt abgebildet wird. Diese Erscheinung wird in Anlehnung an die Optik mit sphärischer Aberration bezeichnet. Je nach Lage der Bildebene ergibt sich ein Streukreis mit unterschiedlichem Durchmesser und unterschiedlicher Intensitätsverteilung. Die optimale Fokussierung nach subjektiver Beurteilung ergibt sich bei Fokussierung auf den kleinsten scharf begrenzten Streukreis (Bild 10). Unter Anwendung optischer Gesetze kann gezeigt werden, daß der kleinste Streukreisdurchmesser von α^3 abhängt:

$$D_S \approx \alpha^3 \tag{2}$$

Die Proportionalität hängt von der Geometrie des Fokussiersystems ab und ist in einer exakten Rechnung ohne spürbare Vernachlässigungen nicht zugänglich.
Insbesondere ist darauf hinzuweisen, daß die Anwendung der optischen Gesetze zur Apertur eine Reduzierung des Streukreisdurchmessers in Abhängigkeit vom Öffnungswinkel α bringen. Diese Tatsache hat lange Zeit einer Verkleinerung der Systemdurchmesser im Wege gestanden. Das ist auch einer der Gründe, weshalb z. Z. noch verschiedene Bildröhrenhersteller an relativ großen Halsdurchmessern festhalten (System 20 *AX*), oder komplizierte Strahlengänge einsetzen, um in kleinen Bildröhrenhälsen große Fokussierelektroden unterzubringen (Trinitron). Die Aperturabhängigkeit des Fleckdurchmessers läßt sich damit unter Annahme feststehender Systemlänge darstellen als

$$D_A \approx \frac{1}{\alpha}\,. \tag{3}$$

Selbstverständlich müssen die optimalen Fokussierbedingungen für alle simultan arbeitenden Strahlsysteme gleichzeitig gelten. Die begrenzte Anzahl der zur Verfügung stehenden Anschlüsse am Röhrenhals und die relativ hohe Fokussierspannung in einer Farbbildröhre erlauben es nicht, jedes System getrennt zu fokussieren. Die Fertigungstoleranzen müssen so eng beherrscht werden, daß mit gleicher Fokussierspannung alle Strahlsysteme gleichzeitig optimale Bildschärfe erzeugen.
Der Elektronenstrahl stellt auf seinem Weg zum Schirm eine Raumladung dar, die auf Grund der gegenseitigen Abstoßung der Elektronen das Bestreben hat, auseinander zu fließen. Je größer die radiale Geschwindigkeitskomponente der Elektronen zu Beginn des Bewegungsvorganges ist, d. h., je steiler der Strahl gebündelt wird, desto geringer ist die Differgenzwirkung. Damit ist dieser Einfluß der Raumladung auf den Fleckdurchmesser darzustellen als

$$D_R \approx \frac{1}{\alpha}\sqrt{I_{\mathrm{str}}}\ [12]\,. \tag{4}$$

Unter Berücksichtigung der Beziehungen (2) bis (4) lassen sich die Abhängigkeiten des resultierenden Fleckdurchmessers vom Öffnungswinkel α entsprechend Bild 11 darstellen. Für die Dimensionierung des Strahlsystems gibt es also einen optimalen Öffnungswinkel α. Bei zu kleinem α überwiegen die Effekte der Apertur und der Raumladungsdiffergenz, bei zu großem α die der sphärischen Aberration. Die absolute Größe des Fleckdurchmessers im Optimum hängt damit von vielfältigen geometrischen Einflüssen ab. Eine entscheidende Rolle spielt dabei die Größe des virtuellen Brennfleckdurchmessers. Bild 12 zeigt die typische Abhängigkeit.
Der gegenwärtige Stand der Entwicklung ist dadurch gekennzeichnet, daß ein $\frac{\Delta D}{D} = 0{,}71\,\frac{\Delta d_x}{d_x}$ noch festzustellen ist. Das bedeutet aber, daß andere Streueinflüsse bereits so gut beherrscht werden, daß mit zukünftigen Arbeiten sicherlich eine weitere Verkleinerung von d_x und damit eine weitere Erhöhung der Bildschärfe zu erwarten ist.
Aus (4) geht auch hervor, daß die raumladungsbedingte Defokussierung vom Strahlstrom selbst abhängt. Eine Erhöhung des Strahlstromes führt damit zwangsläufig

zur Vergrößerung von D. Dieser Einfluß ist allerdings nicht der einzige. Es wurde bereits bei der Berechnung von d_x erwähnt, daß die Raumladungsverteilung als homogen und konstant angenommen wurde. Diese Annahme ist für die Behandlung der Abhängigkeit des Fleckdurchmessers vom Strahlstrom nicht mehr zulässig. Es ist festzustellen, daß mit steigendem Strahlstrom die Divergenz zweiten Grades und damit d_x zunehmen. In diesem Zusammenhang muß darauf hingewiesen werden, daß sich bereits im Emissionsteil des Strahlsystems eine elektrostatische Linse ausbildet. Ihre Wirkung ist in erster Linie von der Spannung zwischen G_1 und G_2 abhängig. Eine Vergrößerung von U_{g2} bewirkt eine größere Bündelung des Elektronenstrahls beim Eintritt in den Fokussierteil. Diese Verkleinerung des Winkels α bewirkt in erster Linie eine spürbare Reduzierung der sphärischen Aberration. Alle bisherigen Betrachtungen beziehen sich also auf einen Bereich der Schirmgitterspannungen, der optimale Punktschärfe gewährleistet. Einige typische Abhängigkeiten moderner Farbbildröhren zeigen die Bilder 13 und 14. Daraus ist zu entnehmen, daß bei modernen Farbbildröhren bei Spitzenströmen von 4 mA ein Fleckdurchmesser von 3,0 mm erreichbar ist. Die Energieverteilung im Strahlquerschnitt ist nicht homogen und entspricht näherungsweise einer Gauß'schen Verteilung. Die Unterscheidung zweier Linien ist damit im Abstand von ca. 2,2 mm noch möglich. Bei Strahlströmen von 0,5 mA, die einer mittleren Bildhelligkeit entsprechen, ergeben sich die Werte von $D = 1{,}5$ mm und damit eine Linienerkennbarkeit von ca. 0,9 mm. Bei Bildröhren mit einer Schirmbreite von 48 cm entspricht diese Linienkennbarkeit im CCIR-OIRT-System einer Schreibzeit von 100 ns und liegt damit unter der durch das Übertragungssystem bestimmten Bandgrenze.

4.13.2.2.2. Die Steuercharakteristiken

Während bei einer Schwarz-Weiß-Wiedergabe die Gradationslinearität keinen hohen Anforderungen unterliegt und jahrelang die Übertragung ohne Korrektur erfolgte, ohne daß Qualitätsmängel beobachtet wurden, erfordert die Farbübertragung nach dem Prinzip der konstanten Leuchtdichte — eine Voraussetzung für die Einschachtelung der Farbinformation in den Bildkanal — eine völlige Linearität in der Übertragung der Farbwerte.
Prinzipiell stellt der Emissionsteil des Strahlsystems eine Triode dar, für die zunächst das Raumladungsgesetz gilt [13]:

$$I = K U_{\mathrm{st}}^{3/2} .$$

Der Exponent $\gamma = 1{,}5$ erfährt allerdings in der Farbbildröhre durch die geometrische Anordnung und die damit verbundenen spannungsabhängigen Änderungen der Elektronenbahnen eine Korrektur. Moderne Farbbildröhren besitzen ein $\gamma = 2{,}2$ bis 2,6. Mit der Entwicklung der Farbbildröhren in den letzten Jahren ist eine ständige Vergrößerung der γ-Werte einhergegangen. Den Übertragungsnormen wird noch ein $\gamma = 2{,}2$ zu Grunde gelegt, das bedeutet, daß im Studio die Signale mit der Funktion $U^{1/2{,}2}$ vorverzerrt werden. Damit ergibt sich bei Einhaltung der Normwerte von γ eine lineare Übertragung der Farbwerte von der Aufnahme bis zur Wiedergabe.
Wie schon im Abschnitt 4.13.2.1. erwähnt, spielt in einer Farbbildröhre die Gleichmäßigkeit der Steuerkennlinien die wesentlichste Rolle. Auf Grund unvermeidliche Fertigungstoleranzen sind die Raumladungskonstanten K und die Durchgriffe der Schirmgitter der drei zueinander gehörigen Strahlsysteme nicht ganz gleich. Damit ergeben sich unterschiedliche Sperrpunkte und Steilheiten (Bild 2). Durch Anpassung der statischen und dynamischen Steuerspannungen lassen sich alle drei Kennlinien in wenigstens zwei Punkten exakt zur Deckung bringen. In diesen Punkten ist damit auch eine fehlerfreie Einstellung des Weißwertes möglich. Abweichungen der γ-Werte untereinander führen in den dazwischen liegenden Leuchtdichtewerten in erster Linie zu Farbtonänderungen, die ohne aufwendigen Einsatz nichtlinearer Ele-

mente in den Signalweg nicht beseitigt werden können. Nach [11] soll der γ-Koeffizient nicht von der Geometrie der Elektroden im Emissionsteil abhängen. Diese Behauptung wird allerdings von der Praxis der Farbbildröhren nicht bestätigt, obwohl die auftretenden Farbabweichungen an modernen Bildröhren kleiner sind als Einflüsse ungleichmäßiger Beschirmung, Fehllandung u. a. und deshalb nur selten sehs bemerkt werden.

4.13.2.2.3. Die Katode und ihre Lebensdauer

Prinzipiell unterscheidet sich die Katode eines Farbbildröhrensystems nicht von der eines Schwarz-Weiß-Systems. Allerdings sind die Anforderungen wesentlich höher. Bei fast unveränderterten Oberflächen der Katode fordert die Farbbildröhre den 5—6-fachen Strahlstrom. Den theoretischen Untersuchungen zufolge sind diese Strahlströme ohne Sättigungserscheinungen realisierbar. Zwischen der Theorie und der Praxis steht aber die Einhaltung technologischer Disziplinen, die, wie in wenig anderen Fällen, bei der Katodenherstellung die erreichbaren technischen Parameter bestimmt. Von besonderem Einfluß dabei sind:

— hohe Reinheit des Bariumoxides,
— gleichmäßige Aufbringung der Bariumoxidschicht mit optimaler Dicke,
— gleichmäßiger Wärmekontakt zwischen Heizer und Katode,
— Einhaltung optimaler Parameter des Formierprozesses (Temperatur, Formierstrom).

Diese Prozesse werden bei der Farbbildröhrenherstellung allgemein so beherrscht, daß eine Weiterentwicklung der Schwarz-Weiß-Katoden mit der Einführung der Farbbildröhrenproduktion nicht erforderlich war. Veränderungen am Heizsystem machten sich aber notwendig, da die Bildröhre in vollständig mit Halbleitern bestückten Geräten als einziges Bauelement eine lange Anheizzeit (30 ... 60 s) erforderte. Seit 1974 hat deshalb die sog. Schnellheizkatode in alle neuen Farbbildröhren und zum Teil in Schwarz-Weiß-Bildröhren Einzug gehalten [14]. Die wichtigsten Veränderungen sind aus Bild 15 zu erkennen. Die lange Anheizzeit früherer Katoden ist hauptsächlich auf geringen Wärmekontakt zwischen Heizer und aktiver Katodenfläche und große Wärmekapazität des Katodenrohres zurückzuführen.
Durch dichtere Anbringung des konzentrierten Heizwendels an die Katodenfläche ist eine bessere Strahlungsübertragung der Wärme gegeben. Drastische Verkürzung des Katodenrohres und stabile aber schlecht wärmeableitende Aufhängung lassen Anheizzeiten von 5 ... 10 s bis zum Erscheinen des Bildes erreichen.
Diese Veränderungen führen nicht zu veränderten Betriebsbedingungen der Katodenoberfläche. Damit sind auch die Verhältnisse der Lebensdauer die gleichen wie bei früheren Katoden. Alterung der Katode äußert sich im Nachlassen der Emissionsfähigkeit. Beim Betrieb der Bildröhre zeigt sich das erst dann, wenn in Spitzenstrombereichen die Raumladung völlig verschwindet. Nach [13] bleibt die Charakteristik der Steuerkennlinie unverändert, solange überhaupt noch eine Raumladung, also ein Überschuß freier Ladungsträger, vor der Katode vorhanden ist. Die Sättigungsströme neu formierter Katoden liegen das 10—30fache über den Spitzenströmen, so daß große Emissionsrückgänge bei der Alterung zugelassen werden können, ehe sich Fehler in der Bildwiedergabe bemerkbar machen. Die Gültigkeit des Raumladungsgesetzes vermeidet Fehler im Weißabgleich innerhalb des Alterungszeitraumes.
Die praktischen Erfahrungen an Farbbildröhren bestätigen diese Tatsachen. Es ist immer wieder festzustellen, daß ein Rückgang der Emission erst bei Erreichung der Sättigungsgrenze als sogen. Umkehreffekt (Farbtonänderungen) bemerkt wird, ohne daß sich vorher Veränderungen im Weißabgleich eingestellt haben. Die Veränderung

der Lage der virtuellen Katode durch Abbau der Raumladung führt aber sehr bald zu Verschlechterungen der Fokussierung. Lange vor Erreichen der altersbedingten Weißwertänderung zeigen sich Emissionsverluste deshalb durch zunehmende Unschärfe.

4.13.2.2.4. Allgemeine Betriebsbedingungen

Die ständige Verbesserung der verschiedenen Bildröhrenparameter, insbesondere

— Gleichmäßigkeit der Wirkungsgrade der Leuchtstoffe,
— Gleichmäßigkeit der Steuerkennlinien,
— geringe Streubreite der optimalen Fokussierspannungen

sowie die ständige Weiterentwicklung der Schaltungstechnik, insbesondere

— Durchsetzung der RGB-Ansteuerung mit Hilfe der Transistorisierung und Integration,
— Erhöhung der Stabilität der Bildröhrenspannungen,
— Erhöhung der linearen Aussteuerbereiche

haben zu einer wesentlichen Vereinfachung der Anschlußschaltungen und damit der Betriebsweise der Bildröhren geführt. Während bei älteren Bildröhren die Anschlüsse für Katode, Gitter 1 und Gitter 2 getrennt herausgeführt werden mußten, um die Eigenschaften der Bildröhren an die Schaltungsmöglichkeiten anzupassen und umgekehrt, sind bei modernen Bildröhren (PIL) nur noch die Katoden als getrennte Steuerelemente zugänglich. Mit der Einstellung von Arbeitspunkt und Aussteuerung der Katodenspannung werden alle farbmetrischen Anforderungen an die Bildwiedergabe erfüllt. Im übrigen werden Farbbildröhren wie Schwarz-Weiß-Bildröhren betrieben und behandelt.

4.13.2.3. Prinzipien der Farbregistratur

Unter dem Begriff Farbregistratur soll die jeweils paarige Zuordnung der Leuchtstoffpartikel zu den Strahlsystemen verstanden werden. Fehler der Farbregistratur zeigen sich in einer schlechten Farbreinheit, indem nicht dem jeweiligen Strahlsystem zugeordnete Leuchtstoffe angeregt und damit Mischfarben gebildet werden. Während Leuchtstoffe und deren Aufbringung auf den Schirm, sowie die Strahlsysteme enge Verwandtschaft zur Schwarz-Weiß-Bildröhre zeigen, ist die Farbregistratur typisch nur für die Farbbildröhre und stellt damit den eigentlichen Kern dieses Bauelementes dar. Im Verlaufe der Entwicklung haben sich im wesentlichen zwei Prinzipien herausgebildet:

a) *Farbregistratur durch Steuerung der Härte des Elektronenstrahls*

Dabei wird der Schirm aus mehreren homogenen Leuchtstoffschichten zusammengesetzt, die unterschiedliche Farben emittieren und unterschiedliche Anregungsenergie benötigen. In Abhängigkeit von der Beschleunigungsspannung lassen sich unterschiedliche Grund- und Mischfarben herstellen. Außer einigen Anwendungsbeispielen aus der Elektromedizin mit Zweikomponentenschirmen hat sich dieses Verfahren in der FS-Empfangstechnik noch nicht einführen können. Wesentliche Nachteile sind der geringe Wirkungsgrad der Leuchtstoffe auf Grund großer Schichtdicken, geringer Bereich reproduzierbarer Farborte und großer Aufwand zur Erzielung hochspannungsunabhängiger Rastergrößen.

b) *Farbregistratur durch Blenden*

Dieses Prinzip hat sich in Farbbildröhren von Anfang an durchgesetzt und konnte noch durch kein anderes Verfahren abgelöst werden. Es besteht darin, daß in den

Strahlengang der Elektronen eine Blende eingesetzt wird, deren Öffnungen die von einem Strahlsystem ausgehenden Elektronen nur auf bestimmte geometrisch fixierbare Stellen des Schirmes auftreffen lassen. Werden diese Stellen mit Leuchtstoffen bestimmter Leuchtfarbe ausgelegt, so ist dann die Registratur einer Farbe gewährleistet, wenn die von einem anderen Strahlsystem ausgehenden Elektronen durch die Blende von diesem Leuchtstoff ferngehalten werden. Bild 16 zeigt die Zusammenhänge. Es ist offensichtlich, daß zur Vermeidung gegenseitiger Beeinflussungen eine Reihe von Faktoren wichtig sind. In der Hauptsache sind das:

— Lage und Größe der Öffnungen der Blende (Maske),
— Anordnung und Lage der Strahlsysteme,
— Abstand zwischen Maske und Schirm,
— Form und Verteilung des Ablenkfeldes.

Alle diese Parameter sind nicht toleranzlos zu beherrschen, so daß Sicherheiten für die fehlerfreie Funktion auch bei abliegenden Toleranzen gegeben sein müssen.
Dabei ist zu fordern, daß

— der Schirm nahezu vollständig mit Leuchtstoff belegt ist,
— die Ausleuchtung des Schirmes durch die Elektronenstrahlen möglichst vollständig und gleichmäßig erfolgt,
— die Blende so wenig wie möglich Elektronen abfängt, die zur Erzeugung des Bildes selbstverständlich verloren gehen,
— die von mehreren Strahlsystemen ausgehenden Elektronenstrahlen an einem Punkt des Bildschirmes auftreffen, oder dorthin gelenkt werden können.

Diese Forderungrn sind nur mit Kompromissen realisierbar. Gerade in Bezug auf die Ausleuchtung des Schirmes und die Absorption der Maske wird die optimale Lösung durch zahlreiche Toleranzprobleme bei der Fertigung von Bildröhren und Ablenkmitteln beeinflußt, die dazu führten, daß Strahlstromverluste von ca. 80% in der Maske notwendig waren, um Farbregistratur im Toleranzbereich zu schaffen.
Die Art der Farbregistratur, d. h. die Form der Blende, die Anordnung der Strahlsysteme und die Struktur des Schirmes wird in verschiedenen Bildröhrentypen unterschiedlich realisiert. Dabei hat es in der Vergangenheit nicht an Versuchen gefehlt, die Nachteile eines Systems durch ein gänzlich neues System zu vermeiden. Zahlreiche Versuche sind aus unterschiedlichsten Gründen gescheitert. Im Rahmen dieses Beitrages soll deshalb nur auf drei Typen eingegangen werden, die z. Z. noch Existenzberechtigung besitzen: die Lochmaskenröhre, das Trinitron und in-line-Systeme.

4.13.3. Moderne Farbbildröhrentypen

4.13.3.1. Die Lochmaskenröhre

Das funktionelle Prinzip der Lochmaskenröhre zeigt Bild 17. Sie stellt gewissermaßen die Urform der Farbbildröhre dar, die seit 1950 bis 1975 den wesentlichsten Anteil angewendeter Farbbildröhren ausgemacht hat.
Die Strahlsysteme sind 120° versetzt im Röhrenhals untergebracht, wobei große Aperturdurchmesser erreicht werden (s. Bild 24). Sie sind gegeneinander so geneigt, daß sich die drei Strahlen unabgelenkt im Zentrum des Schirmes treffen sollen.
Die Maske besteht aus Stahlblech mit runden Löchern, deren Durchmesser zu den Rändern hin etwas kleiner wird. Die Maske selbst ist sphärisch gewölbt und steht im konstanten Abstand zum Schirm. Diese Wölbung führt zu einer großen mechanischen Festigkeit, verursacht aber bei Erwärmung relativ starke Abstandsänderungen zum Schirm besonders im Zentrum. Diese Eigenschaft haftet allen Maskenröhren an und hat sehr bald zur temperaturabhängigen Abstandskorrektur geführt. Dabei wird die

Maske mit Bimetallelementen im Glasboden eingehängt. Die Wirkung dieser Permachromaufhängung geht aus Bild 18 hervor.
Im allgemeinen werden an der Maske Sekundärelektronen erzeugt, die vom Schirm ferngehalten werden müssen, um den Maximalkontrast nicht zu verschlechtern. Die an der Innenseite austretenden Sekundärelektronen werden nahezu vollständig von der Maske selbst wieder aufgenommen. Als Emissionszentrum stören aber die Lochränder, die man deshalb mit einer scharfen Schneide entsprechend Bild 19 versieht. Auch bei schrägem Strahldurchtritt bleibt die Sekundäremission gering, und der Lochdurchmesser steht vollständig für den Elektronenstrahl offen.
Der Schirm besteht aus kreisrunden Leuchtstoffpunkten, wobei jeweils ein rot-, grün- und blauleuchtender ein sog. Triplet bilden. Diese drei Punkte bilden im Zentrum des Schirmes genau ein gleichseitiges Dreieck, tangieren gegenseitig und gehören zu jeweils einem Loch der Maske. Bild 20 zeigt das Zuordnungsschema. Aus der Mikroaufnahme des Schirms (Bild 21) ist zu entnehmen, daß die Leuchtstoffflächen nicht vollständig vom Elektronenstrahl „ausgeleuchtet" werden. Der verbleibende Rand stellt eine Landreserve dar, um durch Toleranzen im Ablenkvorgang und bei der Röhrenherstellung benachbarte andersfarbige Leuchtstoffpunkte nicht anzuregen. Nach den Rändern des Schirmes muß diese Reserve durch die oben erwähnte Verkleinerung der Maskenlöcher vergrößert werden. Damit ist zwangsläufig ein Leuchtdichteabfall verbunden, der eine wichtige Charakterisierungsgröße der Bildröhre darstellt.
Typisch für die verschiedenen Bildröhrentypen ist deren Verhalten bezüglich Rasterkorrektur und Konvergenz. Es lassen sich dafür also keine allgemeinen Prinzipien darstellen.
In Abhängigkeit von der Feldverteilung in der Ablenkeinheit schreibt das Elektronenstrahlbündel kein rechteckiges Raster, und die drei Strahlen decken sich nicht an allen Stellen des Schirmes gegenseitig.
Da der Ablenkmittelpunkt immer näher am Bildschirm liegt, als dessen Krümmungsmittelpunkt, wird mit homogenen Ablenkfeldern ein kissenförmiges Raster dargestellt. Unveränderte Landung wird aber nur bei Einhaltung des Ablenkmittelpunktes gewährleistet, so daß im Gegensatz zur Schwarz-Weiß-Ablenkung die Korrektur des Rasters in der Ablenkebene, also durch Modulation der Ablenkströme, erfolgen muß. Der damit verbundene schaltungstechnische Aufwand ist nicht unerheblich. Allerdings stellen neben der Lochmaskenröhre auch alle anderen Röhrentypen diesbezüglich noch erhebliche Anforderungen.
Die Möglichkeiten der Entzerrung des kissenförmigen Rasters durch eine kissenförmige Verzerrung des Ablenkfeldes werden durch die Bedingungen der Konvergenz eingeschränkt. Wie in [15] nachgewiesen wird, führt die Kissenentzerrung mit der Ablenkeinheit zu Trapezverzerrungen, deren Korrektur wiederum nur durch Modulation der Ablenkströme möglich wäre. Elektronenoptisch lassen sich die Verhältnisse betrachten, indem die Ablenkeinheit als Fokussierlinse angesehen wird, die in verschiedenen Richtungen Astigmatismus zeigt. Für die Lochmaskenröhre ist ein geringer isotroper Astigmatismus in den Mittellinien erforderlich, damit die nur dort realisierbare Konvergenz gleichzeitig in der Ecke die Konvergenzbedingungen erfüllt. In den Ecken darf die Bildröhre mit der Ablenkeinheit also keinen anisotropen Astigmatismus zeigen. Bild 22 zeigt die Zusammenhänge. Der isotrope Astigmatismus erfordert die Ablenkkorrektur der drei Elektronenstrahlen vor Eintritt in das Ablenkfeld. Die Realisierung erfolgt magnetisch mit Polschuhen, die an den Konvergenztopf (Bild 8) magnetische Gleich- und Wechselfelder heranführen. Damit verändern sich die Durchtrittspunkte der Elektronenstrahlen durch das Ablenkfeld und auch der Maskendurchtrittswinkel in Abhängigkeit von der Ablenkung selbst. Die ellipsenförmige Verzerrung der Landepunkte der drei Strahlen läßt sich demzufolge auf die Landebedingungen im Bereich der Leuchtstoffelemente übertragen. Bild 23 zeigt die Verschiebung der Auftreffpunkte am oberen und rechten Bildrand.

Die Zusammenhänge sind zu komplex, um hier in allen Einzelheiten betrachtet werden zu können [16]. Wichtig für die Maskenröhre sind folgende Schlußfolgerungen:

- Es ist notwendig, die Fehler einer 120°-Systemanordnung auf zwei orthogonalen Achsen mit Hilfe der Konvergenz auszugleichen. Dabei sind systematische und statistische Fehler zu berücksichtigen. Der Schaltungsaufwand ist erheblich.
- Die Konvergenzkorrektur in den Achsen muß eine gleichzeitige Eckenkonvergenz zulassen.
- Die Zuordnung der Leuchtstoffpunkte zu den Maskenlöchern muß die Landungsveränderungen durch die Konvergenzkorrektur berücksichtigen. Die Gleichmäßigkeit der Beschirmung werden dadurch enge Grenzen gesetzt.
- Die Maske absorbiert 80–85% des Strahlstromes. Dieser Anteil gelangt nicht zum Schirm und trägt damit nichts zur Leuchtdichte bei.

4.13.3.2. Das Trinitron

Obwohl dieser Farbbildröhrentyp in Europa nahezu bedeutungslos ist, soll er hier eine kurze prinzipielle Erwähnung finden, da er vor allem im ostasiatischen Raum weit verbreitet ist. Mit dieser Röhre sollen insbesondere die Probleme

- Punktschärfe,
- Maskenabsorption,
- Konvergenzaufwand

im Vergleich zur Lochmaskenröhre gelöst werden. Mit Ausnahme des Konvergenzaufwandes stellt das Trinitron zunächst für kleine Röhrenformate und Ablenkwinkel von 90° tatsächlich eine ernst zu nehmende Konkurrenz zur Lochmaske dar. Eine Anwendung des Prinzips auf großformatige Röhren mit Ablenkwinkeln von 110° ist in erster Linie eine Frage der Toleranzbeherrschung bei der Bildröhrenherstellung und der Stabilitäten der Betriebsspannungen.
Das Trinitron ist das erste produktionswirksame Bildrohr auf dem Gebiet der in-line-Technik gewesen. Das bedeutet, daß die drei Katoden in einer Ebene (Linie) nebeneinander im Röhrenhals untergebracht sind. Ursprünglich befanden sich die Katoden sogar auf einem gemeinsamen Trägerteil. Die damit erhoffte höhere Gleichmäßigkeit der Steuerkennlinien ist allerdings nicht eingetreten, so daß moderne Trinitrons wieder mit getrennten Katoden, z. T. nach dem Schnellheizprinzip, ausgerüstet sind. [17].
Die ebene Strahlsystemanordnung führt zwangsläufig zu einer Reduzierung der Systemdurchmesser. Bild 24 zeigt einen Vergleich zwischen der Delta-Lochmaskenröhre und in-line-Systemen in Halsdurchmessern von 36 und 29 mm. Damit steht fest, daß die Aperturöffnung kleiner wird, wenn die Strahlsysteme in einer Ebene und sogar noch in kleinerem Halsdurchmesser angeordnet werden. Auf den Einfluß auf die Punktschärfe wurde im Abschnitt 4.13.2.2. eingegangen. Im Trinitron wird durch Kreuzung der drei Elektronenstrahlen in der Fokussierebene der Einsatz einer gemeinsamen Fokussierlinse mit großer Apertur möglich (Bild 25). Diesem Prinzip haften allerdings zwei spürbare Mängel an:

- Der Durchtrittswinkel durch die Fokussierlinse für die drei Strahlen ist sehr groß. Bei den bekannten Systemen mit 36 mm Halsdurchmesser liegt er bei $\beta = 18.$ bis 20°. Die Einflüsse der sphärischen Aberration (s. Abschn. 4.13.2.) machen sich damit stark bemerkbar. Das bedeutet aber zusätzliche systematisch Konvergenzfehler in Bildschirmbereichen mit größeren Ablenkwinkeln.
- Die nach der Fokussierung mit β divergierenden Strahlen müssen zur Erreichung einer statischen Konvergenz elektrostatisch nachabgelenkt werden. Dazu durchlaufen die außen liegenden Strahlen elektrostatische Prismen, indem sie ein querliegendes Gleichfeld durchfliegen, das aus jeweils zwei Plattenpaaren besteht. Die

äußeren Platten führen niedrigeres Potential (ca. 20 kV), als die inneren (ca. 25 kV). Der Winkel der damit erreichten Nachablenkung ist nahezu der Spannungsdifferenz ΔU proportional. Der Konvergenzwinkel γ am Schirm beträgt bei kleinen Bildröhren ca. 6° bei einer Strahllänge zwischen Nachablenkung und Schirm von ca. 150 mm. Soll die statische Konvergenz mit einer Ungenauigkeit von $\leqq$ 0,5 mm eingestellt werden und erhalten bleiben, darf der Winkel der Nachablenkung nicht mehr als 0,15° vom Sollwert abweichen. Die Konstanz der Spannungsdifferenz ΔU muß also besser sein als 0,3%.

Vereinfachungen der dynamischen Konvergenz, die mit dem in-line-Prinzip zweifellos verbunden sind, werden aus diesen Gründen nicht voll wirksam. Die Einhaltung der hohen Spannungskonstanzen ist problematisch.
Trotzdem wird eine höhere Punktschärfe als bei der Lochmaskenröhre erreicht, da die im Trinitron eingesetzte „Maske" nur aus einem Gitter senkrechter Drähte besteht und eine Transparenz von 60—70% aufweist. Der Schirm besteht aus senkrechten Leuchtstoffstreifen, jeweils in den drei Farben einem Drahtzwischenraum zugeordnet. Zur Vermeidung mechanischer Schwingungen dieser „Harfe" sind dünne Drähte quer durchgeflochten, deren Durchmesser so klein ist, daß es nicht zu Schattenstellen auf dem Schirm kommt. Die große Transparenz läßt kleine Strahlströme, damit hohe Punktschärfe bei vergleichbaren Leuchtdichten zu. Drahtmaske und Streifenschirm sind zylindrisch. Die durch die sonst übliche sphärische Wölbung des Schirms hervorgerufenen optischen Verzerrungen werden für die häufig vorkommende seitliche Betrachtung stark reduziert.
Gegenwärtig wird das Trinitronprinzip für große Formate und Ablenkwinkel noch nicht beherrscht, so daß eine allgemeine Durchsetzung dieser Röhre nicht abzusehen ist. In anderen modernen Farbbildröhren werden die Fokussierprobleme durch zweifache Fokussierung in 5-Pol-Röhren (Quintrix) mit getrennten Strahlsystemen gut gelöst, ohne Aufwand zur Nachablenkung zu erfordern, und die Toleranzprobleme im Maskenkomplex werden mit stabilen Schlitzmasken als Kennzeichen moderner in-line-Technik wesentlich vereinfacht [18].

4.13.3.3. In-line-Farbbildröhren [19 bis 27]

Die Bezeichnung in-line kennzeichnet einen Sammelbegriff für eine Reihe von Farbbildröhrentypen, die alle das gleiche Prinzip aufweisen, sich aber dennoch in wesentlichen Details unterscheiden. Gegenwärtig werden von allen namhaften Bildröhrenproduzenten in-line-Farbbildröhren angeboten oder in Aussicht gestellt, wobei die Forderungen der Anwender in unterschiedlicher Weise Berücksichtigung finden.
Das allen diesen Bildröhrentypen Gemeinsame ist:

- Anordnung von drei Strahlsystemen in einer Ebene,
- Realisierung der Farbregistratur mit einer Schlitzmaske,
- Unterteilung des Schirms in senkrechte Farbstreifen,
- Einführung stark astigmatischer Felder zur Verringerung des Konvergenzaufwandes.

Die Strahlsysteme unterscheiden sich prinzipiell nicht von denen der Lochmaskenröhre. Daß die von einem Teil der Hersteller eingesetzte Schnellheizkatode zeitlich mit der Einführung der in-line-Röhren zusammenfällt, ist zufällig. Die Verringerung der Durchmesser (Apertur) wird durch sorgfältigere Dimensionierung der Fokussierlinsen, oder Einführung einer zweiten Fokussierlinse (z. B. Quintrix), die dann zu einem pentodenähnlichen Strahlsystem führt, wieder wettgemacht. Im Gegensatz zum Trinitron besitzt jedes Strahlsystem eigene Fokussiermittel (die elektrisch allerdings parallel betrieben werden), ihre gegenseitige Ausrichtung ergibt prinzipielle statische Konvergenz.

Die zur Farbregistratur eingesetzte Schlitzmaske ist an die streifenförmige Unterteilung des Schirms angepaßt. Das Prinzip dieser Anordnung zeigt Bild 26. Der Vorteil dieses Verfahrens besteht vor allem darin, daß vertikale Landungsveränderungen keinen Einfluß auf die Farbreinheit ausüben. Die am Bildröhrenhals notwendige Farbreinheitskorrektur besteht damit nur in der Einführung eines vertikalen Magnetfeldes einstellbarer Intensität. Gegenüber der Lochmaskenröhre ergeben die schlitzförmigen Maskendurchbrüche eine doppelte bis dreifache Transparenz. Herstellung und Aufhängung der Maske entsprechen der der Lochmaskenröhre. Auch bezüglich der zulässigen Toleranzen liegen beide Röhrentypen näherungsweise gleich, so daß die Erfahrungen der Lochmaskenröhre voll bei der Herstellung von in-line-Röhren zur Geltung kommen können. Dies ist insofern von großer Bedeutung, da die Beherrschung der Toleranzen im Maskenkomplex die Einführung und Weiterentwicklung der Farbbildröhren entscheidend beeinflußt und dazu geführt hat, daß derzeitig nur wenige Hersteller Masken in großen Stückzahlen produzieren können.
Eine entscheidende Änderung zu anderen Bildröhrentypen bringt die in-line-Röhre in der Behandlung der Konvergenzprobleme. Der Anwender, der Geräteproduzent, ist daran interessiert, Bildröhren und Ablenkmittel zu erhalten, die eine völlige Deckung der drei Farbauszüge ohne Nachkorrektur von vornherein gewährleisten. Das Prinzip der in-line-Röhre bietet hierbei Möglichkeiten, dieser Zielstellung zumindest sehr nahe zu kommen. Lösbar ist diese Aufgabe durch eine besondere astigmatische Dimensionierung des Ablenkfeldes. Im Idealfall läßt sich durch bewußt inhomogene Felder ein kreisrunder Querschnitt der Strahlsystem-Anordnung in einer Linie abbilden (Bild 27). Liegen die näherungsweise punktförmigen Elektronenstrahlquellen in einer horizontalen Ebene und erfolgt die Fokussierung (mit dem Ablenkfeld) auf eine vertikale Linie, so treffen alle drei Strahlen in einem Punkt zusammen. Dieser Idealfall wird gegenwärtig nur bei kleinen Bildröhren und Ablenkwinkeln bis 90° innerhalb zulässiger Toleranzen beherrscht.
Während bei Ablenkung mit homogenen Feldern durch längeres Verweilen des zur Ablenkrichtung am weitesten abliegenden Elektronenstrahls im Ablenkraum die Konvergenzfläche stets zwischen Ablenkebene und Schirm liegt, bewirkt eine kissenförmige Feldverteilung mit nach dem Rand zunehmender Feldstärke eine Streckung der Konvergenzfläche zum Schirm hin, oder über diesen hinaus nach vorn (Bild 28). Ein kissenförmiges Ablenkfeld realisiert damit die Linienfokussierung nach Bild 27. Da die Fokussierlinie senkrecht, also quer zur Strahlsystemanordnung liegt, ist es notwendig, das zur Horizontalablenkung erforderliche Feld derartig zu verzerren. Der isotrope Astigmatismus dieses Feldes bewirkt bei geeigneter Dimensionierung demnach Konvergenz auf der horizontalen Achse.
Ein homogenes Vertikalfeld bewirkt zunächst keinen vertikalen Konvergenzfehler. Da im horizontalen Kissenfeld die Kissenform und die Verteilung der Feldstärke in der horizontalen Mittellinie untereinander über die Form der Spulen verknüpft sind, ist die auf der horizontalen Mittellinie erreichbare horizontale Konvergenz nicht gleichzeitig auch am oberen und unteren Bildrand vorhanden. In den Ecken des Schirms treten bei der Kombination horizontales Kissenfeld und vertikales homogenes Feld andere Konvergenzrestfehler als in der Mitte am oberen Bildrand auf. Diese anisotropen Astigmatismusfehler zu korrigieren, würde eine gegenseitige Modulation der zur Korrektur notwendigen Konvergenzfelder zwingen. Zur Vermeidung des damit verbundenen hohen Aufwandes wird durch Kombination mit einem tonnenförmigen vertikalen Ablenkfeld der anisotrope Astigmatismus unterdrückt. Je nach Grad der kissen- und tonnenförmigen Feldverzerrung ergeben sich im unkorrigierten Zustand Konvergenzfehler nach Bild 29, die sich bei völliger Kompensation auf der horizontalen Achse (rechtes Bild) mit vertikalfrequenten und bei Überkompensation (linkes Bild) mit horizontalfrequenten Korrekturmitteln beeinflussen lassen.
Die Korrektur selbst ist in beiden Fällen mit Hilfe eines 45/45°-Vierpolfeldes möglich (Bild 30). Die Randstrahlen, im allgemeinen rot und blau, werden damit gegensinnig

an den grünen Strahl herangeführt. Die Realisierung dieser Korrektur, sowie die Lage der Korrekturebene gehören zu den charakteristischen Unterschieden der verschiedenen Hersteller. Die folgende Tabelle gibt dazu einen Überblick [23, 24, 27]:

Hersteller	Bezeichnung	Ebene der Konvergenzkorrektur	Korrekturfrequenz
RCA/Videocolor	PIL	Ablenkebene	vertikal
Philips	20AX	Ablenkebene	horizontal/vertikal
Toshiba	RIS	vor Ablenkebene	horizontal/vertikal

Die Realisierung in der Ablenkebene erfolgt mit einer speziellen, vierteiligen Hilfswicklung (Vierpol, Quadrupol) in der Ablenkeinheit nach Bild 30. Für eine Korrektur vor der Ablenkebene ist eine zusätzliche Konvergenzeinheit nach Bild 31 notwendig, die an die Anordnung der Δ-Röhre erinnert.
Die bisher genannten Korrekturen sind erforderlich, um systematisch auftretende Fehler zu beseitigen. Wie jedes andere Bauelement treten bei der in-line-Farbbildröhre noch eine Reihe statistischer Fehler auf Grund von Fertigungsstreuungen auf, deren Beseitigung ebenfalls notwendig ist. In Systemen mit Konvergenzkorrekturen in der Ablenkebene lassen sich beispielsweise Unsymmetrien der Strahlsysteme nicht mehr in der Ablenkebene korrigieren. Dazu werden vor der Ablenkebene statische 4- und 6-Pol-Felder eingesetzt, die gleichsinnige und gegensinnige Beeinflussungen der Randstrahlen ermöglichen (Bild 32). Bei Korrekturen vor der Ablenkebene ist es möglich, die Konvergenzeinheit zur Korrektur der statischen Fehler mit zu benutzen.
Bild 33 zeigt schließlich einen mikroskopischen Ausschnitt aus dem Schirm einer in-line-Schlitzmaskenröhre, aus dem die Streifenanordnung und die nahezu rechteckigen Öffnungen in der Maske zu erkennen sind.
Keine der angeführten Varianten darf gegenwärtig als optimal angesehen werden. In zahlreichen Details, deren vollständige Aufzählung über den Rahmen dieses Beitrages hinausginge, sind alle diese Varianten noch verbesserungsbedürftig. Die ebene Systemanordnung in Verbindung mit Streifenschirm und Schlitzmaske birgt noch viele Ansatzpunkte für zielgerichtete Weiterentwicklung zur Reduzierung des Gesamtaufwandes bei mindestens gleichbleibender Wiedergabequalität.

Literaturverzeichnis

[1] *Schober, H.*: Das Sehen, Bd. I. VEB Fachbuchverlag, Leipzig 1964.

[2] *Schober, H.*: Das Sehen, Bd. II. VEB Fachbuchverlag, Leipzig 1964, S. 143.

[3] *Richter, M.*: Grundriß der Farbenlehre der Gegenwart. Wissenschaftliche Forschungsberichte, naturwissenschaftliche Reihe, Bd. 51, Verlag Th. Steinkopff, Dresden 1940.

[4] *Rémy, M.*: Einführung in die Farbmetrik. Télévision (1966) Heft 162, S. 81–88; Heft 163, S. 125–130; Heft 164, S. 143–146, 157.

[5] *Mahler, K.*: Beitrag zur Normung der Primärfarben. radio mentor **37**, H. 6 (1971) 359–360.

[6] *Meier, F. P. M.*: Farbfehler und Farbfehlertoleranzen im Farbfilm. Rundfunktechnische Mitteilungen, **15**, H. 1 (1971) 10–15.

[7] *Nowakovskij, S. W.*: Farbfernsehen. Verlag für Nachrichtenwesen, Moskau 1975.

[8] *Rehkopf, C. H.*: Der Einfluß von Schichtdicke und Teilchengröße des Phosphorschirmbelages auf die Bildhelligkeit von Farbfernseh-Bildröhren, Funktechnik **25**, H. 20 (1970) 783.

[9] *Stevens, M.*: Phosphors and picture-tube performance. IEEE-Trans. CE-**21**, H. 1 (1975) 1–8.

[10] *Canty, B. R.*: Die Entwicklung sehr heller, kontrastreicher Farbbildröhren. Funkschau **46**, H. 8 (1974) S. 249–250.

[11] *Wilson, J. M.*: Theoretical and practical aspects of electron-gun design for color picture tubes. IEEE-Trans. CE-**21**, H. 1 (1975) S. 32–38.

[12] *Schwartz, J. W.*: Space charge limitation on the focus of electron beams. RCA-Review **18**, H. 1 (1957) 1–11.

[13] *Barkhausen, H.*: Lehrbuch der Elektronenröhren, Bd. 1. S. Hirzel-Verlag, Leipzig 1950.
[14] *Lammers, H.-H.*: Schnellheizkatoden für Bildröhren, Funkschau **46**, H. 9 (1974) 303–304.
[15] *Steudner, M.*: Ablenkeinheit, enthalten in [16], Abschnitt 12.2.
[16] *Schlesier, H.*: Secam-Farbfernsehempfang. VEB Verlag Technik, Berlin 1972.
[17] Neue Farbbildröhren. Prospektmaterial der Firma Sony, 1971.
[18] *Tetzner, K.*: Bildröhren aller Art. Funkschau **47**, H. 2 (1975) 53–55.
[19] *Schulz, W.*: In-line-Farbbildröhre mit fest angebauterT oroid-Ablenkeinheit. Funkschau **45** H. 9 (1973) 321–324.
[20] PI-Farbbildröhre von Videocolor/RCA. Funkschau **46**, H. 16 (1974) 627.
[21] *Barkow, W. H.*: Eine neue großformatige Farbbildröhre. Funkschau **46**, H. 19 (1974) 722–726.
[22] *Barkow, W. H.*: Das 110°-Precision-in-line Fernseh-Farbbildröhrensystem, NTZ **28**, H. 3 (1975) K96–K99.
[23] 110° Precision in-line Color Television System. Firmenschrift RCA.
[24] *Bathelt, R. R.*: „20 AX" — ein neues Farbbildröhren- und Ablenksystem. Funktechnik **29**, H. 11 (1974) 381–382.
[25] Toroid-Ablenkspulen für 20 AX-Farbbildröhren, Funkschau **47**, H. 12 (1975) 51.
[26] *Ray, A.*: Das Uniline-System. Funkschau **46**, H. 18 (1974) 684–686.
[27] Neue Bildröhrenentwicklungen. Firmenschrift Toshiba, 1975.

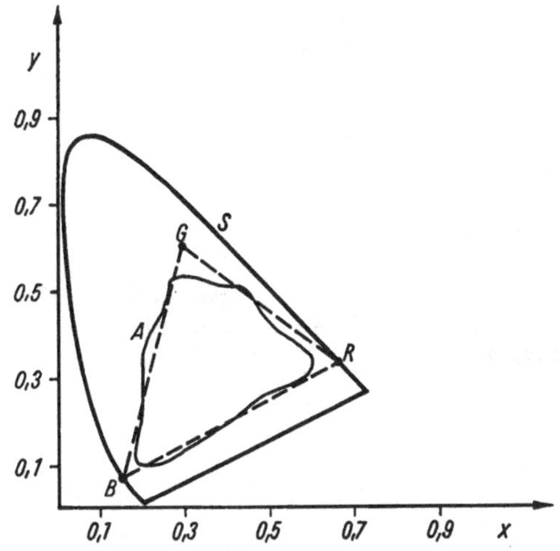

Bild 1. IBK-Normfarbtafel mit dem Spektralfarbenzug *S*, der wiedergebbaren Farbfläche des Farbdruckes *A* und den Farborten *R*, *G*, *B* der Leuchtstoffe

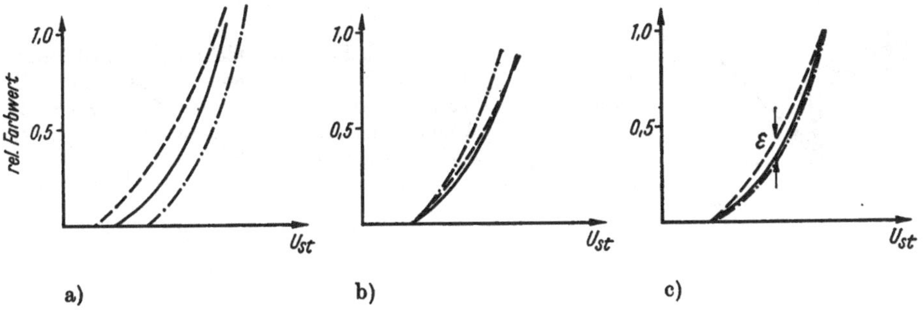

Bild 2. Typische Modulationskennlinien einer Farbbildröhre

a) im völlig unkorrigierten Zustand

b) nach gegenseitiger Angleichung der Sperrpunkte

c) nach weiterer gegenseitiger Angleichung der Weißwerte (ε nicht korrigierbarer Farbfehler in den Grauwerten, übertrieben dargestellt)

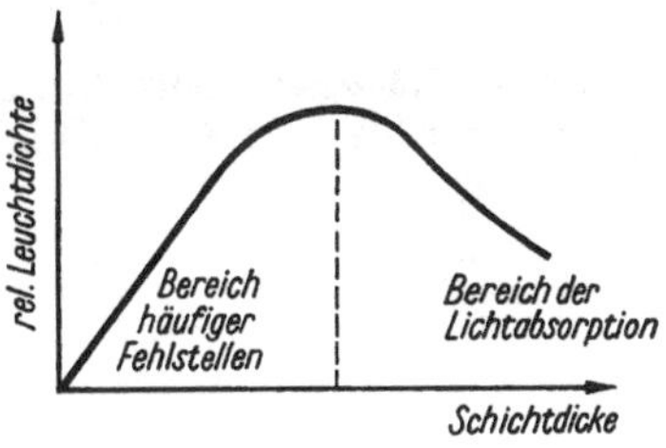

Bild 3. Abhängigkeit der Leuchtdichte von der Schichtdicke (nach [8])

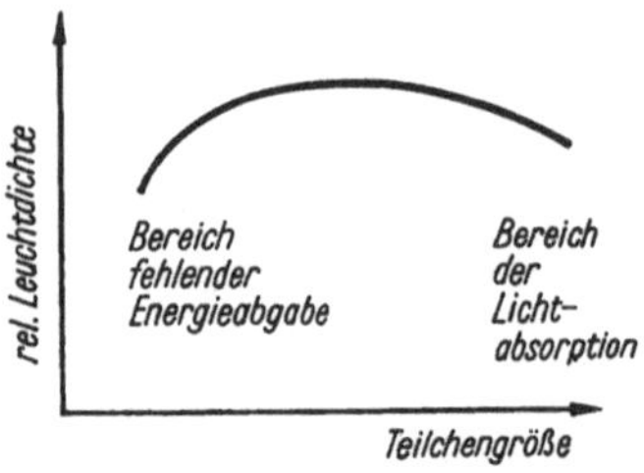

Bild 4. Abhängigkeit der Leuchtdichte von der Teilchengröße (nach [8])

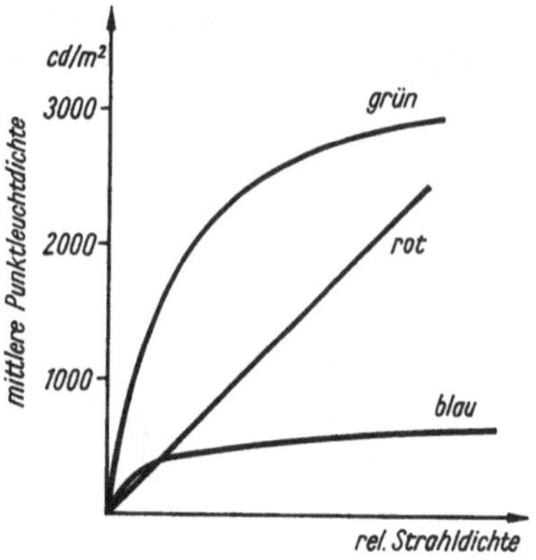

Bild 5. Leuchtdichte kleinster Bildelemente innerhalb eines Farbelementes bei pulsförmiger Anregung entsprechend der Fernsehnorm in Abhängigkeit von der Dichte des anregenden Elektronenstrahls

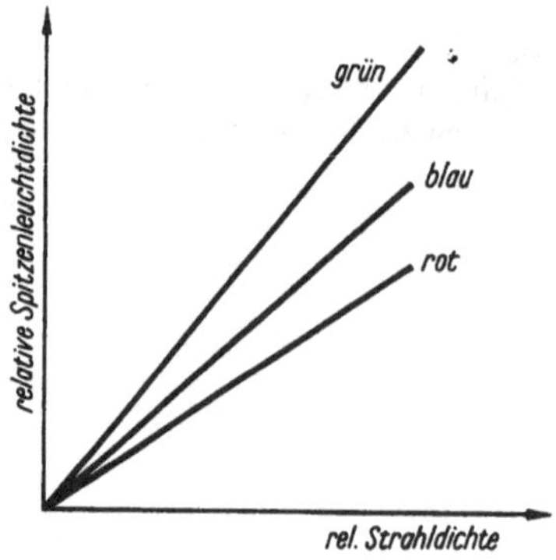

Bild 6. Spitzenwerte der Zeitfunktionen der Leuchtdichte entsprechend Bild 5

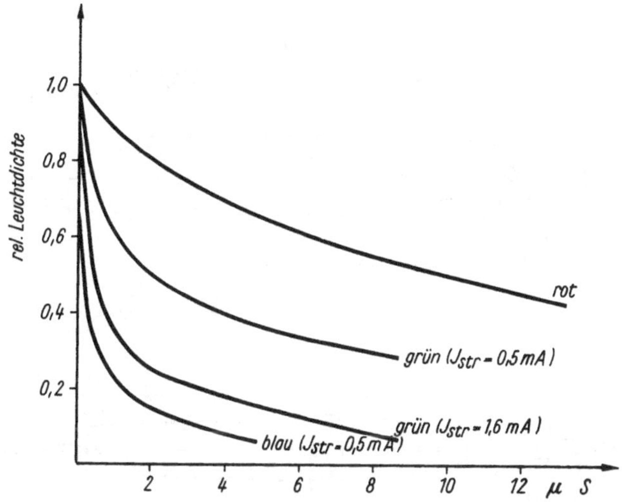

Bild 7. Abklingfunktionen der verschiedenen Leuchtstoffe (Nr. 6, 12 und 14 nach Tabelle 1)

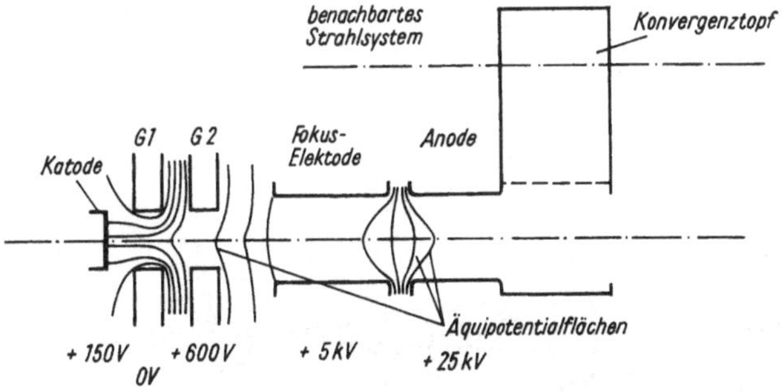

Bild 8. Grundsätzliche Struktur des Elektronenstrahlsystems in einer Delta-Anordnung

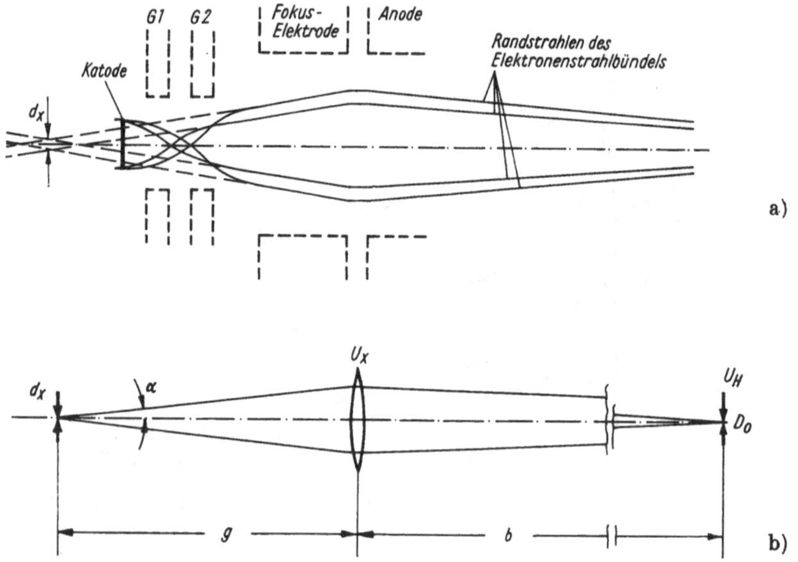

Bild 9. Abbildungsverhältnisse im Strahlsystem

a) Verlauf der Randstrahlen des Elektronenstrahlbündels innerhalb des Strahlsystems nach Bild 8 zur Berechnung der Lage und des Durchmessers d_x des virtuellen Brennflecks

b) Abbildungsgeometrie des virtuellen Brennflecks auf dem Schirm der Bildröhre

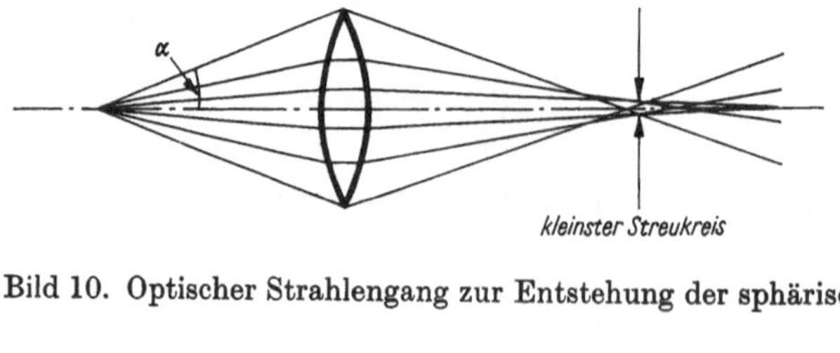

Bild 10. Optischer Strahlengang zur Entstehung der sphärischen Aberration

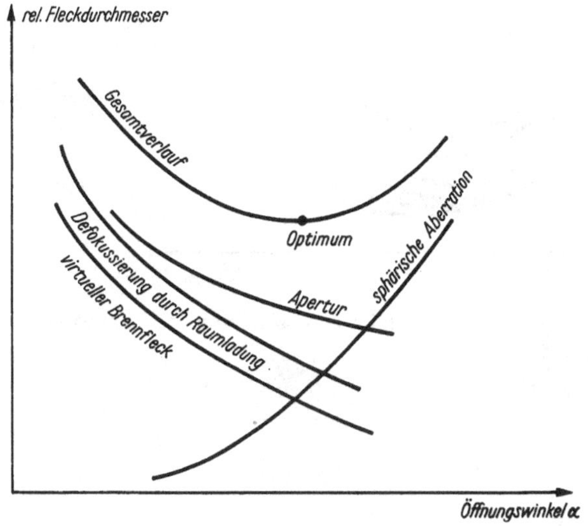

Bild 11. Die verschiedenen Einflüsse auf den Fleckduchrmesser in Abhängigkeit vom Öffnungswinkel

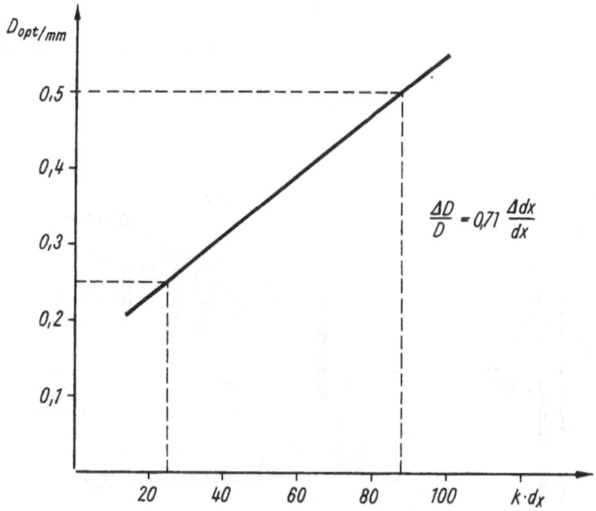

Bild 12. Optimaler Fleckdurchmesser nach Bild 11 als Funktion des virtuellen Brennfleckdurchmessers d_x
(K = willkürliche Konstante)

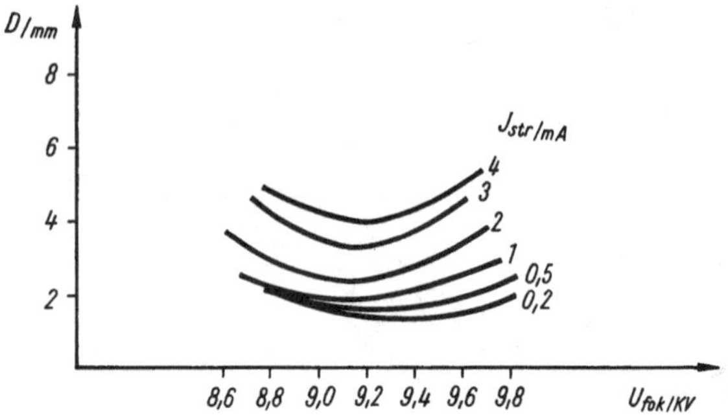

Bild 13. Abhängigkeit des Fleckdurchmessers von der Fokussierspannung einer modernen 5-Pol-Röhre

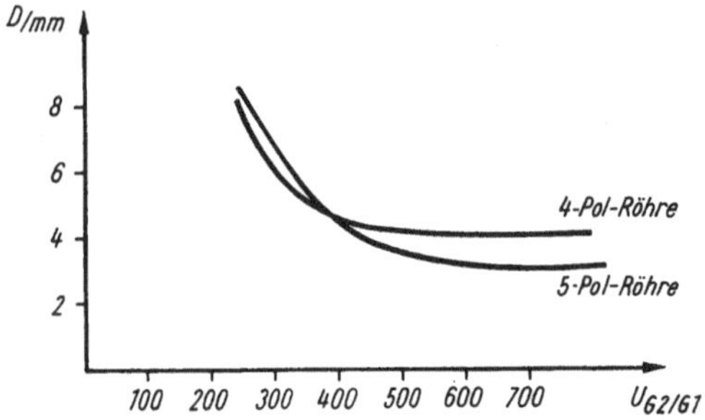

Bild 14. Abhängigkeit des Fleckdurchmessers von der Schirmgitterspannung

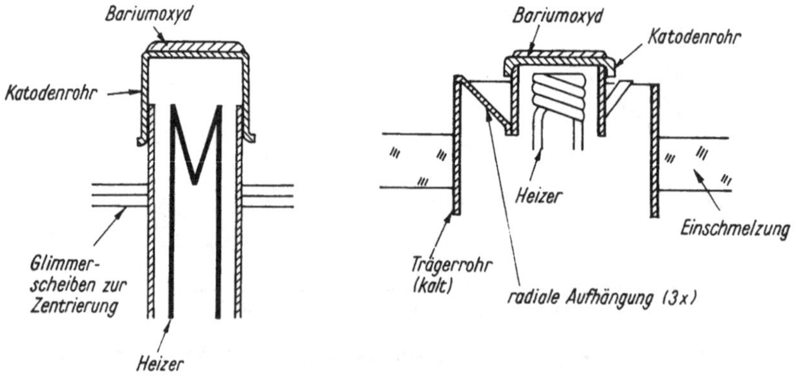

a) b)

Bild 15. Katodenformen

a) frühere Katodenkonstruktion

b) Schnellheizkatode

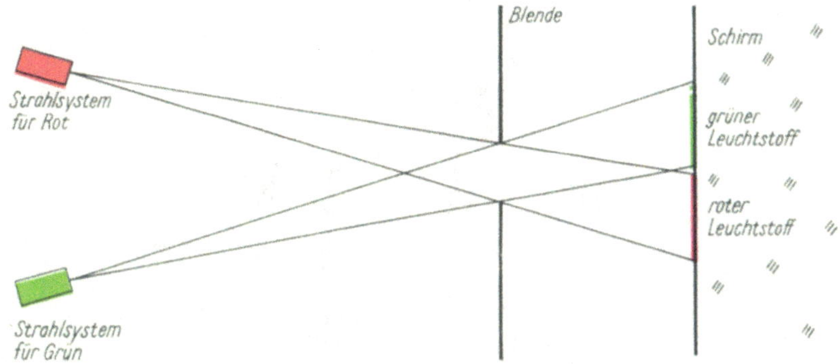

Bild 16. Farbregistratur: Zuordnung von Strahlsystem und Farbelement durch Blenden

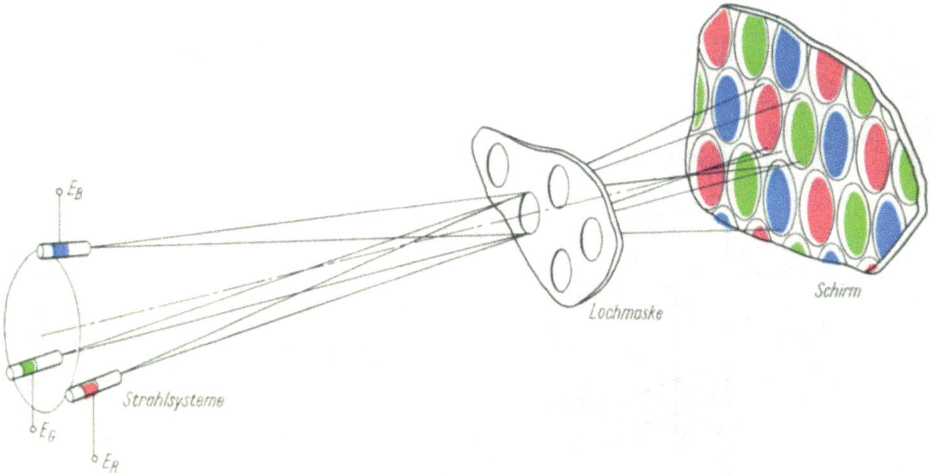

Bild 17. Prinzip der Lochmasken-Farbbildröhre

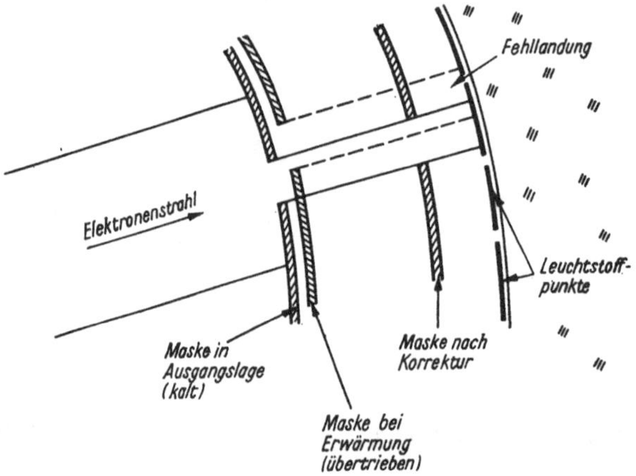

Bild 18. Temperaturabhängige Lagekorrektur der Lochmaske, Permachrom (schematisch)

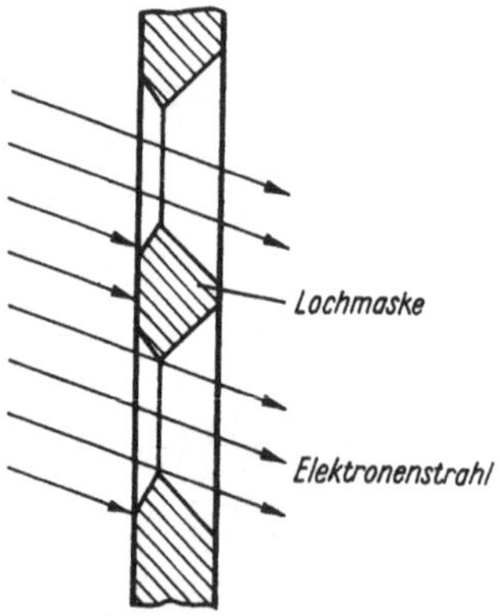

Bild 19. Querschnitt durch die Lochmaske

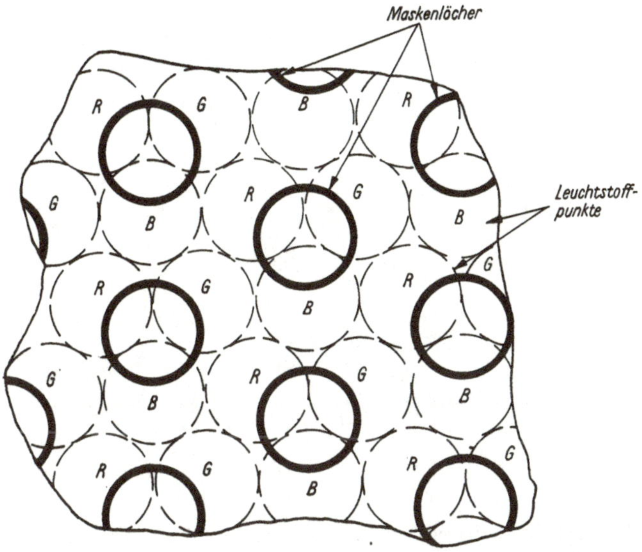

Bild 20. Die Zuordnung des Maskenlochs zum Bildschirm (vom Strahlsystem aus gesehen)

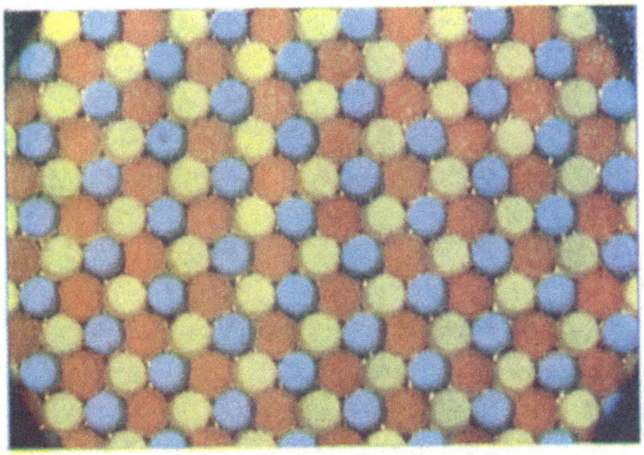

Bild 21. Mikroskopische Aufnahme des Schirms einer Lochmasken-Farbbildröhre

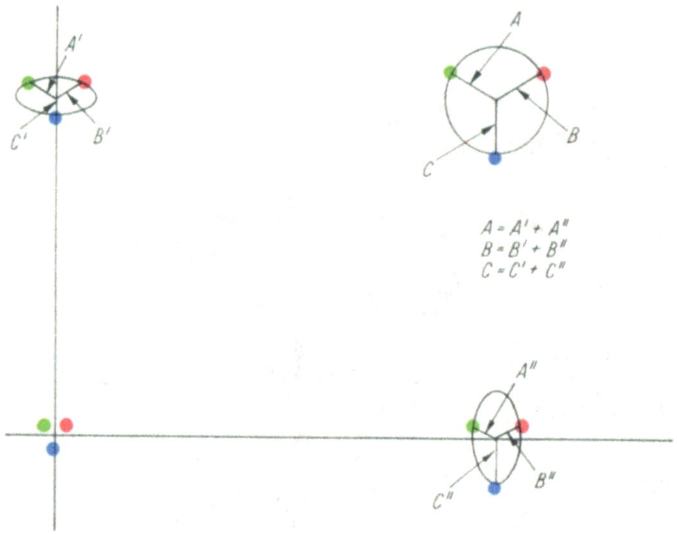

Bild 22. Isotropie-Verhältnisse an der Lochmaskenröhre (Ausschnitt, 1. Quadrant des Schirms)

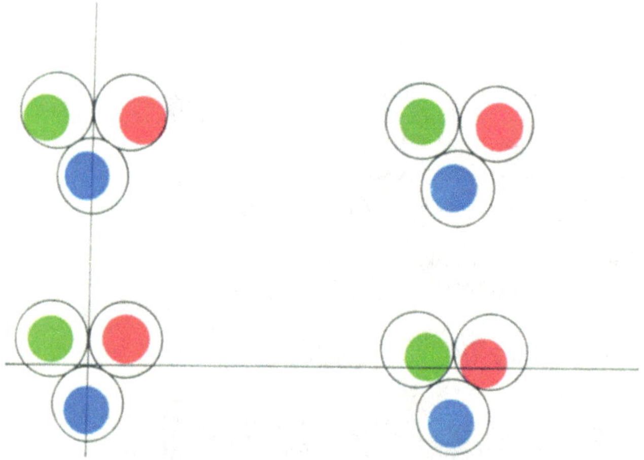

Bild 23. Landungsbedingungen an der Lochmaskenröhre (Ausschnitt, 1. Quadrant des Schirms)

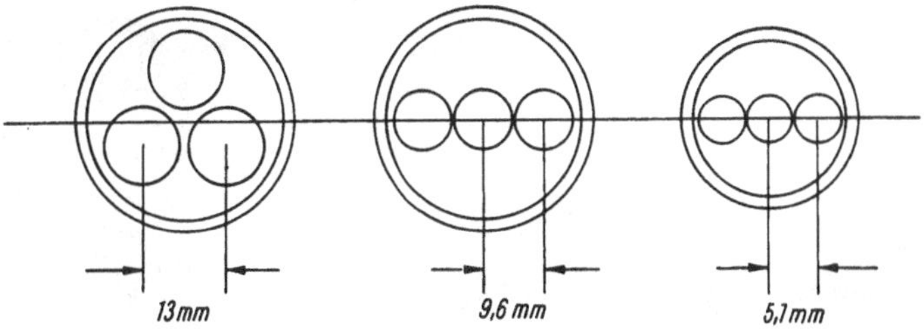

a) b) c)

Bild 24. Durchmesserverhältnisse verschiedener Strahlsystemanordnungen
a) 36 mm — Δ-Anordnung (Normhalsbildröhre)
b) 36 mm — in-line-Röhre (20AX)
c) 29 mm — in-line-Röhre (PIL)

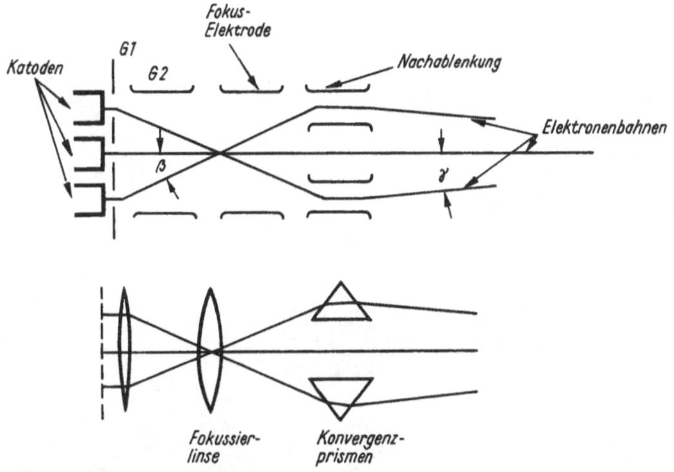

a)

b)

Bild 25. Grundsätzlicher Systemaufbau des Trinitrons
a) Anordnung der Elektroden
b) elektronenoptische Ersatzschaltung

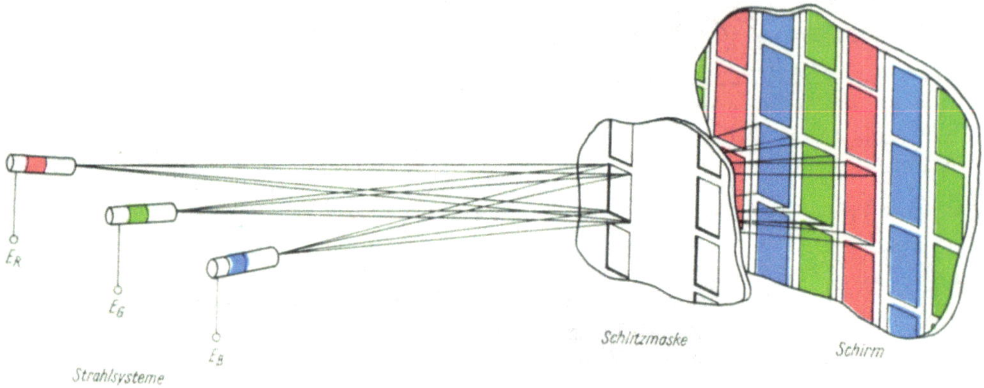

Bild 26. Prinzip der Farbregistratur mit Schlitzmaske, Streifenschirm und in-line-Strahlsystem

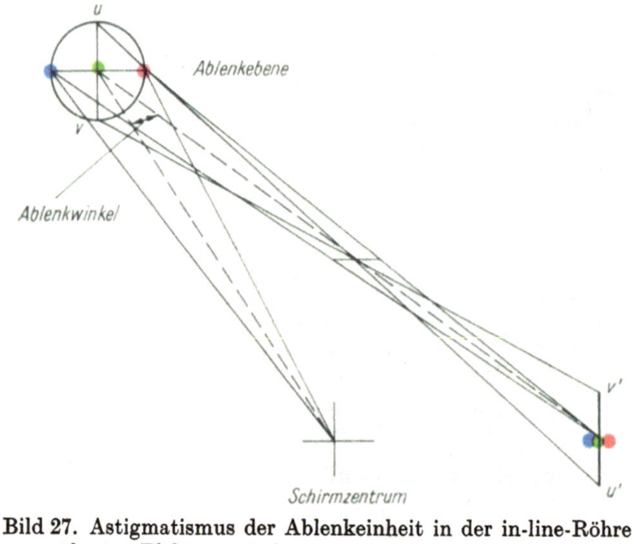

Bild 27. Astigmatismus der Ablenkeinheit in der in-line-Röhre mit durch Geraden angenäherten Elektronenbahnen

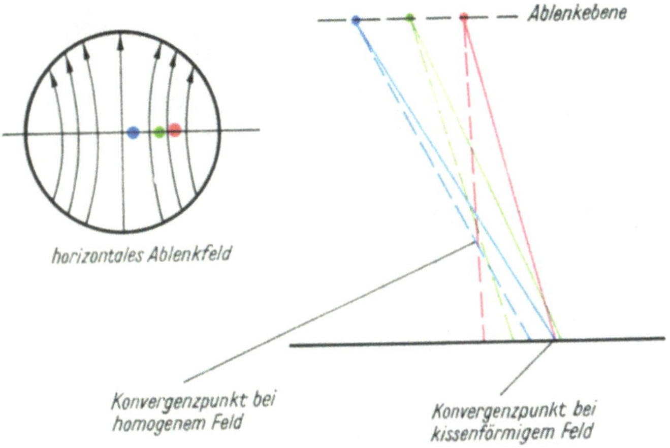

Bild 28. Verschiebung des Konvergenzpunktes durch kissenförmiges Ablenkfeld (Linienfokussierung)

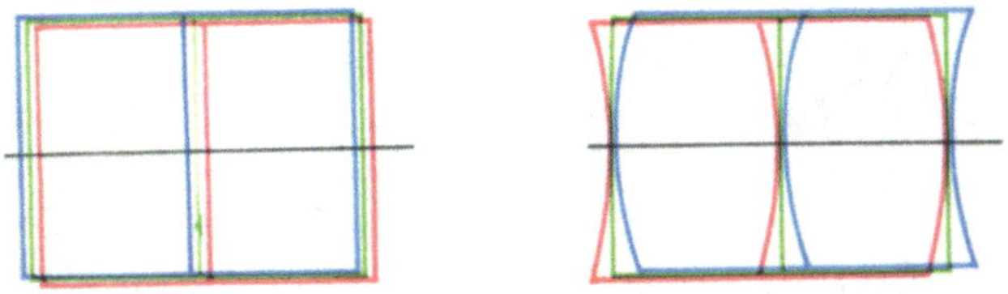

Bild 29. Konvergenzrestfehler (ohne dynamische Konvergenz) an in-line-Bildröhren
rechts: Kompensation für beide Achsen (vertikalfrequente Korrekturmöglichkeit)
links: Überkompensation (horizontalfrequente Korrekturmöglichkeit)

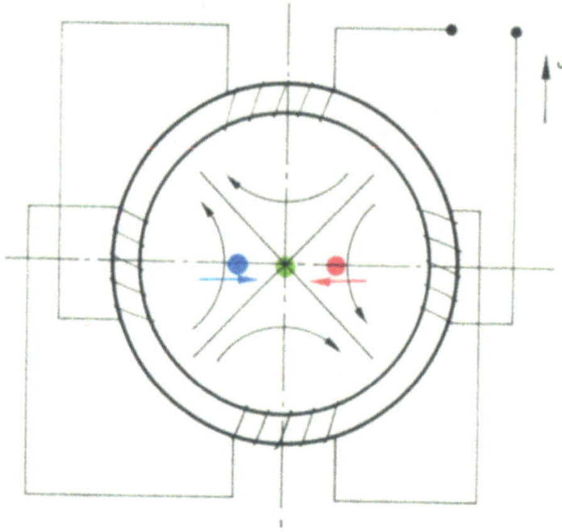

Bild 30. Magnetisches Feld des Quadrupols zur dynamischen Konvergenzkorrektur

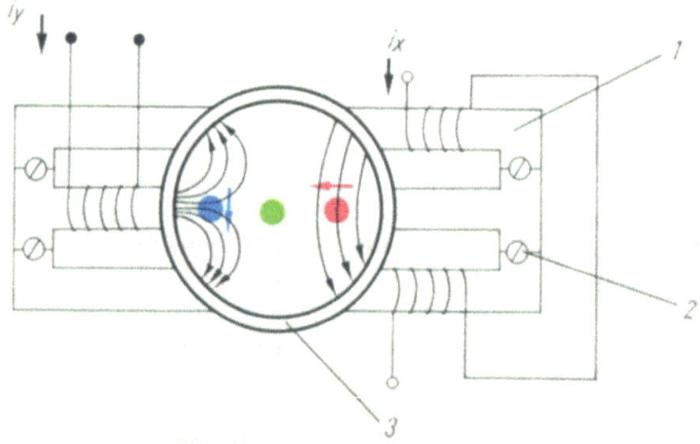

Bild 31. Beispiel für eine Konvergenzkorrektur vor der Ablenkebene (Konvergenzjoch)

1 — weichmagnetische Ferritteile
2 — drehbare Permanentmagneten zur statischen Korrektur
3 — Röhrenhals

links (Blaustrahl): Strom und Feldbild für Verschiebung in y-Richtung (vertikal)
rechts (Rotstrahl): Strom und Feldbild für Verschiebung in x-Richtung (horizontal)

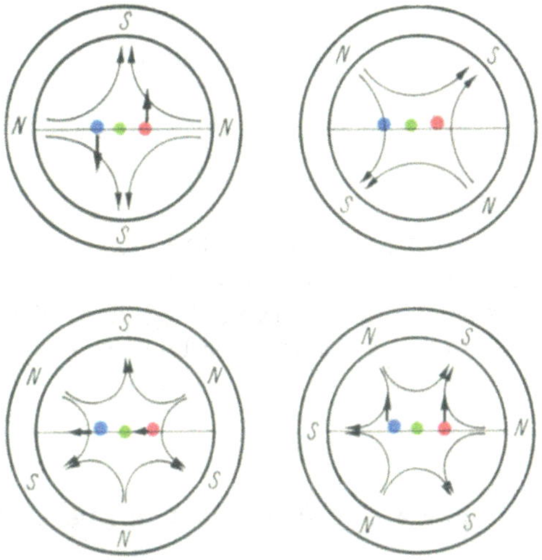

a)

b)

Bild 32. Statische Magnetfelder zur Korrektur zufälliger statischer Konvergenzfehler

a) Vierpolfeld für gegensinnige Beeinflussung

b) Sechspolfeld für gleichsinnige Beeinflussung der Randstrahlen

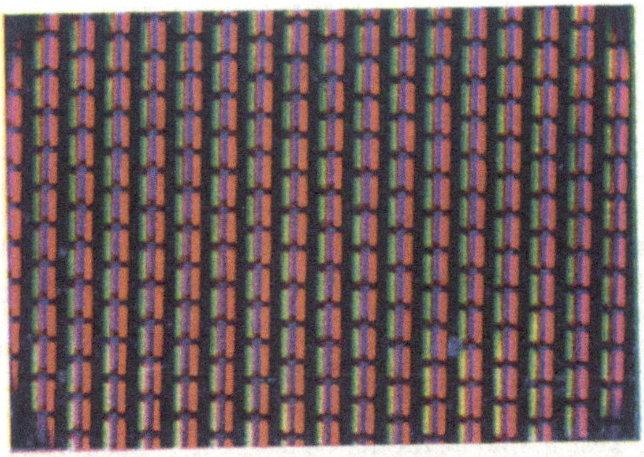

Bild 33. Mikroskopische Aufnahme des Schirms einer in-line-Röhre

4.14. Neue Bildwiedergabe-Verfahren

Von *K. Thiessen / K. Sturm*

VEB Werk für Fernsehelektronik, Berlin

Seit Jahren wird international an einer Vielzahl von Bildwiedergabe-Verfahren gearbeitet. Zunächst sollen einige äußere Faktoren betrachtet werden, die die Bauelemente-Entwicklung mehr oder weniger beeinflussen. Anschließend werden neue Bildwiedergabe-Verfahren und ihre Adressierung mit der konventionellen Bildröhre verglichen.

4.14.1. Zum Widerspruch zwischen Mikroelektronik und Bildröhre

Das Bedürfnis nach einer neuen Bildwiedergabevariante wird durch die Fortschritte der Elektronik stimuliert. Bei den meisten Gerätekonzeptionen ist die Bildröhre das einzige noch verbliebene Vakuum-Bauelement. Die Grenzen ihres Einsatzes werden besonders durch folgende Eigenschaften begründet:

- große Einbautiefe
- erforderliche Hochspannung
- große Masse und
- die Implosionsgefahr,

so daß keine gute Kompatibilität zur modernen Schaltungstechnik besteht.
Dabei ist jedoch zu beachten, daß es sich bei der Miniaturisierung von Bildwiedergabe-Bauelementen (von Projektionsvarianten abgesehen) nur um die eine Dimension „Einbautiefe" handelt, die übrigen beiden Dimensionen werden durch das geforderte Bildformat bestimmt. Die Reduzierung der Bautiefe sollte also nicht zu Lasten der übrigen beiden Dimensionen gehen!
Bei der Beurteilung der Kompatibilität der Bildröhre bezüglich Spannung bzw. Leistung zu den Bauelementen der Mikroelektronik muß auch berücksichtigt werden, daß die Halbleitertechnik inzwischen eine Reihe eleganter hybrider Konzeptionen ermöglichte, um die Anpassung zu gewährleisten.
Der Nachteil der „Zerbrechlichkeit" der Bildröhre, durch das Wort „Implosionsgefahr" dramatisiert, wird im allgemeinen stark überschätzt. Der Anteil an Bildröhrenbruch beim Endanwender an den sonstigen Ausfallursachen ist verschwindend gering.
Ein weiterer wesentlicher Gesichtspunkt für die Beurteilung der zukünftigen Entwicklung ist, daß durch die Weiterentwicklung der Schaltungstechnik zwar einerseits die Bildröhre nicht mehr zu integrierten Schaltkreisen paßt, daß aber andererseits mit dem derzeitigen Stand der Schaltungstechnik keinesfalls die Adressierung von Matrixdisplays beherrscht wird, obwohl es auch hier schon gute Vorschläge gibt. Für Geräte des Massenbedarfs wird die Bildröhre wegen der Elektronenstrahl-Adressierung nach wie vor die einzige Lösung sein. Ihre Einfachheit wird durch die Suche nach neuen Verfahren erst richtig deutlich.

4.14.2. Bildwiedergabeverfahren

Wesentlich für Bildwiedergabeverfahren ist die Art der verwendeten Adressierung:

- Elektronenstrahl-
- Lichtstrahl- oder
- Matrixadressierung

sowie die Art des verwendeten Lichterzeugungs- bzw. Lichtsteuerungsmechanismus. Bei Lichtsteuerung ist eine äußere Lichtquelle oder die Nutzung des Umgebungslichtes notwendig. Neben den hier aufgeführten Adressierverfahren gibt es noch weitere Vorschläge, z. B. die Nutzung elektroakustischer Effekte oder die Ladungsträgerverschiebung (CCD-Prinzip), die aber für Adressierung in Bildwiedergabeverfahren noch nicht erprobt sind.

In Tabelle 1 sind die Bildwiedergabeverfahren nach Adressierung und Lichterzeugungs- bzw. Lichtsteuerungsmechanismen gegliedert.

Alle *Elektronenstrahl-Adressierungsprinzipien* besitzen die Nachteile der konventionellen Bildröhre, wobei für die Bautiefe gewisse Einschränkungen zu machen sind, da es ja Versuche gibt, zu einer flachen Elektronenstrahlröhre zu gelangen. Sind also Entwicklungen auf das Ausschalten der vorn genannten Nachteile der Bildröhre gerichtet, so sind sie sicher nicht unter der Elektronenstrahladressierung zu suchen. Damit soll nicht ausgedrückt werden, daß es bei der Bildröhre keine Fortschritte hinsichtlich dieser Parameter gegeben hat und noch gibt. Bei den Prinzipien mit Elektronenstrahladressierung gibt es drei verschiedene Bildwiedergabeverfahren:

a) Bildwiedergaberöhren zur direkten Betrachtung
b) Bildwiedergaberöhren-Projektoren und
c) Lichtröhren.

Zu den Verfahren nach a) gehört die konventionelle Bildröhre. Bei dem Verfahren nach b) werden spezielle Bildröhren in Verbindung mit Linsen bzw. einer Schmidt-Optik zur Projektion verwendet. Bei dem Verfahren nach c) erfolgt nur die Adressierung mit dem Elektronenstrahl, für die Projektion ist hier zusätzlich eine starke Lichtquelle erforderlich.

Die Prinzipien mit *Lichtstrahladressierung* sind vorwiegend Projektionseinrichtungen. Projektionseinrichtungen bestehen immer aus mehreren Teilen. Die Strahlerzeugung, Strahlmodulation und Strahlablenkung ist z. Zt. noch problematisch und erfordert einen hohen apparativen Aufwand. So leicht es ist, den Elektronenstrahl an jeden beliebigen Bildschirmpunkt zu bringen, so schwer ist dies für den Lichtstrahl. Die Prinzipien mit Lichtstrahladressierung sind entweder Direktsicht-Lasereinrichtungen oder mit Laserstrahl gesteuerte Displays bzw. Lichtprojektoren mit zusätzlicher Lichtquelle.

Die *Matrixadressierung* soll das gewünschte flache Display bringen. Schwierigkeiten entstehen durch die Forderungen an die Elemente im Bildpunkt:

- da sie ständig angeschlossen sind, müssen sie eine Schaltcharakteristik besitzen und dennoch eine Grauskala aufweisen;
- problematisch ist außerdem die Gleichmäßigkeit im Bildpunkt, besonders bei Einzelelementen sowohl bezüglich Helligkeit als auch bezüglich der Schaltschwelle. (Bei der Bildröhre ist der Bildschirm dispers, so daß eine gute Gleichmäßigkeit erreicht wird. Außerdem hat der Bildpunkt bei der Bildröhre keine Schaltfunktion auszuführen.)

Für matrixadressierte Bildwiedergabeprinzipien, die nicht die erforderliche Nichtlinearität aufweisen oder die nicht über die erforderlichen Speichereigenschaften verfügen, müssen zusätzlich Elemente je Bildpunkt vorgesehen werden. Beide Forderungen können im Prinzip mit dem Dünnfilm-Feldeffekt-Transistor (TFT) erfüllt

Tabelle 1. Gliederung der Bildwiedergabeverfahren nach Adressierung und Lichterzeugungs- bzw. Lichtsteuerungsmechanismen

Adressierung	aktive bzw. passive Mechanismen															
	Lichterzeugung										Lichtsteuerung					
	Katodolumineszenz		Gasentladung mit bzw. ohne Fotolumineszenz		Elektrolumineszenz polykristalliner Schichten		Injektionslumineszenz		Elektrochemi.-Lumineszenz		El.-opt. Effekte in Flüssigkristallen	Elektrochromatische Effekte	Elektrophorese	El.-opt. Effekte in Ferroelektrika	örtl. Schichtdickeänd. in Öl	Pockels-Effekt
	spontan	induziert (Laser)	*AC*	*DC*	*AC*	*DC*	spontan									
Elektronenstrahl-Adressierung	BW-Röhre flache BW-Röhre Penetrat. Röhre Bildröhren-Projektor	Bild-Röhre mit Laserschirm (CdSe bzw. ZnS)									Lichtröhre mit Fl.				Eidophor-Verfahren	Lichtröhre mit FK-Primär-Display
Lichtstrahl Adressierung									Projektion mittels Foto-wid. denkbar	Direktsicht-Laser-Projektor	Projektor (über Foto-wid. gesteuert, Fremdl.)			Projektor (über Foto-wid. gesteuert, Fremdlichtquelle)		

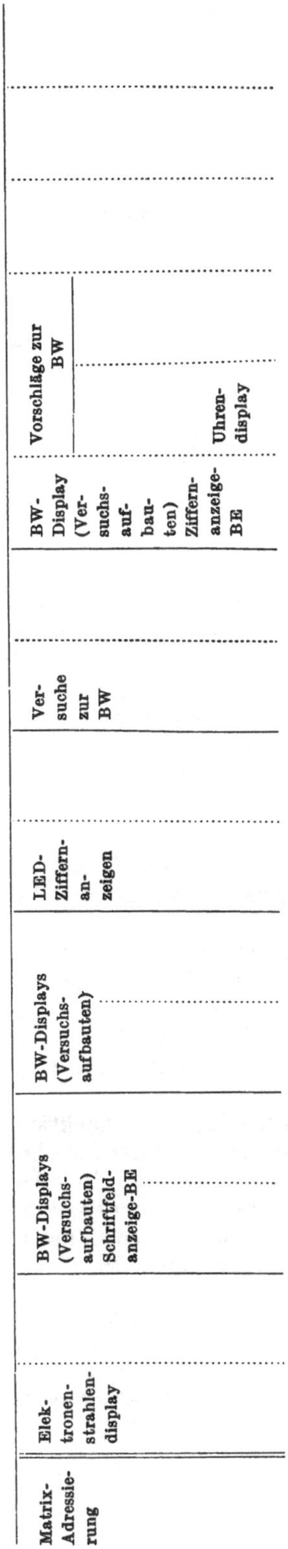

werden [1, 2]. Er besteht aus polykristallinem Halbleitermaterial wie CdS oder CdSe, das auf das Glassubstrat aufgedampft wird. Schwierig ist es natürlich, z. B. 750000 Bauelemente auf ein Substrat zu bringen.

4.14.2.1. Elektronenstrahladressierte Prinzipien

4.14.2.1.1. Die konventionellen Bildröhren

Alle Bildröhren nutzen die Katodolumineszenz. Sie erlangten als einzige Bildwiedergabe-Bauelemente für Schwarz/Weiß- und für Farbwiedergabe Produktionsreife. Über 90% aller Farbbildröhren sind Maskenröhren. Wahrscheinlich werden auch zukünftige Farbbildröhren Maskenröhren sein. Die mit der Maskenröhre erzielte Leuchtdichte liegt über 100 ftla. Ihre Nachteile wurden vorn bereits genannt. Die Lichterzeugung im Bildpunkt erfordert bei hoher Umgebungshelligkeit sehr hohe Intensitäten. Alle aktiven Effekte zeigen im direkten Sonnenlicht den gefürchteten „Auswascheffekt“.

4.14.2.1.2. Die flache Bildröhre

Bereits in den 50er Jahren wurde versucht, die konventionelle Bildröhre durch eine flache Bildröhre zu ersetzen. Die Versuche scheiterten wegen des schwierigen mechanischen Aufbaues solcher Röhren sowie wegen der erforderlichen Zusatzeinrichtungen, z. B. für Bildkorrektur bzw. für dynamische Strahlfokussierung [3] oder wegen der hohen Ablenkleistung.

4.14.2.1.3. Die Penetrations-Farbbildröhre

Für spezielle Einsatzgebiete wurde die Penetrations-Farbbildröhre entwickelt. Der Bildschirm besteht aus mehreren Leuchtstoff-Schichten, die jeweils durch transparente Grenzschichten voneinander getrennt sind [4]. Die Auswahl der Farben erfolgt durch Ändern der Strahlspannung um einige kV (dazu muß der Ablenkstrom korrigiert werden), so daß der Strahl mehr oder weniger tief in die Schichtenfolge eindringen (penetrieren) kann. Die Röhre arbeitet mit nur einem Strahlsystem, das erzielte Auflösungsvermögen ist somit hoch (1500 Linien pro Bild).

4.14.2.1.4. Die Bildröhren-Projektoren

Die Projektion ist z. Zt. die einzige Möglichkeit zur Herstellung großer Fernsehbilder. Auch hier wird die Katodolumineszenz verwendet. Unter den Projektionsvarianten sind die Bildröhren-Projektoren die mit dem geringsten Aufwand [5]. Sie arbeiten entweder mit Vergrößerungslinse (Bild 1) oder mit Schmidt-Spiegel. Die Variante mit Vergrößerungslinse verwendet eine Farbbildröhre; die proji-

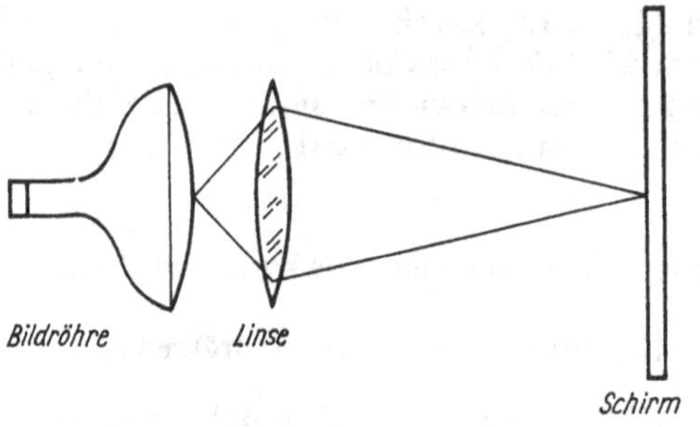

Bild 1. Bildröhrenprojektor

zierten Farbbilder haben eine Diagonale von ca. 1,20 m. Die Variante mit Schmidt-Spiegel arbeitet mit 3 Einzelröhren. Damit wurden Farbbilder von 2 m Diagonale erzielt.
Eine ausreichende Helligkeit (fast 40 ftla) ist nur innerhalb eines begrenzten Winkels vorhanden, wobei hochreflektierende Schirme erforderlich sind. Der Raum muß etwas verdunkelt werden.

4.14.2.1.5. Die Projektionsbildröhre mit Laserschirm

Eine weitere Projektionsvariante ist die Bildröhre mit Laserschirm [6]. Hier wurden Versuchsaufbauten mit CdSe bzw. ZnS durchgeführt. Der Leuchtschirm wird wie bei der konventionellen Bildröhre mit einem Elektronenstrahl angesteuert. Dabei wird jedoch eine induzierte Emission erreicht. Die Helligkeit ist aber noch zu gering. Da eine zusätzliche Kühlung erforderlich ist, ergibt sich ein höherer Aufwand als bei obigen Projektionsvarianten.

4.14.2.1.6. Die Lichtröhren

Zur Erzeugung größerer und hellerer Bilder sind Lichtröhren [7] geeigneter. Doch gibt es auch hier ähnliche Probleme, z. B. erfordern starke Lichtquellen eine Kühlung, die ihrerseits Geräusche erzeugt.
Das bekannteste Prinzip ist hier das *Eidophor-Verfahren.* Eine Ölschicht als Primärdisplay wird vom Katodenstrahl abgetastet und je nach seiner Intensität verschieden stark aufgeladen und deformiert. Dadurch wird das auffallende Licht gestreut und gelangt über die Schlierenoptik zur Projektionslinse. Das Eidophor-Verfahren ist vereinzelt im Einsatz. Es ist kompliziert zu bedienen und erfordert einen Katodenwechsel. Zur Farbbilddarstellung sind 3 Primärdisplays erforderlich.
Eine andere Lichtröhre arbeitet dagegen mit nur einem Primärdisplay zur Projektion farbiger Bilder (Bild 2). Sie besitzt eine separate Lichtquelle und ein aus einer Flüssigkeit bestehendes Primärdisplay. Weitere Lichtröhren-Prinzipien nutzen den Pockels-Effekt im Festkörper. Außerdem wurden Flüssigkristalle als Primärdisplay vorgeschlagen. Lichtröhren sind über das Versuchsstadium nicht wesentlich hinausgetreten. Doch sind sie für die Großbildprojektion eine erfolgversprechende Variante.

4.14.2.2. Prinzipien mit Lichtstrahladressierung

Die größten Farbfernsehbilder wurden mit *Direktsicht-Laser-Projektionseinrichtungen* erhalten [8]. Für die Strahlerzeugung werden drei Quellen verwendet (Bild 3):

Krypton-Laser für rot
Argon-Laser für blau
Argon-Laser für grün.

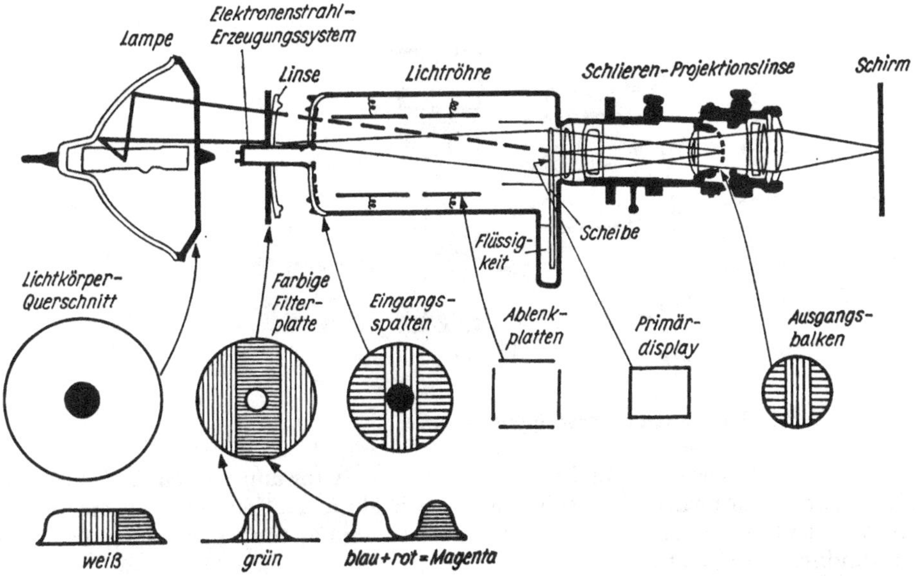

Bild 2. Beispiel einer Lichtröhre

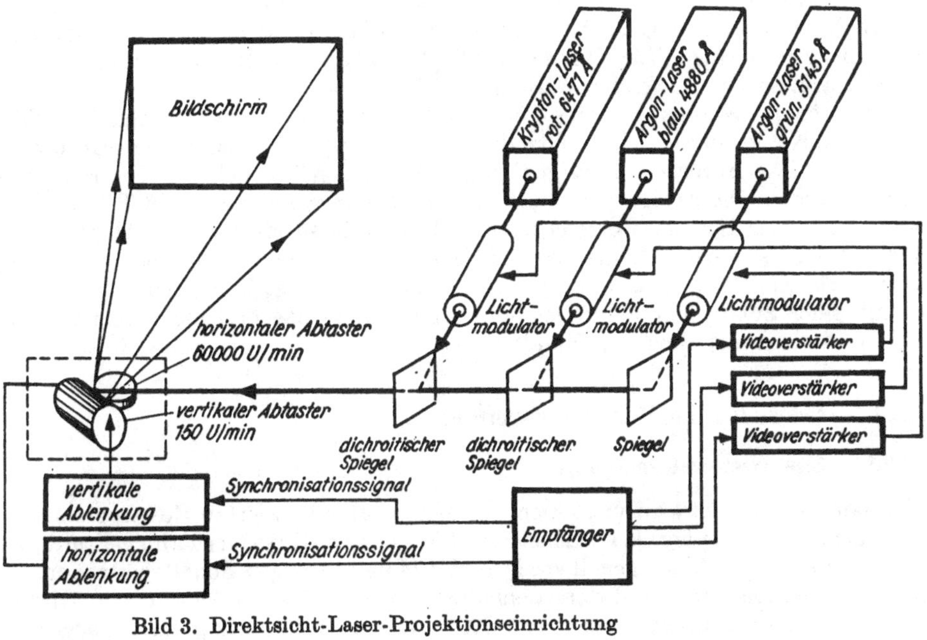

Bild 3. Direktsicht-Laser-Projektionseinrichtung

Die Modulation erfolgt nach Verstärkung des FS-Signals. Spiegelsysteme dienen zur Strahlvereinigung und Ablenkung.
Die Direktsicht-Laser-Projektion erfordert eine hohe Strahlenergie, die nur mit niedrigem Wirkungsgrad bereitgestellt werden kann. Weniger energieaufwendig sind Einrichtungen, die den Laserstrahl nur zur Adressierung nutzen.
In Bild 4 ist ein auf IR-Strahlung ansprechender fotoelektrochemischer Bildwandler gezeigt [9]. Die Elektrochemilumineszenz-Erscheinung im aromatischen Kohlenwasserstoff-System ist auf das Zusammentreffen von Kohlenstoff-Kationen mit

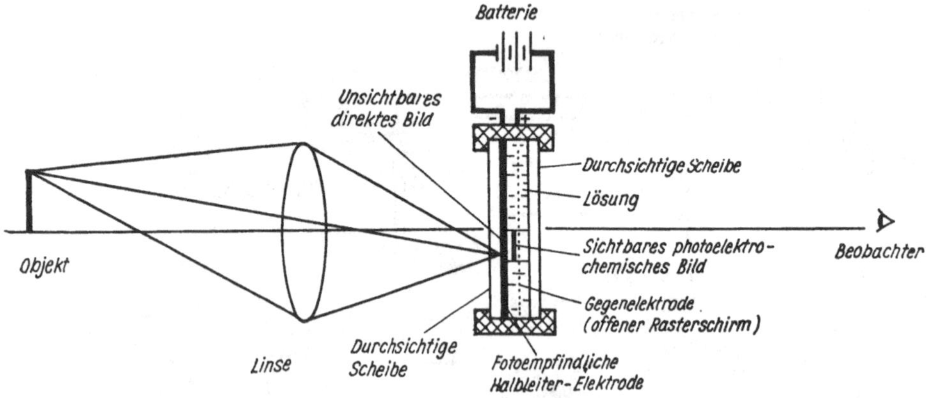

Bild 4. Fotoelektrochemischer Bildwandler

Anionen zurückzuführen. Zur Lichtemission ist eine Spannung von ca. 3 V zwischen den Elektroden erforderlich. Es ist denkbar, die Bildinformation auch mit einem modulierten Laserstrahl einzuschreiben. Die Laserstrahlung muß hier kompatibel zur fotoempfindlichen Schicht sein.
Die üblichen Projektoren mit Lichtstrahladressierung verwenden jedoch ein Primärdisplay unter Nutzung passiver elektrooptischer Effekte. Alle diese Primärdisplays besitzen eine fotoempfindliche Schicht, über die die Bildinformation mit einem (unsichtbaren) Laserstrahl eingeschrieben wird. Für die Projektion ist eine zusätzliche Lichtquelle erforderlich. Für das Primärdisplay können z. B. Ferroelektrika oder auch Flüssigkristalle verwendet werden.
Die *ferroelektrische Keramik* ist eine dünne mit Lanthan dotierte Blei-Zirkonat-Titanat-Schicht. Neben den Deckelelektroden sind Polarisationselektroden erforderlich (Bild 5) [10]. Das Fernseh-Lasersignal muß über einen Spiegel der Keramikplatte zugeführt werden. Die Ausleuchtung erfolgt über Polarisationsfilter. Mit Ferroelektrika wird ein hoher Kontrast erreicht, außerdem besitzen sie Speicherfähigkeit, die Verlustleistung ist gering. Leider ist die Schaltzeit für die Fernsehbild-Darstellung noch zu hoch. Ein Beispiel für eine spezielle Anwendung zeigt Bild 6. Die Information wird mit einer Sonde eingeschrieben und stellt damit das örtliche Transmissionsverhältnis ein (Adressierung von Hand).

4.14.2.3. Prinzipien mit Matrixadressierung

4.14.2.3.1. Elektronenstrahlendisplays

Die Katodolumineszenz wird von einem flachen matrixadressierten Elektronenstrahl-Display genutzt (Digisplay) [11]. Es ist eine Flachschirm-Katodenstrahlen-Röhre, bestehend aus einer großflächigen Katode und 4 lamellenartigen Schaltelektroden, die Gittern vergleichbar sind, und dem Leuchtschirm. Mit einem 4,5 cm dicken Display konnten auf einer aktiven Fläche von 7,6 × 12 cm² 50000 Bildpunkte dargestellt werden. Der erzielte Kontrast beträgt 10:1, die Helligkeit 40 ftla. Nachteilig ist die hohe Betriebsspannung von 15 kV. Die Farbwiedergabe ist nach dem Penetrationsprinzip möglich.

4.14.2.3.2. Gasentladungsdisplays

Die meisten Gasentladungsdisplays für Bildwiedergabe verwenden zusätzlich Leuchtstoffe zur Farbwiedergabe. Der Leuchtstoff wird durch die UV-Strahlung der Gasentladung angeregt.

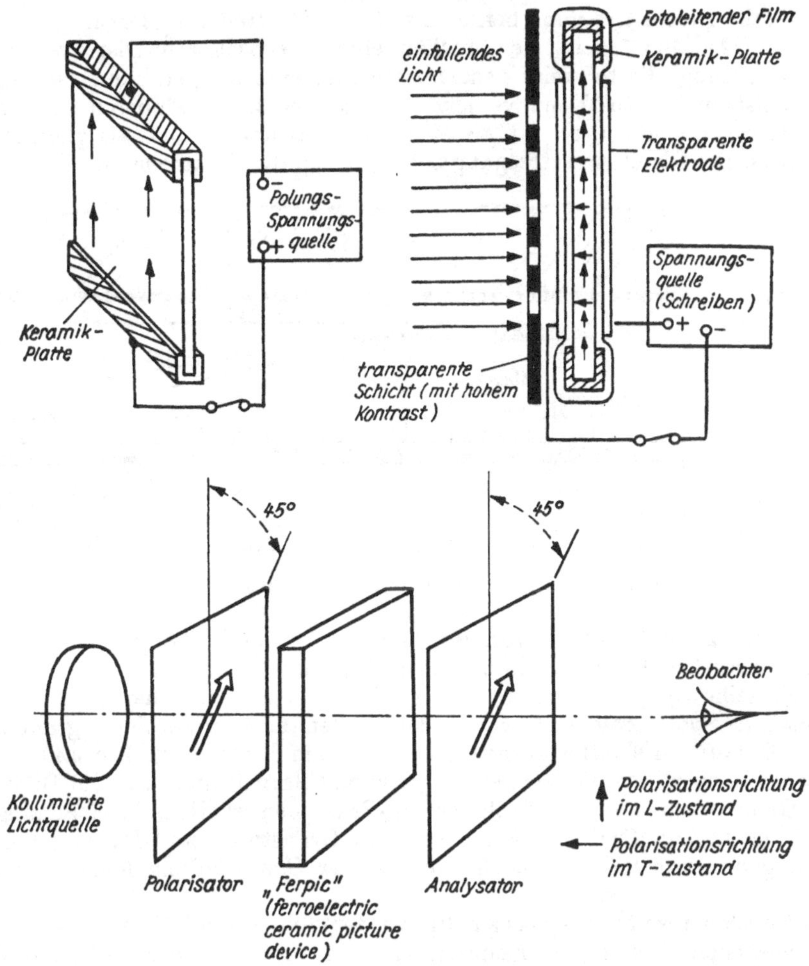

Bild 5. Schema eines ferroelektrischen Bildspeichers

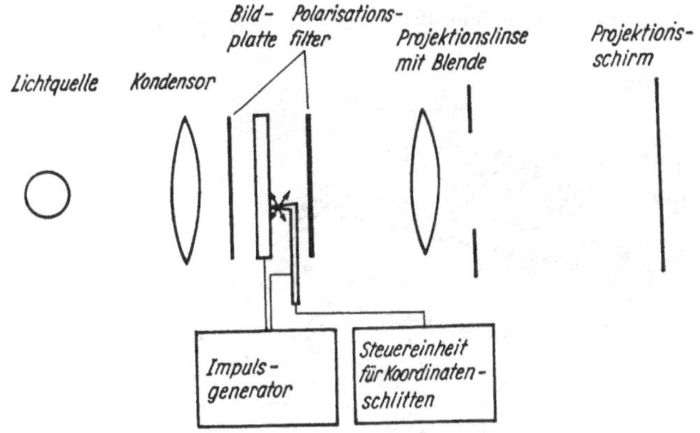

Bild 6. Ferroelektrische Bildplatte für speziellen Einsatz

Bei Wechselstrom-Erregung befinden sich die Elektroden außerhalb des Entladungsraumes [12]. Bild 7 zeigt den Aufbau eines Wechselstrom-Displays; die störende Streustrahlung, die teilweise benachbarte Elemente erregen kann, ist eingezeichnet. Wechselstromerregte Displays sind schwieriger zu modulieren, besitzen jedoch Speichereigenschaften, so daß sie einfacher anzusteuern sind als gleichstromerregte Displays. Bei Gleichstromerregung befinden sich die Elektroden im Entladungsraum.

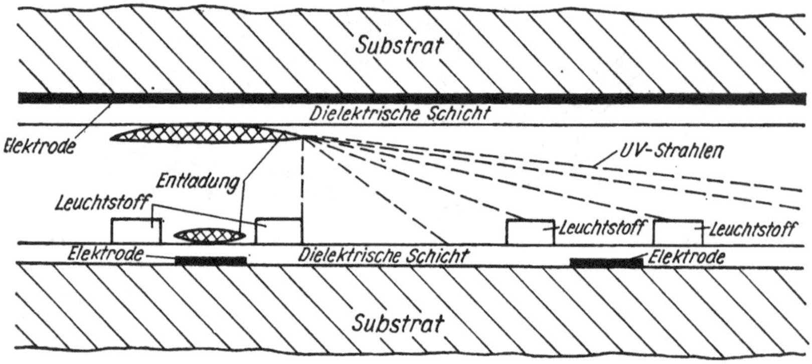

Bild 7. Querschnitt durch ein dreifarbiges Plasma-Panel

Zur Begrenzung der Streustrahlung sind bei dem in Bild 8 gezeigten Display Querstege vorgesehen. Gleichstromerregte Displays sind leichter zu modulieren, sie besitzen jedoch keine Speichereigenschaften, so daß sich der Ansteueraufwand erhöht oder zusätzliche Speicherelemente verwendet werden (z. B. in Verbindung mit polykristallinen Dünnfilm-Feldeffekttransistoren für jeden Bildpunkt). Ein anderer Weg, der untersucht wird, ist die Verwendung des Self-Scan-Prinzip für die Bildwiedergabe. Für Gleichstrom- und für Wechselstrom-Prinzipien ist die hohe Spannung von etwa 170 V nachteilig. Problematisch sind noch Graustufen und Farben; bei der Farbwiedergabe stört teilweise noch das von der Gasentladung herrührende sichtbare Licht.
Es ist noch ein weiter Weg bis zur Bildwiedergabe, obwohl die prinzipielle Eignung in verschiedenen Demonstrationsmodellen nachgewiesen wurde [13] und Schriftfeldanzeige-Bauelemente produziert werden.

4.14.2.3.3. Elektrolumineszenz polykristalliner Schichten

Der Elektrolumineszenz auf der Basis polykristalliner Schichten wird in letzter Zeit wieder größere Aufmerksamkeit geschenkt.

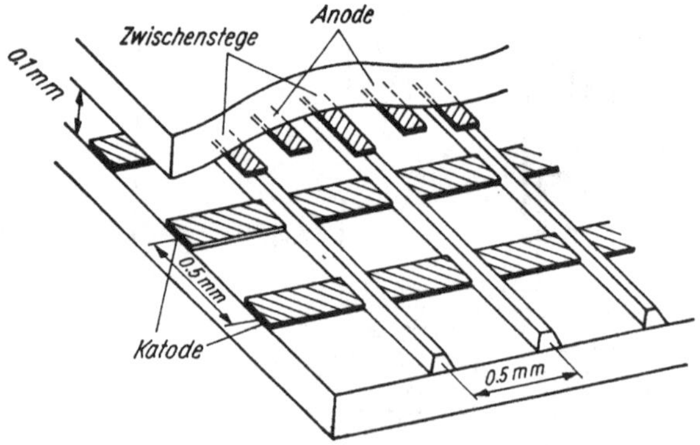

Bild 8. Gleichstromerregtes Gasentladungspanel

Die technologischen Verfahren zur Herstellung von Elektrolumineszenz-Bauelementen bestehen nur aus wenigen Schritten. Die aktive polykristalline Schicht (meist ZnS) wird mit einem organischen Binder aufgesprüht. Eine wesentliche Rolle spielen dabei die geringen Materialkosten von ZnS gegenüber den III/V-Verbindungen.
Beim gleichstromerregten Elektrolumineszenz-Display wird nur eine geringe Spannung benötigt (einige 10 V), doch ist die Lebensdauer zu gering.
Beim wechselstromerregten Elektrolumineszenz-Display ist bei ausreichender Helligkeit die Lebensdauer besser. Störend ist hier die relativ hohe Spannung von über 100 V. Beide Prinzipien besitzen einen einfachen Aufbau (Bild 9 und 10) [14], doch ist die Nichtlinearität oft nicht ausreichend. Für die Ansteuerung sind deshalb zusätzliche Elemente (z. B. Dünnschicht-Feldeffekt-Transistoren) erforderlich. Die Farbstufen reichen für das Fernsehen noch nicht aus.
Durch Verwendung der Aufdampftechnik wurden in letzter Zeit wechselstromerregte Dünnfilm-Elektrolumineszenz-Displays (Bild 11) [15] vorgestellt, die gute Speichereigenschaften besitzen. Aber was das Wesentliche ist, bei einer Helligkeit von über 100 ftla wird eine Lebensdauer von über 20000 h erreicht. Auch hier ist eine Spannung von 250 V erforderlich. Die unter Vakuum aufgedampften Schichten müssen sehr rein sein, so daß für große Displays die Kosten hoch sind. Die Farbstufen sind noch begrenzt.

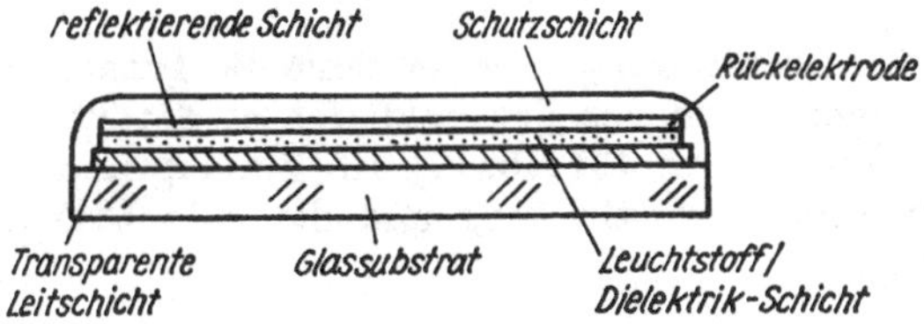

Bild 9. Wechselstrom-Elektrolumineszenz-Pulverzelle

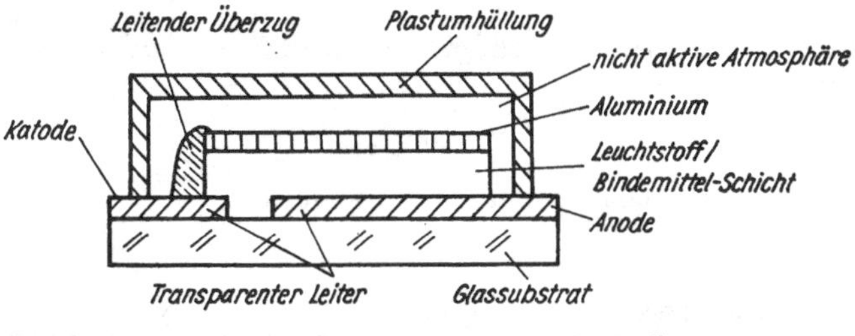

Bild 10. Gleichstrom-Elektrolumineszen-Pulverzelle

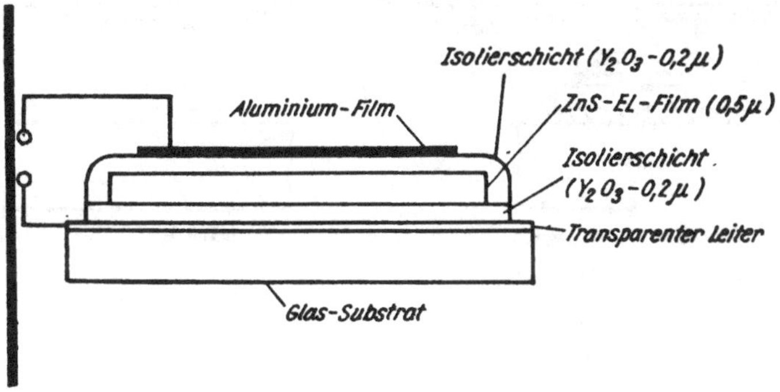

Bild 11. Wechselstrom-Elektrolumineszenz-Dünnfilmzelle

4.14.2.3.4. Lichtemitter-Dioden-(LED)-Displays

LED-Displays haben nur für die Symbolanzeige Bedeutung erlangt. Die Grenzen des Einsatzes der Einkristall-Injektionslumineszenz liegen in der Displaygröße begründet durch den technologischen Prozeß und den hohen Stromverbrauch. Für Blau gibt es z. Zt. noch kein geeignetes Material mit geeigneter Technologie. Die Kosten wären grundsätzlich für eine LED-Bildwiedergabe viel zu hoch.

4.14.2.3.5. Elektrochemilumineszenz-(ECL)-Displays

Organische lumineszierende Farbstoffmoleküle, gelöst in organischen Flüssigkeiten, werden an den Elektroden ionisiert [2]. Die Anregung erfolgt mit Wechselstrom (z. B. 200 Hz, 6 V). Bei gegen Luft und Feuchtigkeit geschützten Zellen soll eine Lebensdauer von 10000 h erreichbar sein. Matrixadressierte ECL-Displays wurden in letzter Zeit für die Schwarz/Weiß-Bildwiedergabe vorgeschlagen. Mit schwarzen Rückelektroden soll der Kontrast auch bei Tageslicht groß sein. Zur Ansteuerung werden Dünnfilm-Feldeffekt-Transistoren vorgeschlagen.

4.14.2.3.6. Flüssigkristall-Displays

Bei Flüssigkristall-Anzeigeelementen werden in erster Linie die dynamische Streuung (DSM = dynamic scattering mode) und von den Feldeffekten der TNP-Effekt (twisted nematic phase) genutzt (Bild 12 und 13) [16, 17]. Im Vordergrund des Interesses stehen dabei die extrem niedrige Verlustleistung und die gute Erkennbarkeit bei hoher Umgebungsbeleuchtung.

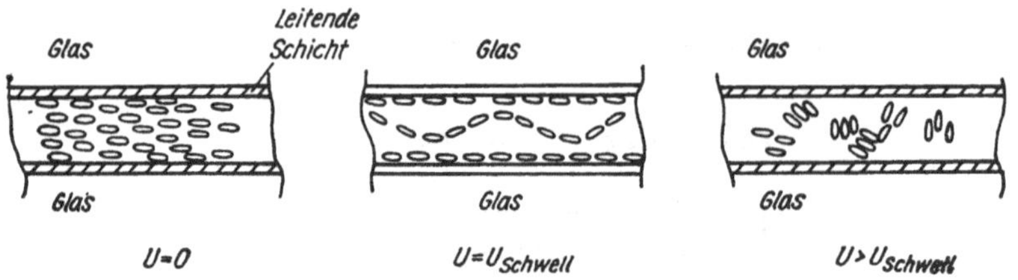

Bild 12. Flüssigkristallzelle, dynamischer Streueffekt

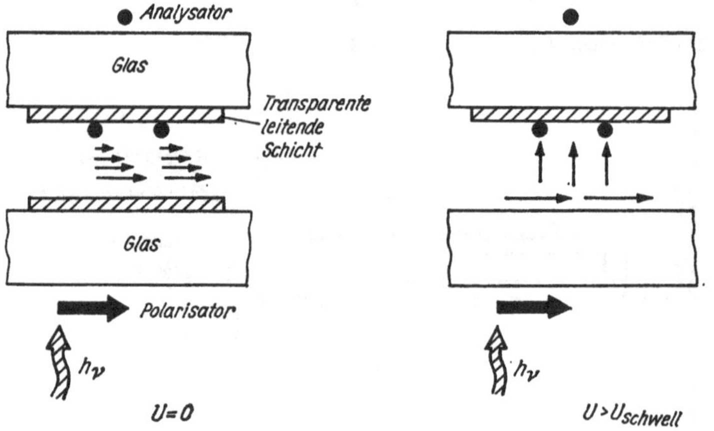

Bild 13. Flüssigkristallzelle, verdrillte nematische Phase

Gegenüber dem TNP-Effekt, der z. Zt. bei einer Schwellspannung von 2,5 V und einer Betriebsspannung von ca. 4,5 V arbeitet, benötigt der DSM-Effekt eine Betriebsspannung $\geqq$ 15 V. Der TNP-Effekt benötigt jedoch Polarisationsfolie.

Bezüglich der Lebensdauer, des Zeitverhaltens, des Temperaturverhaltens sowie der Nichtlinearität sind international erhebliche Fortschritte erzielt worden, so daß Flüssigkristalle mit ihrem extrem niedrigen Stromverbrauch für die Anzeigetechnik genutzt werden.

Matrixadressierte Flüssigkristall-Displays wurden versuchsweise zur Wiedergabe von Bildern mit reduzierter Bildpunktzahl gezeigt. Zur Ansteuerung wurden wegen der fehlenden Nichtlinearität Dünnfilm-Feldeffekt-Transistoren vorgeschlagen.

4.14.2.3.7. Elektrochromatische Displays

Beim elektrochromatischen Effekt spielt die Ladungsverteilung der Elektronen im Molekül die dominierende Rolle. Die optische Absorption der Substanz kann durch Injektion von Ladungsträgern verändert werden. Es ist eine Polarisationsfolie erforderlich (Bild 14) [17]. Zum Schreiben und Löschen der Information wird nur eine geringe Leistung benötigt. Die Speicherung ist ohne Leistungsbedarf möglich. Die Matrixadressierung ist entsprechend schwierig. Nachteilig ist das Zeitverhalten des Effektes. Er hat z. Zt. nur für spezielle Einsatzgebiete Bedeutung. Erprobt werden elektrochromatische Displays zur Ziffernanzeige in Uhren.

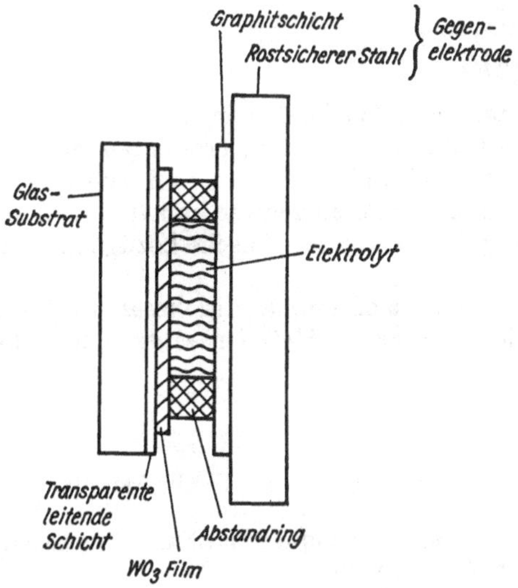

Bild 14. Elektrochromatische Zelle

4.14.2.3.8. Elektrophorese-Displays

In jüngster Zeit wurde die Verwendung der Elektrophorese für die Anzeige vorgeschlagen [17]. Zwischen einem Elektrodenpaar befindet sich eine Suspension aus geladenen Farbstoffteilchen in einer andersfarbigen Flüssigkeit (Bild 15). Von den Elektroden ist eine transparent. Beim Anlegen von Gleichspannung der richtigen Polarität an die Elektroden werden die Teilchen zur transparenten Elektrode gezogen, wodurch sie die Kontaktflüssigkeit verdrängen und ihre eigene Farbe zeigen. Bei Umkehrung der Polarität bewegen sie sich zur anderen Elektrode und werden von der Flüssigkeit verschluckt. Der Kontrast kann durch eine Wechselspannungskomponente verändert werden, er beträgt bei 1 Hz 30:1, bei 200 Hz 3:1.

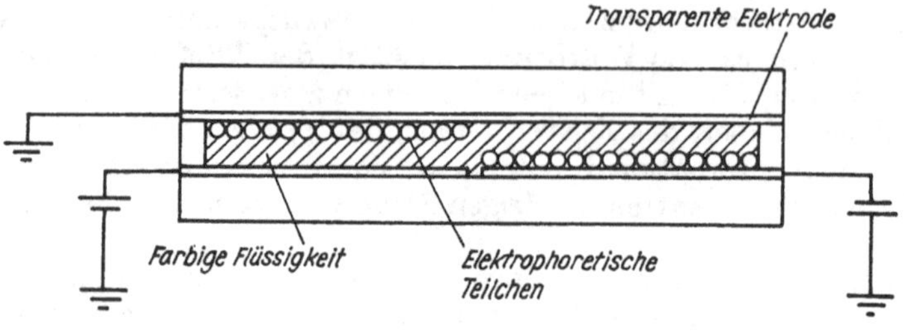

Bild 15. Elektrophoretisches Display

Es wurden 4,6 cm hohe Ziffernanzeige-Bauelemente für Uhren realisiert. Der Kontrast wird mit 40:1, die Spannung mit 70 V und der Leistungsverbrauch für 6-stellige 7-Segment-Anzeigen mit 2 mW angegeben. Die Lebensdauererwartung liegt unter 10000 h. Versuche zur Bildwiedergabe sind noch nicht bekannt geworden.

4.14.3. Schlußbewertung

Abschließend kann gesagt werden, daß einige der matrixadressierten Varianten für die Bildwiedergabe im Prinzip aussichtsreich sind:

— Gasentladungsdisplays
— Elektrolumineszenzdisplays
— Flüssigkristall-Displays.

Doch ist es ein weiter Weg bis zu praktikablen Lösungen. Auch ist die Matrixadressierung mit heutigen Mitteln zu aufwendig. Bei dem erreichten hohen Stand der Qualität der Bildwiedergabe (schwarz-weiß und farbig) durch die herkömmliche Bildröhre werden es alle erwähnten Varianten extrem schwer haben, sich durchzusetzen. Sie müssen ja außer der Befriedigung der Anwenderwünsche bezüglich Qualität in das vorhandene System passen.
Es ist nicht zu erkennen, welches Prinzip sich einmal durchsetzen wird. Ebenso ist der Zeitpunkt der Ablösung der Bildröhre für das Heimfernsehen nicht erkennbar.

Literaturverzeichnis

[1] *Brody, T. P.*: Large Scale Integration for Display Screens. IEEE Transactions on Consumer Electronics **CE-21**, August (1975) 3.

[2] *Fischer, A. G.*: The Application of Thin Films in Future Flat Panel Television. 3. Internat. Conference on Thin Films Budapest 25.—29. 8. 75.

[3] Electronics, N.Y. **40**, 25 (1967) 254.

[4] *Martin, A. F.*: Penetration color tubes are enhancing information displays. Electronics, N.Y. **46**, 2 (1973) 155—160.

[5] *Good, W. E.*: Projektion Television. IEEE Transactions on Consumer Electronics. **CE-21**, August (1975).

[6] *Popov, Yu.*: Application of semiconductor lasers in computer memories. Vortrag auf der „Internat. Herbstschule Halbleiter-Optoelektronik" Cetniewo (VR Polen) Oktober 1975.

[7] *Reckzeh, J.*, u. *Haase, C.*: Neue Bildwiedergabeverfahren, RFT-Information.

[8] Laser-Farbfernsehprojektion auf der Expo' 70. Elektronik-Anzeiger **2**, 5 und 9 (1970) 96—97.

[9] J. Electrochemical Society, N.Y. **119**, 4 (1972) 461—462.

[10] *Meitzler, J. R.* u. a.: Image Storage and Display Devices Using Fine-Grain Ferroelectric Ceramics. The Bell System Technical J. **7/8** (1970) 953.

[11] *Goede, W. P.*: Flat Cathode Ray Tubes, J. Vac. Sci. Technol., N.Y. **10** Sept./Okt. (1973) 5, S. 768—711.

[12] *Hoehn, H. J., Martel, R. A.*: Recent Developments in Three-Color Plasma Display Penels. IEEE Transactions on Electron Devices **ED-20**, 11 (1973) 1078–1081.
[13] *Chodil, G.*: Gas, Discharge Displays for Flat-Panel. IEEE Transactions on Consumer Electronics **CE-21**, 3 (1975) 221–236.
[14] *Vecht, A.*: Electroluminescent Displays. J. Sci. Technol. Vol. **10**, 5 (1973) 789–795.
[15] *Kazan, B.*: Electroluminescent Displays. IEEE Transactions on Consumer Electronics **CE-21**, 3 (1975) 237–245.
[16] *Goodman, L. A.*: Liquid Crystal Displays. J. Vac. Sci. Technol. **10**, 5 (1973) 804–823.
[17] *Goodman, L. A.*: Passive Liquid Displays: Liquid Crystals. Elektrophoretics and Electrochromics. IEEE Transactions Consumer Electronics **C-E21**, 3 (1975) 247–259.

4.15. Allgemeine Prinzipien und Aspekte von flachen Gasentladungsanzeigesystemen

Von *E. Häußler*

Bereich Forschung und Entwicklung im VEB Werk für Fernsehelektronik

4.15.1. Einleitung

Am Beginn der Entwicklung moderner Gasentladungs-Anzeigesysteme stand (um 1918) die Glimmlampe als erstes technisch genutztes Anzeigebauelement auf Gasentladungsbasis. Über die Polsuchröhre, als eine der vielen Spezialausführungen, wie sie zur Scheitelspannungsmessung, Helligkeitsmodulation usw. in den Folgejahren gebaut wurden, führte der Weg (etwa 1955) zu den Ziffern- und Zeichenanzeigeröhren, wie in Bild 1 angedeutet.

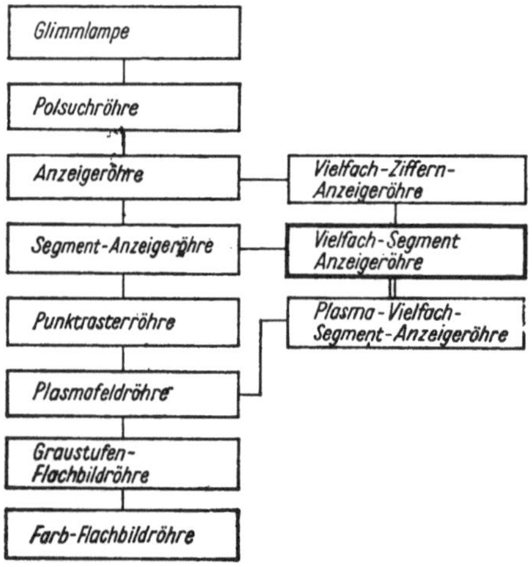

Bild 1. Die historische Entwicklung der Anzeigeröhren

4.15.2. Ziffern- und Zeichenanzeigeröhren auf Glimmlampenbasis

Diese auch unter dem Handelsnamen Nixie bekanntgewordenen Röhren sind im Prinzip immer noch als Vielfach-Glimmlampen anzusehen, wenn auch mit ganz spezifischen optischen und elektrischen Eigenschaften. Der massenhafte Einsatz der Ziffernanzeigeröhren in elektronischen Tischrechnern, mit bis zu 16 Stück pro Anzeigeeinheit in Zeitmultiplexbetrieb, ließ die Vielfach-Ziffernanzeigeröhren mit 14 in einem Röhrenkolben zusammengefaßten Einzelsystemen entstehen [1]. Fast parallel dazu wurden, aus dem Bedürfnis, außer Ziffern auch andere Zeichen, vor allem Buchstaben, mit der gleichen Röhre anzeigen zu können, die Segment-Anzeigeröhren entwickelt. Sieben bis 15 Katodensegmente in einer Ebene angeordnet, erlauben das durch entsprechende äußere Zusammenschaltung.

4.15.3. Segmentanzeigeröhren und Gasentladungsanzeigetableaus (GAT), Typen- und Technologievarianten

Der Zwang zur Verringerung des Einbauvolumens der Anzeigesysteme, hervorgerufen durch eine inzwischen herangereifte hohe Integration der gesamten übrigen Schaltung und der damit einhergehenden Verkleinerung der Geräte, führte, wie in Bild 2 erkenntlich, zum Bruch mit der bis dahin üblichen Stapelbauweise bei der Montage der Röhren. Durch Einführung moderner Technologien entstand (gegen 1970) im Bemühen, auch die Segment-Anzeigeröhre in Vielfachbauweise herauszubringen, eine neue Generation von Röhren, die Gasentladungs-Anzeigetableaus (GAT).

Bild 2. Moderner Tischrechner mit ZM1500 (Valvo)

Das GAT ist ein im allgemeinen rechteckiges, vielfach aus unterschiedlichem Material zusammengesetztes Vakuumgefäß geringer Tiefe und in diesem erweiterten Sinne eine Röhre, die Edelgase unter vermindertem Druck, oft mit einem Zusatz von Quecksilberdampf, enthält und zwischen deren Elektroden eine Gasentladung aufrechterhalten werden kann.
Das GAT dient im einfachsten Fall zur Anzeige der Ziffern 0 ... 9 und einiger mathematischer Symbole durch wahlweise Zusammenschaltung von meist nur sieben segmentartigen Katoden, die in Form einer „8“ in einer Anzeigeebene angeordnet sind und sich im Betrieb mit einer hellorangerot glimmenden Schicht überziehen.
Diese ebene Katodenanordnung wiederholt sich bei gewünschter Vielstelligkeit entsprechend mehrfach nebeneinander auf dem gleichen Tableau und kann zur Unterstützung der Ansteuerschaltung bereits innerhalb der Röhre, die Anzahl der Vakuumdurchführungen reduzierend, in geeigneter Weise elektrisch miteinander verbunden sein. Jeder Stelle ist dann eine einzeln anschließbare Anode zugeordnet.

Die anfänglich bekanntgewordenen Systeme ließen noch deutlich den Entwicklungsprozeß auf dem Wege zur Systemverkleinerung erkennen. So ordnete Philips in einem inzwischen weiterentwickelten GAT-Vorläufer die Elektroden noch auf bzw. zwischen Glimmer an. Die Zuführungen verlassen das Röhrensystem, wie aus Bild 3 erkenntlich, auf kürzestem Wege und dienen teilweise gleichzeitig als Vakuumdurchführungen. Die Möglichkeit zu dieser Anordnung wird durch eine Einbettung in zwei flache Halbschalen aus Glas erreicht, deren ebene Ränder noch nach der Quetschtechnologie miteinander verschmolzen sind.

Bild 3. Das Planar-Pandicon ZM1400 (Philips)

Bei insgesamt max. 35 mm Höhe der Röhre hat das Sichtfenster eine ebene Breite von 19 mm. Mit max. 10,2 mm Tiefe ist dieses Bauelement bereits bemerkenswert flach. Die Röhrenlänge richtet sich nach der zwischen 5 und 17 wählbaren Stellenzahl [2, 3, 4]. Der Pumpstengel ist in Richtung der längsten Röhrenachse angebracht und ebenfalls eingequetscht. Die Anschlüsse können außerhalb der Röhre, nach hinten abgebogen, in eine Leiterplatte eingelötet werden.
Einen besseren Einblick in den Aufbau solcher Systeme vermittelt das ähnliche Montageprinzip von *Matsushita*. Nach Art eines Sandwiches sind die Elektroden unter Zwischenlage von Keramikplatten so ineinander- und übereinandergeschachtelt, daß Anoden und Katoden in nahezu gleicher Ebene über einer tragenden Glasplatte zu liegen kommen (vgl. Bild 4). Aussparungen in den Isolierteilen dienen als Blenden

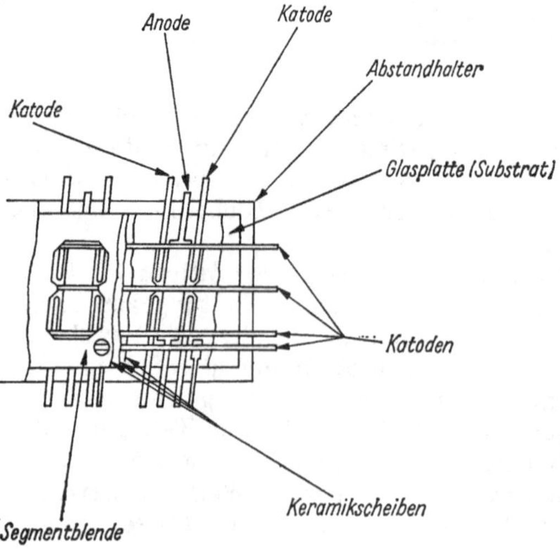

Bild 4. Das Flandipak (*Matsushita*)

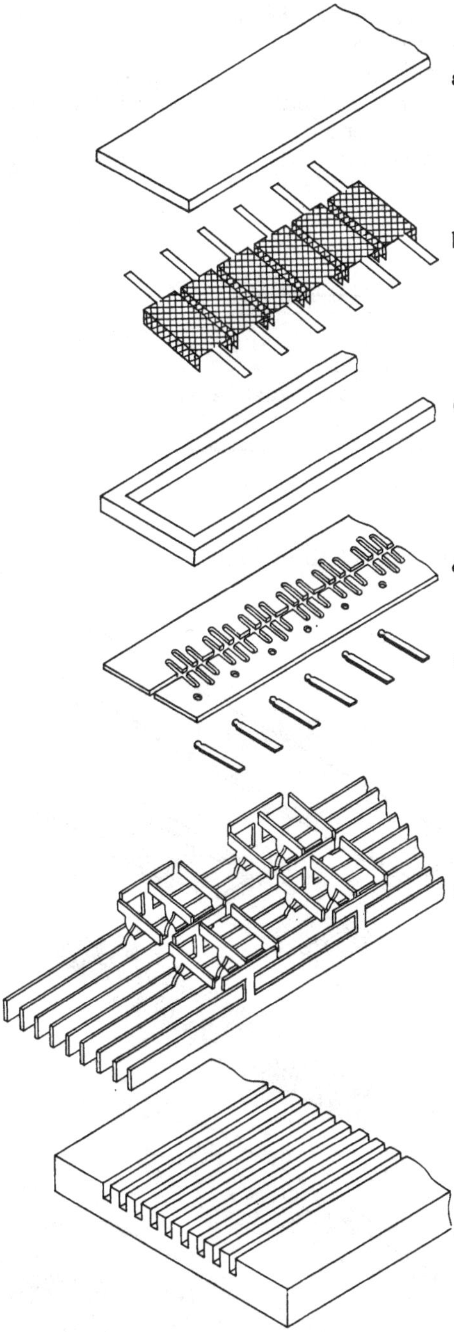

Bild 5. Panaplex I (Burroughs)
a) Frontglasscheibe
b) Anodenschirme
c) Abstandsrahmen
d) Glimmisolator
e) Dezimalkatoden
f) Katodensegmente
g) Deckglas

zur Formung der „8"-Konfiguration. Die Elektroden werden als einfache Stanzteile vorgefertigt [7].

Eine ältere aus Bild 5 erkennbare Konstruktion der amerikanischen Firma Burroughs verwendet einen Sinterglasgrundkörper mit Riefen, in die Metallstreifen mit Fortsätzen einzementiert sind. Die Fortsätze sind, soweit zur Bildung der Segmentkonfiguration erforderlich, verdrillt und gegen Mitglimmen der Zuleitungen mit Isoliermaterial hinterlegt. Über einen Abstandsrahmen distanziert liegen Maschendrahtanoden auf, die kastenförmig jede Stelle einzeln umschließen. Der gesamte in Bild 6 angedeutete Aufbau wird mit einer Glasplatte verschlossen, die am Rand mit dem Grundkörper glasverlötet ist [8]. Die Verlötung des Abstandshalters mit Substrat und Deckglasscheibe kann nach vorheriger Metallisierung herkömmlich mit den bekannten Metallarten oder mit Glasloten bzw. Vitrokeramzementen erfolgen. Letztere

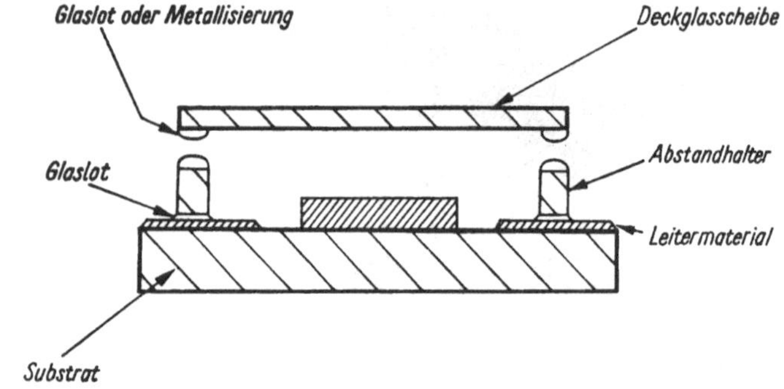

Bild 6. Versuchsprozeß bei der GAT-Herstellung

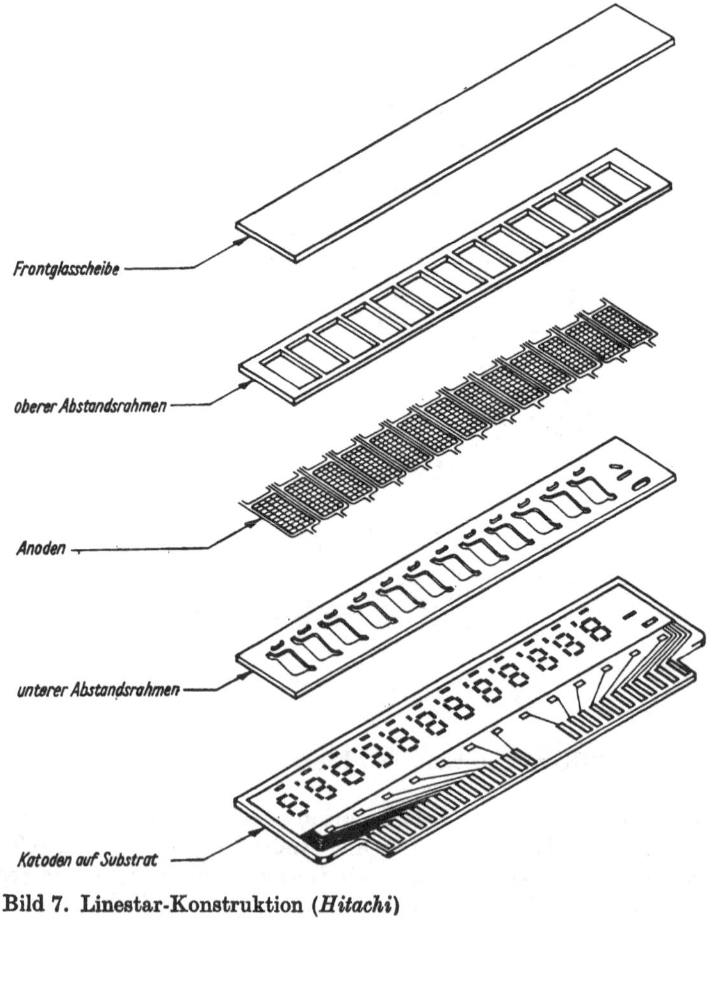

Bild 7. Linestar-Konstruktion (*Hitachi*)

bieten den Vorteil der Isolierfähigkeit, was für die Stellen zwischen den Vakuumdurchführungen unumgänglich ist. Die Aufbringung des Glaslotes kann schnell und genau mit dem Siebdruckverfahren bewerkstelligt werden [9].
Einen sehr konsequenten Einsatz der Siebdrucktechnik zeigt der in Bild 7 dargestellte Röhrenaufbau von *Hitachi*. Anschlußkontakte, Zuführungen und Elektroden sind samt Isolationen auf das Substrat aufgedruckt. Darüber folgen nur Elemente zur Stellentrennung und zur Halterung von Anoden und Deckglas [10].
Das vergrößerte Druckbild einer Stelle zeigt (vgl. Bild 8), daß sich Leiterkreuzungen, insbesondere bei mehrstelligem Aufbau, nicht vermeiden lassen. Außerdem muß die Leiterstruktur bis auf die Teile, die als Elektroden fungieren sollen, mit isolierendem

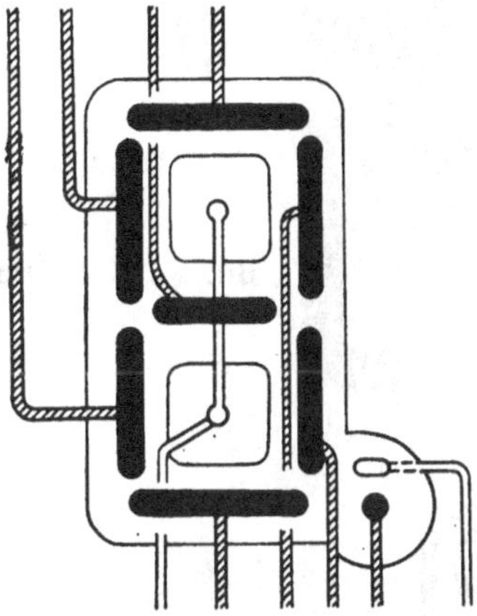

Bild 8. Siebdruckbild einer Stelle im GAT

Material zur Vermeidung vom Mitglimmerscheinungen abgedeckt werden. Zu diesem Zweck werden mit dunklem, meist dunkelgrünem Keramikstaub eingefärbte Fritten verwendet, um den Kontrast zur orangeroten Entladung auf den Elektroden zu erhöhen.
Am Beispiel einer fünfstelligen Ausführung sei mit Hilfe der Bilder 9 bis 12 die Reihenfolge der Druckfolge gezeigt. Mit dem ersten Druck (Bild 9) wird die Kontaktleiste und der erste Teil der Zuführungen mit Leiterpaste auf das Substrat aufgebracht. Nach einer Zwischentrocknung bei ca. 130 °C folgt der erste Isolationsdruck. Er bedeckt das Substrat völlig bis auf den Bereich der Kontaktleiste und eine Reihe

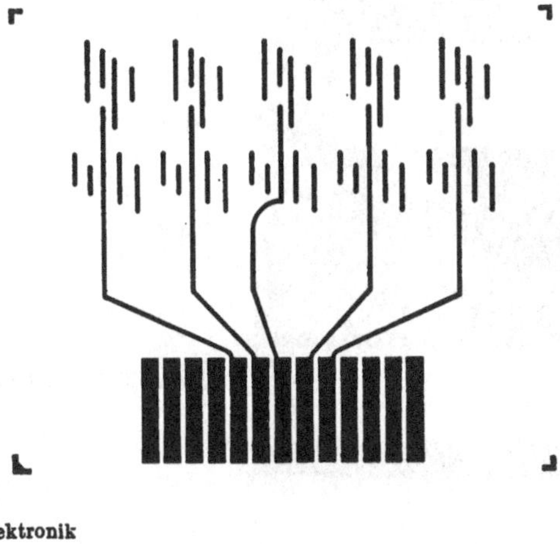

Bild 9. GAT-Drucksieb 1

lochförmiger Aussparungen (vgl. Bild 10) für die Durchkontaktierung zum zweiten in Bild 11 wiedergegebenen Leiterdruck, der die Elektroden und den Rest der Zuführungen aufbringt. Die Kontaktleiste wird zur Materialverstärkung ein zweites Mal mitgedruckt. Ein zweiter Isolationsdruck, siehe Bild 12, deckt alles bis auf die Elektroden und die Kontaktleiste ab.

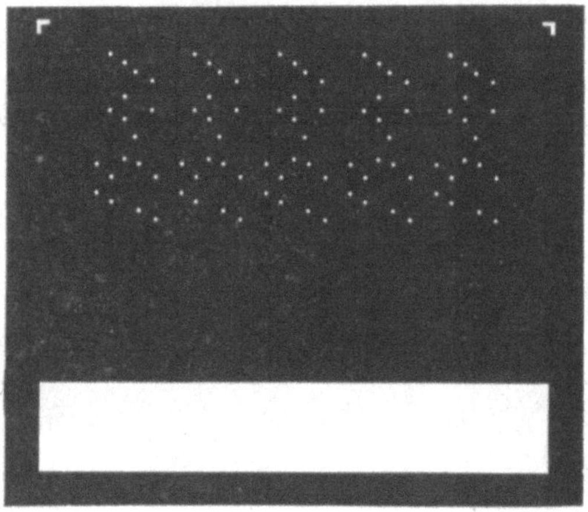

Bild 10. GAT-Drucksieb 2

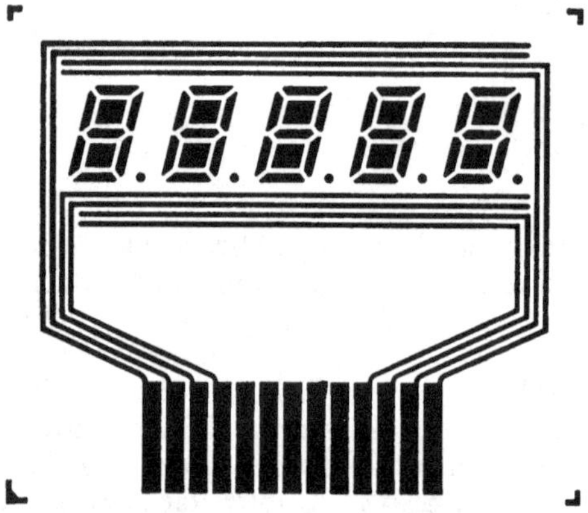

Bild 11. GAT-Drucksieb 3

Bild 12. GAT-Drucksieb 4

Alle vier Schichten werden, nur unter jeweiliger Zwischentrocknung bei relativ niedriger Temperatur, übereinandergedruckt und anschließend gleichzeitig bei ca. 900 °C eingebrannt. Dafür ist ein aufeinander abgestimmtes Sortiment von Druckpasten erforderlich, wenn vermieden werden soll, daß durch den Einbrennvorgang oder örtliche Beanspruchung der Schichten, z. B. dort, wo die Stromanschlüsse unter dem vakuumdicht aufgelöteten Abstandhalter durchführen, durch Aufreißen die Zuleitungen hochohmig bzw. die Isolationen undicht werden und Kurzschlüsse oder Mitglimmerscheinungen verursachen.
Die Elektroden können galvanisch verstärkt werden, so daß nicht die im allgemeinen dünne gedruckte Leiterschicht, sondern eine massivere Schicht aus Nickel oder ähn-

Bild 13. R1813 mit Fassung (Siemens)

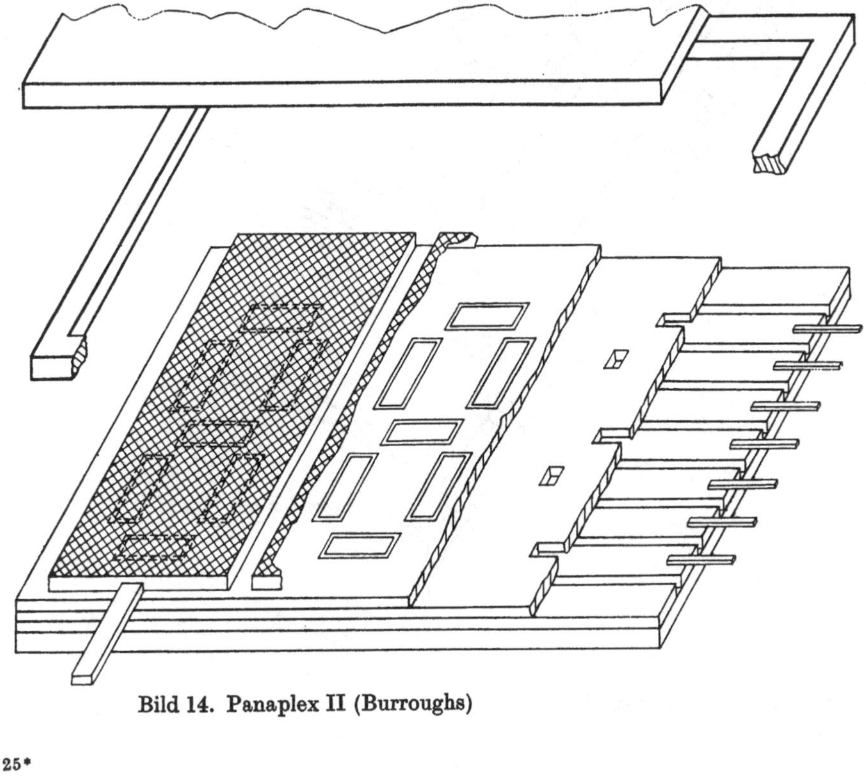

Bild 14. Panaplex II (Burroughs)

lichem Material dem Ionenbombardement der Glimmentladung ausgesetzt ist. Dabei müssen aber die oft mangelhaften hydrolytischen Eigenschaften der Siebdruckpasten berücksichtigt werden. Eine Abdeckung der nicht zur Verstärkung vorgesehenen Schichtbereiche durch entsprechende Schutzlacke ist aufwendig.

Auf die so vorbehandelte Grundplatte (Bild 7) des Linestar-Aufbaus folgt ein Abstandhalter, der gleichzeitig die Stellentrennung vornimmt. Auf diesen liegen sehr einfach gehaltene maschenartige Anoden auf, die von einem weiteren Abstandsrahmen mit Rahmenstruktur festgehalten werden. Die darüber befindliche Frontglasscheibe ist wiederum vakuumdicht mit dem Substrat verbunden. Das fertige Bauelement in der Fassung steckend zeigt Bild 13 (die gezeigte Röhre stimmt mit der betreffenden Röhre H 1813 aus der GAT-Typenreihe von *Hitachi* überein). Mit den äußeren Abmessungen 124 mm × 47 mm × 5,5 mm ist dieses Vakuumgefäß bereits angepaßt äußerst klein [11].

Ähnlich in der Herstellung ist das von *Burroughs* verbesserte System Panaplex II. Während die siebdrucktechnische Behandlung der Grundplatte gleichartig verläuft, wird die Stellentrennung noch durch aufliegende geringfügig kastenförmige Maschendrahtanoden bewerkstelligt (das einer Patentschrift entnommene Bild 14 gibt die Abmessungen in der Tiefe verzerrt wieder). Mit einem einfachen Abstandsrahmen und der Frontglasscheibe wird die Röhre vervollständigt [12, 13].

Die japanische Firma Sony zeigt eine weitere Vereinfachung der Herstellung. Während der Planitron-Fertigung werden die Anoden gleichzeitig mit den Katoden (s. auch

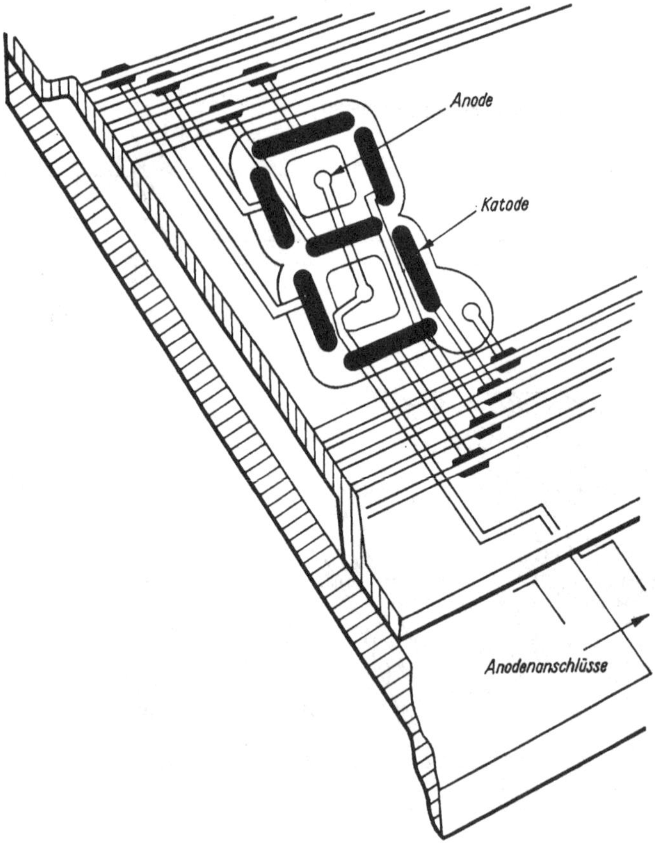

Bild 15. Das Planitron (Sony)

Bild 11) mitten in die Öffnungen der „8“-Konfiguration gedruckt, wie es in Bild 15 zu sehen ist. Mit einem aufgelöteten, gewölbten Deckglas ist die Röhre bereits komplettiert [14].
Eine elektrisch so offene Nachbarschaft der Stellen hat im allgemeinen höhere Anforderungen an die Ansteuerschaltung zur Folge. Zur Abhilfe kann beispielsweise die Ansteuerreihenfolge der Stellen so gewählt werden, daß diese im GAT durch mehrere nicht angesteuerte getrennt sind. Die Ursache zu solchen Maßnahmen ist die Beeinflussung der Nachbarstellen durch die Vorionisation der gerade betriebenen. Ladungsträger, insbesondere die Elektronen, diffundieren aus dem eigentlichen Entladungsgebiet in die Umgebung und erleichtern an nicht beabsichtigten Stellen unkontrolliert den Zündeinsatz. Abhilfe schafft die in Bild 16 hervorgehobene Elektrode

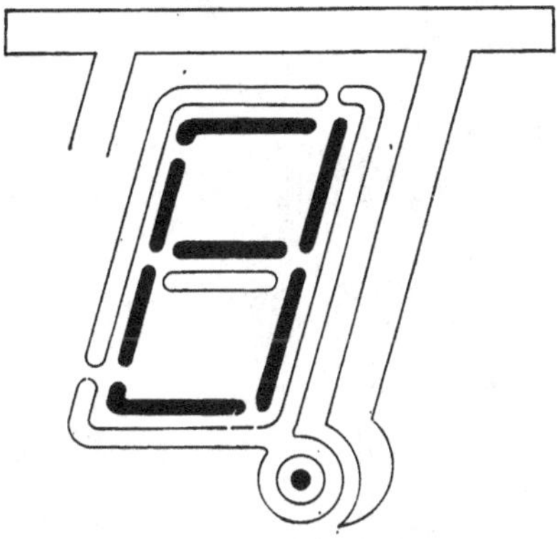

Bild 16. Siebdruckbild für GAT mit Abschirmung

mit positivem Potential zwischen diesen Stellen, die alle an der Entladung nicht mehr beteiligten Elektronen absaugt. Die Wirkung der Abschirmung läßt sich konstruktiv durch eine rahmenförmige Anordnung der Anode außen um die Segmentkatoden noch verbessern. GAT-Systeme dieser Art sind auch äußerlich gut erkennbar. Wie die Ausführung der amerikanischen Firma National Electronics (Bild 17) zeigt, wurde in einen fünften Druck mit Leitermaterial eine Abschirmelektrode aufgebracht [15].
Eine technologisch interessante Variante, angedeutet in Bild 18, bietet die japanische Firma Sanyo. Für die Katoden wird Leitermaterial in Vertiefungen des Substrates eingestrichen. Die Vertiefungen können durch Schleifen oder bereits bei der Substratherstellung mit einem Keramikspritzverfahren sehr genau hergestellt werden. Nach dem Einbrennen wird das Substrat überschliffen. Anschließend werden die Anoden, deren Konfiguration nicht sehr genau sein muß, mit Hilfe einfacher Schablonen auf-

Bild 17. NDP 1255-8 (National Electronics)

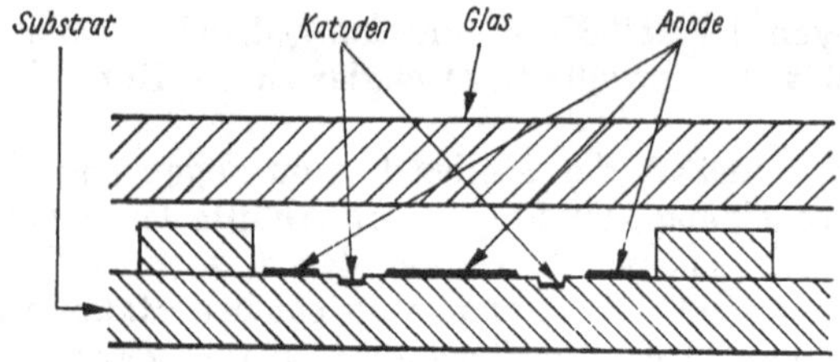

Bild 18. Multi-Eightron (Sanyo)

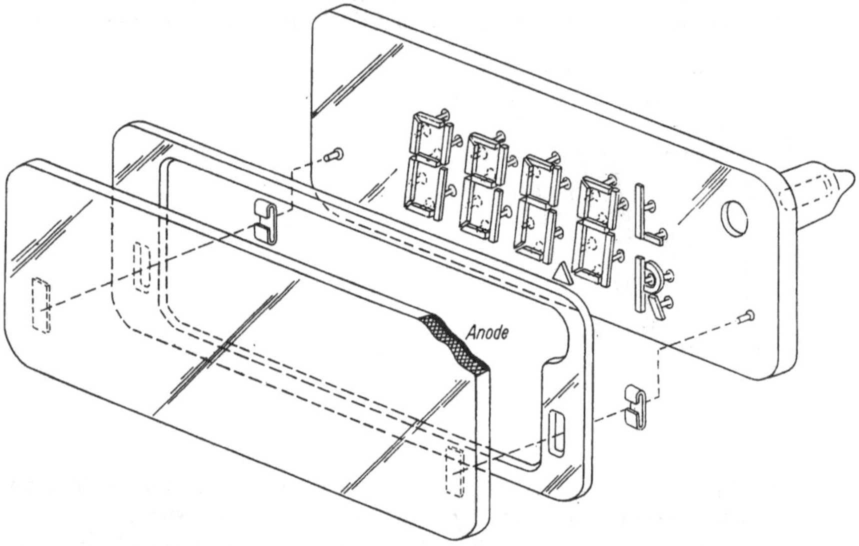

Bild 19. Sperry-Display

gesprüht. Dieser Aufbau dürfte der höchstmechanisierbare und daher billigste in der Massenfertigung sein.

Völlig verschieden von allen bisher vorgestellten Systemaufbauten ist die in Bild 19 im Sprengbild wiedergegebene Konstruktion der amerikanischen Sperry Rand Corporation. In einem Sinterglasgrundkörper sind Chromeisen-Durchführungen eingeschmolzen, auf deren röhreninnenseitig kurzen Enden kleine balkenförmige Blechstreifen aus gleichem Material stumpf aufgeschweißt sind. Unter Zwischenlage eines Abstandhalters ist ein Deckglas aufgelötet, das auf der Innenseite eine transparente

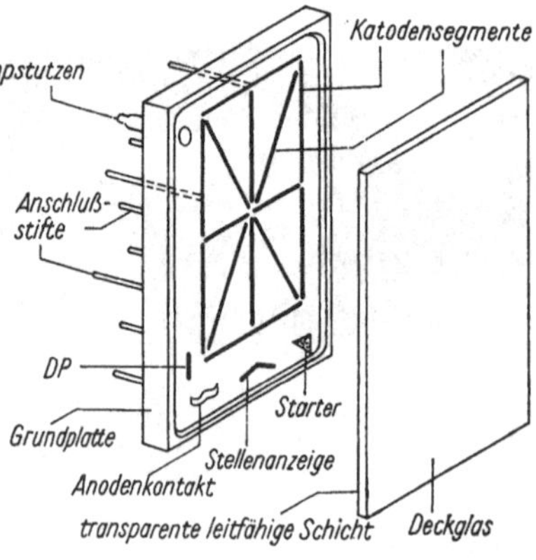

Bild 20. Varisymbol (Telefunken)

Anode aus Zinndioxid trägt, die über eine Feder Kontakt zu einer Durchführung hat [16]. Da alle Katodensegmente einzeln anschließbar sind, hat dieses Aufbauprinzip keinerlei Beschränkungen in der Art der Ansteuerung. Als weiterer Vorteil ist die Steckbarkeit nach hinten zu werten. Die Möglichkeit, die Röhre entgegen der Ableserichtung aus der Fassung ziehen zu können, verringert das Einbauvolumen des GAT noch um den Bereich der Zuführungen einschließlich Kontaktleiste der gedruckten Ausführungen. Deutlicher wird das an der in Bild 20 wiedergegebenen Ausführung der nach gleichem Prinzip aufbauenden Firma Telefunken [17, 18]. Der Abstandhalter ist als hochgezogener Rand fest mit dem Grundkörper verbunden. Beispielsweise hat die ZM 1350 bei einer Zeichenhöhe (ohne Stellenanzeige) von 40 mm eine Fläche von 58 mm × 43,5 mm und 7 mm Tiefe, Ableseentfernung 10 ... 12 m. Damit dürfte das angepaßt kleinste Vakuumgefäß eines GAT erreicht sein: Eine Fläche, die nur noch die durch den Betrachtungsabstand diktierte Zeichengröße hat, und eine Tiefe, die im wesentlichen von der mechanischen Stabilität der Gefäßmaterialien abhängt (der innere Abstand von Grundkörper zu Deckglas liegt bei etwa 1 mm).

4.15.4. Punktrasterröhren für Dc-Betrieb, Plasmaanzeigefeld-Röhren (PAF), Funktion und technologische Verwirklichungen

Die Anstrengungen in der konstruktiven Weiterentwicklung der Anzeigesysteme wendeten sich nunmehr der Anzeigequalität zu. Trotz der gegenüber den Ziffern- und Zeichenanzeigeröhren verbesserten Wiedergabemöglichkeiten der Segmentkonfiguration wirken alle Zeichen, die im schreibgewohnten Bild Rundungen aufweisen, unnatürlich eckig entstellt. Die folgerichtige Anpassung an den Charakter aller nur möglichen Zeichen ist die in Bild 21 dargestellte Punktraster-Röhre [19, 20]. Sie enthält 35 Leuchtpunkte, die in 7 Zeilen zu 5 Spalten geordnet sind. Jede der zugehörigen 35 Katoden ist von außen einzeln anschließbar, so daß durch wahlweise Zusammenschaltung ein wesentlich besseres Anzeigebild entsteht.
Der in Bild 22 im Sprengbild dargestellte Aufbau zeigt eine Grundplatte auf die getrennt voneinander punktförmige Katoden mit Zuführungen aufgelegt sind. Diese werden durch einen breiten Rahmen am Rand arretiert. In den Rahmen wird eine im Raster gelochte Scheibe eingelegt, die die einzelnen Leuchtpunkte voneinander trennt und eine gegenseitige Beeinflussung unterdrückt. Die für alle Punkte gemeinsame Anode zeigt im Raster Durchbrüche, damit der Entladungszustand auch abgelesen werden kann. Diese Zusammenstellung wird von einem Gefäßrahmen umschlossen, den eine Frontscheibe abdeckt [21].
Andere Aufbauten verwenden einen Sinterglaskörper mit im Raster eingesinterten Durchführungen, deren stiftartige Verlängerungen innerhalb der Röhre gleichzeitig als Katoden wirken. Die Schwierigkeiten äußern sich in einer unteren Grenze der Stiftabstände, da neben der, durch die Dicke des Sinterglaskörpers erzielbaren, Dichtungslänge ein Glasfutter zwischen den Stiften, abhängig von deren Durchmesser, beibehalten werden muß. Durch diese gefäßbedingten Mindestabstände bleibt das Raster relativ grob.
Die Punktraster-Röhre wurde auch in Vielfachbauweise hergestellt, setzte sich aber in dieser Form wegen der mit Einzelröhren auf Leiterplatten erreichbaren hohen Packungsdichte, bei gleichzeitiger Einzelansteuermöglichkeit der Katoden, nicht durch.
In der Weiterverfolgung des für die Verbesserung der Darstellung eingeschlagenen Weges wurde sehr schnell die durch Materialeigenschaften und Technologien gesetzte untere Grenze erreicht, bei der Punktraster mit für jeden Leuchtpunkt einzeln anschließbaren Katoden oder Anoden nicht mehr realisierbar sind. Die Verfeinerung

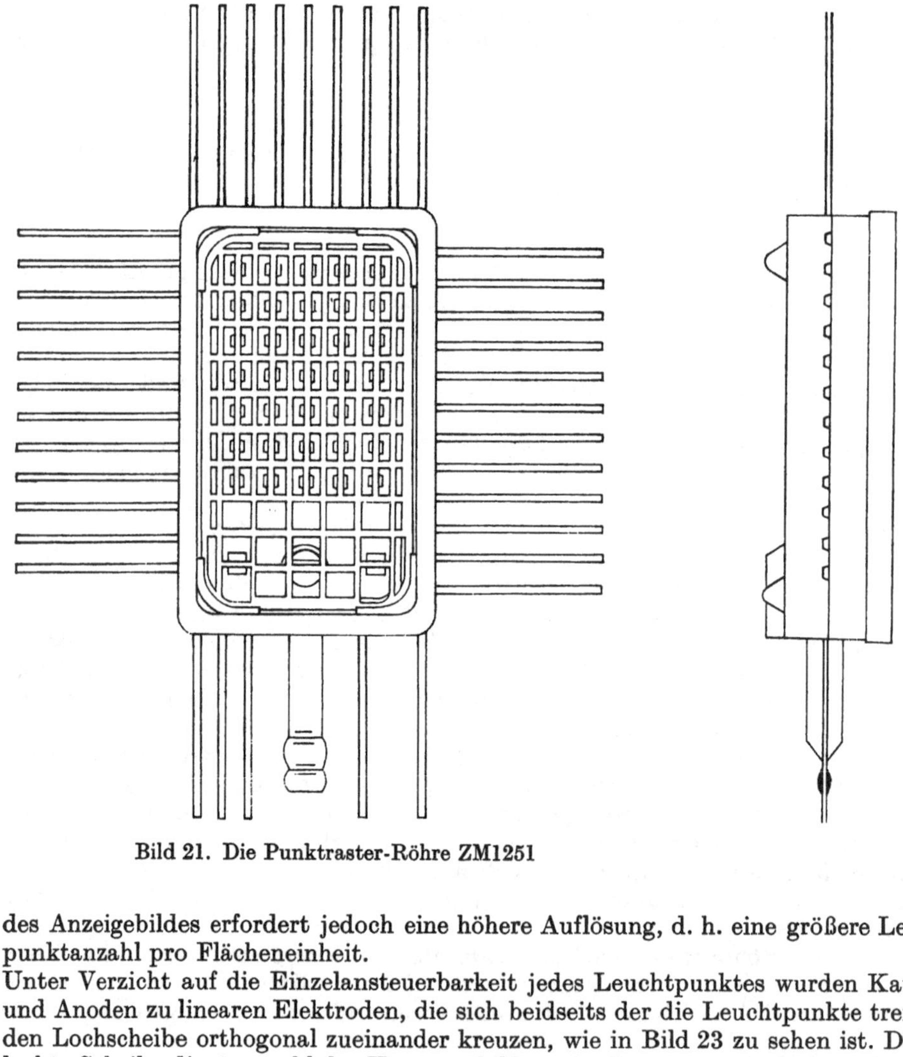

Bild 21. Die Punktraster-Röhre ZM1251

des Anzeigebildes erfordert jedoch eine höhere Auflösung, d. h. eine größere Leuchtpunktanzahl pro Flächeneinheit.
Unter Verzicht auf die Einzelansteuerbarkeit jedes Leuchtpunktes wurden Katoden und Anoden zu linearen Elektroden, die sich beidseits der die Leuchtpunkte trennenden Lochscheibe orthogonal zueinander kreuzen, wie in Bild 23 zu sehen ist. Die gelochte Scheibe dient sowohl der Kavernenbildung im Raster zur Aufnahme des Füllgases als auch zur Verankerung der Elektroden und zur Abstandhaltung. Sie ist aus dem leicht bearbeitbaren Aluminium hergestellt, das anschließend zur Schaffung einer isolierenden Schicht oxydiert wurde. Zwei zu beiden Seiten anliegende Glas-

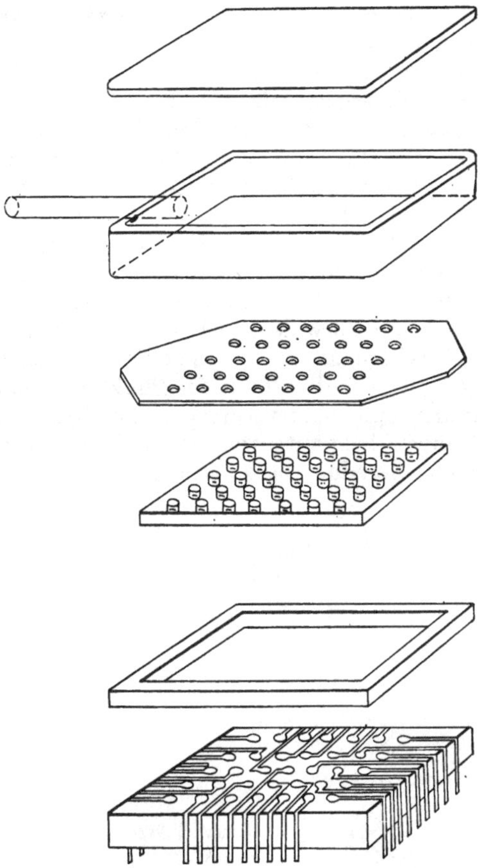

Bild 22. Aufbau einer Punktraster-Röhre

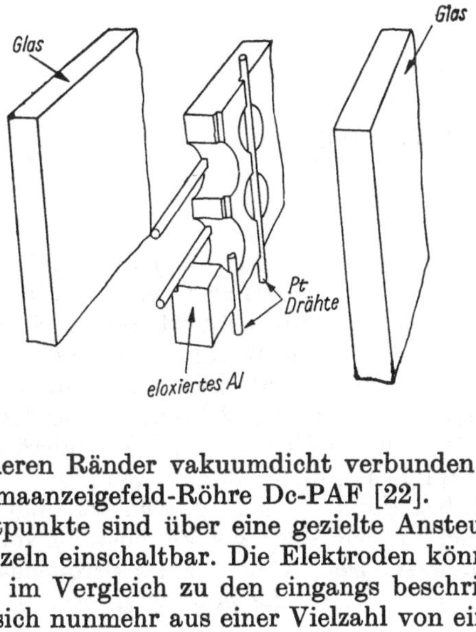

Bild 23. Das Dc-PAF (Philips)

scheiben, deren Ränder vakuumdicht verbunden sind, vervollständigen die Gleichstrom-Plasmaanzeigefeld-Röhre Dc-PAF [22].
Die Leuchtpunkte sind über eine gezielte Ansteuerung der zugehörigen Zeilen und Spalten einzeln einschaltbar. Die Elektroden können sehr dünn gehalten werden, da die Ströme im Vergleich zu den eingangs beschriebenen Systemen gering sind. Das Bild setzt sich nunmehr aus einer Vielzahl von einzelnen Leuchtpunkten zusammen,

die, abhängig von der beherrschten Technologie, wesentlich enger benachbart sein sein können als bei der Punktraster-Röhre.
Die Anzeigefläche läßt sich nicht ohne weiteres beliebig groß machen. Die Grenzen sind augenblicklich nicht nur durch Materialstabilität und Fertigungsreife, sondern auch durch die Ansteuerschaltungen gesetzt. Zu jeder Zeile bzw. Spalte gehört ein Schalter, meist ein Schalttransistor. Die Steuerung der Schalttransistoren erfolgt im allgemeinen durch eine Logikschaltung mit zwischengesetztem Speicher. Mit wachsenden Zeilen- bzw. Spaltenzahlen steigt der Ansteueraufwand trotz hoher Integration enorm an. Eine wesentliche Beschränkung wird durch die Gleichstromentladung selbst verursacht. Da sich die einzelnen Entladungsstrecken ohne getrennte Vorwiderstände nicht parallel schalten lassen (für eine stabile Entladung sollte sogar etwa die Hälfte der Brennspannung zusätzlich am Vorwiderstand entstehen) muß schaltungsmäßig, z. B. durch Auslegung des Schalters als gleichzeitiger elektronischer Vorwiderstand, beim Einschreiben und Löschen des Bildes Punkt für Punkt mit hoher Pulsfolgefrequenz oder ähnliche Maßnahmen ein höherer Aufwand getrieben werden. Dafür sind eine größere Anzahl Schaltungen bekanntgeworden, die alle diesen Nachteil unter möglichst weitgehender Schaltteilereduzierung auszugleichen suchen.

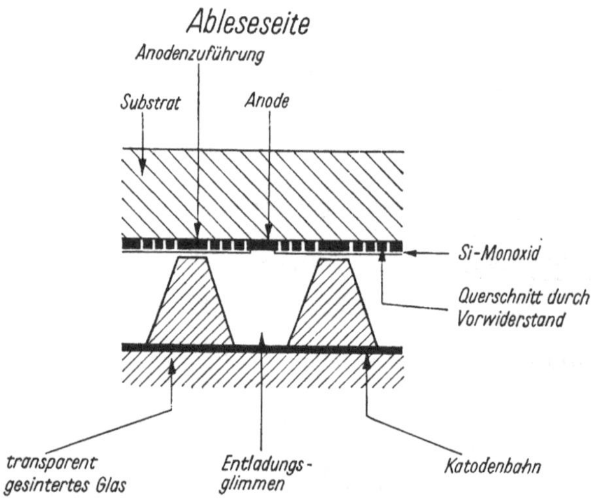

Bild 24. Dc-PAF mit Vorwiderständen (Mullard)

Ein großer Teil der Schwierigkeiten konnte, wie in Bild 24 angedeutet, durch den Einbau von Vorwiderständen um jede Anode des Anzeigefeldes gelöst werden. Die stromführende Zeile oder Spalte liegt bei dieser Konstruktion dort, wo der Steg die einzelnen Entladungskammern trennt. Für jede Zeile geht von diesem Leiter ein Widerstand in Dünnfilmtechnik ab, der in Form einer Spirale die zentrale Anodenplatte umgibt und in dieser endet. Die beschriebene Anordnung ist bis auf die an der Entladung beteiligten Anode mit dem widerstandsfähigen Siliziummonoxid isoliert. Die Gegenelektrode ist orthogonal zur Anodenzuführung blank aufgetragen [23].
Die technologischen Schwierigkeiten liegen in der relativ großen Genauigkeit, mit der sämtliche Vorwiderstände des ganzen Anzeigefeldes zur Vermeidung von Ansteuerirregularitäten hergestellt werden müssen. Der Grund für die Bereitschaft zu einer so anfälligen Fertigung ist in der Erzielung hoher Leuchtdichten von ca. 3000 cd/m² zu sehen.

4.15.5. Plasmaanzeigefeld-Röhren für Ac-Betrieb, Funktion, Schaltung und Technologievarianten

Eine völlig neue Lösung wurde mit der in Bild 25 angedeuteten Wechselstrom-Plasmaanzeigefeldröhre (Ac-PAF) gefunden [24]. Im Gegensatz zum Dc-PAF sind die Elektroden nicht mehr mit der Gasentladung in Kontakt. Sie befinden sich außen auf den Deckglasscheiben. Die Öffnungen der gelochten Scheibe dienen weiterhin als Gasbehälter. Mit Wechselspannungen im Frequenzbereich zwischen 50 ... 500 kHz

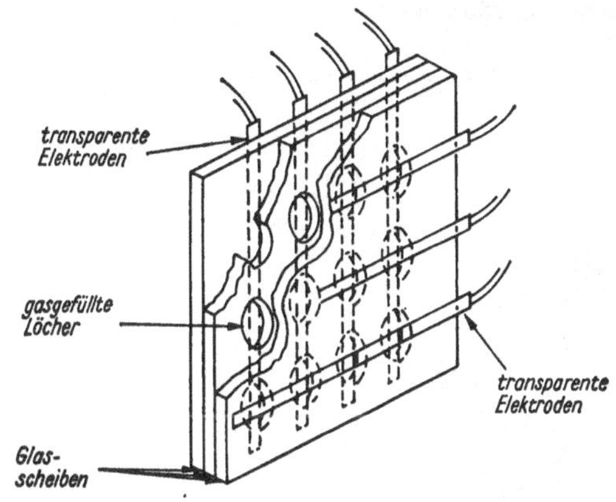

Bild 25. Aufbau des Ac-PAF

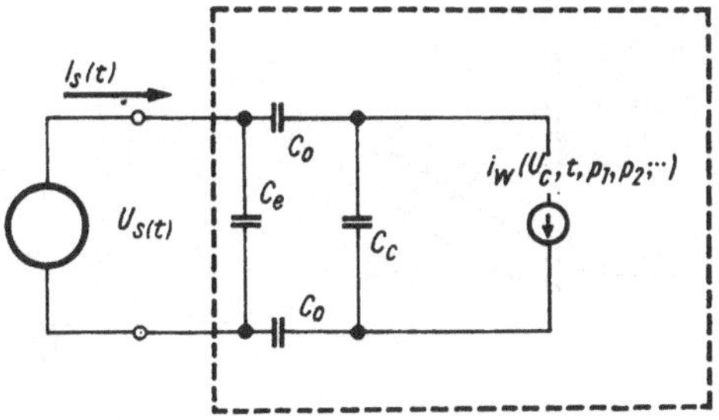

Bild 26. Ac-PAF-Ersatzschaltbild

werden die Entladungen kapazitiv erregt. Das Ersatzschaltbild Bild 26 zeigt eine Wechselspannungsquelle und das gestrichelt umrandete PAF. Die Entladung wird über die zwei Kapazitäten C_0 der Deckglasscheiben mit Wechselstrom versorgt. Der in diesem Frequenzgebiet kapazitive Charakter der Entladung ist durch C_c dargestellt. Die Schaltkapazität C_e ist für die grobe Erläuterung des Entladungsmechanismus ohne Bedeutung. Die Reihenschaltung von drei Kapazitäten setzt Wandladungen voraus, die sich während des Entladungsablaufs auf den dem Plasma zugewandten Seiten der Deckgläser bilden. Die vollständige Aufteilung von Elektronen und Ionen entsprechend der an den Elektroden liegenden Polarität, ist aus dem hohen Massenunterschied (für Neon 1:36800) der beiden Ladungsträger und der daraus resultierenden unterschiedlichen Geschwindigkeitsaufnahmen erklärbar. Das in Bild 27 gezeigte Prinzipschaltbild ist gedanklich um diese negative Wandladung, beispielsweise bei einer Phasenlage, bei der der obere Leiter positiv ist, zu ergänzen. Die Polarisierung der Ladung der mit dem oberen Leiter gebildeten Kapazität ist so, daß sie nach den Phasenwechsel als Vorspannung dient, auf die die negative Halbwelle aufgesetzt ist. Damit wird erreicht, daß die zum Betrieb der Zellen nötige Betriebsspannung um den Wert dieser Vorspannung herabgesetzt werden kann, da sich der Vorgang wechselweise in jeder Halbwelle wiederholt. In der Praxis werden, wie in Bild 28 angedeutet, sämtliche Entladungszellen gleichzeitig von einem Dauersignal-

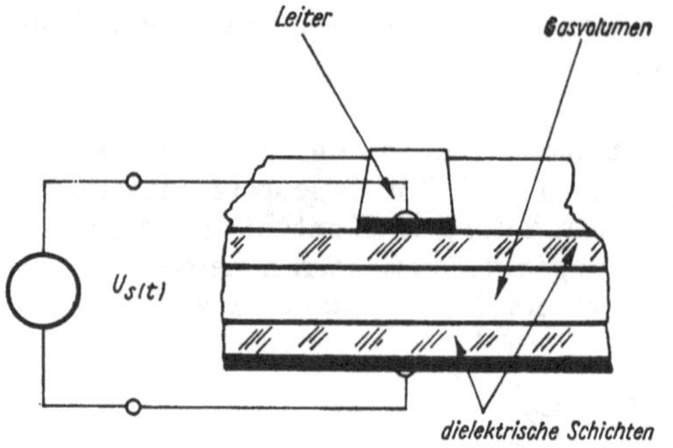

Bild 27. Prinzipschaltbild des Ac-PAF

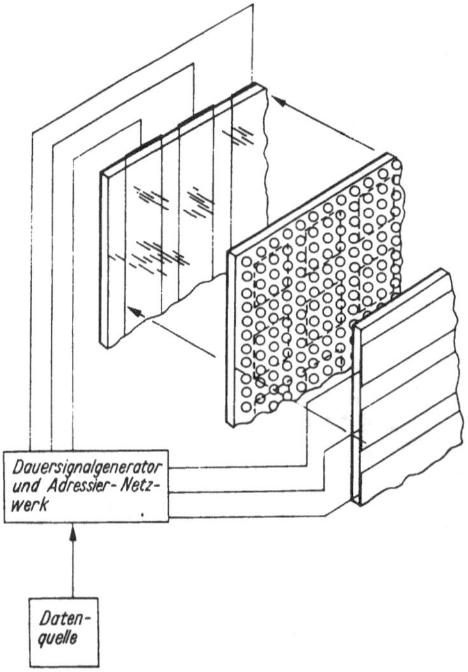

Bild 28. Ac-PAF-Betriebsschaltung

generator mit der Betriebswechselspannung versorgt, deren Größe unter dem Wert der Zündspannung liegt. Das von einer Datenquelle gelieferte Steuersignal löst im Addressier-Netzwerk phasenrichtig zum Dauersignal für den anzusteuernden Leuchtpunkt einen Impuls aus, der, auf die Betriebswechselspannung aufgesetzt, die Zündspannung überschreitet. Nach einmaliger Zündung der betreffenden Zelle brennt diese ständig weiter, da jetzt die in jeder Halbwelle entstehenden Wandladungen für ein Erreichen der Zündspannung sorgen. Zur Löschung muß auf gleichem Wege ein Impuls herangeführt werden, der für die Kompensation der Vorspannung sorgt. Auf diese Art kann ein anzuzeigendes Bild vollständig eingeschrieben werden, für die Aufrechterhaltung sorgt die Entladung selbst. Einzelne Steuerimpulse genügen, um Bildänderungen mit der durch die Betriebsfrequenz vorgegebenen Geschwindigkeit vornehmen zu können.

Die Vakuumgefäße für dieses neue Anzeigesystem erfordern die Berücksichtigung einiger zusätzlicher Gesichtspunkte, die sich aus der Funktionsweise ergeben. Die Elektrodenstruktur muß nicht nur feinlinig, sondern gegenüber der Entladung auch mit einem dielektrisch wirkenden Material geschützt sein. Die dielektrischen Eigenschaf-

ten des Materials dürfen sich während einer langen Betriebszeit nicht ändern, da sie wesentlichen Einfluß auf die Entladungsbedingungen haben. Dieses Material muß auch im Bombardement der Ladungsträger stabil bleiben. Elektrodenstruktur und dielektrisches Material muß ausreichend transparent sein, um die Lichtausbeute so wenig wie möglich zu reduzieren.
Das führte zu zahlreichen Aufbauvarianten. Zunächst wurden die Elektroden wieder von den Außenseiten in das Röhreninnere gebracht und nach der Entladung hin durch zwei weitere Glasscheiben abgedeckt (vgl. Bild 29). Der Grund für diese Maß-

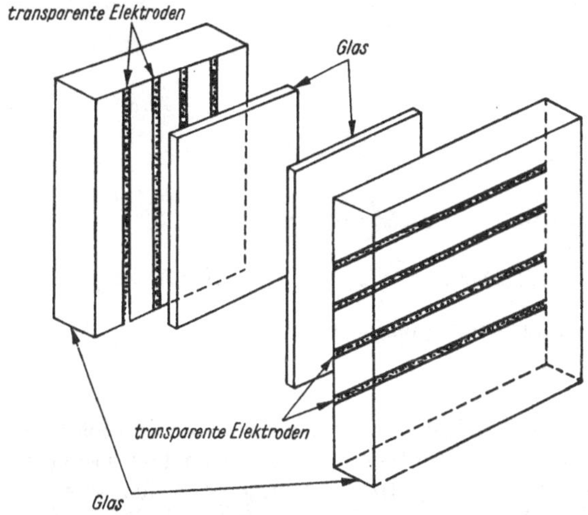

Bild 29. Ac-PAF-Aufbauvariante

nahme war einerseits der fehlende Schutz gegen korrodierenden Angriff und andererseits die geringe Einflußnahme auf die Gestaltung des Dielektrikums, da die Deckglasscheiben der mechanischen Festigkeit der gesamten Röhre wegen relativ stark sein müssen. Auch die Einflußnahme auf Nachbarzellen wird geringer, wenn die Elektroden näher an den zugehörigen Entladungsraum herangebracht werden. Außerdem wird die Auswahl der Auftragungsverfahren für die Elektroden größer, da Wischfestigkeit, chemische Widerstandsfähigkeit usw. keine so große Rolle spielen.
Die gesamte Elektrodenstruktur samt Isolation läßt sich beim PAF auch drucken [25]. Das ist in Bild 30 angedeutet. Während bei dem Leiterdruck fehlerhafte Stellen zu Unterbrechungen in Zeilen bzw. Spalten führen, sind Fehler in der Isolation mit Kurzschlüssen gleichbedeutend. An die Gleichmäßigkeit der Isolation werden hohe Anforderungen gestellt. Nach dem Einbrennen ist die gedruckte Isolation der Struk-

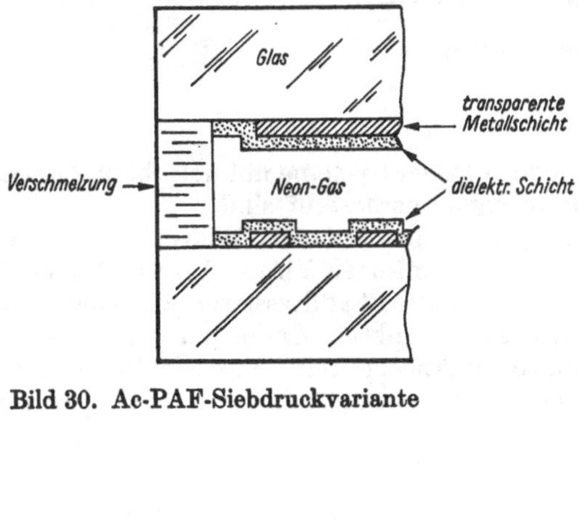

Bild 30. Ac-PAF-Siebdruckvariante

tur nach meist entglast und damit im allgemeinen anfälliger gegen das Ionenbombardement. Oft werden mehrere verschiedenartige Isolationen übereinander gedruckt, die dielektrische Eigenschaften und Festigkeit getrennt gewährleisten sollen. Auch die Trennwände der Zellen lassen sich durch mehrfachen Isolationsdruck realisieren (vgl. Bild 31). Wandhöhen von mehr als einem halben Millimeter lassen sich noch mit vertretbarer Genauigkeit erreichen, abhängig vom Rastermaß.

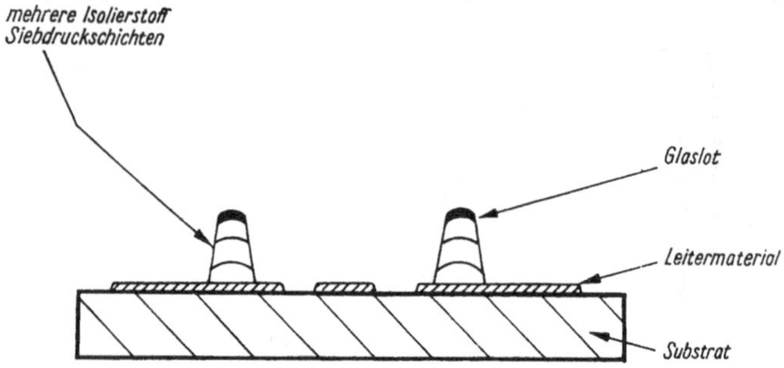

Bild 31. PAF-Zellenherstellung im Siebdruckverfahren

Eine besondere in Bild 32 verdeutlichte Lösung der Problematik bietet die amerikanische Control Data Corporation an. Rechteckige Glasröhren von wenigen µm Abmessung bilden nebeneinandergelegt die Spaltentrennung bei zeilenweiser Ansteuerung des Anzeigesystems. Die Glasröhren sind gleichzeitig Abstandhalter und Dielektrikum. Im Bestreben, in den engen Zellen eine möglichst hohe Leuchtdichte zu erzielen, kann es bei einer Häufung von hellen Stellen in einer Bildhälfte durchaus zu örtlichen Erwärmungen kommen, dabei schaffen Glasröhren auf die wirksamste Art einen weiträumigen Druckausgleich herbei.

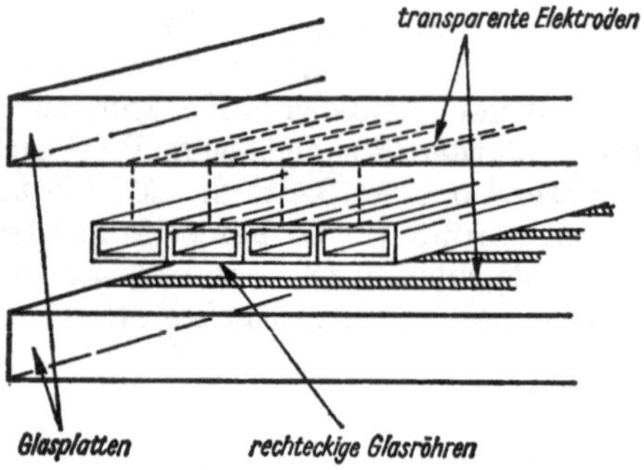

Bild 32. Ac-PAF-Variante (CDC)

In überwiegender Anzahl sind jedoch bisher Systeme mit gelochten Zwischenscheiben bekanntgeworden, die aus Fotoformglas hergestellt sind.
Die z. Z. modernste Plasmaanzeigefeldröhre auf dem Weltmarkt ist die in Bild 33 wiedergegebene Type 512-60 der amerikanischen Firma Owens Illinois. Sie hat eine Anzeigefläche von 215 mm × 215 mm mit 512 addressierbaren Zeilen und ebensoviel Spalten, d. h. mit insgesamt 262144 Bildpunkten. Anders ausgedrückt bedeutet diese reichlich Viertelmillion Bildpunkte der Anzeigefläche eine Dichte von 2,4 Zeilen bzw. Spalten pro mm oder eine Auflösung von etwa 200 Leuchtpunkten pro cm² [26].

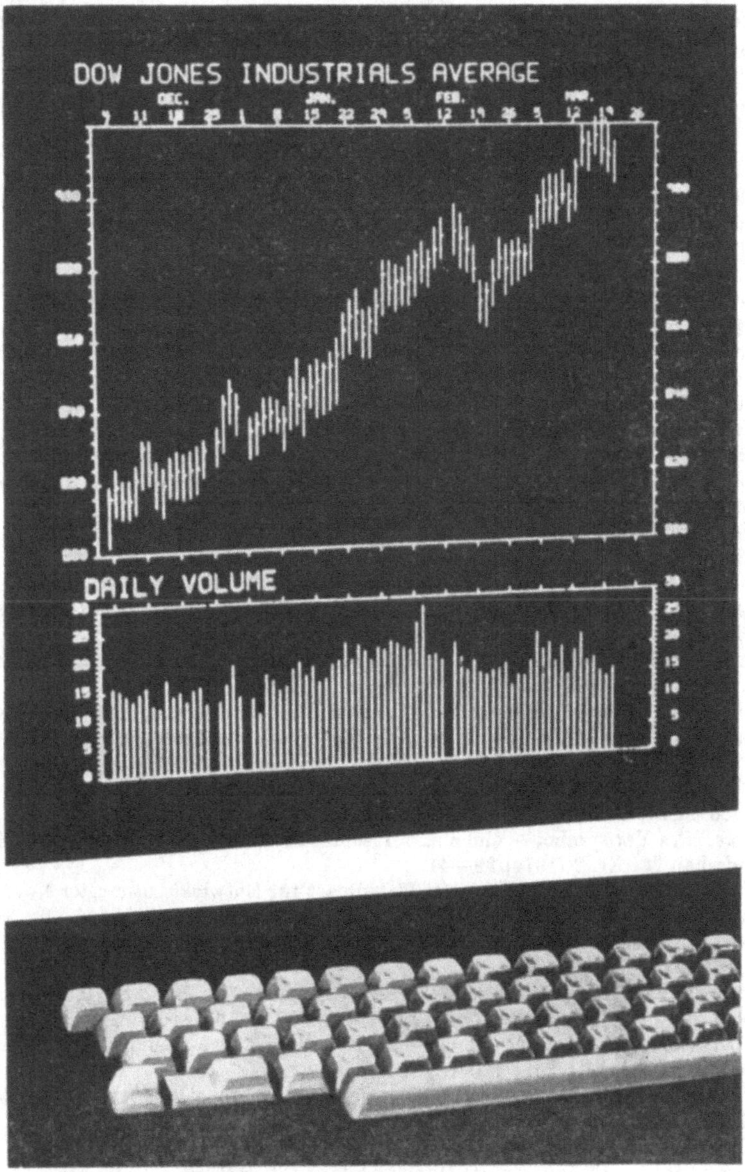

Bild 33. Digivue 512—60 (Owens)

4.15.6. Zusammenfassung

Der Beitrag enthält einleitend eine kurze Darstellung der historischen Entwicklung, danach die vakuumtechnischen Aspekte flacher Gasentladungs-Anzeigesysteme, die Problematik, wie ein ebenes Anzeige-Röhrensystem möglichst geringer Tiefe hergestellt und, unter den Bedingungen einer Fertigung in hohen Stückzahlen, möglichst eng mit einem Vakuumgefäß umschlossen werden kann. Von den Segment-Anzeigeröhren beginnend wurden die Röhrensysteme weiter verfeinerter Anzeigequalität bis zu den Plasma-Anzeigefeld-Röhren anhand der aus der Fach- und Patentliteratur bekanntgewordenen Lösungen besprochen. Von den vielen Varianten der Plasmaanzeigefelder konnten nur einige wenige vorgestellt werden. Gasentladungs-Anzeigesysteme mit Helligkeitsabstufungen und solche mit Farbwiedergabe müssen, dem Umfang der Problematik angemessen, gesondert dargestellt werden.

Literaturverzeichnis

[1] Philips Indicator Tube ZM 1200. Datenblatt für Entwicklungsmuster 11.68, S. 1–4.
[2] *Gosch, J.*: Readout is driven directly by single MOS chip. Electronics **45**, Nr. 2 (1972) 13E bis 14E.
[3] Flat Pandicon tube for numerical display. Mullard Bulletin **12**, Nr. 2 (1972) 1.
[4] Valvo Planar-Pandicon ZM 1400. Datenblatt für Entwicklungsmuster 5.72, S. 1–8.
[5] Valvo Planar-Pandicon ZM 1500. Datenblatt für Entwicklungsmuster 7.73, S. 1–4.
[6] Digital read-out bright and clear ... simply and for a long long time. Mullard Computer Electronics Nr. 5 (März 1974) 1.
[7] Numerical display devices. Japan Electronic Engg. Mai (1973) 63–70.
[8] Panaplex numeric panel display. Burroughs Bulletin No. P 101, S. 1–3.
[9] *Stein, S. J., Huang, C.*: Screen printing techniques for economical fabrications of digital displays. Sonderdruck der Electro-Science Laboratories Pennsauken, N.J. (15. 5. 73) S. 1–13.
[10] Hitachi Linestar. Hitachi Catalog No. CE-E 331, S. 3–4.
[11] Ziffernanzeigeröhre mit Gasfüllung und kalten Katoden R 1813. Siemens-Druckschrift B 322/1226.
[12] Panaplex II Panel Display. Burroughs Bulletins 1177, 1179 und 1182, Dez. 72.
[13] *Kupski, G.*: Vorrichtung zum Anzeigen mehrstelliger Symbole. DDR-Patentschrift 95712; G 06 k, 15/18.
[14] Planar multi-digit display tube has thickness of only 5,7 mm. Japan Electronic Industry, Tokyo **18**, Nr. 7 (1971) 50–52.
[15] NDP 1288-8 Numeric display panel. National Electronics Datenblatt (Mai 1974) S. 1–4.
[16] *Armstrong, J., Schott, D., Warne, L.*: Anzeige-Gasentladungsvorrichtung. BRD-Offenlegungsschrift 1934135; H 01 j, 21 f 85.
[17] Varisymbol Gasentladungs-Informationsanzeigebauelement in Flachbauweise. Telefunken-Firmenschrift, S. 1–6.
[18] *Söneke, R.*: Varisymbol – ein elektronisches Informations-Anzeigesystem. Int. Elektron. Rundschau **28**, Nr. 2 (1974) 39–41.
[19] Mullard Dot Matrix Tube ZM 1251. Datenblatt für Entwicklungsmuster Nov. 1971, S. 1–4.
[20] Dot-matrix tubes challenge LEDs in readouts. Electronics, N.Y. **44**, Nr. 23 (1971) 17E.
[21] *Allen, D., Hall, R., Weston, G.*: Elektrische Wiedergabevorrichtung. BRD-Offenlegungsschrift 1802416; H 01 j, 21 f 85.
[22] *de Boer, T.*: An experimental 4000 picture-element gas discharge TV display panel. Tagungsbericht des „9 th Nat. SID" Los Angeles, Mai 1968, S. 193–200.
[23] *Smith J.*: Dc gas-discharge display panels with internal memory. IEEE Trans. Electron Dev. **ED-20**, Nr. 11 (1973) 1104.
[24] *Johnson, R., Bitzer, D., Slottow, H.*: The device characteristics of the plasmadisplay element. IEEE Trans. Electron Dev., Vol. **ED-18**, Nr. **9** (1971) 643.
[25] *Fahrenschon, K.*: Gasentladungsanzeigen. NTZ-Report 19 (1974) S. 63–66.
[26] Digivue Model 512–60. Owens-Illinois Datenblatt, S. 1–8.

4.16. Technologische und physikalische Probleme der Fotovervielfacherherstellung

Von *B. Schonert*

VEB Werk für Fernsehelektronik

4.16.1. Typische Anforderungen an die Parameter der Fotovervielfacher

Fotovervielfacher zählen zu den elektronischen Bauelementen, deren vollständige Substitution durch echte Festkörperlösungen im gegenwärtigen Zeitpunkt noch nicht abzusehen ist, die also als Elektronenröhren über das laufende Jahrzehnt hinaus vielfältige Anwendungen finden werden. Die volkswirtschaftliche Bedeutung dieser Bauelemente wird deutlich durch das Wertvolumen der auf ihre Eigenschaften aufbauenden Geräte, das jenes der verwendeten Fotovervielfacher um das 100 bis 1000-fache übertreffen kann und sich im allgemeinen in kurzer Zeit amortisiert. Vielseitig wie die Einsatzgebiete sind auch die Forderungen der Anwender an die technischen Parameter dieser Bauelemente.

Drei typische Beispiele sollen das veranschaulichen. Bei fotometrischen Anwendungen, z. B. bei der Bestimmung der Intensität festgelegter Spektrallinien in einem Spektralanalysator, ist die untere Nachweisgrenze, d. h., ein maximales Signal-Rauschverhältnis entscheidend. Damit werden die Anforderungen auf einen geringen Dunkelstrom bei hoher Empfindlichkeit im interessierenden Spektralbereich gerichtet. Eine hohe Konstanz der Empfindlichkeit ist eine notwendige Zusatzbedingung.

Für Anwendungen der Kerntechnik, d. h. als Teilchendetektor in Verbindung mit einem Szintillator, werden als bestimmende Eigenschaften hohes Energie- und Zeitauflösungsvermögen gefordert, also hohe Gleichmäßigkeit der Empfindlichkeit, verbunden mit geringen Laufzeitstreuungen des Signals. Die Detektion modulierter Lasersignale in der Nachrichtentechnik erhebt die Forderung nach hoher Grenzfrequenz, gekoppelt mit hohem Signal-Rauschverhältnis im infraroten Spektralbereich.

Diese drei Beispiele geben bereits einen Hinweis auf die Vielfalt der Anforderungen an die Parameter der Fotovervielfacher. Im folgenden wird ausgeführt werden, daß eine Maximierung dieser Parameter nicht unabhängig voneinander erfolgen kann, daß also ein Universal-Fotovervielfacher für alle Anwendungsfälle nicht existiert. Probleme und Grenzen konventioneller Fotovervielfacher sowie Möglichkeiten zu deren Überwindung durch neue und weiterführende Entwicklungsrichtungen werden behandelt.

4.16.2. Die funktionellen Hauptgruppen des Fotovervielfacher-Aufbaus

Fotovervielfacher stellen technologische Lösungen der Verknüpfung des äußeren lichtelektrischen Effektes mit dem Mechanismus der Sekundäremission dar. Bild 1 zeigt wesentliche Teile eines solchen Bauelements. Drei funktionelle Hauptgruppen seines Aufbaus können unterschieden werden: Fotokatode, Elektronen-Überführungssystem und Sekundäremissions- oder Vervielfachungsteil. Während die spektrale Empfindlichkeit und der Quantenwirkungsgrad ausschließlich Katodeneigenschaften sind, ist das Signal-Rauschverhältnis und damit die Nachweisgrenze sowohl von der Katode als auch vom Vervielfachungs- und Überführungssystem abhängig. Die Verstärkung und deren Konstanz sowie das Impulsübertragungsverhalten – und damit die obere Frequenzgrenze – sind demgegenüber vor allem dem Dynodensystem und seinem konstruktiven Aufbau zuzuordnen. Aus einer Vielzahl technologischer Rezepte zur Katodenherstellung sind einige Fotokatodentypen hervorgegangen, die durch typisch abgegrenzte spektrale Empfindlichkeitsverteilungen in verschiedenen sich überschneidenden Wellenlängenbereichen gekennzeichnet sind. Während die Lage des Maximums einer solchen Verteilung sowie ihre langwellige Grenze im wesentlichen von der Zusammensetzung und Dicke der Fotokatode abhängen, wird die kurzwellige

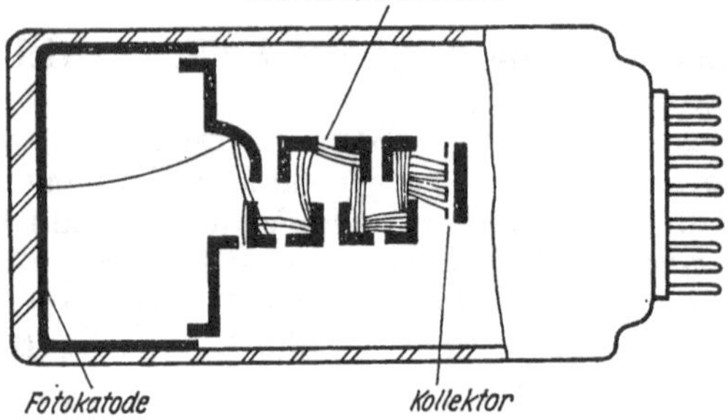

Bild 1. Schematische Darstellung eines Fotovervielfachers

Grenze durch die Art der Katodenunterlage bestimmt. Neben der Quantenausbeute der Fotokatode ist ihre thermische Emission ein wesentlicher Parameter. Für manche Anwendungen ist die gleichmäßige Empfindlichkeit der Katodenfläche von untergeordnetem Interesse. Jedoch besitzt sie hervorragende Bedeutung für alle die Anwendungen, bei denen Bestrahlungsstärken oder Szintillationen auf verschiedenen Stellen der Fotokatode bewertet werden sollen.

Das Elektronen-Überführungssystem muß die von der Fotokatode emittierten Elektronen möglichst vollständig auf die erste Dynode lenken und besteht gewöhnlich aus einer Fokussier- und einer Beschleunigungselektrode. In den Anwendungen, in denen die Gleichmäßigkeit der Katodenempfindlichkeit wesentlich ist, werden auch an das Überführungssystem höhere Anforderungen gestellt. Die Fotokatode ist dann als Äquipotentialfläche auszubilden, und möglicherweise werden zusätzliche Elektroden zur Feldformung notwendig. Je nach Verwendungszweck bevorzugt man für die Dynoden verschiedene Konstruktionsformen, deren wichtigste Vertreter die Box-, Jalousie- und Rajchmann-Dynoden sind.

Neben den rein konstruktiven Bedingungen bestimmt das zum Einsatz gelangende Dynodenmaterial vor allem die Verstärkung und die Anodenstromstabilität des Vervielfachers.

Durch konstruktive Maßnahmen wie z. B. gute elektrische Isolation und zweckmäßige Formgebung der Einbauteile zur Abschirmung und Vermeidung von Feldemission muß der Dunkelstrombeitrag des Vervielfachersystems gering gehalten werden.

4.16.3. Technologische Realisierbarkeit der Ausnutzung von Foto- und SE-Emission

Die Ergebnisse der industriellen Fertigung widerspiegeln i. allg. den Stand der Technik sowie dessen ökonomische Realisierung. Die Verwertung physikalischer und chemischer Effekte kann fertigungstechnisch nicht in der Reinkultur ihrer modellmäßigen Isolierung erfolgen, sondern muß sich den verschiedensten und teilweise effektschädigenden technisch-technologischen Randbedingungen anpassen. Das führte und führt dazu, daß die Ergebnisse von den modellmäßigen Vorstellungen mehr oder weniger abweichen und oft die Voraussetzungen für ein unter speziellen Bedingungen abgeleitetes Modell nicht mehr erfüllt werden.

Die Herstellung der Fotovervielfacher ist darauf gerichtet, eine maximale Wirksamkeit der Foto - und SE-Emission zu erreichen, während die unerwünschten Begleiterscheinungen unterdrückt bzw. minimiert werden müssen. Die technologischen Prozesse in der Endphase der Fotovervielfacher-Fertigung sind jedoch nicht ideal zur Realisierung dieser Zielvorstellungen. Zunächst sind der gleichbleibende Einsatz der speziellen Materialien und die röhrentechnischen Vorbereitungen unter Beachtung der Anforderungen der folgenden vakuumtechnischen Bearbeitung zu sichern. Dem Reinigungs- bzw. Ausheizprozeß an der Vakuumpumpe sind hinsichtlich der Glaserweichung und der Dampfdrücke der Verdampfermaterialien Grenzen gesetzt, die eine ideale Entgasung der zu reinigenden inneren Oberflächen nicht gestatten.

In der zweiten Bearbeitungsphase, nach dem Entgasen der Röhrenteile, erfolgen die Herstellung der Fotokatode und die Aktivierung der Dynodenoberflächen für eine ausreichende SE-Emission. Bei Anwendung von Legierungsemittern wird die Dynodenaktivierung durch Oxydation der oberflächlichen Beryllium- bzw. Magnesiumschichten erreicht. Dieser Prozeß erfordert ein wiederholtes Entgasen der Röhren. Die sich ergebende Verschiebung der Restgaszusammensetzung zum Sauerstoff schafft i. allg. eine unvorteilhafte Ausgangssituation für den definierten Aufbau der nun herzustellenden Fotokatode. Der Restgasdruck in den Röhren an der Vakuumpumpe ist bei konventioneller Herstellung 10^{-6} bis 10^{-7} Torr. Das bedeutet, daß die erste Bedampfungskomponente zur Herstellung der Fotokatode bereits auf eine im wesentlichen mit Sauerstoff belegte Unterlage trifft. Im Formierprozeß der Fotokatode muß offensichtlich mit einer fortschreitenden Verunreinigung mit dem Restgas gerechnet werden.

Die Rolle der Restgaszusammensetzung wird beispielsweise durch folgendes Untersuchungsergebnis an Sb-Cs-Fotokatoden unterstrichen. In einem treibmittelfreien Vakuum von $5 \cdot 10^{-9}$ Torr konnten Sb-Cs-Fotokatoden bei gleicher relativer Spektralempfindlichkeit mit doppelter Integralempfindlichkeit hergestellt werden im Vergleich zu Katoden, die unter Verwendung von Quecksilberdiffusionspumpen formiert wurden [14]. Der Alkalidampf, in dem die Fotokatoden formiert werden, wirkt natürlich auch auf das SE-System und die übrigen Röhrenteile. Diese Wirkung ist durch Herabsetzung der Austrittsarbeit an den Dynoden einer hohen Verstärkung förderlich, begünstigt aber andererseits Isolationsströme, thermische Emission und Feldemission sowie zeitliche Instabilitäten bei größeren Belastungen.

Bei Sb-Cs bedeckten Dynoden ergeben sich im Gegensatz zu den BeO- bzw. MgO-Emittern Komplikationen bei der Antimonauftragung, der Röhrenentgasung und der gleichzeitigen Maximierung der Foto- und Sekundäremission während der Zäsiumeinwirkung.

Wie aus den Messungen von Koosman hervorgeht, werden zur Herstellung der nutzbaren $SbCs_3$-Fotokatode auf der Frontscheibe eines Fotovervielfachers nur etwa 7% des entwickelten, im Vervielfacher verbleibenden Zäsiums verbraucht. Auf den Dynoden wurden 11% Cs gefunden und auf den dem Antimondampf ausgesetzten Flächen außerhalb der Frontkatode 46%. Der Rest ist auf den verbleibenden Flächen verteilt [21]. Beachtet man, daß bei 25 °C der Sättigungsdampfdruck des ungebundenen Zäsiums $1{,}5 \cdot 10^{-6}$ Torr ist, so müssen Zäsium-Umverteilungen im Laufe der Zeit und infolge von thermischen Belastungen zwangsläufig zu Parameteränderungen führen.

Die große unerwünschte Fotokatode außerhalb der Frontkatode führt zu erhöhter thermischer und unerwünschter Fotoemission, die entsprechende Maßnahmen zur Verminderung ihrer Wirksamkeit erfordern.

Die zur Fotokatodenformierung erforderliche, von außen zugeführte Wärmeenergie in Verbindung mit der Wärmekapazität der Röhre hat zur Folge, daß eine exakte

Steuerung der Zäsiumzufuhr zur Katode nicht möglich ist. Zusätzlich wird die Temperaturverteilung in der Röhre durch die beheizten Alkalidampferzeuger gestört, und der Vakuumraum bewirkt einen verzögerten Temperaturausgleich des Dynodensystems gegenüber der Glaswandung bei der Zu- und Abschaltung der äußeren Wärmequelle.
Aus den Darlegungen ist ersichtlich, daß die Herstellungsbedingungen für Fotovervielfacher sehr komplex sind, und die technologische Prozeßführung vom Anwendungszweck der speziell vorbereiteten Röhren abhängig ist. Die Ausführungen wurden wegen der relativ einfachen Herstellung bewußt auf die Sb-Cs-Fotokatode beschränkt.
Das vor allem aus dem Studium der SbCs-Fotokatode abgeleitete einfache Energiebändermodell, das auch auf die anderen Alkaliantimonid-Katoden übertragen wurde, hat zu einem besseren Verständnis dieser Katoden beigetragen, es ist aber nicht imstande, den Einfluß von bestimmten Verunreinigungen und technologischen Variationen vorherzusagen.
Trotz der gewachsenen Kenntnisse gibt es auf Grund der unübersichtlichen physikalischen Bedingungen während der Vervielfacherherstellung Probleme, die bereits vor 20 Jahren bekannt waren und noch immer nicht befriedigend gelöst sind.

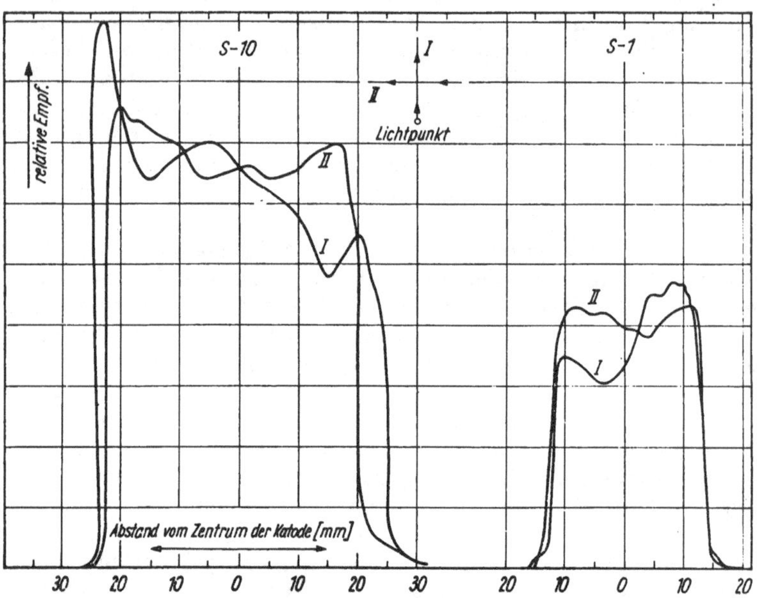

Bild 2. Lokale Empfindlichkeitsverteilung einer S10-Fotokatode nach [13] und einer S1-Fotokatode

Bild 2 zeigt als Beispiel die lokale Empfindlichkeitsverteilung einer S10- und einer S1-Fotokatode über zwei zueinander senkrechte Durchmesser. Ähnliche Verteilungen ergeben sich vor allem bei Multialkalifotokatoden. Entsprechend gibt es auch ein Relief der thermischen Emission und ebenso eine Ortsabhängigkeit der spektralen Empfindlichkeit.
In Bild 3 sind Messungen der spektralen Empfindlichkeit an Ag-Bi-O-Cs-Fotokatoden im Zeitraum von zwei Jahren und an Ag-O-Cs-Katoden im Zeitraum von einem Jahr wiedergegeben. Vor allem nach längerer Lagerung bedürfen die Fotovervielfacher bei Inbetriebnahme einer gewissen Zeit, bis sie wieder stabil arbeiten. Es ist klar, daß die an den Fotokatoden gefundenen Änderungen auch im Vervielfachersystem auftreten und dort zu größeren Verstärkungsschwankungen führen können.

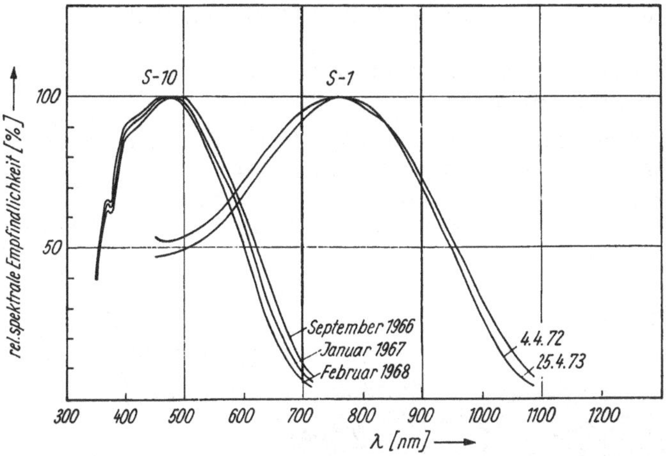

Bild 3. Zeitliche Veränderung der spektralen Empfindlichkeitsverteilung einer S10-Fotokatode [13] und einer S1-Fotokatode

Trotz Einhaltung der Herstellungsbedingungen unter Verwendung der gleichen Arbeitsmittel und Materialien gelingt eine reproduzierbare Herstellung von Fotovervielfachern nur mit einer gewissen Schwankungsbreite ihrer Parameter.
Bild 4 zeigt die spektralen Empfindlichkeiten einer Auswahl aus jeweils 15 gemessenen Fotokatoden.
Unter Berücksichtigung der z. Z. sowohl im Fertigungsprozeß als auch im Labor nicht exakt abgrenzbaren physikalischen Bedingungen sind die Parameterangaben oft typische Werte aus zugehörigen Parameterbereichen. Beispielsweise sind exemplarische Schwankungen in der integralen Fotoempfindlichkeit von 50% nicht ungewöhnlich. Die Lage der spektralen Empfindlichkeitsmaxima und der langwelligen Grenzen werden selten genauer als mit ± 50 nm angegeben. Die thermische Emission von Fotokatoden hat eine Schwankungsbreite von einer Zehnerpotenz. Die gleiche Streuung hat ungefähr auch die Verstärkung. Diese Auswahl zeigt, daß eine Sortierung der Fertigungsergebnisse hinsichtlich der Anforderungen an die Fotovervielfacher erfolgen muß, wobei die Röhren nach Parametermerkmalen und ökonomischen Gesichtspunkten zu gruppieren sind.

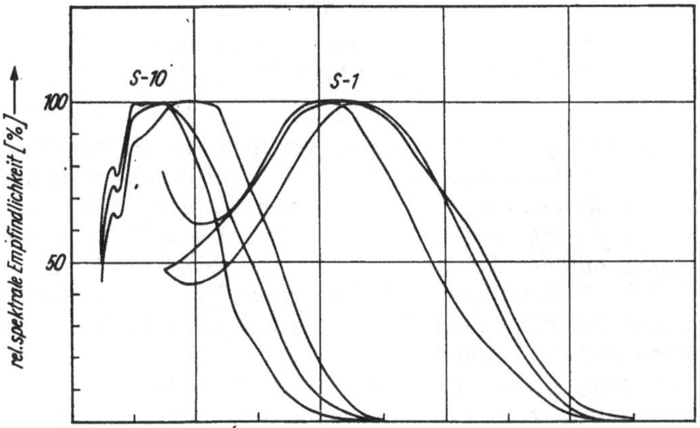

Bild 4. Spektrale Empfindlichkeitsverteilungen von S10-Fotokatoden [13] und S1-Fotokatoden

4.16.4. Technische Eigenschaften der Fotovervielfacher

Die Ergebnisse der technologischen Schritte bestimmen im internationalen Maßstab die technischen Eigenschaften der Fotovervielfacher.

— Der spektrale Empfindlichkeitsbereich ist durch die Wahl des Fotokatodentyps und des Substratmaterials festgelegt und reicht von ca. 150 bis 1150 nm. Die Quantenausbeuten in den spektralen Maxima liegen für die Multialkalikatoden mit etwa 30% am höchsten, während die rotempfindlichen Ag-O-Cs-Katoden nur etwa 0,5% erreichen (Bild 5).

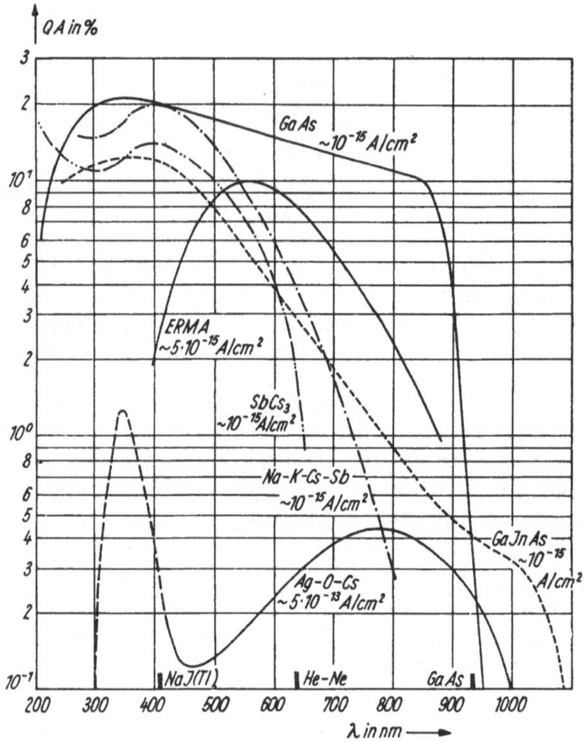

Bild 5. Quantenausbeute *QA* verschiedener Fotokatoden in Abhängigkeit von der Wellenlänge sowie thermische Emission bei Raumtemperatur [5]

— Eng mit der langwelligen Empfindlichkeitsgrenze ist die thermische Dunkelemission verknüpft, die bei Raumtemperatur — von Ausnahmefällen abgesehen — den wesentlichen Anteil des Dunkelstroms darstellt und damit die Empfindlichkeitsschwelle festlegt. Die niedrigsten erreichten Dunkelimpulswerte liegen bei Zimmertemperatur mit der Thermoemission 10^{-17} bis 10^{-16} A/cm² für Bialkali-, Trialkali- und $SbCs_3$-Katoden bei ca. 100 bis zu einigen 1000 Dunkelimpulsen pro Sekunde und cm² Katodenoberfläche. Die thermische Emission der Ag-O-Cs-Katoden beträgt etwa 10^{-12} A/cm².

— Ein weiteres für einige Anwendungen wesentliches Qualitätsmerkmal eines Fotovervielfachers ist sein zeitliches Auflösungsvermögen. Durch Laufzeiteffekte der Elektronen und insbesondere durch ihre Streuung infolge verschiedener Anfangsgeschwindigkeiten und -richtungen, durch Influenzerscheinungen und durch die Selbstinduktionen der Dynodenzuleitungen wird der Eingangsimpuls deformiert und die obere Frequenzgrenze festgelegt. Für Fotovervielfacher allgemeiner Anwendung sind mittlere Laufzeiten von 40 ns bei Laufzeitstreuungen von ca. 16 ns und Anstiegszeiten für das Ausgangssignal eines Nadelimpulses von 8 ns charakteristisch, während Spezialausführungen für Kurzzeitmessungen Laufzeitstreuungen von 1,2 ns und Anstiegszeiten von 0,8 ns erreichen.

– Für kernphysikalische Anwendungen ist das Amplitudenauflösungsvermögen entscheidend, das durch Ungleichmäßigkeiten der Katodenempfindlichkeit und der Elektronenüberführung auf das Vervielfachungssystem sowie durch die statistischen Prozesse im Fotovervielfacher beeinträchtigt wird. Durch hohe effektive Sekundäremission — besonders der ersten Dynoden — wird der Einfluß des Vervielfachungssystems verringert.

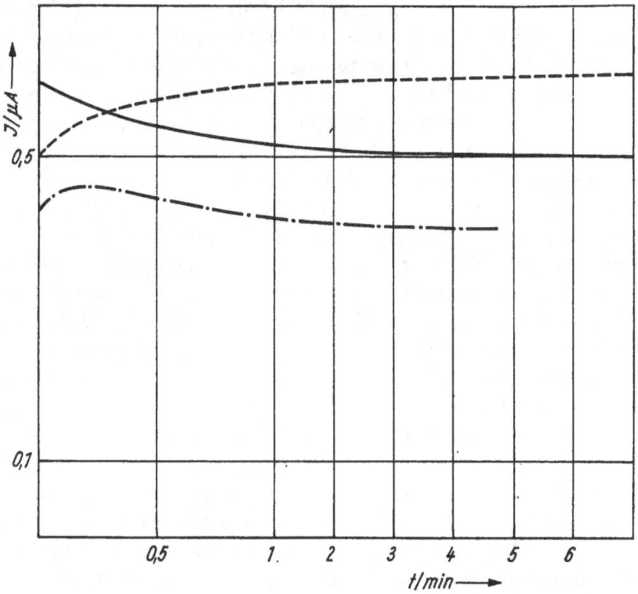

Bild 6. Abhängigkeit des Anodenstromes eines Fotovervielfachers von der Zeit bei konstantem Lichtstrom; schematische Darstellung

– Entscheidenden Einfluß auf den Gebrauchswert eines jeden Bauelements hat die zeitliche Stabilität seiner Parameter. In Fotovervielfachern werden oft mehr oder weniger große betriebs- und zeitbedingte Änderungen der Verstärkung und des Dunkelstroms beobachtet. Sie beruhen auf Nichtgleichgewichtsbedingungen vorwiegend der Sekundäremitteroberflächen und sind in starkem Maße material- und technologieabhängig. Besonders kritisch ist die Phase der ersten Minuten unmittelbar nach einer erfolgten Änderung der Betriebsbedingungen (Bild 6). Die hierbei auftretenden Änderungen der Vervielfachereigenschaften können einige Prozent bis zu 50% der durch langen Betrieb stabilisierten Werte betragen. Da diese Einstell- und Drifterscheinungen neben reversiblen auch irreversible Komponenten enthalten können, ist die Abhängigkeit der jeweiligen Eigenschaften von Fotovervielfachern von ihrer Vorgeschichte ein ernstes Problem, das eine starke Einschränkung ihrer Verwendbarkeit als objektive Meßmittel bedingt. Die Ursachen für die Instabilität sind äußerst komplexer Natur. Erwähnt seien lediglich der Einfluß der Dynodenpolarisation bis hin zum Malter-Effekt und der Einfluß des ungebundenen Zäsiums.

Eine Lösung des Problems ist auch hier wieder nur durch Kompromisse möglich. Systeme mit Boxdynoden sind relativ einfach herzustellen und erfüllen durchschnittliche Anforderungen, führen aber zu relativ langen Elektronenlaufzeiten und stärkerer Fokussierung, so daß erhebliche partielle Dynodenbelastungen zu Stabilitätsschwankungen führen können. Jalousie-Dynoden besitzen keine so starke Fokussierwirkung, deshalb sind gute Stabilitätseigenschaften leichter zu erreichen. Der Wirkungsgrad dieses Systems ist geringer als der des vorhergehend besprochenen Systemtyps.

4.16.5. Der Einfluß der III—V-Verbindungshalbleitertechnologie auf die Fotovervielfacherentwicklung

Die Anwendung der Erkenntnisse aus der Halbleiterentwicklung führte im letzten Jahrzehnt zu einem besseren theoretischen Verständnis der Fotoemission der im wesentlichen empirisch gefundenen Fotokatoden. 1965 kam ein bedeutender Impuls aus der III—V-Verbindungshalbleitertechnologie, der einerseits zu einer neuen Art von Fotokatoden führte, andererseits aber auch befruchtend vor allem auf die Technologie der Multialkalifotokatoden wirkte.

Für eine wirksame Fotokatode wird ein Material benötigt, dessen Absorption im gewünschten Spektralbereich stark genug ist, so daß die Eindringtiefe des Lichtes im Idealfall übereinstimmt mit der Austrittstiefe der fotoelektrisch angeregten Elektronen. Für eine möglichst weit ins Infrarot verschobene langwellige Grenze muß eine niedrige Elektronenaffinität bei geeignetem Bandabstand des Halbleiters angestrebt werden. Die Oberflächenbarrieren eines Halbleiters bewirken, daß die Austrittsarbeit weit über die Bandabstandsenergie vergrößert ist. Das geeignetste Verfahren zur Erniedrigung der Austrittsarbeit ist die Bedeckung des betreffenden Halbleiters mit Cs. Die effektiven Fotokatoden konventioneller Art auf Alkaliantimonidbasis haben sich alle als p-leitend erwiesen und besitzen eine schwache Bandkrümmung (Bild 7).

Die verbreitetste Fotokatode besteht aus Zäsiumantimonid mit einem Bandabstand von 1,6 eV. Die Oberflächenbarrieren werden durch Anlagerung von weiterem Zäsium auf etwa 0,45 eV begrenzt. Die Multialkali-Katode besitzt 1,0 eV Bandabstandsenergie und etwa 0,55 eV Elektronenaffinität. Eine wirksame Elektronenemission ist nur durch fotoelektrische Anregung im Valenzband möglich, die thermische Austrittsarbeit wird dagegen durch die Energiedifferenz zwischen Ferminiveau und Vakuumniveau bestimmt. Die sich ergebende Konsequenz für geringe Dunkelemission und weitreichende spektrale Empfindlichkeit ist ein möglichst tief liegendes Fermi-

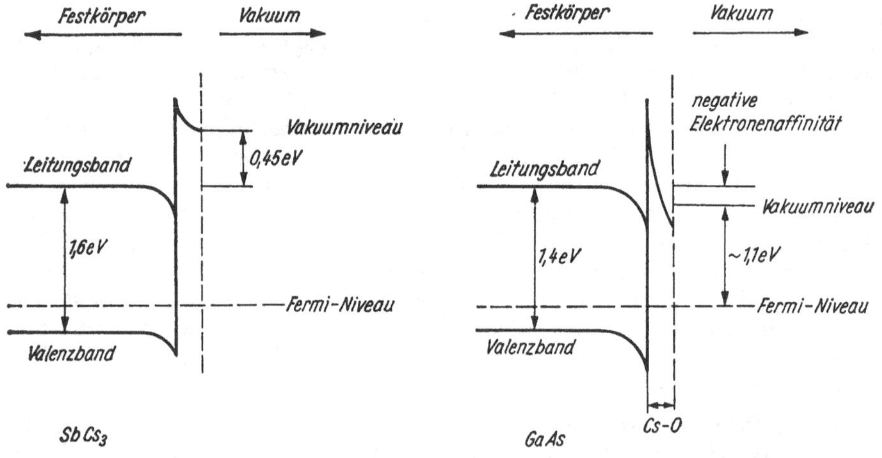

Bild 7. Bändermodell für Cs_3Sb- und GaAs-Cs-O-Fotokatoden [19, 20]

niveau und ein stark erniedrigtes Vakuumniveau. Ihre technologische Verwirklichung zeichnet sich bei den neueren Verbesserungen der Multialkali-Katoden deutlich ab, die bei gleichbleibend niedriger thermischer Emission eine beträchtliche Verbesserung der Rotempfindlichkeit erfahren haben.

Stoffkombinationen mit einem unterhalb des Leitungsbandes gelegenen Vakuumniveau (negative Elektronenaffinität) sollten besonders effektive Fotoemitter darstellen. Als geeignet hat sich stark *p*-dotiertes GaAs in Verbindung mit einer quasi monoatomaren Schicht CsO erwiesen, bei dem die Austrittsarbeit niedriger als die Bandabstandsenergie ist.

Durch das Zusammenwirken von Oberflächenzuständen, Cs-O-Adsorption und Ionisation von Akzeptoren an der Oberfläche im stark *p*-dotierten GaAs entsteht eine scharf begrenzte Bandkrümmungszone. Jedes aus dem Valenzband fotoelektrisch angehobene Elektron, das das Leitungsband erreicht, hat — selbst bei nur noch thermischer Energie — eine große Wahrscheinlichkeit für den Austritt ins Vakuum.

Während in herkömmlichen Fotoemittern die Austrittstiefe einige 10 nm beträgt, ist bei einem Emitter mit negativer Elektronenaffinität die Austrittstiefe annähernd gleich der Diffusions-Rekombinationslänge, das ist im vorliegenden Fall ca. 1000 nm.

Für Sekundäremitter des Metalloxydtyps beträgt die Austrittstiefe einige 10 nm und die Zeit für die Emission eines Sekundärelektrons mit einer Energie von beispielsweise 1 eV über Vakuumniveau nur ca. 10^{-12} s. Im Energiebereich um ca. 1000 eV überschreitet die Eindringtiefe der Primärelektronen die Austrittstiefe der angeregten Sekundärelektronen. Es ist ein Abfall der SE-Ausbeute zu verzeichnen, weil zunehmende Stöße mit anderen Elektronen oder Gitterionen die erzeugten Sekundärelektronen derart abbremsen, daß ihre Energie nicht mehr zur Überwindung der Oberflächenbarriere ausreicht.

Vorteilhaft als Sekundäremitter erweisen sich halbleitende Zäsiumantimonidschichten, die durch die Bandkrümmung und der damit verknüpften Erniedrigung des Vakuumniveaus den Austritt der Sekundärelektronen begünstigen. Während die Elektronenaffinität dieser Verbindung positiv bleibt, gelang es durch Kombination von stark *p*-dotiertem GaP mit Cs auch für den Sekundäremissionsmechanismus die Vorteile der negativen Elektronenaffinität auszunutzen. Solche SE-Emitter besitzen

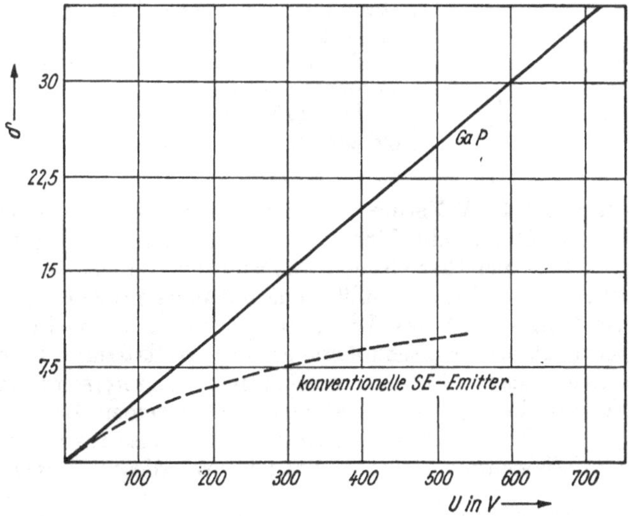

Bild 8. SE-Faktor δ in Abhängigkeit von der Beschleunigungsspannung U, z. B. [22]

Austrittstiefen von ca. 200 nm bei einer Austrittszeit von 10^{-10} s für ein ins Leitungsband gehobenes Elektron. Bild 8 zeigt im Vergleich zu der SE-Ausbeute der Metalloxid-Emitter die verbesserte Ausbeute für GaP-Cs.

4.16.6. Weiterentwicklungen und neue Lösungen

Weiterentwicklungen führten zu Parameterverbesserungen bzw. zu Alternativlösungen mit z. T. neuen Eigenschaften.

- Die gezielten Verbesserungsarbeiten zur Verschiebung der langwelligen Grenze von Multialkalikatoden haben im Verlauf der letzten Jahre zur Produktionsfähigkeit einer Anzahl Katodenvarianten mit Rotempfindlichkeiten bis 950 nm bei einer thermischen Emission von einigen 10^{-15} A/cm² geführt, d. h., die Fotoemission wurde praktisch unabhängig von der thermischen Emission verbessert.
- Durch eine neuartige Transfertechnologie, in der die Herstellung und Aktivierung des Katoden- und Vervielfachungsteiles räumlich getrennt vorgenommen und beide Teile unter UHV-Bedingungen mittels eines Kaltschweißverfahrens komplettiert werden, sind Verbesserungen der Katodengleichmäßigkeit und des Alkalihaushaltes erzielt worden, was Rückwirkungen auf den Dunkelstrom durch Feldemission, die Spannungsfestigkeit, die Verstärkung und das Kurzzeitverhalten hatte.
  Die erheblichen ökonomischen Aufwendungen beschränken z. Z. noch die Anwendungsmöglichkeiten dieser Technik auf wenige Spezialfälle (Tab. 1).

Tabelle 1. Gegenüberstellung von SEV-Entwicklungsrichtungen

	Weiterentwicklung konventioneller SEV	Neuentwicklung mit III/V-Emittern
max. Quantenausbeute	10–20%	10–20%
langwellige Grenze	950 nm	1100 nm
therm. Dunkelstrom	$5 \cdot 10^{-15}$ A/cm²	10^{-15} A/cm²
Gesamtempfindlichkeit	100 A/lm	100 A/lm
Impulsanstiegszeit	2 ns	0,8 ns
Preis	etwas höher als normale Multialkali-Produktion	sehr viel höher als normale Produktionen
Bedarf	für die meisten Anwendungen mit erhöhter Rotempfindlichkeit geeignet	wesentlich niedriger, für restliche Spezialzwecke

- Durch den Einsatz von III—V-Verbindungen in Fotovervielfachern wurden Fortschritte in bezug auf die Grenzwellenlänge der Fotoemission, den Quantenwirkungsgrad (etwa 1100 nm bei einer thermischen Emission von einigen 10^{-15} A/cm²), die Ansprechempfindlichkeit und das Amplitudenauflösungsvermögen erreicht. Diese Vorteile der Anwendung von III—V-Verbindungen in Fotovervielfachern werden durch hohe Forderungen an die Technologie erkauft, so daß einer breiten Anwendung z. Z. noch ökonomische Grenzen gesetzt sind. Andererseits sind in Fotovervielfachern die auf dieser Basis möglichen, unter reinen Laborbedingungen nachgewiesenen hohen Parameterwerte bisher nur teilweise realisiert worden, so daß bei weiteren Verbesserungen der Gebrauchswert dieser Vervielfachertypen steigen wird.
- Eine weitere Entwicklungsrichtung betrifft die SE-Erzeugung in Elektronenvervielfachungskanälen, wobei die Innenwand eines dünnen Glasröhrchens die halbleitende, emittierende Oberfläche und den Spannungsteilerwiderstand darstellt.

Einzelne Vervielfachungskanäle können in Massenspektrometern und in der Weltraumforschung Anwendung finden. Durch Zusammenfassung vieler Einzelkanäle zu Kanalplatten entsteht ein Bauteil, welches vorteilhaft in Bildverstärkern und in Fotovervielfachern eingesetzt werden kann (Bild 9).

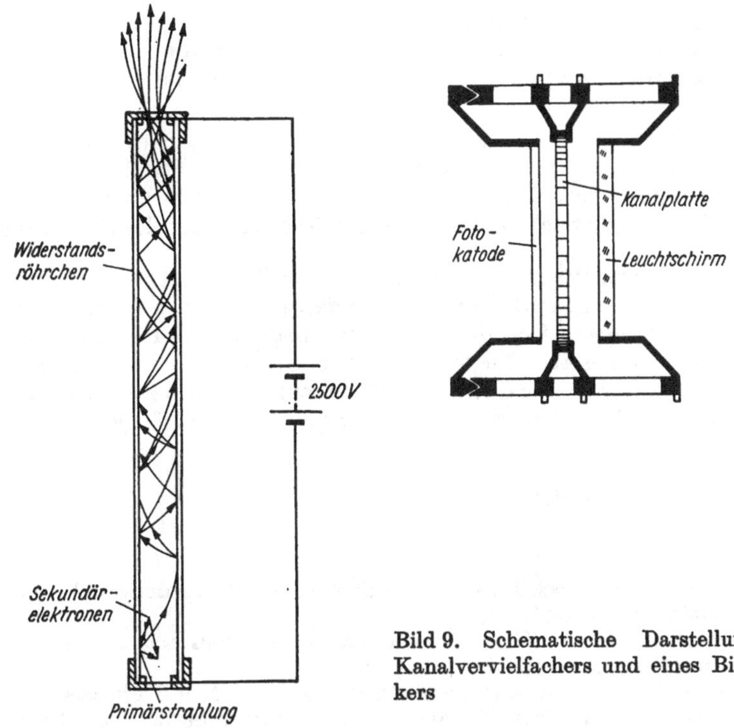

a) b)

Bild 9. Schematische Darstellung eines Kanalvervielfachers und eines Bildverstärkers

Ein mit Transfertechnik hergestellter Kanalplatten-Fotovervielfacher erreicht 10^4—10^5-fache Verstärkung, wobei bei einer Laufzeit von 1 ns Impulsanstiegszeiten von weniger als 0,2 ns und ein linearer Bereich bis 1A im Impulsbetrieb erreicht wurden.

— Ebenfalls nur in aufwendiger Transfertechnik herstellbar ist die Kombination einer Fotokatode mit einem *pn*-Halbleiter-Detektor zu einem Hybrid-Fotovervielfacher. Indem etwa je 3,5 eV der beschleunigten Fotoelektronen eine Paarerzeugung von Ladungsträgern im *pn*-Übergang erfolgt, können bei ca. 30 kV Betriebsspannung Verstärkungen von 10^4 erreicht werden. Die Vorteile derartiger Vervielfacher liegen auf dem Gebiet sehr hoher Energieauflösung, eines großen Linearitätsbereichs bis 5 A, einer Ansprechgeschwindigkeit, die praktisch nur von der verwendeten Halbleiterdiode bestimmt wird und in einer zu erwartenden Verbesserung der zeitlichen Parameterstabilität. Bisher sind nur Versuchsmuster bekannt. Einer weitgehenden Verbreitung stehen neben den technologischen Schwierigkeiten besonders der hohe Spannungsbedarf und die Forderung nach rauscharmer Nachverstärkung entgegen.

— Die Fragestellung der Substitution des konventionellen wie auch des weiterentwickelten Fotovervielfacher-Sortiments fordert zu einem Vergleich der erzielbaren Leistungen heraus. Dieser zeigt, daß für einige Anwendungsfälle schon im gegenwärtigen Zeitpunkt ein Ersatz durch geeignete Avalanche-Fotodioden denkbar erscheint, daß aber für die überwiegende Mehrzahl aller Fälle der Vergleich noch eindeutig zugunsten des Fotovervielfachers ausfällt (Tab. 2). Neben den in der

Tabelle 2. Parametervergleich zwischen Fotovervielfacher und Avalanche-Fotodiode

Parameter	Fotovervielfacher	Avalanche-Fotodiode
Spektralbereich [nm]	300...950	350...1100
Strahlungsäquivalent des Dunkelstromrauschens [W/$\sqrt{Hz}$]	$2 \cdot 10^{-16}$ cm^{-2}	$3 \cdot 10^{-13}$ mm^{-2}
absolute Empfindlichkeit [A/W]	$2 \cdot 10^{4}$	10^{2}
Grenzfrequenz [Hz]	$10^{7}...10^{8}$	$10^{8}...10^{9}$

Tabelle angezogenen technischen Parametern sei noch darauf hingewiesen, daß dem Einsatz von Halbleiterdetektoren einige weitere Probleme, wie Kleinheit der wirksamen Oberfläche, Bedarf an Stabilisierungsmitteln für die Betriebsspannung und die Forderung nach rauscharmer Nachverstärkung des Signals anhaften.

Bei kritischer Betrachtung der Leistungen sowohl konventioneller Fotovervielfacher als auch neuer Lösungen wird ersichtlich, daß die neuen Varianten zwar in einigen Parametern Spitzenwerte erreichen, die für begrenzte Anwendungsfälle unbedingt notwendig sind, daß es aber aus technisch-ökonomischen Gründen sehr unwahrscheinlich ist, daß auf dieser Basis Universal-Fotovervielfacher entstehen, die die konventionellen auf einer Vielzahl von Anwendungsgebieten verdrängen können.

Literaturverzeichnis

Übersichtsliteratur

[1] *Hartmann, W., Bernhard, F.*: Fotovervielfacher: Ihre Anwendung in der Kernphysik. Akademie-Verlag, Berlin 1957.

[2] *Sommer, A. H., Spicer, W. E.*: Photoelectronic Materials and Devices. S. Larach (Ed.), Verlag van Nostrand, Princeton/N.Y. 1965.

[3] *Sommer, A. H.*: Photoemissive materials. Verlag Wiley, New York 1968.

[4] EMI-photomultiplier tubes. Brochure ref: P001/fp70 sowie Catalogue Supplement, Hayes Middlesex.

[5] RCA-photomultiplier tubes. Brochure ref: PIT-700B 12/71 sowie photomultiplier manual, technical series PT-61, 9/70 Harrison, N.J.

[6] Valvo-Handbuch, Fotovervielfacher, Verlag Valvo GmbH, Hamburg 1973.

[7] Mullard — tubes and specialproducts 1972—73, Verlag Mullard Ltd., London 1973.

[8] EMR Schlumberger-multiplier phototubes, Verlag Weston Instr. Inc., Princeton/N.J. 1973.

Spezialliteratur

[9] *Bell, R. L., Spicer, W. E.*: 3-5-Compound Photocathodes. A New Family of Photoemitters with Greatly Improved Performance. Proceedings of the IEEE **58**, No. 11 (1970) 1788—1802.

[10] *Jedlicka, M.*: Photoelektrische und sekundäre Emitter mit negativer Elektronenaffinität. Proceedings of the 5th IMEKO Symposium on Photon Detectors, Varna 1971, S. 9—36.

[11] *Van Laar, J.*: The physical model of negative electron affinity photoemitters. Acta Electronica **16**, 3 (1973) 215—227.

[12] *Decker, R. W.*: Decay of S-20 Photocathode Sensitivity Due to Ambient Gases. Adv. in Electronics and Electr. Phys. **28 A** (1968) 357—365.

[13] *Budde, W.*: Über die Messung relativer spektraler Empfindlichkeitsverteilungen von photoelektrischen Empfängern. Proceedings of the 4th IMEKO Symposium on Photon Detectors Prague 1969, S. 167—186.

[14] *Bhide, G. K.* et al.: Optimisation of some parameters for high efficiency caesium-antimony semitransparent photocathodes. Appl. Phys. **4** (1971) 568—572.

[15] *Sommer, A. H.*: Practical Use of III-V-Compound Electron Emitters. RCA Review **34** (1973) 95—111.

[16] *Dolizy, P., Legouse, R.*: A New Technology for Transferring Photocathodes. Adv. in Electronics and Electr. Phys. **28 A** (1968) 366—374.

[17] *Schagen, P.*, *Pietri, G.*, *Eschard, G.* et al.: Rohrförmige Sekundärelektronenvervielfacher. Acta Electronica **14**, Nr. 1 (1971) 1—119; **14**, Nr. 2 (1971) 135—262.
[18] *Abraham, J. M.*, *Wolfgang, L. G.*, *Inshup, C. N.*: Application of Solid-state Elements to Photoemissive Devices. Adv. in Electronics and Electr. Phys. **22 B** (1966) 671—682.
[19] *Schagen, P. Turnbull, A. A.*: New Approaches to Photoemission at Long-Wavelengthes. Adv. Electron. Electr. Phys. **28 A** (1969) 393.
[20] *Sonnenberg, H.*: Low-Work-Function Surfaces for Negative Electron-Affinity Photoemitters. Appl. Phys. Letters. **14**, Nr. 9 (1969) 289.
[21] *Koosman, J. G.*: Radioactive Tracer Study of a Photomultiplier Manufacturing Process IEEE Trans. Nucl. Sci. **11** ,Nr. 3 (1964) 56—63.
[22] *Simon, R. E.*, *Sommer, A. H.* et al: New High Gain Dynode for Photomultipliers. Appl. Phys. Letters **13**, Nr. 10 (1968) 355.

4.17. Technologie der Photokatoden

Von *G. Preßler* und *W. Eberhardt*

VEB Elektronische Spezialröhren, Leipzig

4.17.1. Einleitung

Die Emission von Elektronen aus Oberflächen ins Vakuum oder einen angrenzenden Gasraum kann auf verschiedene Arten hervorgerufen werden. Eine ist die durch Auftreffen elektromagnetischer Strahlung bewirkte Elektronenemission. Der auf Untersuchungen von Heinrich Hertz im Jahre 1887 zurückgehende „äußere lichtelektrische Effekt" bildet die Grundlage der folgenden Betrachtungen.
Als Photokatoden bezeichnet man heutzutage geeignete, beim Auftreffen von ultravioletter, sichtbarer oder infraroter Strahlung hochemittierende Schichten, die sich im Hochvakuum oder verdünnter Edelgasatmosphäre befinden und überwiegend Alkalimetalle enthalten. Die Nutzbarmachung der proportional zum Strahlungsfluß austretenden Elektronenmenge geschieht durch Auffangen mittels einer gegenübergestellten Anode, wobei die Emissionsschicht mit dem Minuspol der äußeren Spannungsquelle verbunden wird.
Photokatoden können auf massiver, d. h. undurchsichtiger, oder transparenter, d. h. halbdurchlässiger Basis, hergestellt werden. Im ersten Falle wandern die Elektronen in die Richtung, aus der die Strahlung kommt, im zweiten Falle durchdringt die Strahlung die Schicht und die Elektronen wandern rückseitig ab.

4.17.2. Photokatoden-Unterlagen

Um den Emissionsverlust an Elektronen auszugleichen, bedarf es der Zuführung eines Stromes über einen elektrischen Kontakt. Dieser besteht im Falle der Aufbringung der Schicht auf einer Glasunterlage aus einem eingeschmolzenen Platindraht oder aus einem aufgedampften Aluminiumring. Um die Querleitfähigkeit der Photokatode zu verbessern, werden ebenfalls häufig metallische Unterlagen in Form von Silberspiegeln oder Blechen aus Silber bzw. Nickel eingesetzt. Zu hohe Querwiderstände können zu mangelnder Konstanz oder auch zu Trägheitserscheinungen der Photoemission führen. Es kann auch der Fall einer unerwünschten SE-Emission eintreten, wenn Elektronen, die in der Nähe des Katodenkontaktes austreten und auf Grund des hohen Spannungsabfalles längs der Schicht auf entferntere Gebiete zurückfallen und dort Sekundärelektronen erzeugen. Dies führt zu einer Minderung des Sättigungs-Effektes bei Vakuumausführungen der Photoemitter.
Blanke Schichtunterlagen können zusätzlich Reflexfunktion haben, so daß auffallende Strahlung die Schicht zweimal durchsetzen kann. Schließlich kann die Unterlage am Emissionsmechanismus teilnehmen, so wie dies bei der Cäsiumoxid-Katode auf Silber der Fall ist.
Die Aufbringung der Silberschicht aus Glasunterlagen kann durch chemisches Niederschlagen aus einer ammoniakalischen Silbernitratlösung oder durch direktes Aufdampfen des Metalls erfolgen. Im Falle der chemisch gebildeten Silberschicht unterscheidet man zwischen matten und blanken Schichten. Erstere haben sich für die

Herstellung von Cäsiumoxid-Katoden als günstiger erwiesen. Sie entstehen dadurch, daß man die Silberlösung eine längere Zeit stehen läßt und die „schwammige“ Schicht nicht kräftig abspült oder nach dem Trocknen abreibt.

4.17.3. Photokatoden

Da die Photokatoden überwiegend Alkalimetalle enthalten, müssen sie unter Hochvakuum hergestellt und aufbewahrt werden. Die Fertigungstechnologie verlangt deshalb Pumpstände, die ein Endvakuum von ca. 10^{-5} Torr, in besonderen Fällen von ca. 10^{-10} Torr, erreichen. Bevorzugt werden für diesen Zweck noch Quecksilberdiffusionspumpen aus Glas mit Kühlfallen und flüssiger Luft eingesetzt.
Neben einem gewöhnlichen Ausheizen der angeschmolzenen Glasgefäße, in denen die Photokatoden gebildet werden sollen und einem evtl. Entgasen von Elektrodensystemteilen mittels Hochfrequenzerhitzung nimmt die Gewinnung bzw. Einbringung von Alkalimetallen einen breiten Raum bei der Katodenherstellung ein.
Hierbei existieren wiederum verschiedene Verfahren. Die Alkalien können in seitlich angesetzten Ampullen aus Aziden bzw. Chloriden mit Kalzium durch Erhitzen gebildet werden. Sollen die Alkalien in den schichttragenden Gefäßen selbst erzeugt werden, stehen Verfahren mit Chromaten und Zirkon bzw. Titan als Reduktionsmittel zur Verfügung. Zu diesem Zweck werden die Gemische in dünnwandige Nickelröhrchen gefüllt, die dann durch Stromwärme erhitzt werden und dadurch eine dosierte Erzeugung von Alkalimetall erlauben.
Sauerstoffpatronen, Formieröfen, kalibrierte Lichtquellen und elektrische Meßinstrumente vervollständigen das Instrumentarium eines Photokatoden-Pumpstandes.

4.17.3.1. Cäsiumoxid

Photokatoden auf der Basis Cäsiumoxid benötigen zu ihrer Herstellung stets Silberunterlagen. Diese — wie bereits erwähnt — können als matte, chemisch niedergeschlagene, oder als blanke oder transparente aufgedampfte Schichten vorliegen. Diese Silberschicht wird nach dem Ausheizen durch eine Glimmentladung in Sauerstoff bis zu einer charakteristischen goldbraunen Färbung oxydiert, wobei die Farbnuancen visuell beurteilt werden und ein Höchstmaß an persönlicher Erfahrung und Geschick Voraussetzung ist. Hierauf wird Cäsiumdampf auf die oxydierte Silberschicht geleitet bis die Schicht eine dunkelbraune Farbe angenommen hat. Die dabei verwendete Cäsiummenge ist relativ kritisch; Über- und Unterdosierungen sind von Nachteil. Besitzt das Schichtgefäß einen eingebauten Silberverdampfer, so kann man ein Nachsilbern der Schicht mit wechselweisen Cäsiumgaben vornehmen. Dies erhöht beträchtlich die spätere Empfindlichkeit der Photokatode.
Abschließend erfolgt ein Formieren der Schicht bei ca. 220 °C währenddessen ein komplizierter „Back“prozeß vor sich geht.
Nach Abkühlung und Abschmelzen von der Vakuumpumpe steht ein rot- und infrarotempfindlicher Photoemitter zur Verfügung. Die Kurve der relativen spektralen Empfindlichkeit (bezogen auf energiegleiches Spektrum), S-1 genannt, zeigt Bild 1.

4.17.3.2. Cäsium-Antimon

Die weit verbreitete, 1937 erstmals von Görlich beschriebene Cäsium-Antimon-Katode entsteht durch Einwirkung von Cäsiumdampf auf eine vorher aufgedampfte Antimonschicht. Diese kann ebenfalls als transparente oder massive Schicht auf einer Glasunterlage vorliegen, besser jedoch auf einer leitenden Schicht aus blankem Silber oder Nickel, hierbei natürlich nur in Form der massiven Katoden. Die Cäsiumdosie-

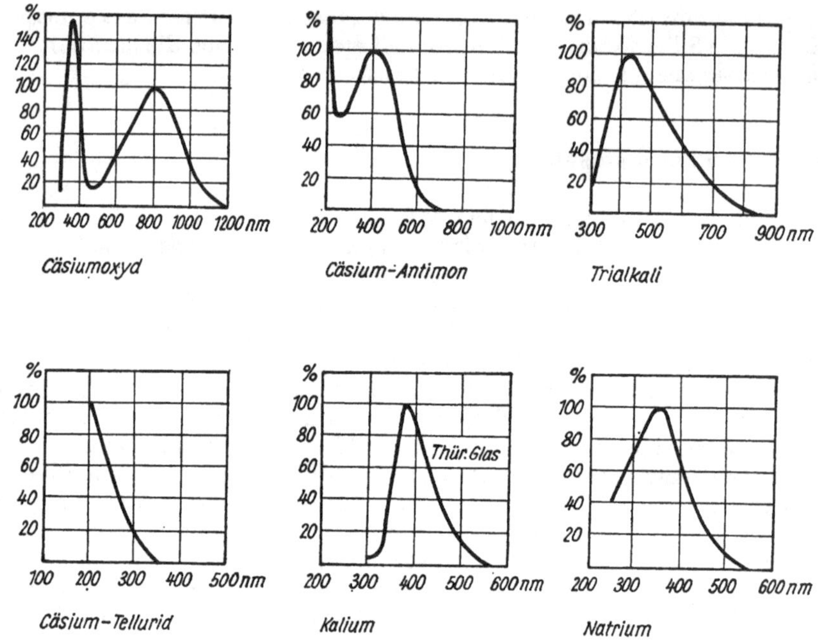

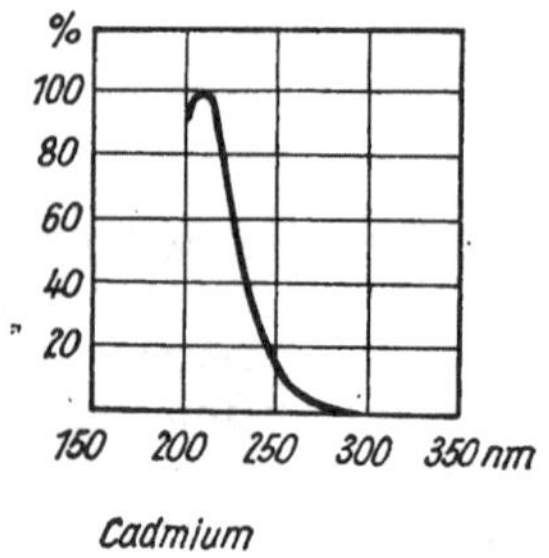

Bild 1. Relative spektrale Empfindlichkeit verschiedener Photokatoden bezogen auf energiegleiches Spektrum

rung ist nicht so kritisch wie im Falle der Cäsiumoxid-Katode. Ein Formieren der Katode bei ca. 160 °C schließt den Herstellungsprozeß ab. Gelegentlich wird eine kalte Nachoxydation der fertigen Schicht durch vorsichtige Sauerstoffgabe vorgenommen, um die Empfindlichkeit und insbesondere die Rotempfindlichkeit zu erhöhen. Das Verfahren hat den Nachteil, daß häufig instabile Photokatoden entstehen. Die Kurve der relativen spektralen Empfindlichkeit der Cäsium-Antimon-Katode S-4 ist ebenso wie die der folgenden Katodenarten in Bild 1 dargestellt.

4.17.3.3. Trialkali

Eine Weiterentwicklung der Cäsium-Antimon-Katode stellen die von Sommer angegebenen Multialkali-Katoden, speziell die Trialkali-Katode dar. Außer Antimon und Cäsium enthält die Trialkali-Katode zusätzlich die Alkalimetalle Kalium und Natrium. Auf einer Antimonschicht aufbauend werden abwechselnd K-Sb, Na-Sb und Cs-Sb aufgebracht bis ein Maximum an Empfindlichkeit erreicht ist, wobei während der einzelnen Schritte unterschiedliche Temperaturen der Katode eingehalten werden müssen. Insgesamt stellt die Katodenherstellung einen technologisch schwierigen Prozeß dar, der jedoch heutzutage serienmäßig beherrscht wird. Der Vorteil der Trialkali-Katode besteht in der weitaus höheren Empfindlichkeit (insbesondere Rotempfindlichkeit) gegenüber der Cäsium-Antimon-Katode. Die Trialkalikatode wird *S*-20 genannt. Durch eine geeignete vorgeschaltete Filterkombination läßt sich die Augenempfindlichkeitskurve approximieren.

4.17.3.4. Cäsium-Tellurid

Eine in neuerer Zeit entwickelte UV-empfindliche Photokatode besteht aus Cäsium-Tellurid. Ihre Herstellung ähnelt der Cäsium-Antimon-Katode, wobei eine gewisse Schwierigkeit in der Unterdrückung einer gelegentlich auftretenden Empfindlichkeit im sichtbaren Spektralgebiet besteht.

4.17.3.5. Kalium

Die älteste Photokatode, bestehend aus einer reinen Kalium-Schicht, wird auch heute noch gelegentlich gefertigt. Während Elster und Geitel 1908 nur das reine kompakte Kalium in Form eines regelrechten „Teiches" in die Zelle direkt auf die Glaswandung brachten, wird heute nur eine sehr dünne Kalium-Schicht auf eine blanke Silberunterlage destilliert.
Die Empfindlichkeit liegt vornehmlich im blauen Spektralbereich. Zur Erhöhung der Empfindlichkeit und Verschiebung der Spektralkurve ins grüne Gebiet kann eine Hydrierung der Schicht durch Glimmbehandlung in Wasserstoff vorgenommen werden.

4.17.3.6. Natrium

Ähnlich wie Kalium verhält sich Natrium als Photokatode, wobei eine große Empfindlichkeit im UV und blauen Gebiet zu verzeichnen ist. Auf eine Unterlage von Cadmium wird reines Natrium aufdestilliert, dessen anschließende Hydrierung wegen einer damit zusammenhängenden Instabilität nicht zweckmäßig ist.
Die Verwendung von Cadmium, das sich unter Vakuum wie die Alkalimetalle bequem mit einer Handflamme eindestillieren läßt, ergibt sich durch die an eine Amalgamierung erinnernde Legierung von Na mit Ag, bei der die Homogenität der Schicht verloren geht.

4.17.3.7. Cadmium

Für die Zwecke des Nachweises kurzwelliger energiereicher Strahlung eignet sich eine Photokatode aus reinem Cadmium, das durch Destillation in das Emittergefäß gebracht werden kann. Die Schicht ist sehr stabil, allerdings außerordentlich gering empfindlich.

4.17.3.8. AIII—BV-Verbindungen

Im Anschluß an theoretische Überlegungen sind in neuester Zeit hochemittierende Photokatoden unter Verwendung von Elementen der III. und V. Nebengruppe des periodischen Systems entwickelt worden. Am bekanntesten hiervon ist bis jetzt GaAs, das mit einer Cäsiumschicht bedeckt wird. Die Herstellung des Photoemitters geht im allgemeinen von einer Zn-dotierten GaAs-Kristallscheibe aus, die nach einem kurzzeitigen Erhitzen zwecks Reinigung mit Cäsiumdampf behandelt wird. Anschließend

erfolgt eine schwache Oxydation der Cäsiumschicht. Nach Angaben in der Literatur wird zur Herstellung dieses Photoemitters ein sehr gutes Vakuum in der Größenordnung von 10^{-10} Torr benötigt.
Hervorstechendste Eigenschaften dieser neuen Photokatode sind extrem hohe Empfindlichkeit (etwa das Zehnfache gegenüber der Cäsium-Antimon-Katode) und fast konstante spektrale Empfindlichkeit im sichtbaren Gebiet. Die langwellige Grenze liegt bei ca. 900 nm (s. Bild 1).

4.17.4. Empfänger-Gefäße

Photokatoden werden im allgemeinen in Glasgefäßen hergestellt und aufbewahrt. Maßgeblich für das Eintrittsfenster ist die spektrale Empfindlichkeit und die gewünschte Anwendung. Für den Spektralbereich von ca. 350 ... 1200 nm ist normales Thüringer Glas ausreichend. Soll UV-Strahlung bis ca. 250 nm genutzt werden, kann das Fenster oder auch das ganze Gefäß aus dem UV-Hartglas 9741 (Corning) oder 8337 (Schott Mainz) gefertigt werden. Diese Gläser lassen sich mit dem Hartglas 756 k (Spezialglaswerk Weißwasser) verschmelzen.
Will man spektrale Messungen bis unter 200 nm vornehmen, so muß man zu Quarz greifen. Vorteilhafterweise setzt man synthetisches Quarzmaterial, das heute überall zur Verfügung steht, in Form dünner Fenster ein. Das Anschmelzen über Zwischengläser herrscht dabei vor.
Die spektralen Transmissionsgrade der verschiedenen Gläser zeigt Bild 2.

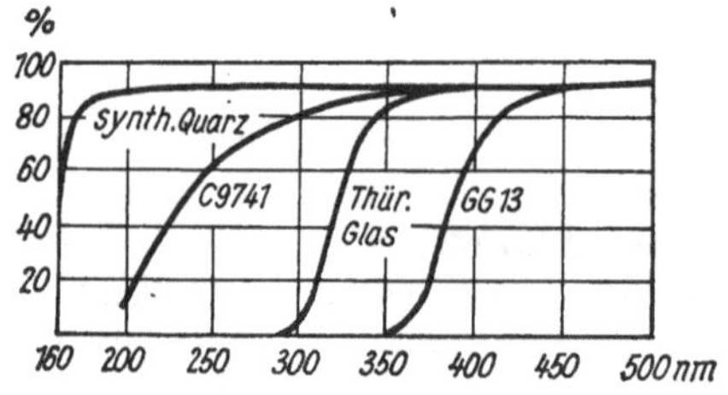

Bild 2. Spektrale Transmissionsgrade verschiedener Gläser

4.17.5. Bewertung der Photokatoden

Photokatoden werden in erster Linie nach ihrer integralen und spektralen Empfindlichkeit bewertet. Daneben interessieren bei Empfänger-Anwendungen noch die auftretenden Dunkelströme, die aus dem thermischen Dunkelstrom, dem Isolationsstrom und dem Ionisationsstrom bestehen können.
Der Verlauf der spektralen Empfindlichkeit wird üblicherweise mit Hilfe eines geeichten Monochromators gemessen.
Für die Ermittlung der integralen Empfindlichkeit stehen zwei Methoden zur Verfügung:

Photokatoden für das sichtbare Gebiet werden mit Normlichtart *A* (Licht einer Wolfram-Glühlampe bei $T_f = 2850$ K) beleuchtet und der Quotient aus Photostrom und einfallendem Lichtstrom, Empfindlichkeit *s* genannt, ermittelt. Bei UV-empfindlichen Katoden wird der UV-Standard-Strahler nach Krefft, Rößler und Rüttenauer zugrunde gelegt, dessen Strahlung durch Messen der Liniengruppe 366 nm festgelegt wird. Ausgehend davon wird ein bestimmter Strahlungsfluß gebildet, mit dem die Photokatode belegt wird. Um den sichtbaren Teil zu eliminieren, wird zunächst die Strahlung ungefiltert verwendet und anschließend ein Filter GG13/4 mm (Schott

Jena) vorgeschaltet. Die Definition der UV-Empfindlichkeit lautet dann:

$$s_{UV} = \frac{I_{ph}\text{ (ohne Filter)} - I_{ph}\text{ (mit Filter)}}{\Phi e\ (366)}.$$

Diese in Bezug auf die unterschiedlichen Spektralkurven der einzelnen Photokatoden mit Schwächen behaftete Methode stellt doch ein praktikables Verfahren der Bewertung von UV-Katoden dar.
Nachfolgend eine Übersicht der integralen Empfindlichkeiten der einzelnen Photokatoden bei Vakuumausführungen:

Cäsiumoxid	s =	20 ... µA/lm
Cäsium-Antimon		35 ... µA/lm
Trialkali		100 ... µA/lm
Kalium (hydriert)		0,5 ... µA/lm
Cäsium-Tellurid	s_{UV} =	50 ... µA/mW
Kalium		2 ... µA/mW
Natrium		4 ... µA/mW
Cadmium		0,1 ... µA/mW

4.17.6. Anwendungen

Photokatoden werden in der Wissenschaft und Technik vielseitig angewandt. Haupteinsatzgebiete sind

gasgefüllte und Vakuum-Photozellen,
Sekundärelektronen-Vervielfacher,
Bildwandler.

Mit Photozellen können viele Meß-, Steuer- und Regelungsaufgaben gelöst werden, wenn es sich darum handelt, Licht in elektrischen Strom umzuwandeln. Das gleiche gilt für Sekundärelektronen-Vervielfacher, die wegen ihrer hohen inneren Verstärkung bei außerordentlich geringen Lichtmengen mit Vorteil eingesetzt werden. Mit Bildwandlerröhren ist man z. B. in der Lage, infrarote Strahlung in sichtbare zu verwandeln. Ein weiteres Anwendungsgebiet ist die Verstärkung von lichtschwachen Röntgen-Schirmbildern mit Hilfe sog. Röntgenbildverstärker, die ebenfalls Photokatoden des äußeren lichtelektrischen Effektes enthalten.

4.18. Entwicklungstendenzen bei Bildaufnahmeröhren

Von *H. Schmidt*, *P. Brüseke* und *D. Morawski*

VEB Werk für Fernsehelektronik, Berlin

4.18.1. Grundprinzipien der Bildaufnahme

An der Erfüllung der evidenten Grundforderung, daß jede Fernsehübertragungseinrichtung ein möglichst originalgetreues Abbild der zu übertragenden Szene am Ort des Betrachters zu reproduzieren hat, haben die Bildaufnahmeeinrichtungen einen ganz entscheidenden Anteil. Als Ergebnis der mehr als vier Jahrzehnte umfassenden intensiven Entwicklungsarbeit an Bildaufnahmeröhren stehen wir heute an der Schwelle des Übergangs von Bildaufnahmeröhren, die im Sinne des Wortes Röhren Vakuumröhren sind, zu komplexen vakuumlosen mikroelektronischen Festkörperbildaufnahmesystemen.
Das technische Grundprinzip jeder Fernsehübertragung, von den ersten Anfängen bis zum heutigen Tag, ist die zweidimensionale Bildfeldzerlegung, so daß anstelle der simultanen Übertragung jeder einzelnen Bildpunktinformation ein sequentielles Signal übertragen wird, das am Ort des Empfängers synchron zur Abtastung den Aufbau des Bildes bestimmt.
Die Forderung, mit dem Fernsehen eine dem Kinofilm nahekommende Übertragungsqualität zu erreichen, führte im Ergebnis umfangreicher physiologischer Untersuchungen zur Festlegung der Zerlegungsparameter, d. h. zur Bildwechselzahl pro Sekunde und zur Zeilenzahl pro Bild. Da beide Faktoren proportional in die Bandbreite des Übertragungskanals eingehen, die aus technischen und ökonomischen Gründen nicht beliebig groß gemacht werden kann, mußten Kompromisse gefunden werden, die in verschiedenen Ländern auch heute noch etwas unterschiedliche Fernsehnormen bedingen.
Die für den größten Teil der Welt gültige Zerlegungsbasis garantiert mit 25 Bildwechseln pro Sekunde unter Zugrundelegung des zusätzlich eingeführten Zeilensprungverfahrens ausreichende Flimmerfreiheit auch bei großen Leuchtdichten und ist außerdem leicht mit der Netzfrequenz zu verkoppeln, während die 625 Zeilen pro Bild bei normalem Betrachtungsabstand mit dem dichtesten Zäpfchenabstand im menschlichen Auge korrespondieren. Die naheliegende Forderung, im Fernsehbild sowohl in vertikaler als auch in horizontaler Richtung das gleiche Auflösungsvermögen zu realisieren, bestimmt die Zahl der innerhalb eines Abtastzyklus zu übertragenden Bildpunkte zu etwa $4 \cdot 10^5$. Die diesen Bildpunkten innewohnenden Helligkeitswerte kontrastgetreu und ohne störende Nebenerscheinungen, wie Nachwirkungen, Geometrieverzerrungen usw. in ein elektrisches Signal zu wandeln, ist die Hauptaufgabe der Bildaufnahmeeinrichtung.

4.18.2. Historische Lösungen der Bildaufnahme

4.18.2.1. Flying-spot

Die historisch erste elektronisch arbeitende Bildaufnahmeeinrichtung, der „flying-spot-scanner“ oder „Leuchtfleckabtaster“, erfüllte diese Forderungen in vollem Maße und wurde — und wird es vereinzelt auch heute noch — eingesetzt zur Dia- und

Filmabtastung für Schwarz-Weiß- und Farbfernsehen. Dieses Verfahren kann im Zusammenhang mit Laserlichtquellen wieder an Bedeutung gewinnen.

4.18.2.2. Superikonoskop, Superorthikon

Für die Übertragung selbstleuchtender oder durch Scheinwerfer beleuchteter Szenen erfolgte der Durchbruch der Bildaufnahmetechnik mit der Entwicklung und Nutzung des Speicherprinzips. Im Gegensatz zum flying-spot-scanner und zur Dissektorröhre wird hierbei nicht nur der während des Abtastzeitraums eines bestimmten Bildpunktes wirkende Lichteindruck in ein elektrisches Signal umgewandelt, (diese Zeit liegt in der Größenordnung von 10^{-7} s), sondern spezielle, den Bildpunkten zugeordnete Speicherelemente werden während des gesamten Abtastzyklus durch die lichtelektrisch freigesetzten Ladungen des Bildpunktes aufgeladen und entladen ihre Kapazität im Abtastmoment stoßartig durch den abtastenden Elektronenstrahl, wodurch die zwischen den periodischen Abtastungen des jeweiligen Bildpunktes entstehenden Lichtwirkungen nicht verlorengehen, sondern aufintegriert werden, was zu einer mehr als 10^5-fachen Empfindlichkeitssteigerung führt. Dieses Speicherprinzip hat überhaupt erst die nachfolgende Entwicklung der Bildaufnahmeröhren ermöglicht.
Die Kette dieser Röhren reichte vom Ikonoskop über das Superikonoskop bis zum Superorthikon der 60-iger Jahre. Das Superorthikon ist so lichtempfindlich, daß 50 lx Szenenbeleuchtungsstärke genügen. Die Hauptnachteile des Superorthikons sind sein komplizierter Aufbau und die diffizile Funktion, die Notwendigkeit, viele Parameter während des Betriebes exakt abzugleichen, damit verbunden der hohe Kameraaufwand und schließlich die erhebliche geometrische Größe. Bildaufnahmeröhren, die neben der Erfüllung aller schon erwähnten fernsehtechnischen Forderungen auch noch den Vorteil haben, einfach, klein und robust zu sein, gehören zur Familie der Vidikons.

4.18.2.3. Vidikon

Unter der Bezeichnung Vidikon wurde um 1950 eine Bildaufnahmeröhre bekannt, deren Wirkungsweise im Gegensatz zum damaligen Stand der Technik auf dem inneren lichtelektrischen Effekt, also auf der Fotoleitung, beruht.
Diese Röhre ist immer Gegenstand laufender Weiterentwicklung gewesen, ein Prozeß, der auch gegenwärtig noch nicht abgeschlossen ist.
Aufbau und Funktion sind entsprechend Bild 1 sehr einfach und einleuchtend. Zentrales Element ist das lichtempfindliche Target, das auf seiner Rückseite vom rasterförmig abgelenkten Strahl langsamer Elektronen abgetastet wird. Diese Abtastelektronen stabilisieren die Targetrückseite periodisch auf das Katodenpotential des Abtaststrahlsystems. Das Target selbst besteht im einfachsten Fall aus einer hochohmigen Fotowiderstandsschicht, die auf einer durchsichtigen Elektrode aus SnO_2 auf dem Lichteintrittsfenster der Röhre angebracht ist. Durch Anlegen einer Vorspannung an die Signalelektrode fließt entsprechend dem inneren Widerstand der Halbleiterschicht ein Strom in Längsrichtung durch das Target, der zwischen den Abtastzeitpunkten eines jeweiligen Bildpunktes zu einer teilweisen Entladung, der durch Vorder- und Rückseite des Targets gebildeten Kapazität führt. Diese Ladungsmenge, hervorgerufen durch den Dunkelstrom des Targets, wird bei der Abtastung jeweils wieder ersetzt und ruft am Arbeitswiderstand der Signalelektrode eine entsprechende Spannung hervor.
Bei Beleuchtung des Targets durch das aufprojizierte optische Bild entladen sich die einzelnen Bildpunktkapazitäten entsprechend der auftretenden Fotoleitung unterschiedlich stark, wodurch bei der Abtastung, d. h. beim Ersatz der abgeflossenen

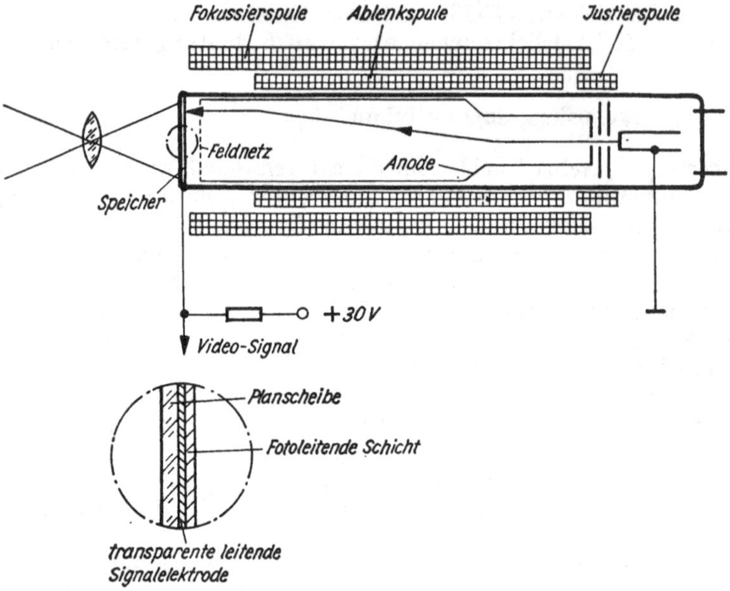

Bild 1. Röhre vom Vidikontyp (Prinzip)

Ladungen, ein der jeweiligen Bildpunkthelligkeit entsprechendes elektrisches Signal an der Signalelektrode entsteht. Voraussetzung dafür ist allerdings, daß der Targetwiderstand so groß ist, daß die zu benachbarten Bildpunkten gehörigen Potentiale sich nicht ausgleichen, daß also kein Auflösungsverlust stattfindet.

Der entscheidende Vorteil dieser Anordnung liegt darin, daß das lichtempfindliche Target in seiner beschriebenen Funktion gleichzeitig das Speicherprinzip verwirklicht, wenn die durch den Dunkelstrom verursachten Entladungen der Bildpunktkapazitäten klein sind gegenüber der auf ihnen durch die Targetvorspannung aufgebrachten Gesamtladung, wenn also die Bildpunkt- und damit die Targetzeitkonstante *RC* groß ist gegenüber der Abtastperiodendauer und in die Größenordnung einer Sekunde kommt. Der Hauptnachteil liegt in mehr oder weniger starken Nachwirkungs- also Trägheitserscheinungen.

Das Haupteinsatzgebiet, das durch diese Röhrengattung überhaupt erst geformt und geschaffen wurde, betrifft die tausendfältigen Anwendungen des sogenannten industriellen Fernsehens. Darunter sind all jene Beobachtungs- und Überwachungsaufgaben zu verstehen, bei denen eine ausgesprochene Studioqualität der Übertragung nicht in erster Linie gefordert wird, wo also eine bestimmte Trägheit oder gewisse Bildunsauberkeiten die Informationsübertragung nicht beeinträchtigen. Der Bogen spannt sich von hochqualifizierten medizinischen Beobachtungen hinter Röntgenbildverstärkern über Verkehrs- und Maschinenbeobachtungen bis zu Anwendungen im häuslichen Bereich, z. B. Kinderbeaufsichtigung. Da ein Normalvidikon zum einwandfreien Betrieb rund 50 ... 100 lx Szenenbeleuchtung braucht, ist es etwa ebenso empfindlich wie ein $\frac{20}{10}$ Film bei $\frac{1}{25}$ s Belichtungszeit.

4.18.3. Gegenwärtiger Stand der Technik

4.18.3.1. Plumbikon

Ein ganz grundlegender Schritt in der Verbesserung des Vidikons gelang um 1963 mit der Schaffung des Plumbikons [1]. Zwar waren innerhalb der begrenzten Auswahl an Targetmaterialien schon mannigfaltige Untersuchungen durchgeführt worden, aber

erst das Plumbikon realisierte einen derartigen Qualitätssprung, daß — unterstützt durch die allgemeine Einführung des Farbfernsehrundfunks — diese Röhre im Farbfernsehstudio praktisch eine Monopolstellung innehat und in einigen anspruchsvollen industriellen Anwendungen die Normalvidikons des industriellen Fernsehens weitgehend verdrängt.
Diese technische Vormachtstellung basiert auf den Eigenschaften des Targets: geringer Dunkelstrom, hohe Lichtempfindlichkeit und geringe Trägheit.
Als Targetmaterial findet die rote Modifikation des Bleioxids PbO mit einem Bandabstand von 2,0 eV Verwendung. Die etwa 20 µm dicke PbO-Schicht ist durch geeignete Dotierung als ebene großflächige *p-i-n*-Diode gestaltet und wird durch die Signalplattenspannung in Sperrichtung vorgespannt. So wird der geringe Dunkelstrom erreicht. Die niedrige Trägheit resultiert aus der geringen Targetkapazität und aus der weitgehenden Haftstellenfreiheit des *i*-Gebietes. Die hohe Lichtempfindlichkeit

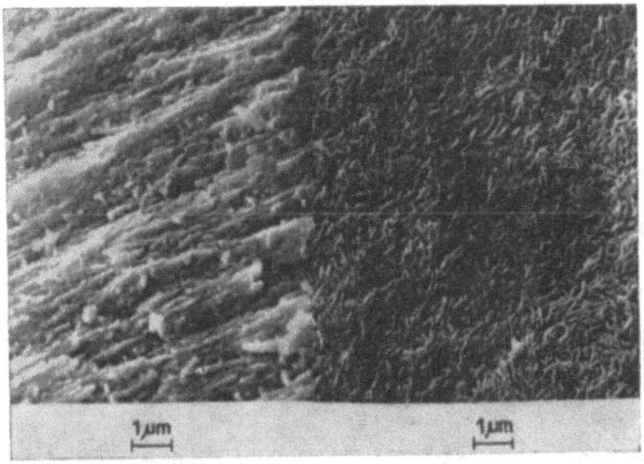

Bild 2. Schichtaufbau einer PbO-Schicht
rechts: Oberfläche
links: Querschnitt

schließlich folgt aus der weitgehenden optischen Absorption in der dicken *i*-Schicht und aus dem gleichmäßigen Feldverlauf innerhalb dieser, so daß die Ladungsträger, bevor sie rekombinieren, zu den Elektroden gelangen. Die Herstellung dieser *i*-Schicht ist das eigentliche Problem des Plumbikons. Es kann unterstellt werden, daß die Erzeugung einer echten eigenleitenden PbO-Schicht durch Aufdampfung nicht möglich ist, und daß diese im Vakuum wegen Sauerstoffabgabe auch nicht stabil wäre. Ein Modell zur Erklärung einer Quasieigenleitfähigkeit dieser Schicht beruht auf der Annahme eines Kompensationseffektes durch Oberflächenzustände, die auf den plättchenförmigen (s. Bild 2) Kristalliten existieren und das Fermi-Niveau auf ein mittleres Energieniveau innerhalb der verbotenen Zone heben.
Ein volles Verständnis hat diese Erscheinung noch nicht gefunden.
(Es sei in diesem Zusammenhang darauf hingewiesen, daß auch für die meisten anderen Bildaufnahmeröhren eine exakte theoretische Erklärung für eine Reihe von Effekten, die z. T. mehrere Jahrzehnte hindurch erfolgreich genutzt wurden, noch aussteht, was z. T. daran liegt, daß es sich hier nicht um Modellsubstanzen handelt und daß diese Effekte — allerdings in hochgezüchteter Form — häufig sogenannte „Dreckeffekte“ sind, denen der ernsthaft experimentierende Physiker im allgemeinen mit beträchtlichem Aufwand (Schaffung modellmäßiger Voraussetzungen) aus dem Wege geht). Andere, durch das Plumbikonprinzip induzierte Entwicklungen, z. B. auf der Basis von Heteroübergängen CdTe-As_2S_3 u. a., konnten den Entwicklungsvorsprung

des Plumbikons bisher nicht aufholen. Außerdem wurde das Plumbikon seit seinem Auftreten auf dem Markt kontinuierlich weiterentwickelt: Verschiebung der langwelligen Grenze ins Rote durch geeignete Schichtdotierung, Zusatzbeleuchtung des Targets, um bestimmte Formen von restlicher Trägheit bei geringen Beleuchtungsstärken zu eliminieren. Entwicklung eines ACT-(Anti-Comet-Tail) Strahlsystems zum Einbau eines Knicks in die Übertragungskennlinie, um Übersteuerungen zu vermeiden — das sind die wesentlichsten bisherigen Stationen des Entwicklungsfortschritts.

4.18.3.2. Si-Vidikon

Eine andere, man kann fast sagen, dem Plumbikon entgegengesetzte, Alternative wurde mit der Entwicklung der bisher fortschrittlichsten Vidikonvariante, dem Si-Multidiodenvidikon, in Angriff genommen [2].
Diese Bauelementekonzeption verbindet in vorteilhafter Weise die Ergebnisse der modernen mikroelektronischen Technologie der Si-Planartechnik mit der seit Jahrzehnten erfolgreich erprobten Elektronenröhrentechnik. Die ersten Anstöße zur Ladungserzeugung und -Speicherung mit einer Anordnung elektrisch vorgespannter und voneinander isolierten Dioden wurde um 1960 gegeben; das erste funktionsfähige Si-Multidiodenvidikon wurde 1968 der Öffentlichkeit vorgestellt. Die speziellen Eigenschaften dieser neuen Bildaufnahmeröhre führten zu ihrer schnellen internationalen Verbreitung.

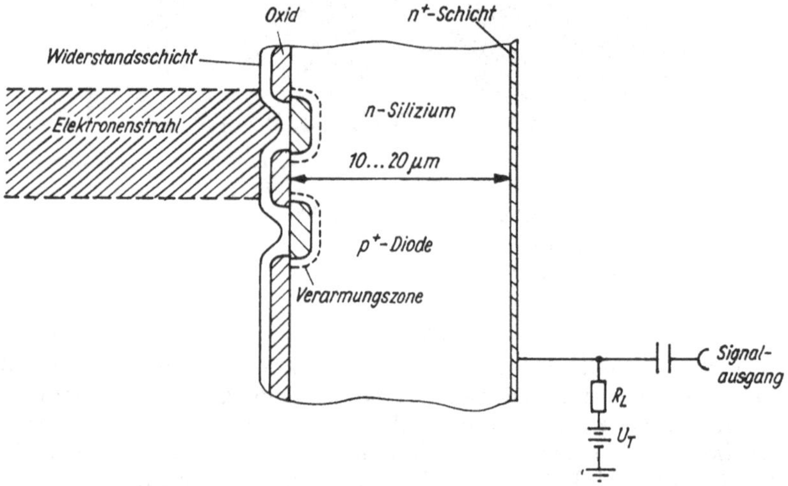

Bild 3. Prinzip des Si-Dioden-Targets

Ein Si-Dioden-Target besteht, wie aus der Systemdarstellung Bild 3 zu erkennen, aus einer symmetrischen Anordnung von Dioden. Das Grundmaterial bildet eine n-dotierte Si-Scheibe mit einem Durchmesser von 20 ... 22 mm und einer Scheibenstärke von 150 ... 220 µm. Im Bereich der lichtempfindlichen Zone ist es auf eine Dicke von 10 ... 20 µm verdünnt, um eine ausreichende Auflösung und hohe Blauempfindlichkeit zu gewährleisten. In dieses Substrat werden auf der einen Seite Dioden eindiffundiert, deren Durchmesser ca. 8 µm beträgt. Je nach gewähltem Rastermaß beträgt die auf einer durch den Scheibendurchmesser vorgegebenen quadratischen Fläche erzeugte Diodenzahl zwischen 6×10^5 bis 1×10^6 Stück. Die Dioden sind an der Oberfläche durch eine Oxidschicht voneinander isoliert. Zur Vermeidung von Aufladungseffekten ist auf dem Oxid eine leitfähige Schicht abgelagert. Bezüglich des Widerstandes dieser leitfähigen Schicht sind Kompromisse erforderlich im Hinblick auf

ausreichende Freiheit von Aufladungseffekten (Begrenzung für den max. Signalstrom) einerseits und ausreichendes Auflösungsvermögen andererseits.
Auf der lichtempfangenden Seite wird zur Verminderung der Reflexion eine Antireflexionsschicht abgeschieden sowie im Substrat selbst zur Verringerung von Oberflächenrekombination eine hochdotierte schmale n^+-Zone erzeugt. Der Einbau eines Si-Diodentargets in eine Bildaufnahmeröhre vom Vidikontyp entsprechend Bild 4 erfolgt so, daß es anstelle der üblichen photoempfindlichen Schicht eingesetzt wird, wobei die Vorderseite (Dioden) der Katode und die Rückseite (partielle Vertiefung) dem einfallenden Licht zugewandt ist. Über eine Elektrode wird das n-Substrat des Targets mit einer gegenüber der Katode positiven Spannung versehen, während die Dioden durch den Elektronenstrahl periodisch auf Katodenpotential geschaltet werden. Dadurch bildet sich eine Matrix von in Sperrichtung gepolten p-n-Übergängen mit einer der eingestellten Vorspannung entsprechend breiten Raumladungszone.

Bild 4. Si-Dioden-Vidikon (zugehöriges Target im Vordergrund)

Durch einfallendes Licht auf die Rückseite werden im n-Substrat des Targets Ladungsträger gebildet, die mit einer bestimmten Geschwindigkeit durch das Substrat diffundieren. Die Diffusion der Minoritätsträger, die nach allen Richtungen mit gleicher Wahrscheinlichkeit erfolgt, bewirkt bei Erreichung der Raumladungszone der Diode eine Entladung derselben. Die Entladung wird durch den abtastenden Elektronenstrahl wieder aufgehoben, so daß der sich ausbildende Entladungsstrom ein Maß für die die Diode erreichenden Minoritätsträger und damit des auf der Rückseite auftreffenden Lichtstroms ist.
Die vorteilhaften Eigenschaften von Bildaufnahmeröhren mit Si-Dioden-Target, wie hohe absolute Empfindlichkeit, breiter spektraler Empfindlichkeitsbereich, geringe Trägheit, Unempfindlichkeit gegenüber optischen, elektrischen und mechanischen Überlastungen sowie hohe Lebensdauer haben dazu geführt, daß diese Röhren ein breites Anwendungsfeld erobert haben. Hier stehen im Vordergrund hochqualitative Anwendungen des industriellen Fernsehens, wo die hohe Empfindlichkeit bei geringer Trägheit besondere Vorteile verspricht und Anwendungen, die die breite spektrale Empfindlichkeitsverteilung bzw. die hohe Empfindlichkeit im nahen Infrarot nutzen, wie Beobachtungen bei völliger Dunkelheit unter IR-Beleuchtung, beispielsweise im Gesundheitswesen, in der Kriminalistik, bei Materialprüfungen u. dgl.
Eine der neuesten Anwendungen, die besonders die lineare Abhängigkeit des Signalstroms von der einfallenden Strahlungsintensität und die Konstanz der Empfindlich-

keit zugrundelegt, ist die optische Vielkanal-Spektrometrie vom nahen UV bis zum nahen IR, wo durch Nutzung langsamer Abtastgeschwindigkeiten und zusätzlicher Speicher hohe Genauigkeiten bei minimalem Zeitaufwand erreicht werden. (BAR als Meßinstrument). Schließlich ist zu erwähnen, daß die Einbrennunempfindlichkeit — z. B. bei Verkehrsbeobachtungen — Störungen durch direkte Scheinwerfer — oder Sonneneinstrahlung — ausschließt.
Eine gewisse Einschränkung liegt in der möglichen Begrenzung des dynamischen Übertragungsbereichs durch den — bei Zimmertemperatur zwar geringen, aber stark temperaturabhängigen — Dunkelstrom.
Im Fernsehstudio werden diese Bildaufnahmeröhren bisher vereinzelt im Rotkanal von Farbfernsehkameras eingesetzt, da sie in der Rotempfindlichkeit dem Plumbikon überlegen sind.

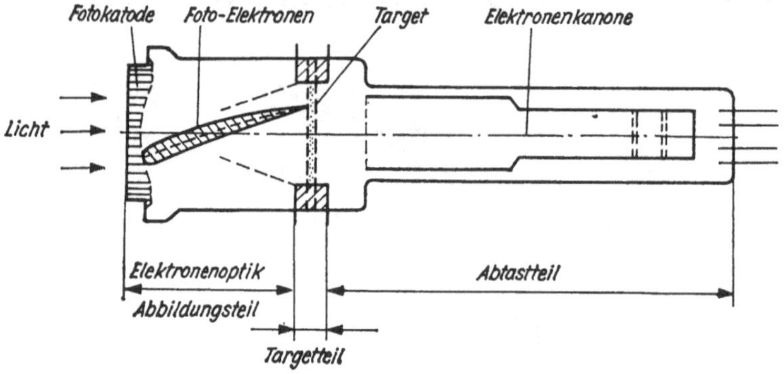

Bild 5. Elektronenangeregtes Si-Dioden-Vidikon (Prinzip)

Das Multidioden-Vidikon realisiert als Kombination eines hochintegrierten Festkörperbauelements mit einem abgelenkten „Elektronenstrahlschalter" eine technische Zwischenetappe auf dem Wege zur vakuumlosen Festkörperbildaufnahmeeinrichtung der Zukunft. Der entscheidende Vorteil liegt im Wegfall des z. Z. noch schwer zu beherrschenden Aufwandes für die schrittweise „Bildelement-Aufschaltung" bei der echten Festkörperlösung.
Neben den im vorangegangenen Abschnitt besprochenen Bildaufnahmeröhren mit optischer Anregung des Si-Targets hat die Variante des elektronisch angeregten Targets an Bedeutung gewonnen.
Hierbei handelt es sich (wie Bild 5 zeigt) um die Kombination eines Si-Dioden-Vidikons mit einem elektrostatischen Bildwandlersystem in Verbindung mit einer halbdurchlässigen Multialkali-Fotokatode. Die entsprechend dem aufprojizierten optischen Bild aus der Frontkatode emittierten Fotoelektronen werden durch das angelegte Feld beschleunigt und auf das Si-Target fokussiert. Dort lösen sie pro 3,5 eV kinetischer Energie ein Ladungsträgerpaar aus, das dann in bekannter Weise zur Signalerzeugung führt. Durch Wahl einer genügend hohen Beschleunigungsspannung wird so eine Empfindlichkeitssteigerung bis zu einem Faktor $3 \cdot 10^3$ erreicht. Mit derartigen Röhren werden kontrastreiche Fernsehbilder beim Beleuchtungsniveau des Mondlichtes (10^{-2} lx) erhalten, so daß die Anwendungen vorwiegend wissenschaftlicher Natur (Spektroskopie, Astronomie) sind.

1.18.3.3. SEC-Vidikon

Äußerlich ähnlich aufgebaut wie die letztgenannte Variante des elektronenangeregten Si-Vidikons ist das sog. SEC-Vidikon, mit dem die Beschreibung der modernen Bildaufnahmeröhren abgeschlossen werden soll [3]. Fotokatode, Bildwandler und

Abtaststrahlsystem entsprechen einander, der Unterschied liegt im Target. Dieses besteht aus einer porösen Schicht von Alkalihalogenidkristallen (KCl) und ist elektrisch vorgespannt. Die in diesem Target abgebremsten schnellen Fotoelektronen bewirken Sekundärelektronenleitfähigkeit und damit einen Verstärkungseffekt etwa um den Faktor 150.
Ein besonderer Vorteil liegt in der Integrations- und Speichermöglichkeit stehender Bilder bis in die Größenordnung von Stunden (fehlender Dunkelstrom) wodurch eine weitere Steigerung der Nachweisempfindlichkeit in bestimmten Fällen bis um den Faktor 10^5 möglich wird. Damit ist das Einsatzgebiet im wesentlichen festgelegt, die hohe Lichtempfindlichkeit verbunden mit geringer Trägheit induziert Spezialanwendungen ähnlich der vorgenannten Röhrenvariante, allerdings ist die SEC-Röhre gegen mechanische, wie auch elektrische und optische Überlastungen sehr empfindlich. An dieser Stelle soll erwähnt werden, daß durch Kombination der dargestellten Röhren mit einem oder mehreren Bildverstärkern beachtliche Steigerungen der Empfindlichkeit bis um den Faktor 10^3 pro Bildverstärker (entspricht dann einer Objektbeleuchtung von kleiner als 10^{-5} lx für Nachtsichtanwendungen) erzielt werden können. Doch auf die Beschreibung dieser Röhren sowie auf Spezialröhren (Vidikon mit pyroelektrischem Target, Ladungsspeicherröhren) muß im Interesse der Übersichtlichkeit und der damit in Verbindung stehenden Konzentration auf die Haupttypen verzichtet werden.

4.18.4. Qualitätsforderungen und technologische Realisierung

Nach der Vorstellung einer ganzen Reihe verschiedener Bildaufnahmeröhren erscheint die Frage berechtigt, welche denn nun die für das breite Spektrum der Anwendungen geeignetste sei. Daß hierauf eine einfache Antwort nicht existiert, wird nachfolgend ausgeführt.

4.18.4.1. Schwerpunkt der Anforderungen verschiedener Anwendungen

Da es unmöglich ist, in diesem Rahmen alle wichtigen Anwendungsgebiete umfassend zu behandeln, werden drei markante Beispiele herausgegriffen und an ihnen die allgemein geltenden Schlußfolgerungen abgeleitet. Als Beispiele dienen:

- Farbstudiofernsehen,
- Nachtsichtanwendungen,
- Heimfernsehen.

Die diesen Anwendungen zuzuordnenden Qualitätsforderungen sind anhand Tabelle 1 in einer versuchten Wichtung dargestellt. Es folgt, daß verschiedene Anwendungsfälle völlig verschiedene Forderungen an die einzelnen Parameter der Bildaufnahmeeinrichtungen stellen. Um mit einem Röhrentyp alle Forderungen zu erfüllen, müßten

Tabelle 1. Qualitätsforderungen verschiedener Anwendungsgebiete

Forderung	Anwendung		
	Farbfernsehstudio	Nachtsichtfernsehen	Heimfernsehen
1	Bildsauberkeit	Lichtempfindlichkeit	Kosten
2	Kontrastumfang	Auflösung	Lebensdauer
3	Trägheit	Kontrastumfang	einf. Handhabung
4	Auflösung	Trägheit	Bildsauberkeit
5	Lichtempfindlichkeit	Bildsauberkeit	Lichtempfindlichkeit

die hochgezüchteten Forderungen bestimmter Einzelanwendungen auch auf die Massenanwendungen, für die allgemein geringere Forderungen gelten, ausgedehnt werden, was sofort zu einem ökonomischen Widerspruch führt.

4.18.4.2. Erfüllungsgrad der Forderungen durch die vorliegenden Lösungen

Ein Leistungsvergleich (Tabelle 2) der wichtigsten Bildaufnahmeeinrichtungen zeigt, daß die Stärken und Schwächen der einzelnen Bildaufnahmesysteme auf ganz verschiedenen Gebieten liegen, so wie ja häufig die Entwicklung bestimmter Röhrentypen unter ganz speziellen Zielfunktionen erfolgte [4, 5]. Es sei zusammengefaßt, welche der gegenwärtig verfügbaren Bildaufnahmeröhren der obigen Anwendungsauswahl am weitestgehenden entsprechen:

Farbstudiofernsehen — Plumbikon
Nachtsichtanwendungen (Low light level) — Bildverstärker SEC oder elektronenangeregtes Si-Vidikon
Heimfernsehen — Sb_2S_3-Vidikon

Tabelle 2. **Leistungsvergleich verschiedener Bildaufnahmeeinrichtungen**

Röhrentyp	Szenenhelligk. *lx*	Kontrastumfang	Trägheit	Auflösung Zeilen	Hauptvorteil	Hauptnachteil	Hauptanwendungsgebiet
Superorthikon	100	50:1	sehr gering	800	Bildqualität	schwierige Handhabung, Abmessungen	SW-Fernsehen Reportage
Sb_2S_3-Vidikon	150	200:1	groß	650	einf. Handhabung; kleine Abmessungen	Trägheit, Lichtempfindlichk.	Ind.-Fernsehen Heimfernsehen
Plumbikon	500	200:1	gering	600	Bildqualität; einf. Handhabung	Lichtempfindlichkeit	Farb-Fernsehen SW-Fernsehen
Si-Vidikon	10	100:1	gering	600	Lichtempfindlichk., Robustheit	temperaturabh. Dunkelstrom	Ind.-Fernsehen
SEC-Vidikon	0,5	200:1	sehr gering	600	Lichtempfindlichk.; Speicherwirkung	überlastungsempf. Abmessungen	wiss. Anwendung Nachtsehen
EIC mit Bildverst.	10^{-4}	100:1	gering	600	extreme Lichtempfindlichk.	temperaturabh. Dunkelstrom	wiss. Anwendung Nachtsehen
CCD	10	100:1	gering	400	einf. Handhabung; sehr geringe Abmessungen	Bildqualität	Fernsehtelefon

4.18.4.3. Gegenwärtige Grenzen der Bildaufnahme

Aus den Darstellungen darf nicht der Schluß gezogen werden, daß mit derartigen Zuordnungen alle bestehenden Forderungen optimal erfüllt sind und weitere Verbesserungen nicht mehr notwendig wären. So wird an der weiteren Verbesserung der Über-

tragungsqualität der Plumbikons, wie schon vorher ausgeführt, intensiv gearbeitet. Ebenso werden Anstrengungen unternommen, durch höheren Quantenwirkungsgrad und günstigere spektrale Empfindlichkeitsverteilung den Lichtbedarf im Fernsehstudio weiter zu senken.
Bei dem hochempfindlichen Nachtsichtröhren ist das Quantenrauschen des Bildverstärkers ein echt begrenzender Faktor, der unmittelbar aus der statistischen Natur der Fotoemission folgt. Auch hier ist mit Erhöhung der Quantenausbeute der Fotokatode, z. B. durch Einführung von Katoden mit negativer Elektronenaffinität, ein Weg zur Qualitätsverbesserung in Bearbeitung. Das betrifft auch Arbeiten zur Verbesserung der Bildverstärker, insbesondere ihrer Gleichmäßigkeit und Verzeichnungsfreiheit, um noch bestehende Mängel in der Bildqualität im Laufe der Zeit zu eliminieren. Auch bei den Heimfernsehanwendungen existieren unerfüllte Forderungen, die bestimmte Merkmale der Bildqualität unter der Randbedingung geringer Kosten betreffen. Daß eine generelle Forderung der Gegenwart und erst recht der Zukunft die Erhöhung der im Vergleich zu anderen Bauelementen recht geringen Lebensdauer aller Bildaufnahmeröhren ist, versteht sich von selbst.

4.18.4.4. Technologische Probleme

Die Behandlung der Bildaufnahmeröhren soll nicht abgeschlossen werden, ohne auf einige technologische Aspekte ihrer Herstellung einzugehen. Ganz allgemein gilt, daß hohe Sauberkeitsforderungen an die einzelnen Prozesse, an die verwendeten Einbauteile und an die Umgebungsbedingungen gestellt werden. Denn bei den erheblichen Vergrößerungen, die das abgetastete Target von der Flächengröße von ca. 1 cm^2 bei der Übertragung auf den großformatigen Fernsehschirm erfährt, verursachen schon Fremdpartikel in der Größenordnung einiger μm Bildunsauberkeiten, die in den meisten Fällen zur Unbrauchbarkeit der Röhre führen. Ganz besonders kritisch wird das bei Targetmaterialien, die nachträglichen Temperaturbehandlungen ausgesetzt werden, wie z. B. bei der Superorthikonspeicherfolie oder beim Si-Dioden-Target, weil hier noch wesentlich kleinere Verunreinigungen durch Diffusion eine Dotierung des umgebenden Materials und damit Bildfehlervergrößerung verursachen können. Die bei Röhren mit äußerem Fotoeffekt bei der Fotokatodenherstellung auftretenden Effekte — und zwar insbesondere das Auftreten von Alkalidämpfen — haben Einflüsse auf andere Bauteile, z. B. die Speicherelemente. Deshalb müssen diese auftretenden Effekte sorgfältig minimiert werden, wobei durchaus Kompromisse im Hinblick auf optimale Fotokatodeneigenschaften eingegangen werden müssen.
Bei den Vidikons, bei denen die Fotohalbleiterschicht sehr temperaturempfindlich ist (z. B. beim Plumbikon) sowie bei den Vidikontypen, bei denen das optische Fenster mit dem übrigen Röhrenaufbau durch einen vakuumdichten Indiumkompressionsring verbunden wird, ist der bei allen anderen Vakuumelektronenröhren übliche Prozeß des Entgasens durch Ausheizen nicht durchführbar, wodurch Restgas- und Lebensdauerprobleme aufgeworfen werden, die durch besonders sorgfältige Vorbehandlung aller zum Aufbau verwendeten Teile in Grenzen zu halten sind.
Mit Ausnahme der Herstellung des Si-Dioden-Targets, dem weitgehend klare theoretische Modellvorstellungen zugrundeliegen, zeichnet sich das Gesamtgebiet der Bildaufnahmeröhren, wie dies ähnlich auch bei Fotozellen und SEV der Fall ist, durch eine starke Vorherrschaft der empirischen Erfahrungen gegenüber dem theoretisch gesicherten Wissen aus. Das beginnt beim Verständnis der Wirkungsmechanismen der komplizierten Katoden für den äußeren Fotoeffekt und endet bei den Erscheinungen des inneren Fotoeffekts an porösen Halbleiterschichten, die — etwas drastisch ausgedrückt — im wesentlichen aus undefinierter Oberfläche und weniger aus Halbleitervolumen bestehen.

4.18.5. Perspektivische Lösungen auf Festkörperbasis

Obwohl, wie im einzelnen dargelegt wurde, das breite Spektrum der Bildaufnahmeröhren den meisten Anwendungsforderungen weitgehend gerecht wird, so haben doch der nicht beliebig zu verringernde Raumbedarf der Röhre nebst Ablenk- und Fokussiereinrichtungen einerseits sowie Fragen der Kosten und der Zuverlässigkeit andererseits in den letzten Jahren die Entwicklung vollintegrierter selbstabtastender Festkörperbildaufnahmesysteme beträchtlich beschleunigt, so daß z. Z. erste Muster integrierter vakuumloser lichtempfindlicher Strukturen, die für eine Bildaufnahme geeignet sind, auf dem Markt erscheinen.

4.18.5.1. Integrierte Strukturen

Die Entwicklung von integrierten Festkörperbildaufnahmesystemen, bestehend aus Aufnahme- und Abtastteil, erfolgte unter zwei Gesichtspunkten:

a) die Entwicklung eines solch hochintegrierten Bauelementes muß zur Ermittlung der physikalischen und technologischen Probleme über mehrere Stufen erfolgen, wobei eine Zeile mit wenigen Elementen und äußerer Ansteuerung den Ausgangspunkt bildet;
b) eingesetzt werden können nur solche Funktionsprinzipien, welche beim geringsten Flächenbedarf mit einer minimalen Anzahl von technologischen Arbeitsschritten eine Bauelementedichte $\geqq 5000$ BE/mm² zu erzielen gestatten. Dies umsomehr, da Abtast- und Speicherteil Bestandteil des vollintegrierten Systems sein müssen.

Für diese Entwicklung, die schon zum Beginn der sechziger Jahre in Angriff genommen wurde, stand neben der Technologie von Dünnschichthalbleitern die Si-Halbleitertechnologie zur Verfügung. Die Versuche über die Dünnschicht-Technologie zur Bildaufnahme zu gelangen, führten bisher nicht zu einer produktionsfähigen Lösung. Man versuchte durch aufeinanderfolgende Abscheidungen dünner halbleitender Schichten miteinander verbundene lichtempfindliche Elemente zu erzeugen. Diese Versuche scheiterten ebenso wie die Erzeugung von Dünnschicht-Dioden und Transistoren an der schwierigen Reproduzierbarkeit der Schichteigenschaften. Daher konzentrierten sich die Bemühungen vorwiegend auf die Lösung durch Halbleiterbauelemente. Hier ging man zunächst von den Fotodioden und -Transistoren als uni- oder bipolare Bauelemente aus und integrierte sie hybrid oder monolithisch zu Zeilen und Matrizen. Führt man sich jedoch die Forderung nach einer zufriedenstellenden Bildaufnahme mit 500×500 Bildpunkten als unterste Grenze der vertretbaren Auflösung vor Augen, so zeigen sich sofort die Grenzen einer hybriden Lösung. Bei einer Chipgröße von 0,35 mm Kantenlänge und einem Rastermaß von 0,5 mm würden 625 cm² benötigt.

Von den monolithisch integrierten Formen führte die „self can"-Variante zu einer vertretbaren Zwischenlösung. Bei dieser Variante werden der Fotosensor (Diode), Abtastschalter und Schieberegister auf dem gleichen Chip hergestellt. Damit reduziert sich die Anzahl der Zuleitungen und die Technologie gestattet eine dichtere Anordnung der Fotosensorelemente. Mit dieser Technologie wurden bisher Matrizen bis 250×250 Elemente mit Schieberegister hergestellt. Die damit verbundene flächenmäßige Vergrößerung der Gesamtmatrix bedingt andererseits wachsende Zuleitungskapazitäten, die nur durch erhöhten schaltungstechnischen Aufwand ausgeglichen werden können.

Wie bekannt, steigen mit zunehmender Chipgröße die technologischen Probleme erheblich, so daß ab einer bestimmten Grenze eine ökonomische Fertigung nicht mehr möglich ist. Aus diesem Dilemma bot nun die Entdeckung des Prinzips der oberflächengesteuerten Bauelemente einen Ausweg. Man benötigt bei diesem Prinzip für die gleiche Anzahl von Funktionen nur noch 1/8 der Fläche bei gleichzeitiger Reduzierung des technologischen Aufwandes, da statt der Abtastung des Bildsignals an jedem Element durch die Koinzidenz der Impulse zweier Abtastgeneratoren das elementare Ladungsmuster des Bildes durch die neuen Prinzipien unverändert durch eine Zeilen- oder Matrixanordnung übertragen und in ein Videosignal umgewandelt werden kann.

4.18.5.2. Oberflächengesteuerte Bauelemente

Im folgenden sollen kurz die Wirkprinzipien dieser oberflächengesteuerten Bauelemente dargelegt werden, wobei aus Gründen der Einfachheit sich diese nur auf die ladungsgekoppelte Variante (CCD-charge coupled devices) beziehen sollen. Das Prinzip dieser Bauelemente besteht darin, daß nicht mehr das Volumen für den Leitungsprozeß ausgenutzt wird, sondern daß die Minoritätsträger an der Oberfläche des Halbleiters, der aus Silizium besteht, gespeichert und transportiert werden [5].

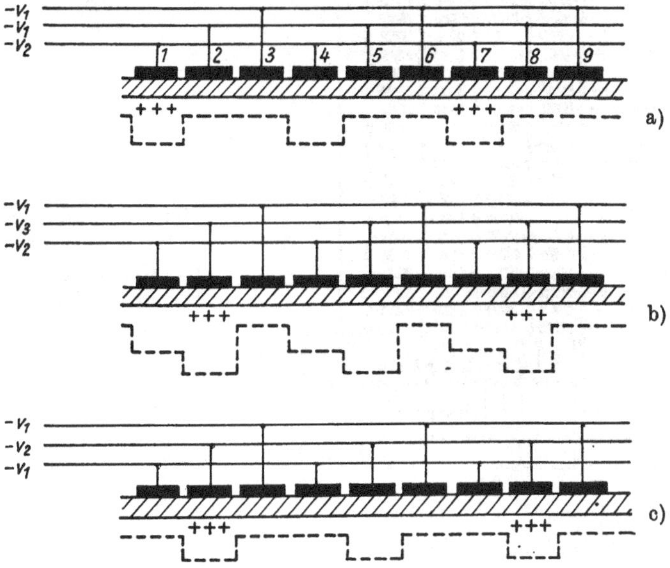

Bild 6. Funktionsprinzip des CCD-Ladungstransports

Das Funktionsprinzip wird an der in Bild 6 gezeigten Struktur erklärt. Die relativ einfache Anordnung besteht aus einer Reihe von Metallelektroden, von denen jeweils jede dritte miteinander verbunden ist. Diese Metallelektroden befinden sich auf einer ca. 1000 bis 1500 Å dicken Oxidschicht. Wird an alle drei Elektrodengruppen ein negatives Potential gelegt, so wird infolge Abstoßung der Majoritätsträger — im vorliegenden Fall Elektronen — eine an diesen Ladungsträgern verarmte Zone geschaffen. Werden nun durch irgendeinen Prozeß in diese Zone Minoritätsträger — d. h. im vorliegenden Fall Löcher — injiziert, so können diese innerhalb eines bestimmten Zeitraumes gespeichert und transportiert werden. Im vorliegenden Bild wird zunächst (Fall a) die erste Elektrodengruppe auf ein Potential V_2 gelegt, welches negativer als V_1 ist, mit dem die anderen Elektrodengruppen versehen sind. Dann sammeln, wie dargestellt, die Minoritätsträger sich unter der ersten Elektrodengruppe. Wird anschließend (Fall b) die 2. Elektrodengruppe mit einem Potential V_3 versehen, welches wiederum negativer als V_2 ist, so bildet sich eine Potentialmulde aus, in die die Minoritätsträger fließen können — es findet ein Ladungsträger-Transport statt. Wird anschließend (Fall c) das Potential der ersten Elektrodengruppe auf das der 3. an-

gehoben und das der 2. Elektrodengruppe auf das der vorhergehenden 1. Gruppe, so stellt sich wieder ein Speicherzustand ein.
Die Minoritätsträger, die unter der ersten Gruppe gespeichert wurden, befinden sich, von einigen Verlusten abgesehen, unter der 2. Gruppe. Nun kann durch eine Wiederholung der Potentialvariation ein weiterer Transport erfolgen. Dieser Speichervorgang muß in einem Bruchteil der Zeit vonstatten gehen, die ein Ladungsausgleich durch thermische Generation oder durch Diffusion von Ladungsträgern benötigt. (Die Zeit zur Herstellung des Gleichgewichts liegt in der Größenordnung von Sekunden)
Auf der Basis dieses Grundprinzips wurden Bauelemente entwickelt, die sowohl als Sensoren als auch als Speicher eingesetzt werden.

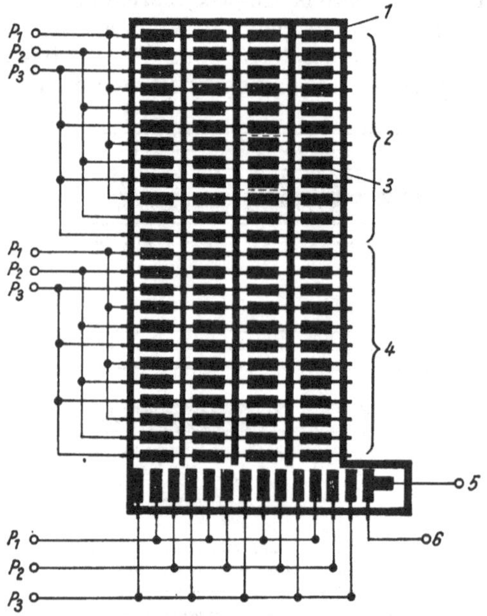

Bild 7. CCD-Bildaufnahme (Prinzip) nach [5]
1 — Kanalsperre für Diffusion
2 — Bildfläche
3 — einzelne Auflösungszelle
4 — Speicherfläche
5 — Video
6 — Ausgangssteuerelektrode

Am Ende dieser Entwicklung wird die Festkörperbildaufnahmekamera für das Fernsehen stehen, deren Prinzip in Bild 7 gezeigt wird.
Die Struktur dieser Kamera besteht aus 3 Teilen

a) Bildempfänger,
b) Speicher,
c) Auslese-Schieberregister.

Die Funktion beruht darauf, daß während der Integrationszeit — bei einem Bildwechsel von 25 Bildern pro Sekunde beträgt diese 40 ms — die dem optischen Bild entsprechenden Ladungen unter den Elektroden des Bildempfängers gespeichert werden.
Diese Ladungen werden analog wie bei dem Si-Dioden-Vidikon bei der Beleuchtung des Aufnahmeteils durch die Absorption von Photonen und deren Umwandlung in Elektronen-Lochpaare erzeugt. Die Ladungen werden nach Ablauf der Integrationszeit simultan durch eine Reihe von Transportzyklen in den Speicherteil geschoben, d. h. im Speicher ist ähnlich wie in einer Fotografie ein Bild, aufgenommen zu einem bestimmten Zeitpunkt, gespeichert. Durch diese kurzzeitige Übertragung des Gesamtbildes ist der Bildempfängerteil sofort zur Aufnahme neuer Informationen bzw. deren Änderung bereit. Die im Speicherteil befindlichen Ladungen werden anschließend zeilenweise in das Auslese-Schieberregister geschoben, wo sie zu den Ausgangs-

dioden transportiert und in Stromimpulse umgewandelt werden. Auf der Basis dieses Prinzips wurde im vergangenen Jahr bereits eine Kamera vorgestellt, die für Fernsehzwecke geeignet erscheint.

4.18.5.3. Gegenwärtiger Stand und Probleme

Da die Entwicklung der Festkörperbildaufnahmesysteme noch stark im Fluß ist und die mitgeteilten vorläufigen Ergebnisse höchste Aktualität besitzen, ist ein formaler Parametervergleich mit den etablierten Bildaufnahmeröhren von vornherein problematisch.
Ausgehend von der Gesamtheit der zugänglichen Erfahrungen wird man schlußfolgern dürfen, daß die Festkörperbildaufnahmesysteme von dem Zeitpunkt an, da ihr Preis in die Größenordnung einfacher Vidikons mit Ablenkeinrichtungen kommt, sich den entscheidenden Marktanteil der nicht zu anspruchsvollen industriellen Fernsehanwendungen sichern werden, wobei die breite Einführung der Fernsehtelefonie in den einzelnen Ländern diese Entwicklung besonders stimulieren wird. Die Anwendungsmöglichkeiten werden wachsen durch den weiteren Ausbau der Automatisierung und Fernsteuerung ganzer Fabrikanlagen, neuer Leitungs- und Bildungsmethoden usw.
Andererseits werden bestimmte hochgezüchtete Forderungen, deren Niveau sich in den folgenden Jahren weiter erhöhen wird, nach wie vor nur durch spezielle, in ihren Eigenschaften den jeweiligen Anwendungszwecken angepaßte Bildaufnahmeröhren erfüllbar sein.
Dies um so mehr, da diese Anwendungen keine Massenanwendungen sein werden und eine derartig komplexe Halbleitertechnologie, wie sie für Bildaufnahmeeinrichtungen erforderlich ist, bei kleinen Stückzahlen hoffnungslosen ökonomischen Problemen gegenübersteht.
Daraus folgt, daß die Bildaufnahmeröhre, z. B. im Farbfernsehstudio, ihre Existenzberechtigung noch über viele Jahre behaupten wird.

Literaturverzeichnis

Übersichtsliteratur

[1] *Schröder, F., Theile, R., Wendt, G.*,: Fernsehtechnik, Teil I. Springer-Verlag, Berlin 1956 Kap. 8.9.
[2] Valvo-Handbuch: Kameraröhren 1973.

Spezialliteratur

[1] *De Haan, E. F., v. d. Drift, A., Schampers, P. P. M.*: Das Plumbikon, eine neue Fernsehaufnahmeröhre. Phil. Techn. Rundschau 25, Nr. 8 (1963/64) 251—270.
[2] *Grosch, A.*: Bildaufnahmeröhren mit Silizium-Target als Wandlerelement. Elektronik H. 2, (1974) 55—58.
[3] *Tank, W. E.*: Photoconductive TV camera tubes- a survey. Journ. of Sc. and Technol. 37, 4 (1970) 163—170.
[4] *Goetze, G. W.*: Secondary Electron Conduction (SEC) and its Application to Photo-electronic. Electronics and Electron Physics 22 A (1965) 219—227.
[5] *Boyle, W. S., Smith, G. E.*: Charge-coupled devices — A new approach to MIS device structures. IEEE spectrum. N.Y. 8, 7 (1971) 18—27.

4.19. Einfluß von Abtastnorm, Rasterhöhe und Strahlschärfe auf das vertikale Auflösungsvermögen von Bildaufnahmeröhren

Von *H. G. Selle*

VEB Studiotechnik Berlin

In einer Fernsehanlage werden die Qualitätsparameter der Bildübertragung wesentlich durch den Prozeß der Licht-Signalwandlung in der Bildaufnahmeröhre bestimmt. Bei der Aufnahme zugelassene Qualitätsverluste sind später bei der Signalverarbeitung, ohne Kompromisse einzugehen, nicht mehr kompensierbar. Besondere Sorgfalt muß deshalb bei der Entwicklung von Fernsehkameras auf einen optimalen Betrieb der Bildaufnahmeröhre gelegt werden.
Im angewandten Fernsehen ist bei der Auswahl der Betriebswerte für die Bildaufnahmeröhre eine größere Freiheit gegeben, als in Kameras, die für den Fernsehrundfunk bestimmt sind. Die Bildzerlegung erfolgt in Anlagen des angewandten Fernsehens gewöhnlich ebenfalls rasterförmig mit horizontaler Anordnung der Zeilen. Die Zeilenzahl im Fernsehraster wird aber nicht auf eine Standardgröße begrenzt, und auch die Rastergröße auf der Fotokatode kann bei Ausblendung der Bildecken (z. B. durch eine Kreisaustastung) über das für die gleiche Bildaufnahmeröhre im Fernsehrundfunk übliche Maß hinaus vergrößert werden. Durch Änderung dieser Parameter ist die Bildqualität gezielt beeinflußbar. Eine weitere Besonderheit von Anlagen des angewandten Fernsehens ist die Notwendigkeit, die optimal eingestellte Bildqualität über lange Zeiträume ohne Nachgleich der Geräte zu erhalten. Eine Vielzahl auf die Kamera einwirkende Faktoren, wie z. B. Änderung von Temperatur, Luftfeuchte und Netzspannung, Alterung der Bauelemente usw., bewirken eine Änderung der Betriebswerte und eine Verschlechterung der Bildqualität. Die Betriebswerte der Bildaufnahmeröhre werden durch hochqualitative Stabilisier- bzw. Regelschaltungen konstant gehalten.
Besonders kritisch reagieren auf Änderungen der Betriebswerte Empfindlichkeit und Auflösungsvermögen der Bildaufnahmeröhre. Für die Festlegung optimaler Betriebswerte ist die Kenntnis der Abhängigkeit dieser Parameter von Rastergröße, Zeilenzahl im Raster und Durchmesser der Abtastblende interessant. Die Änderung des Durchmessers der Abtastblende charakterisiert dabei die zeitliche Konstanz der Fokussierung des Elektronenstrahls.
Auf Grund des Unterschiedes der Fernsehabtastung in horizontaler und vertikaler Richtung, die einmal kontinuierlich und zum anderen diskret erfolgt, sind die Abhängigkeiten des Auflösungsvermögens von den genannten Einflußgrößen in den beiden Richtungen unterschiedlich. Es ist deshalb zweckmäßig, diese beiden Spezialfälle einzeln zu behandeln. In der vorliegenden Arbeit wird die Abhängigkeit des vertikalen Auflösungsvermögens von Rasterhöhe, Zeilenzahl im Raster und Durchmesser der Abtastblende betrachtet. Der grundsätzliche Verlauf der entsprechenden Abhängigkeiten der Empfindlichkeit und des horizontalen Auflösungsvermögens ist in [1] dargestellt.
Als Auflösungsvermögen der Bildaufnahmeröhre wird gewöhnlich die doppelte Anzahl der Linienpaare pro Bildhöhe angegeben, die auf dem Bildschirm des Bildschreibers (Monitor) visuell gerade noch unterschieden werden kann. Diese Messung ist durch eine Reihe subjektiver Faktoren, durch Einflüsse des Bildschreibers und durch Moiré-

erscheinungen nicht sehr sicher. Zur objektiven Bestimmung der Bildqualität wird deshalb als Maß für die Qualität der Übertragung feiner Bildstrukturen durch die Bildaufnahmeröhre die Modulationstiefe verwendet, mit der eine bestimmte vorgegebene Ortsfrequenz in der Abbildung auf der Fotokatode der Röhre in ein elektrisches Signal verwandelt wird.
Die Aufgabe dieser Arbeit ist es also, die Abhängigkeit der Modulationstiefe eines entsprechend ausgewählten Bildsignals von den o. a. Parametern zu bestimmen.

4.19.1. Berechnung der vertikalen Modulationsübertragungsfunktion

Die theoretische Bestimmung der Modulationstiefe, mit der die ausgewählte Ortsfrequenz übertragen wird, führt auf die Bestimmung der Modulationsübertragungsfunktion (MÜF) der Bildaufnahmeröhre zurück. Die MÜF ϑ (n, h, Z, d) ist die Abhängigkeit der Modulationstiefe von der Ortsfrequenz, die hier durch die Anzahl der Linienpaare n pro Bildhöhe angegeben wird. Dabei sind als Parameter vorgegeben:

h — Bildhöhe (Rasterhöhe),
Z — Zeilenzahl (ohne Berücksichtigung der Austastung),
d — Durchmesser der Abtastblende.

Aus der gleichen mathematischen Beziehung läßt sich die Abhängigkeit der Modulationstiefe des Signals von einem beliebigen der aufgeführten Parameter bei vorgegebener Ortsfrequenz bestimmen.
Zur Berechnung der vertikalen MÜF soll sich die Beleuchtungsstärke E auf der Fotokatode der Röhre nur in vertikaler Richtung ändern, d. h. einen Strichraster mit horizontaler Anordnung der Striche bilden. (Für praktische Arbeiten und Messungen müssen die Striche gegenüber den Zeilen um einen geringen Winkelbetrag geneigt sein, um den Einfluß der Phasenlage zwischen Strich- und Abtastraster auszuschließen

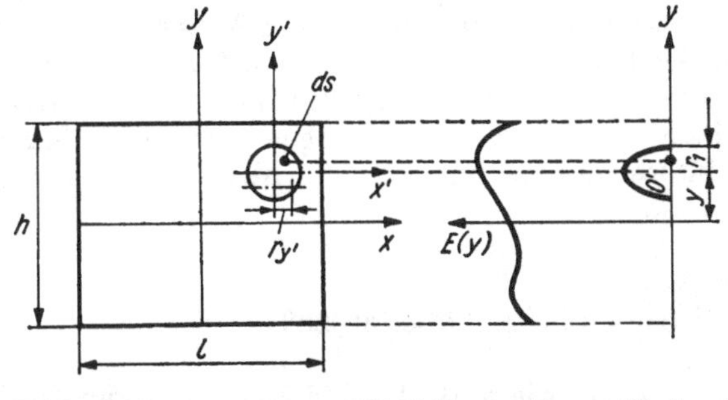

Bild 1. Abtastung eines Bildfeldes mit vertikaler Beleuchtungsstärkeverteilung durch eine Abtastblende

[3, 4].) Dann kann bei periodischer rasterförmiger Abtastung einer solchen Beleuchtungsstärkeverteilung diese Verteilung durch eine eindimensionale unendliche Reihe ausgedrückt werden. Bei Abtastung (Bild 1) durch eine Abtastblende oder (für den gewählten Fall einer elektronischen Aufnahmeröhre) durch den Brennfleck des Elektronenstrahls der Aufnahmeröhre wird eine Harmonische n der Reihe mit der Periodenlänge $\lambda_n = h/n$ nach [2] proportional dem Übertragungsmaß

$$\eta(n) = \int_{-r_1}^{+r_1} \int_{-r_{y'}}^{+r_{y'}} j(x'y')\, e^{j\frac{2\pi}{\lambda_n} y'}\, dx'\, dy' \tag{1}$$

übertragen ($j(x'y')$ Elektronendichteverlauf im Brennfleck; r_1 Radius des Brennflecks). Da das innere Integral nur vom Brennfleck abhängt, gilt

$$\eta(n) = \int_{-r_1}^{+r_1} R_1(y')\, e^{j\frac{2\pi}{\lambda_n}}\, dy' \tag{2}$$

mit der integralen Elektronendichteverteilung im Brennfleck

$$R_1(y') = \int_{-r_{y'}}^{+r_{y'}} j(x'y')\, dx' . \tag{3}$$

Die Modulationsübertragungsfunktion kann nun durch das Verhältnis des Übertragungsmaßes der einzelnen Harmonischen zum Signalstrom, der bei der Abtastung eines gleichmäßig beleuchteten Bildfelds gewonnen wird, ausgedrückt werden:

$$\vartheta(n) = \frac{\int_{-r_1}^{+r_1} R_1(y')\, e^{j\frac{2\pi}{\lambda_n}y'}\, dy'}{\int_{-r_1}^{+r_1} R_1(y')\, dy'} . \tag{4}$$

Nach Einführung der auf die Zeilenzahl bezogenen Frequenz $\xi = \delta/\lambda_n = n/Z$ als neue unabhängige Variable (mit δ Zeilenabstand) erhält man die Modulationsübertragungsfunktion in der gesuchten Abhängigkeit von der Frequenz, vom Radius des Brennflecks, sowie von Zeilenzahl und Rasterhöhe.

$$\vartheta(\xi, \delta, r_1) = \vartheta(n, h, Z, d) = \frac{\int_{-r_1}^{+r_1} R_1(y')\, e^{j2\pi\frac{\xi}{\delta}y'}\, dy'}{\int_{-r_1}^{+r_1} R_1(y')\, dy'} \tag{5}$$

mit $\xi = n/Z, \quad \delta = h/Z, \quad r_1 = d/2$.

Der Ausdruck (5) gibt die vertikale Modulationstiefe an, die bei der Übertragung eines leicht gegenüber der Zeilenrichtung geneigten Strichrasters gewonnen wird. Eine solche Anordnung des Strichrasters gegenüber dem Abtastraster entspricht bei allen Frequenzen der optimalen Strichraster- und Abtastrasterlage [3, 4].
Unserer Aufgabe besteht nun in der Bestimmung der integralen Elektronendichteverteilung im Brennfleck. Dazu sind einige Betrachtungen über die Physik des Abtastprozesses notwendig, die interessant genug sind, um hier detailliert angeführt zu werden.

4.19.2. Physikalische Prozesse beim Abtastprozeß

In Röhren mit Ladungsspeicherung, wie z. B. das Vidikon, ist an der Umladung der Speicherplatte nicht der gesamte Brennfleck, sondern nur ein kleinerer, in seiner geometrischen Form komplizierter aktiver Teil beteiligt [1, 5]. Dessen Entstehung kann idealisiert wie folgt dargestellt werden. (Eine kurze Erläuterung findet man im deutschsprachigen Schrifttum auch in [6]).
Die Speicherplatte der Aufnahmeröhre hat durch Einwirkung des Lichtstroms eine bestimmte Ladung mit der Ladungsdichte σ_0 angenommen (Bild 2). Die Speicherplatte wird durch den Elektronenstrahl rasterförmig abgetastet. Die Verteilung der Elektronendichte j im auf der Speicherplatte der Röhre abgebildeten Brennfleck soll symmetrisch bezüglich des Mittelpunktes 0' sein und in ihrer Form der Gaußschen Normalverteilung entsprechen. Beim Überstreichen des Flächenelements ds durch den Elektronenstrahl mit der Geschwindigkeit v wird die auf dem Flächenelement ds gespeicherte Ladung kontinuierlich von ds abgenommen. Wenn nun die dem Element

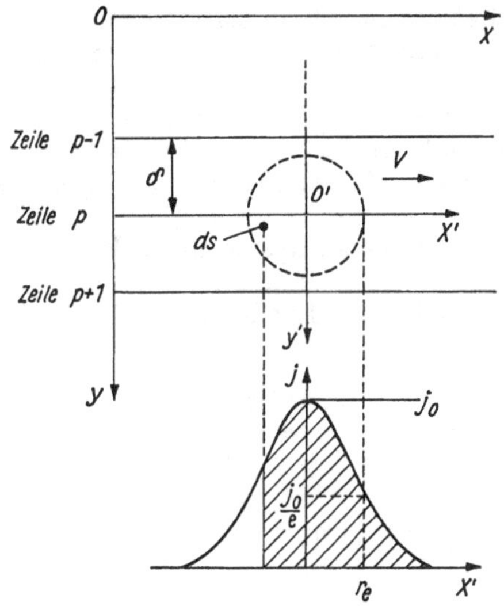

Bild 2. Zur Bildung des aktiven Teils des Brennflecks bei der Abtastung der Speicherplatte

ds entnommene Ladung gleich der gespeicherten ist, kann kein weiterer Ladungsaustausch stattfinden. Alle bei der Weiterbewegung des Elektronenstrahls auf das Element ds auftreffenden Elektronen werden von der Speicherplatte reflektiert. An der Umladung der Speicherplatte nimmt also nur der vordere aktive Teil des Brennflecks teil, der hintere Teil bleibt passiv.

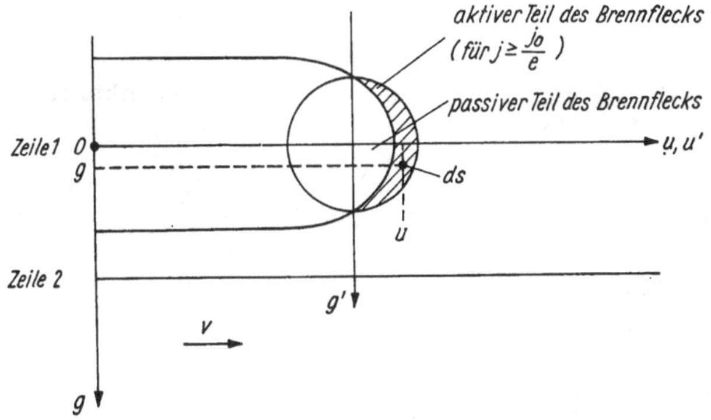

Bild 3. Aktiver Teil des Brennflecks (Abtastblende) bei Abtastung einer einzelnen Zeile

Für eine angenommene Gaußsche Verteilung der Elektronendichte im Strahl ergibt sich bei der Abtastung einer einzelnen Zeile (bzw. der 1. Zeile im Raster) die in Bild 3 gezeigte Form des aktiven Teils des Brennflecks. Die Teile, die sich unter dem passiven Teil befinden, sind vollständig entladen. In Bild 3 und in den folgenden Bildern und Ausdrücken werden zur Vereinfachung die relativen Koordinaten $u = \frac{x}{r_e}$ und $g = \frac{y}{r_e}$ mit r_e effektiver Radius des Brennflecks eingeführt. Der relative Zeilenabstand ist dann $g_\delta = \frac{\delta}{r_e}$.

Gehen wir nun zur Abtastung eines Zeilenrasters ohne Zeilensprung über. Die Abtastung soll mit Z Zeilen pro Bildhöhe, d. h. mit einem Zeilenabstand von $\delta = \frac{h}{Z}$ erfolgen. In den gewöhnlich angewendeten Bildaufnahmeröhren überlappen sich bei einem Standard-Fernsehraster alle Zeilen in diesem Raster, da der Strahldurchmesser größer ist als der Zeilenabstand. Deshalb ist nach der Abtastung von $p - 1$ Zeilen die Speicherplatte bis zur Linie g_{p-1} vollständig entladen (Bild 4). Bei Abtastung der Zeile p kann sich der aktive Teil des Brennflecks nur bis zu dieser Ladungsgrenze erstrecken. Er wird wesentlich kleiner sein als der aktive Teil der Abtastung einer einzelnen Zeile.

Komplizierter werden die Betrachtungen für einen Raster mit Zeilensprung. In einem solchen Raster wird das Bild nacheinander in zwei Halbbildern abgetastet (Bild 5). Wenn wir den Zeilenabstand im Bild wieder mit δ annehmen, so wird der Zeilenab-

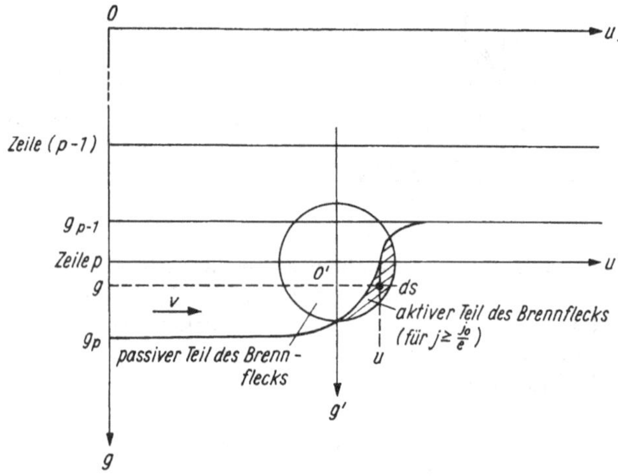

Bild 4. Aktiver Teil des Brennflecks (Abtastblende) bei Abtastung durch einen Raster ohne Zeilensprung

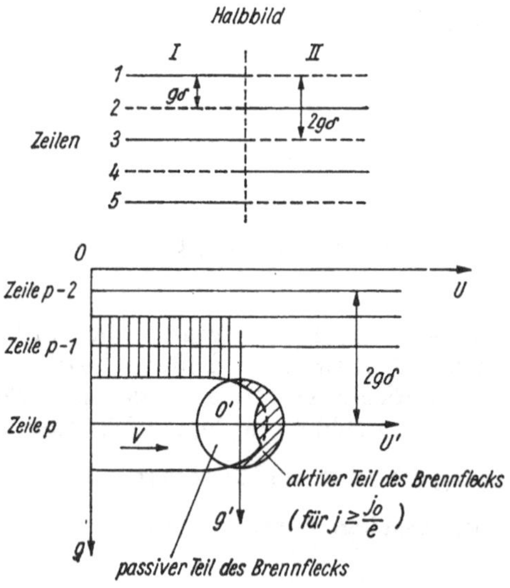

Bild 5. Zeilenanordnung (a) und aktiver Teil der Brennflecks (Abtastblende) (b) bei Abtastung durch einen Raster mit Zeilensprung. (Die nach der Abtastung zweier benachbarter Zeilen eines Halbbildes verbliebene Restladung ist senkrecht schraffiert dargestellt.)

stand im Halbbild 2δ betragen. Die Zeilen überlappen sich nicht mehr und nach Abtastung eines Halbbildes verbleiben zwischen den Zeilen eines Halbbildes nichtkompensierte Ladungen, die erst bei Abtastung des nächsten Halbbildes abgenommen werden. Diese Restladungen beeinflussen natürlich die Form des aktiven Teils des Brennflecks und alle vom Brennfleck abhängigen Parameter der Röhre.

Dieser aktive Teil des Brennflecks bei den verschiedenen Formen der Abtastung übernimmt die Funktion der Abtastblende in der Bildaufnahmeröhre mit Ladungsspeicherung. Nach Feststellung der Form der Abtastblende kann auch die in jedem Moment der Abtastung wirkende integrale Elektronendichteverteilung bestimmt werden. Die Integration in Richtung der Achse „u" (in Anlehnung an (3)) ergibt die im betrachteten Moment (bei dem die Integration vorgenommen wird) kompensierte Ladungsdichteverteilung in Richtung g. Die Bilder 6 bis 9 zeigen die Ladungsdichteverteilung im Schnitt senkrecht zur Abtastrichtung wieder für die 3 Abtastarten. Physikalisch lassen sich diese Bilder wie folgt erläutern.

Auf der Speicherplatte sei eine Ladung mit der Dichte σ_0 gespeichert. Bei Abtastung der Platte durch einen Strahl mit Gaußscher Elektronendichteverteilung kann potentiell in jedem Moment der Abtastung auf der Speicherplatte die Ladungsdichte

$$\sigma = \sigma_\infty \, e^{\frac{-y'}{r_e}} = \sigma_\infty \, e^{-g'^2} \qquad (6)$$

kompensiert werden (Bild 6) [5, 6]. Da aber nur eine Ladungsdichte von σ_0 vorhanden ist, wird nur die schraffiert dargestellte Dichte kompensiert. Diese Fläche bestimmt die vertikale Ausdehnung und Form der Abtastblende. Sie wird deshalb als effektive vertikale Apertur des Strahls bezeichnet. Für einen Raster ohne Zeilensprung ergibt sich die in Bild 7 dargestellte Form der vertikalen Apertur, da nach Abtastung von $p - 1$ Zeilen die Speicherplatte bis zum Punkt g_{p-1} vollständig entladen ist.

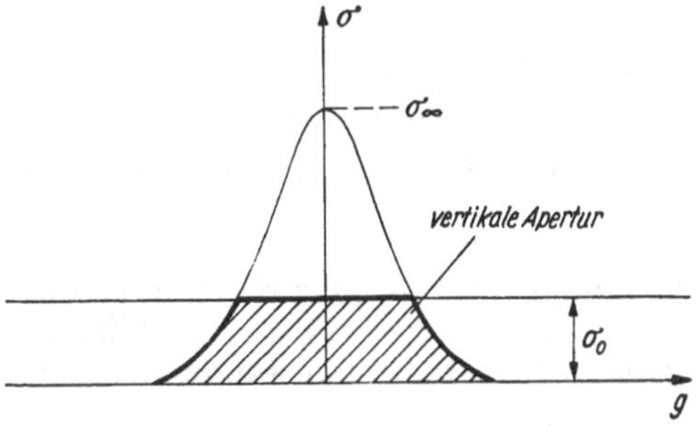

Bild 6. Vertikale Apertur des Brennflecks bei Abtastung einer einzelnen Zeile

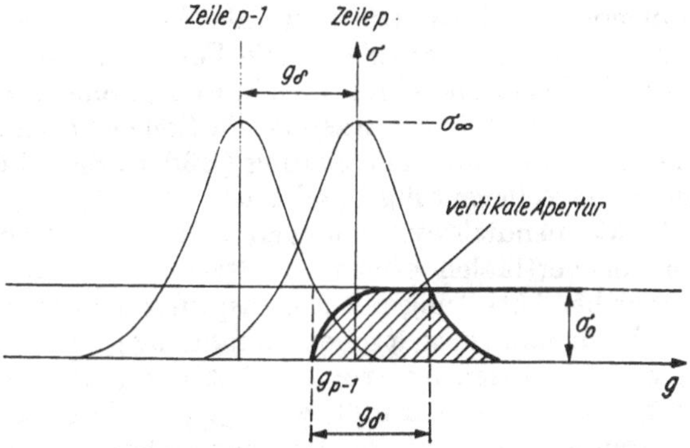

Bild 7. Vertikale Apertur des Brennflecks bei Abtastung durch einen Raster ohne Zeilensprung

Komplizierter wird das Bild wieder bei einer Abtastung mit Zeilensprung (Bild 8). Eine während eines Halbbildes gleichmäßig auf eine Dichte $\sigma_0/2$ aufgeladene Speicherplatte (a) hat hier nach der Abtastung dieses Halbbildes noch Restladungen (b). Zu diesen Restladungen addiert sich die Ladung des 2. Halbbildes, die mit einer Dichte von ebenfalls $\sigma_0/2$ von der Speicherplatte unter Einwirkung des Lichtstromes aufgenommen wird (c). Die vertikale Apertur wird unter Berücksichtigung der Restladungen durch die in Bild 8d senkrecht schraffiert gezeigte Form gekennzeichnet.

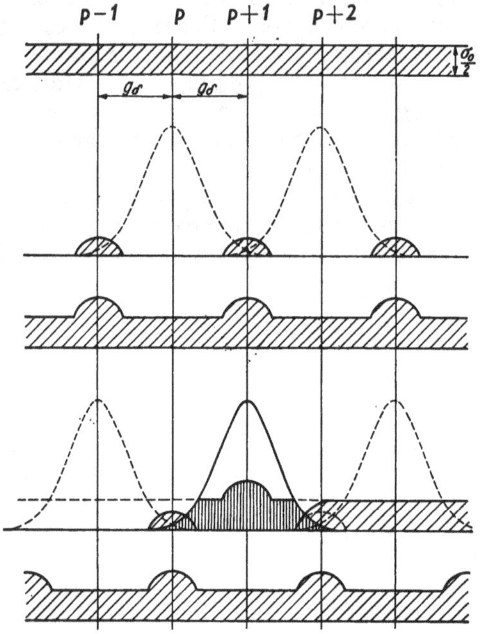

Bild 8. Vertikale Apertur des Brennflecks bei Abtastung durch einen Raster mit Zeilensprung

Für die Abtastung mit Zeilensprung muß nun noch eine Besonderheit betrachtet werden. Wenn sich die Überlappung der Zeilen verstärkt (z. B. infolge Defokussierung des Elektronenstrahls, Erhöhung der Zeilenzahl bei konstanter Rasterhöhe, Verringerung der Rasterhöhe) und der relative Zeilenabstand $g_\delta = \frac{\sigma}{r_e}$ unter einen bestimmten kritischen Wert $g_{\delta\mathrm{kr}}$ absinkt, so kann der Fall eintreten, daß nach Abtastung eines Halbbildes keine Restladungen verbleiben. Die vertikale Apertur ändert sich hier nicht nur quantitativ, sondern auch in ihrer Form. Die Form der Apertur wird der Apertur einer Abtastung ohne Zeilensprung ähnlich, d. h. es liegt eine Quasiabtastung ohne Zeilensprung vor, und die Abtastung des Rasters mit Zeilensprung erfolgt nach den Gesetzmäßigkeiten eines Rasters ohne Zeilensprung (Bild 9). Sie wird im folgenden als versetzte Abtastung ohne Zeilensprung bezeichnet.
Damit sind die integralen Elektronendichteverteilungen $R_1(y')$ für die verschiedenen Abtastmethoden in Form der vertikalen effektiven Strahlapertur bestimmt. Die Breite der vertikalen Apertur bei Abtastung mit Zeilensprung wird im wesentlichen vom Strahldurchmesser bestimmt und ist weitgehend unabhängig vom relativen Zeilenabstand g_δ. Die Breite der vertikalen Apertur bei Abtastung ohne Zeilensprung (bzw. versetzter Abtastung ohne Zeilensprung) wird jedoch in erster Linie vom Zeilenabstand festgelegt. Durch die Überlappung der Zeilen adaptiert sie sich an den jeweiligen Zeilenabstand und bleibt damit in gewissem Maße unabhängig vom Strahldurchmesser.

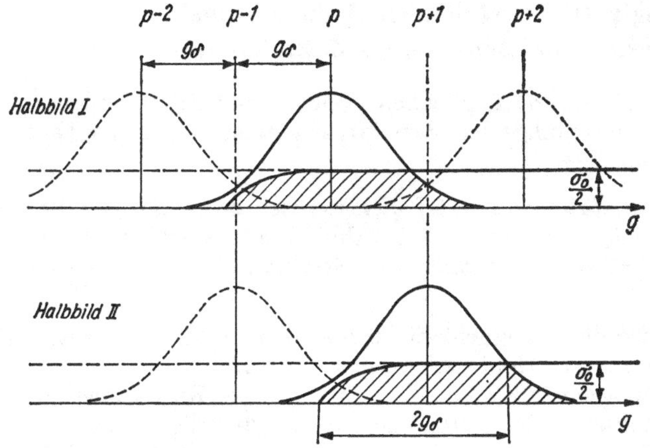

Bild 9. Vertikale Apertur des Brennflecks bei Abtastung durch einen Raster mit Zeilensprung bei $g_\delta < g_{\delta\mathrm{kr}}$

Die Kenntnis der effektiven vertikalen Ausdehnung und Form der Abtastblende gestattet es, die Modulationstiefe zu bestimmen, mit der vertikale Bildstrukturen einer bestimmten Ausdehnung bzw. Frequenz übertragen werden. Nach den weiter oben gezeigten Gleichungen läßt sich auch die Abhängigkeit der Modulationstiefe von allen anderen uns interessierenden Parametern (h, Z, d) bestimmen.
Durch Einsetzen der analytischen Ausdrücke für die vertikalen integralen Elektronendichteverteilungen (Apertur) im Brennfleck in Gl. 5 erhält man die vertikale Modulationsübertragungsfunktion. Hier sollen nur die Ergebnisse der in [7] dargestellten mathematischen Behandlung aufgeführt werden: Für den in der Praxis überwiegend angewendeten Fall der Abtastung mit Zeilensprung gilt

$$\vartheta\left(\xi, g_\delta = \frac{\delta}{r_e}\right)$$

$$= \frac{2 \sin\left(\pi \frac{g_R + g_1}{g_\delta} \xi\right) \cos\left(\pi \frac{g_R - g_1}{g_\delta} \xi\right) + \frac{2\pi}{b g_\delta} \xi \left[\cos\left(2\pi \frac{g_1}{g_\delta} \xi\right) - \operatorname{th}(b g_R) \cos\left(\frac{2\pi g_R}{g_\delta} \xi\right)\right]}{\left[1 + \left(\frac{2\pi}{b g_\delta}\right)^2 \xi^2\right] \left[2\pi \frac{g_R + g_1}{g_\delta} + \frac{2\pi}{b g_\delta} (1 - \operatorname{th}(b g_R))\right] \xi} \tag{7}$$

mit

$$g_1 = \sqrt{\ln 4 \frac{\sigma_\infty}{\sigma_0}} - \frac{1}{b} \ln 2 ,$$

$$g_R = \frac{1}{b} \operatorname{arch} e^{b\left(g_\delta - \sqrt{\ln 4 \frac{\sigma_\infty}{\sigma_0}}\right)} ,$$

$$b = 2 \sqrt{\ln 2 \frac{\sigma_\infty}{\sigma_0}} + 0{,}8 .$$

Bei Übergang der Abtastart in eine versetzte Abtastung ohne Zeilensprung muß der Ausdruck

$$\vartheta\left(\xi, g_\delta = \frac{\delta}{r_e}\right) = \frac{\sin 2\pi\xi}{2\pi\xi \left[1 + 4 \left(\frac{\pi}{b g_\delta}\right)^2 \xi^2\right]} \tag{8}$$

verwendet werden.

4.19.3. Abhängigkeit der vertikalen Modulationstiefe von Rasterhöhe, Zeilenzahl und Strahlschärfe

Für die Praxis sind mehrere Möglichkeiten der Parameterveränderung des Rasters relevant, die auf der Grundlage der oben dargestellten Beziehungen theoretisch untersucht werden sollen.

1. *Vergrößerung der Rasterhöhe h bei gleichzeitiger proportionaler Vergrößerung der optischen Abbildung* (der elektronische Abbildungsmaßstab bleibt damit konstant) *und konstant gehaltener Zeilenzahl.* Der Strahldurchmesser bleibt ebenfalls konstant.

   In der Praxis wird diese Möglichkeit für die Übertragung kreisrunder Bildvorlagen (z. B. im Bildverstärker-Röntgenfernsehen) genutzt.
   Durch Verwendung einer Kreisaustastung kann die Rasterhöhe auf der ebenfalls kreisrunden Fotokatode der Aufnahmeröhre auf den Wert der Rasterdiagonale bei Rechteckaustastung erhöht werden. Die Abhängigkeit der Modulationstiefe von der Bildhöhe ist für 100, 200 und 300 Linienpaare pro Bildhöhe in Bild 10 dargestellt.
   Durch die Dehnung der optischen Abbildung und Verbreiterung der Elemente des Strichrasters ist ein Anstieg der Modulationstiefe zu erwarten. Solange aber die Abtastung nach den Gesetzen der versetzten Abtastung ohne Zeilensprung vor sich geht, ist der Anstieg der Modulation nur schwach ausgeprägt. Mit Vergrößerung des Zeilenabstandes $\delta = \frac{h}{Z}$ (bzw. $g_\delta = \frac{2\delta}{d}$) wächst die vertikale Ausdehnung der integralen Elektronendichteverteilung im Elektronenstrahl (d. h. die vertikale Ausdehnung der Abtastblende), da sich durch den größeren Zeilenabstand δ die Überlappung der Zeilen verringert. Die obere Grenze der vertikalen Apertur (g_{p-1} in den Bildern 4 und 7) wird in Richtung der vorangegangenen Zeile verschoben. Die Dehnung der vertikalen Apertur begleitet damit die Dehnung der optischen Abbildung in vertikaler Richtung. Für die Modulationstiefe bringt deshalb diese Dehnung wenig Gewinn.
   Beim Übergang der Abtastung zur echten Abtastung mit Zeilensprung hat die effektive vertikale Apertur des Brennflecks ihre maximale Ausdehnung erreicht und wird sich bei weiterer Vergrößerung der Rasterhöhe in ihrer Breite nicht mehr ändern. Die Dehnung der optischen Abbildung bewirkt somit einen starken Anstieg der Modulationstiefe (bei $n = 200$). Strichgruppen mit $n = 300$ LP (Linienpaare) pro Bildhöhe, bei denen sich 1 Periode des Strichrasters über 1 Zeilenbreite eines Halbbildes erstreckt, können bei versetzter Abtastung ohne Zeilensprung nicht übertragen werden. Erst beim Auftreten von Restladungen (echte Abtastung mit Zeilensprung) kann eine von Null verschiedene Modulationstiefe erreicht werden.

2. *Vergrößerung der Rasterhöhe h bei proportionaler Vergrößerung der optischen Abbildung* (um den Abbildungsmaßstab konstant zu halten) *und gleichzeitiger proportionaler Vergrößerung der Zeilenzahl.*

   Dieser Fall ist für die Praxis interessant, wenn ein höherzeiliges System mit einer Aufnahmeröhre mit größerem Durchmesser der Fotokatode realisiert werden soll. Da sich im betrachteten Fall der Zeilenabstand δ nicht ändert, wird unter Voraussetzung eines konstanten Strahldurchmessers die Abtastart bei Änderung der gewählten Variablen unverändert bleiben, da die vertikale Apertur als konstant angesehen werden kann. Durch die Dehnung der optischen Abbildung kann die konstante Abtastblende die sich ergebenden gröberen Bildstrukturen mit größerer Modulationstiefe übertragen. Die Modulationstiefe bei kleinem Strahldurchmesser ($g_\delta = 2$, Abtastung mit Zeilensprung) ist dabei größer als die mit größerem Strahldurchmesser ($g_\delta = 1{,}2$) erzielbare (Bild 11).

3. *Vergrößerung der Zeilenzahl bei konstanter Rasterhöhe und konstanter optischer Abbildung.* In der Praxis entspricht dieser Fall dem Übergang zu hochzeiligen Systemen bei der Konstanz von Bildhöhe h und Strahldurchmesser d (Bild 12).
Bei dieser Parameteränderung überlagern sich 2 Prozesse. Einmal verringert sich bei der Erhöhung der Zeilenzahl die relative Frequenz $\xi = \frac{n}{Z}$ und bewirkt damit einen Anstieg der Modulationstiefe einer ausgewählten Strichgruppe mit n Linienpaaren pro Bildhöhe (Bild 11). Zum anderen wird der relative Zeilenabstand $g_\delta = \frac{2h}{Zd}$ verringert und eine Verringerung der Modulationstiefe erzielt (Bild 10).
In Abhängigkeit davon, welcher Prozeß im jeweils untersuchten Gebiet überwiegt, kann die Abhängigkeit der Modulationstiefe bei ansteigender Zeilenzahl einmal fallenden und später steigenden Charakter annehmen (Bild 12).

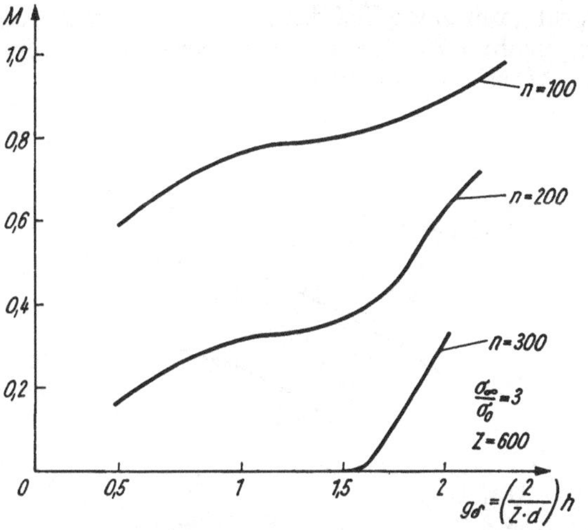

Bild 10. Abhängigkeit der vertikalen Modulationstiefe von der Rasterhöhe (bei konstanter Zeilenzahl und konstantem Brennfleckdurchmesser)

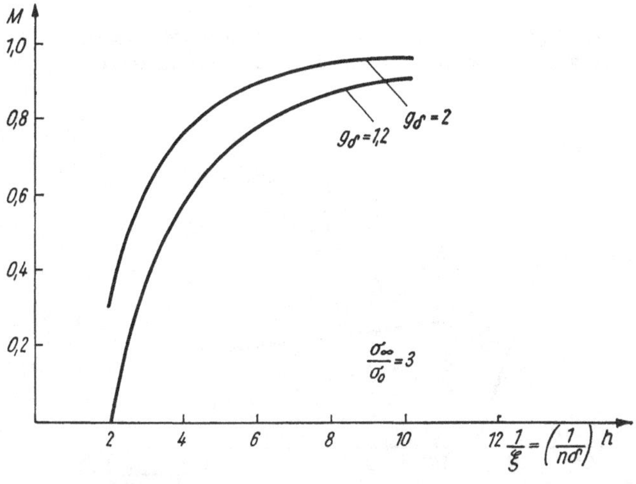

Bild 11. Abhängigkeit der vertikalen Modulationstiefe von der Zeilenzahl bei gleichzeitiger proportionaler Änderung der Rasterhöhe (bei konstantem Brennfleckdurchmesser)

4. *Vergrößerung des Strahldurchmessers bei Konstanz aller Rasterparameter.*

Beim Betrieb von Fernsehanlagen tritt dieser Fall durch die Defokussierung des Elektronenstrahls auf Grund äußerer Einflüsse auf. Seine Untersuchung ist interessant für die Dimensionierung von Stabilisier- und Regelschaltungen, die das Auflösungsvermögen der Anlage über lange Zeiträume konstant halten sollen. Die gesuchte Abhängigkeit ist in Bild 13 für $n = 300$ und $n = 200$ (in einem 600-Zeilenraster) dargestellt. Mit Vergrößerung des Strahldurchmessers über einen kritischen Wert geht die Abtastung mit Zeilensprung wieder in eine versetzte Abtastung ohne Zeilensprung über. Bei Änderung des Charakters der Abtastung der Speicherplatte ändern sich auch die Gesetzmäßigkeiten der Abtastung. Die Modulationstiefe, die sich bei einer Vergrößerung des Brennfleckdurchmessers zuerst sehr schnell verringert, wird sich nach Überschreiten des kritischen Wertes weit weniger schnell ändern. Der Grund für die nur geringe Änderung der vertikalen Modulationstiefe bei Defokussierung ist darin zu suchen, daß die vertikale Apertur bei versetzter Abtastung ohne Zeilensprung nur einen Teil des Strahldurchmessers einnimmt und sich bei dessen Änderung in ihrer Ausdehnung nur unwesentlich ändert. Sie wird lediglich in Richtung der Achse g verschoben.

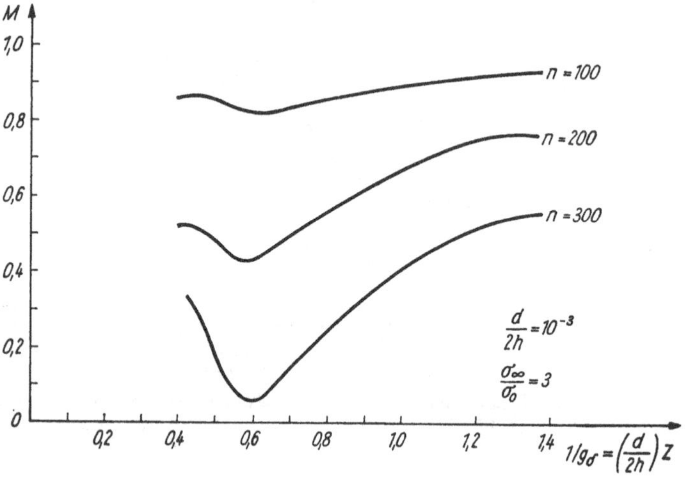

Bild 12. Abhängigkeit der vertikalen Modulationstiefe von der Zeilenzahl (bei konstanter Rasterhöhe und konstantem Brennfleckdurchmesser)

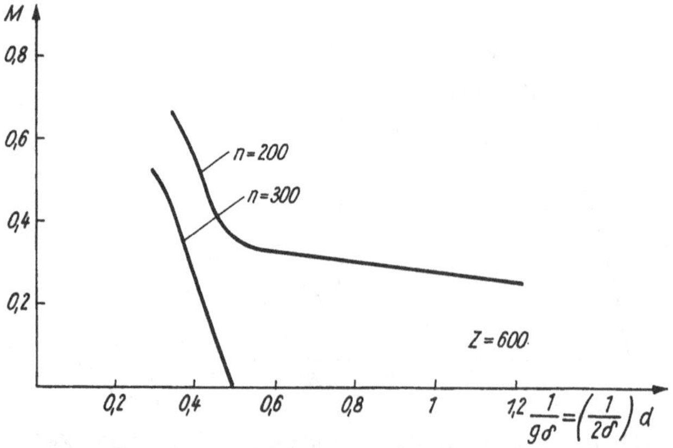

Bild 13. Abhängigkeit der vertikalen Modulationstiefe vom Brennfleckdurchmesser (bei konstanter Zeilenzahl und konstanter Rasterhöhe)

4.19.4. Schlußfolgerungen

Die Schlußfolgerungen müssen unter Berücksichtigung der aus der Literatur [1, 2] bekannten Abhängigkeiten der horizontalen Bildparameter und der Empfindlichkeit von den untersuchten Parameteränderungen des Rasters getroffen werden.

1. Eine Vergrößerung der Bildhöhe führt zur Vergrößerung der vertikalen Modulationstiefe. Da dabei ebenfalls die Steilheit der horizontalen Übertragung eines Beleuchtungsstärkesprungs ansteigt und die Empfindlichkeit theoretisch unverändert bleibt, sollte die Möglichkeit der Verbesserung der Bildqualität voll genutzt werden.
2. Die Vergrößerung der Bildhöhe bei gleichzeitiger Erhöhung der Zeilenzahl führt zu einer Vergrößerung der notwendigen Bandbreite (und damit zur Verschlechterung des erzielbaren Rauschabstandes). Dieser Weg kann deshalb nur bei ausreichender Reserve an Empfindlichkeit in der Anlage beschritten werden. Ein Raster mit Zeilensprung ist anzustreben.
3. Die Vergrößerung der Zeilenzahl bei konstanter Bildhöhe und konstantem Strahldurchmesser führt bei versetzter Abtastung mit Zeilensprung zur Vergrößerung der vertikalen Modulationstiefe. Allerdings wird dieser Effekt von einer Verringerung der Steilheit der horizontalen Übertragung einer Sprungfunktion und der horizontalen Modulationstiefe begleitet. Ebenfalls fällt durch die mit steigender Zeilenzahl notwendige vergrößerte Bandbreite der Signal-Rauschabstand der Anlage. Dieser Weg der Rasterparameterveränderung sollte nur bei ausreichender Reserve an Empfindlichkeit und horizontaler Bildqualität eingeschlagen werden und ist mit Vorsicht zu beschreiten. Bei gleichzeitiger Verringerung des Strahldurchmessers durch Verbesserung der Bildaufnahmeröhre werden die Ergebnisse der Variante 2 erreicht und die beschriebenen Vorteile erzielt.
4. Bei Raster mit Zeilensprung ist die Abhängigkeit der Modulationstiefe von der Defokussierung (Durchmesser des Elektronenstrahls) stark ausgeprägt. Bei dieser Abtastart sind strenge Stabilisierungsmaßnahmen notwendig.

Da die theoretischen Erwägungen eine Reihe von Vereinfachungen bei der Behandlung der Physik der Bildaufnahmeröhre notwendig machten, können die Ergebnisse nur Tendenzen vermitteln. Für den konkreten Fall können nur strenge experimentelle Arbeiten die Grenzen der einen oder der anderen Maßnahme zur allseitigen Verbesserung der Bildqualität festlegen.

Literaturverzeichnis

[1] *Рыфтин, Я. А.*: Телевизионная система. Теория. Издат. Советское радио, Москва 1967.

[2] *Schröter, F., Theile, R., Wendt, G.*: Fernsehtechnik, Teil 1. Springer-Verlag, Berlin, Göttingen, Heidelberg, 1956.

[3] *Антипин, М. В.*: Методика определения поперечной разрешающей способности и апертурных характеристик передающих телевизионных трубок. Техника кино и телевидения **3**, 9 (1959) 42—49.

[4] *Selle, H. G.*: Einfluß der Instabilität der Fokussierfelder auf das vertikale Auflösungsvermögen von Bildaufnahmeröhren. Nachrichtentechnik-Elektronik **24**, 6 (1974) 233—238.

[5] *Рыфтин, Я. А.*: Эффект адаптации-пульсации пятна на мишени трубки. Техника кино и телевидения 11, 2, (1967) 30—42.

[6] *Selle, H. G.*: Verfahren zur automatischen Fokussierung des Elektronenstrahls in Bildaufnahmeröhren auf der Grundlage des Ryftin-Effekts. Nachrichtentechnik **22**, 12 (1972) 422 bis 427.

[7] *Эйссенгардт, Г. А.*: Диссертация. ЛЕТИ, Ленинград 1968.

4.20. Die Entwicklung des Bogens aus der Glimmentladung beim Auftreten von Schauerentladungen

Von *R. Busch*

VEB Röhrenwerk Mühlhausen im VEB Kombinat Mikroelektronik

4.20.1. Einleitung

Gegenstand dieser Arbeit sind Abhebekontakte, die induktive Lastkreise unterbrechen und zu denen Kapazitäten parallelgeschaltet sind (Bild 1). Der unterbrochene Schaltstrom I_0 ist kleiner als der Bogenmindeststrom, so daß sich eine Bogenentladung (BE) nur über eine vorausgehende Glimmentladung (GE) entwickeln kann. Wegen der besonderen el. Anordnung dieses Schaltkreises muß eine solche BE nach Bruchteilen von µs wieder verlöschen, um nach erneuter Zündung und Durchlaufen der GE sich wiederum einzustellen, wieder zu verlöschen usw. Für eine solche Erscheinung hat sich bekanntlich der Name Schauer oder Schauerentladung (SE) eingebürgert. Wird aus bestimmten Gründen die BE nicht erreicht, dann brennt beim Öffnungsvorgang entweder eine intermittierende oder eine ständige GE, deren Brenndauer u. a. von der Induktivität und von I_0 bestimmt wird. Die in Abhängigkeit von C_p und I_0 zu beobachtenden Entladungserscheinungen faßt man im sog. C_p-I_0-Feld (Bild 1) zusammen.

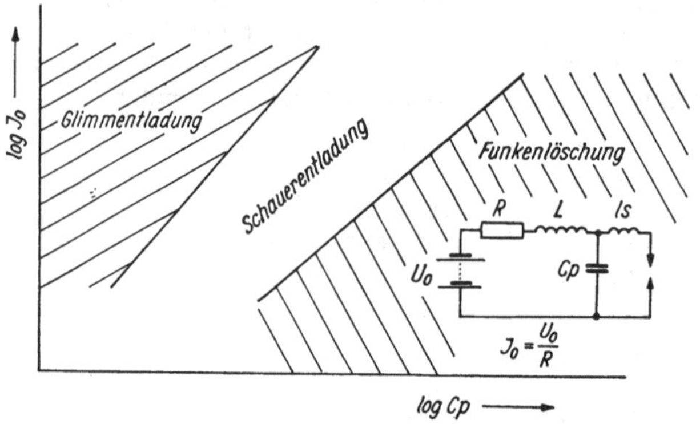

Bild 1. C_p-I_0-Feld (schematisch) und betrachteter Schaltkreis

Da in den angegebenen Bereichen stark unterschiedliche Lebensdauer des Kontaktes auftritt, ist es wesentlich, insbesondere die Schaltkreis-, Kontakt- und Umgebungsparameter zu kennen, die die Lage der Grenzlinie zwischen GE- und SE-Bereich bestimmen. Vom Autor [1] wurde eine Gleichung für diese Grenzlinie angegeben

$$I_0 = \frac{U_z - U_n}{\beta - 1} \sqrt{\frac{C_p}{l_s}} \left(1 - 0{,}6 \sqrt{\frac{R_s}{2} \sqrt{\frac{C_p}{l_s}}}\right). \tag{1}$$

Darin ist U_z die Zündspannung, U_n die Brennspannung der normalen GE, l_s die im lokalen Kontaktkreis wirksame Induktivität, R_s der im Kontaktkreis wirksame Widerstand. Die Größe β ist definiert als

$$\beta = \frac{G_t}{G_n}. \tag{2}$$

G_t ist die Stromdichte, bei der die GE in die BE übergeht, G_n die Stromdichte in der (normalen) GE. Die Lage der Grenzlinie im C_p-I_0-Feld wird wesentlich durch β, β seinerseits wesentlich durch G_t bestimmt, denn es zeigte sich beispielsweise, daß beim System Au-H_2 wesentlich kleinere β-Werte auftreten als beim System Rh-H_2, obwohl bei beiden die Werte G_n gleich sind.
Um zu ermitteln, durch welche Größen G_t bestimmt wird, soll eine genaue Betrachtung des Umschlagsvorganges von der GE zur BE erfolgen. Die dargelegten Ergebnisse wurden bei Untersuchungen an Schutzrohrkontakten gewonnen und die Schlußfolgerungen beziehen sich auch auf solche Kontakte. Die Ergebnisse lassen sich jedoch entsprechend verallgemeinern.

4.20.2. Theoretische Betrachtungen

Auf der Basis der Vorstellungen von Schuöcker [2] läßt sich die Entladungsentwicklung beim Öffnen des Kontaktes qualitativ folgendermaßen darstellen. Nach der Zündung baut sich im Kontaktspalt eine normale GE auf. C_p führt zu dieser Zeit noch die Zündspannung, da wegen der Schnelligkeit des Spannungszusammenbruchs die Ladung zunächst nicht abgegeben werden kann. In der Folgezeit entlädt sich C_p über die Gasstrecke. Da l_s sehr klein ist, verläuft der Stromanstieg in der Entladung so schnell, daß die Katodenansatzfläche nicht folgen kann. Die Entladung wird anomal, die Stromdichte vergrößert sich entsprechend, so daß bei Erreichen eines bestimmten Grenzwertes der Umschlag in die BE erfolgt. Der Querschnitt der in dieser Phase konstant bleibenden Katodenansatzfläche ist nach eigenen Untersuchungen des Autors [1] proportional dem Schaltstrom I_0 und umgekehrt proportional der Normalstromdichte G_n. In der zitierten Arbeit wurde durch den Autor aus den Werten der Stromdichten, die aus den Schaltströmen und den ausgemessenen Katodenansatzflächen bestimmt wurden, die Schlußfolgerung gezogen, daß, zumindest während des ersten Stromimpulses bei der Kondensatorentladung, sich die Temperatur an der Katode nicht oder nur wenig von der Raumtemperatur unterscheidet. Berücksichtigt man weiterhin, daß der GE-BE-Umschlag, wenn er auftritt, gewöhnlich während des ersten Kondensatorstromimpulses, also bei hoher Stromdichte, zu beobachten ist und daß die Zeitdauer des Umschlags weit unter einer µs liegt, so ergibt sich, daß der Umschlag durch Feldemission bewirkt wird. Dieses Ergebnis wurde an allen vom Autor untersuchten Metall-Gaskombinationen (FeNi51, Ag, Pd, Pt, Rh, Ru in N_2 und Au, Rh, W in H_2) gefunden, so daß sowohl für niedrig- als auch für hochsiedende Katodenwerkstoffe die Umschlagsinitiation durch Feldemission angenommen werden muß. Zu ähnlichen Ergebnissen gelangten Höfert [3], Hsu Yun Fan [4], Price, Gambling und Edels [5] sowie Jenkins und Jones [6]. Als Gründe für den Umschlag werden von diesen Autoren Stellen kleiner Austrittsarbeit, großer Rauhigkeit und isolierende Inseln auf der Katode angegeben. Die Instabilität geht also von Stellen aus, die klein im Vergleich zur gesamten von der GE auf der Katode bedeckten Fläche sind. Der Umschlag vollzieht sich dann nach Boyle und Haworth [7] auf folgende Weise: Die Feldstärke an der Katode einer im Umschlagnähe befindlichen GE ist relativ hoch. Ist nun auf der Katode eine Stelle vorhanden, an der eine Extraktion von Elektronen durch das Feld möglich wird, so erzeugen diese Elektronen zusätzliche Raumladungen, die eine lokale Feldstärkeerhöhung nach sich ziehen. Dadurch ergibt sich an dieser Stelle eine weitere Erhöhung des Feldstromes usw. Das Ergebnis ist ein instabiler Prozeß, der in einer BE endet.
Zur Berechnung der Feldstärke in der GE wird von der Ionenstromdichte an der Katode ausgegangen:

$$G_{K_+} = \varrho_+ \cdot v_{K_+} \,. \tag{3}$$

ϱ_+ ist die im Katodenfallraum der GE vorhandene positive Raumladung, v_{K_+} die Ionengeschwindigkeit an der Katode. Da die Elektronenstromdichte an der Katode nur wenige Prozent der Ionenstromdichte beträgt, stellt Gl. (3) praktisch die Gesamtstromdichte dar. Um sie mit der Katodenfeldstärke E_K in Beziehung zu setzen, ist es erforderlich, ϱ_+ und v_{K_+} durch die Feldstärke auszudrücken. Ausgehend von der Poissonschen Gleichung leitet man für ϱ_+ ab [1]:

$$\varrho_+ = \frac{\varepsilon_0}{2U_K} E_K^2 . \tag{4}$$

ε_0 ist die Dielektrizitätskonstante des Vakuums, U_K der Katodenfall. Für v_{K_+} in N_2 gilt nach Gänger [8]:

$$v_{K_+} = 990 \frac{E_K}{p} , \tag{5}$$

wobei p der Druck ist. Einsetzen von (4) und (5) in (3) mit Umstellen nach E_K ergibt:

$$E_K = 2830 \, (G_{K_+} \cdot U_K \cdot p)^{1/3} . \tag{6}$$

Dabei sind G_{K_+} in Acm^{-2}, U_K in V und p in Torr einzusetzen, um E_K in Vcm^{-1} zu erhalten. Mit den an Schutzrohrkontakten in N_2 bei $p = 380$ Torr beim Umschlag gemessenen Werten $G_{K_+} = 118 \, \mathrm{Acm}^{-2}$ und $U_K = 220$ V ergibt sich $E_K = 4{,}8 \cdot 10^5 \, \mathrm{Vcm}^{-1}$. Nach den in der Literatur veröffentlichten Werten sollte aber der GE-BE-Umschlag erst bei Feldstärkewerten von $10^6 \, \mathrm{Vcm}^{-1}$ eintreten [7]. Man muß deshalb annehmen, daß sich diesem aus der „makroskopischen" Stromdichte errechnetem Feld ein Zusatzfeld überlagert, welches in mikroskopischen Bereichen auf der Katodenoberfläche wirksam wird.

Wie zu Beginn dieses Abschnittes gezeigt wurde, geht dem Umschlag die Anomalitätsphase der GE voraus. Da in dieser Phase eine intensive Katodenzerstäubung erfolgt, muß der entstehende Katodendampf eine entscheidende Rolle bei der Bildung des „mikroskopischen" Zusatzfeldes spielen. Für dieses Zusatzfeld an der Katode läßt sich schreiben:

$$\Delta E = E_t - E_K . \tag{7}$$

Darin ist E_t das den Umschlagsprozeß initiierende, E_K das Feld nach Gl. (6). Ein zusätzliches Feld ist nach der Gleichung von Poisson nur durch zusätzliche Raumladung möglich:

$$\Delta E = \frac{\varrho_+}{\varepsilon_0} \cdot d = \frac{n_{D_+} \cdot e}{\varepsilon_0} \cdot d . \tag{8}$$

n_{D_+} ist die durch Stoßionisation erzeugte Dichte der Metalldampfionen, e die Elementarladung, d der Elektrodenabstand.

Der Umschlag von der GE in die BE spielt sich bei den Schutzrohrkontakten dann wie folgt ab. Während des Kondensatorstromimpulses wird Katodenmaterial zerstäubt und dringt in den Katodenfallraum ein. Insbesondere wegen der etwa um die Hälfte kleineren Ionisierungsspannung des Metalldampfes gegenüber dem Grundgas ergibt sich eine höhere Raumladungsdichte durch Stoßionisation und nach Gl. (8) ein entsprechender Feldstärkezuwachs. Dadurch wird der Wirkungsgrad der Sekundäremission der Katode verbessert, wodurch sich die Anzahl der Stoßelektronen, damit wiederum die Raumladung erhöht usw. Dieser Aufschaukelungsprozeß muß letzten Endes zu beträchtlichen Zusatzfeldern und zum Umschlag in die BE in kürzester Zeit führen. Da die Menge des zerstäubten Materials relativ stark vom Auffallwinkel der Ionen auf die Katode abhängt und deren Oberfläche nicht ideal glatt ist, ergeben sich innerhalb der Ansatzfläche der GE stets Bereiche höherer Dampfdichte als in der Nachbarschaft. Diese Bereiche sind als die zur Instabilität führenden Zentren zu betrachten.

Wegen der dominierenden Rolle der Katodenzerstäubung beim GE-BE-Übergang ist die Übergangsstromdichte umso kleiner, je kleiner die Sublimationswärme des Katodenmetalls und je größer die Masse der Ionen des Grundgases sind, denn für ein zur Instabilität führendes Zusatzfeld ΔE ist eine bestimmte Dampfionendichte notwendig, die sich bei mehr zerstäubtem Metall schon bei kleineren Stromdichten realisieren läßt.

4.20.3. Versuchsergebnisse

In Tabelle 1 sind die untersuchten Werkstoffe nach steigender Sublimationwärme geordnet. Außerdem ist der Wert von C_{pt} im C_p-I_0-Feld angegeben, bei dem für $I_0 =$ 200 mA der Übergang vom GE- zum SE-Bereich gefunden wurde. Mit Ausnahme von Pt wird das Zerstäubungsmodell gut bestätigt.

Tabelle 1. Sublimationswärme ΔH_s (abgelesen an einer von Behrisch [13] angegebenen Kurve) und Werte der Parallelkapazität C_{pt}, bei denen für $I_0 = 200$ mA der Übergang von der Glimmentladung in den Bogen im C_p-I_0-Feld erfolgte

Werkstoff	ΔH_s eV/Atom	C_{ptN_2} pF	C_{ptH_2} pF
Ag	3,1	300	—
Au	3,7	—	750
Pd	3,85	510	—
Fe-Ni	4,55/4,75	710	—
Pt	5,55	560	—
Rh	6,25	850	6300
Ru	6,9	1350	—

Das Verhalten von Pt ist dadurch erklärbar, daß dieses Metall nach [9] für die einem stark ausgeprägten Anregungsniveau von N_2 entsprechenden Lichtquanten der Energie 13 eV ein Maximum der Photoelektronenemission mit 0,1 Sekundärelektronen pro Lichtquant [10] besitzt, wodurch der Umschlagprozeß leichter vonstatten gehen kann.
Nach Kenntnis des Autors war Plesse [11] der erste und bisher einzige, der — allerdings in anderen Versuchsanordnungen zu anderen Zwecken — das Phänomen der Katodenzerstäubung in der GE als Ursache für den Umschlagprozeß angesehen hat.

4.20.4. Folgerungen

An Abhebekontakte werden in der Regel zwei Hauptforderungen gestellt. Einerseits wird eine geringe Materialwanderung, andererseits, um den Kontaktwiderstand klein zu halten, eine große chemische Widerstandsfähigkeit des Kontaktmaterials verlangt. Die Menge des transportierten Materials wird in den hier betrachteten Schaltkreisen bei gleichem Gas durch die Sublimationswärme des Werkstoffes bestimmt. Der Kontaktwiderstand wird umso kleiner bleiben, je weniger der Werkstoff beispielsweise dazu neigt, sich mit O_2 zu verbinden, denn nach Keil [12] sind beim Schaltvorgang entstehende chemische Verbindungen vorwiegend oxidischer Natur. Bild 2 zeigt ein Korrelationsdiagramm zwischen Sublimationswärme und Bildungsenthalpie für die Reaktion mit O_2 für übliche Werkstoffe bei Schutzrohrkontakten. Man erkennt, daß zwischen den beiden Größen eine gute Korrelation besteht.
Welchen Werkstoff man für bestimmte Anwendung benutzen sollte, hängt von den für den Anwendungsfall typischen Kriterien für das Ende der Lebensdauer ab. Wird

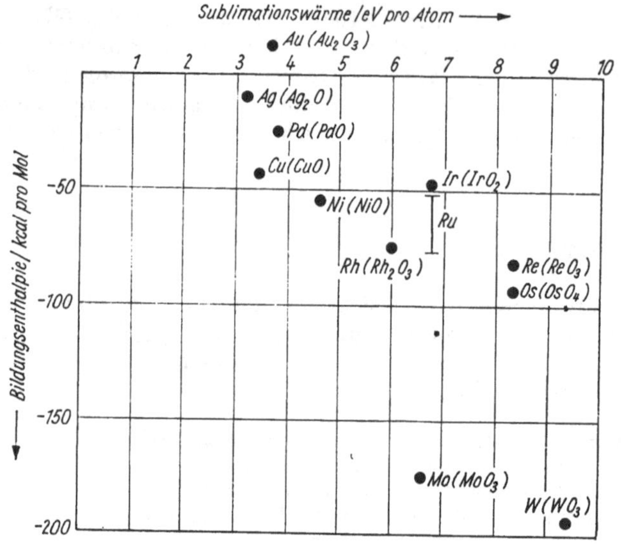

Bild 2. Sublimationswärme und Bildungsenthalpie für die Oxide einiger Metalle

z. B. Wert auf sehr hohe Schaltspielzahlen, also geringe Materialwanderung, gelegt und ist der Kontaktkreis hochohmig genug, dann wird man sich für die schwer sublimierenden Metalle, beispielsweise für Mo oder W entscheiden. Sind die geforderten Schaltspielzahlen klein und ist es wesentlich, niedrige und stabile Kontaktwiderstände zu haben, dann wird die Wahl auf die Edelmetalle wie Au, Ag oder Pd fallen. Wird jedoch die Forderung sowohl nach geringer Materialwanderung als auch nach kleinem Kontaktwiderstand bei hohen Schaltspielzahlen gestellt (Fernsprechtechnik!), dann ist eine Kompromißlösung notwendig, die darin besteht, daß man auf die Werkstoffe im mittleren Bereich des Korrelationsdiagramms zurückgreift, also im wesentlichen auf die Platinmetalle.
Nach Ansicht des Autors sind das die Gründe für den sich in den letzten Jahren und Jahrzehnten zeigenden Trend zu diesen Werkstoffen für induktive Kreise der Nachrichtentechnik, insbesondere der Fernsprechtechnik.

4.20.5. Zusammenfassung

Bei Abhebekontakten, die in induktiven Lastkreisen Ströme unterbrechen, die kleiner als der Bogenmindeststrom sind, ist es wesentlich, diejenigen Einflüsse zu kennen, die für die Art der Gasentladung (Glimm- oder Schauerentladung) bestimmend sind. Es wird theoretisch und auf der Basis experimenteller Ergebnisse gezeigt, daß die Katodenzerstäubung dabei eine entscheidende Rolle spielt. Auf der Grundlage dieser Vorstellung läßt sich die hervorragende Rolle der Platinmetalle in der Nachrichtentechnik begründen.

Literaturverzeichnis

[1] *Busch, R.*: Zum Mechanismus der Gasentladungen im induktiv belasteten Schwachstromschalter. Dissertation, TH Karl-Marx-Stadt 1973.
[2] *Schuöcker, D.*: Zum Mechanismus des unter dem Namen Schauer bekannten Gasentladungsphänomens im Schwachstromschalter. A.E.Ü. **22** (1968) 443—446.
[3] *Höfert, H.-J.*: Der Übergang von der Glimmentladung in die Bogenentladung, hervorgerufen durch kurzzeitige Stromstöße. Ann. Phys. **35**, Folge 5 (1939) 547—576.

[4] *Hsu Yun Fan*: The transition from glow discharge to arc. Phys. Rev. **55** (1939) 769—775.
[5] *Price, W. L., Gambling, W. A.*, and *Edels, H.*: High pressure glow-to-arc transitions with tungsten and copper cathodes. Nature **176** (1955) 28—29.
[6] *Jenkins, J.*, and *Jones, T. B.*: Glow-arc transition in current-stabilized electrical discharges. J. appl. Phys. **28** (1957) 663—668.
[7] *Boyle, W. S.*, and *Haworth, F. E*: Glow-to-arc transition. Phys. Rev. **101** (1956) 935—938.
[8] *Gänger, B.*: Der elektrische Durchschlag von Gasen. Springer Verlag, Berlin-Göttingen-Heidelberg 1953, S. 41 ff.
[9] *Knoll, M., Ollendorff, F.* und *Rompe, R.*: Gasentladungstabellen. Springer Verlag, Berlin 1935, S. 61.
[10] *Ardenne, v., M.*: Tabellen zur angewandten Physik Bd. 1. VEB Deutscher Verlag der Wissenschaften, Berlin 1962, S. 92.
[11] *Plesse, H.*: Untersuchungen am elektrischen Lichtbogen. Ann. Phys. **22**, Folge 5 (1935) 473—499.
[12] *Keil, A.*: Der elektrische Kontakt als Gegenstand der Forschung und eines internationalen Erfahrungsaustausches. Bull. SEV. **55** (1964) 51—58.
[13] *Behrisch, R.*: Festkörperzerstäubung durch Ionenbeschuß. Erg. d. ex. Naturwiss. **35**, (1963) 295—443.
[14] *d'Ans, J.* u. *Lax, E.*: Taschenbuch für Chemiker und Physiker. Springer Verlag, Berlin-Göttingen-Heidelberg 1949.

Sachwortverzeichnis

FSC
www.fsc.org
MIX
Papier | Fördert
gute Waldnutzung
FSC® C083411

Kolibri 360 GmbH
Ferdinand-Jühlke-Straße 7
99095 Erfurt, Deutschland
produktsicherheit@kolibri360.de